Managementwissen für Ingenieure

Vierte Auflage

Adolf Schwab

Managementwissen für Ingenieure

Führung, Organisation, Existenzgründung

Vierte, neu bearbeitete Auflage

 Springer

Ordinarius i. R. Prof. Dr.-Ing, Dr.-Ing. hc mult. Adolf J. Schwab
Universität Karlsruhe
Institut für Elektroenergiesysteme und Hochspannnnungstechnik
Kaiserstrasse 12
76049 Karlsruhe
a.schwab@ieee.org
adolf.schwab@kit.edu

ISBN 978-3-540-78408-1   e-ISBN 978-3-540-78409-8

DOI 10.1007/978-3-540-78409-8

Bibliografische Information der Deutschen Nationalbibliothek
Die Deutsche Nationalbibliothek verzeichnet diese Publikation in der Deutschen Nationalbibliografie;
detaillierte bibliografische Daten sind im Internet über http://dnb.d-nb.de abrufbar.

© 2008, 2003, 1999, 1998 Springer-Verlag Berlin Heidelberg

Einbandgestaltung: deblik, Berlin
Satz: Camera-ready-Vorlage vom Autor

Gedruckt auf säurefreiem Papier

9 8 7 6 5 4 3 2 1

springer.de

Vorwort zur 4. Auflage

Die nachhaltig positive Resonanz auf das Buch *Managementwissen für Ingenieure* hat den Autor veranlasst, dieses Werk einmal mehr zu aktualisieren und zu ergänzen. Die vorliegende 4. Auflage leistet ihren Lesern in bewährter Weise wertvolle "Erste Hilfe" bei der Überwindung des Kulturschocks nach dem Wechsel von der Ausbildungsstätte in ein Unternehmen oder in die Selbständigkeit. Sie vermittelt auf leicht eingängige, kompakte Weise das für eine erfolgreiche Karriere oder eine erfolgreiche Existenzgründung unentbehrliche *betriebswirtschaftliche* und *managementorientierte* Wissen, das rein fachlich orientierte Ausbildungsgänge in der Regel vermissen lassen.

Mit der Erläuterung von Begriffen wie *Projekt-Management, Bilanzierung, Budgetierung, Kostenrechnung, Finanzierung, Investitionsrechnung, Total Quality Management, Balanced Score Card, Basel II* usw. wird ein Beitrag zur Beseitigung der *sprachlichen Hürden* zwischen Berufseinsteigern und Existenzgründern einerseits und den sie begleitenden Kaufleuten bzw. Steuerberatern andererseits geleistet. Neu aufgenommen wurden *EBIT, EBITDA, Asset-Management, Workforce-Management, Six Sigma* etc.

Angesichts des breiten Spektrums der angesprochenen Thematik kann dieses Buch keine vollständige Anleitung zum Handeln sein. Es ermöglicht aber dem Leser, zumindest die Begriffswelt der Management- und Betriebswirtschaftslehre kennen zu lernen, die richtigen Fragen zu stellen und auf vieles sofort die gesuchten Antworten zu finden.

Die Legitimation zum Schreiben dieses Buches bezieht der Autor aus seinen eigenen Erfahrungen mit der Gründung eines *Einzelunternehmens* und späteren GmbH, aus seiner Tätigkeit im *Top-Management* eines Großunternehmens, dem Dienst als *Professor an einer Universität* sowie dem *Feedback* zahlreicher von ihm ausgebildeten Studierenden und Doktoranden, die heute vielfach in leitender Stellung oder als selbständige Unternehmer tätig sind. Darüber hinaus haben zahllose weitere Autoren von Fachbüchern und Leiter von Management-Seminaren mit ihrem Wissen indirekt zu diesem Buch beigetragen. Ihnen allen sei an dieser Stelle herzlich gedankt.

Für das überaus sorgfältige Schreiben des aktuellen Manuskripts und die Erstellung der kamerafertigen Druckvorlage danke ich meiner Sekretärin Frau *Monica Gappisch*. Für das Erstellen aller Zeichnungen in FreeHand danke ich Frau *Kathleen Hummel*. Für das Korrekturlesen danke ich den Herren *Bernd Glomb* und *Andreas Schoknecht*, für allzeit gewährte großzügige IT-Unterstützung danke ich den Herren *Dipl.-Ing. Dietmar Gieselbrecht* und *Dipl.-Ing. Timo Wenzel*.

Mein besonderer Dank gilt der *Ingrid und Gunther Schroff Stiftung*, ohne deren finanzielle Unterstützung diese 4. Auflage nicht hätte geschrieben werden können.

Auch danke ich einmal mehr der Universität Karlsruhe, der Karlsruher Hochschulgesellschaft und meinem Nachfolger Herrn Prof. Thomas Leibfried für die Möglichkeit der Erstellung der Neuauflage an meiner früheren Arbeitsstätte.

Ferner danke ich folgenden Personen, die durch konstruktive Hinweise und Verbesserungsvorschläge zum Gelingen dieses Buches beigetragen haben: *Alfred Dulson, Martin Frank, Friedrich Georg Hoepfner, Jochen Anker, Stefan König, Jürgen Miller, Rainer Reimert, Werner Rupprecht, Nikolaus* und *Hans Skribanowitz, Peter Fischer, Hans Krattenmacher, Frank Meier, Carsten Meinecke, Michael Merkle, Martin Sack, Hans Wolfsperger*.

Schließlich sei ausdrücklich darauf hingewiesen, dass der Autor nicht für Schäden haftet, die sich durch unreflektierte Anwendung des hier vorgestellten Wissens ergeben könnten. Dies gilt insbesondere bezüglich der Aktualität gesetzlicher Bestimmungen und aus Gesetzestexten zitierter Zahlen, die ständigen Fluktuationen unterliegen und meist in lang schwebenden Verfahren festgelegt werden. Wenn ferner in diesem Buch nicht ständig auch von der *Unternehmerin, Managerin* oder *Existenzgründerin* gesprochen wird, geschieht dies ausschließlich aus Gründen der Sprachökonomie. Der Verfasser unterstützt nachhaltig die Chancengleichheit von Frauen im Beruf.

Zum Wohl der Leserschaft künftiger Auflagen sind Hinweise auf Druckfehler oder inhaltliche Verbesserungsvorschläge an a.schwab@ieee.org willkommen.

Karlsruhe, Mai 2008   Prof. Dr.-Ing. Adolf J. Schwab

Inhaltsverzeichnis

1   Der Ingenieur als Manager

Die klassische Ingenieurausbildung bereitet angehende Ingenieure vortrefflich auf die Bewältigung technischer Fragestellungen des späteren Berufslebens vor. Sie trägt jedoch nicht oder nur unzureichend der Tatsache Rechnung, dass der Ingenieuralltag nicht nur aus der Anwendung von Fachwissen, sondern auch zum großen Teil aus *Kommunikation, Kostenbewusstsein, Organisation* sowie der *optimalen Gestaltung zwischenmenschlicher Beziehungen* bei der Teamarbeit, bei Führungsaufgaben sowie im Umgang mit den Kunden besteht.

Nach vergleichsweise kurzer Einarbeitungszeit, in der tatsächlich fachliche Aufgaben im Vordergrund stehen, wird der Ingenieur sehr schnell und ohne besondere Schulung als Gruppenleiter oder Projektmanager mit der Führung anderer Mitarbeiter und dem Umgang mit großen Summen Geldes betraut. Während er als weisungsgebundener Berufsanfänger sich ausschließlich mit der Lösung technischer Aufgaben befassen durfte und das Geld für sein Gehalt "*einfach da war*", ist er plötzlich zum "*Unternehmer*" geworden. Er muss sich um die Beschaffung der Mittel für die Finanzierung seiner eigenen Stelle und seiner Truppe kümmern, wissen was *Kosten, Kostenstellen* und *Stundensätze* sind, *Budgets* erstellen und deren Einhaltung überwachen, Neueinstellungen von Mitarbeitern vornehmen usw. Er macht eine Metamorphose vom *Spezialisten* zum *Generalisten* durch.

Ab diesem Zeitpunkt beurteilen ihn seine Vorgesetzten nicht mehr nach seiner fachlichen Qualifikation, sondern nach seinen Management-Fähigkeiten. Ausreichendes Fachwissen wird als selbstverständlich vorausgesetzt. Auf dieser Stufe entscheidet sich, ob der Ingenieur zeit seines Lebens Sachbearbeiter bzw. Gruppenleiter bleibt und sein Gehalt lediglich der Teuerung und der Inflation angepasst wird oder ob er im Lauf der Jahre einen zunehmend größeren und höher dotierten Verantwortungsbereich übernimmt, mit anderen Worten, im Unternehmen Karriere macht. In deren oberen Stufen erinnert er sich nur noch vage daran, dass er einmal Elektrotechnik oder Maschinenbau studiert hat. Eine gute fachliche Ausbildung ist daher eine notwendige aber keine hinreichende (ausreichende) Voraussetzung für den Weg nach oben. Erst die Kombination aus *Fachwissen, fachübergreifender Qualifikation* und *sozialer Kompetenz* stellt eine erfolgreiche Karriere in Aussicht.

Leider hat der Ingenieur bis zu diesem Zeitpunkt fast nichts über *Managementfähigkeiten* und *Managementwissen* gelernt. Außerdem behaupten manche erfolgreichen Manager, dass man Management auch gar nicht erlernen könne, sondern dazu geboren sein müsse. Für viele Mittelständler und Kleinunternehmer reduziert sich Management gar auf den einfachen Nenner, immer "*mehr Geld einzunehmen als auszugeben*", was, nebenbei gesagt, auch für große Unternehmen die vornehmste Aufgabe ist.

In der Tat sind eine starke *Persönlichkeit, Selbstbewusstsein, Ausstrahlung, Sozialkompetenz* etc. wesentliche Voraussetzungen für erfolgreiche Manager. Mit einem zusätzlichen Mindestgrundwissen aus der *Betriebswirtschafts-* und *Managementlehre* tun sich jedoch auch Nicht-Naturtalente beim Überwinden der *Sprachbarriere* zu ihrem *Controller* oder *Steuerberater* erheblich leichter. Dies gilt nicht nur für den modernen Ingenieur in der Industrie, sondern auch für erfolgreiche *Existenzgründer*, die im Übrigen durch eine noch härtere Schule gehen müssen, da sie viel häufiger auf sich selbst gestellt sind und nichts durch "über die Schulter schauen" lernen können.

Management für Ingenieure bedeutet nicht allein die zusätzliche Berücksichtigung kaufmännischer Belange. Manager strukturieren ihre Gesamtaufgabe in Teilaufgaben, bestellen Mitarbeiter, denen sie diese zuweisen, motivieren sie, die Aufgaben unter vorgegebenen Rahmenbedingungen bezüglich Terminen und Kosten zu lösen und überwachen das Erreichen der vereinbarten Ziele, um gegebenenfalls korrigierend einzugreifen. Nur mittelmäßige Manager beschränken sich auf rein administrative Tätigkeit und betreiben jeden Tag "*Business as usual*". Gute Manager *führen* Unternehmen (engl.: *Leadership*). Sie haben *Visionen* und entwerfen *Strategien*, wie sie den ihnen anvertrauten Bereich zum Nutzen der *Kunden*, der *Eigner* und der *Mitarbeiter* ständig erfolgreicher gestalten können. Sie besitzen eine gesunde Portion *Optimismus*, überzeugen ihre Mitarbeiter von den Vorteilen einzuführender *Veränderungen* und leben ihre Vision vor. Manager, die ihre Aufgabe in idealer Weise wahrnehmen, sind *glaubwürdig, zuverlässig, fair* und handeln *ethisch verantwortlich* gegenüber den ihnen anvertrauten *Personen*, den *Eignern* des *Unternehmens* und der *Umwelt* (Kapitel 6 und 7.16).

Im umfangreichen Schrifttum der Betriebswirtschafts- und Managementlehre wird die globale Managementfunktion *Unternehmensführung* je nach Schule in 5 bzw. 10 oder mehr Teilfunktionen zerlegt. Diese lassen sich aber letztlich alle sinnfällig und übersichtlich auf die drei elementaren Managementfunktionen

> – *Planung*,
> – *Steuerung*,
> – *Kontrolle*

reduzieren.

Der Definition dieser Teilfunktionen sind meist eigene umfangreiche Kapitel gewidmet, nach deren Lektüre der Ingenieur langsam erkennt, dass schlicht von einem *Regelungssystem* bzw. einem geregelten *Prozess* die Rede ist, dessen Komponenten etwas unübliche Namen tragen.

Aus Sicht der Regelungstechnik lässt sich die globale Managementfunktion *Unternehmensführung*, mit den Unterfunktionen *Planen, Steuern, Kontrolle*, als regelungstechnischer Vorgang interpretieren, Bild 1.1.

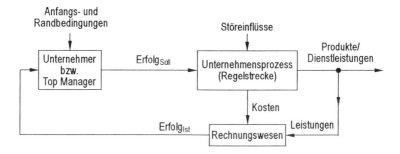

Bild 1.1: Regelungstechnisches Modell "Management eines Unternehmens".

Basierend auf den Anfangs- bzw. Randbedingungen – *Marktpotential, Kostensituation, Vorjahres-Bilanzen, Vorjahres-Gewinn-und-Verlust-Rechnungen* (5.4, 5.5) etc. – entwickelt der Unternehmer bzw. Manager Visionen und erstellt ein *Budget* (6.1.3) für das kommende Jahr, das heißt plant Ziele, beispielsweise einen Sollwert für den Gewinn, den er als Führungsgröße

Erfolg $_{Soll}$ in den Unternehmensprozess einspeist. Das Rechnungswesen "*misst*" am Ausgang des Prozesses die "Leistung" bzw. den Geldwert der abgesetzten Produkte bzw. Dienstleistungen, so genannte *Erlöse* (5.10), und bildet die Differenz *Erlöse* minus *Kosten*. Diese Differenz entspricht dem *Erfolg*$_{Ist}$, mit anderen Worten dem *Gewinn*. Die Größe *Erfolg* $_{Ist}$ wird zur Geschäftsführung rückgekoppelt (*Berichtswesen*) und erlaubt ihr über einen Soll-/Istwert-Vergleich die *Kontrolle*, ob das angestrebte Ziel trotz etwaiger externer Störeinflüsse erreicht worden ist, mit anderen Worten, ob sie den Unternehmensprozess richtig *gesteuert* hat. Allfällige Differenzen Δ *Erfolg* veranlassen die Geschäftsführung zur Aktualisierung bzw. Anpassung des Sollwerts sowie zu korrigierenden *Steueranweisungen* bzw. *Entscheidungen*, die die Regelgröße *Erfolg* (Gewinn) wieder in Richtung Sollwert bewegen. Falls beispielsweise das Ergebnis des ersten Halbjahrs aufgrund äußerer Störeinflüsse unter dem Erwartungswert lag, wird die Geschäftsführung für die zweite Jahreshälfte einen überproportionalen Erfolg fordern, um am Jahresende wieder im ursprünglich geplanten Rahmen zu liegen.

Während technische Regelungssysteme sowohl positive als auch negative Abweichungen ausregeln, hat in Unternehmen die Geschäftsführung gewöhnlich keine Einwände, wenn die Regelgröße *Erfolg* $_{Ist}$ höhere Werte annimmt als geplant. Dies ließe sich hier explizit durch eine unsymmetrische Begrenzungskennlinie mit *Erfolg*$_{Soll}$ als Parameter berücksichtigen, die nur Gewinn*unter*schreitungen rückkoppelt. Andererseits gibt es durchaus auch Gründe für eine Ausregelung eines zu hohen Gewinns (durch teilweise Verlagerung in das Folgejahr), beispielsweise wenn dieser im Hinblick auf das Einsparen von Steuern den geplanten Wert nicht übersteigen soll oder wenn bei der vorgelagerten Managementebene bzw. den Aktionären in einem guten Jahr keine überzogenen Erwartungen für das Budget bzw. die Dividende des Folgejahrs geweckt werden sollen.

Der in Bild 1.1 dargestellte, zunächst einfach anmutende Sachverhalt ist jedoch noch etwas komplizierter. Die Betriebswirtschaftslehre kennt nämlich noch die Begriffe *Controller* und *Controlling*, die aus dem Englischen wörtlich übersetzt ein "*Steuern*" implizieren. Häufig wird "Controlling" im erweiterten Sinn auch als Kombination aus *Kontrolle* und *Steuern* verstanden, vereinigt also die zweite und dritte Teilfunktion. *Wenn also der Controller auch das Steuern übernimmt, was macht dann noch der Manager, außer Planen?* Diese im deutschen Schrifttum häufig zu findende Inkonsistenz liegt in der Mehrdeutigkeit des englischen Worts "control", die auch im angelsächsischen Raum zu Missverständnissen führt. Auch dort lässt sich *control* sowohl im Sinne der Kontrolle über einen *Prozess* durch Steuerung und Regelung, beispielsweise die Kontrolle über ein Fahrzeug, als auch im Sinne der Kontrolle einer Person durch eine andere verstehen. Im vorliegenden Kontext ist überwiegend die *Kontrolle über einen Prozess* gemeint. *Controlling* ermöglicht im MBA-Jargon (*Master of Business Administration-Jargon*) einem Manager "*To have Control over a Process*". Sinngemäß übt im Deutschen ein Manager die *Kontrolle über einen Unternehmensprozess* aus. Der Begriff *Controlling* beinhaltet die Vorgabe von *Sollwerten,* einen *Soll-/Istwert-Vergleich* sowie die Existenz einer *Rückkopplung,* die dem Manager etwaige Abweichungen zur Kenntnis bringt und damit das *Ausregeln* von Störeinflüssen erlaubt.

Bild 1.1 zeigt zweifelsfrei schon eine typische *Controllingstruktur* mit Sollwertvorgabe, Rückkopplungsschleife und implizitem Soll-/Istwert-Vergleich, sie lässt jedoch den *Controller* vermissen. Dies liegt daran, dass es diese Person in kleinen und vielen mittelständischen Unternehmen überhaupt nicht gibt. In Bild 1.1 ist der Unternehmer bzw. Top-Manager sein eigener Controller, nimmt den *Erfolg*$_{Ist}$ selbst zur Kenntnis und zieht daraus geeignete Schlüsse. Controlling ohne expliziten Controller ist daher nichts Ungewöhnliches.

In größeren Unternehmen kann der Unternehmer oder Manager wegen des großen Umfangs seiner weiteren Tätigkeiten wie Auftragsbeschaffung, Verhandlungen mit Banken und Lieferanten, ständigen Besprechungen mit leitenden Angestellten, Diskussionen mit dem Betriebsrat, Begegnung von Strukturproblemen, Repräsentationspflichten etc. das Kontrollieren zunehmend weniger selbst wahrnehmen. Er stellt deshalb einen *Controller* ein und überträgt ihm einen wesentlichen Teil seiner Kontrollfunktion, Bild 1.2.

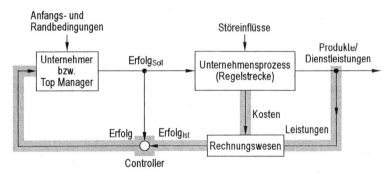

Bild 1.2: Regelungstechnisches Modell "Management eines Unternehmens" mit personifiziertem Controller.

Der Controller "misst" über das Rechnungswesen den Istwert der abgesetzten Produkte und Teilleistungen in Geldeinheiten (*Erlöse*) und ermittelt die Differenz zu den *Kosten*. Das Ergebnis ist der operative *Erfolg* $_{Ist}$. Anschließend stellt er durch Vergleich mit *Erfolg* $_{Soll}$ die Regelabweichung Δ *Erfolg* fest und übermittelt diese Information an den Unternehmer bzw. den Manager. Der Controller übt also die Funktion des *Vergleichsglieds* einschließlich des zugehörigen *Preprocessings* (Rechnungswesen) und *Postprocessings* (Berichtswesen) aus. Diese Funktionen bzw. Aktivitäten sind in Bild 1.2 grau hinterlegt. Je nach Unternehmensgröße kann der Verantwortungsbereich des Controllers zwischen Nichtexistenz und dem Verantwortungsbereich in Bild 1.2 variieren. In größeren Unternehmen gibt es meist einen eigenen Leiter des Rechnungswesens. Der Controller arbeitet dann überwiegend *planerisch*, das heißt *zukunftsorientiert* (Kapitel 6).

Der Unternehmer bzw. *Manager* nimmt das Ergebnis des Soll-/Istwert-Vergleichs zur Kenntnis und führt, oft gemeinsam mit dem Controller, eine Analyse und Bewertung des Ergebnisses durch, auf deren Grundlage er dann *plant*, das heißt, seine Strategie aktualisiert und neue Anweisungen erteilt.

Das Controlling der monetären Größe *Erfolg* ist offensichtlich ein zweistufiger Prozess. In der ersten Stufe werden *Erlöse* und *Kosten* miteinander verglichen und daraus der *Erfolg*$_{Ist}$ ermittelt, in der zweiten Stufe werden *Erfolg*$_{Ist}$ und *Erfolg*$_{Soll}$ miteinander verglichen und daraus Steuergrößen zur Ausregelung von Störungen abgeleitet.

In der Praxis ist der Controller dem Manager beigeordnet, er ist sein *Kaufmann*. Der Controller kann seine Funktion aber auch als *kaufmännischer Geschäftsführer* ausüben und ist dann Mitglied der Geschäftsführung. Der Manager einer Geschäftseinheit ist gewöhnlich der Vorsitzende der Geschäftsleitung. Eine häufig zu findende Analogie vergleicht das Verhältnis *Manager/Controller* mit dem Verhältnis eines *Kapitäns* zu seinem *Lotsen*. Ersterer trägt die Verantwortung, letzterer hilft ihm, ihr gerecht zu werden.

Bislang haben wir die Funktionen *Planung, Steuerung, Kontrolle* überwiegend im Hinblick auf die *monetäre Regelgröße Erfolg* bzw. *Gewinn* betrachtet. Diese ist neben anderen finanziellen Zielgrößen in der Tat auch die vorrangige Messgröße zur Beurteilung und Optimierung privatwirtschaftlicher Unternehmen (Kapitel 2 und 6). Sie lässt sich jedoch nur dann maximieren, wenn alle am *Unternehmensprozess* Beteiligten mitspielen und alle *Unternehmensteilprozesse* stets dem aktuellen Stand der Technik entsprechen. Ein fachlich und finanztechnisch noch so beschlagener Manager wird nur begrenzten Erfolg haben, wenn er es nicht versteht, neben der Konzentration auf die Regelgröße *Gewinn*,

– seine Mitarbeiter zu motivieren, ihre Arbeit so gut wie möglich, nicht so schlecht wie gerade noch akzeptabel, zu verrichten, das heißt sich mit ihrer Arbeit zu identifizieren und ein "*Wir-Gefühl*" zu empfinden *(Mitarbeiterführung* bzw. *soziale Kompetenz)*,

– sich selbst und seine Mitarbeiter durch lebenslanges Lernen mindestens so schnell weiterzubilden wie das Umfeld sich ändert *(Berufliche Weiterbildung)*,

– seine Produktpalette ständig optimal auf seine *Kunden* bzw. den Kundennutzen abzustimmen *(Forschung und Entwicklung)*,

– durch Nutzung aller produktionstechnischen Neuerungen seine Produkte auch zu einem akzeptablen Preis anzubieten *(Produktionstechnik)*,

– durch Nutzung aller Möglichkeiten der Informationstechnik kurze Antwortzeiten und eine hohe Effizienz zu erzielen *(Informationsmanagement)*,

– die Interessen der Menschen, die durch die Existenz seines Unternehmens tangiert werden, angemessen zu berücksichtigen. Typische Beispiele sind der Umweltschutz und der Kernenergiedissens *(Systemkompatibilität)*.

Diese und weitere nichtmonetäre Ziele werden oberbegrifflich als *Erfolgspotentiale* bezeichnet. Bei allen Erfolgspotentialen

- Mitarbeiterführung
- Berufliche Weiterbildung
- Forschung und Entwicklung
- Produktionstechnik
- Informationsmanagement
- Systemkompatibilität

treten zusätzliche, nichtmonetäre Regelgrößen auf, für die ebenfalls die Funktionen *Planen, Steuern, Kontrolle* gefragt sind. Die Steuersignale bestehen in diesem Fall – neben dem Vorleben einer bestimmten Unternehmenskultur – in der Zuweisung von Investitionsmitteln zur Pflege der Erfolgspotentiale, gegebenenfalls auch in Anweisungen zur Vornahme von Desinvestitionen, das heißt Aufgabe nur Kosten verursachender Aktivitäten. Bei der Pflege der Erfolgspotentiale und der gezielten Zuweisung von Investitionsmitteln spricht man von "*Strategischem Controlling*". Deutlich kommt das strategische *Controlling-Paradigma* im *Total Quality Management* (TQM) zum Ausdruck, dessen Essenz ja im Controlling *nichtmonetärer* Vorgänge besteht (8.4). Die Optimierung aller genannten und weiterer Erfolgspotentiale ist eine notwendige, wenn auch nicht hinreichende Voraussetzung für einen maximalen Gewinn.

Die Regelstrecken von Unternehmen besitzen, wie zahlreiche andere Regelstrecken der Verfahrens- und Prozesstechnik auch, ein ausgeprägtes *Totzeitverhalten* in Form endlicher *Durchlaufzeiten* und begrenzter *Geschwindigkeit des Informationstransports*. *Stellgrößen*änderungen bzw. korrektive Eingriffe machen sich daher am Ausgang erst nach einer *Laufzeit* bemerkbar, Änderungen des Istwerts durch *Störgrößen*einflüsse treffen erst um die *Laufzeit* verspätet beim Regler ein. Beides führt zu zeitweise starken Schwankungen der Regelgröße, bis hin zur *Instabilität (Konkurs)*. In der Regelungstechnik versucht man dieses Problem dadurch zu lösen, dass man eine höhere Abtastrate wählt. Im Management versucht man, durch die Erfassung von *Frühwarnsignalen*, z. B. *vierteljährliche* oder gar tägliche *Erfolgsrechnung* (5.3 und 5.10.5), etwaige drohende grobe Istwertabweichungen zu antizipieren und durch rechtzeitiges Ergreifen von Korrekturmaßnahmen größere Schwankungen der Regelgröße aufzufangen. Darüber hinaus lässt sich durch eine grundsätzliche Verkürzung der Durchlaufzeiten und Beschleunigung des Informationstransports mittels einer durchgängigen Nutzung gemeinsamer Daten (CIM, EDI, E-Mail etc.) das Problem des Totzeitverhaltens besser in den Griff bekommen.

Weitere Gemeinsamkeiten der Regelstrecken von Unternehmen oder komplexen verfahrenstechnischen Prozessen sind ihre *Nichtlinearität* und ihre *Zeitvarianz*. Erstere lässt sich bei verfahrenstechnischen Prozessen unter anderem durch wissensbasierte Systeme, z. B. *Fuzzy Control*, letztere durch *adaptive Regler* beherrschen. Beides entspricht beim "Regler" Management einer *adaptiven Strategie* (6.1.1).

Aus Sicht der Regelungstechnik ist ein Unternehmen ein *Multiple-Input/ Multiple-Output-System (MIMO System)*, dessen *Eingangsgrößen* nichtlinear und zeitvariant mit mehreren *Ausgangsgrößen* verknüpft sind. Die Gewinnerzielung ist bei privatwirtschaftlichen Unternehmen der *Hauptregelkreis*, die fünf anderen sowie weitere Regelgrößen entsprechen *Nebenregelkreisen*. Leider beschränken sich nicht wenige Manager (meist *Nichtingenieure*) mangels breiten Fachwissens ausschließlich auf die Regelgröße *Erfolg* bzw. *Gewinn*, was kurzfristig vorteilhaft sein kann, langfristig jedoch wegen mangelnder Pflege der Erfolgspotentiale aber häufig in ein Desaster ausartet. Diese Gefahr ist besonders groß, wenn der Controller nur das *Operative Controlling* der Vergangenheit und Gegenwart ausübt, statt überwiegend zukunftsorientiertes *Strategisches Controlling* zu betreiben. Andererseits gehört zukunftsorientiertes Strategisches Controlling zu den ureigensten Aufgaben eines Managers. Überlässt er sie überwiegend seinem Controller, ist es um seine Qualifikation schlecht bestellt. Die Pflege technikorientierter Erfolgspotentiale, wie beispielsweise Forschung und Entwicklung oder Informationsmanagement, verlangt technisches Fachwissen, über das Controller und Manager mit juristischem oder betriebswirtschaftlichem Background in der Regel nicht verfügen. Die Lösung des Problems besteht wohl darin, Ingenieure künftig mit so viel betriebswirtschaftlichem Wissen auszurüsten, dass sie wieder häufiger auch im Top-Management zu finden sein werden.

In den nachstehenden Kapiteln wird das *Regelungssystem Unternehmen* näher beleuchtet und eine Auswahl essentieller Aspekte repräsentativen Managementwissens vorgestellt, dessen Verständnis und Beherrschung für eine erfolgreiche Karriere in der Industrie tätiger Ingenieure wie auch selbständiger Unternehmer unentbehrlich sind. Wegen weiterer Informationen zu den Themen *Controlling*, *Strategisches Controlling* und *Controller* wird auf Kapitel 6 verwiesen.

2 Sinn und Zweck eines Unternehmens

Ein Betrieb bzw. ein Unternehmen entsteht im einfachsten Fall, wenn ein Initiator, der spätere Unternehmer,

- entweder einen nicht adäquat gedeckten Bedarf bzw. einen Markt für ein Produkt oder eine Dienstleistung erkennt und beschließt, mit der Deckung dieses Bedarfs seinen *Lebensunterhalt* zu bestreiten, oder

- eine Idee für ein neues Produkt bzw. eine neue Dienstleistung kreiert und diese Idee, ebenfalls zur Bestreitung seines *Lebensunterhalts,* mit beträchtlichem Aufwand in den Markt einführt bzw. gar noch einen neuen Markt schafft.

Erstere Motivation für eine Unternehmensgründung ist mit Abstand gegenüber der zweiten vorzuziehen, da eine Nachfrage bereits vorhanden ist (engl.: *Market pull*), während diese im zweiten Fall erst geschaffen werden muss, was nur selten gelingt (engl.: *Market push*). Leider haben Politiker meist die zweite Version im Sinn, wenn sie Studienabgänger zu Existenzgründungen ermutigen und leider glauben auch viele junge Existenzgründer, dass die Idee für ein neues Produkt das Wichtigste ist, die *Kunden* werden schon kommen. Dabei beginnt im Regelfall jede betriebliche Tätigkeit mit dem *Wissen um Kunden,* die

- eines bestimmten Produkts oder einer Dienstleistung bedürfen,
- Kaufkraft, das heißt Geld besitzen,
- das eigene Produkt dem der Konkurrenz vorziehen und,
- *last not least*, einen schriftlichen Auftrag erteilen.

Anschließend gibt es (vom momentanen, hausgemachten Ingenieurmangel mal abgesehen) Ingenieure wie "Sand am Meer", die den Auftrag erledigen.

Es schmerzt den Verfasser, der selbst Ingenieur ist, dies so hart zu formulieren, für die meisten Ingenieure ist es jedoch die rauhe Wirklichkeit des Berufsalltags. In der freien Wirtschaft gilt heute das *Primat des Absatzes* bzw. der *Kundenorientierung* (engl.: *Customer focus*), nicht mehr das *Primat der Produktion*. Sehr treffend kommt dies in einem Slogan zum Ausdruck: "Es ist wichtiger *Marktbesitzer* als *Fabrikbesitzer* zu sein".

Dass der Sinn eines privatwirtschaftlichen Unternehmens darin besteht, den Lebensunterhalt seiner Betreiber zu bestreiten – vom *Unternehmer* bzw. *Top-Management* bis hin zum ausführenden *Angestellten* und *Arbeiter* – und einen Gewinn für die *Kapitalgeber* (*Verzinsung von Eigenkapital* oder *Fremdkapital* und dessen *Risikoabdeckung*) zu erzielen, ist für Studierende der Betriebswirtschaftslehre und Wirtschaftswissenschaften so selbstverständlich wie für Ingenieure das *Ohmsche Gesetz*. Andererseits ist für viele junge Menschen wie auch Mitglieder nichtkapitalistischer Gesellschaftssysteme das Wort *Gewinn* (engl.: *Profit*) ein Reizwort, das Assoziationen zu Ausbeutung, egoistischem Verhalten oder gar schlechtem Charakter weckt.

Ob man es nun wahrhaben will oder nicht, das vorrangige Ziel eines privatwirtschaftlichen Unternehmens besteht in der Tat darin, so hohe Erlöse zu realisieren, dass alle Kosten gedeckt und darüber hinaus ein *Einnahmen/Ausgaben-Überschuss*, mit anderen Worten, ein *Gewinn* oder *Profit* erzielt wird. Dies jedoch nicht auf Kosten der Arbeitnehmer, sondern *gemeinsam mit ihnen*. Beispielsweise durch Herstellung attraktiver Produkte, die sich mit hohen Gewinnmargen verkaufen lassen und damit sowohl eine angemessene Vergütung der Arbeitsleistung des Unternehmers und angemessene Verzinsung des von ihm eingesetzten Kapitals (*Kapitalvermehrung*) als auch eine gerechte Entlohnung der Mitarbeiter erlauben (3.1). *Unternehmen, die keinen Gewinn erwirtschaften, kommen entweder gar nicht erst zustande oder verschwinden nach kurzer Zeit wieder. Versagen Unternehmen bei der Erzielung eines Gewinns, geht es in der Regel auch deren Arbeitnehmern schlecht.*

Im Folgenden wird versucht, die Notwendigkeit des Erzielens eines Gewinns an einem simplen Fallbeispiel zu erläutern.

Ein Student, der bereits während seiner Oberschulzeit als Elektronikbastler beträchtliche Erfahrung gesammelt und diese während seines Studiums vertieft hat, macht sich nach Abschluss seines Studiums selbständig. Er beschafft aus seinen Ersparnissen in Höhe von 2.500 € sowie einem Darlehen seiner Eltern in Höhe von weiteren 2.500 € einige Arbeitsgeräte und baut in Keller und Garage des elterlichen Hauses Rechner für Spezialanwendungen. Er ist fortan selbständiger *Unternehmer* und verkauft einige Rechner an Firmen und

Forschungsinstitute in der näheren Umgebung. Wenn er die Kosten für die Bauelemente und Gehäuse, eine technische Hilfskraft, Telefon- und Versandkosten, Besuche bei seinen Kunden, Beschaffung weiterer Arbeitsgeräte und Messeinrichtungen, betriebliche Steuern etc. von den Einnahmen abzieht, verbleibt ihm im Monat ein Gewinn von 3.000 €, mit dem er seine private Lebensführung bestreitet. Dieser Gewinn deckt knapp seine Arbeitsleistung sowie die Verzinsung des von ihm eingesetzten Geldes, das im Kontext gewöhnlich als *Kapital* bezeichnet wird.

Leider ist der Begriff Kapital durch die Begriffe *Kapitalismus* oder *Kapitalisten* stark negativ vorbesetzt, nicht zuletzt auch durch manche unverhältnismäßig hohen Managergehälter und –abfindungen (7.1.6). Kapital bedeutet jedoch schlicht *Geld*, das ein Gründer oder Betreiber eines Unternehmens für die Beschaffung von Rohmaterial, Maschinen, Löhnen und Gehältern, Mieten, Bankzinsen etc. benötigt bzw. *vorstrecken* muss. Dieses Geld bleibt in illiquider Form im Unternehmen gebunden, solange das Unternehmen existiert, so genannte *Kapitalbindung*. Zusätzliches Kapital wird für Erneuerungs- und Modernisierungsinvestitionen sowie für etwaige Betriebserweiterungen benötigt.

Der Unternehmer hat die Vision, dass er zehn-, ja hundertmal so viele Rechner verkaufen könnte, wenn er sein Geschäft auf eine größere Basis stellen, mit anderen Worten, größere Räumlichkeiten mieten, weitere Mitarbeiter einstellen und geeignete Werbemaßnahmen ergreifen würde. Hierzu braucht er weiteres *Kapital*. Konsequenterweise geht er zu einer Bank, die in junge Unternehmen *Wagniskapital* ohne große Sicherheiten investiert. Er stößt dort auf sehr verständnisvolle Bankdirektoren (eine große Seltenheit), die mit ihm eine Gesellschaft gründen (Kapitel 3), in die der Tüftler seine Werkstätten und sein Know-how im Wert von 50.000 € einbringt und die Bank 450.000 € in bar für die erforderlichen Investitionen dazulegt. Es wird vereinbart, dass der Tüftler ab sofort jeden Monat 4.000 € Gehalt für seine Tätigkeit als *Geschäftsführer* erhält. Zusätzlich erhält er quasi als Verzinsung des von ihm eingebrachten *Gesellschaftsanteils* am Jahresende ein Zehntel des etwaigen Gewinns, der gemäß den Firmenanteilen im Verhältnis 1 : 9 aufgeteilt wird.

Damit die Investition für die Bank Sinn macht, erwartet sie *zunächst* eine Verzinsung ihrer Einlage mit beispielsweise 7 % pro Jahr, einem Zinssatz, den sie etwa auch von einer Privatperson erheben würde, die eine 1. Hypothek für den Bau eines Einfamilienhauses erhielte. Darüber hinaus erwartet sie beispielsweise weitere 10 % für das *erhöhte Risiko*, das sie eingeht, indem sie Geld ohne Sicherheit in ein Unternehmen steckt. Die Forderung eines erhöhten Zinssatzes bei Krediten ohne substantielle bzw. dingliche Sicherung ist durchaus legitim, da die Bank mit diesem Geld Rücklagen zur Deckung von Verlusten bilden muss, die durch Nichtrückzahlung anderer riskanter Kredite entstehen (5.11.1.3). Generell müssen riskantere Investitionen eine höhere Verzinsung bieten, damit sich überhaupt potentielle Investoren bzw. Kreditgeber finden.

Verbleibt am Jahresende nach Abzug aller Materialkosten und Löhne, einschließlich des Gehalts für den Tüftler, ein Gewinn von mindestens 17 % der Einlagen, wird das Unternehmen auch im nächsten Jahr fortgeführt.

Der Tüftler ist fortan nicht mehr *Unternehmer* (*Entrepreneur*), sondern *Angestellter* bzw. *Manager* (*Intrapreneur*) in einem überwiegend anderen Personen gehörenden Unternehmen. *Manager sind Angestellte mit Fachkompetenz, die im Auftrag von Kapitalgebern, Aktionären oder Erben – das heißt Eignern, die selbst meist keine Fachkompetenz besitzen – deren Firmen betreiben.* Manager bekommen für ihre Arbeitsleistung ein *Gehalt* (meist Grundgehalt zuzüglich *Tantieme*) und sind gegebenenfalls auch am *Gewinn* des Unternehmens beteiligt, wenn sie selbst *Anteile* bzw. *Aktien* besitzen. In ihrer Einkommensteuererklärung zählt ihr Gehalt zu den *Einkünften aus nichtselbständiger Tätigkeit*, ihr etwaiger Gewinnanteil zu den *Einkünften aus Kapitalvermögen*. Beide sind völlig entkoppelt.

Angenommen, die Firma arbeitet tatsächlich erfolgreich, kann man das Ganze weiterspinnen. Um den Weltmarkt mit Spezialcomputern zu beglücken, braucht die Partnerschaft wieder zusätzliches Kapital für den Bau einer Fabrik, für die Einrichtung von Vertriebsaußenstellen im Ausland usw. Sie gründet eine Aktiengesellschaft, geht an die Börse und verkauft Aktien an Investoren, die selbstverständlich für die mit dem Kauf der Aktie getätigte Investition eine entsprechende *Verzinsung* (*Dividende*) und/oder einen *Kursgewinn* erwarten, andernfalls würden sie ihr Geld besser gleich festverzinslich bei einer Bank oder auf eine noch treffendere Art anlegen.

Eines ist sicher: Das Unternehmen, einschließlich der von ihm geschaffenen Arbeitsplätze, hätte sich niemals so entwickeln können, wenn nicht nach Abzug aller Kosten und Investitionen alljährlich ein Gewinn erwirtschaftet worden wäre, mit anderen Worten, Kapitalgeber bzw. Aktionäre nicht eine dem Risiko angemessene Verzinsung ihrer Einlagen hätten erwarten dürfen. Ferner würde das Unternehmen ohne regelmäßigen Gewinn auch wieder verschwinden, da die Eigner ihre Einlagen abziehen würden, falls sie keine angemessene

Rendite erzielten. Das Unternehmen würde in Liquiditätsschwierig-keiten geraten und in Konkurs gehen. Einen Gewinn oder Profit zu erwirtschaften ist daher eine notwendige Bedingung für die Existenz eines Unternehmens und ein durchaus legitimes Vorgehen. Diskussionsfähig ist allerdings die Aufteilung des Gewinns auf die Kapitalgeber, das Management sowie die Mitarbeiter in Form von Tantiemen oder Erfolgsbeteiligungen.

Es soll Firmen geben, deren Ziel vorrangig in der Gewinnmaximierung für die Eigner liegt, im deutschen Sprachraum meist wenig treffend mit *Shareholder Value* gleichgesetzt (5.9.5). Wenn von den Mitarbeitern durchschaut, resultiert dies gewöhnlich in einem *Motivationsschwund*. Nur eine angemessene Aufteilung des Gewinns auf Kapitaleigner *und* Arbeitnehmer führt dauerhaft zu einer maximalen Verzinsung der Einlagen für erstere. Falls vom Top-Management nicht selbst so gesteuert, sorgt die Tarifpolitik zwischen Unternehmern und Gewerkschaften für die Angemessenheit, was noch nicht heißt, dass damit eine gesamtgesellschaftlich optimale Lösung erreicht wird.

Eine *systemorientierte Betriebswirtschaftslehre* erkennt durchaus an, dass *Arbeitnehmer* und *Arbeitgeber* in einem Boot sitzen und der Gewinn angemessen aufgeteilt werden muss. Gewöhnlich teilen jedoch Arbeitnehmer selten die Meinung, dass in schlechten Zeiten dann auch die Verluste aufgeteilt werden müssten, was aus Sicht des Erhalts von Arbeitsplätzen dringend geboten wäre. Stattdessen wird meist der Kopf in den Sand gesteckt und auch bei schlechter Auftragslage das gleiche Gehalt erwartet, selbst wenn das Unternehmen zum Erhalt der *Liquidität* (5.8.2) gleichzeitig Arbeitskollegen entlassen muss. Die wohl zweckmäßigste Art der Erfolgsbeteiligung ist die Ausgabe von Aktien an Arbeitnehmer, die damit in gleicher Weise am Gewinn und Verlust beteiligt sind wie der Rest der Kapitaleigner.

Es wäre jedoch verfehlt anzunehmen, dass Mitarbeiter, nur weil sie ein paar Aktien besitzen, deswegen auch mehr leisten müssten. Ein hierdurch bewirkter höherer Jahresüberschuss käme ja dann auch den Hauptaktionären zu gute, ohne dass diese selbst mehr geleistet oder ein höheres Risiko getragen hätten. Mehrleistungen von Mitarbeitern sind daher zunächst durch ein höheres, gerechtes Entgelt zu kompensieren und nur der erzielte höhere Gewinn wird dann gemäß den Aktienanteilen verteilt.

Es ist für den nicht betriebswirtschaftlich geschulten Arbeitnehmer schwer einsehbar, dass ein Unternehmen trotz schlechter Zeiten Gewinne verkündet und gleichzeitig Arbeitnehmer freistellt. *Eigenkapital* und *Fremdkapital* müssen jedoch auch bei schlechter Ertragslage eines Unternehmens regelmäßig und pünktlich verzinst werden, sonst kündigen die Banken ihre Kredite, was das Unternehmen in der Regel in den Konkurs führt. Im Übrigen erfolgt bei rückläufiger Geschäftsentwicklung die Anpassung der Kosten durch Freistellung von Arbeitnehmern wegen der zunächst zu zahlenden Abfindungen (engl.: *Severance pay*) nur verzögert und ist daher zusätzlich liquiditätsgefährdend *(Kostenremanenz)*.

In diesem Kontext ist wichtig zu wissen, dass in der Bundesrepublik der Fremdkapitalanteil der Unternehmen im Durchschnitt bei 80 % liegt. Für einen Unternehmer macht das Betreiben seines Unternehmens keinen Sinn mehr, wenn er sein Eigenkapital nicht verzinst bekommt. Das Einkommen eines Unternehmers besteht bekanntlich nur in der *Eigenkapitaländerung* bzw. *Eigenkapitalmehrung*, die mindestens sein kalkulatorisches Gehalt und die Verzinsung des Eigenkapitals enthalten muss (5.4.2). Das Ausbleiben dieser Änderung legt ein Schließen des Betriebs nahe.

Bei Kapitalgesellschaften wird das Gehalt der Manager bereits vor der Gewinnermittlung als Betriebsausgabe abgesetzt, so dass der verbleibende Gewinn im Regelfall an die Gesellschafter bzw. Aktionäre ausgeschüttet wird. Aktionäre stellen quasi eine *räumlich verteilte Bank* dar und erwarten als solche auch eine Verzinsung der mit dem Kauf ihrer Aktien gegebenen Darlehen. Falls eine Kapitalgesellschaft diese "Zinsen" nicht leisten kann, bestellt die *Gesellschafterversammlung* bzw. der *Aufsichtsrat* (Kapitel 3), in dem die *Großaktionäre* – häufig *Banken* – vertreten sind, zur Wahrung der Ansprüche der Aktionäre neue Manager. Diese führen das Unternehmen wieder in die Gewinnzone, bei unveränderter Auftragslage vorrangig durch *Anpassung der Mitarbeiterzahl an die tatsächlich vorhandene Arbeit* (5.11.1.3). Eine solche Entscheidung ist für den einzelnen Betroffenen meist schwer verständlich, andererseits aber zum Erhalt der restlichen Arbeitsplätze oft zwingend notwendig (was auch vom Betriebsrat, der ja das Wohl *aller* Mitarbeiter im Auge haben muss, immer eingesehen wird). Zur Verringerung der Existenzbedrohung springt der Staat bis zum Erhalt eines neuen Arbeitsplatzes mit der *gesetzlichen Arbeitslosenversicherung* ein, in die nicht nur der *Arbeitnehmer*, sondern auch der *Arbeitgeber* zuvor Beiträge entrichtet hat (*Arbeitgeberanteil*).

Ein Unternehmen kann nicht mehr Geld ausgeben als es durch Aufträge einnimmt (*Liquiditätsverlust* 5.8.2). Bei zu erwartender schlechter Auftragslage wird das Gleichgewicht des Geldflusses gestört werden und muss durch Verringerung der künftigen Kosten, das heißt Anpassung der Zahl der Arbeitskräfte an die vorhandene Arbeit vorausschauend gewahrt werden. Dies wird von den Mitarbeitern schon gar nicht eingesehen, da es zum Zeitpunkt der Kündigung dem Unternehmen ja noch gut geht.

Obwohl es rein rechnerisch angemessen zu sein scheint, die Zahl der Arbeitskräfte dem jeweiligen Arbeitsanfall in Echtzeit anzupassen, obliegt Arbeitgebern eine gewisse *soziale Verantwortung*. Zum einen erkennen sie viel früher, dass der Arbeitsanfall abnehmen wird, zum anderen besitzen sie in der Regel größere finanzielle Reserven um auch einmal eine Durststrecke leichter überstehen zu können. Dieser sozialen Verantwortung wird durch so genannte *Sozialpläne* bzw. *Abfindungen* Rechnung getragen, die den Übergang in die Arbeitslosigkeit, während der dann die Sozialversicherung in Kraft tritt, abfedern.

Im Vorgriff auf Kapitel 5 sei bereits hier erwähnt, dass die Forderung nach Erhalt des mittel- und langfristigen *Gleichgewichts von Einnahmen und Ausgaben* sowie der *Liquidität* eines Unternehmens, das heißt seiner ständigen Zahlungsfähigkeit, noch höhere Priorität als die Gewinnerwirtschaftung besitzt. Bei *Liquiditätsverlust* geht ein Unternehmen sofort in Konkurs, so dass dann unter Umständen nicht einmal mehr *Geld für einen Sozialplan* zur Verfügung steht. Die Wahrung der Liquidität ist für den Betriebswirt so selbstverständlich, dass sie häufig gar nicht erst als Unternehmensziel erwähnt wird.

Eine weitere Voraussetzung dafür, dass sich obiges Fallbeispiel etwa so abgespielt haben könnte, ist das Vorhandensein eines *Marktes*, das heißt zahlreicher *Kunden*, die einen Bedarf für Spezialrechner besitzen und weiter *über Mittel verfügen*, diese Rechner auch kaufen zu können. Ein Markt, der seinen Namen verdient, ist nicht allein durch *Bedürfnisse* für Güter oder Dienstleistungen gekennzeichnet, sondern auch dadurch, dass diejenigen, die Bedürfnisse haben, auch das entsprechende *Geld* besitzen, sie zu befriedigen. Erst das Vorhandensein beider führt zu einem ernstzunehmenden *Bedarf* bzw. *Markt*. So haben beispielsweise viele Menschen in unterentwickelten Ländern das Bedürfnis, einen Kühlschrank oder eine Photovoltaikanlage zu besitzen, sie stellen dennoch mangels Kaufkraft keinen Markt dar. Wenn heute viele Firmen in diesen Ländern produzieren, dann nicht unbedingt weil sie dort einen Markt sehen, sondern um den hohen *Lohnkosten* bzw. *Lohnnebenkosten* in den westlichen Ländern auszuweichen und die im Ausland billiger produzierten Geräte wieder in Ländern mit bekannt starker Kaufkraft auf den Markt zu bringen. Dies hat beträchtliche Konsequenzen für die Heimatländer, wie das aktuelle Geschehen zeigt.

Neben den *privatwirtschaftlichen* Unternehmen, deren vorrangiges Unternehmensziel die Erwirtschaftung eines Gewinns ist, gibt es die große Gruppe *öffentlicher* Unternehmen bzw. *Organisationen, die vorrangig nichtmonetäre Ziele* verfolgen (engl.: *Not-for-profit organization*), beispielsweise die *Ministerien, Kommunen, Universitäten, Großforschungseinrichtungen* etc. Auch dort gibt es umfangreiche Managementaufgaben. Diese Organisationen unterscheiden sich jedoch in sechs ganz wichtigen Punkten von privatwirtschaftlichen Unternehmen:

- Privatwirtschaftliche Unternehmen und deren Mitarbeiter werden von ihren Kunden bezahlt. Die Kunden zahlen nur dann, wenn das Unternehmen eine totale Zufriedenstellung erwarten lässt, ansonsten gehen sie zur Konkurrenz. Sämtliche Unternehmensaktivitäten werden daher ständig so ausgerichtet, dass eine nachhaltige *Kundenzufriedenheit* erreicht wird.

  Im Gegensatz dazu ist bei der großen Gruppe der *öffentlichen Unternehmen* wie in einer *Planwirtschaft* das *Budget* bzw. der *Etat "einfach da"*, unabhängig davon ob das gezeigte Engagement die Kunden zufrieden stellt oder nicht. Man verhandelt lediglich mit gleichgesinnten Kollegen über geringfügige Verschiebungen oder der Inflation angepasste Steigerungen, derzeit auch mal über Kürzungen. Etwaige Budgetkürzungen infolge mangelnden Eingangs von Einnahmen werden durch *Nichtwiederbesetzung (Stellenstreichung)* oder *verzögerte Besetzung* vorhandener Stellen, *Ausgabensperren, Verschieben der Inangriffnahme großer Investitionsvorhaben ins nächste Haushaltsjahr* usw. aufgefangen. Die durch diese Maßnahmen bedingte *verminderte Funktionalität* muss vom Bürger hingenommen werden. Kunden privatwirtschaftlicher Unternehmen würden die verminderte Funktionalität mit einem Wechsel zur Konkurrenz quittieren.

- Unterschreiten die Einnahmen die Ausgaben oder sind letztere gegenüber dem Vorjahr gestiegen, gibt es die Möglichkeiten der Erhöhung der Einnahmen durch Steuererhöhungen oder durch höhere Verschuldung (meist erst nach Wahlen). Bei einem privatwirtschaftlichen Unternehmen lassen sich höhere Einnahmen nicht per Gesetz von den Kunden eintreiben. Auch eine höhere Verschuldung ist nicht möglich, da sie zur Reduzierung des Gewinns und in den Konkurs führt. Privatwirtschaftliche Unternehmen müssen ihren *Umsatz* und *Gewinn* durch permanente Steigerung der *Produktivität* und *Effizienz* ständig gegen den Wettbewerb verteidigen, was letztlich zu ihrer für die Kunden angenehmen hohen *Performance* führt. Nicht zuletzt sind aus diesem Grund die spezifischen Kosten für

Autos, Kameras, Hi-Fi-Anlagen, Flugreisen etc. ständig gesunken, so dass sich jeder Bürger heute wesentlich mehr Annehmlichkeiten leisten kann als seine Vorfahren.

– Privatwirtschaftliche Unternehmen nehmen Kredite auf, um Erweiterungs- und Modernisierungsinvestitionen zu tätigen, die anschließend eine höhere Wertschöpfung ermöglichen. Das Ganze macht natürlich nur dann Sinn, wenn die Gewinnsteigerung höher ist als der Kapitaldienst bzw. die Zinsen. Das Unternehmen Bundesrepublik nahm in der Vergangenheit vielfach Schulden für den *Konsum* auf. Hierin unterscheidet es sich nicht von einem Bürger, der einen Kredit aufnimmt, um einen kostspieligen Urlaub zu bezahlen. Das Kapital ist spätestens nach Beendigung des Urlaubs vernichtet. Zins und Tilgung bleiben aber bestehen und verursachen permanent höhere Kosten.

– Ein weiterer wesentlicher Unterschied besteht in der abweichenden Gewichtung von *Effektivität* und *Effizienz*. Unter Effektivität versteht man die Konzentration auf die *richtigen Dinge*, beispielsweise die ständige Anpassung von Produkten und Dienstleistungen an veränderliche Märkte und Kundengewohnheiten. Mit anderen Worten, dauernd die richtigen Produkte zu haben bzw. das *Richtige* zu tun.

Effektivität: "Die *richtigen* Dinge tun"

Unter *Effizienz* versteht man, das was man tut, auch noch mit geringstem Aufwand bzw. höchstem Wirkungsgrad zu tun, mit anderen Worten, "richtig" zu tun.

Effizienz: "Die Dinge *richtig* tun"

Ein privatwirtschaftliches Unternehmen mag ein durch die Technik überholtes Produkt noch so *effizient* herstellen, es wird dennoch in Konkurs gehen. Prosperierende privatwirtschaftliche Unternehmen müssen zum Überleben *effektiv und effizient* arbeiten, sonst machen sie keinen Gewinn bzw. werden vom Wettbewerb überrollt. Sie müssen mit anderen Worten ständig die *richtigen* Dinge *richtig* tun. Das *Effektivitätsparadigma*

– Effektivität kommt vor Effizienz –

wird an vielen Stellen dieses Buches implizit und explizit auftreten. Es ist die essentielle Grundlage erfolgreichen Managements.

Auch öffentliche Unternehmen bemühen sich, effizient zu arbeiten, mangels Wettbewerb hapert es jedoch oft mit der Effektivität. Ein Großteil behördlicher Tätigkeit dient der peinlichen Überwachung der Einhaltung existierender Vorschriften. Dies funktioniert auch sehr gut (hohe Effizienz). Dass es sich oft um die Überwachung der Einhaltung "*alter* oder *überflüssiger Zöpfe*" handelt (mangelnde *Effektivität*), wird häufig leider zu wenig beachtet. Aufgrund der Monopolnatur öffentlicher Unternehmen tritt mangelnde Effektivität nur bedingt in Erscheinung, da in der Regel kein Vergleich mit lokalen Wettbewerbern möglich ist, die zeigen, wie es besser geht.

– Privatwirtschaftliche Unternehmen bedienen sich zur Optimierung ihrer Performance eines ausgedehnten *Managementinformationssystems*, bestehend aus *Bilanzen, Gewinn- und Verlustrechnung, Cash-Flow-Statements, Kostenrechnungen* usw. Dagegen ähnelt die so genannte *kameralistische Buchführung* der öffentlichen Einrichtungen eher dem *Haushaltsbuch* einer Hausfrau, die damit sorgfältig überwacht, dass sie nicht mehr Geld ausgibt, als sie am Monatsanfang für den ganzen Monat erhält. Die Unkenntnis in der Privatwirtschaft selbstverständlicher betriebswirtschaftlicher Zusammenhänge, das mangelnde Verständnis bzw. die Ignoranz des Begriffs *Kosten* (5.10) sowie das Fehlen eines geschlossenen Regelkreises (Kapitel 1) lässt ein nahezu grenzenloses Wachstum an Vorschriften und Auflagen zu und verhindert die ständig geforderte *Deregulierung* bzw. *Vereinfachung von Verwaltungs- und Genehmigungsverfahren*. Die Kontrolle durch den *Bundes-* und *Landesrechnungshof* ist kein gleichwertiger Ersatz für die Kontrolle durch die *Kunden* und den *Wettbewerb*, sowie für das Fehlen des *Performance-Indikators* "*Gewinn*". Dabei lässt sich auch für Not-for-profit Unternehmen im übertragenen Sinn ein *nichtmonetärer* Gewinn definieren, budgetieren und kontrollieren (7.4 und 8.4).

– Schließlich müssen privatwirtschaftliche Unternehmen bei nachhaltig vermindertem Auftragseingang zwangsweise eine Anpassung der Zahl der Arbeitskräfte an die vorhandene Arbeit vornehmen, das heißt, Arbeitskräfte freistellen (engl.: *Downsizing, Rightsizing*). Anderenfalls wäre nach kurzer Zeit ihre Liquidität gefährdet, der Betrieb ginge in Konkurs und damit wären *alle Arbeitsplätze* verloren. Bei öffentlichen Einrichtungen sind die Arbeitsplätze bzw. die Gehälter und Löhne der Staatsbediensteten praktisch immer gesichert, da das Budget wie oben bereits erwähnt, "*einfach da ist*", sei es auch durch unverantwortliche Höherverschuldung oder Verabschiedung eines Gesetzes zur Erhöhung der Steuereinnahmen.

Etwaige Budgetkürzungen werden im personellen Bereich durch *Nicht-wiederbesetzung (Stellenstreichung)* oder *verzögerte Besetzung* vorhandener Stellen aufgefangen, nicht jedoch durch *Entlassungen*.

Angestellte und Arbeiter privatwirtschaftlicher Unternehmen sind bezüglich der *Arbeitsplatzsicherheit*, der *Arbeitsintensität* und des *Leistungs-drucks* gegenüber ihren Kollegen und Kolleginnen in öffentlichen Unternehmen massiv benachteiligt. Überall sonst im Wirtschaftsleben wird höhere Sicherheit bzw. geringeres Risiko auch mit niedrigeren Zinsen bedacht, das heißt einem geldwerten Vorteil gleichgesetzt.

Zusammenfassend lässt sich feststellen:

Die generischen Unterschiede zwischen privatwirtschaftlichen Unternehmen und öffentlichen Einrichtungen bestehen darin, dass erstere nur dann bezahlt werden, wenn sie ihre Kunden zufrieden stellen, und dass sie sich ständig gegen Wettbewerber behaupten müssen. Das Betreiben privatwirtschaftlicher Unternehmen ist ein *permanentes Ringen* um die *Kundengunst* und den *Erhalt der Marktposition* gegenüber dem Wettbewerb. Beide Motivationszwänge sind Mitarbeitern öffentlicher Unternehmen völlig fremd. Ein Großteil der Bediensteten öffentlicher Unternehmen hat bis zum heutigen Tag nicht begriffen, dass sie für den Bürger da sind und nicht umgekehrt.

Ein *strukturell* oder durch geringste *Unzufriedenheit der Kunden* bedingter Auftragsrückgang stellt sofort die *Existenz* privatwirtschaftlicher Unternehmen und ihrer Arbeitsplätze in Frage. Jedes Defizit der Ausgaben über die Einnahmen muss schnellstmöglich durch Reduzierung der Ausgaben und erhöhte Anstrengungen der Mitarbeiter aufgefangen werden. Weder tolerieren die Eigner das nachhaltige Ausbleiben der Verzinsung ihrer Einlagen, noch tolerieren Kunden eine Funktionsminderung. Die betriebswirtschaftliche Bedeutung der Erzielung eines Gewinns liegt daher sowohl in der Verzinsung des Kapitals der Anleger bzw. *Investoren* als auch in seiner Funktion als Gradmesser, nach dem ein Unternehmen optimal gesteuert und am Markt positioniert wird. Das Trachten nach Gewinn ist keineswegs unmoralisch, lediglich eine etwaige, ungerechte Aufteilung auf die *Produktionsfaktoren Kapital* und *Arbeitskraft*.

Die von Politikern immer wieder an die Privatwirtschaft gerichteten Apelle zur "*Schaffung von Arbeitsplätzen*" verkennen in erschreckender Unschuld *Ursache* und *Wirkung*. Arbeitsplätze lassen sich nicht einfach "schaffen". Sie stellen sich entweder bei guter Auftragslage selbsttätig ein oder es gibt sie nicht. Lediglich öffentliche Unternehmen und Politiker glauben durch so genannte Arbeitsplatzbeschaffungsmaßnahmen *"Arbeitsplätze schaffen"* zu können, selbstverständlich auf Kosten des Rests der Bevölkerung (ihrer Kunden!) und ohne diese zu befragen. Hierbei handelt es sich aber um *Scheinarbeitsplätze*. Die Schaffung realer, wertschöpfender Arbeitsplätze erfordert immer *Kapital* von Investoren, bzw. bei guter Auftragslage selbst erwirtschaftetem *Gewinn*, zur Gründung oder Erweiterung von Unternehmen.

Eine gute Auftragslage lässt sich zunehmend schwieriger durch einen überproportionalen Aufwand für Forschung und Entwicklung bewirken. Die stärkere *Hebelwirkung* besteht zunächst in der Senkung der *Gemeinkosten* (5.10.1), vorrangig durch Reduzierung von Lohnnebenkosten in Form gesetzlich eingeforderter Abgaben an den Staat und der Flut vielfältiger *Personal* und *Kapital* bindender staatlicher Auflagen. Ein weiterer mächtiger Hebel ist *Total Quality Management* (7.4) oder gar *Six Sigma* (7.5). Beide Maßnahmen führen zu wettbewerbsfähigeren Preisen und letztlich zu mehr *Aufträgen*. Nur so und nicht anders lassen sich bei Akzeptanz der Forderung nach steigenden Löhnen und Gehältern nachhaltig solide Arbeitsplätze schaffen.

Würden privatwirtschaftliche Unternehmen keine Gewinne erzielen, gäbe es sie nicht. Nicht nur die *Verwaltung*, sondern auch die *Produktion* wären dann in den Händen des Staates. Welcher *Kundennutzen* und welche *Effizienz* und *Lebenskraft* damit im internationalen Wettbewerb erreicht werden kann, haben die Staatsbetriebe im Ostblock eindrucksvoll gezeigt. Außerdem fielen die Gewinnsteuern der Unternehmen weg, mit denen der Staat zusammen mit anderen Steuereinnahmen anschließend seine hoheitlichen Aufgaben für das Gemeinwohl wahrnimmt und auch seine Beamten und Angestellten finanziert. In einer Knappheitswirtschaft ist der Kunde nicht *König*, sondern *Bittsteller*. Öffentliche Unternehmen können es sich leisten mit ihren Kunden wie in einer Knappheitswirtschaft umzugehen, privatwirtschaftliche Unternehmen nicht.

Schließlich sei erwähnt, dass die Bevölkerung bzw. die Arbeitnehmer in USA keinerlei Probleme mit der *"Erzielung eines Gewinns"* bzw. mit dem Wort *"Profit"* haben. Mangels einer *vergleichbar guten Sozialversicherung* wie in Deutschland sorgen fast alle amerikanischen Arbeitnehmer zusätzlich auf eigene Faust für ihren Ruhestand vor, indem sie beizeiten Teile ihres Einkommens in Aktien anlegen. Selbstverständlich erwarten sie von *"ihren"* Unternehmen, dass diese einen *"Profit"* erwirtschaften, der zu *Dividendenzahlungen* und/oder einer *Wertsteigerung* ihrer Aktien führt. Konsequenterweise haben sie auch dafür Verständnis, dass ihr eigenes Unternehmen Profit machen muss, auch in schlechten Zeiten. Darüber hinaus haben sie auch weniger Probleme mit hohen Managementgehältern, sofern diese an einen entsprechend hohen Aktienkurs gekoppelt sind.

Hinzu kommt der amerikanische Traum vom *Selbständig-* bzw. *Unabhängigsein* und die Existenz zahlreicher Vorbilder, die vom Habenichts zum Unternehmer avanciert sind (sei es auch nur als Betreiber eines *Coffee Shops* oder *Souvenirladens*). *Besserverdienende* werden in USA dafür bewundert, dass sie es zu etwas gebracht haben. Ihnen ist es gelungen, den "*American Dream*" zu verwirklichen.

Ein weiterer wichtiger Grund, dieser für Deutsche erstaunlichen Sichtweise, liegt in der Tatsache, dass *alle* Amerikaner bis zum 18. Lebensjahr auf die "Highschool" gehen. Die in Deutschland übliche Unterscheidung in *Normalverdiener* und die so genannten *Besserverdienenden* beginnt nicht bereits nach dem vierten Schuljahr. Man spricht schlicht von den *Mitarbeitern* (engl.: *Employees*). In USA käme daher auch niemand auf die Idee vom *Proletariat* zu sprechen. Es gibt zwar ein großes Spektrum von *sehr arm* bis *sehr reich* aber praktisch kaum einen Unterschied bezüglich des gegenseitigen Respekts und des jeweiligen Selbstbewusstseins. Ein Manager hat durchaus auch freundliche Worte für die Raumpflegerin übrig. Sieht man vom Rassenproblem ab, hat *jeder* Amerikaner das Gefühl, gleiche Chancen zu haben bzw. seines eigenen Glückes Schmied zu sein. Misserfolge weist er in der Regel *sich selbst*, nicht der *Gesellschaft* zu. Das Phänomen der „*Neidgesellschaft*" ist in USA praktisch nicht existent.

Mit Hilfe des eingangs vorgestellten einfachen Fallbeispiels und durch den Vergleich privatwirtschaftlicher Unternehmen mit öffentlichen Einrichtungen dürften die *Notwendigkeit, Legitimität und Bedeutung des Erzielens eines Gewinns* durch privatwirtschaftliche Unternehmen wohl so weit herausgemeißelt worden sein, um etwas zum besseren Verständnis dieser Thematik beizutragen.

3 Wie funktioniert ein Unternehmen?

Unternehmen sind Kombinationen der *Produktionsfaktoren*

- *Mitarbeiter* (Arbeiter und Angestellte),
- *Kapital* (Werkzeugmaschinen, Rechner, Immobilien),
- *Werkstoffe* (Rohstoffe, Hilfs- und Betriebsstoffe),
- *Information* (Konstruktionszeichnungen, Daten),
- *Unternehmensleitung* (Führungskräfte, leitende Angestellte).

Die ersten vier Produktionsfaktoren bezeichnet man als *Elementarfaktoren*, der fünfte Faktor ist der so genannte *Dispositive Faktor*, bei privatwirtschaftlichen Unternehmen auch als *Unternehmerisches Handeln* bezeichnet. Ihm obliegt die synergistische Koordination und das Steuern des Zusammenwirkens der ersten vier Faktoren an Hand zuvor erstellter und in regelmäßigen Abständen aktualisierter *Pläne*. Er erweckt die Kombination der ersten vier Faktoren erst zum Leben, was vielen Arbeitnehmern gar nicht richtig bewusst ist. Ohne diesen dispositiven Faktor kommt ein Unternehmen erst gar nicht zustande bzw. gibt es keine Arbeitsplätze. Umgangssprachlich wird ein Unternehmen oft auch als *Betrieb* bezeichnet. Unter letzterem verstehen die Wirtschaftswissenschaften jedoch mehr die eigentliche *Produktionsstätte* bzw. die Stätte, wo die Tätigkeit gemäß *Unternehmenszweck* stattfindet, beispielsweise ein Kfz-*Reparaturbetrieb*.

3.1 Unternehmen und ihr geschäftliches Umfeld

Unternehmen sind *Subsysteme* nationaler oder globaler *Wirtschaftssysteme*. Sie agieren nicht als *abgeschlossene Systeme*, sondern pflegen über ihre *Systemgrenzen* hinweg intensive komplexe Beziehungen mit ihrem Umfeld. Aus Sicht eines einzelnen Unternehmens lassen sich die Komponenten dieses Umfelds vier Mengen zuordnen,

- *Absatzmarkt* (Kunden),

- *Kapitalmarkt* (Eigner, Fremdkapitalgeber),

- *Beschaffungsmarkt* (Mitarbeiter, Rohstoffe, Energie),

- *Staatsmarkt* (Infrastruktur).

Abhängig vom Geschäftsvorfall - *Kauf* von Rohmaterial oder *Verkauf* eigener Erzeugnisse - zählt ein bestimmtes Unternehmen mal zum *Beschaffungsmarkt*, mal zum *Absatzmarkt*. Die vielfältigen Wechselbeziehungen eines Unternehmens mit seinem Umfeld zeigt Bild 3.1.

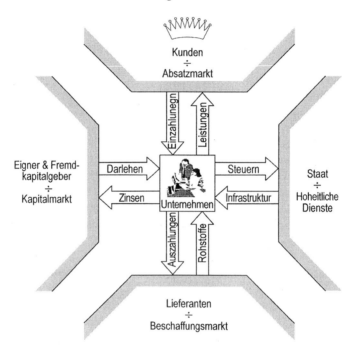

Bild 3.1: Systemgrenzen überschreitende Außenbeziehungen eines Unternehmens in einem nationalen bzw. globalen Wirtschaftssystem.

Wie bereits mehrfach betont, sind *Kunden* bzw. ein *Absatzmarkt* die wichtigsten Komponenten im Umfeld eines Unternehmens. Beim Vorhandensein von Kunden bzw. eines Bedarfs stellen Industrieunternehmen vom Beschaffungsmarkt *Mitarbeiter* ein und kaufen *Rohstoffe*. Diese Geschäftsvorfälle führen zu *Auszahlungen* für Löhne, Gehälter, und *Eingangslieferungen*. Die Mitarbeiter erbringen entweder *Dienstleistungen* oder erhöhen den "Wert" der eingekauften Rohstoffe im Verlauf einer *Wertschöpfungskette* bzw. eines *Wertschöpfungsprozesses*, in dem die Rohstoffe *be-* oder *verarbeitet, modifiziert* oder mit anderen Elementen *zu Aggregaten montiert* werden. Die Erstellung von Leistungen und ihr Absatz an die *Kunden* führt schließlich zu *Auslieferungen* und *Einzahlungen*, Bild 3.2.

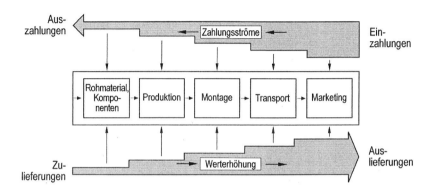

Bild 3.2: Beispiel der Wertschöpfungskette eines produzierenden Unternehmens.

Während des Durchlaufens der Wertschöpfungskette gewinnt das eingesetzte Rohmaterial durch synergistisches Zusammenwirken der Produktionsfaktoren *Mitarbeiter, Kapital, Information* und *Unternehmerisches Handeln* ständig an Wert. Den innerhalb eines bestimmten Abrechnungszeitraums, beispielsweise ein Jahr, geschaffenen *Mehrwert* bezeichnet man als *Wertschöpfung* dieser Periode. Die so genannte *Bruttowertschöpfung* berechnet sich bei einem Produktionsbetrieb aus der Differenz des geldwerten Aufwands für Rohmaterial und des Geldwerts aller erbrachten Leistungen in Form von Produkten, selbsterstellten Anlagen und internen Bestandszunahmen,

Bruttowertschöpfung = Erbrachte Leistungen – Vorleistungen .

Beispielsweise schafft ein Unternehmen, das während eines Abrechnungszeitraums für 1 Mio. € Rohmaterial einkauft und im gleichen Zeitraum Leistungen für 5 Mio. € erbringt, eine Bruttowertschöpfung von 4 Mio. €.

Im gleichen Zeitraum werden aber durch Abnutzung von Produktionseinrichtungen auch *Werte vernichtet*. Der Geldwert der Abnutzung wird durch
so genannte *Abschreibungen* berücksichtigt (5.2.6). Vermindert man die
Bruttowertschöpfung um die Abschreibungen, so ergibt sich die Nettowertschöpfung zu

Nettowertschöpfung = Bruttowertschöpfung – Abschreibungen .

Die Summe aller in den Unternehmen geschaffenen Bruttowertschöpfungen
ergibt das *Bruttosozialprodukt*, die Summe aller Nettowertschöpfungen das
Nettosozialprodukt einer Volkswirtschaft.

Bewertet in Geldeinheiten ist die Nettowertschöpfung identisch mit der Summe der *Einkommen* der im Prozess *Beschäftigten* (Löhne und Gehälter), der
Kapitalgeber (Zinsen, Dividenden), des *Unternehmens* (Zunahme des Betriebsvermögens), der *öffentlichen Hand* (Steuern). Hierbei ist anzumerken,
dass die Verzinsung des Kapitals der Eigner (Dividende) aus dem Rest erfolgt,
der verbleibt, nachdem alle anderen *Stakeholder* (Lohn- und Gehaltsempfänger, Fremdkapitalgeber) vertragsgerecht bedient wurden. Dieser Rest ist
identisch mit dem Gewinn. Seine Größe wird durch die Tarifautonomie bzw.
Tarifpolitik nach oben begrenzt.

Der Begriff Wertschöpfung lässt auch erkennen, dass die gleiche Arbeit nicht
immer gleich viel wert ist. Der Wert von Arbeit ist gerade immer so hoch, wie
sich mit ihr an Wertschöpfung erzielen lässt. Letztere hängt wesentlich von
den äußeren Umständen ab, heute vorrangig vom globalen Wettbewerb.

Die Wertschöpfungskette zwischen *Beschaffungsmarkt* und *Absatzmarkt* bedarf aufgrund des *zeitlichen Verzugs* zwischen Einzahlungen und Auszahlungen ständig eines beträchtlichen *Kapitals*. Bevor ein Unternehmen in grö-
ßerem Umfang Einnahmen erzielen kann, müssen Arbeitsräume gemietet,
Geschäftsausstattung und Werkzeugmaschinen beschafft, Rohmaterial einge-
kauft und Löhne an Mitarbeiter, Energiekosten, Telefon- und Faxgebühren
etc. bezahlt werden. Dieser *zeitliche Verzug* herrscht nicht nur bei der Unternehmensgründung, sondern bleibt auch später bestehen. Die Gründung oder
Erweiterung eines Unternehmens bedarf daher einer gewissen *Geldsumme*
(*Kapital*), mit der die Unternehmer, Gesellschafter und Fremdkapitalgeber in
Vorleistung treten und für die sie eine branchenübliche Verzinsung erwarten.
Hierdurch werden regelmäßige, pünktliche *Zinszahlungen* und regelmäßige
oder einmalige *Tilgungszahlungen* erforderlich. Gelegentlich vergibt ein
Unternehmen auch *Darlehen* an andere Unternehmen (bei Banken ist dies
das Hauptgeschäft) und *erhält* dann regelmäßig Zinszahlungen oder gele-

gentliche *Tilgungszahlungen*. Ferner tätigen Unternehmen, neben dem eigentlichen Leistungsprozess gemäß Unternehmenszweck, Geschäfte mit Finanzanlagen, beispielsweise Aktien, Anleihen, Festgeld, die im Erfolgsfall zusätzlich zum Gewinn aus der normalen Geschäftstätigkeit (*Operatives Ergebnis*) ein *finanzielles Ergebnis* abwerfen (5.5.1). All diese *Finanzgeschäfte* werden mit dem *Kapitalmarkt* abgewickelt (5.11).

Schließlich stellt der Staat eine *Infrastruktur* in Form von *Verkehrswegen*, *Ausbildungseinrichtungen (Schulen* und *Universitäten), Gerichtsbarkeit* etc. zur Verfügung und schafft einen Strukturausgleich zwischen einzelnen Regionen. Hierbei fallen hoheitliche Dienstleitungen sowie *Ein- und Auszahlungen in Form von Steuern, Subventionen und Fördermitteln* an.

Die Abwicklung der Beziehungen mit dem Umfeld übernehmen unterschiedliche Abteilungen im Unternehmen:

- Absatzmarkt   ⟵⟶   *Vertriebsabteilung*

- Beschaffungsmarkt   ⟵⟶   *Beschaffungsabteilung, Personalabteilung*

- Kapitalmarkt, Staat   ⟵⟶   *Finanzabteilung*

Der *innerbetriebliche Wertschöpfungsprozess* stellt einen eigenständigen Bereich dar, der bei Industrieunternehmen als *Fertigung* bzw. *Produktion* bezeichnet wird. Neben diesem *Produktionsprozess*, besteht der *Unternehmensprozess* aber noch aus zahllosen weiteren *organisatorischen* bzw. *administrativen Teilprozessen*, die zusammen mit den *Lohnnebenkosten* etc. die so genannten *Gemeinkosten* verursachen und die heute den *dominierenden Kostenfaktor* in den meisten Unternehmen darstellen (engl.: *Overhead*, Kapitel 7).

Das harmonische Zusammenspiel aller Beteiligten untereinander *(Innenverhältnis)* und mit dem Umfeld *(Außenverhältnis)* erfordert die Existenz einer koordinierenden *Unternehmensführung* und eine sinnfällige Strukturierung bzw. Organisation der Unternehmenseinheiten.

Man unterscheidet zwischen *Innerer Organisation* und *Äußerer Organisation*. Unter Innerer Organisation versteht man die interne Struktur eines Unternehmens, die branchentypisch frei gestaltet werden kann, unter Äußerer Organisation seine gesetzlich geregelte *Rechtsform* bzw. die *Art* eines Unternehmens. Im Folgenden soll zunächst die Innere Organisation betrachtet werden.

3.2   Innere Organisation

Bei der Inneren Organisation eines Unternehmens unterscheidet man zwischen *Aufbau-* und *Ablauforganisation*. Die *Aufbauorganisation* definiert die verschiedenen Aufgabenbereiche, Abteilungen, Funktionsstellen etc. und die zwischen ihnen bestehenden Informationswege. Die *Ablauforganisation* definiert die im Unternehmen ablaufenden Arbeitsprozesse und lässt erkennen, *was von welcher Einheit in welcher Reihenfolge* gemacht wird. Die vermeintlich klare Trennung in Aufbau- und Ablauforganisation darf nicht als Wahlmöglichkeit zwischen zwei Alternativen missverstanden werden. Beide Organisationsparadigmen sind eng miteinander gekoppelt.

3.2.1   Aufbauorganisation

Ein Unternehmensgründer ist in der Phase nach der Existenzgründung gleichzeitig *Entwickler, Produzent, Einkäufer, Verkäufer, Werbefachmann* und *Buchhalter*, mit anderen Worten das sprichwörtliche *"Fliegende Unterseeboot"*. Da ein Unternehmer oder Manager aber nur eine begrenzte Zahl Funktionen selbst ausüben oder Mitarbeiter unmittelbar steuern und überwachen kann, muss er mit wachsendem Geschäftsvolumen auf die direkte Steuerung eines jeden einzelnen Mitarbeiters verzichten und diese Funktion an *Submanager* delegieren. Er ist dabei nach wie vor für das *Gesamtziel* bzw. -ergebnis verantwortlich, kann aber Teilziele formulieren, für deren Erreichung seine Submanager zuständig sind. Falls deren Mitarbeiterzahl wieder zu groß wird, muss eine weitere Aufspaltung erfolgen, so dass sich im Lauf der Zeit eine Art *Baumstruktur* bzw. *Hierarchische Struktur* entwickelt, Bild 3.3.

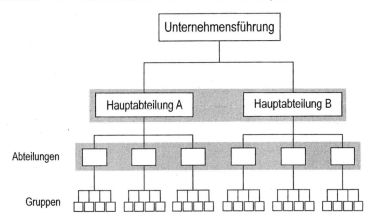

Bild 3.3: Hierarchische Unternehmensstruktur.

Insbesondere bei großen Unternehmen kann die Ordnung der einzelnen Unternehmenseinheiten nach verschiedenen Kriterien vorgenommen werden, beispielsweise nach *Funktionen, Produkten*, oder/und geographischen *Regionen* bzw. *Märkten*. Darüber hinaus gibt es seit Jahren den Trend von der *Organisation nach Funktionen* zur *Organisation nach Prozessen*, von starren Kompetenzabgrenzungen zur *Kooperativen Führung* und *Teamarbeit*, was in Bild 3.3 durch die grauen Pfeile angedeutet ist. Trotz des neuen *Prozessdenkens* besitzt die Aufbauorganisation nach wie vor eine wichtige Steuerungsfunktion.

3.2.1.1 Funktional strukturierte Organisation

Am häufigsten trifft man die nach *funktionalen*, das heißt *handlungsorientierten* Kriterien *hierarchisch* strukturierte Organisation an, die beispielsweise die Funktionen (Tätigkeiten) *Produktion, Vertrieb, Beschaffung, Finanzen, Personal* sowie *Forschung & Entwicklung* (*F&E*) berücksichtigt, Bild 3.4.

Bild 3.4: Beispiel für eine funktionsorientierte Struktur bzw. Organisation.

Die aufgeführten Funktionen repräsentieren jeweils eine Menge repetitiv ausgeführter gleichartiger Verrichtungen. Die Mengen selbst besitzen meist wieder Untermengen, so beispielsweise die Vertriebsfunktion das Marketing, die *Finanzen* das *Rechnungswesen* und *Controlling, Personal* das *Personalmanagement* sowie *F&E* den gesamten *Technikbereich*. Jeder Funktion ist eine *Funktionsstelle* zugeordnet, deren Inhaber die Funktion ausübt. In realen Organigrammen enthalten die Kästchen wahlweise die Funktion oder Funktionsstelle sowie den Namen des Stelleninhabers.

Häufig bilden die Gesamtheit aller technischen und die Gesamtheit aller kaufmännischen Funktionen jeweils für sich nochmals eine Obermenge, die im ersten Fall einem *technischen* und im zweiten Fall einem *kaufmännischen* Vorstand untersteht.

Die Aufteilung gemäß Bild 3.4 ist keineswegs zwingend. Meist ist die innere Organisation eines Unternehmens evolutionär gewachsen und von Unternehmen zu Unternehmen bzw. von Branche zu Branche verschieden. Ferner werden die einzelnen Begriffe nicht einheitlich interpretiert. So kann die *Beschaffung* (*Materialwirtschaft*) Teil der *Produktion* sein, andererseits kann die *Beschaffung* neben der *Produktion* existieren oder der Begriff *Produktion* in *Beschaffung* und *Fertigung* aufgespalten sein, wie in Bild 3.5.

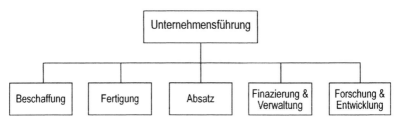

Bild 3.5: Alternative funktionsorientierte Organisation eines Unternehmens.

Schließlich kann der Vertrieb unter *Absatz* oder *Marketing* firmieren oder die *Forschung* und *Entwicklung* unter *Technik* bzw. *Konstruktion, Personal* unter *Verwaltung* usw. Wie auch immer, das gemeinsame Merkmal aller in diesem Abschnitt vorgestellten Strukturen ist die Ordnung nach *Funktionen* bzw. *Tätigkeiten*.

Im Detail lassen sich die Funktionen Produktion, Finanzen etc. in zahlreiche Teilfunktionen zerlegen, Bild 3.6.

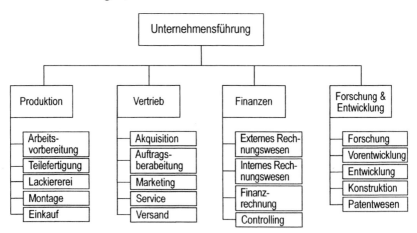

Bild 3.6: Beispiel für eine detaillierte Struktur eines Unternehmens.

Die Teilfunktionen lassen sich ihrerseits wiederum in Subfunktionen unterteilen, beispielsweise die Buchhaltung des externen Rechnungswesens in *Finanzbuchhaltung, Lohnbuchhaltung, Anlagenbuchhaltung, Zahlungsverkehr*
etc.

Topologisch handelt es sich um so genannte *Einlinienorganisationen*, in der
jede untergeordnete Stelle nur von *einer* übergeordneten Stelle Weisungen erhält und auch nur ihr gegenüber verantwortlich ist. Ein transparenter, ein-
deutiger *Befehlsweg* führt vom Top-Management zu jedem Mitarbeiter (*Sim-
plex-Kommunikation*). Je präziser die Aufgaben einzelner Bereiche definiert
und gegeneinander abgegrenzt sind, desto effektiver lassen sich die strategischen Ziele der Geschäftsleitung umsetzen und desto genauer lässt sich die
Qualität der Durchführung der Aufgaben messen. Bei zu vielen Managementebenen entstehen die bekannten entscheidungsfeindlichen "langen Wege".
Am Rande sei vermerkt, dass einer der Gründe der hohen japanischen Produktivität darin liegt, dass dort eine intensive Kommunikation nicht nur von
oben nach unten sondern auch von unten nach oben erfolgt (*Duplex-Kommunikation, Dialog*) und darüber hinaus auch eine Kommunikation in horizontaler Richtung stattfindet, was insgesamt eine höhere Motivation der Mitarbeiter zur Folge hat.

Bei entsprechender Firmengröße können die Leitungsinstanzen durch einen
ihnen direkt unterstellten *Stab* unterstützt werden, Bild 3.7.

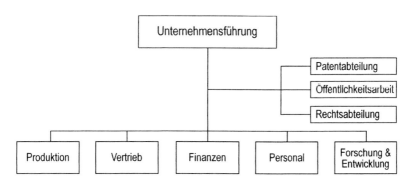

Bild 3.7: Funktionsorientierte Organisation mit getrennter Stabsfunktion.

Stabsmitarbeiter haben in der Regel keine Entscheidungs- und Weisungsbefugnis, sondern sind nur *beratend, überwachend* und *koordinierend* tätig. Sie
können jedoch "*im Auftrag*" Weisungen erteilen. Ferner bringen sie häufig in

der Geschäftsführung nicht vorhandenes Spezialwissen in das Unternehmen ein. Verglichen mit Stabsmitarbeitern halten sich *Linienmanager* gewöhnlich für "etwas Besseres", da Stabsaktivitäten nur mit ihrer Einwilligung durchgesetzt werden können. Sie sollten aber nicht übersehen, dass Stabsmitarbeiter das *Ohr der obersten Firmenleitung* besitzen und daher indirekt großen Einfluss ausüben können. Dies ist schon manchem Linienmanager zum Verhängnis geworden. Typische Stabsfunktionen sind *Direktionsassistent, Öffentlichkeitsarbeit, Rechtsabteilung, Total Quality Management* (TQM), *Informationsmanagement*.

Bei mehreren Produkten bzw. Produktfamilien findet man als zusätzliche Stabsfunktion auch so genannte *Produktmanager*, Bild 3.8.

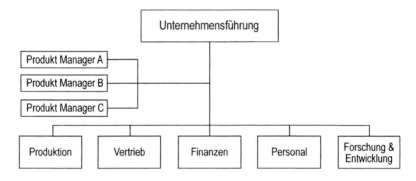

Bild 3.8: Funktionsorientierte Organisation mit Produktmanagern.

Sie übernehmen mit mehr oder weniger schwacher Weisungskompetenz die *Marketingfunktion* (7.3) für ein bestimmtes Produkt oder eine bestimmte Produktfamilie. Zu ihren überwiegend *marketingorientierten* Aufgaben gehören die Akquisition interner und externer produktbezogener Daten, Erstellung von Marktprognosen, eines Marketingplans, Koordination der verschiedenen Bereiche bezüglich des jeweiligen Produkts usw.

3.2.1.2 Spartenorganisation

Firmen mit zahlreichen verschiedenen Produkten bzw. Produktfamilien sind meist nach Produktsparten strukturiert, so genannte *Spartenorganisation* (engl.: *Divisional organization*). Die einzelnen Sparten sind selbst häufig wieder funktionsorientiert untergliedert. Sparten bilden damit *Unternehmen im Unternehmen*, Bild 3.9.

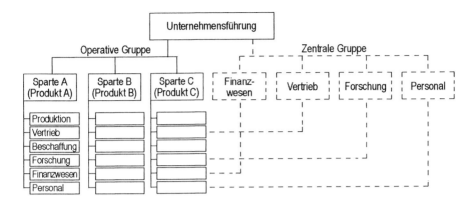

Bild 3.9: Spartenorganisation mit fakultativer zentraler Gruppe.

Das Unternehmen wird in quasi selbständige Teilunternehmen mit eigener Gewinnverantwortung aufgeteilt (bei kleiner Spartengröße auch *Profit Centers* genannt).

Sparten sind typische Beispiele so genannter *Strategischer Geschäftseinheiten* (SGE). Hierunter versteht man autonom agierende organisatorische Einheiten eines Unternehmens, die das Geschäft mit einer logisch zusammengehörenden Produkt/Markt-Kombination betreiben. Das Attribut "strategisch" bedeutet, dass die Produkt/Markt-Kombination die Entwicklung einer eigenen *Strategie* nahe legt bzw. verlangt. Sparten können selbst in weitere strategische Geschäftseinheiten unterteilt sein und werden dann meist als *Geschäftsbereich* bezeichnet.

Zur Vermeidung von zuviel Redundanz und zur Entlastung der Geschäftsleitung werden die Funktionen *Finanzen, Beschaffung, Vertrieb, Personal, Forschung* oft in einer nichtoperativen Gruppe als *zentrale Bereiche* organisiert, die direkt der Geschäftsleitung unterstehen und gegenüber den Sparten *weisungsbefugt* sind, in Bild 3.9 strichliert gezeichnet. Es entsteht dadurch eine *Mehrlinienorganisation*. Bei Mehrlinienorganisationen kommt es aufgrund zweifach vorhandener Entscheidungskomponenten zu vermehrten Sachdiskussionen und auch Personendiskussionen. Erstere sind konzeptionell erwünscht, letztere sind kontraproduktiv.

3.2.1.3 Matrixorganisation

Die typischste Form von Mehrlinienorganisationen stellen *Matrixorganisationen* bzw. *-strukturen* dar, die *Produktsparten* mit *Zentralbereichen* oder *Regionen* in Form einer Matrix verknüpfen. Globale, das heißt weltweit verteilt operierende Unternehmen, besitzen daher naturgemäß eine Matrixstruktur. Ein bekanntes Beispiel ist das international operierende Unternehmen ABB, Bild 3.10.

	SE	DE	IT	USA	UAE	Brazil	China	Indien
ABB Ltd. Konzernvorstand Zürich								
Sparten / Regionen								
Power Products								
Power Systems								
Automation Products								
Process Automation								
Robotics								

Bild 3.10: Matrixstruktur eines international operierenden Unternehmens (ABB, Stand 2008).

Der Konzern besteht aus fünf Sparten (engl.: *Divisions*), deren Erzeugnisse in acht globalen Regionen vertrieben werden. Vertikal existiert eine *produktorientierte*, horizontal eine *geographische* Dimension. Jeder Sparte steht ein *Spartenvorstand* vor, jeder Region ein *Regionalvorstand*. Die Elemente der Matrix bilden die Gesellschaften bzw. Produktions- und Vertriebsstätten der Sparten in den jeweiligen Regionen.

Das Unternehmen wird von einem Zentralvorstand geleitet, dem neben den *Sparten-* und *Regionalvorständen* weitere Mitglieder mit zentralen Aufgaben angehören, Bild 3.11.

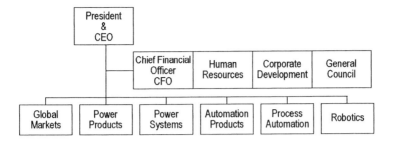

Bild 3.11: Zentraler Konzernvorstand von ABB (Stand 2008).

Typisch für eine Matrixstruktur ist die Tatsache, dass die Führungskräfte eines Matrixelements zwei Chefs haben, den *Regionalvorstand* und den *Spartenvorstand.* Durch Überlappung der Kompetenzen jeweils zweier Vorstände sind damit bei Matrixorganisationen "*Konflikt*"-Situationen quasi *institutionalisiert.* Dies ist vom Ansatz her durchaus sinnvoll und bewirkt eine intensive Kommunikation aller Beteiligten. Schlummernde Probleme und Redundanzen werden früh erkannt und in Echtzeit ausdiskutiert. In klassisch hierarchisch organisierten Unternehmen (Baumstruktur) dringen nachteilige Informationen häufig nicht, und wenn doch, dann oft verspätet zur vorgelagerten Managementebene durch.

Ein häufiges *Missverständnis der Matrix* ist die graphisch nahe gelegte, praktisch jedoch irrige Annahme, dass Regional- und Spartenchefs quasi gleichberechtigt seien. So mag ein Unternehmen zwar formal eine Matrixstruktur aufweisen und kann doch nahezu ausschließlich zentral von den Spartenvorständen gesteuert werden. Beim Fehlen klarer Kompetenzabgrenzungen, mangelnder Verständnisbereitschaft und gleichzeitiger Existenz von Interessenkonflikten kann der Entscheidungsprozess beträchtlich erschwert sein. Potentielle Schwachstellen jeder Matrixorganisation sind daher

– unterschiedliche Meinungen über die interne Firmenpolitik, insbesondere bei unterschiedlichen nationalen Interessen, sowie

– unterschiedliche Vorstellungen über das Gewicht der Stimmen zweier für ein und dasselbe Matrixelement zuständiger Direktoren.

Wenn geeignete Vorfahrt-Regeln existieren und die Matrixorganisation von allen Beteiligten richtig verstanden und gelebt wird, ist sie die optimale Organisationsform für sehr große Unternehmen.

Ein grundsätzliches Problem aller Organisationsstrukturen besteht darin, dass einzelne Bereiche ihre strategischen Ziele häufig ohne Rücksicht auf die Ziele des Gesamtunternehmens verfolgen, wobei für das Gesamtunternehmen oft nur *suboptimale Lösungen* entstehen. Dieser Fehlentwicklung muss durch geeignete Koordinierungsmaßnahmen und Überwachungsmechanismen vom Top-Management gegengesteuert werden, um wirklich optimale Lösungen zu erreichen (*Shareholder-Value-Management*, 5.9.5). Darüber hinaus ist das Potential bezüglich Gewinnmaximierung durch *Reduzierung allgemeiner innerer Reibung* in manchen Unternehmen beträchtlich höher als das Potential weiterer Rationalisierungsmaßnahmen. Jede Organisationsform ist letztlich nur so gut wie die Integrität der Personen, die sie betreiben.

3.2.1.4 Profit Center und Cost Center

Profit Centern und *Cost Centern* begegnet man in größeren dezentralisierten Unternehmen und in mittelständischen Unternehmen mit mehreren Produktionsschwerpunkten (Sparten). *Cost Centern* begegnet man auch in allen kleineren Unternehmen, die eine auf Kostenstellen basierende Kostenrechnung durchführen (5.10.2.2). Mit zunehmender Unternehmensgröße wird die *zentrale* Führung über die Managementfunktionen *Planen, Steuern, Kontrolle* (6.1) immer weniger beherrschbar. Dies gilt insbesondere für die Kontrolle der Unternehmenseffizienz einzelner Einheiten. Die Lösung dieses Problems liegt in der Einrichtung von Profit- und Cost Centern.

– *Profit Center:* Profit Center stellen "*Unternehmen in Unternehmen*" dar, die eine eigene *Erfolgs-* bzw. *Gewinn-* und *Verlustrechnung* aufstellen. Ihr Leiter agiert wie ein *Unternehmer* und muss alljährlich einen *Gewinn* erwirtschaften, dessen Höhe am Ende des Vorjahres mit der vorgelagerten Management- bzw. Controllingebene vereinbart wurde. Die erfolgsorientierte gesamtunternehmerische Verantwortung wird damit teilweise an die Profit Center delegiert. Hiermit verbunden ist auch die Aufstellung eines eigenen Erlös- und Kostenbudgets für jedes Profit Center. Die Budgets aller Profit Center werden anschließend zum Erlös- und Kosten-Budget des Gesamtunternehmens addiert (6.1.3). Profit Center arbeiten *erfolgs-* und *verantwortungsorientiert*.

– *Cost Center:* Cost Center stellen ebenfalls *Unternehmen im Unternehmen* dar. Im Gegensatz zu den Profit Centern arbeiten sie jedoch nicht mit Gewinnerzielungsabsicht (engl.: *Not-for-profit organization*). Sie müssen lediglich ihr *Kostenbudget* einhalten, das zum Ende des Vorjahres mit der vorgelagerten Managementebene vereinbart wurde. Sie arbeiten mit anderen Worten nur *verantwortungsorientiert*. Falls ein Kostenstellenmanager sein Budget unterschreitet, hat auch er im übertragenen Sinn einen "Gewinn" erzielt.

– *Leistungsaustausch:* Profit Center und Cost Center tauschen untereinander Leistungen zu Verrechnungspreisen aus (5.10.2.6). Die Verrechnungspreise werden zwischen den einzelnen Centern als Planungsgrößen ausgehandelt, wobei der interne Markt sich an den Preisen des externen Marktes orientiert. Die internen Umsätze der Center müssen aus den Umsätzen mit externen Kunden herausgerechnet werden, was dann die Aufstellung einer *konsolidierten Bilanz* für den Jahresabschluss ermöglicht (3.3.3.4 und 5.7). Größere Profit- und Cost Center haben ihren eigenen Controller, der dem Zentralcontroller berichtet. In kleineren Centern ist der *Ingenieur sein eigener Controller.* Dies erklärt, warum betriebswirtschaftliches Wissen heute für Ingenieure so bedeutsam ist.

3.2.2 Ablauforganisation

Neben dem reinen *Fertigungsprozess* gibt es in jedem Unternehmen die "*Unsichtbare Fabrik*" in Gestalt zahlloser organisatorischer bzw. administrativer *Hilfsprozesse*, z. B. *Vertrieb, Bestellvorgänge, Marketing, Personaleinstellungen,* Erstellung des *Jahresabschlusses, Kosten-* und *Leistungsrechnung, strategische Planung, Forschung* und *Entwicklung* etc. (engl.: *Hidden factory*). Zusammen mit dem *Fertigungsprozess* bilden sie in ihrer Gesamtheit den *Unternehmensprozess.* Dieser Prozess besteht aus einer sinnfälligen Kombination zahlloser serieller und paralleler Teilprozesse. Die optimale Koordination der zeitlichen Reihenfolge dieser Teilprozesse leistet die rechnergestützte *Ablauforganisation* (engl.: *Workflow management)* mit den Zielen *kurzer Durchlaufzeiten, optimaler Auslastung der Betriebsmittel* und *Manpower, Fertigungs-, Qualitäts-* und *Terminsicherung* (Logistik 3.2.3).

Bei der Analyse eines Prozesses stellen sich zunächst die Fragen "*Wer* macht *was, wie, wann, wo?"*, wobei es vorrangig um die *zeitliche* bzw. *logische* Reihenfolge der Vorgänge und ihrer Verknüpfungen untereinander geht (3.2.3). Dabei ist zu beachten, dass sowohl am Anfang wie auch am Ende des Unternehmensprozesses der Kunde steht: "*Kunde bestellt ... Kunde erhält".* Der Kunde löst nicht nur den Start des Prozesses durch eine Anfrage oder Ausschreibung aus, sondern terminiert auch den Prozess durch Akzeptanz des Prozessguts (Produkt, Dienstleistung) und Bezahlung der Rechnung.

Genau genommen handelt es sich bei Kunden/Lieferantenbeziehungen nicht um Prozess*ketten*, sondern um *Kreisprozesse*, die immer wieder beim Kunden

beginnen und enden! Mit jeder Bestellung wird der Kreisprozess erneut ange-
stoßen bzw. durchlaufen. Der Kunde übt eine Doppelfunktion aus, er ist
"gleichzeitig" *Besteller* und *Bezahler*. Die Interpretation der Kunden/Liefe-
rantenbeziehung als Kreisprozess dokumentiert einmal mehr die zentrale Bedeutung des Kunden. Beschränken wir uns auf eine recht grobe Zerlegung
und vernachlässigen Hilfsfunktionen wie Personal, Forschung & Entwicklung
etc., so ist für den operativen Unternehmensprozess beispielsweise die in Bild
3.12 dargestellte grobe Schrittfolge denkbar.

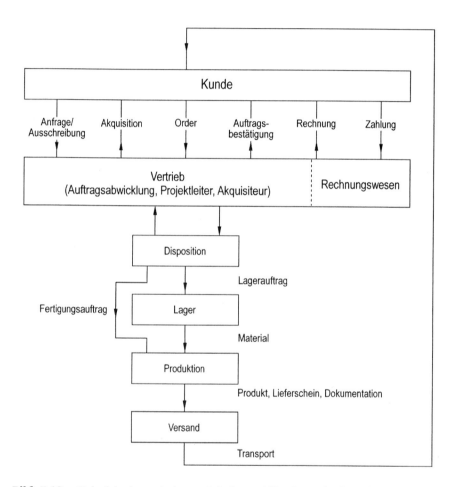

Bild 3.12: Beispiel einer stark vereinfachten Ablauforganisation eines Industrie-
unternehmens. Die Kommunikation zwischen dem Kunden und dem Vertrieb ist von
links nach rechts zu lesen.

Ein *Auftrag* beginnt meist mit einer *Anfrage* bzw. *Ausschreibung* eines Projekts durch einen *Kunden*. Aufgrund der Anfrage besucht ein Vertriebsmann bzw. ein *Akquisiteur*, das heißt ein Ingenieur, der Aufträge *akquiriert* bzw. hereinholt, den Kunden und diskutiert bzw. verhandelt mit ihm *technische Einzelheiten*, *Gewährleistungen*, die *Lieferzeit* und den *Preis* einschließlich der *Zahlungsbedingungen*.

Nach einvernehmlicher Klärung aller Fragen erteilt der Kunde einen *Auftrag*, gestützt auf ein *Pflichtenheft* bzw. eine *Leistungsbeschreibung* mit genauer *Produktspezifikation, Terminen, Inbetriebnahmeabmachungen, Prüfungen, Zahlungsbedingungen* etc. (7.1.4). Der *Vertrieb* überprüft den Auftrag und bestätigt ihn mit einer *Auftragsbestätigung*, in der gegebenenfalls nochmals geringfügige Änderungen des Auftragsinhalts explizit aufgeführt werden können. Widerspricht der Kunde nicht den Änderungen in der Auftragsbestätigung, wird der Auftrag so abgewickelt wie in der Auftragsbestätigung beschrieben.

Vor der Vereinbarung des *Preises* und eines *Liefertermins* hat der Vertriebsingenieur zusammen mit dem Rechnungswesen die *Kosten* kalkulieren und bei der *Disposition* (Produktionsplanung und -steuerung individueller Aufträge) klären lassen, welche Mengen Rohmaterial am Lager sind bzw. erst beschafft werden müssten, inwieweit die Fertigungseinrichtungen ausgelastet sind etc. Unter Berücksichtigung dieser Informationen konnte er mit dem Kunden erst Liefertermine, Zahlungstermine, Abnahmetermine etc. vereinbaren. Mit der Erteilung des Auftrags ergeht ein *Lagerauftrag* sowie ein *Fertigungsauftrag* an die entsprechenden Abteilungen. Das Produkt, die Anlage etc. wird wie vorgesehen gefertigt, vom *Versand* in Kisten o. ä. verpackt und in der Regel von einem betriebsfremden *Spediteur* zum Kunden transportiert. Gleichzeitig veranlasst der Vertriebsmann, Projektleiter oder wer auch immer die Auftragsabwicklung bzw. -bearbeitung koordiniert und überwacht, das Ausstellen und den Versand der Rechnung an den Kunden (*Fakturierung*), der sie schließlich bezahlt. Wichtig ist, dass für jeden *Teilprozess* und auch für die *gesamte Auftragsabwicklung* von der Bestellung bis zur Lieferung jeweils *eine* bestimmte Person verantwortlich zeichnet und sich für den jeweiligen Prozess auch verantwortlich fühlt. An einem Prozessteilschritt sind meist mehrere Personen beteiligt bzw. *mitwirkend*. Nur eine der mitwirkenden Personen trägt gleichzeitig auch die Verantwortung, dass alle anderen Mitwirkenden ihre Arbeit wie beabsichtigt verrichten.

Während der ganzen *Auftragsabwicklung* im Unternehmen ist das Produkt von einer *Produktdokumentation* (z. B. *Fertigungsbegleitkarte*) begleitet, die an jedem Glied der Wertschöpfungskette im Unternehmen erkennen lässt, *wer* das Produkt zuletzt bearbeitet hat, welche Arbeitsvorgänge bis zu welchem *Termin* ausgeführt sein müssen und an *wen* das Produkt weitergeleitet werden soll. In modernen Unternehmen werden diese Informationen über vernetzte Rechner an alle relevanten Stellen in Form rechnerverständlicher Daten kommuniziert (*Workflow-Managementsysteme*).

Aufgrund der vielfältigen Verflechtung bzw. Vermaschung der meisten Teilprozesse beschreibt eine *Prozesskette* oder auch ein *Kreisprozess* den tatsächlichen Geschäftsablauf nur unvollkommen. Vollständiger zeigt beispielsweise Bild 3.13 die *Ablauforganisation* eines mittelständischen Betriebs.

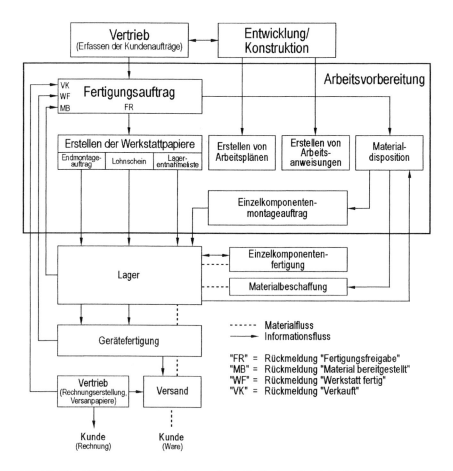

Bild 3.13: Ablauforganisation eines mittelständischen Betriebs (*Apparatebau Hundsbach* GmbH).

Zwischen vielen Komponenten besteht in beide Richtungen eine meist zeitlich versetzte Kommunikation bezüglich Information und Material. Die fett eingerahmte *Arbeitsvorbereitung* beinhaltet alle Maßnahmen zur Planung, Steuerung und Überwachung der Fertigung, einschließlich der Erstellung der hierfür erforderlichen *Dokumente* und *Fertigungsmittel*. Sie ist die Schnittstelle zwischen *Entwicklung/Konstruktion* und der eigentlichen *Produktion*.

Beim Strukturieren (Zerschneiden) eines Unternehmens nach funktionsorientierten Kriterien, z. B. *Produktion, Beschaffung, Vertrieb* etc. und der weiteren Verfeinerung dieser Begriffe, beispielsweise der Produktion in eine Untermenge *Dreherei, Lackiererei, Montage* etc., entstehen zwischen den einzelnen Elementen *Schnittstellen*, die zum Funktionieren des ganzheitlichen Unternehmensprozesses wieder durch entsprechenden Koordinations- bzw. Kommunikationsaufwand überbrückt werden müssen. Die Strukturierung muss daher so sinnfällig erfolgen, dass nur dort aufgetrennt wird, wo möglichst wenig Verknüpfungen zerschnitten werden bzw. dass so abgegrenzt wird, dass die Elemente möglichst viele *Innenbeziehungen* und möglichst wenig *Außenbeziehungen* aufweisen.

Die Schnittstellen zwischen den einzelnen Teilprozessen bilden häufig echte *Totzeitglieder* und verursachen Informationsverluste sowie Übertragungsfehler, die in ihrer Summe zu unnötig langen Durchlaufzeiten führen. Die große Kunst der Gestaltung einer optimalen Ablauforganisation besteht darin, die Schnittstellen so stoßfrei wie möglich zu gestalten, damit bestimmte Werkstücke möglichst ohne lange *Zwischenlagerzeiten* von einem Teilprozess an den nächsten übergeben und dort sofort bearbeitet werden. Leider stehen minimale Zwischenlagerzeiten im Widerspruch zu maximaler Auslastung (Minimum benötigter Fertigungseinrichtungen und Manpower), da bei maximaler Auslastung ein erhöhter Arbeitsanfall erst nach Beendigung zuvor gestarteter Arbeitspakete in Angriff genommen werden kann. Zwischen der *Verkürzung der Durchlaufzeiten* und *maximaler Auslastung* muss daher ein Kompromiss gefunden werden, der ein Kostenminimum erwarten lässt.

Die Nachteile der *funktionsorientierten Strukturierung* führten zu einem Trend in Richtung *prozessorientierter Strukturierung*. Darunter versteht man eine möglichst weitgehende *Integration* verschiedener einen *Prozess* bildender Teilaufgaben, z. B. mehrerer verschiedener Werkzeugmaschinen zu einer *Fertigungszelle*, die Minimierung der Zahl von *Schnittstellen*, Bildung von *Arbeitsteams* usw. Parallel hierzu verläuft für Ingenieure ein Wandel vom *Spezialisten* zum *Generalisten*, der die *Kombination* aus technischer Fachkompetenz und unternehmerischen Fähigkeiten besitzen muss.

Während früher die nach funktionsorientierten Kriterien strukturierte *Aufbauorganisation* im Vordergrund stand, aufgrund derer dann auch die *Ablauforganisation* gestaltet wurde, besitzt bei der *Prozessorientierung* zunehmend die Ablauforganisation die höhere Priorität.

In prozessorientierten Organisationen erfolgen die Auftragsabwicklung, die "*Arbeitsvorbereitung*" bzw. die *Produktionsplanung* und *-steuerung* mittels vernetzter Rechner mit gemeinsamer Datenbasis und durchgängiger Datenkommunikation, was standardisierte Datenformate und Datenmodelle voraussetzt. Diese Informationssysteme werden als *Produktionsplanungs- und -steuerungssysteme* (PPS-Systeme) oder als *Fertigungslenkungs-Systeme* bzw. im vorwiegend administrativen Bereich als *Office-Informationssysteme* oder *Workflow-Managementsysteme* bezeichnet.

Prozessorientierte Unternehmen arbeiten geschmeidig. Alle Produktions- und Geschäftsprozesse besitzen den Charakter einer laminaren Strömung ohne Reibungsverluste erzeugende Wirbelbildung. Die Mitarbeiter aller Unternehmensebenen befassen sich nicht mehr nur mit den ihnen unmittelbar übertragenen Aufgaben, sondern packen unaufgefordert überall mit an (wo dies erwünscht ist und Sinn macht). Sie verstehen sich als Teil eines Teams (7.1.10) und sind sich der Bedeutung ihres Beitrags für den erfolgreichen Ablauf des gesamten Unternehmensprozesses bewusst. Man schaut über den Tellerrand zu den Arbeitskollegen, zu anderen Teams, zum Kunden und zum Wettbewerb. Wer Antworten gibt vom Typ "Das ist nicht meine Aufgabe" oder "Dafür bin ich nicht verantwortlich", ist nicht prozess- bzw. teamfähig. Alles geht alle an, jeder hilft jedem, auch der Vorgesetzte. In prozessorientierten Unternehmen ist jeder einzelne Mitarbeiter für mehr zuständig als bisher. Es gibt jedoch keineswegs weniger Organisation als bisher, sie ist nur anders verteilt. Ein Großteil der Organisation findet innerhalb des Teams und bei Einzelnen statt. Die Verantwortung für das Ganze ist auf alle Schultern verteilt. Es gilt die Devise: Soviel selbständiges Arbeiten wie möglich, soviel Managementaufsicht wie nötig. Der Chef ist weniger Aufsichtsperson als *Coach* bzw. *Facilitator*. Während die Mitarbeiter kreativ sind bei der Lösung ihrer persönlichen Aufgaben, ist der Vorgesetzte kreativ bei der Schaffung der Voraussetzungen, dass die Mitarbeiter ihre Aufgaben optimal erfüllen können.

Verbunden mit dem erweiterten Arbeitsumfeld der Mitarbeiter wird auch Spezialwissen, das früher nur in jeweils einem Kopf gespeichert war, künftig allen Köpfen zugänglich gemacht. Da jeder Mitarbeiter dann mehr weiß als in der Vergangenheit, ist die Effizienz bzw. Produktivität der Teams erheblich höher. Die freizügige Weitergabe von Wissen und Erfahrung stellt jedoch hohe ethische Anforderungen an die Teammitglieder, damit Wissensempfänger nicht auf Kosten der Wissensgeber Karriere machen (7.1.10). Prozessorientierte Unternehmen können daher nicht einerseits ihren Mitarbeitern besondere Cleverness predigen oder vorleben und andererseits eine an Selbstaufgabe grenzende Teamfähigkeit erwarten. Die Ethikdiskussion wird daher künftig auf allen Unternehmensebenen einen anderen Stellenwert einnehmen (7.16).

Neben den bereits stark strapazierten herkömmlichen Rationalisierungs- und Automatisierungsmaßnahmen ist die Prozessorientierung heute eine der wenigen verbleibenden Optionen, die Produktivität der Mitarbeiter ohne Zunahme ihrer ohnehin schon hohen Belastung weiter zu steigern und das Unternehmen sowie die Arbeitsplätze im globalen Wettbewerb überleben zu lassen.

3.2.3   Logistik

Logistik ist eine *Funktion* bzw. Aktivität, ähnlich wie der *Vertrieb,* die *Fertigung,* die *Finanzen* etc. (3.2.1.1). Anders als letztere wirkt sie jedoch auf nahezu alle Unternehmensprozesse ein und hat daher mehr den Charakter einer *Querschnittsfunktion.* In ihrer typischen Ausprägung ist Logistik in prozessorientiert organisierten Unternehmen zu finden.

Hauptaufgabe der Logistik ist die optimale *Versorgung* aller Unternehmenseinheiten mit den jeweils momentan benötigten Rohmaterialien, Teilkomponenten, Zulieferteilen, Verbrauchsmaterialien und Informationen *(Just-in-time-Philosophie).* Vereinfacht lässt sich daher der Begriff Logistik im vorliegenden Kontext durch folgende einprägsame Definition auf einen Nenner bringen.

Logistik heißt:

- *Das richtige Material,*   - *am richtigen Ort,*

- *in der richtigen Menge,*   - *in der richtigen Qualität,*

- *zur richtigen Zeit,*   - *zu den richtigen Kosten*

zur Verfügung zu stellen.

Dieses Ziel wird durch logische Organisation aller *Material-* und *Informationsflüsse* zwischen den Eckpunkten des Unternehmensprozesses "*Kunde bestellt ... Kunde erhält*" erreicht (*Auftragsabwicklung*, 3.2.2). Logistik *logisiert* Teilprozesse und fügt sie folgerichtig bzw. schlüssig zu stoßstellenfreien, wirtschaftlich arbeitenden *Prozessketten* zusammen. Perfekte Logistik lässt sich jedoch nicht nur die *interne* Beschaffung und die Versorgung der *eigenen* Produktion angelegen sein, sondern auch die optimale Versorgung der *Kunden* und das Zusammenspiel mit den Lieferanten. Sie wirkt damit unternehmensübergreifend. Man spricht im Einzelfall von *Beschaffungslogistik, Produktionslogistik, Absatzlogistik, Entsorgungslogistik usw.* Offensichtlich besitzen die Begriffe *Logistik, Ablauforganisation* und *Auftragsabwicklung* inhaltlich eine große Schnittmenge und werden deshalb auch oft synonym verwendet.

Logistische Organisationen sind gekennzeichnet durch eine Vielzahl logistikorientierter Anwendungsprogramme sowie einen hohen Anteil an CIM (*Computer Integrated Manufacturing*), *Produktionsplanungs-* und *Steuerungssystemen* (PPS) und *Workflow-Managementsystemen* (WMS, Kapitel 8). Die Logistik ist der Schlüssel zum Mithalten beim gegenwärtigen Trend von der bisher gepflegten *Spezialisierung* zur *Integration* aller Teilprozesse des Unternehmensprozesses. Der Weg zur perfekten logistischen Organisation ist lang. Wer ihn begeht, wird belohnt durch

- kurze Durchlaufzeiten,

- hohe Maschinenauslastungen,

- niedrige Lagerbestände mit geringer Kapitalbindung.

3.2.4 Managementhierarchien

Die Koordination und Steuerung der Teilprozesse eines Unternehmens und seiner Beziehungen mit seinem Umfeld erfolgt durch das Management (*Dispositiver Faktor*, siehe Einleitung zu Kapitel 3).

Der Begriff *Management* wird, wie der Begriff *Organisation* auch, in mehreren Bedeutungen verwandt. Einerseits steht "Das Management" für eine Gruppe von *Führungskräften*, die andere Personen führt, andererseits kann man unter Management die *Menge aller Tätigkeiten von Führungskräften* verstehen.

In größeren Unternehmen unterscheidet man zwischen *Top-Management, mittlerem Management* und *unterem Management*, Bild 3.14.

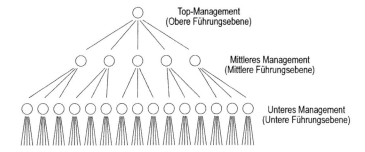

Bild 3.14: Management-Hierarchie-Ebenen.

Das Top-Management bilden die *Vorstände* und *Geschäftsführer* bzw. im Einzelunternehmen der *Unternehmer*. Das Top-Management ist strategisch tätig (6.1) und trifft aus sich selbst heraus *langfristige, richtungweisende*, das *ganze Unternehmen* betreffende Entscheidungen, beispielsweise bezüglich Firmenverkäufen oder -zukäufen, neuen Fabriken etc. Ferner definiert es die Ziele, die als *Führungsgröße* (vgl. Bild 1.1) dem mittleren Management vorgegeben werden. Im Idealfall führt das Top-Management eine hochmotivierte, exzellent talentierte Gruppe von Personen, die vielfach selbst die Voraussetzungen für die Berufung zum Top-Manager mitbringen.

Besteht das Top-Management (die Unternehmensführung) aus mehreren Personen, unterscheidet man zwischen *Direktorialprinzip* und dem *Kollegialprinzip*. *Ein* Mitglied der Unternehmensführung wird von den Gesellschaftern bzw. dem sie vertretenden Aufsichtsrat (bei großen GmbHs und AGs) zum *Vorstandsvorsitzenden* ernannt. Er ist nicht weisungsbefugt, hat aber bei Meinungsverschiedenheiten das Sagen, das heißt, trifft die Entscheidungen. Dieses Prinzip bremst den Ressort-Egoismus, kann aber im Fall der sprichwörtlichen "*Niete in Nadelstreifen*" großen Schaden anrichten.

Beim *Kollegialprinzip* gibt es meist auch einen Vorstandsvorsitzenden. Dieser kann aber nicht gegen eine Mehrheit seiner Amtskollegen entscheiden. Entscheidungen werden je nach Satzung *einstimmig*, mit *einfacher* oder *qualifizierter* Mehrheit (z. B. 2/3-Mehrheit) gefällt.

Zum mittleren Management gehören *Personalleiter*, *Hauptabteilungs-* und *Abteilungsleiter*, gegebenenfalls auch *Meister*. Sie zerlegen die ihnen vorgegebenen Ziele in Teilziele und geben diese wiederum als *Führungsgröße* (vgl. Bild 1.1) an das untere Management weiter. Im mittleren Management kooperiert der Manager meist mit einer Gruppe gut ausgebildeter, motivierter Personen. Seine Entscheidungen haben *mittelfristigen* Charakter.

Das untere Management besteht aus *Gruppenleitern* und *Vorarbeitern*. Sie zerlegen jedes Teilziel in weitere Teilziele und geben diese Teilziele als *kurzfristige* Aufträge an die Ausführenden (Arbeiter, Angestellte) an der Basis des Unternehmens weiter. Das untere Management kooperiert mit Untergebenen zunehmend besser werdenden Ausbildungsstands und dank innerbetrieblicher Schulungsmaßnahmen in Richtung Kundenorientierung auch zunehmend besserer Motivation.

Die Mitglieder der unteren und mittleren Führungsebene werden von der über ihnen liegenden Instanz geführt und leiten selbst die unter ihnen liegenden Instanzen. Das Top-Management übt ausschließlich Führungsfunktionen aus, sieht man davon ab, dass es letztlich auch von den Eignern geführt wird. Diese geben der Geschäftsführung entweder direkt oder über den Aufsichtsrat Ziele bezüglich *Gewinn* und *Wachstum* vor. Die mittlere Führungsebene wird auch als *Leitungsebene*, die untere Führungsebene oft auch als *Ausführungsebene* bezeichnet.

In internationalen Konzernen sind den drei Ebenen gemäß Bild 3.14 weitere Managementebenen überlagert, Bild 3.15.

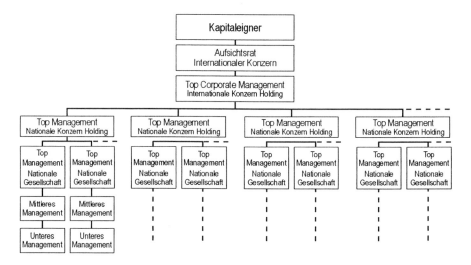

Bild 3.15: Management-Struktur eines internationalen Konzerns, Rückkopplungsschleifen nicht dargestellt. Etwaige Aufsichtsräte der nationalen Einheiten (erforderlich nur bei großen Gesellschaften) sind der Übersichtlichkeit wegen ebenfalls nicht gezeichnet.

Da hierbei die Unterteilung in *oberes*, *mittleres* und *unteres Management* nicht mehr ausreicht, spricht man von 1. Führungsebene, 2. Führungsebene oder 3. Führungsebene. Beispielsweise gibt es bei *Nationalen Konzernen* (alle Gesellschaften des Konzerns sind in einem Land) eine *Nationale Holding-gesellschaft* (*Nationale Konzernleitung*), die die Geschäftsführungen der einzelnen Gesellschaften überwacht (die selbst bei entsprechender Größe ihren eigenen Aufsichtsrat besitzen können). Schließlich gibt es bei *Internationalen Konzernen* (die Gesellschaften sind über mehrere Länder verteilt) eine *Internationale Holdinggesellschaft* (*Internationale Konzernleitung*), die wiederum die Performance der einzelnen Regionen bzw. Länder überwacht. Auch eine Internationale Holding wird letztlich wieder von den Eignern geführt, die der Konzernleitung entweder direkt oder über den Aufsichtsrat Ziele bezüglich *Gewinn*, *Wachstum*, gegebenenfalls auch *Wahrung nationaler Interessen* der Länder, in denen die Eigner residieren, vorgeben.

Ein international agierender Konzern (s. a. Kapitel 1, 3.3.3.4 und 6.3) besteht demnach aus mindestens fünf kaskadierten Regelkreisen, wobei das Top-Management der einzelnen nationalen Gesellschaften jeweils dem Top-Management der Nationalen Holding untersteht. Das Top-Management der einzelnen nationalen Holdings untersteht wiederum dem so genannten *Top Corporate Management* der Internationalen Holding.

3.3   Äußere Organisation – Rechtsformen

Je nach Größe, Finanzierung, Haftungsumfang usw. können Unternehmen in unterschiedlichen *Rechtsformen* angelegt sein. Man unterscheidet zwischen

- *Einzelunternehmen*,

- *Personengesellschaften*,

- *Kapitalgesellschaften*,

- *Mischformen*.

Die gesetzlichen Grundlagen der erwähnten Rechtsformen finden sich im *Handelsgesetzbuch* (HGB), im *Bürgerlichen Gesetzbuch* (BGB), im *Partner-schaftsgesellschaftsgesetz* (PartGG), im *GmbH-Gesetz* und im *Aktiengesetz* (AktG), die alle im Buchhandel für wenig Geld erhältlich sind.

3.3.1   Einzelunternehmen

Einzelunternehmen werden von ein und derselben Person gegründet, geleitet und besessen, dem *Unternehmer*. Ihr Wohl steht und fällt mit der persönlichen Arbeitsleistung des Unternehmers, seinen Visionen und seiner Kapitalkraft. Er allein trägt das gesamte Risiko und haftet mit seinem gesamten Vermögen (*Betriebs-* und *Privatvermögen*). Will er die Haftung beschränken, gründet er mit einem *Strohmann* eine GmbH und übernimmt nach dessen Ausscheiden dessen Stammanteile, so genannte *Einmann*-GmbH (3.3.3.1).

Gewerbliche Einzelunternehmen findet man vorzugsweise im *Groß-* und *Einzelhandel* sowie im *Handwerk*. *Nichtgewerbliche* Einzelunternehmen sind die so genannten Freien Berufe, beispielsweise *Ärzte, Rechtsanwälte, Beratende Ingenieure, Architekten*, aber auch *Künstler* oder *Journalisten*. *Freiberufler* erfüllen bestimmte Voraussetzungen bezüglich ihrer beruflichen Qualifikation und arbeiten eigenverantwortlich auf eigene Rechnung. Als nichtgewerbliche Unternehmer zahlen sie keine Gewerbesteuer. Für allein agierende *Freiberufler* und *Existenzgründer* ist das Einzelunternehmen die optimale Rechtsform.

Einzelunternehmen müssen den *Vor- und Zunamen des Inhabers* in der Unternehmensbezeichnung führen, z. B. *Fred Mustermann, Technischer Großhandel* oder *Fred Mustermann, Ingenieurberatung*. Phantasienamen oder -zusätze sind nach neuem Handelsrecht erlaubt. Eine nicht den Namen des Unternehmers enthaltende Bezeichnung eines Unternehmens, die so genannte *Firma*, ist nur im Handelsregister eingetragenen Unternehmen erlaubt. Der Eigenname eines Unternehmers und die *Firma* (Name des Unternehmens) sind jedoch ein und dieselbe Rechtsperson.

Die Gründung eines Einzelunternehmens erfolgt formlos durch *persönliche Anmeldung* beim *Gewerbeamt* am Ort des Unternehmenssitzes. Kopien der Anmeldung gehen vom Gewerbeamt automatisch an das lokale Finanzamt und die lokale *Industrie- und Handelskammer* bzw. *Handwerkskammer*. Ein *Gewerbeschein* und eine *Steuernummer* werden automatisch zugestellt.

Freiberufler gelten nicht als *Gewerbebetreibende* und melden sich daher nur beim Finanzamt an (z. B. *Beratende Ingenieure, Technische Sachverständige*). Sie "fangen einfach an", wenn sie einen Auftrag oder einen Kunden haben (Kapitel 2). Bei Nichtanmeldung beim Finanzamt werden sie dort spätestens mit Einreichung ihrer Einkommensteuererklärung durch ihre Einkünfte aus *selbständiger Tätigkeit* aktenkundig und erhalten dann für ihr Unternehmen eine Steuernummer. Der Vorzug *freiberuflicher Tätigkeit* gegenüber einem *Gewerbe* besteht unter anderem darin, dass Freiberufler nur einkommensteuerpflichtig, nicht auch gewerbesteuerpflichtig sind.

Handwerker gehen zusätzlich zur *Handwerkskammer* und lassen sich ihr *Gewerbe* in die *Handwerksrolle* eintragen (setzt die Meisterprüfung voraus). Ingenieure, die einen *Handwerksbetrieb* eröffnen wollen, können von der Handwerkskammer trotz Fehlen eines Meistertitels auf Antrag eine Ausnahmegenehmigung erhalten und dann in die Handwerksrolle eingetragen werden. Voraussetzung ist entweder der Nachweis des *Gesellenbriefs* oder 3 Jahre Tätigkeit in einem Handwerksbetrieb. Für die Ausbildung von Lehrlingen ist zusätzlich die "*Zuerkennung der fachlichen Eignung zur Ausbildung von Lehrlingen*" erforderlich.

Kaufmann ist nach dem Handelsgesetzbuch (HGB), wer ein *Handelsgewerbe* betreibt, und zwar unbeschadet seiner *tatsächlichen kaufmännischen Kenntnisse*. Ein Handelsgewerbe ist eine spezielle Ausprägung eines *Gewerbes*, das aufgrund seiner Art und seines Geschäftsvolumens einen auf *kaufmännische Weise* eingerichteten Geschäftsbetrieb erforderlich macht (*ordnungsmäßige Buchführung, Bilanz* etc., Kapitel 5). Ein *Gewerbe* betreibt, wer *selbständig,* unter *eigenem Namen* und auf *eigene Rechnung* mit der *Absicht der Gewinnerzielung kontinuierlich unternehmerisch* tätig ist (Ausnahme: *Freiberufler*). Hier sei bemerkt, dass der Begriff *Gewerbe* weder im Handelsgesetzbuch noch in der Betriebswirtschaftslehre eindeutig definiert ist und obige Definition lediglich die derzeit "*herrschende Meinung*" wiedergibt.

Ein gewöhnliches Gewerbe, das keinen auf kaufmännische Weise eingerichteten Geschäftsbetrieb besitzt, wird als *Kleingewerbe* bezeichnet. Es kann den Status eines Handelsgewerbes und damit Kaufmanneigenschaft erlangen, wenn auf Antrag des Unternehmers eine Eintragung in das Handelsregister erfolgt, so genannter *Kannkaufmann*. Das Handelsregister ist ein vom örtlichen Amtsgericht bzw. dessen *Registergericht* geführtes öffentliches Verzeichnis aller Kaufleute nach obiger Definition. Es kann von jedermann eingesehen werden und gibt Geschäftspartnern Aufschluss über den rechtlichen Status sowie die Verantwortlichkeiten des jeweiligen Unternehmens.

Schließlich gelten alle Unternehmen, die als *juristische Personen* gemäß Handelsgesetzbuch gegründet werden, beispielsweise GmbH und AG (3.3.3), als *Formkaufleute*. Mit anderen Worten, Kaufmann können sowohl *natürliche* als auch *juristische* Personen sein.

Zusammenfassend gilt: Kaufleute sind alle Unternehmer bzw. Unternehmen, die freiwillig oder kraft Gesetzes im Handelsregister eingetragen sind und dem Handelsgesetz unterliegen. Die früheren Begriffe wie *Voll-, Minder-, Musskaufmann* sind mit der jüngsten Reform des Handelsgesetzes entfallen.

Gelegentlich können sich *Nichtkaufleute* (Kleinunternehmer, Kleingewerbetreibende) sogar unter Bezug auf ihre *fehlende formale Ausbildung* aus schwierigen geschäftlichen Situationen retten, aus denen es für *Kaufleute* kein Entrinnen gibt. Bis wann ein Gewerbe noch als Kleingewerbe gilt, hängt vom administrativen und operativen Umfang ab, das heißt vom *Umsatz, Kapital,* von der *Zahl der Beschäftigten* etc. und wird vom HGB und dem *Einkommensteuergesetz* (EStG) geregelt.

Neben den Kaufleuten gemäß HGB gibt es noch für *nichtselbständig* Tätige die Berufsbezeichnung *Industriekaufmann, Bürokaufmann, Außenhandelskaufmann* etc., die jeder trägt, der eine entsprechende Ausbildung absolviert hat. Diese Personen nennen sich Kaufmann, obwohl sie nicht Unternehmer im Sinn des HGB sind. Grundsätzlich ist die Berufsbezeichnung "*Kaufmann*" nicht gesetzlich geschützt. *Freiberufler,* z. B. beratende Ingenieure, Ärzte, Rechtsanwälte gelten jedoch nicht als Kaufleute, weil sie kein Handelsgewerbe betreiben. Bezüglich der Berufsbezeichnung "*Kaufmann*" herrscht eine ähnliche Begriffsunsicherheit, wie bei *Unternehmensberatern,* einer Berufsbezeichnung, hinter der sich gestandene *Diplomkaufleute, Diplomingenieure* und *Juristen* ebenso verbergen können wie "*Experten*" mit *abgebrochenem Hochschulstudium.*

Unternehmer von Einzelunternehmen beziehen kein Gehalt. Sie bestreiten ihren Lebensunterhalt und etwaige Aufwendungen für ihre Altersvorsorge durch so genannte *Privatentnahmen* aus dem laufenden Geschäftskonto (die durchaus in regelmäßiger Höhe auf ein reines Privatkonto überwiesen werden können). Einzelunternehmer sind nicht sozialversicherungspflichtig. Das heißt, sie sind nicht zu regelmäßigen Zahlungen an die Renten-, Kranken-, Pflege- und Arbeitslosenversicherung verpflichtet, betreiben also ihre Altersvorsorge auf eigene Verantwortung.

In guten Geschäftsjahren verdienen Unternehmer mehr, in schlechten Jahren weniger als ihr *rechnerisches (kalkulatorisches)* Gehalt. Während ein Unternehmer in einer Rezessionsphase sofort weniger als sein rechnerisches Gehalt verdient, erhalten seine Angestellten und Arbeiter, soweit sie nicht schon entlassen sind, häufig noch ihr Tarifgehalt, obwohl das Geschäft dies schon gar nicht mehr hergibt. Auf die Dauer gesehen muss der Überschuss der Einnahmen über die Ausgaben ein der persönlichen Arbeitsleistung des Unternehmers entsprechendes rechnerisches Gehalt sowie eine angemessene Verzinsung des von ihm eingesetzten Kapitals erlauben.

Da der *Einzahlungs-/Auszahlungs-Überschuss* eines Kleinunternehmers oder Freiberuflers, bzw. bei buchführungspflichtigen Einzelunternehmen der *Jahresgewinn* unter Hinzuzählung bereits erfolgter Privatentnahmen, mit den *Einkünften* des Unternehmers identisch ist, unterliegt der Gewinn eines Einzelunternehmens der *Einkommensteuer* beim Unternehmer (4.1).

Derzeit sind, mit steigender Tendenz, etwa 80 % aller Unternehmen Deutschlands Einzelunternehmen. Sie schaffen etwa 40 % der Arbeitsplätze.

3.3.2   Personengesellschaften

Personengesellschaften werden von mehreren Personen gegründet in der Absicht, durch Akkumulation von *Kapital* und *Expertise* gemeinsam erfolgreicher zu sein. Im Gegensatz zum Einzelunternehmen können die Partner nicht mehr schalten und walten wie sie wollen, sondern müssen ihre Entscheidungen und Aktivitäten stets mit den anderen Partnern abstimmen. Die Gewinne von Personengesellschaften unterliegen bei den einzelnen Gesellschaftern der *Einkommensteuer* (4.1). Folgende Rechtsformen sind möglich:

- *Gesellschaft des Bürgerlichen Rechts* GbR,
- *Stille Gesellschaft,*
- *Offene Handelsgesellschaft* OHG,
- *Partnerschaftsgesellschaft*
- *Kommanditgesellschaft* KG.

3.3.2.1   Gesellschaft des bürgerlichen Rechts, GbR

Sobald sich zwei oder mehr Personen zur Erreichung eines gemeinsamen Geschäftszwecks zusammenschließen, sind sie wissentlich oder unwissentlich *Gesellschafter* und bilden eine so genannte *Gesellschaft des Bürgerlichen Rechts* GbR bzw. eine BGB-*Gesellschaft* gemäß dem *Bürgerlichen Gesetzbuch* (BGB, Buchhandel). Beispiele: Zwei Ingenieure gründen als Freiberufler ein gemeinsames Beratungsbüro, drei Partner bauen gemeinsam ein Bürohaus, ein Ingenieur und ein Kaufmann betreiben gemeinsam die Herstellung und den Vertrieb eines elektronischen Geräts, mehrere Unternehmer bilden ein *Konsortium* oder eine Arbeitsgemeinschaft (ARGE). Wie bei Einzelunternehmen muss die Namensgebung der GbR die Namen der Partner führen. Die Gründung der GbR erfolgt vorwiegend formlos durch mündliche oder schriftliche Vereinbarung (Gesellschaftsvertrag). Alle Gesellschafter haften grundsätzlich *gemeinsam* (*gesamtschuldnerisch, solidarisch*) mit ihrem ganzen Vermögen. Dies bedeutet, dass jeder Gesellschafter bei einem Konkurs notfalls allein für die gesamten Schulden der GbR haftbar gemacht werden kann (von den Banken als Kreditnehmer sehr geschätzt). Abweichend von diesem Grundsatz kann aber auch bei der GbR die Haftung auf eine feste Summe, z. B. 50.000 € beschränkt werden, wenn dies bei jedem Geschäft dem Partner gegenüber explizit und unmissverständlich zum Ausdruck gebracht wird. Eine Beschränkung vom Typ *„Die Gesellschafter haften nur quotal"*, wie dies oft bei geschlossenen Fonds (Immobilien, Photovoltaik- und Windkraftanlagen) vereinbart wird, bedeutet in der Regel ein hohes Risiko. Kommt die GbR in finanzielle Schwierigkeiten muss jeder Gesellschafter quotal den Schaden mittragen.

Eine GbR ist nicht rechtsfähig, das heißt, sie lässt sich beispielsweise nicht verklagen. Lediglich ihre Gesellschafter können verklagt werden. Letztere vollständig ausfindig zu machen, ist manchmal nicht leicht, da sie nicht im Handelsregister eingetragen bzw. registriert sind. Geschäftsführung und Vertretung der GbR steht grundsätzlich allen Gesellschaftern zu. Die GbR ist die preiswerteste, in der Regel auch zweckmäßigste Rechtsform, wenn mehrere Partner gemeinsam eine Existenz gründen wollen.

3.3.2.2 Stille Gesellschaft

Eine *Stille Gesellschaft* ist keine eigenständige Unternehmensform, sondern eine "stille" Beteiligung eines Geldanlegers bei einer beliebigen Gesellschaft oder einem Einzelunternehmen durch eine Kapitalanlage, die in das bereits vorhandene Vermögen eingebracht wird. Das Gesellschaftsverhältnis tritt nach außen nicht in Erscheinung (so genannte *Innengesellschaft*), das heißt, der stille Gesellschafter wird auch nicht im Handelsregister aufgeführt. Der *typische* stille Gesellschafter ist nur am Gewinn und Verlust beteiligt, der *atypische* auch am Vermögenszuwachs (Sache der Vertragsgestaltung). Während ersterer nur einkommensteuerpflichtig ist (Einkünfte aus Kapitalvermögen) ist letzterer auch gewerbesteuerpflichtig. Ein formloser schriftlicher Gesellschaftsvertrag, gegebenenfalls vor einem Notar, ist dringend zu empfehlen. Ein weiteres typisches Beispiel für eine Stille Gesellschaft ist eine *Arbeitnehmererfolgsbeteiligung* in Form stiller Eigenkapitalanteile.

3.3.2.3 Offene Handelsgesellschaft, OHG

Ihr Unternehmensziel ist der Betrieb eines *kaufmännischen Handelsgewerbes* unter gemeinsamem einheitlichen Namen, der so genannten *Firma*. *Kaufmännisch* impliziert die Existenz eines "*auf kaufmännische Weise eingerichteten Geschäftsbetriebs*" (ordnungsmäßige *Buchführung* gemäß 5.3 etc.). Die Gesellschafter haften unbeschränkt mit ihrem *gesamten Vermögen*, auch wenn ein Scheitern der OHG nicht selbst sondern von anderen Gesellschaftern oder einem betrügerischen Geschäftsführer verursacht wurde. Die Gründung erfolgt durch formlosen Gesellschaftsvertrag und durch Anmeldung und Eintragung im *Handelsregister* beim *Amtsgericht*. Die OHG firmiert unter dem Familiennamen eines oder mehrerer Gesellschafter. Ein etwaiger Zusatz ist fakultativ, z. B. *Schulze & Co, Elektrogeräte OHG* oder *Schulze & Schmid, Elektrogeräte OHG*. Die Namen nicht aufgeführter Gesellschafter sind dem Handelsregister (3.3.1) zu entnehmen.

Alle Gesellschafter haften *gemeinsam* (*gesamtschuldnerisch, solidarisch*) mit ihrem gesamten Vermögen noch fünf Jahre für Vorgänge, die vor ihrem Ausscheiden vorgefallen sind. OHGs sind daher von den Banken als Kreditnehmer sehr geschätzt. Wegen der unbeschränkten Haftung jedes einzelnen Gesellschafters für die gesamte OHG ist das Risiko der Gesellschafter vergleichsweise groß. Selbst bei Beschränkung auf *quotale* Haftung, wie dies bei *geschlossenen Fonds* (Immobilien, Photovoltaik- und Windkraftanlagen) häufig vereinbart wird, ist das Haftungsrisiko noch sehr hoch. Kommt die OHG in finanzielle Schwierigkeiten muss jeder Gesellschafter über seine Einlage hinaus quotal den Schaden mittragen.

Mit zunehmender Zahl der Gesellschafter wird die Entscheidungsfindung schwieriger, da jeder Gesellschafter grundsätzlich gleichberechtigt ist und jeder jedem widersprechen kann, es sei denn, im Gesellschaftsvertrag ist anderes vereinbart. Eine OHG ist im Gegensatz zur GbR *rechtsfähig*, kann also unter ihrem Namen (Firma) Eigentum erwerben und Verbindlichkeiten eingehen. Zur Geschäftsführung und Vertretung der OHG sind natürlich nach wie vor die Gesellschafter zuständig.

3.3.2.4 Partnerschaftsgesellschaft

Da Freiberufler nach der herrschenden Meinung kein Gewerbe im Sinn des Handelsgesetzes ausüben, können sie auch keine OHG oder KG gründen. In der Vergangenheit blieb ihnen für einen Zusammenschluss nur die Gesellschaft des bürgerlichen Rechts (3.3.2.1). Um dieser Problematik abzuhelfen und auch Freiberuflern einen *rechtsfähigen* Zusammenschluss zu ermöglichen, hat der Gesetzgeber neuerdings *die Partnerschaftsgesellschaft* gemäß *Partnerschaftsgesellschaftsgesetz* (PartGG) geschaffen. Sie ist eine eigene Rechtsform und lehnt sich bezüglich ihrer Rechtsnatur an die OHG (3.3.2.3) an.

Die Partnerschaftsgesellschaft bedarf eines Gesellschaftsvertrags in Schriftform. Abweichend von der OHG kann in diesem die Haftung für die ordnungsgemäße Wahrnehmung eines Mandats auf den oder die jeweils verantwortlichen Gesellschafter beschränkt werden. Die Partnerschaftsgesellschaft ist nicht Kaufmann nach Definition gemäß Handelsrecht. Sie wird daher auch nicht im Handelsregister eingetragen, sondern im neuerdings geschaffenen *Partnerschaftsgesellschaftsregister* geführt.

3.3.2.5 Kommanditgesellschaft, KG

Die *Kommanditgesellschaft* ist der offenen Handelsgesellschaft sehr ähnlich, ein Beitritt ist aber weniger riskant, da die Haftung auf die eigene Einlage beschränkt ist. Bei ihren Gesellschaftern unterscheidet man zwischen den *Kommanditisten* und dem bzw. den *Komplementären*. Erstere haften nur mit ihrer Kapitaleinlage (bis fünf Jahre nach etwaigem Austritt), *Komplementäre* haften unbeschränkt mit ihrem gesamten Vermögen, so genannte *Vollhafter*. Darüber hinaus wird eine KG im Wesentlichen von dem bzw. den Komplementären betrieben. Kommanditisten können die KG nicht vertreten. Die Gründung einer KG erfolgt ebenfalls durch formlosen Gesellschaftsvertrag (7.2) und durch *Anmeldung* und *Eintragung* ins *Handelsregister* beim *Amtsgericht*. Die KG firmiert unter dem Familiennamen des Komplementärs, z. B. *Schulze & Co Elektrogeräte* KG. Auch die KG ist *rechtsfähig*, kann also wie eine *juristische Person* (3.3.3) unter ihrem Namen (Firma) klagen und verklagt werden etc.

3.3.3   Kapitalgesellschaften

Im Gegensatz zu Personengesellschaften, in denen *natürliche Personen* haften, stellen *Kapitalgesellschaften* (engl.: *Limited Companies*, US: *Corporations*) so genannte *juristische Personen* dar. Sie besitzen keine Privatsphäre, werden aber juristisch wie andere selbständige Personen behandelt. Hier gehen alle Gesellschafter nur eine beschränkte Haftung ein. Das Haftungsvermögen bzw. *das gezeichnete Kapital* wird bei einer GmbH als *Stammkapital* beziehungsweise bei einer Aktiengesellschaft (AG) als *Grundkapital* bezeichnet. Das gezeichnete Kapital wird von den Eignern der Kapitalgesellschaft bei der Gründung aufgebracht. Das Stammkapital setzt sich aus *Gesellschaftsanteilen*, das Grundkapital aus *Aktien* zusammen. Während die Übertragung von Gesellschaftsanteilen einer GmbH einer notariellen Beurkundung bedarf, können Aktien bei Bezahlung des Gegenwerts formlos übertragen werden.

Kapital und Unternehmensleitung liegen in der Regel bei verschiedenen Personen. Die Geschäfte werden von *angestellten Direktoren* bzw. *Geschäftsführern* betrieben, die so genannten *Manager*. Falls Eigner im Unternehmen mitarbeiten, beispielsweise als *Gesellschaftergeschäftsführer*, haben sie formal auch nur Angestelltenstatus. Privatentnahmen aus der Unternehmenskasse sind nicht mehr möglich. Auch können Verluste der Kapitalgesellschaft nicht mit anderen Einkünften der Eigner einkommensteuermindernd verrechnet werden. Verluste können nur auf Folgejahre *vorgetragen* und dürfen dann mit einem etwaigen Gewinn in diesen Jahren verrechnet werden (Kapitel 4). Die Einkommensteuer juristischer Personen wird *Körperschaftsteuer* genannt.

Bei Kapitalgesellschaften unterscheidet man im Wesentlichen zwischen

- *Gesellschaft mit beschränkter Haftung*, GmbH,
- *Aktiengesellschaft*, AG,
- *Kleine Aktiengesellschaft* und
- *Konzern*.

3.3.3.1 Gesellschaft mit beschränkter Haftung, GmbH

Die Gesellschaft mit beschränkter Haftung, GmbH, ist eine Rechtsform, in der die Haftung aller Gesellschafter auf ihre Einlage begrenzt und damit das Privatvermögen geschützt ist. Die Gründung einer GmbH erfolgt durch *Gesellschaftsvertrag* vor einem Notar und Eintrag ins *Handelsregister*. Das *Stammkapital* beträgt mindestens 25.000 € und muss zu mindestens 25 % in bar eingebracht werden. Der Rest kann in Sachwerten vorliegen. Für nicht faktisch eingebrachte Anteile müssen die Gesellschafter Verzugszinsen zahlen. Die *Einlagen* bzw. *Anteile* der Gesellschafter können unterschiedlich hoch sein. Nach ihrer Höhe richtet sich die Beteiligung am Gewinn.

Gesetzlich vorgeschriebene Organe der GmbH sind der oder die *Geschäfts-führer* sowie eine alljährliche *Gesellschafterversammlung*, die die Geschäfts-führung beruft, deren Gehalt festlegt, die von den Geschäftsführern erstellte Bilanz feststellt, über die Verwendung des Gewinns entscheidet und die Ge-schäftsführer entlastet.

Die Gesellschafter können selbst Geschäftsführer sein, so genannte *Gesell-schaftergeschäftsführer*, oder können Dritte berufen, so genannte *Manager*. Die Geschäftsführung wird vor dem Notar bestätigt. Ab 500 Mitarbeitern be-nötigt die GmbH noch einen *Aufsichtsrat*, dessen wesentliche Funktion die Überwachung der Geschäftsführung durch die Gesellschafter ist.

Gewinnrechte und *Herrschaftsrechte* können unterschiedlich verteilt sein. So mag die *Gewinnverteilung* durchaus gemäß den Stammeinlagen im Verhält-nis 51 % zu 49 % erfolgen, dennoch können die *Herrschaftsrechte*, das heißt das "Sagen", bei geeigneter Abfassung des Gesellschaftsvertrags beim Partner mit der kleineren Stammeinlage liegen.

Auch eine *Einmann-GmbH* ist möglich. Der Initiator gründet zunächst mit einem *Strohmann* eine GmbH und übernimmt anschließend dessen Anteile. Der Initiator ist dann Gesellschaftergeschäftsführer seiner eigenen GmbH. Sein Gehalt als Geschäftsführer unterliegt der *Einkommensteuer*, ein etwai-ger Gewinn der GmbH der *Körperschaftsteuer*. Gegenüber dem Einzelun-ternehmen besitzt die Einmann-GmbH den Nachteil, dass ihre Verluste nicht mit positiven Einkünften aus anderen Einkunftsarten verrechnet werden können, sondern nur innerhalb der GmbH auf Folgejahre vorgetragen und mit deren Gewinn verrechnet werden können. Darüber hinaus ist die Grün-dung und Führung einer GmbH mit höheren Verwaltungskosten verbunden (3.3.1).

Eine GmbH muss keinen *Familiennamen* in der Unternehmensbezeichnung führen, sondern darf unter einem *Phantasienamen* firmieren, z. B. *Process Control Systems GmbH*. Wer sich für die Namen der Inhaber interessiert, kann diese im Handelsregister nachlesen.

GmbHs müssen alljährlich einen *Jahresabschluss* in Form einer *Bilanz* sowie einer *Erfolgsrechnung* (*Gewinn- und Verlustrechnung*) erstellen (5.7). Der Jahresabschluss muss zum Schutz der Gläubiger offen gelegt und im *elektro-nischen Bundesanzeiger* veröffentlicht werden. Gründung und Betrieb einer GmbH erfordern deutlich höhere Kosten für *Notar*, *Steuerberater* und den

Jahresabschluss. Der Jahresabschluss *kann* von einem Wirtschaftsprüfer testiert werden (gut für die Gesellschafter und die Bank).

Schließlich gibt es dank der Niederlassungsfreiheit innerhalb der Europäischen Gemeinschaft heute auch die Möglichkeit, eine GmbH in anderen europäischen Ländern zu gründen. Beispielsweise in England in Form einer so genannten *Private Limited Company*, im Folgenden kurz *Limited* genannt. Hilfe leisten hierbei spezialisierte Unternehmensberater (Internet). Die wesentlichen Vorteile einer Limited sind:

- Gründung in Echtzeit (innerhalb von 24 h möglich)
- Minimales Haftungskapital ab 1.40 €

Die minimalen Einstiegskosten sind gegenüber der permanenten Abhängigkeit von Gründungs-Serviceleistern, der Rechnungslegung (s. 5.1) und Steuergesetzgebung in beiden Ländern sowie der geringen Kreditwürdigkeit bzw. Bonität bei Kunden und Banken umfassend abzuwägen.

3.3.3.2 Aktiengesellschaft, AG

Die Aktiengesellschaft ermöglicht die Aufbringung großer Fremdkapitalbeträge und ist daher vorzugsweise die Rechtsform großer Industrieunternehmen. Seit einigen Jahren gehen jedoch auch mittelgroße, technologieorientierte Unternehmen an die Börse (3.3.3.3). Das so genannte *Grundkapital* einer Aktiengesellschaft ist in *Aktien* aufgeteilt, die bei größeren Unternehmen frei an der Börse gehandelt und dann von jedermann erworben werden können. Das Grundkapital entspricht der Summe der Nennwerte aller Aktien und beträgt mindestens 50.000 €. Die Gesellschafter, die so genannten *Aktionäre*, haften nur in Höhe der Nennwerte ihrer Aktien, können aber bei einem Kurssturz wesentlich mehr Geld verlieren. Die Notierung an der Börse ist nicht zwingend. Genau genommen sind sogar weniger als 10 % der deutschen Aktiengesellschaften börsennotiert. Dies betrifft vorzugsweise die "Kleinen Aktiengesellschaften" (3.3.3.3) sowie die *Abhängigen Aktiengesellschaften*, so genannte *Konzerntöchter* von Konzernen bzw. verbundener Unternehmen (3.3.3.4).

Gesetzlich vorgeschriebene Organe sind der *Vorstand* (Geschäftsführer), der *Aufsichtsrat* und die *Hauptversammlung.* Der Vorstand führt die Geschäfte der AG. Der Aufsichtsrat bestellt die Mitglieder des Vorstands und überwacht deren *Performance* sowie allgemein die Geschäftsführung (zumindest ist dies vom Gesetzgeber so gedacht). Er besteht aus *Vertretern der Aktionäre* sowie aus *Mitarbeitervertretern* (*Mitbestimmungsrecht*) und wird von der Hauptversammlung gewählt, in der die Aktionäre gemäß der Größe ihres Aktienpakets stimmberechtigt sind. Die Hauptversammlung der Aktionäre übt die ultimative Kontrolle über das Unternehmen aus. Sie entlastet den Aufsichtsrat sowie den Vorstand und genehmigt die Gewinnverwendung (*Dividende, Rücklagen* etc.).

Die Kontrolle des Vorstands durch den Aufsichtsrat wird ihrer vom Gesetzgeber vorgesehenen Rolle häufig nicht gerecht. Sie ist oft sehr lasch, da die Aufsichtsratsmitglieder mangels Fachkompetenz den Darstellungen der Geschäftsführer ausgeliefert sind (nicht bei Konzernen). Ferner können manche Bankenvertreter im Aufsichtsrat das Geschäft viel lockerer sehen, wenn ein Großteil ihrer Stimmrechte aus Abtretungen von Depotkunden resultieren und letztere das Risiko tragen. Aufgrund häufig guter persönlicher oder geschäftlicher Beziehungen zwischen Vorstands- und Aufsichtsratmitgliedern, vielfach auch als „Deutschland AG" bezeichnet, lassen sich so manche aktuell diskutierten Managergehälter und –abfindungen erklären.

Aktiengesellschaften müssen per Gesetz im Rahmen des betrieblichen Jahresabschlusses eine *Bilanz*, eine *Erfolgsrechnung* (*Gewinn- und Verlustrechnung*) und einen *Geschäftsbericht* erstellen und *publizieren* (5.7). Der Jahresabschluss *muss* von einem Wirtschaftsprüfer testiert werden. In wie weit diese Prüfungen ihren Namen verdienen, haben viele spektakuläre Fälle der Vergangenheit gezeigt.

Wegen weiteren häufig in Verbindung mit Aktiengesellschaften verwendeter Begriffe wird auf das Aktiengesetz (AktG, Buchhandel) verwiesen.

3.3.3.3 Die kleine Aktiengesellschaft, Kleine AG

Die Gründung einer klassischen Aktiengesellschaft und die mit ihrem Betreiben anfallenden höheren Kosten setzen eine gewisse Mindestgröße des Unternehmens voraus. Um dennoch diese Art der *Kapitalbeschaffung* und *Reputation* auch kleinen und mittelständischen Unternehmen zugänglich zu machen, hat der Gesetzgeber die so genannte "*Kleine Aktiengesellschaft*" geschaffen. Die kleine AG verbindet die zahlreichen Vorteile der klassischen AG wie Kapitalbeschaffung durch Aktionäre, Haftungsbeschränkung auf das Gesellschaftsvermögen, Reputation, Nachfolgeregelung etc. mit den einfachen Auflagen der GmbH, beispielsweise der Entbehrlichkeit einer Mitbestimmung bei einer Mitarbeiterzahl kleiner 500.

Für die Gründung einer kleinen AG ist grundsätzlich nur eine Person erforderlich, die alle Stammaktien zeichnet, gleichzeitig die Funktion des Vorstands übernehmen kann und die AG nach außen vertritt. Der Gründungsvertrag findet auf einer Seite Platz und enthält den oder die Namen der Gründer, die *Firma* (Name der Aktiengesellschaft), nennt die Höhe des Grundkapitals (mind. 50.000 €) und die Namen der Aufsichtsratsmitglieder. Während der Gründung vor einem Notar wird die mitgebrachte *Satzung* beurkundet. Sie ist sehr viel umfangreicher als die eigentliche Gründungsurkunde und enthält zusätzliche Detailinformationen, beispielsweise Sitz des Unternehmens, Unternehmenszweck, Vorstand (mind. eine Person), Aufsichtsrat (mind. drei Personen), Modalitäten der Hauptversammlung etc. Nach der Gründung erfolgt die ebenfalls notariell zu beurkundende Anmeldung zum Eintrag ins *Handelsregister*.

Die Gründung einer kleinen AG kommt vorrangig für GmbH-Unternehmen in Frage, die bereits in der Vergangenheit gerne als AG firmiert hätten, dies bislang aber wegen des strengen Aktienrechts unterlassen haben. Die publizistisch viel strapazierte "*Ich AG*" hat nichts mit der "Kleinen AG" zu tun. Bei dem irreführenden Begriff Ich-AG handelt es sich lediglich um ein normales Einzelunternehmen, in dem einem zuvor arbeitslosen Existenzgründer der Weg in eine selbständige Tätigkeit durch einen *Existenzgründungszuschuss* geebnet werden sollte. Der so kreierte selbständige Unternehmensgründer war von der *Sozialversicherungspflicht* (Renten-, Kranken-, Pflege- und Arbeitslosenversicherung) befreit, sofern keine so genannte *Scheinselbständigkeit* vorlag. Letztere wird jedoch in der Regel unterstellt, wenn überwiegend nur für einen Auftraggeber gearbeitet wird. Der Existenzgründer übt dann mit anderen Worten eine *arbeitnehmerähnliche Tätigkeit* aus, die einer Arbeit eines normalen Beschäftigungsverhältnisses beim gleichen Arbeitgeber entspricht, womit die Befreiung von der Sozialversicherungspflicht hinfällig wird. Die Ich-AG ist ein Auslaufmodell aus der Anfangszeit von Hartz IV und wird in dieser Form nicht mehr weiter gefördert.

3.3.3.4 Konzern

Ein *Konzern* ist ein Zusammenschluss mehrerer rechtlich selbständiger Unternehmen (z. B. mehrere GmbHs) unter einheitlicher Leitung. Man spricht auch von *verbundenen Unternehmen*. Betreibt die Konzernleitung selbst

noch ein operatives Geschäft, spricht man von einem *Stammhaus-Konzern.*
Beteiligt sie sich nicht am operativen Geschäft, spricht man von einer *Holding.* Konzerne entstehen durch Unternehmenszusammenschlüsse (*Fusion*)
und auch durch *Teilung* bzw. *Dezentralisierung* großer Unternehmen in eigenverantwortlich operierende, rechtlich selbständige Unternehmen, die
ihren Gewinn an die Konzernleitung abführen. Zusammengeschlossene Unternehmen sind durch einen *Unternehmensvertrag* verbunden, der bei so genannten *Unterordnungskonzernen* im Wesentlichen aus einem *Beherr-
schungsvertrag* und einem *Gewinnabführungsvertrag* besteht. Ersterer regelt
die Herrschaftsrechte, das heißt begründet die *Weisungsbefugnis* der Konzernleitung, letzterer verpflichtet die Tochtergesellschaften zur *Abführung
des Gewinns* an die Konzernleitung. Neben diesem Standardfall gibt es auch
so genannte *Gleichordnungsverträge,* bei denen die Rechte mehr paritätisch
verteilt sind.

Durch die Globalisierung haben insbesondere *internationale* bzw. *multina-
tionale* Konzerne an Bedeutung gewonnen (engl.: *Multinational company,
International corporation*). Die rechtlich selbständigen Töchter haben ihren
Sitz in verschiedenen Ländern, sind aber durch Kapitalbeteiligungen mit der
Muttergesellschaft verbunden.

Vorteile multinationaler Unternehmen sind die Übertragung von Gewinnen
in Länder mit geringerer Steuerbelastung, die Versorgung von Tochterunternehmen in schwachen Geldmärkten mit liquiden Mitteln der Konzernzentra-
rale, schließlich die zentral gesteuerte Anlage freier liquider Mittel in Hoch-
zinsländern (engl.: *International cash management*).

Konzerne erstellen und publizieren im Rahmen ihres betrieblichen Jahresabschlusses eine so genannte *konsolidierte Bilanz* und *Erfolgsrechnung* sowie
einen *Geschäftsbericht* (5.7). In einem konsolidierten Jahresabschluss sind
Jahresabschlüsse der Tochterunternehmen zu einem *Konzern-Jahresab-
schluss* zusammengeführt. In letzterem sind im Wesentlichen die untereinander im *Innenverhältnis* getätigten Geschäfte, das heißt die innerbetrieblich
erbrachten Leistungen der einzelnen Gesellschaften herausgerechnet, um den
wahren Umsatz und Gewinn aus Geschäften mit Dritten zu ermitteln. Der
Jahresabschluss *muss* von einem Wirtschaftsprüfer testiert werden. Dies bedeutet in der Regel nicht viel, schließlich will das Prüfungsunternehmen auch
im folgenden Jahr wieder beauftragt werden. Die Jahresabschlüsse aller über-
raschenden und spektakulären Unternehmenszusammenbrüche der Vergangenheit waren zuvor von Wirtschaftsprüfern geprüft und nicht beanstandet
worden.

3.3.4 Mischformen

Mischformen von Gesellschaften vereinen die Merkmale zweier oder mehrerer der oben bereits vorgestellten reinen Rechtsformen. Die häufigste Form ist die GmbH & Co KG. Sie wird gegründet, um die Vorteile einer KG und GmbH gleichzeitig zu nutzen. Die GmbH & Co KG ist eine KG, in der der Komplementär eine juristische Person ist, z. B. eine GmbH. Diese haftet mit ihrem ganzen Vermögen, das jedoch eben auf deren Stammeinlage beschränkt ist. Damit ist die unbeschränkte Haftung des Komplementärs der gewöhnlichen KG aufgehoben. Die GmbH Gesellschafter sind gleichzeitig Kommanditisten der KG. Sie haften beschränkt mit ihren Einlagen wie bei der gewöhnlichen KG auch.

Steuerrechtlich wird die GmbH & Co KG wie die Personengesellschaft KG behandelt, unterliegt also nicht der Körperschaftsteuer (mit Ausnahme der GmbH), sondern der Einkommensteuer. Verluste können daher direkt mit Einkünften der Gesellschafter aus anderen Einkunftsarten verrechnet werden. Die GmbH & Co KG darf ferner unter einem Phantasienamen firmieren, während bei der KG ein Personenname des Komplementärs in der Unternehmensbezeichnung erscheinen muss.

Eine einzelne Person kann Inhaber einer GmbH & Co KG sein. Der Initiator gründet zunächst mit einem *Strohmann* eine GmbH und übernimmt dessen Anteile. Anschließend gründet er als *natürliche Person* mit der *juristischen Person GmbH* die GmbH & Co KG. Die Gründungskosten und laufenden Steuerberatungskosten sind noch höher als bei der GmbH.

Neben der GmbH & Co. KG gibt es noch so genannte *Doppelgesellschaften* bzw. so genannte *Betriebsaufspaltungen*. Diese entstehen durch Aufspaltung eines bislang ganzheitlichen Unternehmens in zwei selbständige Gesellschaften, in der Regel eine *Personengesellschaft* und eine *Kapitalgesellschaft*. Die Personengesellschaft besitzt die gesamten hochwertigen Anlagegüter (*Besitz-Personenunternehmen*) und verpachtet diese an die Kapitalgesellschaft, die sie zu Produktionszwecken einsetzt. Letztere ist in der Haftung beschränkt, so dass hochwertiges Betriebsvermögen vor unbeschränkten Haftungsansprüchen geschützt werden kann. Alternativ kann die Personengesellschaft auch die Produktion übernehmen und die Produkte an eine Kapitalgesellschaft weitergeben, die den Vertrieb übernimmt. Auch hier ist hochwertiges Betriebsvermögen vor unbeschränkten Haftungsansprüchen geschützt. Neben der Verringerung des Haftungsrisikos bieten diese Kombinationen auch eine legale Möglichkeit der Minimierung der Gesamtsteuerlast.

4 Steuern

Der Staat – das heißt der *Bund*, die *Länder* und *Gemeinden* – benötigt zur Finanzierung ihrer hoheitlichen Aufgaben, z. B. dem Bau von Straßen und Schulen, für den Unterhalt von Polizei und Bundeswehr usw., Finanzmittel, die sie unter anderem durch Besteuerung der Einkünfte natürlicher und juristischer Personen einziehen. Die Steuergesetzgebung kennt folgende Steuern:

Besitzsteuern

- *Lohnsteuer*
- *Einkommensteuer*
- *Körperschaftsteuer*
- *Vermögensteuer*
- *Abgeltungssteuer*

Verkehrssteuern

- *Umsatzsteuer*
- Grunderwerbsteuer
- Erbschaftssteuer
- Schenkungssteuer

Realsteuern

- *Gewerbesteuer*
- Grundsteuer

Zölle

- Einfuhrzölle
- Ausfuhrzölle

Verbrauchssteuern

- Mineralölsteuer

– Getränkesteuer
– Tabaksteuer usw.

Je nach Steuerart fließen die Steuern wahlweise dem Bund, den Ländern, den Gemeinden, gegebenenfalls auch allen dreien zu,

– dem *Bund* Zölle, Beförderungssteuer, Verbrauchssteuern und Teile der Umsatzsteuer, Einkommensteuer und Körperschaftsteuer,

– den *Ländern* die Vermögensteuer, Kraftfahrzeugsteuer, Grunderwerbsteuer, Teile der Umsatzsteuer, Einkommensteuer und Körperschaftsteuer,

– den *Gemeinden* die Grundsteuer und Gewerbesteuer, sowie Teile der veranlagten Einkommensteuer.

Die eingenommenen Steuern müssen nicht zweckgebunden verwendet, sondern können für alle beliebigen hoheitlichen Aufgaben eingesetzt werden. Typische Beispiele sind die Mineral- und die Stromsteuer.

Von den verschiedenen Steuerarten sollen nachstehend die *kursiv* gedruckten Steuern näher betrachtet werden.

4.1   Einkommensteuer

Die *Einkommensteuer* (ESt, engl.: *Income tax*) besteuert gemäß Einkommensteuergesetz (EStG) die *Einkünfte* natürlicher Personen aus selbständiger und nichtselbständiger Tätigkeit. Dabei versteht man unter *Einkünften*, was vom *Einkommen* nach Abzug aller zur Erzielung des Einkommens notwendigen Ausgaben in Form von *Betriebs*- oder *Werbungskosten* übrig bleibt, mit anderen Worten den "*Gewinn*".

Die um die *Sonderausgaben, Freibeträge* etc. verminderten Einkünfte ergeben das *zu versteuernde Einkommen*. Die Einkommensteuer berücksichtigt damit die persönlichen Verhältnisse des Steuerpflichtigen sowie besondere Umstände, die ihre wirtschaftliche Leistungsfähigkeit beeinträchtigen können. Sonderausgaben sind in diesem Zusammenhang vom Staat steuerbegünstigte Ausgaben für *Versicherungen, Bausparverträge* etc.

Das Einkommensteuergesetz kennt sieben verschiedene *Einkunftsarten*. Einkünfte aus

- *Land-* und *Forstwirtschaft,*

- *Gewerbebetrieb,*

- *Selbständiger Arbeit,*

- *Nichtselbständiger Arbeit,*

- *Kapitalvermögen,*

- *Vermietung und Verpachtung,*

- *Sonstigen Quellen.*

Die Einkommensteuer, mit Ausnahme der auf Einkünfte aus nichtselbständiger Tätigkeit anfallenden Steuern (so genannte *Lohnsteuer,* s. unten), wird vom Besteuerten direkt an das Finanzamt entrichtet und anhand einer jährlichen *Einkommensteuererklärung* festgestellt. Ist der Erwartungswert der Einkommensteuer für das kommende Jahr bekannt, muss die voraussichtlich zu zahlende Einkommensteuer des folgenden Jahres in monatlichen oder vierteljährlichen Vorauszahlungen vorgeleistet werden. Zuviel oder zuwenig bezahlte Einkommensteuer wird durch eine *Erstattung* oder *Nachzahlung* auf den festgestellten Wert korrigiert.

Die Einkommensteuer wird als Prozentsatz des zu versteuernden Einkommens *gestaffelt* erhoben. Mit anderen Worten, je höher das Einkommen, desto höher fällt der Prozentsatz aus, so genannte *Steuerprogression.* Die aktuellen Zahlen sind dem Einkommensteuergesetz (EStG) in der jeweils geltenden Fassung zu entnehmen. Maßgebend ist der in vier Zonen eingeteilte *Grundtarif.* Da es einen *Grundfreibetrag* gibt und der *Spitzensteuersatz* erst ab einer bestimmten oberen Einkommensgrenze greift, liegt der effektive Prozentsatz für das gesamte Einkommen immer unter dem Spitzensteuersatz. Zusätzliche Einkünfte, die oberhalb des mit dem Spitzensteuersatz besteuerten Einkommens liegen, sind daher immer mit dem Spitzensteuersatz zu versteuern, auch wenn der effektive Zinssatz unter dem Spitzensteuersatz liegt.

Die *Lohnsteuer* (LSt) besteuert Einkünfte aus *nichtselbständiger Tätigkeit* (Angestellte und Arbeiter). Sie stellt lediglich eine besondere Erhebungsform der Einkommensteuer dar. Die Lohnsteuer wird vom Arbeitgeber einbehalten und mit jeder Lohn- bzw. Gehaltszahlung direkt an die Finanzämter abgeführt. Auf Antrag eines Arbeitnehmers wird am Jahresende durch Abgabe einer *Einkommensteuererklärung* eine so genannte *Antragsveranlagung* durchgeführt, aufgrund derer etwa zuviel einbehaltene Lohnsteuer erstattet werden kann. Arbeitnehmer *müssen* zum Jahresende eine Einkommensteuererklärung abgeben, wenn sie neben ihren Einkünften aus *nichtselbständiger* Tätigkeit weitere Einkünfte aus *selbständiger* Tätigkeit, *Kapitalvermögen*, *Vermietung und Verpachtung* etc. erzielen.

Pauschalierte Lohnsteuer fällt bei *400 € Minijobs* an. Hierunter versteht man so genannte *geringfügige Beschäftigungen*. Man unterscheidet zwei Arten geringfügiger Beschäftigung:

– *Geringfügig entlohnte Beschäftigung*:
  Das regelmäßige Arbeitsentgelt übersteigt nicht 400 € im Monat, Weihnachts- und Urlaubsgeld eingerechnet. Die 400 € können sich aus mehreren Beschäftigungsverhältnissen zusammensetzen und sind für den Beschäftigten nicht sozialversicherungspflichtig. Dafür zahlt der Arbeitgeber zusätzlich pauschal 2 % des Entgelts als *pauschalierte Lohnsteuer* (Kirchensteuer und Solidaritätszuschlag inkludiert), 13 % des Entgelts für die *Krankenversicherung* und 15 % für die *Rentenversicherung* an die *Deutsche Rentenversicherung Knappschaft-Bahn-See* bzw. der ihnen angegliederten so genannten *Minijob-Zentrale*. Von dort erfolgt die Aufteilung auf die verschiedenen Empfänger. Bei der Knappschaft erfolgt auch die Anmeldung.

– *Kurzfristige Beschäftigung*:
  Die Arbeitszeit ist auf zwei Monate (bei fünf Arbeitstagen pro Woche) bzw. 50 Arbeitstage (bei weniger als fünf Arbeitstagen pro Woche) beschränkt. Das totale Arbeitsentgelt übersteigt nicht 400 € im Monat, kann aber auch für eine kürzere Dauer des Arbeitsverhältnisses bezahlt werden. Die Höhe der Vergütung im Einzelfall spielt also keine Rolle. Sozialversicherungsbeiträge fallen nicht an. Die pauschalierte Lohnsteuer beträgt 25 % und ist vom Arbeitgeber zusätzlich an das *Finanzamt* zu entrichten. Alternativ kann der Beschäftigte eine Steuerkarte vorlegen und das Einkommen regulär versteuern.

In beiden Fällen sind die Beschäftigungsverhältnisse für Arbeitnehmer grundsätzlich *steuer-*, *kranken-* und *sozialversicherungsfrei*. Sie können sich jedoch durch Eigenzahlung von zusätzlichen 4,9 % (Differenz zum aktuellen Beitrag zur gesetzlichen Rentenversicherung für normale Beschäftigungsverhältnisse) vollwertig anrechenbare *Pflichtarbeitszeiten* erwerben (wichtig bei der späteren Ermittlung des Rentenanspruchs). Die 4,9 % werden vom Arbeitgeber von den 400 € Lohn einbehalten und gemeinsam mit dem Rentenversicherungspauschbetrag von 15 % abgeführt. Für geringfügige Beschäftigung im

Haushalt oder der Land- und Forstwirtschaft gelten Sonderregelungen. Schließlich seien noch die so genannten *Midijobs* erwähnt, die als Gleitzone zwischen Minijobs und regulärer sozialversicherungspflichtiger Arbeit gesehen werden. Die Oberspanne der Entlohnung beträgt 800 €. Midijobs sind sozialversicherungspflichtig, wenn auch mit gestaffelt niedrigeren Beiträgen.

4.2 Körperschaftsteuer

Die *Körperschaftsteuer* (KSt) gemäß Körperschaftsteuergesetz (KStG) ist die Einkommensteuer *juristischer Personen*, beispielsweise der Kapitalgesellschaften AG und GmbH (Kapitel 3). Die Körperschaftsteuer betrug früher zunächst 40 % und durfte zur Vermeidung einer *Doppelbesteuerung* mit der Einkommensteuer der Eigner verrechnet werden, so genanntes *Anrechnungsverfahren*. In der jüngsten Vergangenheit betrug die Körperschaftsteuer nur noch 25 %, durfte aber nicht mehr mit der Einkommensteuer verrechnet werden. Um dennoch eine Doppelbesteuerung zu vermeiden, war nur die Hälfte des ausgeschütteten Gewinns (Dividende etc.) mit dem jeweiligen Einkommensteuersatz zu versteuern, so genanntes *Halbeinkünfteverfahren*. Mit der Unternehmenssteuerreform 2008 wird die Körperschaftssteuer weiter auf 15 % reduziert. Gleichzeitig entfällt das Halbeinkünfteverfahren. Dafür wird eine einheitliche Abgeltungssteuer in Höhe von 25 % auf Kapitalerträge und Dividenden erhoben. Ferner ist die Gewerbesteuer nicht mehr als Betriebsausgabe absetzbar. Unter dem Strich macht sich die erneute Verringerung der Körperschaftssteuer auf 15 % oft nur in stark gemäßigter Form bemerkbar.

Bei der Ermittlung der Einkommensteuer *natürlicher* und *juristischer* Personen (Körperschaftsteuer) können positive Einkünfte und negative Einkünfte (Verluste) aus verschiedenen Einkunftsarten gegeneinander verrechnet werden, so genannter *Verlustausgleich*. Heben sich die positiven Einkünfte und negativen Einkünfte gegenseitig auf, fällt keine Einkommensteuer an. Verluste, die bei der Ermittlung des Gesamtbetrags der Einkünfte nicht ausgeglichen werden können, dürfen nachträglich mit positiven Einkünften des zweiten, dem Veranlagungszeitraum vorausgegangenen Veranlagungszeitraums verrechnet werden, was zu einer *Steuerrückzahlung* führt. Dieses Vorgehen wird als *Verlustrücktrag* bezeichnet. Ist ein voller Ausgleich doch nicht möglich, dürfen die verbleibenden Verluste noch mit positiven Einkünften des ersten, dem Veranlagungszeitraum vorausgegangenen Veranlagungszeitraums verrechnet werden, was zu einer *weiteren Steuerrückzahlung* führt. Falls immer noch Verluste übrig bleiben, so genannter *verbleibender Verlustabzug*, können diese Verluste in den nächstfolgenden Veranlagungszeitraum *vorgetragen* und mit weiteren, künftigen Einkünften verrechnet werden, so genannter *Verlustvortrag*. Der Verlustabzug kann also sowohl in Form eines Verlustrücktrags als auch in Form eines Verlustvortrags erfolgen.

4.3   Umsatzsteuer

Umsätze im Inland unterliegen gemäß dem Umsatzsteuergesetz (UStG) der *Umsatzsteuer*. Um bei Erzeugnissen, die vom Rohmaterialhersteller bis zum Endverbraucher mehrere Unternehmen durchlaufen, eine *Kumulierung* der Umsatzsteuer zu vermeiden, wird diese in Form der so genannten *Mehrwertsteuer* erhoben. Das heißt, jeder Unternehmer in der Erzeuger- bzw. Handelskette schlägt auf die Entgelte für seine Lieferungen die gesetzlich geltende Mehrwertsteuer von derzeit 19 % auf. Dafür darf er aber bei der Abführung der Mehrwertsteuer an das Finanzamt die von ihm selbst an seine Lieferanten bezahlte Mehrwertsteuer als so genannte *Vorsteuer* verrechnen. Er zahlt also nur den Differenzbetrag an das Finanzamt. Damit hat er bzw. der Staat jeweils nur den von ihm geschaffenen *Mehrwert* besteuert. Die volle Mehrwertsteuer zahlt letztlich nur der Endabnehmer.

Bestimmte Umsätze unterliegen einer ermäßigten Umsatzsteuer von 7 %, z. B. Grundnahrungsmittel, Bücher, Teile der Verkehrsgebühren.

Die vereinnahmte Umsatzsteuer abzüglich der gezahlten Vorsteuer muss grundsätzlich innerhalb von zehn Tagen nach Ende eines *Kalendermonats* an das Finanzamt bei gleichzeitiger Abgabe einer *Umsatzsteuervoranmeldung* an das Finanzamt abgeführt werden. Abweichend von diesem Grundsatz kann die Umsatzsteuerzahlung auch einen Monat später erfolgen, wenn am Anfang des Jahres (1/11) der Gesamtumsatzsteuer des Vorjahres an das Finanzamt entrichtet wird.

Ferner kann die Umsatzsteuervoranmeldung und -zahlung nur *vierteljährlich* erfolgen, wenn die jährliche Umsatzsteuerzahllast nicht mehr als 3.000 € beträgt. Liegt sie gar unter 500 € kann eine Vorauszahlung gänzlich entfallen (aktuelle Werte beim Finanzamt nachfragen).

Die Umsatzsteuer ist für Unternehmen kosten- und damit wettbewerbsneutral und wird deshalb bei der *Kostenrechnung-Kalkulation* nicht berücksichtigt. Sie wird zwar über die Unternehmen eingezogen aber letztlich immer vom Kunden bezahlt. In den Büchern wird sie als *Betriebseinnahme* geführt, ebenso wie die vom Finanzamt erstattete, zu viel abgeführte Mehrwertsteuer.

Gezahlte Mehrwertsteuer an Lieferanten, mit anderen Worten Vorsteuern, werden als *Betriebsausgaben* gebucht.

Bei Umsätzen mit dem Ausland ist zwischen EU-Nachbarländern (Europäischer Binnenmarkt) und *Drittländern* (USA etc.) zu unterscheiden.

- Lieferungen und Leistungen zwischen Mitgliedern innerhalb der EU stellen künftig keine *Ein-* und *Ausfuhren* mehr dar, sondern *innergemeinschaftlichen Warenverkehr*. Um den Mitgliedsländern der EU Steuerausfälle zu ersparen, zahlt beim innergemeinschaftlichen Warenverkehr der *Erwerber* die Umsatzsteuer in Form der so genannten *Erwerbssteuer* (früher *Einfuhrumsatzsteuer*). Um die Zahlung der Erwerbssteuer sicherzustellen, erhält jedes im Außenhandel tätige Unternehmen im Erwerberland der EU beim jeweiligen Bundesamt für Finanzen auf Antrag eine *Umsatzsteuer-Identifikationsnummer* (USt-ID-Nr.). Ein Lieferant muss auf seiner Rechnung sowohl seine eigene "*ID-Nummer*" als auch die des Kunden angeben, was dank einer zentralen EU-Datenerfassung die korrekte Zahlung der Umsatzsteuer gewährleistet. Bei Vorliegen der Identifikationsnummer wird Mehrwertsteuer auf der Ausgangsrechnung nicht in Rechnung gestellt.

- Umsätze mit Nicht-EU-Ländern (Drittländer) unterliegen nicht der Umsatz- bzw. Mehrwertsteuer (so genannte *Nichtsteuerbare Umsätze*).

Umsatzsteuer muss nicht sofort abgeführt sondern darf nach *vereinnahmten* Entgelten (Eingang des Rechnungsbetrags auf dem Konto) entrichtet werden, wenn

- der Umsatz kleiner 16.620 € beträgt (aktuellen Wert beim Finanzamt nachfragen),

- keine ordnungsmäßige Buchführungspflicht besteht (so genannte *Kleinunternehmer*),

- der Steuerschuldner Freiberufler ist.

In allen anderen Fällen ist die Umsatzsteuer nach *vereinbarten* Entgelten zu entrichten, das heißt die Mehrwertsteuerschuld an das Finanzamt tritt bereits beim Schreiben der Rechnung auf.

Vom Kleinunternehmer, z. B. "Existenzgründer", wird gemäß § 19 UStG keine Umsatzsteuer erhoben, wenn der Umsatz zuzüglich der darauf entfallenden Umsatzsteuer einen bestimmten Betrag nicht überschreitet. Es darf

dann aber auch keine Vorsteuer abgezogen werden bzw. es wird vom Finanzamt auch keine Vorsteuer erstattet. Andererseits können Kleinunternehmer
auf dieses Vorrecht verzichten und für eine reguläre Umsatzsteuer-Behand-
lung optieren. Dies macht Sinn, wenn Sie überwiegend für andere Unternehmen, nicht für Endverbraucher, tätig sind (Festlegung gilt für mindestens
fünf Jahre). Dies bietet zum Beispiel den Vorzug, dass man bei Anschaffung
eines neuen Kraftfahrzeugs 100 % der Vorsteuer sofort in voller Höhe als Betriebsausgabe absetzen kann.

Bei privaten Geschäften tritt die Umsatz- bzw. Mehrwertsteuer nicht in Erscheinung.

4.4   Gewerbesteuer

Die *Gewerbesteuer* besteuert nicht die *Eigentümer* sondern die *Unternehmen*.
Sie steht gemäß *Gewerbesteuergesetz* (GewStG) den *Gemeinden* zu, in deren
Bereich sich die Betriebsstätte befindet.

Der Ermittlung der Gewerbesteuer liegt der *Jahresgewinn* eines Unterneh-
mens nach dem Einkommensteuer- bzw. Körperschaftsteuergesetz zugrunde.
Sie erfolgt in zwei Stufen. Zunächst ermittelt das Finanzamt unter Berücksichtigung von *Hinzurechnungen* oder *Kürzungen* gemäß § 8 und § 9 des
Gewerbesteuergesetzes (GewStG) aus dem Jahresgewinn den *Gewerbeertrag*.
Nach Abziehen eines Freibetrags in Höhe von derzeit 24.500 € (bei Personenunternehmen) ergibt sich der *steuerpflichtige Teil des Gewerbeertrags*.
Aus letzterem wird mittels einer *Steuermesszahl* der "*Steuermessbetrag*" ermittelt. Seit der Unternehmenssteuerreform 2008 beträgt die Steuermesszahl
für alle Gewerbebetriebe 3,5 %, für Kapitalgesellschaften ohne Berücksichtigung eines Freibetrags 5 %.

Im zweiten Schritt wendet die Betriebsstättengemeinde einen von ihr festgelegten *Hebesatz* zwischen 200 % und 490 % (Bundesdurchschnitt ca. 430 %)
auf den Gewerbesteuermessbetrag an und berechnet hieraus die tatsächlich
zu zahlende *Gewerbesteuer*.

Die Höhe des Hebesatzes ist für Unternehmen ein wichtiges Kriterium für
die Ortswahl der Betriebsstätte. Da im Ausland vielfach nur minimale oder
gar keine Gewerbesteuer erhoben wird, legt dies vielfach die Verlagerung des
Produktionsstandorts ins Ausland nahe.

Seit der Unternehmenssteuerreform 2008 darf die Gewerbesteuer nicht mehr wie bisher als Betriebsausgabe abgezogen werden. Es erfolgt aber dafür eine teilweise Anrechnung bei der Einkommensteuer.

4.5 Vermögensteuer

Trotz Abschaffung der Vermögensteuer wird wegen des derzeitigen Weiterbestehens des Vermögensteuergesetzes für Altfälle und wegen ihrer nicht auszuschließenden Wiedereinführung sowie wegen der ihr zugrunde liegenden *Unternehmenswertbegriffe*, hier nochmals bewusst darauf eingegangen.

Betriebliches und privates Vermögen unterlagen gemäß dem bislang geltenden *Vermögensteuergesetz* (VStG) der Vermögensteuer. Die Höhe der *Verzinsung* wurde nach dem *Bewertungsgesetz* (BewG) ermittelt. Der Wert von Vermögensteilen kann angegeben werden als

- *Gemeiner Wert* (Verkehrswert),

- *Steuerbilanzwert* (Bilanzvermögen, 5.4),

- *Teilwert* (Betrag, den ein Erwerber eines Betriebs als Teil des Gesamtpreises für das einzelne Gut zahlen würde; oft auch *Wiederbeschaffungswert*),

- *Ertragswert* (Land- und Forstwirtschaft, Immobilien).

Diese Begriffe spielen auch bei generellen Bewertungsfragen eine wesentliche Rolle.

4.5.1 *Einheitswert des Betriebsvermögens* (derzeit nicht mehr festgestellt)

Für den Vermögenswert der einzelnen Wirtschaftsgüter eines Betriebs wird der jeweils in der Bilanz genannte Wert angesetzt, mit Ausnahme der Vermögensposten für die vom Finanzamt bereits im Rahmen einer "gesonderten und einheitlichen Feststellung des Einheitswerts" ein *Einheitswert* festgesetzt wurde, zum Beispiel bei *Grundstücken* und *Gebäuden*. Diese Einheitswerte werden bei der Vermögensbewertung mit 140 % angesetzt. Beteiligungen an anderen Personengesellschaften gehen nicht in den *Anteil am Einheitswert* der Personengesellschaft ein. Ferner werden Anteile an anderen Kapitalgesellschaften, die nicht an der Börse gehandelt werden, mit dem *gemeinen Wert*, Wertpapiere mit dem *Kurswert* bewertet.

Die Summe aller Vermögensposten abzüglich der Summe aller Schuldenposten ergibt den *Einheitswert des Betriebsvermögens*, der auch als Ausgangswert zur Ermittlung des Gewerbekapitals für die früher erhobene Gewerbekapitalsteuer diente.

4.5.2   *Privatvermögen*

Das Gesamtvermögen einer Privatperson ergibt sich gegebenenfalls aus der Summe der Vermögen aus

- Land- und Forstwirtschaft,

- Grundvermögen,

- Betriebsvermögen,

- Sonstigem Vermögen,

abzüglich aller Freibeträge und privaten Schulden. Bei allen Vermögensposten wird, falls existent, der Einheitswert angesetzt.

Betriebsvermögen im obigen Sinn betrifft nur Inhaber von Einzelunternehmen, die davon einen Freibetrag von 250.000 € abziehen dürfen. Gesellschaftsanteile von Gesellschaftergeschäftsführern ihrer eigenen GmbH werden mit ihrem Anteil am Einheitswert des Unternehmens als Kapitalvermögen unter "Sonstiges Vermögen" angesetzt. Es gibt keinen Freibetrag! Die vermögensteuerliche Belastung einer GmbH gegenüber einem Einzelunternehmen ist also spürbar.

Zu sonstigem Vermögen zählen unter anderem

- Bankguthaben,

- Aktien, GmbH-Anteile,

- Edelmetalle, Münzen etc.,

- Schmuck,

– noch nicht fällige Ansprüche aus Lebensversicherungen etc.

Privater Hausrat wird nicht angerechnet.

4.6   Abgeltungssteuer

Die *Abgeltungssteuer* wird auf Kapitalerträge wie Zinsen, Dividenden, Netto-gewinn aus Kursgewinnen und –verlusten etc. mit einem vom sonstigen Ein-kommen unabhängigen pauschalen Steuersatz von 25 % erhoben. Sie besitzt daher keine Progression. Zu den 25 % kommen noch die Solidaritätssteuer und gegebenenfalls Kirchensteuer.

Die Abgeltungssteuer ersetzt die früher progressiv im Rahmen der Einkom-mensteuerermittlung erhobene *Kapitalertragsteuer*. Damit verbunden ist der Wegfall der früher üblichen *Spekulationsfrist* von einem Jahr.

Die Abgeltungssteuer wird von den Kreditinstituten direkt an das Finanzamt abgeführt.

4.7   Umgang mit dem Finanzamt

Das Steuerrecht ist im Detail sehr kompliziert und eine, auch im Kleinen, korrekte Ermittlung der *Einkommen-, Umsatz-, Gewerbe-* und *Vermögen-steuer* ist nur dem *Steuerfachmann* bzw. mit Hilfe eines Steuerberaters mög-lich. Das Finanzamt ist aber im Regelfall sehr nachsichtig und geht grund-sätzlich davon aus, dass ein Steuerschuldner, der sich zutraut ohne Steuerbe-rater auszukommen, seine Steuerschulden nach bestem Wissen und Gewis-sen ermittelt und termingerecht entrichtet. Falls bei einer vom Finanzamt durchgeführten *Betriebsprüfung* vor Ort unrichtige oder unvollständige An-gaben zu Tage treten und der Eindruck herrscht, dass der Steuerschuldner nicht *leichtfertig* Steuern *verkürzen* oder gar *vorsätzlich hinterziehen* wollte, werden diese Angaben vom Betriebsprüfer richtig gestellt und durch geänder-te Steuerbescheide, die sowohl in *Nachzahlungen* als auch in *Erstattungen* einschließlich Zinsen resultieren können, geheilt.

Die Verjährungsfrist, nach der unzutreffende Steuerangaben bei einer Be-triebsprüfung nicht mehr nachträglich geändert werden können, beginnt mit dem Ende des Kalenderjahrs in dem die jeweilige Steuererklärung eingereicht wurde und beträgt für

– alle normalen Steuern   4 Jahre

– für leichtfertig verkürzte Steuern   5 Jahre

– für hinterzogene Steuern   10 Jahre

Leichtfertige *Steuerverkürzung* kann mit Geldbußen bis 50.000 € geahndet werden, *Steuerhinterziehung*, das heißt vorsätzlich falsch gemachte oder unterlassene Angaben, mit bis zu fünf Jahren Freiheitsstrafe. Im Fall der Steuerhinterziehung kann durch rechtzeitige *Selbstanzeige*, das heißt vor Entdeckung der Straftat, Straffreiheit erlangt werden.

Rechtsbehelfsverfahren

Ist ein Steuerschuldner mit seinem Steuerbescheid nicht einverstanden oder möchte er eine zu seinen Ungunsten von ihm versehentlich gemachte falsche Angabe korrigieren, kann er beim Finanzamt innerhalb einer jeweils angegebenen *Rechtsbehelfsfrist* (z. B. ein Monat) Einspruch erheben. Der Einspruch wird vom Finanzamt *außergerichtlich* geprüft, anschließend wird eine *Einspruchsentscheidung* erlassen. Falls der Steuerschuldner diese nicht akzeptiert, kann er in einem *gerichtlichen* Rechtsbehelfsverfahren beim Finanzgericht klagen.

Fristen

Für die Abgabe der verschiedenen Steuererklärungen, Zahlung einer Steuerschuld, Vorlage von Belegen etc. gelten entweder gesetzliche oder vom Finanzamt festgesetzte Fristen. Die meisten Fristen können auf rechtzeitig gestellten Antrag verlängert werden. Nichtverlängerbare gesetzliche Fristen können bei triftigen Gründen, beispielsweise schwerer Erkrankung, durch *Wiedereinsetzung in den vorigen Stand* außer Kraft gesetzt werden.

Bei zahlreichen Fristen wird eine Überschreitung von nicht mehr als fünf Tagen als *Schonzeit* toleriert. Welche Fristen verlängert werden oder nicht ist durch rechtzeitiges Anfragen beim Finanzamt zu erfragen. Die Nichteinhaltung von Fristen ohne Genehmigung *kann* durch *Verspätungszuschläge* geahndet werden. Bei überfälliger Zahlung von Steuerschulden werden *nicht verhandlungsfähige Säumniszuschläge* in Höhe von 1 % der Steuerschuld jeden angefangenen Monat erhoben. Fällige Zahlungen können meist unter Inkaufnahme von Zinsen gestundet werden.

5 Finanz Know-how für Ingenieure

Grundkenntnisse des externen und internen *Rechnungswesens*, der *Finanzierung* und *Investitionsrechnung*, gehören zunehmend zum selbstverständlichen Wissensspektrum des modernen Ingenieurs. Im Rahmen seiner Akquisitionstätigkeit oder als Projektleiter ist er oft in einer Person *Ingenieur* und *Kaufmann*.

Selbst wenn der Ingenieur nicht selbst als Kaufmann in Aktion tritt, muss er wenigstens so viel *Finanz Know-how* besitzen, dass er budgetieren sowie unmissverständlich und effizient mit seinen Kunden, seinen kaufmännischen Kollegen oder seinem Steuerberater kommunizieren kann. Ferner muss er *Bilanzen* und *Gewinn- und Verlustrechnungen* lesen und interpretieren können, beispielsweise zum Vergleich des eigenen Unternehmens mit dem Wettbewerb, Kauf oder Verkauf von Unternehmen bzw. Unternehmensteilen, beim Eintritt in ein mittelständisches Unternehmen, verbunden gar mit dem *Erwerb* von *Gesellschaftsanteilen* etc.

Im Folgenden werden zunächst einige elementare Begriffe des Finanzwesens ausführlich erläutert und anschließend im Rahmen der *Bilanz, Gewinn- und Verlustrechnung, Kosten- und Erlösrechnung* sowie der *Finanzierung* eines Unternehmens praktisch angewandt. Auf den Begriff der *Budgetierung* wird ausführlich im Kapitel 6, *Managementfunktionen*, eingegangen.

5.1 Externes und Internes Rechnungswesen

Das *Rechnungswesen* befasst sich mit der quantitativen *Erfassung, Strukturierung, Speicherung, Aufbereitung* und *Verwertung* der *finanziellen Daten* des Unternehmensprozesses. Man unterscheidet zwischen *Externem* und *Internem Rechnungswesen*, Bild 5.1.

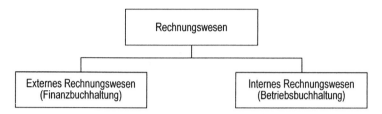

Bild 5.1: Gliederung des Rechnungswesens in *Externes* und *Internes Rechnungswesen*, auch *Finanzwirtschaft* und *Betriebswirtschaft* genannt.

Das *Externe Rechnungswesen* ist *gesetzlich vorgeschrieben* und weitgehend standardisiert. Das *Interne Rechnungswesen* ist eine im eigenen Interesse eines Unternehmers durchgeführte freiwillige Aktivität und reicht von *Nichtexistenz* bis hin zu aufwendigen *Kostenrechnungssystemen* bei "*best practice*" Unternehmen.

Externes Rechnungswesen

Aufgaben des *Externen Rechnungswesens* bzw. der *Finanzbuchhaltung* (engl.: *Financial accounting*) sind die *Buchführung* und die Erstellung des *Jahresabschlusses* (so genannte *Rechnungslegung*). Die *Finanzbuchhaltung* erfasst und verbucht alle finanziellen Vorgänge mit Partnern außerhalb des Unternehmens. Der Jahresabschluss informiert *Eigner* (*Gesellschafter, Aktionäre*), *Kreditgeber* (*Gläubiger*), die *Kunden* und das *Finanzamt* über den finanziellen Status des Unternehmens, das heißt über den im abgelaufenen Geschäftsjahr erzielten *Gewinn* und das am Ende des Geschäftsjahres vorhandene *Vermögen* (5.7). Er wird zum Ende eines jeden Geschäftsjahres für einen bestimmten Stichtag erstellt und besteht aus der *Bilanz* (5.4) und einer *Gewinn- und Verlustrechnung* (5.5). Bei Kapitalgesellschaften (GmbH, AG) wird der Jahresabschluss durch einen *Anhang* ergänzt, der *Bilanzierungs-* und *Bewertungswahlrechte* erläutert, *dingliche Sicherungen* erwähnt sowie in einem *Lagebericht* den vergangenen Geschäftsverlauf wie auch die zukünftige Geschäftsentwicklung aufzeigt.

Der Jahresabschluss wird publiziert und dient als Entscheidungsgrundlage für die Entlastung der Geschäftsführer bzw. des Vorstands. Er ist ein so genannter *Spätindikator*, das heißt, er ist vergangenheitsorientiert bzw. blickt zurück auf etwas, was bereits unwiderruflich gelaufen ist.

Internes Rechnungswesen

Das interne Rechnungswesen erfasst alle *internen* Vorgänge, die mit der betrieblichen Leistungserstellung, das heißt mit der Herstellung von *Produkten* und *Dienstleistungen* verknüpft sind, so genannte *Betriebsbuchhaltung,* auch *Kosten- und Erlös-Rechnung* KER genannt. Sie ist nur für *interne Informationsempfänger* bestimmt und kann ohne Rücksicht auf gesetzliche Vorschriften unternehmensspezifisch gestaltet werden (Ausnahme: Ermittlung der Herstellungskosten und Erlöse für den Jahresabschluss (5.7)). Ihre Aufgabe ist einerseits die Ermittlung der *Selbstkosten* der eigenen *Erzeugnisse* und die Ermittlung von *Stundensätzen* für *interne* und *externe,* das heißt nach außen verkaufte *Dienstleistungen,* andererseits die *Informationsversorgung der Unternehmensführung.* Basierend auf der kurzfristigen *Planung* und *Kontrolle* führt sie für letztere kurzfristige *Erfolgsrechnungen* (5.10.5) im Tages-, Wochen-, Monats- oder Quartalsrhythmus durch und erlaubt so bei Bedarf als Teil eines umfassenden *Management-Informationssystems* die Steuerung des Unternehmens in *Echtzeit* (engl.: *Real time*). Das interne Rechnungswesen ist die wichtigste Ausgangsbasis für das im Abschnitt 6.3 erläuterte *Controlling.*

5.2 Elementare Grundbegriffe des Rechnungswesens

Im Einzelnen erfasst, verrechnet und kontrolliert das *externe* Rechnungswesen

– *Einzahlungen*	und	*Auszahlungen,*
– *Einnahmen*	und	*Ausgaben,*
– *Erträge*	und	*Aufwendungen,*

das *interne* Rechnungswesen

– *Erlöse*	und	*Kosten.*

Die vier Begriffe der jeweils linken und rechten Spalten erscheinen Nicht-kaufleuten umgangssprachlich fast synonym. Im Rahmen des Rechnungswesens haben jedoch alle diese monetären Größen eine präzis definierte individuelle Bedeutung, die sich auch in unterschiedlichen Zahlenwerten ausdrückt. In allen Fällen handelt es sich um diskrete *Größen* (Geld bzw. geldwerte Beträge), die zu Änderungen bestimmter *Bestände* (5.3) führen.

Bei den beiden letzten Begriffspaaren unterscheidet man noch zwischen *betrieblichen* und *neutralen* Beträgen:

– *Betriebliche Beträge* fallen im Rahmen von Vorgängen an, die unmittelbar mit der Zweckbestimmung des Betriebs zusammenhängen, z. B. Materialaufwand, Löhne und Gehälter für die Fertigung von Produkten etc.

– Neutrale Beträge fallen an bei

   • *nichtbetrieblichen* Vorgängen, z. B. Spendenzahlungen, Kursverlusten bei Wertpapiergeschäften, Gewinnen aus Beteiligungen,

   • *außerordentlichen* Vorgängen, z. B. betrieblich bedingten, aber seltenen Ausnahmen wie Verkauf einer abgeschriebenen Fertigungseinrichtung zum Marktpreis oder bei Konzernen Verkauf eines Teilunternehmens,

   • *periodenfremden* Vorgängen, z. B. betrieblich bedingten Zahlungsein- oder -ausgängen, die außerhalb des betrachteten Zeitraums (Periode) liegen.

Generell unterscheidet man zwischen *bestandswirksamen* Geschäftsvorfällen und *erfolgswirksamen* Geschäftsvorfällen:

Bestandswirksame Geschäftsvorfälle sind *erfolgsneutral*, das heißt, es werden nur Vermögens- oder Kapitalwerte untereinander getauscht bzw. Vermögens- bzw. Kapital*bestände* verändert, beispielsweise beim Barkauf von Material. In diesem Fall wird Geldvermögen in Sachvermögen getauscht. Es ändern sich nur zwei *Bestände* – *Zunahme* des Vorratsbestands, *Abnahme* des Kassenbestands. Das Gesamtvermögen bleibt gleich, es entsteht kein Erfolg bzw. Gewinn.

Erfolgswirksame Geschäftsvorfälle bewirken zusätzlich zur Änderung zweier Bestände eine Änderung des *Erfolgs* bzw. *Gewinns*, z. B. Mieteinnahmen, Zinsen, Umsatzerlöse. Die gleichzeitige Bestandswirksamkeit wird nicht bei jeder Ertragsbuchung auf dem Eigenkapitalkonto gebucht, sondern kommt erst beim Jahresabschluss zum Tragen (5.4.1). Nichtsdestoweniger ist die Bestandswirksamkeit von *Aufwendungen* und *Erträgen* bezüglich des *Eigenkapitals* bzw. *Reinvermögens* ein wesentliches Abgrenzungsmerkmal für dieses Begriffspaar (5.2.3).

Wegen ihrer grundlegenden Bedeutung werden die eingangs genannten vier Begriffspaare im Folgenden näher erläutert und, mit Ausnahme des ersten

Paars, im so genannten *Schmalenbach-Schema* gegeneinander abgegrenzt (Bilder 5.2 – 5.5).

5.2.1 Einzahlungen – Auszahlungen

Das Begriffspaar *Einzahlungen - Auszahlungen* betrifft den *Zahlungsverkehr* eines Unternehmens und wird in der *Buchführung, Finanzrechnung* bzw. kurzfristigen *Liquiditätsrechnung* sowie bei der Ermittlung des *Cash Flows* verwendet (5.8.2 und 5.11).

> Einzahlungen und Auszahlungen ändern den *Zahlungsmittelbestand.*

Der *Zahlungsmittelbestand* wird oft auch als *Fonds* an liquiden Mitteln bezeichnet. Ein *Fonds* ist eine Menge verschiedener Zahlungsmittel, verschiedener Aktien, Immobilienanteile verschiedener Eigner etc., die als *eine Einheit* geführt bzw. verwaltet wird. Im vorliegenden Zusammenhang sind mehrere Konten zum Fonds liquider Mittel zusammengefasst.

Einzahlungen:

Einzahlungen sind alle zu einem bestimmten Zeitpunkt t eingehenden *individuellen Geldbeträge* E_t in bar, Scheck, Überweisung oder Wechsel. Sie erhöhen die Bargeld- und Buchgeldbestände und damit die Liquidität (5.5.2). Beispiele: Barverkäufe, Eingang von Kundenzahlungen durch Überweisungen.

Auszahlungen:

Auszahlungen sind alle zu einem bestimmten Zeitpunkt t abgehenden *individuellen Geldbeträge* A_t in bar, Scheck, Überweisung oder Wechsel. Sie vermindern die Bargeld- und Buchgeldbestände und damit auch die Liquidität (5.5.2). Beispiele: Barkauf eines Kraftfahrzeugs, Bezahlung von Lieferantenrechnungen durch Überweisung, Gehälter und Löhne, Privatentnahmen.

5.2.2 Einnahmen – Ausgaben

Das Begriffspaar *Einnahmen - Ausgaben* wird in der *Finanzrechnung* bzw. mittelfristigen *Liquiditätsrechnung* verwendet (5.8).

> Einnahmen und Ausgaben ändern den Bestand des *Geldvermögens* (Zahlungsmittelbestand zuzüglich Forderungen, abzüglich Schulden).

Einnahmen:

Einnahmen sind alle *individuellen Geldzuflüsse* in bar, Scheck oder Überweisung zuzüglich *Forderungszugängen* bei Auslieferung eines Produkts oder Erbringen einer Dienstleistung (wobei der tatsächliche Zahlungseingang also noch aussteht). Ferner zählen hierzu *Schuldenabgänge* (Minderung des Schuldenbestands). Einnahmen erhöhen den Bestand bzw. *Fonds* des Geldvermögens (*Fonds*: Menge von Vermögensbestandteilen verschiedener Herkunft).

Einzahlungen und Einnahmen haben eine Schnittmenge an Geschäftsvorfällen gemeinsam, für die beide Begriffe synonym verwendet werden können. Darüber hinaus gibt es aber auch Einzahlungen, die keine Einnahmen sind, und Einnahmen, die keine Einzahlungen sind, Bild 5.2.

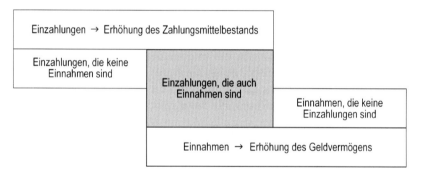

Bild 5.2: Abgrenzung von *Einnahmen* gegenüber *Einzahlungen.*

- *Einzahlungen, die keine Einnahmen sind:* Aufnahme eines Bankdarlehens, Bezahlung einer offenen Rechnung durch einen Kunden. Beide Geschäftsvorfälle führen zu einer Einzahlung. Im ersten Fall erhöhen sich gleichzeitig die Schulden, im letzten Fall verringern sich gleichzeitig die Forderungen. Auch *Anzahlungen* auf einen Rechnungsbetrag stellen Einzahlungen dar. Sie erhöhen gleichzeitig die Verbindlichkeiten. Das Geldvermögen bleibt daher in allen Fällen unverändert (Anzahlungen werden gewöhnlich mit negativem Vorzeichen in den Aktiva der Bilanz geführt).

- *Einzahlungen, die auch Einnahmen sind (und umgekehrt):* Verkauf von Waren gegen bar, Scheck oder Überweisung, Eingang staatlicher Fördermittel. Es erhöht sich sowohl der *Zahlungsmittelbestand* als auch das *Geldvermögen.*

- *Einnahmen, die keine Einzahlungen sind:* Verkauf von Waren auf Ziel (Bezahlung erfolgt zu einem späteren Zeitpunkt). Eine Einzahlung entsteht im gleichen Augenblick nicht, es erhöht sich aber der Forderungsbestand des Geldvermögens.

Ausgaben:

Ausgaben sind alle *individuellen Geldabflüsse* in bar, Scheck oder Überweisung zuzüglich *Schuldenzugängen* aufgrund des Kaufs von Fremdleistungen *auf Ziel* (wobei die tatsächliche Bezahlung einer Rechnung zu einem späteren Zeitpunkt erfolgt). Ferner zählen hierzu *Forderungsabgänge* (Minderung des Forderungsbestands). Ausgaben *verringern* den Bestand bzw. *Fonds* des Geldvermögens.

Ausgaben und Auszahlungen haben eine Schnittmenge an Geschäftsvorfällen gemeinsam, für die beide Begriffe synonym verwendet werden können. Darüber hinaus gibt es Auszahlungen, die keine Ausgaben sind und Ausgaben, die keine Auszahlungen sind, Bild 5.3.

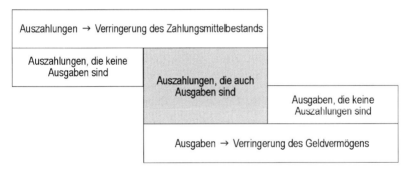

Bild 5.3: Abgrenzung von *Ausgaben* gegenüber *Auszahlungen.*

- *Auszahlungen, die keine Ausgaben sind:* Tilgung eines Barkredits, Begleichung der Rechnung für eine frühere Lieferung. In beiden Fällen kommt es zu einer Auszahlung. Das Geldvermögen ändert sich jedoch wegen gleichzeitiger Verringerung des Schuldenbestands nicht.

- *Auszahlungen, die auch Ausgaben sind:* Barkauf von Material, Bezahlung von Löhnen und Gehältern. Das Geldvermögen verringert sich.

– *Ausgaben, die keine Auszahlungen sind (und umgekehrt):* Kauf von Material oder einer Werkzeugmaschine auf Ziel (Bezahlung zu einem späteren Zeitpunkt). Es erhöht sich der Schuldenbestand, eine Auszahlung entsteht jedoch im gleichen Augenblick nicht.

Das Begriffspaar *Einnahmen – Ausgaben* wird häufig synonym an Stelle des Begriffspaars *Einzahlungen – Auszahlungen* verwendet, beispielsweise bei der *Einnahmen-Ausgaben-Überschussrechnung* von Freiberuflern, die ihre Buchführung nach dem *Zufluss- und Abflussprinzip* vornehmen, das heißt, für die Gewinnermittlung nur ein- und ausgegangene *Zahlungen* berücksichtigen (5.5.3). Im einfachsten Fall liegen als Aufzeichnungen nur die Kontoauszüge der Bank vor.

5.2.3   Erträge – Aufwendungen

Das Begriffspaar *Erträge* und *Aufwendungen* wird für die Erstellung der gesetzlich vorgeschriebenen *Gewinn- und Verlustrechnung* benötigt (5.5). Es berücksichtigt zusätzlich zu den monetären Größen *Einnahmen* und *Ausgaben* auch alle nicht monetären Güterflüsse, das heißt *Gütererstellung* und *Güterverkehr* im Unternehmen, die in äquivalenten Geldeinheiten bewertet werden. Bei Erträgen orientiert sich die gesetzlich vorgeschriebene Bewertung in Geldeinheiten an den erzielten *Erlösen*, bei Aufwendungen an den effektiven *Beschaffungspreisen*. Halbfertige und auf Lager produzierte Erzeugnisse werden nicht zu *Absatzpreisen*, sondern auf Basis der zu ihrer Erstellung *verbrauchten Güter* bewertet.

> Erträge und Aufwendungen ändern das *Rein-
> vermögen* (*Geldvermögen* zuzüglich *Sach-
> vermögen*, abzüglich Schulden) und damit
> den Unternehmensgewinn.

Die Summe aller Erträge einer Periode wird als "Ertrag", die Summe aller Aufwendungen einer Periode als "Aufwand" bezeichnet. Ob Ertrag oder Aufwand jeweils als Folge eines *individuellen Geschäftsvorfalls* oder als *integrale Größe einer Periode* gemeint ist, geht aus dem Kontext hervor. Die integralen Größen *Ertrag* und *Aufwand* werden für die *Gewinn- und Verlustrechnung* (5.5) benötigt.

Erträge:

Erträge sind *alle betrieblichen* und *neutralen Zuwächse an Geld und geld-werten Gütern.* Typische Beispiele für Erträge sind *Miet-* und *Zinseinnahmen, Umsatzerlöse, auf Lager produzierte in Geldeinheiten bewertete Erzeugnisse, Gewinne aus Grundstücksverkäufen, Verkauf von Unternehmensteilen* (engl.: *Gains*) etc. Erträge *erhöhen* das Reinvermögen.

Einnahmen und Erträge haben eine Schnittmenge gemeinsam, für die beide Begriffe synonym verwendet werden können. Darüber hinaus gibt es Ein-nahmen, die keine Erträge sind, und Erträge, die keine Einnahmen sind, Bild 5.4.

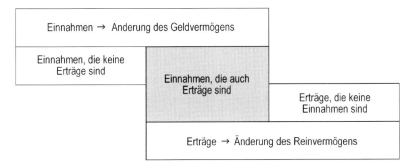

Bild 5.4: Abgrenzung von *Erträgen* gegenüber *Einnahmen.*

– *Einnahmen, die keine Erträge sind:* Zahlung von Einlagen durch Eigner, die zwar das Geldvermögen erhöhen, gleichzeitig aber auch das Eigenka-pital. Das Reinvermögen, das den Unterschiedsbetrag zwischen allen Vermögens- und Fremdkapitalposten ausmacht, ändert sich nicht (5.4.1).

– *Einnahmen, die auch Erträge sind (und umgekehrt):* Umsatzerlöse, Ge-winne aus Beteiligungen, Kursgewinne.

– *Erträge, die keine Einnahmen sind:* In Geldeinheiten bewertete auf Lager produzierte Produkte, die durch Aktivieren auf der Vermögensseite der Bilanz auftauchen, wodurch sich das Reinvermögen erhöht. Im Einzelfall kann es beliebig kompliziert werden. So führt zum Beispiel der Verkauf einer gebrauchten Werkzeugmaschine zu einem über dem Buchwert lie-genden Preis sowohl zu einer *Einzahlung* als auch zu einem *außer-ordentlichen* Ertrag. Aufgrund eines möglicherweise unterschiedlichen Restbuchwerts in der Handelsbilanz und der Steuerbilanz können jedoch Einnahme und Ertrag unterschiedliche Beträge sein.

Aufwendungen:

Aufwendungen sind alle *betrieblichen* und *neutralen* Formen des Verbrauchs von Geld und geldwerten Gütern, unabhängig davon, ob der Verbrauch dem eigentlichen Betriebszweck dient oder nicht. Aufwendungen *verringern* das Reinvermögen und damit den Gewinn.

Ausgaben und Aufwendungen haben eine Schnittmenge gemeinsam, für die beide Begriffe synonym verwendet werden können. Darüber hinaus gibt es aber sowohl Ausgaben, die keine Aufwendungen sind als auch Aufwendung-en, die keine Ausgaben sind, Bild 5.5.

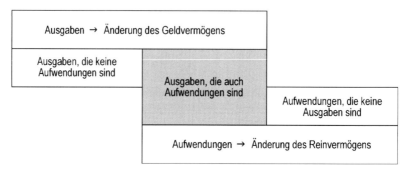

Bild 5.5: Abgrenzung von *Aufwendungen* gegenüber *Ausgaben*.

- *Ausgaben, die keine Aufwendungen sind:* Kauf einer Werkzeugmaschine oder eines Anwesens, der zwar im Anschaffungsjahr zu einer hohen Aus-gabe führt, der aber gleichzeitig durch Aufnahme des Sachguts als Vermö-gensposten bezüglich einer Änderung des Reinvermögens neutral bleibt. Aufwand sind lediglich die jährlichen Abschreibungen vom Kaufpreis der Werkzeugmaschine. Bei Grundstücken gibt es keine Abschreibung für Abnutzung (Ausnahme Steinbruch oder Baggersee für Kiesförderung), es sei denn, das Grundstück verliert, beispielsweise durch Änderung des Nutzungsplans, an Wert.

- *Ausgaben, die gleichzeitig Aufwendungen sind (und umgekehrt):* Löhne, Gehälter, Mietzahlungen, Strom, Heizung, Spenden von Bargeld.

- *Aufwendungen, die keine Ausgaben sind: Sach*spenden an Dritte, z. B. Schenkung von PCs an eine Universität, Abschreibungen für Abnutzung, beispielsweise einer Werkzeugmaschine, deren Anschaffungskosten auf mehrere Jahre verteilt werden, Kursverluste nicht betriebsnotwendiger

Wertpapiere. Beide Geschäftsvorfälle mindern zwar das Reinvermögen, führen aber nicht zu *monetären* Ausgaben.

Die Differenz der integralen Größen *Ertrag* und *Aufwand* eines Geschäftsjahrs bezeichnet man als *Erfolg* des Unternehmens im betrachteten Abrechnungszeitraum.

    – *Positiven* Erfolg bezeichnet man als Gewinn.

    – *Negativen* Erfolg bezeichnet man als Verlust.

Die Differenz zwischen dem ausschließlich *betrieblich* bedingten Ertrag (so genannte *Leistungen*) und dem ausschließlich *betrieblich* bedingten Aufwand (so genannte *Kosten*) einer Periode bezeichnet man als *betriebliches* oder *operatives* Ergebnis bzw. auch als *operativen Erfolg*. Die Größen Erlöse - Kosten werden im nächsten Abschnitt vorgestellt.

Der "*Ertrag*" stellt die aufsummierten Erträge E_t, der "*Aufwand*" die aufsummierten Aufwendungen A_t einer Periode dar. Interpretiert man die über die betrachtete Periode eingehenden und ausgehenden Erträge E_t und Aufwendungen A_t unter Vernachlässigung ihrer Granularität als *Zahlungsflüsse* bzw. ähnlich wie in der Physik und Wahrscheinlichkeitsrechnung als *Häufigkeits*- bzw. *Dichtefunktionen* E(t) und A(t), ergeben sich *Ertrag* und *Aufwand* als *bestimmte Integrale* über die Periode $T_{Per.} = Ende_{Per.} - Beginn_{Per.}$ der Funktionen E(t) und A(t), Bild 5.6.

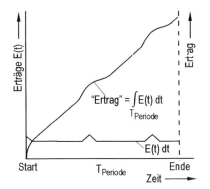 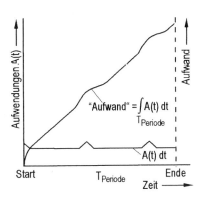

Bild 5.6: Mathematischer Zusammenhang zwischen "Ertrags*funktion*" E(t) und "Ertrag" E sowie "Aufwendungs*funktion*" A(t) und "Aufwand" A (schematisch, 7.1.6 und 7.1.7).

Die Grenzen der Integrale stellen Beginn und Ende der betrachteten Periode dar. Funktionentheoretisch betrachtet stellen die beiden Dichtefunktionen E(t) und A(t) jeweils die Ableitung der "Ertrags"- und "Aufwands"-Kurven dar. Letztere entsprechen in der Wahrscheinlichkeitstheorie dem Begriff der *"Summenhäufigkeits"*- oder *"Verteilungsfunktion"*. Die Zahlungsflüsse bzw. mathematischen Funktionen E(t) und A(t) stellen die über die Unternehmensgrenze fließenden *Geldbeträge pro Zeiteinheit* dar. Ertrag E und Aufwand A sind dagegen *bestimmte Integrale*, das heißt, repräsentieren jeweils nur eine bestimmte *Zahl* bzw. einen bestimmten *Betrag*, der von der betrachteten Periodendauer abhängt, das heißt $E_{T_{Per}}$ und $A_{T_{Per}}$. Zugegebenermaßen ist die Betriebswirtschaftslehre bislang ohne diese mathematische Interpretation ausgekommen. Sie hilft jedoch, die unterschiedliche Semantik der Begriffe Erträge und "Ertrag" sowie Aufwendungen und "Aufwand" nicht nur *mnemotechnisch*, sondern auch inhaltlich zu verstehen.

5.2.4 Erlöse – Kosten

Während die in 5.2.3 behandelten Begriffe *Erträge* und *Aufwendungen* als Bestandteil der ordnungsmäßigen Buchführung gesetzlich geregelt sind, werden die Begriffe *Erlöse* und *Kosten* in der frei gestaltbaren, betriebsinternen *Kosten- und Erlösrechnung* verwendet. Wie bei Erträgen und Aufwendungen können Kosten und Erlöse in Zusammenhang mit *einem Geschäftsvorfall* oder mit der *Summe der Geschäftsvorfälle einer Periode* gesehen werden. Grundsätzlich versteht die Betriebswirtschaftslehre unter Kosten und Erlösen *auf eine Periode bezogene Größen* (s. a. 5.10 und 5.10.4). Ob Kosten oder Erlöse jeweils als Folge eines *individuellen Geschäftsvorfalls* oder als integrale Größe einer Periode gemeint sind, geht aus dem Kontext hervor.

Erlöse und *Kosten* stellen im Wesentlichen den betrieblich bedingten Anteil der *Erträge* und *Aufwendungen* dar. Daneben gibt es Leistungen, die keine Erträge sind und Kosten, die kein Aufwand sind (s. unten). Falls beide Größen ausschließlich im *internen Rechnungswesen* Verwendung finden, unterliegt ihre Bewertung keinen gesetzlichen Vorschriften. Sie können daher, abhängig von betrieblichen Erfordernissen, unterschiedlich bewertet werden. *Erlöse* und *Kosten* werden für die *Kosten- und Erlösrechnung* (5.10) und die Ermittlung des *betrieblichen* bzw. *operativen* Ergebnisses benötigt (5.3 und 5.5).

Erlöse:

Erlöse sind der *betrieblich bedingte* Anteil der *Erträge* zusätzlich einiger Leistungen, die keine Erträge sind. Mit anderen Worten, die Summe der *Pro-*

dukte und *Dienstleistungen* gemäß *Betriebszweck* des Unternehmens. Der Ertrag kann auf Grund neutraler Einnahmen (z. B. Kursgewinne, Grundstücksverkäufe etc.) höher sein als die Erlöse. In Geldeinheiten bewertete Leistungen bezeichnet man als *Erlöse*, am Markt umgesetzte Leistungen als *Umsatzerlöse*. Die Bewertung kann in *Preisen des Absatzmarktes* (*pagatorische* Bewertung) oder *kostenorientiert* auf Basis der angefallenen *Kosten*, z. B. bei halbfertigen Produkten, erfolgen.

Erlöse und Erträge haben eine Schnittmenge gemeinsam, für die beide Begriffe synonym verwendet werden können. Darüber hinaus gibt es Erlöse die keine Erträge sind und Erträge, die keine Erlöse sind, Bild 5.7.

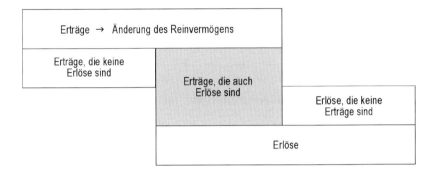

Bild 5.7: Abgrenzung von *Erlösen* gegenüber *Erträgen*.

- *Erträge, die keine Erlöse sind*: So genannte neutrale Erträge wie

  betriebsfremde Erträge (nicht gemäß Betriebszweck, z. B. Kursgewinne, Mieteinnahmen),

  außerordentliche Erträge (z. B. Verkauf eines Unternehmens eines Konzerns),

  periodenfremde Erträge (Gewerbesteuerrückerstattung vom vergangenen Geschäftsjahr).

- *Erträge, die gleichzeitig Erlöse sind* (so genannte *Zweckerträge*) bzw. *Erlöse, die gleichzeitig Erträge sind* (so genannte *Grundleistungen*): Alle Produkte und Dienstleistungen gemäß Betriebszweck, die in der gleichen Periode gefertigt und verkauft worden sind.

– *Erlöse (Leistungen), die keine Erträge sind:* So genannte kalkulatorische Erlöse, beispielsweise bedingt durch Änderung des Bewertungsmaßstabs für halbfertige und fertige Erzeugnisse auf Lager, erteilte Schutzrechte (Patente), neu geschaffener ideeller Firmenwert (engl.: *Goodwill*).

Kosten:

Kosten sind der *betrieblich bedingte* Anteil des *Aufwands,* zusätzlich so genannter *kalkulatorischer Kosten.* Mit anderen Worten *Material, Löhne* und *Gehälter* zur Erstellung der Produkte und Dienstleistungen gemäß Betriebszweck sowie *Abschreibungen für Abnutzung* und Gemeinkosten. Hinzu kommen die so genannten kalkulatorischen Kosten, wie kalkulatorischer Unternehmerlohn etc. Der Aufwand kann auf Grund neutraler Ausgaben höher sein als die Kosten (z. B. Kursverluste, Spenden). Kosten können auf Basis tatsächlich gezahlter Beschaffungskosten und gezahlter Löhne und Gehälter erfolgen (*Pagatorischer Kostenbegriff*) oder auf Basis anderer von der innerbetrieblichen Kostenrechnung für zweckmäßig erachteter Wertansätze ermittelt werden (*Wertmäßiger Kostenbegriff*). In ersterem Fall werden Kosten, die nicht mit Auszahlungen verknüpft sind, nicht berücksichtigt.

Kosten und Aufwendungen haben eine Schnittmenge gemeinsam, für die Kosten und Aufwendungen identisch sind. Darüber hinaus gibt es Aufwendungen, die keine Kosten sind und Kosten, die keine Aufwendungen sind, Bild 5.8.

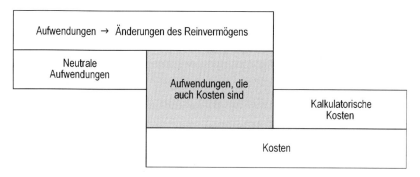

Bild 5.8: Abgrenzung von *Aufwendungen* und *Kosten.*

– *Aufwendungen, die keine Kosten sind:* So genannte *neutrale Aufwendungen*, beispielsweise *betriebsfremde* Aufwendungen (Kursverluste, Spenden),

außerordentliche Aufwendungen, die nur gelegentlich bzw. stochastisch anfallen (Feuerschaden, Verkehrsunfall, Stornierung einer "Kundenspezifischen Anlage"),

periodenfremde Aufwendungen (Steuernachforderung).

- *Aufwendungen, die gleichzeitig Kosten sind,* so genannter *Zweckaufwand* bzw. *Kosten, die gleichzeitig Aufwendungen sind* (so genannte *Grundkosten*): Alle zur Erstellung der Produkte und Dienstleistungen eines Unternehmens gemäß Betriebszweck verbrauchten Materialien, gezahlten Löhne und Gehälter, Abschreibungen, Mieten, Energiekosten usw.

- *Kosten, die keine Aufwendungen sind:* So genannte *kalkulatorische Kosten*, beispielsweise *kalkulatorische Miete* oder *kalkulatorischer Unternehmerlohn* (5.2.5).

Weitere Unterschiede zwischen Kosten und Aufwendungen:

Gesetzliche Abschreibungen vom *Anschaffungswert* einer Maschine sind *Aufwand*. *Kalkulatorische Abschreibungen* (5.2.5) vom *Wiederbeschaffungswert* einer Maschine sind *Kosten*. Die *einmaligen Ausgaben* für den Kauf einer Werkzeugmaschine sind weder Aufwendungen noch Kosten. Auf den Begriff der *Abschreibungen* wird im Abschnitt 5.2.6 ausführlich eingegangen, *kalkulatorische Kosten* werden im Abschnitt 5.2.5 im Rahmen der Kostenrechnung erläutert.

Die Differenz zwischen Erlösen und Kosten wird als *Betriebsergebnis* oder *Operatives* Ergebnis bezeichnet. Ein hohes *Betriebsergebnis* ist wichtiger als ein hoher *Jahresunternehmenserfolg*, da ein schlechtes Betriebsergebnis nicht auf die Dauer durch *Verkauf von Grundstücken, Unternehmensteilen* (bei Konzernen) oder *anderer Unternehmenssubstanz geschönt* werden kann.

Schließlich sei erwähnt, dass es unter allen vier *Zuflussgrößen* und allen vier *Abflussgrößen* auch noch je eine Schnittmenge gibt. Beispielsweise sind gezahlte Löhne sowohl *Auszahlungen* als auch *Ausgaben, Aufwand* oder *Kosten*. Ferner sind Bareinzahlungen für ein geliefertes Produkt sowohl *Einzahlungen* als auch *Einnahmen, Erträge* oder *Erlöse* (Leistungen).

Erlöse und Kosten sind gewöhnlich auf eine Periode bezogen, stellen also, ebenso wie "Ertrag" und "Aufwand", integrale Größen dar, Bild 5.9.

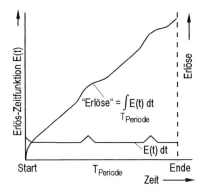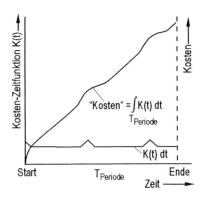

Bild 5.9: Mathematischer Zusammenhang zwischen Erlösfunktion E(t) und „Erlösen" E sowie Kostenfunktion K(t) und „Kosten" K (s. a. Bild 5.6).

Wegen weiterer Erläuterung zu Bild 5.9 wird auf die Abschnitte 5.2.3 und 5.10 verwiesen.

Die in den Abschnitten 5.2.1 bis 5.2.4 vorgestellte Begriffsvielfalt ist für den Ingenieur zugegebenermaßen verwirrend, ihr Verständnis aber wichtig, damit Ingenieur und Kaufmann nicht aneinander vorbeireden. Zu ihrer besseren Verinnerlichung wird empfohlen, obige Definitionen mehrfach zu lesen und sich typische Beispiele einzuprägen.

5.2.5   Kalkulatorische Kosten

Kalkulatorische Kosten sind rein rechnerische, fiktive Kosten, die im Rahmen der *Kosten- und Erlösrechnung* bei der Ermittlung der *Herstellungs- bzw. Selbstkosten* eines Produkts (Kalkulation) benötigt werden (5.10). Typische kalkulatorische Kosten sind der kalkulatorische (fiktive) *Unternehmerlohn* und die kalkulatorische (fiktive) *Miete*. Beispielsweise erhält ein Unternehmer einer Personenfirma kein Gehalt. Er bestreitet seinen Unterhalt durch gelegentliche oder auch regelmäßige *Privatentnahmen* aus dem Überschuss der *Einzahlungen* über die *Auszahlungen* des Firmenkontos. Bei der Ermittlung der Selbstkosten eines Produkts würde damit die Arbeitsleistung des Unternehmers nicht eingehen (im Gegensatz zu Kapitalgesellschaften, bei denen die Gehälter der Manager bei der Kostenrechnung zu den betrieblichen Kosten zählen). Für die treffende Selbstkostenermittlung wird daher ein angemessener *kalkulatorischer Unternehmerlohn* angesetzt (vergleichbar mit dem Gehalt eines Geschäftsführers gleicher Verantwortung in der Industrie). Entsprechend wird auch die Verzinsung des Eigenkapitals durch *kalkulatorische Zinsen* berücksichtigt. Ferner wird *kalkulatorische Miete* für Betriebsräume angesetzt, die ohnehin schon dem Unternehmer gehören, für die mit anderen Worten keine effektiven Mietzahlungen, das heißt Aufwendungen, anfallen. Ein weiterer kalkulatorischer Kostenbestandteil sind *Abschreibungen*, die im folgenden Abschnitt erläutert werden.

5.2.6 Abschreibungen

Es ist nicht sinnvoll, die *Anschaffungs-* oder *Herstellungskosten* über mehrere Jahre genutzter Anlagegüter, beispielsweise teurer *Fertigungseinrichtungen*, in vollem Umfang dem Wirtschaftsjahr ihrer Beschaffung zuzurechnen, das heißt, auf die im Jahr der Anschaffung produzierten Güter und Dienstleistungen als Kosten umzulegen. Korrekterweise verrechnet man bei der *Kostenrechnung* nur *den Teil* der Anschaffungskosten im Anschaffungsjahr und den Folgejahren, der auf die *Alterung des Anlageguts* in jedem Jahr entfällt. Beträgt z. B. die Nutzungsdauer einer Drehmaschine zehn Jahre, so werden in diesem Jahr gemäß einem *Abschreibungsplan* jeweils nur ein Zehntel der Anschaffungskosten als Betriebskosten angesetzt. Die Abschreibungsbeträge werden im Regelfall für Ersatzbeschaffungen verwendet. Höhere Abschreibungen als im Abschreibungsplan vorgesehen, werden als *außerplanmäßige* Abschreibungen bezeichnet. *Sonderabschreibungen* sind durch besondere Steuergesetze geregelte Abschreibungsbeträge.

Insbesondere tritt in der Kostenrechnung der Begriff *Kalkulatorische Abschreibungen* bei der exakten Ermittlung der *Selbstkosten* auf (5.10.1). Er trägt der Tatsache Rechnung, dass die *Wiederbeschaffungskosten*, beispielsweise nach zehn Jahren Nutzungsdauer, in der Regel erheblich höher sind als die ursprünglichen *Anschaffungskosten*. Kalkulatorische Abschreibungen sind daher höher als die nach dem Steuergesetz berechneten Abschreibungen. Ferner beziehen sich kalkulatorische Abschreibungen nur auf betriebsnotwendige Anlagegüter. Die Abschreibungen sonstiger Anlagegüter zählen zum *neutralen Aufwand*.

Man unterscheidet im Wesentlichen folgende Arten der Abschreibung:

- Die *lineare Abschreibung* verteilt die Anschaffungs- bzw. Herstellungskosten zu gleichen Teilen auf die Wirtschaftsjahre der Nutzungsdauer des Anlageguts. Sie ist die einfachste Abschreibungsmethode, berücksichtigt aber nicht die Tatsache, dass *Gebrauchsfähigkeit*, *Reparaturbedarf* und *Auslastung* während der gesamten Nutzungsdauer nicht konstant sind.

–   Die *degressive Abschreibung* macht anfangs höhere, später niedrigere Abschreibungsbeträge geltend. Damit wird den höheren Wiederbeschaffungskosten teilweise Rechnung getragen, falls die Abschreibungen für die Ersatzbeschaffung verwendet werden. Ferner berücksichtigt sie die überproportionale Wertminderung eines Anlageguts unmittelbar nach dem Kauf ("*Neu*" gegenüber "*Gebraucht*").

Der Begriff *Kumulierte Abschreibungen* steht für die Gesamtheit der Abschreibungsbeträge aller langlebigen Wirtschaftsgüter und tritt bei den Aktiva der Bilanz auf (5.4.3).

Zuschreibungen, auch *Wertaufholungen* genannt, sind das Gegenteil von Abschreibungen. Sie treten auf, wenn der Buchwert bestimmter Bilanzposten des Vorjahrs an Wert zugenommen hat.

Im Steuerrecht wird an Stelle des Begriffs *Abschreibung* meist der Begriff *Absetzung für Abnutzung* (AfA) verwendet. Die für verschiedene Anlagegüter unterschiedliche, vom Finanzamt anerkannte Nutzungsdauer ist so genannten *AfA-Tabellen* zu entnehmen (Wikipedia, Buchhandel).

In den folgenden Abschnitten werden unter Verwendung der oben definierten Begriffe die einzelnen Komponenten des externen und internen Rechnungswesens näher erläutert.

5.3   Buchführung

Nach dem *Handelsgesetzbuch* (HGB, Buchhandel) ist jeder Kaufmann gesetzlich verpflichtet, über seine Handelsgeschäfte *Aufzeichnungen* vorzunehmen, das heißt so genannte *Bücher zu führen*. Als Kaufmann gilt jede natürliche und juristische Person (Kapitel 3), die kaufmännisch tätig ist. Die Bücher sind so zu führen, dass sie einem sachverständigen Dritten innerhalb angemessener Zeit einen Überblick über die Lage des Unternehmens vermitteln können. Die einzelnen Geschäftsvorfälle müssen sich z. B. von einem *Buchprüfer* oder *Betriebsprüfer* des Finanzamts lückenlos und wahrheitsgemäß nachvollziehen lassen (so genannte *ordnungsmäßige Buchführung* (5.6)).

In der Buchführung werden alle geldlichen und geldwerten Geschäftsvorfälle, das heißt alle Veränderungen des Anlage- und Umlaufvermögens, des Eigen- und Fremdkapitals etc., in *Geldeinheiten* lückenlos, chronologisch aufgezeichnet. Sie erlaubt damit die ständige aktuelle Information über den Vermögens- und Schuldenbestand und bildet die Datenbasis zur Erstellung der *Gewinn- und Verlustrechnung* (5.5), der *Bilanz* (5.4) und der *Kosten- und Erlös-Rechnung* (5.10).

Existenzgründer, Kleinunternehmer oder Freiberufler haben ihre Buchführung häufig "im Kopf". Sie brauchen nur eine *Einzahlungs-/Auszahlungs-Überschussrechnung* in Form ihres Bankkontos und müssen schlicht darauf achten, dass sie *mehr einnehmen als ausgeben*. Gemäß den Ordnungsvorschriften der *Abgabenordnung* (Wikipedia, Buchhandel) sind empfangene und abgesandte *Handels-* und *Geschäftsbriefe* sowie alle *Buchungsbelege* aufzubewahren.

Mit wachsendem Geschäftsvolumen müssen sich Kleinunternehmer in ihrem eigenen Interesse – ab einem bestimmten Umsatz auch aufgrund gesetzlicher Vorschriften – eine *ordnungsmäßige Buchführung* zulegen, wenn sie nicht den Überblick verlieren wollen. Vollständige Aufzeichnungen sind wichtig, beispielsweise um jederzeit über Forderungen und Verbindlichkeiten gegenüber Geschäftspartnern informiert zu sein, und am Ende des Geschäftsjahrs für das Finanzamt das Vermögen und den Gewinn zutreffend feststellen zu können. Schließlich muss der Unternehmer sich immer anhand seiner Aufzeichnungen vergewissern können, dass er *mehr einnimmt als er ausgibt*, mit anderen Worten, *Gewinn* macht und *liquide* bleibt (5.8.2).

Gemäß *Abgabenverordnung* zum *Steuerrecht* sind Unternehmen zur ordnungsmäßigen Buchführung verpflichtet, wenn ihr Gesamtumsatz 260.000 € übersteigt oder wenn im Kalenderjahr ein Gewinn von mehr als 25.000 € erzielt wird (Zahlen zum Zeitpunkt der Drucklegung). Kapitalgesellschaften sind grundsätzlich buchführungspflichtig. Nichtbuchführungspflichtige können freiwillig ordnungsmäßige Bücher führen.

Buchführungspflicht bedeutet die Einführung einer so genannten *Doppelten Buchführung*, aus der auch am Ende des Geschäftsjahrs eine Bilanz und eine Gewinn- und Verlustrechnung erstellt werden kann. Doppelte Buchführung bedeutet in diesem Zusammenhang, dass jeder Geschäftsvorfall bzw. jeder Betrag doppelt erscheint bzw. doppelt gebucht wird (so genannte *Doppik*). Dies impliziert, dass auch der Gewinn auf zwei unterschiedlichen Wegen ermittelt werden kann, einerseits durch Vermögensvergleich zweier aufeinander folgender Bilanzen oder durch eine Gewinn- und Verlustrechnung (5.5). Beide Verfahren müssen identische Werte ergeben.

Jeder reguläre Geschäftsvorgang (engl.: *Transaction*) muss von einem *Beleg* begleitet sein. Typische Beispiele für Belege sind:

– *Eingangsrechnungen,*

– Kopien von *Ausgangsrechnungen, Überweisungen, Einzahlungen, Auszahlungen,*

– *Schecks, Kassenbelege,*

– Quittungen bei Übergabe von *Bargeld* oder bei *Privatentnahmen* usw.

Der auf einem Beleg genannte Betrag wird auf *zwei* dem jeweiligen Geschäftsvorfall systematisch zugeordneten *Konten* (s. unten) verbucht. Gleichzeitig werden beide Buchungen in chronologischer Reihenfolge in das *Grundbuch* bzw. *Journal* (engl.: *Book of original entry* oder *Journal*) eingetragen bzw. gebucht. Die doppelte Eintragung auf zwei Konten, auf einem Konto in der linken Spalte, auf dem anderen in der rechten Spalte, bewirkt, dass zu jeder Zeit die Summe aller *Vermögensposten* gleich der Summe der *Schulden* gegenüber Dritten zuzüglich *Eigenkapital* ist (Eigenkapital wird in diesem Fall als "Schuld" gegenüber dem oder den Eignern interpretiert).

Es gilt stets die so genannte Bilanzgleichung:

$$\text{Vermögensposten} = \text{Schulden} + \text{Eigenkapital}$$
.

Ein *Konto* ist buchhalterisch eine zweispaltige Tabelle, deren linke Seite aus historischen Gründen als *Soll* und deren rechte Seite als *Haben* bezeichnet wird. Über die Semantik der Begriffe Soll und Haben zu diskutieren ist müßig, es gibt keine eindeutige Definition ohne aufwendige Fallunterscheidungen zu bemühen. Mit uneingeschränkter Allgemeingültigkeit kann man an Stelle von Soll und Haben auch von *linker* und *rechter Spalte* sprechen.

Ein Konto enthält ferner noch Hilfsspalten für das Datum und die Art des Geschäftsvorfalls, Bild 5.10.

Datum	Geschäftsvorfall	Soll	Haben

Bild 5.10: Beispiel für ein doppelspaltiges Konto.

Als Kontoabschluss bezeichnet man das Bilden der Differenz der Summen aller Soll- und Habenposten, so genannter *Saldo*. Der Saldo wird auf die Seite mit der kleineren Summe geschrieben und "*gleicht das Konto aus*". Die Endsumme beider Spalten besitzt dann den gleichen Wert.

Die Menge aller Einzelkonten bezeichnet man als *Hauptbuch* (engl.: *General ledger*). Zur Vereinfachung werden bei der nur noch selten anzutreffenden *manuellen Durchschreibebuchführung* das jeweilige Kontenblatt und das *Journalblatt* (chronologische Aufzeichnung aller zu buchenden Geschäftsvorfälle) übereinander gelegt, so dass zwei Buchungen auf einmal erfolgen. Bei der EDV-gestützten doppelten Buchführung werden nur noch *Buchungssätze* eingegeben, die eigentliche *Buchführung* im so genannten "Grund-" und "Hauptbuch" erfolgt dann automatisch. Typisches Beispiel: *Kasse an Bank 1.200 €.* Auf dem zuerst genannten Konto werden 1.200 € im *Soll*, auf dem zweiten Konto im *Haben* gebucht.

Grundsätzlich unterscheidet man *Kunden-, Lieferanten-* und *Sachkonten,* Bild 5.11.

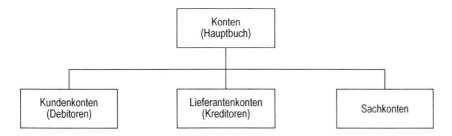

Bild 5.11: Aufteilung der Konten in *Kunden-, Lieferanten-* und *Sachkonten.*

Schließlich gibt es noch *Abschlusskonten*, die jedoch nur bei der Erstellung des Jahresabschlusses oder für die kurzfristige Erfolgsrechnung relevant sind.

Kundenkonten (Debitoren) erlauben jederzeit die Ermittlung der *Gesamtforderungen* an einen bestimmten Kunden *(Bonitätsprüfung)*, *Lieferantenkonten (Kreditoren)* die Ermittlung der *Gesamtverbindlichkeiten* gegenüber einem bestimmten Lieferanten. Ferner erlauben Kunden- und Lieferantenkonten jederzeit die Ermittlung des *Gesamtumsatzes* während eines bestimmten Zeitraums (wichtig für Verhandlungen über *Rabattstaffeln, Boni* etc.). Die Gesamtheit aller Forderungen an alle Kunden und aller Verbindlichkeiten an alle Lieferanten werden auf speziellen Sachkonten "*Forderungen*" bzw. "*Verbindlichkeiten*" geführt (s. unten).

Die Sachkonten sind nochmals in *Bestandskonten* und *Erfolgskonten* eingeteilt und diese wiederum in *Vermögens-* und *Kapitalkonten* bzw. *Ertrags-* und *Aufwandskonten*.

Vermögenskonten werden auch als *Aktivkonten* bezeichnet, weil sie auf der Aktivseite der Bilanz stehen, Kapitalkonten auch als *Passivkonten*, weil sie auf der Passivseite der Bilanz stehen, Bild 5.12.

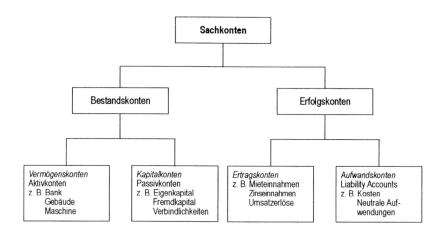

Bild 5.12: Aufteilung von Sachkonten in *Bestands-* und *Erfolgs*konten.

Auf Bestandskonten werden *Bestandsgrößen* gebucht. Auf den *Vermögenskonten* beispielsweise Bank, Kasse, Maschinen, Grundstücke und Gebäude, auf den *Kapitalkonten* Fremdkapital, Verbindlichkeiten, Eigenkapital (quasi dem Eigner "geschuldet") etc. Die Salden dieser Bestandskonten gehen als Vermögenswerte (*Aktiva*) bzw. Schulden inklusive Eigenkapital (*Passiva*) in die Bilanz ein (5.4). Für jeden Posten der Bilanz gibt es ein Bestandskonto.

Bei *Aktivkonten* werden Anfangsbestände und Bestandserhöhungen im Soll gebucht (linke Seite), Bestandsminderungen im Haben (rechte Seite). Bei *Passivkonten* werden Anfangsbestände und Bestandserhöhungen im Haben gebucht (rechte Seite), Bestandsminderungen im Soll (linke Seite). Hier kommt die Vieldeutigkeit der Begriffe Soll und Haben deutlich zum Ausdruck.

Den Nichtkaufmann verwirrt häufig, dass auch Schulden zu den Beständen zählen. Es handelt sich dabei schlicht um den Schulden*stand* bzw. -*bestand*, der auf der Passivseite aufgeführt wird. Bestandskonten werden generisch auch als Bilanzkonten bezeichnet (Bild 5.12). Die Spalte mit den jeweiligen Anfangsbeständen wird auch als *Bilanzseite* bzw. -spalte bezeichnet.

Auf Erfolgskonten werden *Erträge* (Ertragskonten) und *Aufwendungen* (Aufwandskonten) gebucht und zwar auf den Ertragskonten beispielsweise Umsatzerlöse, Mieten, Ertragszinsen, auf den Aufwandskonten beispielsweise diverse neutrale Aufwendungen etc. Dies sind mit anderen Worten Beträge, die ihrer Natur nach erfolgswirksam sind, und deren Salden in die *Gewinn- und Verlustrechnung* (5.5) eingehen. Aufwendungen werden in Aufwandskonten im *Soll*, Erträge in Ertragskonten im *Haben* gebucht.

Die Strukturierung der diversen *Sachkonten* erfolgt nach *Kontenklassen* auf Basis eines *Kontenrahmens*. Früher weit verbreitet war der vom *Bundesverband der Deutschen Industrie* BDI herausgegebene *Gemeinschaftskontenrahmen* GKR, der nach dem *Prozessgliederungsprinzip* angelegt bzw. am Unternehmensprozess orientiert ist. Er beinhaltet 10 Kontenklassen 0-9 und geht von einer *einheitlichen Buchhaltung* für die *Finanzen* und die *Kostenrechnung* aus. Heute findet man in der Industrie überwiegend den ebenfalls vom *Bundesverband der Deutschen Industrie* herausgegebenen *Industriekontenrahmen* IKR, der wiederum insgesamt 10 *Kontenklassen 0-9* allerdings sehr unterschiedlich geordneten Inhalts kennt. Er geht von einer getrennten *Finanz-* und *Betriebsbuchhaltung* aus, Bild 5.13.

Bilanzkonten	Klasse 0	Immaterielle Vermögensgegenstände und Sachanlagen
	Klasse 1	Finanzanlagen
	Klasse 2	Umlaufvermögen und aktive Rechnungsabgrenzungen
	Klasse 3	Eigenkapital und Rückstellungen
	Klasse 4	Verbindlichkeiten und passive Rechnungsabgrenzungen
Ergebniskonten	Klasse 5	Erträge
	Klasse 6	Betriebliche Aufwendungen
	Klasse 7	Weitere Aufwendungen
Abschluss	Klasse 8	Ergebnisrechnung
KER	Klasse 9	Kosten- und Erlösrechnung

Bild 5.13: Industriekontenrahmen IKR. Die Bedeutung der Begriffe der dritten Spalte geht, soweit nicht schon im bisherigen Text geschehen, aus den nachfolgenden Abschnitten hervor.

Die Klassen 0 bis 8 beinhalten die *Finanzbuchhaltung* (*Geschäftsbuchhaltung*) und sind nach dem *Abschlussgliederungsprinzip* strukturiert. Das heißt, die Gliederung erfolgt wie die aktienrechtliche Gliederung von *Bilanz* und *Gewinn-* und *Verlustrechnung* des *Jahresabschlusses* (5.4 und 5.5). Die Salden der Finanzbuchhaltung lassen sich dadurch direkt in den Jahresabschluss übernehmen. Die Klasse 9 enthält die *Betriebsbuchhaltung* (*Kosten- und Leistungsrechnung*) und ist nach dem *Prozessgliederungsprinzip*, das heißt nach dem betrieblichen Leistungsprozess strukturiert. Ihre Konten werden im Rahmen des internen Rechnungswesens benötigt, auf das in 5.10 eingegangen wird. Den *Industriekontenrahmen* und den *Gemeinschaftskontenrahmen* findet der Leser in detaillierter Form im Anhang (A1.1 und A1.2).

Nur sehr kleine Einzelunternehmen, die ihren Gewinn durch eine einfache *Einnahmen/Ausgaben-Überschussrechnung* (5.5.3) ermitteln, und größere Unternehmen führen ihre Bücher selbst. Viele in der Größe dazwischen liegende Unternehmen bilden nur *Buchungssätze* (kompakte Formulierung des jeweiligen Geschäftsvorfalls) und lassen die eigentliche Buchführung von ihrem Steuerberater rechnergestützt in einem gewerblichen Rechenzentrum vornehmen (DATEV, A.1.3).

5.4   Bilanzen

Bilanzen dienen der Ermittlung des *Betriebsvermögens* (5.4.1), *auch Reinvermögen* oder *Eigenkapital* genannt sowie der Ermittlung des *Jahresgewinns*, auch *Jahresüberschuss*, *Jahresergebnis* oder *Jahreserfolg* genannt (engl.: *Profit*). Die Erstellung einer Bilanz erfolgt nach den Vorschriften des *Handelsgesetzbuchs* (HGB, Buchhandel) oder gemäß IFRS (5.8.9) und beginnt mit der Ermittlung des *Inventars* durch eine *Inventur*.

5.4.1   Inventur und Inventar

Zu Beginn einer Unternehmensgründung und ab dann regelmäßig zum Ende eines jeden Wirtschaftsjahres bzw. Anfang des neuen Wirtschaftsjahres (*Bilanzstichtag*, 5.5) ist ein *vollständiges Verzeichnis* aller *Vermögensgegenstände* (engl.: *Assets*) sowie aller *Schulden* (engl.: *Liabilities)* des Unternehmens aufzustellen, das so genannte *Inventar* (engl.: *Inventory*). Die Summe aller Vermögensgegenstände nennt man *Rohbetriebsvermögen*.

Die Ermittlung des Inventars bezeichnet man als *Inventur*. Die Inventur wird als *körperliche Bestandsaufnahme*, das heißt Zählen, Messen oder Wiegen aller Bestände durchgeführt. Im Anschluss an die körperliche Aufnahme folgt eine Bewertung und Darstellung der Bestände in Geldwerten.

Alternativ kann das Inventar auch in Form einer *Buchinventur* erfasst werden, das heißt an Hand von Aufzeichnungen, wie sie beispielsweise bei *Forderungen* und *Verbindlichkeiten* ohnehin nur möglich sind. Eine Buchinventur ist nur bei Vorliegen einer *permanenten Inventur* zulässig. Darunter versteht man die ständige buchungstechnische Erfassung von Zu- und Abgängen durch *Wareneingangsbuch*, *Warenausgangsbuch*, *Karteien* etc. verbunden mit einer körperlichen Bestandsaufnahme pro Jahr, wann auch immer sie stattfindet.

Insgesamt besteht ein Inventar aus drei Teilen:

- *Rohbetriebsvermögen,*

- *Schuldenverzeichnis,*

- *Ermittlung des Rein- bzw. Betriebsvermögens bzw. Eigenkapitals.*

Alle Vermögensposten und Schuldenposten werden in *Staffelform*, das heißt *untereinander*, aufgelistet. Die *Vermögensposten* werden nach zunehmender Liquidierbarkeit, das heißt Kürze der Zeit, innerhalb der sie in Bargeld umgewandelt werden können, geordnet. *Schuldenposten* werden nach abnehmender *Laufzeit* bzw. *Bindungsfrist* geordnet, Bild 5.14.

Fred Mustermann - Musterstadt
Inventar zum 31. Dezember 2007

A.   **Vermögen**

    I.   Anlagevermögen
      1.   Grundstücke und Gebäude (Anlage 1)   ....
      2.   Maschinen (Anlage 2)   ....
      3.   Kraftfahrzeuge (Anlage 3)   ....
      4.   Geschäftsausstattung (Anlage 4)   ....

    II. Umlaufvermögen
      1.   Rohstoffe (Anlage 5)   ....
      2.   Fertige und halbfertige Erzeugnisse (Anlage 6)   ....
      3.   Handelsware (Anlage 7)   ....
      4.   Forderungen (Anlage 8)   ....
      5.   Kasse
      6.   Bank (Anlage 9)   ....

    Rohbetriebsvermögen   ....

B.   **Schulden**

    Bankschulden (Anlage 10)   ....
    Verbindlichkeiten (Anlage 11)   ....

    Summe der Schulden   ....

C.   **Eigenkapital**

    Rohbetriebsvermögen   ....
    /. Summe der Schulden   ....

    Eigenkapital (Reinvermögen, Betriebsvermögen)   ....

    Musterstadt, 31. Januar 2008   Unternehmer: ....

Bild 5.14: Typisches Format eines Inventars. Wegen der Ermittlung des Geldwerts der Vermögensgegenstände und Schulden (Bewertung) wird auf 5.6 verwiesen.

Die meist zahlreichen Elemente der einzelnen Posten sind auf separaten Anlageblättern *mengen-* und *wertmäßig* detailliert aufgelistet. Die Richtigkeit des Inventars ist vom Unternehmer mit Angabe von Ort und Datum zu unterzeichnen.

Die Differenz zwischen der Summe aller *Vermögensgegenstände* (Rohbetriebsvermögen) und der Summe aller *Schulden* ergibt das *Betriebsvermögen, Reinvermögen, Nettovermögen* oder auch *Eigenkapital.* Bei letzteren handelt es sich um synonyme Begriffe. Im Folgenden werden diese Begriffe abwechselnd benutzt, um den Leser auf die unterschiedlichen *Usancen* seiner Gesprächspartner vorzubereiten. Achtung: *Summe aller Vermögensgegenstände* nicht mit dem *Betriebsvermögen* verwechseln.

Eigenkapital (engl.: *Equity*) ist das von dem oder den *Eignern* dem Unternehmen zur Verfügung gestellte Kapital, es wird quasi den Eignern "geschuldet", zählt aber selbstverständlich nicht zu den Schulden in obigem Sinn.

Der im betrachteten Geschäftsjahr gemachte *Gewinn* bzw. etwaige *Verlust* ist in dem durch Differenzbildung ermittelten Eigenkapital *implizit* enthalten. Der Vergleich der Werte des *Eigenkapitals* am Ende zweier aufeinander folgender Geschäftsjahre lässt den Gewinn *explizit* als *Eigenkapitalerhöhung* in Erscheinung treten. Wenn in der Buchführung keine Fehler enthalten sind, ist er identisch mit dem aus der *Gewinn- und Verlustrechnung* ermittelten Gewinn (5.5).

Bei *öffentlichen Unternehmen* wird Inventar im umgangssprachlichen Sinne gebraucht. Das heißt, unter Inventar wird lediglich die Gesamtheit aller Einrichtungsgegenstände, die so genannte *Geschäftsausstattung* verstanden. Eine Inventur dient dann ausschließlich der Kontrolle, ob alle Gegenstände noch vorhanden sind.

5.4.2 Bilanzen von Personenunternehmen

Eine *Bilanz* (engl.: *Balance sheet*) ist lediglich eine auf zwei Spalten verteilte alternative Darstellungsform des Inventars (5.4.1). Sie stellt für einen bestimmten *Stichtag* (Monatsende, Ende des Geschäfts- oder Kalenderjahres) die Höhe und Zusammensetzung der betrieblichen Vermögensgegenstände der Höhe und Zusammensetzung des zu ihrer Beschaffung eingesetzten *Kapitals* bzw. den *Schulden* gegenüber. Vermögensgegenstände werden als *Aktiva* bezeichnet und links aufgelistet, Kapital- bzw. Schuldenposten werden als *Passiva* bezeichnet und rechts aufgelistet (*Mittelverwendung* versus *Mittelherkunft*). Entsprechend bezeichnet man die Aufnahme eines Vermögensgegenstands auf die linke Seite als *Aktivieren*, die Aufnahme eines Kapitalpostens auf die rechte Seite als *Passivieren*. Beide Vorgänge werden oberbegrifflich als *Bilanzieren* bezeichnet, Bild 5.15.

Bilanz

Aktiva (Mittelverwendung)	Passiva (Mittelherkunft)
Anlagevermögen	Eigenkapital
Umlaufvermögen	Fremdkapital

Bild 5.15: Grundsätzliche Struktur einer Bilanz.

Wie beim Inventar werden Aktiva und Passiva nach ihrer zeitlichen Verfügbarkeit bzw. Bindungsfrist geordnet. Die Posten der Aktivseite werden nach *zunehmender Liquidierbarkeit*, das heißt Kürze der Zeit, innerhalb der sie in Bargeld umgewandelt werden können, aufgeführt, die Posten der Passivseite nach *abnehmender Dauer ihrer Verfügbarkeit* bzw. *Bindungsdauer*. Beispielsweise muss Eigenkapital nicht zurückgezahlt werden, währt daher "ewig". Fremdkapital und Rückstellungen müssen nach einer bestimmten Frist immer zurückgezahlt werden, sie besitzen daher die kürzere Bindungsfrist. Diese Reihenfolge gilt auch für weitere Untergliederungen. Abhängig von der Bindefrist (größer/kleiner ein Jahr) spricht man von *Lang-* bzw. *Kurzfristigem Kapital*. In US-Bilanzen werden die Vermögensposten nach *abnehmender* Liquidierbarkeit aufgelistet.

Umfang und Gliederung von Bilanzen werden vom *Handelsgesetzbuch* (HGB, Buchhandel) bzw. gemäß IFRS (s. 5.8.9) geregelt. Bezüglich der Bilanzen von Personenunternehmen schreibt das Handelsgesetzbuch lediglich vor, dass eine Bilanz das *Anlage-* und *Umlaufvermögen*, das *Eigen-* und *Fremdkapital* (*Schulden*) sowie *aktive* und *passive Rechnungsabgrenzungsposten* in *hinreichender Aufgliederung* enthalten müsse. Lassen wir die hinreichende Aufgliederung zunächst einmal außer Acht, erhalten wir Bild 5.16.

Aktiva		Passiva	
I. Anlagevermögen	65.000	I. Eigenkapital	116.000
II. Umlaufvermögen	130.000	II. Fremdkapital	80.000
III. Aktive Rechnungsabgrenzung	6.000	III. Passive Rechnungsabgrenzung	5.000
Bilanzsumme	201.000	Bilanzsumme	201.000

Bild 5.16: Minimalgliederung einer Bilanz in Kontenform nach HGB.

Aktive Rechnungsabgrenzungsposten bereinigen die Bilanz um vor dem Bilanzstichtag getätigte Ausgaben, für die erst im Folgejahr Gegenleistungen erbracht werden und erst dann Aufwand darstellen, beispielsweise Mietvorauszahlungen. *Passive Rechnungsabgrenzungsposten* bereinigen die Bilanz um im Geschäftsjahr erhaltene Einnahmen, für die das Unternehmen erst im folgenden Geschäftsjahr Gegenleistungen erbringt, beispielsweise im Voraus erhaltene Mieten.

Mit der Auflistung der verschiedenen *Kapitalarten bzw. Schulden* auf der rechten Seite wird dokumentiert, *wem* in der Summe *die Vermögensgegenstände auf der linken Seite* gehören (*Darlehensgeber, Eigner* etc.). In horizontaler Richtung besteht zwischen den Aktiva und den Passiva einer einzelnen Zeile jedoch kein direkter Zusammenhang. Lediglich die links und rechts „unter dem Strich stehende" *Summe* aller Vermögensposten und die Summe aller Schulden (engl.: *Bottom line*) muss gleich sein, das heißt

$$Aktiva = Passiva$$

$$bzw. \quad Aktiva = Fremdkapital + Eigenkapital.$$

Die Erfüllung dieser so genannten Bilanzgleichungen wird dadurch erreicht, indem man die Differenz zwischen dem *Vermögen* auf der linken Seite und den *Schulden* gegenüber Dritten auf der rechten Seite bildet. Die Differenz stellt dann offensichtlich das dem Eigner gehörende aktuelle *Eigenkapital* dar. Dieses wird dann auch als solches abschließend auf der rechten Seite der Bilanz hinzugefügt. Somit ergibt sich zwangsläufig auf beiden Seiten die gleiche *Bilanzsumme*.

Die Bilanzsumme entspricht dem *Rohbetriebsvermögen* bzw. auch dem *Gesamtkapital* des Unternehmens und sagt etwas über die Betriebsgröße aus. Ferner wird sie zur Ermittlung der *Gesamtkapitalrendite* herangezogen (5.8.1). Sie kann leicht verkleinert oder vergrößert werden. Beispielsweise kann man bei den Aktiva Geld aus dem Umlaufvermögen entnehmen um bei den Passiva einen Kredit zu tilgen. Auf beiden Seiten nimmt dann die Bilanzsumme ab. Außer der Liquidität hat sich im Unternehmen nichts geändert. Dieses Beispiel erhellt, dass die Bilanzsumme kein zuverlässiges Maß für den Wert eines Unternehmens ist.

Ein etwaiger *Jahresüberschuss* bzw. *Gewinn* ist aus einer einzelnen Bilanz nicht zu erkennen. *Explizit* ergibt sich der Gewinn erst als Differenz zwischen den Werten des Eigenkapitals bzw. Betriebsvermögens am Ende des betrachteten und am Ende des vorangegangenen Geschäftsjahrs. *Der Ge-*

winn entspricht also der Eigenkapitaländerung während der abgelaufenen Periode.

Dieser Gewinn ist selbstverständlich nur dann zutreffend ermittelt, wenn der Unternehmer keine zusätzlichen privaten *Einlagen* eingebracht bzw. auch keine privaten *Entnahmen* vorgenommen hat. Sollte dies der Fall gewesen sein, müssen Einlagen von der Differenz *abgezogen* und Privatentnahmen *hinzugezählt* werden, Bild 5.17.

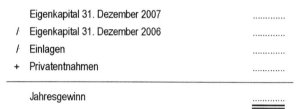

	Eigenkapital 31. Dezember 2007	....
/	Eigenkapital 31. Dezember 2006	....
/	Einlagen	....
+	Privatentnahmen	....
	Jahresgewinn	....

Bild 5.17: Schema zur Gewinnermittlung bei Personenfirmen unter Berücksichtigung von Einlagen und Privatentnahmen.

Der Gewinn lässt sich auch explizit in der Bilanz ausweisen, wenn man das Eigenkapital am Jahresende in das Eigenkapital am Ende des Vorjahrs und den Jahresüberschuss aufsplittet, Bild 5.18.

Aktiva			Passiva		
I. Anlagevermögen		65.000	I. Eigenkapital		116.000
II. Umlaufvermögen		130.000	Eigenkapital Vorjahr	86.000	
III. Aktive Rechnungsabgrenzung		6.000	+ Jahresüberschuss	30.000	
			II. Fremdkapital		80.000
			III. Passive Rechungsabgrenzung		5.000
Bilanzsumme		201.000	Bilanzsumme		201.000

Bild 5.18: Beispiel für die Minimalgliederung einer Bilanz in Kontenform mit explizit ausgewiesenem Gewinn.

Ist das Eigenkapital am Jahresende kleiner als im Vorjahr, ist ein *Verlust* entstanden. Das Unternehmen schreibt "*Rote Zahlen*". Ist das Rohbetriebsvermögen kleiner als das Fremdkapital, spricht man von *Überschuldung*. Der Eigenkapitalposten ist in diesem Fall negativ und wird als "*Nicht durch Eigenkapital gedeckter Fehlbetrag*" auf die Aktivseite der Bilanz übernommen. Bei Kapitalgesellschaften besteht dann die Verpflichtung, Konkurs anzumel-

den, es sei denn, die Gesellschafter, beispielsweise bei einer GmbH, schießen
Geld nach. Bei Einzel- und Personenunternehmen ist dieser Zustand kein
Konkursgrund, da diese ja mit ihrem gesamten Privatvermögen haften (3.3).

Die in den Bildern 5.16 und 5.18 gezeigte Grobstruktur ist offensichtlich
nicht hinreichend aufgegliedert. Die Forderung nach *Bilanzklarheit* legt daher dem Unternehmer nahe, die nach römischen Zahlen gegliederten Aktiv-
posten und Passivposten feiner zu unterteilen, was im Regelfall in Anlehnung
an die für Kapitalgesellschaften im Handelsgesetzbuch vorgegebene Bilanz-
gliederung erfolgt, aber nicht erfolgen muss. Daher besitzen Bilanzen von
Personenfirmen häufig ein unterschiedliches Aussehen, abhängig vom *gusto*
des Steuerberaters und den zu bilanzierenden Posten. Beispielsweise zeigt
Bild 5.19 eine feiner untergliederte Bilanz eines Einzelunternehmens.

Fred Mustermann - Elektrogeräte, Musterstadt Bilanz zum 31.12.2007					
Aktiva			**Passiva**		
I. Anlagevermögen			I. Fremdkapital (Schulden)		
1. Grundstücke und Gebäude	300.000		Darlehen 1		178.000
2. Maschinen	360.000		Darlehen 2		65.000
3. Kraftfahrzeuge	75.000		Darlehen 3		8.000
4. Geschäftsausstattung	34.000		Verbindlichkeiten an Lieferanten		152.000
II. Umlaufvermögen			Summe der Schulden		403.000
1. Rohstoffe	240.000				
2. Fertige u. Halbf. Erzeugnisse	280.000		II. Eigenkapital		
3. Handelswaren	23.000		Summe Aktiva	1.599.873	
4. Forderungen	159.000		/ Fremdkapital	403.000	
5. Kasse	5 628		= Eigenkapital bzw. Reinvermögen oder Betriebsvermögen	1.196.873	1.196.873
6. Bank	93.245				
Summe der Aktiva	1.599.873				
Bilanzsumme	1.599.873		Bilanzsumme		1.599.873

Bild 5.19: Typische Bilanz eines Einzelunternehmens. Das aus der Differenz der
Vermögensbestandteile und der Fremdkapitalanteile ermittelte Eigenkapital führt den
Ausgleich der Bilanz bzw. die Erfüllung der Bilanzgleichung herbei.

Aus didaktischen Gründen wird in Bild 5.19 bei den Passiva zuerst das Fremdkapital, dann das Eigenkapital als Differenz der Aktiva abzüglich des Fremdkapitals aufgelistet. In der Buchführungspraxis wird natürlich das Kapital dem so genannten *Eigenkapitalkonto* der Buchhaltung entnommen und sofort an die erste Stelle der Passiva gesetzt. Rechnungsabgrenzungen sind der Übersichtlichkeit wegen weggelassen.

Das *Betriebsvermögen* bzw. *Eigenkapital* errechnet sich auch hier wieder aus der Summe aller im Unternehmen befindlichen Vermögensgegenstände abzüglich der Schulden, das heißt abzüglich des Fremdkapitals. Der *Gewinn* ergibt sich durch Vermögensvergleich des Betriebsvermögens am Stichtag der Bilanz mit dem Betriebsvermögen am Stichtag des Vorjahres.

5.4.3   Bilanzen von Kapitalgesellschaften

Für die Bilanzen von Kapitalgesellschaften schreibt das Handelsgesetzbuch eine von der Größe des Unternehmens abhängige Gliederung vor. Bei kleinen Kapitalgesellschaften (3.3.3) muss die Feingliederung der Bilanz nur die in Bild 5.20 nach römischen Zahlen gegliederten Posten enthalten.

Bilanz zum 31.12.2007	
Aktiva	**Passiva**

A. **Anlagevermögen**
  I. Immaterielle Vermögens-
    gegenstände ....
  II. Sachanlagen ....
  III. Finanzanlagen ....
B. **Umlaufvermögen**
  I. Vorräte ....
  II. Forderungen und sonstige
    Vermögensgegenstände ....
  III. Wertpapiere ....
  IV. Bar- und Buchgeld ....
C. **Aktive Rechnungs-**
  abgrenzungsposten ....
 	
Bilanzsumme ============
	A. **Eigenkapital**
	  I. Gezeichnetes Kapital ....
	  II. Kapitalrücklagen ....
	  III. Gewinnrücklagen ....
	  IV. Gewinnvortrag
	  V. Jahresüberschuss/-verlust ....
	B. **Rückstellungen** ....
	C. **Verbindlichkeiten** ....
	C. **Passive Rechnungs-**
	  abgrenzungsposten ....
	
	Bilanzsumme ============

Bild 5.20: Bilanzformat für kleine Kapitalgesellschaften gemäß Handelsgesetzbuch (Mindestgliederung).

Es müssen nicht alle Posten zwingend in der Bilanz auftauchen, beispielsweise wenn ein Unternehmen gar keine Wertpapiere besitzt.

Abgesehen von den *Immateriellen Vermögensgegenständen*, unter denen man Patente oder einen gekauften Firmenwert versteht (engl.: *Intangibles*), sind die Aktiva im Wesentlichen selbsterklärend. Es ist jedoch zu beachten, dass immaterielle Investitionen in *Forschung und Entwicklung* und *Mitarbeiterweiterbildung* nicht als Vermögenswerte auf der *Aktiva-Seite* der Bilanz auftauchen, mögen sie noch so wertvoll sein (5.4). Ferner ist bei den *Sachanlagen* noch der Hinweis angebracht, dass in manchen Bilanzen unmittelbar die *Buchwerte* (Anschaffungs- bzw. Herstellungskosten abzüglich Abschreibungen), in anderen Bilanzen *Anschaffungs-* bzw. *Herstellungskosten* sowie *Abschreibungen* explizit aufgeführt werden (*Bruttoprinzip*) und die *Buchwerte* bei der Saldierung nur implizit berücksichtigt sind.

Die Passiva bedürfen einer ausführlicheren Erläuterung:

A.   *Eigenkapital*

A.I   *Gezeichnetes Kapital*

Das gezeichnete Kapital ist das *Anfangs-* bzw. *Haftungskapital* einer Kapitalgesellschaft und wird bei einer GmbH *Stammkapital*, bei einer AG *Grundkapital* bzw. *Nominalkapital* genannt. Es wird von den Eignern des Unternehmens zur Verfügung gestellt und besitzt alljährlich den gleichen Wert, wenn nicht durch Nachschüsse der Gesellschafter zum Stammkapital, bzw. bei einer AG durch Ausgabe weiterer Aktien, eine *Kapitalerhöhung* oder im Rahmen einer Sanierung eine *Kapitalherabsetzung* erfolgt, so genannter *Kapitalschnitt* (7.10).

A.II   *Kapitalrücklage*

Unter *Rücklagen* versteht man allgemein über das gezeichnete Kapital hinausgehende Eigenkapitalkomponenten. Eine spezielle Ausprägung von Rücklagen sind die so genannten *Kapitalrücklagen*. Zu Kapitalrücklagen zählt beispielsweise der Differenzbetrag zwischen *Nominalwert* und *Kurswert* bei der Ausgabe von Aktien (so genanntes *Agio*). Das gezeichnete Kapital erhöht sich bei Ausgabe zusätzlicher Aktien um die Summe der Nominalwerte. Das für die Aktien eingenommene Geld taucht als Änderung des Umlaufvermögens auf. Ferner werden bei einer GmbH etwaige *Nachschüsse* der Gesellschafter als Kapitalrücklagen verbucht. Weitere, unter Kapitalrücklagen zu verbuchende Beträge sind Kapitalzuführungen durch *Options-* und *Schuldverschreibungen* etc. (AktG, Buchhandel).

A.III *Gewinnrücklage*

Gewinnrücklagen rühren von nicht ausgeschütteten, versteuerten Gewinnanteilen vergangener Geschäftsjahre her. Man unterscheidet:

- *Gesetzliche Rücklagen* (AG),
- *Satzungsmäßige Rücklagen,*
- *Rücklagen für eigene Anteile,*
- *Andere Gewinnrücklagen.*

Bei Aktiengesellschaften ist so lange eine *gesetzliche Gewinnrücklage* (jährlich 5 % des Jahresüberschusses abzüglich eines etwaigen Verlustvortrags) zu bilden, bis diese 10 % des gezeichneten Kapitals erreicht hat. *Rücklagen für eigene Anteile* entstehen in der Höhe, in der auf der Aktivseite unter Wertpapieren der entsprechende Gegenwert steht. *Satzungsmäßige Rücklagen* werden gebildet, falls die Satzung oder der Gesellschaftsvertrag dies vorsieht. *Andere Gewinnrücklagen* sind zum Beispiel auf Beschluss des Vorstands und des Aufsichtsrats gebildete freie Rücklagen (bis zu 50 % vom Jahresgewinn).

Generell werden Gewinnrücklagen gebildet (so genannte *Gewinnthesaurierung*, griech.: *Thesaurus* = Schatz)

- zur Erhöhung der Liquidität,
- zur internen Vergrößerung des Haftungskapitals,
- um erwartete Verluste und Garantiefälle antizipativ auszugleichen,
- um eine über die Jahre gleichmäßige Dividende zahlen zu können (Dividendenpolitik).

Zusätzlich zu den in der Bilanz ausgewiesenen *Offenen Rücklagen* kennt die Betriebswirtschaft auch noch *Stille Rücklagen,* so genannte *Stille Reserven.* Stille Reserven sind aus der Bilanz nicht explizit ersichtlich. Sie entstehen durch Unterbewertung von Vermögensgegenständen (beispielsweise durch erhöhte Abschreibungen), durch überhöhte Rückstellungen etc. (5.6). Ferner entstehen Stille Reserven durch sofortige Vollabschreibung geringwertiger Wirtschaftsgüter mit einem Wert unter 410 € (ohne Mehrwertsteuer), wie z. B. Handbohrmaschinen etc. Stille Rücklagen entstehen auf Kosten des Gewinns und müssen bei ihrer Auflösung versteuert werden. Bei Aktiengesellschaften bewirken Stille Rücklagen keine *Steuerersparnis* sondern nur eine *Steuerstundung.* Bei Einzel- und Personenfirmen können Sie aufgrund der Progression zu einer Steuerersparnis führen. Stille Reserven werden bewusst in guten Wirtschaftsjahren gebildet, um sie in schlechten Wirtschaftsjahren wieder auflösen zu können, beispielsweise im Hinblick auf gleichmäßige Dividendenzahlungen.

Häufig findet man in Bilanzen zwischen dem Eigenkapitalposten und den Rückstellungen (siehe unten) einen selbständigen *"Sonderposten mit Rücklageanteil"*. Obwohl formal nicht zum Eigenkapital gehörend, kann er zur Hälfte doch wie Eigenkapital bewertet werden. Es handelt sich dabei um unversteuerte Stille Rücklagen, die bei ihrer späteren Auflösung nachversteuert werden müssen. Typische Beispiele sind Sonderabschreibungen in den neuen Bundesländern und Einnahmen aus dem Verkauf von Anlagegütern über dem Buchwert.

A.IV *Gewinnvortrag*

Ein *Gewinnvortrag* ist ein in das laufende Geschäftsjahr übernommener Rest nicht vollständig ausgeschütteten Gewinns des Vorjahres. Er ist also nicht Teil des im laufenden Geschäftsjahr erzielten Jahresüberschusses, sondern addiert sich zu ihm. Beide zusammen ergeben den *Bilanzgewinn* (siehe unten). Der Gewinnvortrag wird gebildet, um einen im kommenden Jahr erwarteten Verlust auszugleichen oder kurzfristig die Liquidität des Unternehmens zu erhöhen. Entsprechend wird ein *Jahresfehlbetrag* bzw. *-verlust* in das kommende Geschäftsjahr vorgetragen. Im Gegensatz zu den langfristigen *Gewinnrücklagen* ist der *Gewinnvortrag* kurzlebig (üblicherweise ein Jahr).

A.V *Jahresüberschuss*

Der Jahresüberschuss bzw. -gewinn ergibt sich als Differenz der Werte des Eigenkapitals am Ende des laufenden und des vorangegangenen Geschäftsjahrs. Dabei wird zunächst das Eigenkapital des laufenden Geschäftsjahrs, wie bereits in 5.4.1 und 5.4.2 erläutert, als Unterschied aller Aktiva über das Fremdkapital (Rückstellungen, Verbindlichkeiten und passive Rechnungsabgrenzungsposten) ermittelt, Bild 5.21.

Summe aller Aktiva	....
./. Rückstellungen	....
./. Verbindlichkeiten	....
./. Passive Rechnungsabgrenzungsposten	....
Eigenkapital des laufenden Jahres	============

Bild 5.21: Ermittlung des Eigenkapitals.

Anschließend ermittelt man den im laufenden Jahr erzielten Jahresüberschuss durch Vermögensvergleich mit dem Eigenkapital am Ende des Vorjahrs. Der so ermittelte Jahresüberschuss muss mit dem Jahresüberschuss aus der Gewinn- und Verlustrechnung übereinstimmen (5.5).

Taucht der Jahresüberschuss explizit in der Bilanz auf, ist über seine *Verwendung* (Gewinnverteilung auf Gewinnrücklagen und Ausschüttung etc.) noch nicht entschieden. Haben jedoch Vorstand und Aufsichtsrat beschlossen, Teile des Jahresüberschusses in andere Rücklagen einzustellen (maximal 50 % des um Einstellungen in die gesetzliche Rücklage und einen Verlustvortrag verminderten Jahresüberschusses), tritt in der Bilanz an die Stelle des Jahresüberschusses und des Postens Gewinnvortrag der *Bilanzgewinn*, Bild 5.22.

Bilanz zum 31.12.2007	
Aktiva	**Passiva**

A. Anlagevermögen
   I. Immaterielle Vermögens-
     gegenstände ....
  II. Sachanlagen ....
  III. Finanzanlagen ....
B. Umlaufvermögen
   I. Vorräte ....
  II. Forderungen u. sonstige
     Vermögensgegenstände ....
  III. Wertpapiere ....
  IV. Bar- und Buchgeld ....
C. Aktive Rechnungs-
   abgrenzungsposten ....
 	
Bilanzsumme ....
	A. Eigenkapital
	   I. Gezeichnetes Kapital ....
	  II. Kapitalrücklage ....
	  III. Gewinnrücklage ....
	
	    Bilanzgewinn ....
	B. Rückstellungen ....
	C. Verbindlichkeiten ....
	D. Passive Rechnungs-
	   abgrenzungsposten ....
	
	Bilanzsumme ....

Bild 5.22: Bilanz mit ausgewiesenem *Bilanzgewinn*.

Der Bilanzgewinn ist der *ausschüttungsfähige Betrag*, über dessen Verwendung die Aktionäre in der Hauptversammlung durch einen *Gewinnverwendungsbeschluss* entscheiden. Neben der Dividende kann der Bilanzgewinn beispielsweise für zusätzliche Einstellungen in Rücklagen, Bildung eines Gewinnvortrags etc. verwendet werden. Es muss jedoch mindestens eine 4 %ige Dividende an die Aktionäre ausgeschüttet werden.

Explizit berechnet sich der Bilanzgewinn einer Aktiengesellschaft gemäß folgendem Schema, Bild 5.23.

Jahresüberschuss	....
Gewinn-/Verlustvortrag aus Vorjahr	....
Entnahmen aus Kapitalrücklage	....
Einstellungen in Kapitalrücklage	....
Entnahme aus Gewinnrücklage	....
Einstellungen in Gewinnrücklage	....
Bilanzgewinn	....

Bild 5.23: Ermittlung des Bilanzgewinns.

Der Gewinn von Kapitalgesellschaften wird sowohl bezüglich der *Gewerbesteuer* als auch der *Körperschaftsteuer* bereits im Unternehmen versteuert (Kapitel 4) und wird daher *Gewinn nach Steuern* genannt (s. a. 5.8.7). Der Gewinn von Einzelunternehmen und Personengesellschaften unterliegt dagegen erst bei den Eignern der Einkommensteuer (die Gewerbesteuer wurde bereits zuvor als Aufwand im Unternehmen geltend gemacht). Beim Vergleich des Gewinns von Einzelunternehmen, Personengesellschaften und Kapitalgesellschaften sind dem Gewinn bei ersteren die Gewerbesteuer, bei letzteren die Gewerbesteuer und die Körperschaftsteuer hinzuzurechnen.

Die in einer GmbH vom Unternehmen abgeführte Körperschaftsteuer wird nicht auf die Einkommensteuer ihrer Eigner angerechnet. Um die Doppelbesteuerung zu mildern, unterliegt nur ein Teil der an die Eigner ausgeschütteten Gewinne deren Einkommensteuer, so genanntes *Teileinkünfteverfahren*.

B. *Rückstellungen*

Der dem Eigenkapital folgende Posten wird als *Rückstellungen* bezeichnet. Rückstellungen werden vor der Ermittlung des Jahresüberschusses als Aufwand gebucht und schmälern den Gewinn. Sie werden für antizipierte künftige Verbindlichkeiten gebildet, die buchungstechnisch bereits manifest sind. Typische Beispiele solcher Verbindlichkeiten sind *Pensions- und Steuerzahlungen, drohende Verluste aus schwebenden Geschäften oder Prozessen, in den ersten drei Monaten des neuen Geschäftsjahrs geplante, bislang unterlassene dringende Reparaturen etc.* Rückstellungen werden inhaltlich als Fremdkapital interpretiert, da sie ja dem Unternehmen nur bis zum Fälligwerden einer Verbindlichkeit gestundet sind. Bei Wegfall der antizipierten Verbindlichkeiten muss die betreffende Rückstellung aufgelöst und als Gewinn versteuert werden. Die Höhe von Rückstellungen muss häufig geschätzt werden und bietet damit Spielraum zur Bildung Stiller Reserven.

C. *Verbindlichkeiten*

Den letzten Posten vor den bereits oben erläuterten Rechnungsabgrenzungsposten bilden die *Verbindlichkeiten*. Sie stellen im Regelfall den größten Anteil des Fremdkapitals dar und überwiegen häufig das Eigenkapital. Die Verbindlichkeiten sind nach ihrer Laufzeit geordnet. *Langfristige Verbindlichkeiten* sind durch eine Laufzeit von über fünf Jahren gekennzeichnet. Eine wichtige unangenehme Eigenschaft der Verbindlichkeiten sind die mit ihnen im Regelfall verbundenen Zinszahlungen. Am ungünstigsten sind die so genannten "Lieferantenkredite" durch nicht in Anspruch genommenes *Skonto*, das ja in einen äquivalenten im Preis enthaltenen Zinsbetrag umgerechnet werden kann. Beispielsweise entspricht die Nichtinanspruchnahme eines Skontobetrags von 3 % und Zahlung innerhalb eines Monats einem Jahreszins von über 30 %. Auf die verschiedenen weiteren Arten von *Darlehen*, bzw. *Krediten* wird in Kapitel 5.11.1.2 noch ausführlicher eingegangen.

Schließlich werden bei den Verbindlichkeiten auch *erhaltene Anzahlungen* bilanziert, die ja, so lange die Gegenleistung noch nicht erbracht ist, dem Kunden gehören. *Geleistete Anzahlungen* werden bei den Passiva bilanziert. Gelegentlich findet man auch *erhaltene Anzahlungen* bei den Aktiva, dann aber mit negativem Vorzeichen.

Nachdem in den vorangegangenen einfachen Beispielen die wesentlichen Begriffe einer Bilanz und die Ermittlung des Jahresgewinns herausgearbeitet wurden, wollen wir zum Abschluss das Schema der Aktiv- und Passivseite einer umfassenden Bilanz großer Kapitalgesellschaften vorstellen. Obwohl die beiden Seiten einer Bilanz normalerweise in Kontenform dargestellt werden, wie oben immer geschehen, werden im folgenden die Aktiv- und Passivseite wegen ihrer Größe getrennt in Staffelform, das heißt untereinander dargestellt, Bild 5.24 und Bild 5.25.

Aktiva	2007	2006
A. **Anlagevermögen**		
I. Immaterielle Vermögensgegenstände		
1. Patente, Lizenzen etc.	....	....
2. Geschäfts- oder Firmenwert (falls gekauft)	....	....
3. Geleistete Anzahlungen	....	....
II. Sachanlagen		
1. Grundstücke, Gebäude	....	....
2. Technische Anlagen und Maschinen	....	....
3. Betriebs- und Geschäftsausstattungen	....	....
III. Finanzanlagen		
1. Anteile an verbundenen Unternehmen	....	....
2. Ausleihen an verbundenen Unternehmen	....	....
3. Beteiligungen	....	....
4. Ausleihungen an Unternehmen, mit denen ein Beteiligungsverhältnis besteht	....	....
5. Wertpapiere des Anlagevermögens	....	....
B. **Umlaufvermögen**		
I. Vorräte		
1. Roh-, Hilfs- und Betriebsstoffe	....	....
2. Unfertige Erzeugnisse, unfertige Leistungen	....	....
3. Fertige Erzeugnisse und Waren	....	....
4. Geleistete Anzahlungen	....	....
II. Forderungen und sonstige Vermögensgegenstände		
1. Forderungen aus Lieferungen und Leistungen	....	....
2. Forderungen gegen verbundene Unternehmen	....	....
3. Forderungen gegen Unternehmen, mit denen ein Beteiligungsverhältnis besteht	....	....
4. Sonstige Vermögensgegenstände	....	....
III. Wertpapiere		
1. Anteile an verbundenen Unternehmen	....	....
2. Eigene Anteile	....	....
3. Sonstige Wertpapiere	....	....
IV. Schecks, Kassenbestand	....	....
C. **Rechnungsabgrenzungsposten**	....	....
Bilanzsumme	══════	══════

Bild 5.24: Schema der Aktivseite einer ausführlichen Bilanz einer großen Kapitalgesellschaft gemäß Handelsgesetzbuch.

Passiva	2007	2006
A. Eigenkapital		
I. Gezeichnetes Kapital	....	....
II. Kapitalrücklage	....	....
III. Gewinnrücklage		
1. Gesetzliche Rücklage	....	....
2. Rücklage für eigene Anteile	....	....
3. Satzungsmäßige Rücklagen	....	....
IV. Gewinnvortrag/Verlustvortrag	....	....
V. Jahresüberschuss/Jahresfehlbetrag	....	....
B. Rückstellungen		
1. Rückstellungen für Pensionen und ähnliche Verpflichtungen	....	....
2. Steuerrückstellungen	....	....
3. Rückstellungen z.B. für drohende Gewährleistungsansprüche	....	....
C. Verbindlichkeiten		
1. Anleihen		
2. Verbindlichkeiten gegenüber Kreditinstituten	....	....
3. Erhaltene Anzahlungen auf Bestellungen	....	....
4. Verbindlichkeiten aus Lieferungen und Leistungen	....	....
5. Verbindlichkeiten gegenüber verbundenen Unternehmen	....	....
6. Verbindlichkeiten gegenüber Unternehmen, mit denen ein Beteiligungsverhältnis besteht	....	....
7. Sonstige Verbindlichkeiten		
davon aus Steuern		
davon im Rahmen der sozialen Sicherheit	....	....
D. Rechnungsabgrenzungsposten	....	....
Bilanzsumme	════	════

Bild 5.25: Schema der Passivseite der Bilanz einer Kapitalgesellschaft.

Auf die einzelnen Bilanzposten wird hier nicht mehr weiter eingegangen, da sie, soweit zum Verständnis einer Bilanz erforderlich, bereits oben ausführlich erläutert wurden oder selbsterklärend sind. Selbstverständlich können Posten ohne Existenzgrundlage weggelassen werden, beispielsweise wenn die Satzung keine "*Satzungsgemäßen Rücklagen*" vorsieht oder keine "*Verbindlichkeiten gegenüber verbundenen Unternehmen*" bestehen. Ferner dürfen zur Erhöhung der Übersichtlichkeit mit arabischen Zahlen versehene Posten vergleichbarer Natur auch zusammengefasst und erst im Anhang ausführlich gegliedert werden. Schließlich sind zum Vergleich immer die entsprechenden Zahlen des Vorjahres mitzugeben. Große Abweichungen sind im Anhang zu erläutern (5.7).

5.5 Gewinn- und Verlustrechnung

Obwohl Bilanzen bereits die Ermittlung des Jahresgewinns durch Vermögensvergleich gestatten, müssen buchführungspflichtige Unternehmen ihren Gewinn zusätzlich durch eine *Gewinn- und Verlustrechnung* (engl.: *Income statement*) ermitteln bzw. bestätigen. Beide Rechnungswege führen zum gleichen Ergebnis, andernfalls ist in der Buchführung ein Rechenfehler (*Doppik*, 5.3). Aus Sicht der *Unternehmenssteuerung* und der *Bewertung der Prosperität* eines Unternehmens liegt die wichtigere Aufgabe der Gewinn- und Verlustrechnung jedoch im Aufzeigen der *Zusammensetzung* des Jahresgewinns aus *Betriebsergebnis, Finanzergebnis* und *Außerordentlichem Ergebnis,* mit anderen Worten seiner Herkunft, Bild 5.26. Diese Information ist aus einer Bilanz nicht ersichtlich.

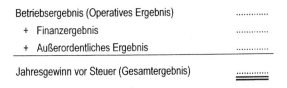

Bild 5.26: Zusammensetzung des Jahresgewinns vor Steuern aus Komponenten der Gewinn-und Verlustrechnung.

Das *Betriebsergebnis* bzw. *Operative Ergebnis* (engl.: *Operating earnings*) ist der entscheidende Indikator für die langfristige Prosperität eines Unternehmens. Die Unterscheidung zwischen *Gesamtergebnis* und *Betriebsergebnis* erklärt auch den umgangssprachlich sophistisch anmutenden Unterschied zwischen *Unternehmen* (Gesamtergebnis bzw. Gewinn vor Steuern) und *Betrieb* (Betriebsergebnis). Das *Finanzergebnis* resultiert aus etwaigen Gewinnen aus An- und Verkauf von Aktien und anderen Finanzanlagegeschäften.

Die Gewinn- und Verlustrechnung, auch *Erfolgsrechnung oder Ergebnisrechnung* genannt, stellt *betriebliche Erträge* den *betrieblichen Aufwendungen* und *neutrale Erträge* den *neutralen Aufwendungen* gegenüber (5.2). Gemäß Handelsgesetzbuch (HGB, Buchhandel) wird sie in *Staffelform* aufgestellt. In der Gliederung ausgewiesene Posten entsprechen dem *Bruttoprinzip*, dürfen also nicht zu einer Zahl zusammengefasst werden. Für kleine und mittelgroße Kapitalgesellschaften sieht das Handelsgesetzbuch, wie bei der Bilanz auch, wieder einige Erleichterungen vor.

Man unterscheidet zwischen der Gewinn- und Verlustrechnung nach dem *Gesamtkostenverfahren* und nach dem *Umsatzkostenverfahren*. Das Gesamtkostenververfahren stellt den *gesamten* Erträgen (Umsatzerlöse zuzüglich Bestandsveränderungen) die *gesamten* Aufwendungen gegenüber, lässt also die *Gesamtleistung* des Unternehmens erkennen. Das Umsatzkostenverfahren stellt den Umsatzerlösen (-erträgen) nur die zu ihrer Erzielung angefallenen Herstellungsaufwendungen gegenüber, lässt also unmittelbar das *Betriebs-* bzw. *Produktionsergebnis* erkennen, unabhängig von Vertriebs- und Verwaltungskosten. De facto unterscheiden sich das Gesamt- und das Umsatzkostenverfahren lediglich in der Ermittlung des so genannten *Betriebsergebnisses* (siehe unten).

In Deutschland begegnet man meist dem *Gesamtkostenverfahren*, da die hierfür benötigten Zahlen direkt der Finanzbuchhaltung entnommen werden können, während das *Umsatzkostenverfahren* eine Kosten- und Erlösrechnung (5.10) voraussetzt, die in manchen Betrieben nicht im erforderlichen Umfang vorhanden ist. Darüber hinaus erschwert das Umsatzkostenverfahren den Vergleich mit anderen Geschäftsjahren.

Schließlich gibt es noch die so genannte *Überschussrechnung*, die den Gewinn als Überschuss der Einnahmen über die Ausgaben ermittelt. Sie ist eine stark vereinfachte Gewinn- und Verlustrechnung und wird von nicht buchführungspflichtigen Gewerbetreibenden sowie von Freiberuflern angewandt (5.5.3).

5.5.1   Gewinn- und Verlustrechnung nach dem Gesamtkostenverfahren

Das Gesamtkostenverfahren stellt der Summe aus *Umsatzerlösen* und *Bestandsveränderungen* fertiger und halbfertiger Erzeugnisse den gesamten betrieblichen Aufwand gegenüber. Die Summe aus Umsatzerlösen und Bestandsveränderungen bezeichnet man auch als *Gesamtleistung* und meint damit den Geldwert *aller* hergestellten Produkte, unabhängig davon, ob sie im abgelaufenen Geschäftsjahr am Markt abgesetzt wurden oder nicht. Die Beträge des Gesamtkostenverfahrens werden direkt den *Erfolgskonten* der Finanzbuchhaltung entnommen. Zusätzlich ist eine Bestandsaufnahme und Bewertung der fertigen und unfertigen Erzeugnisse erforderlich.

Um die Aussagekraft der Gewinn- und Verlustrechnung zu steigern, werden, wie in der Bilanz auch, neben den Beträgen des aktuellen Berichtzeitraums zusätzlich die Zahlen des Vorjahrs angegeben, Bild 5.27.

Gewinn- und Verlustrechnung 2007 - *Mustermann AG*		
	2007	2006
1. Umsatzerlöse	....	....
2. Änderungen des Bestands fertiger und unfertiger Erzeugnisse	....	....
3. Andere Aktivitäten	....	....
4. Sonstige betriebliche Erträge	....	....
5. Materialaufwand:		
a. Aufwendungen für Roh-, Hilfs- und Betriebsmittel	....	....
b. Aufwendungen für bezogene Leistungen	....	....
6. Personalaufwand		
a. Löhne und Gehälter	....	....
b. Soziale Abgaben und Aufwendungen für Altersversorgung und für Unterstützung	....	....
(davon für Altersversorgung)	....	....
7. Abschreibungen:		
a. auf immaterielle Vermögensgegenstände des Anlagevermögens und Sachanlagen	....	....
b. auf Vermögensgegenstände des Umlaufvermögens	....	....
8. Sonstige betriebliche Aufwendungen	....	....
Betriebsergebnis (fakultativ)	════	════
9. Erträge aus Beteiligungen	....	....
(davon aus verbundenen Unternehmen)	....	....
10. Erträge aus anderen Wertpapieren und Ausleihungen des Finanzanlagevermögens	....	....
(davon aus verbundenen Unternehmen)	....	....
11. Sonstige Zinsen und ähnliche Erträge	....	....
(davon aus verbundenen Unternehmen)	....	....
12. Abschreibungen auf Finanzanlagen und auf Wertpapiere des Umlaufvermögens	....	....
13. Zinsen und ähnliche Aufwendungen	....	....
(davon aus verbundenen Unternehmen)	....	....
14. **Ergebnis der gewöhnlichen Geschäftstätigkeit**	════	════
15. Außerordentliche Erträge	....	....
16. Außerordentliche Aufwendungen	....	....
17. **Ergebnis vor Steuer**	════	════
18. Steuern vom Einkommen und vom Ertrag	....	....
19. Sonstige Steuern	....	....
20. JAHRESÜBERSCHUSS/JAHRESFEHLBETRAG	════	════

Bild 5.27: Schema Gewinn-/Verlustrechnung nach dem Gesamtkostenverfahren.

Begriffe der Gewinn- und Verlustrechnung nach dem Gesamtkostenverfahren

1. *Umsatzerlöse:* Alle Einnahmen aus dem Verkauf von Produkten und Dienstleistungen gemäß dem Betriebszweck des Unternehmens. Es handelt sich um Nettobeträge, das heißt Rechnungsbeträge abzüglich Skonti, Rabatt, Mehrwertsteuer. Zu den Umsatzerlösen zählen auch Forderungen an Kunden.

2. *Erhöhung oder Verminderung des Bestands an fertigen und unfertigen Erzeugnissen:* Erhöhung des Bestands sind die Geldwerte halbfertiger und fertiger, noch nicht verkaufter Produkte; Verminderung des Bestands sind die Geldwerte von Lagererzeugnissen, die bereits vor dem Beginn des Geschäftsjahres hergestellt wurden. Eine Einstufung auf Lager befindlicher Produkte als schwer verkäuflich und damit niedrigerer Bewertung führt auch zu einer Bestandsminderung.

3. *Andere aktivierte Eigenleistungen:* Geldwerte im Eigenbau erstellter spezieller Produktionsanlagen, Großreparaturen durch die eigene Wartungsabteilung.

4. *Sonstige betriebliche Erträge:* Erträge aus der Auflösung von Rückstellungen, aus Kursgewinnen, Erträge aus dem Verkauf von Anlagegütern, Erträge aus Zuschreibungen (Gegenteil von Abschreibungen), Entnahme aus dem *"Sonderposten mit Rücklagenanteil"* (5.4.3), *öffentliche Fördermittel* etc.

5. *Materialaufwand:* alle Aufwendungen für Rohmaterial und Fremdleistungen

6. *Personalaufwand:* Löhne und Gehälter (Arbeiter, Angestellte und Vorstand) sowie Sozialabgaben und -aufwendungen wie Arbeitgeberbeiträge zur Kranken- und Sozialversicherung (Arbeitslosen- und Rentenversicherung), Berufsgenossenschaft, Pensionssicherungsverein, Aufwendungen und Rückstellungen für Firmenpensionen.

7. *Abschreibungen:* Summe aller Abschreibungsbeträge gemäß Abschnitt 5.2.6 (außer 12. Abschreibungen auf Finanzlagen).

8. *Sonstige betriebliche Aufwendungen:* Mieten, Bürokosten, Datenverarbeitung, Werbung, Vertrieb, Transportkosten.

Der Saldo der betrieblich bedingten Erträge und Aufwendungen, Posten 1 bis 8, wird *Betriebsergebnis* genannt (5.8.5).

9. *Erträge aus Beteiligungen:* Gewinnanteile aus verbundenen und anderen Unternehmen, an denen das bilanzierende Unternehmen mit mehr als 20 % beteiligt ist.

10. *Erträge aus anderen Wertpapieren und Ausleihung des Finanzanlagevermögens:* Gewinnanteile aus Beteiligungen an anderen Unternehmen < 20 %.

11. *Sonstige Zinsen und ähnliche Erträge:* Habenzinsen aus Bankguthaben, Kapitalerträge aus Aktien (Dividenden) etc.

12. *Abschreibungen auf Finanzanlagen und Wertpapiere:* Verluste von Beteiligungsunternehmen, Kursverluste von Wertpapieren etc.

13. *Zinsen und ähnliche Aufwendungen:* Bankzinsen für Darlehen, Diskontaufwendungen für Wechsel.

Der Saldo der Posten 9 bis 13 wird als *Finanzergebnis* bezeichnet.

14. **Ergebnis der gewöhnlichen Geschäftstätigkeit:** Überschuss der Umsatzerlöse zuzüglich Bestandsveränderungen und Finanzerträgen abzüglich aller betrieblich bedingter Aufwendungen, das heißt Saldo der Zeilen 1 bis 13 (engl.: *EAFI – Earnings After Financial Items*). Dieses Zwischenergebnis dient der Abgrenzung gegenüber den nachfolgenden außerordentlichen Erträgen (15) und Aufwendungen (16) sowie dem Steueraufwand (18) und (19)

15. *Außerordentliche Erträge:* Nicht mit der gewöhnlichen (ordentlichen) Geschäftstätigkeit verbundene Erträge, z. B. Erträge aus Grundstücksverkäufen, Verkäufen von Teilunternehmen etc.

16. *Außerordentliche Aufwendungen:* Umstrukturierungsmaßnahmen, Aufwand für die Beseitigung eines Brandschadens, Verkehrsunfälle etc.

Der Saldo von 15 und 16 wird als *Außerordentliches Ergebnis*, das heißt nicht aus der gewöhnlichen Geschäftstätigkeit resultierend, bezeichnet.

17. **Ergebnis vor Steuern**

18. *Steuern vom Einkommen und vom Ertrag*: Körperschafts- und Gewer-
     beertragssteuer (bei Einzelunternehmen und Personengesellschaften
     fällt die Körperschaftsteuer weg, da die Eigner direkt der Einkommen-
     steuer unterliegen).

19. *Sonstige Steuern*: Gewerbekapitalsteuer, Kraftfahrzeugsteuern, Versi-
     cherungssteuern etc. (sie stellen Aufwand dar, ähnlich wie sonstige be-
     triebliche Aufwendungen).

20. **Jahresüberschuss/Jahresfehlbetrag** (engl.: *Net Income* oder *Bottom
     Line*): Endergebnis nach Abzug aller Steuerzahlungen vom *Ergebnis vor
     Steuern*. Der große Unterschied zwischen dem Ergebnis vor und nach
     Steuern sowie hohe Lohn- und Lohnnebenkosten veranlassen Unter-
     nehmen in Länder mit niedrigerem Lohnniveau und geringerer Steuer-
     belastung umzusiedeln.

Die Summe aus Umsatzerlösen und Erhöhung oder Verringerung des Bestands an fertigen und halbfertigen Erzeugnissen wird oft auch als *Gesamtleistung* bezeichnet. Das *Betriebsergebnis* ist das aus dem reinen Unternehmenszweck resultierende, so genannte *Operative Ergebnis*. Sein Anteil am
Jahresüberschuss muss die Erträge aus Finanzgeschäften und die außerordentlichen Erträge bei weitem überwiegen, damit man von einem gesunden
Unternehmen sprechen kann. Ein mageres operatives Ergebnis lässt sich
nicht ewig durch Auflösung stiller Reserven aufpolieren. Der damit verbundene Substanzverlust (Verkauf von Beteiligungen, Grundstücken oder Teilunternehmen bei Konzernen) stellt bei Aktiengesellschaften die langfristige
Existenz in Frage und bei Konzernen die Existenz von Tochterunternehmen.

5.5.2   Gewinn- und Verlustrechnung nach dem Umsatzkostenverfah-
ren

Das *Umsatzkostenverfahren* stellt den Umsatzerlösen den Herstellungsauf-
wand für die im betrachteten Zeitraum abgesetzten Produkte gegenüber, lässt
also unmittelbar das reine Produktionsergebnis erkennen. Es unterscheidet
sich vom Gesamtkostenverfahren lediglich in den Posten 2 bis 5, deren Summe jedoch, zusammen mit den Posten 1, 6 und 7, auf das gleiche Betriebsergebnis führt. Die Beträge des Umsatzkostenverfahrens werden der *Finanzbuchhaltung* und der *Betriebsbuchhaltung* (Kosten- und Erlösrechnung) ent-

nommen. Sowohl beim Gesamtkosten- als auch beim Umsatzkostenverfahren erhält man als Saldo das gleiche Jahresergebnis, Bild 5.28.

Gewinn- und Verlustrechnung 2007 - Mustermann AG		
	2007	2006
1. Umsatzerlöse	....	....
2. Herstellungskosten	....	....
3. **Bruttoergebnis vom Umsatz**	═══════	═══════
4. Vertriebskosten	....	....
5. Allgemeine Verwaltungskosten	....	....
6. Sonstige betriebliche Erträge	....	....
7. Sonstige betriebliche Aufwendungen	....	....
Betriebsergebnis (fakultativ)	═══════	═══════
8. Erträge aus Beteiligungen	....	....
(davon aus verbundenen Unternehmen)	....	....
9. Erträge aus anderen Wertpapieren und Ausleihen des Finanzanlagevermögens	....	....
(davon aus verbundenen Unternehmen)	....	....
10. Sonstige Zinsen und ähnliche Erträge	....	....
(davon aus verbundenen Unternehmen)	....	....
11. Abschreibungen auf Finanzanlagen und auf Wertpapiere des Umlaufvermögens	....	....
12. Zinsen und ähnliche Aufwendungen	....	....
(davon aus verbundenen Unternehmen)	....	....
13. **Ergebnis der gewöhnlichen Geschäftstätigkeit**	═══════	═══════
14. Außerordentliche Erträge — Außerordentliches	....	....
15. Außerordentliche Aufwendungen — Ergebnis	....	....
16. **Ergebnis vor Steuer**	═══════	═══════
17. Steuer vom Einkommen und vom Ertrag	....	....
18. Sonstige Steuern (z.B. Vermögenssteuern)	....	....
19. **JAHRESÜBERSCHUSS/JAHRESFEHLBETRAG**	═══════	═══════

Bild 5.28: Schema einer Gewinn- und Verlustrechnung nach dem Umsatzkostenverfahren.

Die Begriffe des *Umsatzkostenverfahrens* sind identisch mit den Begriffen des *Gesamtkostenverfahrens*, bis auf die Positionen 2 bis 5, die im Folgenden näher erläutert werden:

2. *Herstellungskosten:* Kosten der hergestellten Produkte, mit denen die Umsatzerlöse erzielt wurden, daher auch *Umsatzkosten* genannt.

3. *Bruttoergebnis vom Umsatz:* Differenz aus Umsatzerlösen und Selbstkosten der *hergestellten* Erzeugnisse.

4. *Vertriebskosten:* Alle mit dem Vertrieb, Absatz, Marketing, Werbung etc. zusammenhängenden Kosten, beispielsweise Personalkosten des Vertriebs etc., Reine Kosten, Verpackung, Transport, Fuhrpark.

5. *Allgemeine Verwaltungskosten:* Gehälter für Management und Stabsstellen, Rechnungs- und Personalwesen, EDV, Patentabteilung.

Das *Betriebsergebnis* und alle weiteren Posten stimmen (bis auf die Zuordnungsnummer) mit den entsprechenden Posten der Gewinn- und Verlustrechnung nach dem Gesamtkostenverfahren überein.

Es ist für den Nichtkaufmann immer wieder verblüffend, dass trotz "willkürlich" wählbarer Abschreibungsbeträge eines Anlagegegenstands (lineare oder degressive Abschreibung, oder Verteilung auf unterschiedlich viele Jahre) der in der Gewinn- und Verlustrechnung ausgewiesene Gewinn stets mit dem in der Bilanz ausgewiesenen Gewinn identisch ist. Dies liegt daran, dass sich mit einer Änderung des Abschreibungsbetrags in der Gewinn- und Verlustrechnung der Restwert des betreffenden Anlageguts in der Bilanz entsprechend ändert und damit der Vermögensvergleich zwischen Anfang und Ende des Geschäftsjahrs stets passend zum Ergebnis der Gewinn- und Verlustrechnung ausfällt (Prinzip der Doppik, 5.3).

5.5.3 Überschussrechnung

Die Ermittlung des *Gewinns* oder *Verlusts* nicht buchführungspflichtiger Unternehmen erfolgt durch eine einfache *Überschussrechnung*. Der Gewinn bzw. Verlust ist die Differenz zwischen Betriebseinnahmen und Betriebsausgaben. Diese Art der Gewinnermittlung wird meist von *Freiberuflern, Gewerbetreibenden mit geringem Umsatz* und insbesondere *Existenzgründern* angewandt, ferner von *öffentlichen Unternehmen* (so genannte *kameralistische Finanzbuchhaltung*). Aus Vereinfachungsgründen gilt das *Zu- und Abflussprinzip.* Einnahmen werden erst nach Zahlungseingang erfasst, Ausgaben erst wenn Geld abfließt. Offene Forderungen oder Verbindlichkeiten werden nicht berücksichtigt. Streng genommen müsste die *Einnahmen/Ausgaben-Überschussrechnung* daher *Einzahlungs-/Auszahlungs-Überschussrechnung* heißen (Definitionen gemäß 5.2). Den Unterschied zwischen Einzahlungen und Auszahlungen eines Abrechnungszeitraums, in der Regel ein Jahr, bezeichnet man auch als *Cash Flow* (5.8.6).

Alle Einzahlungen und Auszahlungen werden chronologisch in einem Journal erfasst. Werkstatt- und Büroeinrichtungsgegenstände sowie alle anderen Gegenstände, die zur Ausübung eines Geschäfts benötigt werden, dürfen in voller Höhe bei den Ausgaben berücksichtigt werden, sofern ihr Anschaffungswert unter 410 € liegt (ohne Mehrwertsteuer). Einrichtungsgegenstände, die über diesem Wert liegen und deren vorgesehene Nutzungsdauer mehrere Jahre beträgt, dürfen alljährlich nur mit einem Bruchteil der Anschaffungs- bzw. Herstellungskosten als Ausgaben geltend gemacht bzw. abgeschrieben werden (5.2.6). Das Rechnungsschema zeigt Bild 5.29.

	Betriebseinnahmen	....
./.	Betriebsausgaben	....
	Einnahmenüberschuss	....
./.	Abschreibungsbeträge laut AfA	....
./.	Buchwerte veräußerter Anlagegüter	....
	Bereinigter Einnahmenüberschuss	....
./.	Sacheinlagen	....
+	Sachentnahmen	....
	Steuerpflichtiger Gewinn	....

Bild 5.29: Ermittlung des steuerpflichtigen Gewinns durch Überschussrechnung.

Das *Zufluss-/Abflussprinzip* erlaubt bei geschickter Terminierung von Ausgangsrechnungen und Zahlungszielen eine Verteilung stark schwankender Jahresgewinne auf mehrere Jahre. Diese Vergleichmäßigung erlaubt wegen der Steuerprogression eine Minimierung der durchschnittlich gezahlten Einkommensteuer.

5.6 Bewertungs- und Bilanzierungsaspekte, Handels- und Steuerbilanz

Um das Betriebsvermögen und den Gewinn treffend ermitteln zu können, müssen die verschiedenen Bestandteile des Betriebsvermögens, beispielswei-

se Maschinen, Fabrikgebäude etc. als *Geldwerte* vorliegen. Während Bilanzposten, wie Bankkonten, Kassenbestand, Darlehen etc. eo ipso Geldwerte
sind, ist bei gebrauchten Anlagegütern, halbfertigen Geräten, Lagerbeständen,
Grundstücken, nicht oder nur teilweise realisierbaren Forderungen etc. ein
adäquater Geldwert durch *Schätzen* bzw. *Bewerten* zu ermitteln. Die Bewertung kann nicht willkürlich nach "*gusto*" des Unternehmers erfolgen,
sondern muss gesetzlichen Vorschriften genügen und ein *den tatsächlichen
Verhältnissen entsprechendes Bild der Vermögens-, Finanz- und Ertragslage*
des Unternehmens vermitteln (engl.: *true and fair view*).

Es gelten zunächst die folgenden allgemeinen Grundsätze *ordnungsmäßiger
Buchführung:*

– Anfangsbestände des neuen Geschäftsjahres müssen mit den Endbestän-
  den des alten Geschäftsjahres identisch sein, so genannte *Bilanzkontinui-
  tät.*

– Einmal gewählte Bewertungskriterien müssen beibehalten werden, so
  genannte *Bilanzstetigkeit.* Allfällige Abweichungen müssen explizit im
  Anhang erwähnt werden.

– Bei der Bewertung ist von der Fortführung des Unternehmens auszugehen. Wird das Unternehmen nicht fortgeführt, ergeben sich wesentlich
  niedrigere, so genannte Liquidationswerte (Schleuderpreise, Schrottwer-
  te).

– Es gilt das *Vorsichts-* bzw. *Imparitätsprinzip.* Das heißt, Gewinne dürfen
  erst berücksichtigt werden, wenn sie am Bilanzstichtag *bereits* realisiert
  sind. Etwaige Verluste und Risiken zum Bilanzstichtag dagegen sind immer zu berücksichtigen auch wenn sie erst nach dem Bilanzstichtag bekannt geworden sind. In guten Geschäftsjahren wird das Vorsichtsprinzip
  oft überstrapaziert, in schlechten Geschäftsjahren werden auch Ladenhüter gerne hoch bewertet.

– Vermögensgegenstände dürfen höchstens zu den *Anschaffungskosten*
  oder *Herstellungskosten* (bei selbst hergestellten Gegenständen oder Einrichtungen, 5.10.2.3) angesetzt werden, auch wenn die aktuellen Kosten
  am Stichtag höher wären (*Höchstwertprinzip*). Bei abschreibungsfähigen
  Vermögensgegenständen sind die um die Abschreibungsbeträge verminderten Buchwerte anzusetzen.

– Liegt der Wert der Vermögensgegenstände am Bilanzstichtag unter dem
  Anschaffungswert, darf höchstens dieser Wert angesetzt werden (*Nie-

derstwertprinzip). Das Steuerrecht bezeichnet den Stichtagswert als *Teil-wert*, das heißt den Wert, den ein potentieller Käufer des Betriebs für diese Gegenstände als *Teil* des Gesamtpreises bezahlen würde. Dabei ist vorausgesetzt, dass der Käufer den Betrieb fortführen würde.

- Gezeichnetes Kapital ist mit dem *Nennwert* (*Stammkapital* bzw. *Stamm-einlage* einer GmbH bzw. *Grundkapital* einer AG) zu bewerten, nicht etwa mit dem aktuellen *Kurs-* bzw. *Geschäftswert*.

- Rückstellungen sind mit dem Betrag anzusetzen, der nach realistischer kaufmännischer Einschätzung zur Abdeckung im abgelaufenen Geschäfts-jahr entstandener Risiken, Verluste, Garantieverpflichtungen voraussicht-lich erforderlich wird. Pensionsrückstellungen sind mit dem im kommen-den Geschäftsjahr tatsächlich anfallenden Geldwert anzusetzen. .

- Aktien fremder Unternehmen sind mit dem Kurswert am Bilanzstichtag zu bewerten.

Man unterscheidet zwischen *Handelsbilanz* und *Steuerbilanz*. Erstere ent-spricht den Vorschriften des *Handelsgesetzbuchs* HGB, letztere dem *Steuergesetz* StG. Die Handelsbilanz unterscheidet sich von der Steuerbilanz durch einen größeren Spielraum bezüglich *Bilanzierung* (was in die Bilanz aufgenommen wird und was nicht, so genannte *Bilanzierungswahlrechte)* so-wie in der *Bewertung*, das heißt, wie nichtmonetäre Vermögensgegenstände bewertet werden (so genannte *Bewertungswahlrechte*). Die Steuerbilanz ist daher im Wesentlichen eine gemäß dem Einkommensteuergesetz modifi-zierte Handelsbilanz. Kleine und mittelgroße Unternehmen erstellen meist nur eine Steuerbilanz, weil diese ohnehin gesetzlich vorgeschrieben ist. Große Firmen erstellen meist zusätzlich eine Handelsbilanz.

Trotz gesetzlicher Bewertungsvorschriften bleibt ein erheblicher Spielraum, innerhalb dessen der Jahresüberschuss "rauf- oder runtergerechnet" werden kann. Es ist sogar möglich, dass sich ein und dieselbe Bilanz mal mit einem Gewinn, mal mit einem Verlust darstellen lässt.

Eine *Schönung* der Bilanz in Richtung eines höheren Jahresüberschusses ist beispielsweise bei ungünstigem Geschäftsverlauf angesagt, wenn ein Unter-nehmen für Kreditgeber, potentielle Käufer, Aktionäre oder wegen der Tan-tieme möglichst vorteilhaft dargestellt werden soll. Dieses Ziel der Bilanz-politik verlangt dann generell die Inanspruchnahme von Aktivierungswahl-rechten, den Verzicht auf Abwertungswahlrechte sowie die *Auflösung* Stiller

Reserven. Da der Jahresüberschuss die Differenz zwischen Aktiva und Passiva darstellt (mit Ausnahme des Eigenkapitals), bieten sich beispielsweise folgende Maßnahmen an:

Erhöhung der Aktiva: Hohe Bewertung halbfertiger und auf Lager produzierter Produkte, niedrige Abschreibungen, keine Sonderabschreibungen und außerplanmäßige Abschreibungen, Aktivierung von Zuschreibungen bei Wegfall eines Abschreibungsgrunds, Teilabrechnung von Großaufträgen, Eingang von Lieferungen vor dem Bilanzstichtag mit Rechnungsstellung nach dem Bilanzstichtag, Verkauf von Grundbesitz, Verkauf voll abgeschriebener Wirtschaftsgüter (Buch- bzw. Erinnerungswert 1 €) zu Marktpreisen, Verkauf notwendiger Wirtschaftsgüter mit anschließendem Abschluss eines Leasingvertrags, Verkauf von Tochterunternehmen bei Konzernen, Abstoßen von Beteiligungen an anderen Firmen.

Verringerung der Passiva: Keine Rückstellungen zur Abdeckung von Risiken oder zur Durchführung dringender Reparaturen und Investitionen etc.

Eine *vorsichtige Bilanzierung* in Richtung eines niedrigeren Jahresüberschusses ist beispielsweise bei sehr günstigem Geschäftsverlauf angesagt, zum Beispiel zur Vermeidung einer hohen Besteuerung, hoher Dividendenzahlungen oder Versteckung des Gewinns von Tochterfirmen vor der Holdinggesellschaft in Konzernen (Gewinnabführungsvertrag). In diesem Fall verlangt das Ziel der Bilanzpolitik den Verzicht auf Aktivierungswahlrechte, die Inanspruchnahme von Abwertungswahlrechten sowie die *Bildung* Stiller Reserven. Sinngemäß bietet sich dann eine Verringerung der Aktiva und eine Erhöhung der Passiva an, beispielsweise:

Verringerung der Aktiva: Vermögensgegenstände durch hohe Abschreibungen, Sonderabschreibungen und außerplanmäßige Abschreibungen unterbewerten, halbfertige und fertige Produkte als schwer verkäuflich einstufen, Forderungen als uneinbringlich deklarieren, Auslieferungen vor den Bilanzstichtag vorziehen, Nichtaktivierung interner Reparatur- und Modernisierungsmaßnahmen.

Erhöhung der Passiva: Hohe Rückstellungen zur Abdeckung übertriebener Risiken, bislang unterlassener dringlicher Reparaturen sowie zwingend erforderlicher Investitionen.

Im Einzelfall ist an Hand des HGB und des StG genau zu prüfen, welche der genannten Maßnahmen in Anspruch genommen werden dürfen. Wegen ihrer geringeren Spielräume ist die Steuerbilanz häufig die treffendere Bilanz, sie muss aber nicht veröffentlicht werden. Unternehmen die zur Veröffentlichung einer Bilanz verpflichtet sind, erstellen häufig zusätzlich eine Handelsbilanz, die ein Unternehmen, je nach den Zielen der Bilanzpolitik, günstig darstellt. Die gewöhnlich in Geschäftsberichten angetroffene oder im Handelsregister bzw. Bundesanzeiger veröffentlichte Bilanz ist meist diese Handelsbilanz. In der Denkweise des Ingenieurs entspricht die Erstellung des Jahresabschlusses der Messung der Performance eines Unternehmens bzw. seines Top-Managements.

5.7   Jahresabschluss und Lagebericht

Zum Ende eines jeden Geschäftsjahrs müssen buchführungspflichtige Unternehmen durch einen *Jahresabschluss* Rechenschaft über den Geschäftsverlauf des vergangenen Jahres geben (so genannte *Rechnungslegung*). Der Jahresabschluss besteht aus der *Bilanz,* der *Gewinn- und Verlustrechnung* und, bei Kapitalgesellschaften, aus einem *Anhang*. Kapitalgesellschaften müssen zusätzlich zum Jahresabschluss einen *Lagebericht* erstellen, Bild 5.30.

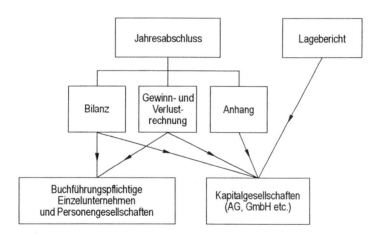

Bild 5.30: Struktur des Jahresabschlusses, Lagebericht.

Während Einzelunternehmen und Personengesellschaften ihren Jahresabschluss im Wesentlichen für das *Finanzamt,* die *Gläubiger* und die *Selbstin-*

formation erstellen, dient der Jahresabschluss der Kapitalgesellschaften zusätzlich der Information der oft zahlreichen *Eigner* (Aktionäre). Für letztere ist er die einzige Informationsquelle, um die Gewinnverwendungspolitik des Unternehmens kontrollieren zu können (Sicherung ihrer Rechte auf Ausschüttung). Kapitalgesellschaften müssen daher ihren Jahresabschluss publizieren, das heißt der Öffentlichkeit zugänglich machen. Kleine und mittelgroße Kapitalgesellschaften reichen ihren Jahresabschluss nur beim *Handelsregister* ein, große veröffentlichen zusätzlich im *Bundesanzeiger* und drucken einen *Geschäftsbericht* für Ihre Aktionäre. Einzelheiten und Ausnahmen regelt das *Publizitätsgesetz* (PublG, Buchhandel).

Die Bilanz und die Gewinn- und Verlustrechnung wurden bereits in eigenen Kapiteln behandelt, daher werden hier nur noch kurz die Begriffe *Anhang* und *Lagebericht* gestreift. Im Anhang werden die Bilanz und die Gewinn- und Verlustrechnung erläutert, zusammengefasste Posten der Bilanz detailliert aufgeführt, Art und insbesondere etwaige Änderungen der Bewertung genannt, die Inanspruchnahme von Bilanzierungswahlrechten, außerplanmäßige und Sonderabschreibungen erwähnt, die Zahl der Mitarbeiter und die Summe der Bezüge von Vorstand und Aufsichtsrat etc. angegeben. Im *Anhang* erwähnte Änderungen der Bewertung oder Erläuterungen großer Abweichungen vom Vorjahr geben dem Fachmann entscheidende Hinweise zur Bereinigung der Bilanz bzw. des Jahresüberschusses.

Bei Konzernen ist für die Konzern-Holding statt des Jahresabschlusses der so genannte *Konzernabschluss* zu erstellen, bestehend aus *Konzernbilanz, Konzern-Gewinn- und Verlustrechnung, Konzernanhang* und *Konzernlagebericht*. Der Jahresabschluss von Konzernen ist ein *konsolidierter Jahresabschluss*, in dem die untereinander getätigten Geschäfte der einzelnen Konzernfirmen herausgerechnet sind. Es werden nur Aufwendungen und Erträge aus Geschäften mit externen Kunden berücksichtigt.

Der *Lagebericht* schließlich gibt Auskunft über den Geschäftsverlauf im Berichtjahr, den voraussichtlichen Verlauf im neuen Geschäftsjahr, besondere Ereignisse nach dem Bilanzstichtag, Forschung und Entwicklung sowie über Risiken der künftigen Geschäftsentwicklung. Ihm kann man glauben oder auch nicht.

5.8   Analyse des Jahresabschlusses

Die Analyse des Jahresabschlusses bezüglich der Prosperität eines Unternehmens erfolgt grundsätzlich an Hand später noch ausführlich erläuterter

Kennzahlen. Die Aussagekraft dieser Kennzahlen steht und fällt jedoch mit der Angemessenheit der in der Bilanz stehenden Posten, die abhängig vom Ziel der Bilanzpolitik sehr unterschiedlich ausfallen können. Falls es darauf ankommt, müssen daher zunächst die einzelnen Bilanzposten unter Berücksichtigung der im vorigen Abschnitt behandelten Bewertungsaspekte durchleuchtet werden. Eine große Hilfe sind dabei die in der Bilanz wie in der Gewinn- und Verlustrechnung zu findenden Zahlen vom Vorjahr. Die einzelnen Bilanzposten sind bezüglich großer Änderungen gegenüber dem Vorjahr sowie der Anhang bezüglich Änderungen der Bewertung, der Abschreibungen und nach unterlassenen Zuschreibungen etc. zu durchforsten. Wesentliche Änderungen legen dem Fachmann weiteres Hinterfragen nahe. Noch mehr Sicherheit gibt ein Vergleich des Jahresabschlusses und insbesondere des Betriebsergebnisses mit vier vorangegangenen Geschäftsjahren (so genannte *Fünfjahresübersicht*).

Die absoluten Zahlen einer Bilanz erlauben, isoliert betrachtet, noch keine eindeutige Aussage über die Prosperität und Effizienz eines Unternehmens. So können 0,5 Millionen € Jahresüberschuss für einen kleinen Gewerbetreibenden sehr viel, für einen großen Konzern sehr wenig sein. Um eine von der Größe des Unternehmens unabhängige Aussage zu erhalten, werden daher die einzelnen Posten der Bilanz bzw. der Gewinn- und Verlustrechnung *zueinander* in Beziehung gesetzt. Die so gebildeten Verhältniszahlen werden *Kennzahlen* genannt. Die Veränderung dieser Zahlen in Bezug auf Vorjahre oder ihre Größe im Vergleich zu anderen Firmen der gleichen Branche bzw. anderen Geldanlagemöglichkeiten liefern die wohl wichtigste Information einer Bilanzanalyse, sofern sie mit bereinigten Werten (Berücksichtigung von Informationen aus dem Anhang, der Auflösung stiller Rücklagen etc.) ermittelt werden (Sache des Finanzfachmanns).

Eine treffend aufgestellte Bilanz gestattet in Verbindung mit der Gewinn- und Verlustrechnung die Beantwortung folgender Fragen:

– Wie *rentabel* arbeitet das Unternehmen?

– Wie *liquide* ist das Unternehmen?

– Wie *effizient* arbeitet das Unternehmen?

– Wie *riskant* arbeitet das Unternehmen?

Essentielle Voraussetzung für das Weiterbestehen eines Unternehmens ist seine *Liquidität*, mit anderen Worten seine *Zahlungsfähigkeit* (Kapitel 2).

Mangelnde Liquidität ist der häufigste Grund für Unternehmenszusammenbrüche. Manch ein Unternehmen, das am Jahresende grundsätzlich einen Erfolg hätte vorweisen können, ist unterwegs aufgrund des stark verspäteten Eingangs von Forderungen oder mangels ausreichender Finanzierung illiquide geworden und musste *Konkurs* bzw. *Insolvenz* anmelden (7.10). Nun werden aber Firmen nicht gegründet und betrieben um liquide zu sein, sondern um einen Gewinn zu erwirtschaften. Daher werden wir hier zunächst die Rentabilität betrachten.

5.8.1   Rentabilität und Rendite

Einzelunternehmen werden gegründet, weil die Firmengründer mit dem *Einnahmen/Ausgaben-Überschuss* ihren Lebensunterhalt bestreiten wollen. Der Überschuss muss neben einem kalkulatorischen Gehalt für die eingebrachte Arbeitsleistung auch eine Verzinsung des eingebrachten Kapitals (Eigenkapital) erlauben. Sinngemäß erwarten die Investoren einer Kapitalgesellschaft eine angemessene Dividende für ihre Aktie und/oder eine Wertsteigerung durch einen steigenden Börsenkurs. Für Eigner vorrangig interessant ist die *Eigenkapitalrentabilität* (engl.: *Return on Equity*, ROE (5.8.4)). Sie sagt aus, inwieweit die Eigner "*die richtigen Dinge tun*", das heißt ihr Geld richtig anlegen. Die Eigenkapitalrentabilität berechnet sich als Verhältnis aus dem buchhalterisch ermittelten Jahresüberschuss vor Steuern und dem buchhalterisch ermittelten Eigenkapital:

$$\text{Eigenkapitalrentabilität} \ = \ \frac{\text{Jahresüberschuss vor Steuern}}{\text{Eigenkapital}} \ 100\,\% \ \ .$$

Soll die Eigenkapitalrentabilität zum langfristigen Vergleich herangezogen werden, ist im Zähler statt des *Jahresüberschusses vor Steuern* das *Ergebnis aus der gewöhnlichen Geschäftstätigkeit* (Operatives Geschäft) einzusetzen, das um das außerordentliche Ergebnis bereinigt ist. Dieser Hinweis gilt sinngemäß auch für die nachfolgenden Kennzahlen.

Die Eigenkapitalrentabilität von 30 % oder mehr ist angesichts des Risikos von Unternehmen nicht ungewöhnlich und durchaus legitim. Je kleiner das Verhältnis Eigenkapital zu Fremdkapital, desto höher die Rentabilität (engl.: *Leverage effect*, siehe unten) und desto höher das Risiko (5.8.4). Bei großen, soliden Unternehmen mit verteiltem Risiko ist weniger als 30 % Eigenkapitalrentabilität auch akzeptabel. Firmen mit bekannten Markennamen mögen gar 50 % erreichen.

Dem nicht betriebswirtschaftlich geschulten Leser erscheinen 30 % Eigenkapitalrentabilität unverhältnismäßig hoch, hat er doch von der Hypothek seiner Eigentumswohnung oder seines Einfamilienhauses Zinsen von 6 % bis
10 % im Hinterkopf. Hierbei darf man aber nicht vergessen, dass im letzteren
Fall das Risiko der Bank wegen der vorhandenen Sicherheiten praktisch
gleich Null ist. Generell erhalten Fremdkapitalgeber für Firmen eine wesentlich niedrigere Verzinsung des von ihnen zur Verfügung gestellten Kapitals
als die Eigenkapitalgeber. Dafür erhalten Fremdkapitalgeber im Regelfall
auch eine garantierte Verzinsung, während die Eigenkapitalgeber bei schlechtem Geschäftsverlauf unter Umständen auf eine Verzinsung ganz verzichten
müssen. Bei Bankkrediten ohne jede Sicherheit schnellt der Zinssatz leicht in
den oben angegebenen Bereich. Eine Eigenkapitalrentabilität von beispielsweise 15 % wäre nur in einer Rezessionsphase akzeptabel.

Bezieht man die Summe aus dem Ergebnis der gewöhnlichen Geschäftstätigkeit und den gezahlten Zinsen für Fremdkapital auf das Gesamtkapital, erhält
man die *Gesamtkapitalrentabilität* (engl.: *Return on Investment*, ROI):

$$\text{Gesamtkapitalrentabilität} = \frac{\text{Jahresüberschuss vor Steuern} + \text{Fremdkapitalzinsen}}{\text{Eigenkapital} + \text{Fremdkapital}} \cdot 100\,\%$$

Die Gesamtkapitalrentabilität sagt aus, wie rentabel das ganze Unternehmen
vom Management betrieben wird, mit anderen Worten, inwieweit das Management "*die richtigen Dinge richtig tut*" (Kap. 2 und 5.8 sowie 5.9.5). Die
Gesamtkapitalrentabilität muss deutlich über den Zinsen für langfristige
Geldanlagen (*Bundesschatzbriefe* etc.) liegen, da sonst Eigen- und Fremd-
kapitalgcbcr ihr Geld besser in andere Anlagemöglichkeiten mit vergleichbarer Verzinsung, jedoch erheblich geringerem Risiko investieren. Der Vorteil
der Gesamtkapitalrentabilität liegt gerade darin, dass sie auf einfache Weise
einen Vergleich mit den Kapitalkosten (Zinsen) erlaubt. Ferner ist sie ein von
der Unternehmensgröße unabhängiges normalisiertes Maß, das einen Rentabilitätsvergleich großer und kleiner Unternehmen bzw. Profit Center erlaubt.
Dabei ist jedoch zu beachten, dass ein allein auf buchhalterischer *Erfolgsrechnung* (5.10) basierender Rentabilitätsvergleich nur einer Momentauf-
nahme gleichkommt. Die langfristige Rentabilität der verglichenen Unternehmenseinheiten kann abhängig von deren unterschiedlichen materiellen und
immateriellen *Investitionen*, beispielsweise in *Wissen* (Mitarbeiterweiterbildung, Forschung & Entwicklung), sehr unterschiedlich sein (5.9.5).

Bei Investitionen in Wertpapiere und ähnliche Kapitalanlagen wird die *Rentabilität* nicht buchhalterisch, sondern *finanzwirtschaftlich* ermittelt und wird dann meist als *Rendite* bezeichnet. Diese errechnet sich bei einem Anschaffungspreis K und dem erzielten "Jahresgewinn" in Form von Dividenden und Kursgewinn oder einem Zinsertrag zu

$$\text{Rendite} = \frac{\text{"Jahresgewinn"}}{\text{Kapital}}$$

bzw. in Prozent ausgedrückt

$$\text{Rendite} = \frac{\text{"Jahresgewinn"}}{\text{Kapital}} \cdot 100 \quad .$$

Rendite und *Eigenkapitalrentabilität* sind, abgesehen von der unterschiedlichen Art des Investitionsobjekts, synonyme Begriffe.

Bezieht man schließlich den Jahresüberschuss auf den Umsatz, erhält man die *Umsatzrentabilität* (engl.: *Return on revenues* oder *Profit margin on sales*)

$$\text{Umsatzrentabilität} = \frac{\text{Jahresüberschuss vor Steuern}}{\text{Umsatz}} 100 \,\% \quad .$$

Diese Kennzahl lässt erkennen, in welchem Ausmaß der Gewinn mit steigendem Umsatz wächst (konstante Randbedingungen vorausgesetzt).

Die Umsatzrentabilität erlaubt unter Berücksichtigung des in Kapitel 5.8.3 vorgestellten *Kapitalumschlags* eine Zerlegung der Gesamtkapitalrentabilität in zwei Faktoren (*Dupont-Formel*),

$$\text{ROI} = \underbrace{\frac{\text{Jahresüberschuss v. St.} + \text{Fremdkapital} \times 100}{\text{Umsatz}}}_{\text{Umsatzrentabilität}} \cdot \underbrace{\frac{\text{Umsatz}}{\text{Gesamtkapital}}}_{\text{Kapitalumschlag}}$$

$$= \frac{\text{Jahresüberschuss v. St.} + \text{Fremdkapitalzinsen}}{\text{Gesamtkapital}}$$

Der ROI bzw. die Dupont-Formel lässt erkennen, ob eine Änderung der Gesamtkapitalrentabilität auf einer Änderung der Umsatzrentabilität oder des Kapitalumschlags beruht und erlaubt somit gezielte Steuerungsmaßnahmen. Insbesondere stellt der ROI die Bedeutung des *Umsatzes* für eine hohe Gesamtkapitalrendite heraus.

Ferner sei erwähnt, dass in USA der ROI schlicht auch als gewöhnliche Gesamtkapitalrentabilität definiert sein kann, wobei im Zähler, je nach gewünschter Aussage, der Jahresüberschuss oder das Operative Ergebnis und im Nenner auch die Differenz aus Gesamtkapital und kurzfristigen Verbindlichkeiten stehen kann. Um den ROI richtig bewerten zu können, empfiehlt sich immer, nachzufragen, wie er im Einzelfall definiert ist.

Schließlich sei davor gewarnt, dass ein momentan hoher ROI allzu leicht zur Schlussfolgerung verführt, man könne jetzt an Forschung & Entwicklung, Marketing, Mitarbeiterfortbildung, Modernisierungsmaßnahmen, Personalmanagement sparen, nach dem Motto "*es läuft ja alles gut*". Diese Fehleinschätzung ist nicht wenigen Unternehmen in der Vergangenheit zum Verhängnis geworden. Aus dieser Problematik heraus ist das *Shareholder-Value-Konzept* entstanden, auf das in Abschnitt 5.9.5 noch ausführlicher eingegangen wird.

Eine für Aktienkäufe wichtige Rentabilitätskennzahl ist das *Kurs-/Gewinn-Verhältnis* KGV (engl.: *Price-to-earnings ratio*, P/E-Verhältnis) einer Aktie:

$$KGV = \frac{\text{Börsenkurs der Aktie}}{\text{Ergebnis der gewöhnlichen Geschäftstätigkeit/Gesamtzahl der Aktien}} .$$

Das KGV ist eine *reziproke Rentabilitätskennzahl*. Sie macht eine Aussage über die Preiswürdigkeit einer Aktie. Je höher das KGV, desto "teurer" ist die Aktie und umgekehrt. Beim Vergleich von Unternehmen ein und derselben Branche und der Annahme gleicher Ertragskraft verspricht das Unternehmen mit dem geringsten KGV die höchste Rendite.

Eine echte *Rentabilitätskennzahl* ist die *Dividendenrentabilität*:

$$\text{Dividendenrentabilität} = \frac{\text{Dividende} + \text{Steuergutschrift}}{\text{Kurswert der Aktie}} .$$

Sie erlaubt einen direkten Vergleich mit alternativen Anlagemöglichkeiten.

Zum Abschluss sei bemerkt, dass obige Rentabilitätskennzahlen auch mit
dem *Cash Flow* (5.8.6) anstelle des *Jahresüberschusses* gebildet werden
können.

5.8.2 Liquidität

Unter Liquidität (engl.: *Liquidity, Solvency*) versteht man die Fähigkeit einer
Person oder eines Unternehmens, allen fälligen Zahlungsverpflichtungen termingerecht nachkommen zu können. Fehlende Liquidität führt Kapitalgesellschaften bei Weigerung der Banken, weitere Kredite zur Verfügung zu
stellen, zwingend in den *Konkurs* bzw. zum *Vergleich*. Nicht selten folgen
Insolvenzen von Zulieferern, deren Forderungen nicht mehr beglichen werden können. Ausreichende Liquidität ist daher vorrangiges Ziel der kurz- und
mittelfristigen Unternehmensplanung. Aus diesem Grunde müsste die Liquidität eigentlich am Anfang dieser Betrachtungen stehen. Liquidität ist jedoch
eher, wie die nachfolgenden Ziele auch, als *notwendige Nebenbedingung* für
die erfolgreiche Erwirtschaftung eines Gewinns zu verstehen. Einnahmen
und Ausgaben sind stets so zu steuern, dass die flüssigen Mittel und kurzfristigen Forderungen den kurzfristigen Verbindlichkeiten die Waage halten.
Man bezeichnet als *Liquidität ersten Grades* bzw. *Barliquidität* (engl.: *Quick-*
or *Acid ratio*) das Verhältnis der Summe aus flüssigen Mitteln und kurzfristigen Forderungen zu kurzfristigen Verbindlichkeiten,

$$L_1 = \frac{\text{Bargeld} + \text{Buchgeld} + \text{Kurzfristige Forderungen}}{\text{Kurzfristige Verbindlichkeiten}} \overset{!}{=} 0.5 \dots 0.8 \quad .$$

Diese Verhältniszahl kann innerhalb von Tagen großen Schwankungen unterliegen und besitzt eine zeitlich stark beschränkte Aussagekraft. Ihr Sollwert ist verhandlungsfähig und hängt stark von der Branche und Kreditwürdigkeit des Unternehmens ab (*Bonität, Kreditrahmen*). Daher beurteilt man
die Liquidität meist anhand der so genannten *Liquidität zweiten Grades*
(engl.: *Current ratio*), das Verhältnis aus *langfristig gebundenen Umlaufvermögen* (Summe flüssiger Mittel, kurzfristiger Forderungen und Vorratsvermögen, insbesondere Bestand an fertigen und halbfertigen Produkten) zu
kurzfristigen Verbindlichkeiten:

$$L_2 = \frac{\text{Bargeld} + \text{Buchgeld} + \text{Kurzfristige Forderungen} + \text{Vorratsvermögen}}{\text{Kurzfristige Verbindlichkeiten}} \overset{!}{=} 1 \quad .$$

Kurzfristig bedeutet in diesem Zusammenhang Fristen < 1 Jahr.

Die Liquidität zweiter Ordnung muss in jedem Fall nahe bei 1 liegen. Würde sie 1 unterschreiten, wäre Liquidität nicht mehr gegeben. Überschritte sie 1 würde die Rentabilität negativ beeinflusst, da überschüssiger Bar- und Buchgeldbestand sowie zu hoher Lagerbestand nicht verzinst wird. Zu hohe Liquidität zweiten Grades lässt Aktionäre gerne eine höhere Dividende fordern. Ein Unsicherheitsfaktor bei L_2 liegt in der treffenden Bewertung des Vorratsvermögens, beispielsweise Ladenhüter bei fertigen Erzeugnissen.

Grundsätzlich ist zu vermerken, dass aus einer einzelnen Bilanz abgeleitete Liquiditätszahlen lediglich zum Bilanzstichtag Liquidität gewährleisten. Es ist nicht auszuschließen, dass unmittelbar nach dem Stichtag ein Unternehmen aufgrund hoher zusätzlicher Forderungen (z. B. Auslaufen langfristiger Kredite) oder auf Grund von Gewährleistungsansprüchen plötzlich illiquide wird. Zur treffenden Bewertung der Liquidität ist daher eine Vorausschau erforderlich und eine daraus abgeleitete *Prognostische Liquidität*:

$$L_{prog} = \frac{\text{Bargeld} + \text{Buchgeld} + \text{Voraussichtliche Zahlungseingänge}}{\text{Voraussichtliche Verbindlichkeiten}} \overset{!}{=} 1 \quad .$$

Die Vorausschau wird durch Aufstellen eines *Finanzplans* realisiert, in dem alle voraussichtlichen Zahlungseingänge- und -ausgänge zusammen mit den Bar- und Buchgeldbeständen aufgelistet werden, so dass verbleibende Differenzen rechtzeitig durch kurzfristige Kredite bzw. einen entsprechend erweiterten Kreditrahmen angeglichen werden können (5.11).

Der Posten Vorratsvermögen (*Rohstoffe, halbfertige und fertige Erzeugnisse*) wird hierbei nicht berücksichtigt. Er sollte jedoch ohnehin so klein wie möglich sein.

5.8.3   Unternehmenseffizienz

Hohe Unternehmenseffizienz ist eine weitere Nebenbedingung bzw. Voraussetzung für die Erreichung des eigentlichen Unternehmensziels, Maximierung des Jahresüberschusses bzw. Gewinns. Sie kennzeichnet nicht nur die *Effizienz des Unternehmens*, sondern auch die *Kompetenz des Managements* die Betriebseinrichtungen optimal einzusetzen, mit anderen Worten, "die *richtigen* Dinge *richtig* zu tun". Folgende Verhältniszahlen sind üblich:

$$\textit{Lagerumschlag:} \qquad \frac{\text{Umsatzerlöse}}{\text{Vorräte}}$$

$$\textit{Kapitalumschlag}: \qquad \frac{\text{Umsatzerlöse}}{\text{Eigenkapital} \ + \text{Fremdkapital}}$$

$$\textit{Umlaufvermögensumschlag:} \qquad \frac{\text{Umsatzerlöse}}{\text{Umlaufvermögen}}$$

$$\textit{Forderungsumschlag:} \qquad \frac{\text{Umsatzerlöse}}{\text{Forderungen}}$$

Obige Verhältniszahlen machen offensichtlich eine Aussage über die *Aktivität* eines Unternehmens bzw. die *Intensität,* mit der die Geschäftsvorfälle ablaufen.

Teilt man die Zahl der Tage eines Jahres (365) durch die Umschlagszahlen, erhält man die Dauer der Kapitalbindung des jeweils im Nenner stehenden Kapitalpostens (5.11.1 und 5.11.2).

5.8.4   Unternehmensrisiko

Das Unternehmensrisiko (7.12) ist im Wesentlichen eine Frage des Verhältnisses *Eigenkapital* zu *Fremdkapital,* so genannter *Verschuldungsgrad* (engl.: *Debt-to-equity ratio*),

$$\textit{Verschuldungsgrad} \quad = \frac{\text{Fremdkapital}}{\text{Eigenkapital}} \times 100\% \quad .$$

Je höher der *Verschuldungsgrad,* desto schwieriger wird es Kredite zu bekommen. Alternativ wird das Unternehmensrisiko auch durch das Verhältnis Eigenkapital zu Gesamtkapital gekennzeichnet, so genannte

$$\textit{Eigenkapitalquote} \quad = \frac{\text{Eigenkapital}}{\text{Gesamtkapital}} \quad .$$

Das Unternehmensrisiko, auch als *Kapitalstruktur* bezeichnet, darf umso höher sein, je gleichmäßiger der *Cash Flow* ist. Typisch risikoarme Unternehmen sind *Elektrizitätsversorgungsunternehmen* oder *Telekom-Unternehmen*. In anderen Branchen kann ein Unternehmen mit hohem Fremdkapitalanteil während einer Rezession unter Umständen nicht mehr in der Lage sein, seinen hohen Zinszahlungen an die Kapitalgeber nachzukommen, was nicht selten zum Konkurs oder Vergleich führt. Die überwiegende Zahl der Unternehmen arbeitet mit einem Fremdkapitalanteil von ca. 80 %.

Besteht ein Unternehmer ausschließlich auf Eigenkapitalfinanzierung, abgesehen von Verbindlichkeiten gegenüber Lieferanten, ist das zunächst eine sehr sichere Geschäftsphilosophie, und nicht wenige Unternehmer sind mit Recht stolz darauf, das Wachstum ihres Betriebs allein aus dem jährlichen *Cash Flow* bestritten zu haben (5.8.6). Das Unternehmen verzichtet aber unter Umständen auch gleichzeitig auf eine Chance, Umsatz und Einkommen möglicherweise in einem Quantensprung zu steigern (Kapitel 2). Schließlich kann unterlassene Fremdkapitalaufnahme auch dringend notwendige Modernisierungen verhindern und damit ein Unternehmen letztlich wegen mangelnder Marktanpassung und Rationalisierung in den Untergang führen. Null Fremdkapital entspräche einer geringen Eigenkapitalverzinsung und damit schlechtem Management.

Mit Hilfe des "*Leverage Ratio*" und des *Return On Investment* ROI lässt sich die Eigenkapitalrentabilität (ROE) als Produkt der drei Faktoren *Umsatzrendite*, *Gesamtkapitalrendite* und *Leverage Ratio* darstellen,

$$\frac{Umsatz}{Gesamtkapital} \cdot \frac{Jahresüberschuss\ vor\ Steuern}{Umsatz} \cdot \frac{Gesamtkapital}{Eigenkapital} = ROE \quad .$$

Bei einem Vergleich zweier Firmen mit gleicher Eigenkapitalrentabilität ROE, zeigt diese Gleichung, welches Unternehmen das höhere "Leverage Ratio" und ein möglicherweise höheres Risiko besitzt. Es ist eine der Hauptaufgaben des Finanzmanagements, sich um eine optimale Mischfinanzierung aus Eigen- und Fremdkapital zu sorgen und den Vorteil von Fremdkapital, die so genannte *Hebelwirkung* (engl.: *Leverage*) gegen das erhöhte Risiko abzuwägen. Der Einsatz von Fremdkapital ist interessant, so lange der Fremdkapitalzins deutlich unter der Gesamtkapitalrentabilität bleibt. Je höher der Fremdkapitalanteil, desto höher ist die Verzinsung des Eigenkapitals, desto höher aber auch das Risiko. Diese Zusammenhänge erhellen einmal mehr, warum mit zunehmendem Risiko Darlehenszinsen immer höher werden bzw. Fremdkapital immer teurer wird. Dennoch kann man guten Gewissens behaupten, dass Fremdkapital im Regelfall die Eigenkapitalrentabilität erhöht.

5.8.5   Analyse der Gewinn- und Verlustrechnung

Bereits oben wurden Zahlen aus der Gewinn- und Verlustrechnung verwendet, beispielsweise für die Ermittlung der Rentabilität das *Ergebnis aus der gewöhnlichen Geschäftstätigkeit*. Die Gewinn- und Verlustrechnung gibt jedoch noch mehr her. Sowohl, beim Gesamtkosten- als auch beim Umsatzkostenverfahren begegnet man als erstes dem Umsatz des vergangenen Geschäftsjahrs. Ein Vergleich mit dem Vorjahr ergibt sofort einen Hinweis über den Geschäftsverlauf. Geringerer Umsatz bedeutet im Regelfall auch geringere Gewinne. In einer Zeit zunehmender Globalisierung der Märkte bedeutet anderseits ein höherer Umsatz nicht zwangsweise höheren Gewinn, da die starke Konkurrenz die Gewinnmargen verringert. Die genauen Ursachen geringeren Umsatzes sind schnellstens zu ergründen, um Hinweise für geeignete Gegenmaßnahmen zu erhalten.

Ferner wurde bereits in der Einführung zu Kapitel 5.5 die Grobstruktur der Gewinn- und Verlustrechnung vorgestellt, Bild 5.31.

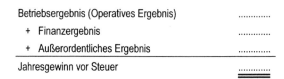

Bild 5.31: Zusammensetzung des Jahresgewinns vor Steuern aus Komponenten der Gewinn- und Verlustrechnung.

In diesem Schema ist der entscheidende Indikator für die langfristige Prosperität eines Unternehmens das *Betriebsergebnis*, das heißt der aus den ordentlichen Geschäftsvorfällen gemäß Betriebszweck erwirtschaftete Gewinn. Ein hoher Jahresüberschuss, isoliert betrachtet, impliziert nämlich nicht zwingend ein gesundes Unternehmen, kann er doch einige Jahre durch Auflösung stiller Reserven bzw. ein hohes außerordentliches Ergebnis auf Kosten der Unternehmenssubstanz geschönt werden (Auflösung von Rücklagen, Verkauf von Immobilien und Teilunternehmen etc.). Ein gleich bleibend hoher Jahresüberschuss ist nur dann etwas wert, wenn er überwiegend aus dem regelmäßigen operativen Geschäft erwirtschaftet wird, das heißt, im Wesentlichen aus dem Betriebsergebnis besteht. Wichtiger als die Verfolgung der Entwicklung des Jahresüberschusses über die vergangenen Jahre ist daher der Vergleich des Betriebsergebnisses oder des jährlichen *Operativen Cash Flows* (5.8.6 und 5.9.5).

5.8.6 Cash Flow

Während der *Jahresüberschuss* bzw. der *Return on Investment* (ROI, 5.8.1) auf einem Unterschied der *Erträge* und *Aufwendungen* beruht, ist der *Cash Flow* als Differenz aller *Ein-* und *Auszahlungen* einer Rechnungsperiode definiert, so genannter *Nettozahlungsstrom*, auch *Einzahlungsüberschuss* oder *Finanzmittelüberschuss* genannt,

$$Cash\ Flow = \sum_{t=0}^{T_{Per}} E_t - \sum_{t=0}^{T_{Per}} A_t \quad .$$

Er entspricht schlicht dem von Kleingewerbetreibenden und Freiberuflern ermittelten *Überschuss der Einnahmen über die Ausgaben* eines Abrechnungszeitraums (sofern nur geringe Investitionen getätigt werden, siehe *Einnahmen/Ausgaben-Überschussrechnung*, 5.5).

Der Cash Flow besagt, wie viel *Geld* ein Unternehmen im Abrechnungszeitraum erwirtschaftet hat. Er ist damit die *wichtigste Kennzahl* zur ökonomischen Beurteilung der Ertragskraft bzw. Performance eines Unternehmens. Dass im Rechnungswesen und auch sonst häufiger vom buchhalterisch ermittelten *Jahresüberschuss* (5.5) die Rede ist, liegt lediglich an der Existenz des derzeit geltenden *Handels-* und *Steuerrechts*.

Man unterscheidet zwischen folgenden Cash-Flow-Komponenten:

- Cash Flow aus dem operativen Geschäft,

- Cash Flow aus Investitionen,

- Cash Flow aus Finanzgeschäften.

Einzahlungen und Auszahlungen sind nicht aus der Bilanz oder der Gewinn- und Verlustrechnung zu entnehmen. In der Praxis ermitteln daher externe Finanzanalysten den Cash Flow auf *indirekte* Weise, wobei es unterschiedliche Definitionen gibt, die sich durch unterschiedliche Berücksichtigung zahlungswirksamer und nichtzahlungswirksamer Vorgänge unterscheiden, beispielsweise

Cash Flow 1 = Jahresüberschuss + Abschreibungen

Cash Flow 2 = Jahresüberschuss + Abschreibungen
± Änderung langfristiger Rückstellungen .

Die so ermittelten Werte stimmen aufgrund in Kauf genommener Vereinfachungen nur näherungsweise mit dem direkt aus Ein- und Auszahlungen errechneten Cash Flow überein. Durch Berücksichtigung weiterer Posten lassen sich diese Näherungen jedoch beliebig verbessern.

Für den Nichtkaufmann ist zunächst nicht erklärlich, warum Abschreibungen zum Cash Flow zählen. Hierbei ist zu erinnern, dass Abschreibungen zwar in der Gewinn- und Verlustrechnung als *Aufwand* dargestellt werden, aber *nicht zu Auszahlungen* führen, da die Anschaffungskosten bereits beim Tätigen der Investition in voller Höhe bezahlt wurden. Abschreibungen stellen mit anderen Worten für Ersatz- und Erweiterungsinvestitionen zurückbehaltenen *Gewinn* dar. Sinngemäß stellen auch Rückstellungen in der Gewinn- und Verlustrechnung einen Aufwand ohne Auszahlung dar.

Alternativ lässt sich der Cash Flow aus der Gewinn- und Verlustrechnung ableiten, indem man sie um die Aufwendungen und Erträge bereinigt, die nicht zu Aus- und Einzahlungen führen,

$$
\begin{array}{l}
\text{Jahresüberschuss} \\
+\ \text{Aufwendungen ohne} \\
\text{Auszahlungen} \\
-\ \text{Erträge ohne Einzahlun-} \\
\text{gen} \\
\hline
\textit{Cash Flow}
\end{array}
$$

Die Bedeutung des Cash Flow gegenüber dem ROI liegt in der Tatsache begründet, dass er im Gegensatz zum Jahresüberschuss und dem Betriebsergebnis, weniger leicht durch die Bilanzpolitik manipulierbar ist. Seine Bewertung erfolgt meist im Zusammenhang mit anderen Erfolgskennzahlen. Beispielsweise indiziert ein gleich bleibender Jahresüberschuss bei gleichzeitig *fallendem* Cash Flow im Regelfall, dass ein schlechtes operatives Ergebnis durch zu niedrige Abschreibungen, Auflösung stiller Reserven etc. verschleiert wird. Andererseits lässt ein gleich bleibendes operatives Ergebnis bei *steigendem* Cash Flow die Bildung stiller Reserven vermuten. Ein hoher Cash Flow ermöglicht großzügige Ersatz- und Erweiterungsinvestitionen und führt daher zur Steigerung des *Shareholder Value* (5.9.5). Beruht der hohe Cash Flow jedoch überwiegend auf hohen Abschreibungen, werden notwendige Ersatzinvestitionen lediglich auf Folgejahre verlagert.

Für Vergleichszwecke kann der Cash Flow auf die Investitionen bzw. die Zuwächse im Anlagevermögen bezogen werden. Man erhält so ein Maß für den *Innenfinanzierungsgrad* eines Unternehmens:

$$\text{Innenfinanzierungsgrad} = \frac{\text{Cash Flow}}{\text{Investitionen}} \geq 100\,\% \ .$$

Bei prosperierenden Unternehmen übersteigt der Cash Flow die Investitionen nicht unerheblich. Dies erklärt den Stolz von Mittelständlern, die ihre Unternehmen allein aus dem jährlichen Cash Flow aufgebaut haben.

Ferner wird der Cash Flow häufig zur *Nettoverschuldung* (Darlehen – Barmittel) in Beziehung gesetzt und liefert dann den *Dynamischen Verschuldungsgrad*

$$\text{Dynamischer Verschuldungsgrad} = \frac{\text{Nettoverschuldung}}{\text{Cash Flow}} \leq 4 \ .$$

Dieses Verhältnis indiziert, wie schnell die Nettoverschuldung aus dem Cash Flow zurückbezahlt werden könnte, bei einer Quote von 4 beispielsweise in 4 Jahren. Übersteigt die Nettoverschuldung das 4-fache des Cash Flow, verhalten sich Banken eher zurückhaltend bzw. prüfen sehr sorgfältig.

Maßnahmen zur Verringerung des Cash Bedarfs:

- Leasen oder mieten statt kaufen,
- Allianzen bilden (Vertrieb über Wettbewerber),
- Outsourcen,
- Vertrieb durch Handelsvertreter etc.

Maßnahmen zur Erhöhung des Cash Flow:

- Auf pünktliche Zahlung der Kunden achten,
- Eigene Zahlungen verzögern,
- Investitionen finanzieren statt bar bezahlen,
- Leasen oder mieten statt kaufen,
- Outsourcen,
- Vertrieb durch Handelsvertreter etc.

Der auf obige Weise ermittelte Cash Flow eignet sich nur bedingt für den *Shareholder-Value-Ansatz* (5.9.5), da Abschreibungen von Ersatz- und Erweiterungsinvestitionen nur summarisch geltend gemacht werden. Erstere sind unvermeidlich, letztere fakultativ.

Beim Shareholder-Value-Ansatz unterscheidet man deshalb zwischen *Operativem* und *Freiem Cash Flow*, Bild 5.32.

	Betriebliche Einzahlungen	....
./.	Betriebliche Auszahlungen (Material, Vergütungen, Steuern, Ersatzinvestitionen)	....
	Operativer Cash Flow	....
./.	Erweiterungsinvestitionen	....
./.	Zinsen für Fremdkapital	....
	Freier Cash Flow	....

Bild 5.32: Definition des *Operativen* und *Freien Cash Flows.*

Ähnlich wie das *Betriebsergebnis* des operativen Geschäfts aus der Differenz der *betrieblichen* Leistungen und Kosten gebildet wird (5.2.4 und 5.10.5), errechnet man den *Operativen Cash Flow* aus der Differenz der *betrieblich* bedingten Ein- und Auszahlungen. Er ist damit das Pendant zum Operativen Ergebnis (Betriebsergebnis).

Der Operative Cash Flow steht für Erweiterungsinvestitionen und für die Verzinsung des Fremdkapitals zur Verfügung. Subtrahiert man vom Operativen Cash Flow die Erweiterungsinvestitionen und die Zinsen für das Fremdkapital, verbleibt der *Freie Cash Flow* bzw. *Cash Flow an Investoren*, der wie der Jahresüberschuss grundsätzlich vollständig für Ausschüttungen, Tilgung etc. zur Verfügung steht.

Der Freie Cash Flow unterscheidet sich vom operativen *Jahresüberschuss* im Wesentlichen dadurch, dass in ersterem die Anschaffungskosten im Jahr der Anschaffung voll berücksichtigt werden, während sie beim Jahresüberschuss in Form der Abschreibungen auf mehrere Jahre verteilt werden. Über mehrere Jahre gemittelt, sind Freier Cash Flow und Jahresüberschuss identisch, sieht man vom *Diskontierungseffekt* ab, der in den Abschnitten 5.9.3, 5.11.2.2 und 5.11.3 ausführlich erläutert wird.

5.8.7   EBIT und EBITDA

Obwohl vom Handelsgesetzbuch nicht vorgeschrieben, werden aus Gründen der Transparenz in der Gewinn- und Verlustrechnung meist Zwischensummen ausgewiesen, beispielsweise das *Betriebsergebnis* oder das *Ergebnis vor*

Steuern (5.5.1). International verwenden Finanzanalysten zur vergleichenden Beurteilung der Profitabilität verschiedener Unternehmen und zur Steuerung ihres Investitions-Portfolios die Kennzahlen EBIT (engl.: *Earnings before interest and taxes*) und EBITDA (engl.: *Earnings before interest, taxes, depreciation and amortization*). Unabhängig von der jeweils benutzten Wortwahl geht es um eine Bewertung des rein *operativen Geschäfts* bzw. der Rendite aus der Befassung mit dem Kerngeschäft.

EBIT und EBITDA erlauben eine Erfolgsbewertung dieses Kerngeschäfts unabhängig von lokal oder international unterschiedlichen *Steuern* und unterschiedlicher *Kapitalstruktur*. Letztere beschreibt das Verhältnis von Eigen- und Fremdkapital, was mit der Auswertung der reinen Geschäftsidee nichts zu tun hat (5.8.4). Selbstverständlich werden auch die *außerordentlichen Erträge* und *außerordentlichen Aufwendungen* nicht berücksichtigt, auch wenn dies in den Akronymen EBIT und EBITDA nicht explizit zum Ausdruck kommt.

5.8.7.1 EBIT

Die Kennzahl EBIT bedeutet wörtlich übersetzt *Ertrag vor Zinsen und Steuern*. EBIT erlaubt damit eine von schwankenden Steuern und Zinsen sowie außergewöhnlichen Geschäftsvorfällen unabhängige Bewertung des operativen Geschäfts. Dass es zu EBIT formal keine entsprechende Zwischensumme in der deutschen GuV gibt, liegt lediglich an der unterschiedlichen Reihung der Posten gemäß HGB. Selbstverständlich lässt sich auch für eine GuV nach HGB eine EBIT-Kennzahl durch Weglassen der entsprechenden Posten angeben.

Bezieht man EBIT auf den Umsatz erhält man die EBIT-Marge (engl.: *EBIT margin*)

$$\text{EBIT-Marge} = \frac{\text{EBIT}}{\text{Umsatz}}$$

eine weitgehend unabhängige Aussage über die Umsatzrendite aus dem operativen Geschäft.

5.8.7.2 EBITDA

Die Kennzahl EBITDA bedeutet wörtlich übersetzt *Ertrag vor Zinsen, Steuern, Abschreibungen und Amortisation*. EBITDA erlaubt daher eine von schwankenden Steuern, Zinsen, außerordentlichen Geschäftsvorfällen sowie zuzüglich eine von Abschreibungen bereinigte Aussage über das operative Geschäft. *Abschreibungen* beziehen sich im Kontext auf die Wertminderung von Anlagevermögen (engl.: *Tangible items*), *Amortisation* auf die Wertminderung von Nicht-Anlagegütern (engl.: *Intangible items*), beispielsweise *Patent-Lizenzen* oder *Goodwill*. Dass es auch hier keine entsprechende Zwischensumme in der GuV gibt, liegt wiederum an der unterschiedlichen Reihung gemäß HGB, siehe oben.

Sinngemäß gibt es auch eine EBITDA-Marge (engl.: *EBITDA margin*)

$$\text{EBITDA-Marge} = \frac{\text{EBITDA}}{\text{Umsatz}} \quad ,$$

die eine Aussage über die Umsatzrendite macht.

Entgegen einer weitverbreiteten Meinung ist EBITDA weder mit dem Cash Flow identisch noch erlaubt EBITDA eine verlässliche Aussage über den Cash Flow, da allfällige Änderungen im *Arbeitskapital* (5.11.1.1) unberücksichtigt bleiben. Ein Vergleich mit dem operativen Cash Flow (5.8.6) zeigt, dass letzterer weniger durch Bilanzpolitik manipulierbar ist.

Die Kennzahl EBITDA kann zur Schönung des Geschäftsergebnisses (ähnlich wie eine Bilanz nach HGB) missbraucht werden, da sie die Ausweisung eines höheren Gewinns ermöglicht. EBITDA ist daher mit Vorsicht zu genießen. Nicht zuletzt waren exzessive EBITDA-Kennzahlen für das Platzen der New Economy Blase verantwortlich.

Obwohl bei US-Jahresabschlüssen die Zahlen EBIT und EBITDA in der Regel explizit ausgewiesen werden, ist die wichtigste Kennzahl nach wie vor der *operative Cash Flow*, wie bereits in 5.8.6 erläutert.

5.8.8   Grenzen der Jahresabschlussanalyse

Wenngleich eingangs gesagt wurde, dass das externe Rechnungswesen weitgehend standardisiert ist, so galt dies vornehmlich im Vergleich zum internen Rechnungswesen. Tatsächlich ermöglichen die geschickte Ausnutzung von *Bilanzierungswahlrechten* (was in die Bilanz aufgenommen wird und was nicht) und *Bewertungswahlrechten* (Lineare oder Degressive Abschreibung,

Sonderabschreibungen, Inventarbewertung etc.) in gewissem Umfang die Manipulation des *Jahresüberschusses* zu höheren oder niedrigeren Werten hin. Dieser Manipulations-Spielraum ist jedoch dadurch eingeschränkt, dass im *Anhang* zum Jahresabschluss zusätzliche Erläuterungen über Bilanzierung und Bewertung, insbesondere Änderungen gegenüber dem Vorjahr, genannt werden müssen. Diese ermöglichen dem Finanzfachmann eine etwa erforderliche Bereinigung der Bilanz. Darüber hinaus macht sich eine Ergebnisbeeinflussung in positiver oder negativer Richtung meist in den Folgejahren in umgekehrter Richtung bemerkbar, so dass beispielsweise Steuerzahlungen nicht grundsätzlich vermieden, sondern nur in Folgejahre verlagert werden können. Lediglich Unternehmen mit mehreren Tochtergesellschaften, insbesondere wenn diese in verschiedenen Ländern angesiedelt sind, können durch Gewinnverlagerung Steuerzahlungen nachhaltig minimieren.

Ferner besteht ein Problem darin, dass zwischen dem *Bilanzstichtag* und der Fertigstellung bzw. *Publikation des Jahresabschlusses* gewöhnlich eine Frist von drei, bei kleinen Gesellschaften bis zu sechs Monaten liegt, während der sich beträchtliche Veränderungen ergeben haben können. Dies trifft insbesondere auf die Liquidität und dingliche Belastungen zu. Weiter gilt dies für Risiken aufgrund veralteter Produkte, Änderungen des Kundengeschmacks, Auslaufens von Rahmenverträgen und Patenten, Auftauchens neuer Wettbewerber, die in kurzer Zeit Umsatzeinbußen und Preisverfall auslösen können etc.

Schließlich machen Bilanz und Gewinn- und Verlustrechnung nur Aussagen über die Vergangenheit, obwohl durch den Vergleich mehrerer Jahre in gewissem Umfang auch Trend-Aussagen möglich sind.

Die vorstehend aufgeführten Aspekte stellen nur eine Auswahl zahlloser möglicher Einflussgrößen und -effekte dar, die die treffende Bewertung der Prosperität eines Unternehmens sehr erschweren. Sie dienen auch nur der Schärfung des Bewusstseins um die Problematik, damit im konkreten Einzelfall der Rat erfahrener Kaufleute eingeholt wird.

5.8.9 Jahresabschluss nach IFRS

Im Rahmen der internationalen Harmonisierung der Rechnungslegung mit dem Ziel einer besseren Vergleichbarkeit der Jahresabschlüsse müssen börsennotierte Unternehmen heute ihren Jahresabschluss nach den *International Financial Reporting Standards* (IFRS, früher IAS, *International Accounts Standards*) erstellen. Nicht börsennotierte Unternehmen können ebenfalls

IFRS zugrunde legen, dürfen aber in Deutschland ihren Abschluss auch wie
bisher nach dem Handelsgesetzbuch durchführen. In USA werden Ab-
schlüsse nach den *Generally Accepted Accounting Principles* (GAAP) erstellt, die im Wesentlichen mit IFRS übereinstimmen (5.6).

Das HGB ist in wesentlichen Teilen aus Sicht der korrekten Ermittlung steuerlicher Abgaben innerhalb bestimmter Bewertungsspielräume verfasst. Es
legt eine *vorsichtige Bewertung* des Unternehmensvermögens zugrunde und
zielt auf den *Gläubigerschutz*. Der Kaufmann soll sich eher arm rechnen. Die
Grundsätze ordnungsmäßiger Buchführung (5.6) existieren vorwiegend in
den Köpfen der Kaufleute und sind nicht verbindlich festgeschrieben. Bilanz
sowie Gewinn- und Verlustrechnung nach HGB lassen sich daher entsprechend der gerade für zweckmäßig erachteten Bilanzpolitik eines Unternehmens unterschiedlich darstellen. Dies bedeutet mit anderen Worten, dass
die *Messung* der Performance eines Unternehmens bzw. seines Topmanage-
ments in Deutschland mit einer sehr großen *Messunsicherheit* behaftet ist.
Die Erläuterungen im Anhang eines Jahresabschlusses heilen diesen Mangel
nur bedingt.

In guten Geschäftsjahren wird der Gewinn möglichst niedrig festgestellt,
dafür werden unter übertriebener Auslegung des Vorsichtsprinzips stille Reserven gebildet. In schlechten Geschäftsjahren wird der Gewinn mittels massiver Auflösung stiller Reserven und unter Missachtung des Vorsichtsprinzips
eher wohlwollend ermittelt, um die Geschäftsleitung bei den Aktionären gut
dastehen zu lassen und bei den Kreditgebern keine Zweifel an der Bonität zu
wecken. Für den Durchschnittsleser des Jahresabschlusses kann daher ein
gänzlich falsches Bild entstehen. Einem deutschen Großunternehmen, das
nach HGB einen Gewinn von einigen hundert Millionen Mark ausgewiesen
hatte, wurde beim Börsengang in USA nach GAAP ein Verlust von knapp
zwei Millionen Mark vorgerechnet. Dass so etwas möglich ist, liegt im Wesentlichen an der nach HGB gegebenen Möglichkeit der unauffälligen Bildung und Auflösung stiller Reserven (5.8.5).

Hier greift IFRS mit seinen präzise definierten Reporting Standards, die im
Gegensatz zum HGB buchstäblich keine Gestaltungsspielräume mehr zulassen und deshalb eine recht genaue Messung der Performance eines Unternehmens für potentielle Investoren ermöglichen. Jeder Ersteller eines Jahresabschlusses gemäß IFRS kommt in guter Näherung zum gleichen Ergebnis.
Wer in USA an die Börse oder an den *Neuen Markt* in Deutschland will,
muss seinen Jahresabschluss nach IFRS bzw. GAAP ermitteln und Farbe
bekennen.

In der Annahme, dass der Leser in den vorangegangenen Kapiteln ein gewisses Verständnis vom Wesen einer Bilanz und einer Gewinn- und Verlustrechnung erworben hat, sollen hier beispielhaft einige wesentliche Unterschiede zwischen Jahresabschlüssen nach HGB und IFRS vorgestellt werden.

Ein nach IFRS erstellter Jahresabschluss unterscheidet sich von einem Jahresabschluss nach HGB durch den Ersatz von *Aktivierungswahlrechten* durch *Aktivierungsgebote*, Einschränkungen von *Passivierungswahlrechten* (Rückstellungen), frühere Gewinnrealisation bei über Jahre hinaus verteilten Auftragsabwicklungen etc. Ferner durch ein drittes "*Financial Statement*", dem so genannten *Cash-Flow-Statement* (deutsch: *Kapitalflussrechnung*, s. 5.8.6). Das Cash-Flow-Statement lässt nichtmanipulierbar erkennen, wie viel Geld ein Unternehmen im Abrechnungszeitraum als Überschuss der Einzahlungen über die Auszahlungen erwirtschaftet hat. Der so genannte *Netto Cash-Flow* stellt die wichtigste Größe zur Beurteilung der Ertragskraft eines Unternehmens dar. Er liegt auch der Berechnung des *Shareholder Value* zugrunde (5.9.5). In der IFRS-Bilanz sind die Vermögensgegenstände und die Verbindlichkeiten in umgekehrter Reihenfolge aufgelistet, erstere nach *fallender* Liquidierbarkeit, letztere nach *zunehmender* Dauer ihrer Verfügbarkeit bzw. Bindungsdauer. Schließlich werden in ausführlichen "Notes" etwaige Abweichungen von IFRS bzw. Abweichungen gegenüber dem Vorjahr *ausführlich* erläutert.

Die Feststellung der einzelnen Bilanzposten erfolgt mangels Gestaltungsspielräumen mit deutlich höherer "Genauigkeit" und ist vorrangig betriebswirtschaftlich ausgerichtet. Der Gewinn wird, wie vom Durchschnittsleser erwartet, tatsächlich periodengerecht ermittelt und nicht durch willkürliche Anwendung des Vorsichtsprinzips sowie großzügige Auslegung der Bilanzstetigkeit alljährlich "*adaptiert*". Aufwandsrückstellungen sind nicht zulässig. Verglichen mit dem HGB und den Grundsätzen ordnungsmäßiger Buchführung ist die Granularität der verschiedenen Detailregelungen beträchtlich. Deshalb entzieht sich IFRS in diesem Kontext auch einer weiterreichenden Darstellung.

5.9   Bewertung von Unternehmen

Bei Kauf oder Verkauf eines Unternehmens, bei der Aufnahme zusätzlicher Gesellschafter in eine GmbH sowie im Rahmen des Shareholder-Value-Managements (5.9.5) stellt sich die Frage nach dem *Unternehmenswert* bzw.

Marktwert. Hierfür gibt es mehrere Ansätze, die zu unterschiedlich hohen *Anhaltswerten* führen. Der tatsächliche Preis, zu dem ein Unternehmen letztlich den Besitzer wechselt, ist subjektiv. Er wird zwischen Käufer und Verkäufer auf Basis dieser Anhaltswerte und unter Berücksichtigung zahlreicher Aspekte strategischer Natur, wie beispielsweise einer Bereinigung des Produktionsprogramms (engl.: *Stick to the knitting*), aber auch einer bewussten *Diversifikation, Ausschaltung von Wettbewerbern, Nachfolgeregelung,* Vorhandensein hoher *Erfolgspotentiale* etc. verhandelt, so genannter *Arbitriumswert* oder *Schiedswert.* Von den zahlreichen möglichen Unternehmenswerten bzw. Verfahren, die die Betriebswirtschaftslehre kennt, sollen hier lediglich vier vorgestellt werden, das *Einheitswert-,* das *Substanzwert-* und das *Ertragswertverfahren* sowie die *Shareholder-Value-Methode.*

5.9.1   Einheitswert

Der unterste Grenzwert eines gesunden Unternehmens, das unter gleicher oder gleich qualifizierter Leitung weitergeführt werden soll, wäre der aus der Steuerbilanz ersichtliche *Bilanzwert,* das heißt, das *Betriebsvermögen* bzw. *Reinvermögen* oder *Eigenkapital* (5.4.1). Zu diesem Preis wird jedoch kein prosperierendes Unternehmen verkauft bzw. sind keine Anteile an prosperierenden Unternehmen zu haben. Dies liegt zunächst an der Nichtberücksichtigung der *Stillen Reserven.* Diese stellen praktisch bares Geld dar, das spätestens bei einer etwaigen Auflösung eines Unternehmens in Erscheinung tritt und dann der Einkommensteuer der Eigner unterliegt. Bei einer handelsrechtlichen Bewertung sind daher als erstes die Stillen Reserven dem Bilanzwert hinzuzufügen. Selbst für die Ermittlung der Vermögensteuer gemäß *Vermögensteuer-* und *Erbschaftsteuergesetz* (VStG und ErbStG, Buchhandel) wird das Betriebsvermögen als unzutreffend angesehen. Es wird daher gemäß Bewertungsgesetz (BewG, Buchhandel) ein für mehrere Steuerarten verbindlicher einheitlicher Wert ermittelt, der so genannte *Einheitswert.* Im Einheitswert sind alle Vermögensgegenstände zum Buchwert (bilanziertem Wert) enthalten bis auf folgende Ausnahmen:

– Grundstücke mit 140 % (bei Kapitalgesellschaften der Verkehrswert).

– Anteile an Personengesellschaften mit deren anteiligem Einheitswert.

– Anteile an Kapitalgesellschaften mit deren *gemeinem Wert.* Der gemeine Wert wird durch den Preis bestimmt, der im gewöhnlichen Geschäftsverkehr nach der Beschaffenheit des Wirtschaftsguts bei einer Veräußerung zu erzielen wäre.

– Wertpapiere mit dem Kurswert.

Würde man einen Geldbetrag äquivalent zum Einheitswert eines *gesunden* Unternehmens zur Bank bringen, ergäbe sich auch bei einem guten Zinssatz eine Rendite, die nicht annähernd mit dem Unternehmensgewinn vergleichbar wäre. Der Einheitswert ist also für die Bewertung von Unternehmen auch nicht geeignet. Aus diesem Grund ist das *Substanzwertverfahren* entstanden.

5.9.2 Substanzwert

Der *Substanzwert* ist der Geldbetrag, der aufgewendet werden müsste, um das bereits bestehende Unternehmen zu reproduzieren. Dieser Betrag wird daher auch *Reproduktionswert* genannt. Er entspricht der Summe der Wiederbeschaffungswerte aller Vermögensgegenstände abzüglich der Schulden. Die Wiederbeschaffungswerte müssen den Alterungszustand der Vermögensgegenstände berücksichtigen, beispielsweise durch Kauf gebrauchter Werkzeugmaschinen etc. Der so erhaltene *Teilreproduktionswert* (*Nettosubstanzwert*) berücksichtigt zwar die Stillen Reserven, würde aber, zur Bank gebracht, immer noch eine viel zu kleine Rendite erzielen.

Offensichtlich ist der Wert eines Unternehmens nicht durch schlichte Addition einzelner Vermögensposten zu ermitteln. Welcher enorme Aufwand wäre zusätzlich zu erbringen, um alle bereits vorhandenen Mitarbeiter zu akquirieren, einzuarbeiten und konzertiert tätig werden zu lassen? Hinzu kommen in der Bilanz nicht aufgeführte immaterielle Werte in Form von *selbsterstellter Software, Konstruktionszeichnungen, Schaltplänen* etc., die eine gewinnbringende Nutzung der Vermögensgegenstände erst möglich machen. Erst die Verknüpfung der einzelnen Vermögensposten mit organisatorischem Know-how, firmeneigenem Erfahrungswissen, Kundenverbindungen etc. macht ein Unternehmen aus. Unter der Voraussetzung, dass ein Betrieb weitergeführt werden soll, ist das "*Ganze wesentlich mehr als die Summe seiner Teile*".

Um den tatsächlich zutreffenden *Unternehmenswert* zu erhalten, wird daher zu dem Teilreproduktionswert ein Betrag addiert, der die gesamten immateriellen, nicht bilanzierten Werte berücksichtigt. Dieser Zuschlag ist bei Einzelunternehmen, Personengesellschaften und GmbHs natürlich sehr schwer festzustellen. Er ist daher Gegenstand meist zäher Verhandlungen, in denen der *Käufer* der Meinung ist, zu viel zahlen zu müssen, der *Verkäufer*, zu wenig zu erhalten. Aus diesem Grund wird der Unternehmenswert meist mit dem im folgenden Abschnitt erläuterten objektiven *Ertragswertverfahren* ermittelt. Der Substanzwert erfährt jedoch besonderes Gewicht, wenn der Geschäftserfolg maßgeblich vom bisherigen Inhaber geprägt wird.

Soll der Betrieb nicht weitergeführt werden oder schreibt er ohnehin nur rote Zahlen mit steigender Tendenz, kann sein Substanzwert auch deutlich unter dem Reinvermögen bewertet werden, bis hin zum *Liquidationswert* bzw. *Schrottwert*.

5.9.3 Ertragswert

Das Ertragswertverfahren ist das heute am häufigsten angewandte Verfahren. Es ermittelt im einfachsten Fall den Marktwert eines Unternehmens auf Basis der *Rendite*, die bei Investitionen in andere Optionen vergleichbaren Risikos erzielt werden könnte, beispielsweise Aktienfonds. Durch Umstellen der *Allgemeinen Zinsformel*

$$\text{Kapital} \cdot \frac{\text{Zinssatz}}{100} = \text{Zins}$$

und Umbenennung des Kapitals in *Ertragswert* sowie des Zinses in *Gewinn* erhält man als Definition für den *Ertragswert*,

$$\textit{Ertragswert} = \frac{\text{Gewinn}}{\text{Zinssatz}} 100 = \frac{\textit{Gewinn}}{\text{p}_{\%} / 100} \quad .$$

Beispielsweise ergibt sich mit dieser so genannten *"Praktikerformel"* bei einem über die letzten drei Jahre gemittelten jährlichen Gewinn von 1 Million € und einem angenommenen Zinssatz von 10 % für den Ertragswert,

$$\text{Ertragswert} = \frac{1 \cdot 10^6 \, \text{EUR}}{10 \, \%} 100 = 10 \, \text{Mio. EUR} \quad .$$

Dieser Ertragswert geht von einer zeitlich unbegrenzten Lebensdauer des Unternehmens und einem jährlich gleich bleibenden Gewinn aus. Er ist gegebenenfalls um eine tendenzielle Steigerung oder Minderung des zu erwartenden künftigen Gewinns (falls erkennbar) zu korrigieren. Ferner steht und fällt er mit der Höhe der Verzinsung, die man bei alternativer Verwendung des Kapitals in vergleichbar risikoreiche, andere Anlagemöglichkeiten erzielen könnte.

Im Gegensatz zur Ermittlung des Substanzwerts (5.9.2) wird von dem auf obige Art ermittelten Ertragswert das Fremdkapital nicht abgezogen, da dieses bereits in dem um die Fremdkapitalzinsen reduzierten Gewinn berücksichtigt ist.

Bei der Bemessung des Kaufpreises für einen Gesellschaftsanteil eines prosperierenden Unternehmens ist für den Käufer die Rendite des Kapitals maßgebend, das er zum Erwerb des Anteils aufbringen muss. Er wird daher den auf seinen Anteil entfallenden mittleren Jahresgewinn mit den Zinsen, Dividenden etc. vergleichen, die das von ihm aufzubringende Kapital, falls er es in anderer Weise anlegt, erbringen würde. Im Allgemeinen wird er nur insoweit bereit sein, einen über dem Unternehmenswert liegenden Kaufpreis zu bezahlen, als in einem überschaubaren Zeitraum die Erträge seines Anteils die anderen Zinsen, Dividenden etc. übersteigen. Ein Anhaltswert ist ein Vergleichszinssatz von 10 bis 15 %. Letztlich ist der endgültige Verkaufspreis Verhandlungssache zwischen Verkäufer und Käufer, wobei strategische Gesichtspunkte häufig eine größere Rolle spielen als ein rein theoretisch ermittelter quantitativer Geldwert.

Der Ertragswert nach obiger Gleichung berücksichtigt implizit die Tatsache, dass künftige Gewinne zum Zeitpunkt der Unternehmensbewertung nur mit ihrem *diskontierten Wert* bzw. *Gegenwartswert* oder *Barwert* eingehen (5.11.2.2 B und 5.11.3). Die Gleichung entsteht nämlich durch Grenzwertbildung einer geometrischen Reihe, deren Glieder die *diskontierten Gewinne* künftiger Jahre darstellen (5.9.5).

Da je nach Distanz zur Gegenwart ein und derselbe Geldbetrag einen unterschiedlichen Gegenwartswert besitzen kann, ist es wichtig, nicht mit den gleichmäßig angenommenen jährlichen Gewinnen, sondern mit den tatsächlichen Einzahlungsüberschüssen eines jeden Jahres zu rechnen. Die genaue Ermittlung des Ertragswerts erfolgt daher durch Aufsummieren der Barwerte des jährlichen Cash Flows (5.8.6, 5.11.2.2. B und 5.11.3), für einen bestimmten Planungszeitraum (z. B. n = 5 Jahre) und Hinzufügen des Barwerts des Restwerts L_0 am Ende des Planungszeitraums (engl.: *Discounted Cash Flow Method*). Der Restwert L_0 bzw. *Residualwert* repräsentiert den jenseits des Planungszeitraums geleisteten Beitrag zum Ertragswert. Er wird durch Aufsummieren konstant angenommener diskontierter Cash Flows jenseits des Planungszeitraums bestimmt und entspricht dem Barwert des Barwerts der so genannten *ewigen Rente,*

$$\text{Ertragswert} \quad = \sum_{t=1}^{n} \frac{E_t - A_t}{\left(1 + \frac{p_{\%}}{100}\right)^t} + L_0 q^{-t} = \sum_{t=1}^{n} \frac{\text{Cash Flow}_t}{\left(1 + \frac{p_{\%}}{100}\right)^t} + L_0 q^{-t} \quad .$$

Selbst bei unendlicher Lebensdauer strebt dieser Ertragswert einem endlichen Wert zu, da die langfristigen Cash Flows auf Grund ihrer Diskontierung den Ertragswert nur noch unmaßgeblich beeinflussen.

Schließlich sei am Rande noch das in den Vermögensteuerrichtlinien (VstR, Buchhandel) vorgesehene "*Stuttgarter Verfahren*" erwähnt, das den gemeinen Wert eines Unternehmens auf Basis des Reinvermögens unter zeitlich begrenzter Berücksichtigung der Erträge ermittelt.

5.9.4   Geschäfts- bzw. Firmenwert

Der Unterschied zwischen dem *Betriebsvermögen bzw.* Reinvermögen und dem tatsächlich bezahlten Kaufpreis wird als *Geschäftswert, Firmenwert* oder *Mehrwert* bezeichnet (engl.: *Goodwill*). Bei Freiberuflern, wie *Beratenden Ingenieuren, Ärzten* oder *Rechtsanwälten* besteht der Geschäftswert beispielsweise in den bereits aufgebauten Kundenkontakten, der Patienten- oder Klientenkartei, guter Lage der Praxis bzw. Kanzlei (*Laufkundschaft*) etc.

Bei Aktiengesellschaften ergibt sich der Geschäftswert im einfachsten Fall als Unterschied zwischen dem Reinvermögen und dem *Börsenwert,* der sich durch Multiplikation der Anzahl ausgegebener Aktien mit dem aktuellen *Börsenkurs* errechnet. Da der Aktienkurs praktisch immer den aktuellen Unternehmenswert widerspiegelt, werden beim Aktienkauf Anteile an Aktiengesellschaften stets zum aktuellen anteiligen Unternehmenswert ge- bzw. verkauft. Florierende Unternehmen mit einem sehr populären Markenzeichen können einen *Goodwill* besitzen, der deutlich höher ist als ihr Rohbetriebsvermögen!

Für GmbHs gibt es keinen Aktienkurs, sondern nur *nichtnotierte Anteile.* Der aktuelle Unternehmenswert wird dann als Ertragswert gemäß 5.9.3 ermittelt. Im Vergleich mit einer Aktiengesellschaft gibt es keinen Grund, warum GmbH-Anteile zu einem deutlich unter dem Ertragswert liegenden Preis abgegeben werden sollten. Das Risiko ist vergleichbar mit dem Kauf von Aktien. Für einen in einer GmbH mitarbeitenden Gesellschafter ist es sogar geringer, da er unmittelbar selbst die Geschicke des Unternehmens beeinflussen

kann, insbesondere bei vertraglich entsprechend festgelegten Herrschafts-
rechten.

Wird das gesamte Unternehmen an Dritte verkauft, die den Betrieb weiterführen, kann der Geschäftswert zur Berücksichtigung des Risikos unter Umständen auf die Hälfte gekürzt werden (Verhandlungssache). Es kann aber
ebenso sein, dass ein Käufer eines Unternehmens *mehr* als den ursprünglich
vom Verkäufer ins Auge gefassten Geschäftswert bezahlt, wenn beispielsweise mehrere potentielle Käufer auftreten oder ein Käufer glaubt, das zu kau-
fende Unternehmen aus strategischen Gründen unbedingt besitzen zu müssen bzw. glaubt, unter eigener Führung mehr Gewinn erwirtschaften zu können.

Falls das Unternehmen unter gleicher Leitung weitergeführt wird, ist für den
Erwerb von GmbH-Anteilen der aktuelle anteilige Ertragswert maßgebend.
Selbstverständlich ist bei der Ermittlung des Ertragswerts nicht ein momentan hoher Jahresgewinn zugrunde zu legen, sondern ein über mehrere Jahre
gemittelter Wert, der noch in Richtung künftiger Gewinnerwartungen korrigiert werden muss (5.9.5).

Zur Absicherung der Interessen des Käufers wie des Verkäufers kann ein
Kaufvertrag geschlossen werden, der bei starken Abweichungen vom veran-
schlagten Mittelwert des Jahresüberschusses nach drei oder fünf Jahren eine
Kaufpreiskorrektur in beide Richtungen vorsehen kann. Selbstverständlich
müssen dabei gleiche Bewertungsmaßstäbe und Tantiemeregelungen zugrunde gelegt sowie nicht ausgeschüttete Gewinne berücksichtigt werden.

Beim Kauf eines Unternehmens oder -anteils darf der Geschäftswert aktiviert,
das heißt als Vermögensposten auf die Aktivseite der Bilanz aufgenommen
und abgeschrieben werden (*Derivativer Geschäftswert*). Der eigene, selbst
geschaffene Geschäftswert ist nicht aktivierungsfähig (*Originärer Geschäftswert*).

5.9.5 Shareholder Value

Gemäß dem seit einiger Zeit bekannten *Shareholder-Value-Ansatz* werden
Unternehmen heute vorrangig mit Blick auf die *Steigerung des Unternehmenswerts* geführt.

Dieser Unternehmenswert setzt sich aus dem Marktwert des Eigenkapitals und dem Fremdkapital bzw. den aus ihnen beschafften Anlagegütern sowie dem Umlaufvermögen zusammen. Der Marktwert des Eigenkapitals wird als *Shareholder Value* oder, speziell bei Aktiengesellschaften, auch als *Aktionärsvermögen* bezeichnet. Es gilt also

Unternehmenswert = Shareholder Value + Fremdkapital   .

Das Aktionärsvermögen besteht grundsätzlich aus dem jeweiligen Aktienkurs multipliziert mit der Anzahl der Aktien. Es kann daher bei Kursschwankungen unterschiedliche Werte annehmen. Liegt das Produkt aus Aktienkurs und Stückzahl über dem gemäß nachstehender Methode ermittelten Shareholder Value, stufen die Börsen-Analysten meist institutioneller Anlagen das Unternehmen als zu hoch bewertet ein, was in der Regel zu einem fallenden Aktienkurs führt. Liegt das Produkt unter dem Shareholder Value, führt dies zu Kaufempfehlungen und einem steigenden Kurs. Unbeschadet dieses grundsätzlichen Zusammenhangs hängt natürlich der Aktienkurs zusätzlich vom allgemeinen Stimmungsbarometer an der Börse ab.

Zur Ermittlung des Shareholder Value stehen die *Entity-Methode* (Bruttomethode) und die *Equity-Methode* (Nettomethode) zur Verfügung.

Bei der *Entity-Methode* wird zunächst der Unternehmenswert nach der "*Discounted Cash Flow Methode*" ermittelt, die im Wesentlichen dem *Ertragswertverfahren* entspricht (5.8.6 und 5.9.3). Dieses Verfahren berechnet den Unternehmenswert aus der Summe der *Barwerte der Cash Flows* eines mehrjährigen *Planungszeitraums* ($\geq$ fünf Jahre), zuzüglich des Barwerts eines Restwerts L_o, der alle nach dem Planungszeitraum noch zu erwartenden Zahlungsüberschüsse berücksichtigt (5.11.2.2 B),

$$Unternehmenswert = \sum_{t=1}^{T} \frac{E_t - A_t}{(1 + \frac{p_\%}{100})^t} + L_o q^{-T} = \sum_{t=1}^{T} Cash\ Flow_t q^{-T} + L_o q^{-T}\quad ,$$

worin q^{-t} und q^{-T} den jeweilig zutreffenden *Abzinsungsfaktor* darstellt. Der treffende Kapitalzinssatz wird als gewichtetes Mittel aus Eigen- und Fremdkapitalkosten gebildet. Während die Fremdkapitalkosten sich unmittelbar aus den vereinbarten Finanzierungskonditionen ergeben, müssen die Eigenkapitalkosten aus einem Prozentsatz geschätzt werden, der auch anderswo für risikoarme Anlagen bezahlt wird (z. B. langfristige *Bundesanleihen*). Hinzu kommt ein Risikozuschlag, wie er bei Investitionen vergleichbaren Risikos erwartet wird. Für kleine Unternehmen kann der Risikozuschlag ohne weiteres 10 % bis 20 % betragen. Liegt die Rendite über dem so errechneten Kapitalzinssatz, wird Shareholder Value geschaffen. Liegt sie darunter, wird Shareholder Value vernichtet.

Als Cash Flow wird gewöhnlich nur der Anteil aus dem operativen Geschäft eingesetzt, so genannter *Operativer Cash Flow*, Bild 5.33.

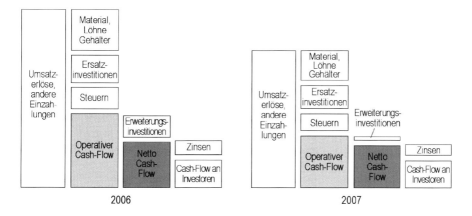

2006   2007

Bild 5.33: Zur Definition des *Operativen Cash Flows* und des *Cash Flows an Investoren*. Wichtig ist das Erzielen eines hohen *Operativen Cash Flows*, da der ausschüttungsfähige *Cash Flow an Investoren* durch Verzicht auf Erweiterungsinvestitionen auch in einem schlechten Geschäftsjahr hoch ausgewiesen werden kann.

Der Operative Cash Flow repräsentiert die Differenz der *betrieblich bedingten* Ein- und Auszahlungen und steht dem Management im Rahmen seiner strategischen Planungs- und Steuerungsfunktion für Erweiterungsinvestitionen für die Verzinsung des Fremd- und Eigenkapitals nachhaltig zur Verfügung. Neutrale bzw. außerordentliche Anteile (5.2) werden separat berücksichtigt. Vermindert man den *Unternehmenswert* um das Fremdkapital ergibt sich schließlich der Shareholder Value,

Unternehmenswert - Fremdkapital = *Shareholder Value* .

Bei der *Equity-Methode* wird der Shareholder Value direkt ermittelt, indem in die Gleichung für den Unternehmenswert der so genannte *Cash Flow an Investoren* eingesetzt wird.

Mit dem *Cash Flow an Investoren* erhält man statt des Unternehmenswerts *direkt* den Shareholder Value, weil die Existenz von Fremdkapital dann bereits in den abgezogenen Zinsen berücksichtigt ist bzw. von vornherein von der Betrachtung ausgenommen wird.

Die zur Berechnung des Shareholder Value nach obigen Gleichungen benötigten *künftigen* Ein- und Auszahlungen werden beispielsweise aus historischen Umsatzzahlen, budgetierten Umsatzwachstumsraten, Nettoinvestitionsquoten für Anlagevermögen und "Working Capital" (5.11.1.1), mit anderen Worten aus alten und neuen *Zielen der Geschäftsstrategie* ermittelt:

$$\textit{Einzahlungen} \; = \; \text{Vorjahresumsatz} \; \times \; (1 + \text{Umsatzwachstumsrate})$$
$$\times \, \text{Umsatzrendite} \; \times \; (1 - \text{Steuersatz})$$

$$\textit{Auszahlungen} = \text{Vorjahresumsatz} \; \times \; \text{Umsatzwachstumsrate}$$
$$\times \, (\text{Nettoinvestitionsquote für Anlagevermögen}$$
$$\text{und Working Capital})$$

Die bei den Auszahlungen stehende Nettoinvestitionsquote entspricht den tatsächlichen Investitionen abzüglich der Abschreibungen bezogen auf die Umsatzsteigerung in Prozent. Zu weiteren Details und anderen Ansätzen wird auf die Spezialliteratur verwiesen (Kapitel 11).

5.10   Kosten- und Erlösrechnung

Die *Kosten- und Erlösrechnung*, früher *Kosten- und Leistungsrechnung* genannt, (engl.: *Management accounting*) ist ein betriebsinternes Werkzeug zur monatlichen, wöchentlichen oder gar täglichen Ermittlung der *Kosten und Leistungen* bzw. *Erlöse eines Unternehmens*. Aus ihrer Differenz ergibt sich der operative Gewinn des jeweiligen Abrechnungszeitraums,

$$\textit{Operativer Gewinn} \; = \; \textit{Erlöse - Kosten} \; .$$

Dabei versteht man unter *Erlösen* die in Geldeinheiten bewerteten *Leistungen* eines Unternehmens, unter Umsatzerlösen, speziell die am Markt verkauften Leistungen (5.10.4). Die Kenntnis der *Kosten* bildet die Grundlage der Preisgestaltung und zahlreicher Managemententscheidungen, die im Rahmen der Unternehmensführung getroffen werden müssen.

Einmal im Jahr liefert die Kosten- und Erlösrechnung auch für den *Jahresabschluss* die nach handels- und steuerrechtlichen Vorschriften ermittelten *Herstellungskosten* und die *Erlöse* aus verkauften sowie halbfertigen und fertigen Produkten. Die moderne *Controllingphilosophie* (6.1.3) impliziert darüber hinaus die *Ermittlung monetärer* und *nichtmonetärer Planwerte* sowie die Erfassung im Laufe des Geschäftsjahrs auftretender etwaiger *Abweichungen* der *Istwerte* von den *Planwerten*.

Die Kosten- und Erlösrechnung besteht, wie schon der Name sagt, aus der *Kostenrechnung* und der *Erlösrechnung*. In der Vergangenheit wurde die Kosten- und Erlösrechnung meist nur als *Kostenrechnung* bezeichnet. Sie bildet bezüglich des Arbeitsaufwands auch heute noch den Schwerpunkt der Kosten- und Leistungsrechnung. Die Kombination aus Kostenrechnung und Erlösrechnung führt auf die *Kurzfristige Erfolgsrechnung* (5.10.5).

Die Kosten- und Erlösrechnung ist nicht, wie das externe Rechnungswesen, gesetzlich vorgeschrieben, sondern eine im *eigenen Interesse* eines Unternehmens ausgeführte, der Selbstinformation dienende Tätigkeit. Je nach Einschätzung der Bedeutung der Kosten- und Erlösrechnung durch die Unternehmensleitung, und abhängig von der Unternehmensgröße, schwankt ihr Umfang zwischen *Nichtexistenz* und dem Vorhandensein sehr aufwendiger *Kostenrechnungssysteme*, die sich im Wesentlichen in der Genauigkeit, mit der die Kosten ermittelt werden, unterscheiden. Je größer die Genauigkeit, desto höher der Aufwand für die *Betriebsdatenerfassung* und *-verarbeitung*. Letztlich richtet sich das Ausmaß der Kosten- und Erlösrechnung nach dem strategisch für erforderlich gehaltenem Umfang der Controlling-Funktion, der *Rechnerunterstützung* und dem *Nutzen*, den ein Unternehmen aus allem ziehen kann.

5.10.1 Grundbegriffe der Kosten- und Erlösrechnung

Die Kosten- und Erlösrechnung beantwortet Grundsatzfragen vom Typ:

- Wie hoch sind die *Herstellungskosten* bzw. die *Selbstkosten* eines Teils oder einer Anlage?

- Was kostet eine *Maschinenstunde*, eine *Dienstleistung* eines Projektierungsingenieurs, Konstrukteurs, Forschers oder Programmierers?

- Wie hoch sind die *Erlöse* und wie groß ist das operative Ergebnis gebildet als Differenz aus Erlösen und Kosten?

- Woher kommen die *Erlöse*, beispielsweise aufgeschlüsselt nach Märkten, Kunden oder Komponenten von Produktfamilien und Warenpaketen?

Ferner daraus abgeleitet, Fragen vom Typ:

- Wann empfiehlt sich der *Ersatz* eines noch funktionsfähigen Anlagegutes?

- Wo liegt die *Preisuntergrenze* für Zusatzaufträge bei nicht vollständiger Auslastung, so genannte *Grenzkosten*? (Verkauf zu *Grenzkosten* ist die Abwicklung eines Auftrags, der zwar keinen Gewinn abwirft, aber auch keine Verluste bewirkt, das heißt, nur Produktionsfaktoren am Leben erhält.)

- Welche Erzeugnisse sollen in das Produktspektrum aufgenommen bzw. herausgenommen werden?

- Welche Produkte sollen selbst hergestellt oder zugekauft werden (engl.: *Make or buy*)?

Die Antwort auf die *erste* Grundsatzfrage liefert unter weiterer Berücksichtigung der *Vertriebs-* und *Verwaltungskosten* die *Selbstkosten* und damit den Ausgangspunkt für die Festlegung der *Angebots-* bzw. *Verkaufspreise* gegenüber externen Kunden (*Kalkulation*). Umgangssprachlich werden *Herstellungskosten* und *Selbstkosten* oft synonym verwendet. Betriebswirtschaftlich gesehen ergeben sich die *Selbstkosten* jedoch erst als Summe aus *Herstellungskosten*, *Vertriebs-* und *Verwaltungskosten*. Letztere haben ja mit der eigentlichen Herstellung nichts zu tun.

Die Antwort auf die *zweite* Frage erlaubt die Ermittlung der Kosten bzw. Verrechnungspreise für Dienstleistungen für *externe* und *interne* Kunden (*externe* und *innerbetriebliche Leistungsverrechnung*).

Die Antwort auf die *dritte* Frage liefert das operative Ergebnis einer Rechnungsperiode und dient im Rahmen des *Controlling* der antizipativen Detektion einer etwaigen Abweichung vom geplanten operativen Gewinn am Jahresende.

Die Antwort auf die *vierte* Frage bildet die Entscheidungsgrundlage für die Fokussierung von Investitionen, Desinvestitionen, Diversifikationen oder Verschlankung des Produktspektrums. Sind die Kosten und Leistungen bzw. Erlöse erst einmal bekannt, können auch alle weiteren Fragen beantwortet werden, worauf hier jedoch nicht weiter eingegangen werden soll.

Abhängig von den Zielsetzungen gibt es zahllose Varianten von *Kostenrechnungssystemen* und neuerdings auch *Erlösrechnungssystemen*, die sich bezüglich Genauigkeit und Aufwand beträchtlich unterscheiden können. Der Schwerpunkt der folgenden Betrachtung liegt jedoch noch auf der *Kostenrechnung*, da diese in vielen Unternehmen nach wie vor den größten Teil der Kosten- und Erlösrechnung ausmacht. Einen Überblick über die verschiedenen in der Praxis anzutreffenden Kostenrechnungssysteme gibt Bild 5.34.

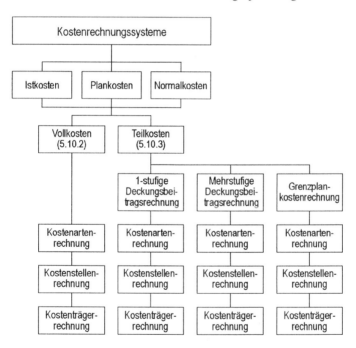

Bild 5.34: Gängige Kostenrechnungssysteme, Erläuterung s. Text.

Man unterscheidet zwischen Kostenrechnung auf *Istkostenbasis*, *Plankostenbasis* und *Normalkostenbasis*:

- *Istkosten* werden in der *vergangenheitsorientierten* (retrograden) Kostenrechnung verwendet. Sie dienen der Ermittlung der Herstellungs- und Selbstkosten im Rahmen der *Nachkalkulation*. Die Nachkalkulation ist Bestandteil der *Controllingfunktion* (6.3) und erlaubt die Nachprüfung, ob die geplanten Kosten eingehalten wurden. Für die Angebotserstellung (*Vorkalkulation*) langfristiger Aufträge und Projekte sind Istkosten nicht geeignet.

- Da die Istkosten der vergangenen Periode durch einmalige Ereignisse aus dem üblichen Rahmen gefallen sein können, werden für die *Planung* gelegentlich so genannte *Normalkosten* verwendet, die als gewichteter Mittelwert mehrerer abgelaufener Perioden gewonnen werden. Diese Kosten sind aber auch vergangenheitsorientiert und eignen sich daher ebenfalls nicht für Planungszwecke. Deshalb wurde die Plankostenrechnung entwickelt.

- Die *zukunftsorientierte Plankostenrechnung*, beispielsweise für die *Angebotserstellung* und *Wirtschaftlichkeitskontrolle*, basiert auf *geschätzten Plankosten*, die durch Extrapolation der Istwerte der vergangenen Periode unter Berücksichtigung künftiger Entwicklungen gewonnen werden. Die Schätzwerte berücksichtigen die *Umsatzentwicklung*, *Lohn- und Gehaltsentwicklung*, *Beschäftigungsgrad*, *Variation des Produktspektrums* sowie *Preistrends bei Rohstoffen*. Der Schwerpunkt der Plankostenrechnung liegt in der Wirtschaftlichkeitskontrolle in Form einer *Vorgaberechnung*. Die Vorgaberechnung ermittelt die Kosten*sollwerte*, so genannte *Budgetkosten*, die am Ende des Abrechnungszeitraums mit den Istkosten verglichen werden (6.1.3). Sie ist wesentlicher Bestandteil der *Controllingfunktion*.

- Die zukunftsorientierte *Flexible Plankostenrechnung* unterscheidet sich von der gewöhnlichen Plankostenrechnung dadurch, dass die Plankosten während der einzelnen Abrechnungszeiträume ständig aktualisiert, das heißt den tatsächlichen beschäftigungsabhängigen Istwerten angepasst werden.

Man unterscheidet ferner zwischen der *Vollkostenrechnung* und der *Teilkostenrechnung*. Bei ersterer werden *alle angefallenen Kosten* auf die Kostenträger (Erzeugnisse, Projekte) verteilt. Bei der Teilkostenrechnung, auch *Deckungsbeitragsrechnung* genannt, werden nur die so genannten *Variablen Kosten* den Kostenträgern verursachungsgerecht zugeordnet. Die *Fixen Kos-*

ten werden bei der Ermittlung des *Betriebsergebnisses* durch einen separaten *Fixkostenblock* berücksichtigt (5.10.3.1).

Die Grundaufgabe aller Kostenrechnungssysteme wird in drei Schritten gelöst:

– *Kostenartenrechnung*: Erfassung aller *Kostenarten* und der zugehörigen *Kosten* einer Abrechnungsperiode, Beantwortung der Frage "*Welche Kostenarten existieren, welche Kosten sind jeweils angefallen?*"

– *Kostenstellenrechnung*: Aufteilung der verschiedenen *Gemeinkostenarten* auf die Orte ihrer Verursachung bzw. Inanspruchnahme, so genannte *Kostenstellen*. Beantwortung der Frage "*Wo werden Gemeinkosten verursacht bzw. anteilig verbraucht?*"

– *Kostenträgerrechnung*: Verrechnung der Kosten der Kostenstellen auf die *Kostenträger*, das heißt auf die produzierten *Sachgüter* und *Dienstleistungen* bzw. *Aufträge* und *Projekte* (inner- wie außerbetriebliche). Beantwortung der Frage "*Wie hoch sind die Herstellungskosten eines Bauteils, eines Aggregats, einer Anlage, einer Dienstleistung, eines Forschungsprojekts?*"

Die drei Rechnungsschritte werden unterschiedlich ausgeführt je nach erwarteter Genauigkeit mit der Kosten ermittelt werden sollen bzw. *wie*, das heißt nach welchem *Schlüssel*, die diversen Kostenarten auf die Kostenstellen und auf die Kostenträger verteilt werden.

Das Verständnis der Unterschiede zwischen den verschiedenen Kostenrechnungssystemen setzt die Kenntnis diverser *Kostenbegriffe* voraus. Grundsätzlich unterscheidet man *Verrechnungsbezogene Kosten* und *Auslastungsbezogene (Beschäftigungsbezogene) Kosten*.

Verrechnungsbezogene Kosten

Nach Art der Verrechnung auf die Kostenträger unterscheidet man zwischen *Einzelkosten* und *Gemeinkosten* bzw. *Fixkosten*:

– *Einzelkosten*, auch *direkte Kosten* genannt, lassen sich für einzelne Erzeugnisse getrennt erfassen und daher *verursachungsgerecht* bzw. *direkt* Kostenträgern zuordnen, zum Beispiel *Material* und *Fertigungslöhne*.

– *Gemeinkosten*, auch indirekte Kosten genannt (engl.: *Overhead*), fallen gemeinsam für alle Erzeugnisse an und entstehen unabhängig von der gefertigten Stückzahl, beispielsweise Verwaltungskosten, Vertriebskosten,

Mieten, Abschreibungen etc. Sie sind Periodenkosten, das heißt sie fallen innerhalb eines konstanten Zeitraums an.

– Als Fixkosten bezeichnet man die in einer *Kostenstelle* anfallenden *stückzahlunabhängigen Gemeinkosten*.

Die Aufteilung in Einzel- und Gemein- bzw. Fixkosten ist relativ und hängt vom *Bezugs-* bzw. *Kalkulationsobjekt* ab. So stellt das Gehalt eines Meisters aus Sicht der Fertigung bzw. in Bezug auf die diversen Erzeugnisse *Gemeinkosten der Fertigung* dar, die in diesem Fall als *Fixkosten* bezeichnet werden, aus Sicht der vorgelagerten Managementebene *Einzelkosten der Fertigung* usw. Unter Berücksichtigung des Bezugsobjekts sind Gemeinkosten und Fixkosten synonyme Begriffe. Die Bedeutung geht im Einzelfall aus dem Kontext hervor. Ansonsten lassen sich Kosten auch durch einen Zusatz genau spezifizieren, z. B. *Erzeugniseinzelkosten*.

Schließlich gibt es noch so genannte *Unechte Gemeinkosten*. Hierunter versteht man Kosten, die zwar grundsätzlich für jeden Kostenträger einzeln erfasst werden könnten, aus Vereinfachungsgründen aber nicht einzeln erfasst werden, beispielsweise Schrauben, Schmierstoffe etc.

Während die Einzelkosten direkt auf die Kostenträger verrechnet werden, durchlaufen die Gemeinkosten zunächst eine *Kostenarten-* und *Kostenstellenrechnung*, in der sie möglichst verursachungsgerecht auf so genannte *Kostenstellen* verteilt werden. Anschließend werden prozentuale Gemeinkosten-Zuschlagsätze ermittelt, über die Gemeinkosten auf die Erzeugnisse verrechnet werden, Bild 5.35.

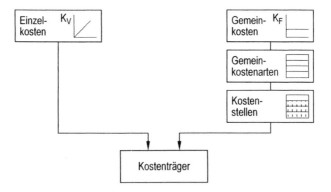

Bild 5.35: Verrechnung von Einzelkosten und Gemeinkosten auf Kostenträger.

Die Summe aller variablen und fixen Kosten einer Kostenstelle ergibt deren Vollkosten,

$$\text{Variable Kosten} + \text{Fixkosten} = \text{Vollkosten} \quad .$$

Diese werden im Rahmen einer Kostenträgerrechnung auf die Kostenträger umgelegt.

Auslastungsabhängige Kosten

Auslastungsabhängige Kosten, auch *Beschäftigungsbezogene Kosten* genannt, ändern sich mit dem *Beschäftigungsgrad*.

$$\text{Beschäftigungsgrad} = \frac{\text{Genutzte Kapazität}}{\text{Vorhandene Kapazität}} 100\,\% \quad .$$

Man unterscheidet stückzahlabhängige *Variable Kosten* K_V und stückzahl-unabhängige *Fixe Kosten (Betriebsbereitschaftskosten)* K_F sowie *Gesamtkosten* K, Bild 5.36.

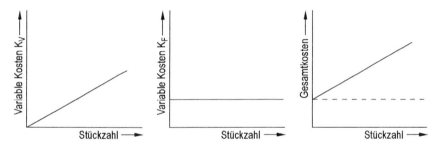

Bild 5.36: a) Variable Kosten, b) Fixe Kosten, c) Gesamtkosten.

Variable Kosten lassen sich *direkt* einem Erzeugnis als Einzelkosten zuordnen, beispielsweise *Material, Akkordlöhne, Maschinenzeiten, Prüfkosten.* Sie sind gewöhnlich proportional zur Stückzahl. Daneben gibt es jedoch noch so genannte Sondereinzelkosten, z. B. für Vorrichtungsbau oder Gussmodelle, die einem ganzen Projekt bzw. Auftrag zugeordnet werden.

Fixe Kosten beziehen sich meist nur auf eine Kostenstelle bzw. eine Erzeugnisart, zum Beispiel *Mieten, Heizung, Abschreibungen,* einer Kostenstelle. Sie sind für die betrachtete Kostenstelle und ihre Kostenträger immer *Gemein-kosten*. Fixe Kosten sind *nur bei gleich bleibender Beschäftigung* stückzahlunabhängig. Beispielsweise entstehen bei der Anschaffung einer zusätzlichen Produktionsmaschine oder Einstellung eines zusätzlichen Qualitätssicherungsbeauftragten infolge einer steigenden Beschäftigung so genannte *Sprungfixe Kosten* usw. Diese Erweiterung der Komplexität soll jedoch der Spezialliteratur über Kostenrechnung vorbehalten bleiben.

Die Gesamtkosten einer Periode ergeben sich aus der Summe beider, $K = K_F + K_V$, Bild 5.36c. Die *Stückkosten* (pro Erzeugniseinheit) berechnen sich zu

$$k = \frac{K}{\text{Stückzahl pro Periode}} \quad .$$

Mit wachsender Stückzahl verlieren die Fixkosten zunehmend an Bedeutung ($K_V \gg K_F$), so dass bei Fertigung einer weiteren Einheit nur noch die *Variablen Kosten* eine Rolle spielen. Die Stückkosten dieser weiteren Einheit werden dann als *Grenzkosten* k' bezeichnet,

$$k' = \frac{\Delta K}{\Delta \text{Stück}} \quad .$$

Die Grenzkosten werden nur durch die *Steigung* der Kostenfunktion bestimmt und stellen den Zuwachs der Gesamtkosten bei Fertigung einer weiteren Einheit dar. Bei Proportionalität zwischen Variablen Kosten und Stückzahl sind *Grenzkosten, Variable Kosten* oder auch *Proportionalkosten* praktisch synonyme Begriffe.

Verkauft ein Unternehmen ein Produkt bzw. eine Anlage zu Grenzkosten, um beispielsweise Arbeitsplätze zu erhalten oder einen Wettbewerber auszuboten, hat es zwar keinen Gewinn, aber auch keinen Verlust gemacht. Es hat, mit anderen Worten, nur "Geld gewechselt". Dies ergibt natürlich auf Dauer keinen Sinn, irgendjemand muss auch die Gemeinkosten bezahlen und eine Verzinsung des eingesetzten Kapitals ermöglichen.

Schließlich unterscheidet man je nach Herkunft zwischen *primären* und *sekundären* Kosten. Erstere entstehen einem Unternehmen oder einer Abteilung durch Verbrauch vom Beschaffungsmarkt bezogener Produktionsfaktoren bzw. *Güter*, z. B. Arbeitskräfte (*Löhne*), *Material, Primärenergie*. Sie sind Gegenstand der *Kostenartenrechnung* (5.10.2.1). Sekundäre Kosten entstehen durch *innerbetriebliche Leistungen* und tauchen erst in der *Kostenstellenrechnung* auf. Sie sind letztlich ein *Konglomerat von Primärkosten* und werden daher auch *Zusammengesetzte Kosten* genannt.

Die Begriffe *Kostenartenrechnung*, *Kostenstellenrechnung* und *Kostenträgerrechnung* werden am Beispiel der *Vollkostenrechnung* im folgenden Abschnitt näher erläutert.

5.10.2   Vollkostenrechnung

Wie bereits der Name sagt, werden bei der *Vollkostenrechnung* alle Kosten (Einzel- und Gemein- bzw. Fixkosten) auf die Kostenträger umgelegt. Sie wird meist auf *Ist-Kostenbasis* durchgeführt und leistet neben einer *groben Vorkalkulation*, die *Nachkalkulation* sowie die Ermittlung der *Herstellungskosten* für den Jahresabschluss (5.7). Wegen ihrer Einfachheit ist sie die in klein- und mittelständischen Unternehmen am häufigsten anzutreffende Kostenrechnung. Die Vollkostenrechnung erfolgt in drei Schritten:

>   –   *Kostenartenrechnung*,

>   –   *Kostenstellenrechnung*,

>   –   *Kostenträgerrechnung*.

Als erster Schritt ist die Kostenartenrechnung durchzuführen.

5.10.2.1 Kostenartenrechnung

Die *Kostenartenrechnung* beantwortet die Frage "*Welche Kosten* sind angefallen bzw. fallen an (Plankosten)?".

Da die Kostenrechnung nicht standardisiert ist, findet man bei Unternehmen die verschiedenen Kostenarten nach den unterschiedlichsten Ordnungskriterien strukturiert, beispielsweise in Anlehnung an den *Kontenrahmen der Finanzbuchhaltung* oder unterteilt in *Einzel-* und *Gemeinkosten*, mit zusätzlicher Gliederung in *Fixe* und *Variable Kosten* etc. Da hier nur das *Prinzip* der Kostenverrechnung gezeigt werden soll, beschränken wir uns auf eine Strukturierung in *Einzelkosten* und *Gemeinkosten*. Der Detaillierungsgrad der Strukturierung hängt bei den einzelnen Unternehmen von der gewünschten Transparenz und der angestrebten Genauigkeit ab.

Alle Kostenarten besitzen eine mehrstellige Nummer (Kontonummer des verwendeten Kontenrahmens), die bei einem Kostenartenplan in Anlehnung an den klassischen *Gemeinschaftskontenrahmen* (GKR) mit einer 4 beginnt, in Anlehnung an den modernen *Industriekontenrahmen* mit einer 6 (Zahlen aus Finanzbuchhaltung) oder 9 (Zahlen aus Betriebsbuchhaltung), siehe Abschnitt 5.3 und Anhang 1.

Alle zu erfassenden *Kostenarten* werden nach Einzel- und Gemeinkosten strukturiert und in der linken Spalte einer *Kostenartentabelle* zusammengetragen, Bild 5.37.

Konto Nr.	Kostenarten	Kosten
	Einzelkostenarten	
4000	- Materialkosten	
4310	- Akkordlöhne	
4400	- Lohnnebenkosten	
	Gemeinkostenarten	
4290	- Energie	
4600	- Steuern und Gebühren	
4390	- Gehälter	
4700	- Mieten	
4760	- Bürokosten	
4770	- Wartung	
4830	- Kalkulatorischer Unternehmerlohn	

Bild 5.37: Kostenartentabelle gegliedert nach Einzel- und Gemeinkosten.

Während im GKR-Kontenrahmen (5.3 und A1) die Kontennummern und Bezeichnungen monoton steigend geführt werden, treten in der Kostenartentabelle auf Grund der Umgruppierung in Einzel- und Gemeinkosten die Lohnnebenkosten (4400) vor den Gehältern (4390) auf.

Im nächsten Abschnitt werden die für jede Kostenart angefallenen Kosten den verschiedenen Konten der Finanzbuchhaltung bzw. *Lohn- und Gehaltsabrechnung* entnommen und in die dritte Spalte der Kostenartentabelle

übertragen. Falls Kosten über mehrere Abrechnungsperioden anfallen, muss
eine entsprechende Aufteilung bzw. Abgrenzung bezüglich der betrachteten
Periode erfolgen. Aufwendungen, die keine Kosten darstellen, beispielsweise
Neutrale Aufwendungen (5.2.4), werden nicht berücksichtigt. Die Abgrenzung erfolgt für den Industriekontenrahmen und den Gemeinschaftskontenrahmen unterschiedlich.

Einzelkosten (pro Stück oder Gerät etc.) werden direkt in die *Kostenträgerrechnung* übernommen. Dagegen werden *Gemeinkosten* zunächst in einem
Zwischenschritt – der im nächsten Abschnitt erläuterten *Kostenstellenrechnung* – auf verschiedene *Kostenstellen* verteilt.

5.10.2.2 Kostenstellenrechnung

Die *Kostenstellenrechnung* beantwortet die Frage "*Wie hoch sind die Kosten
der einzelnen Kostenstellen?*". Hierfür müssen die in der Kostenartenrechnung erfassten *primären* Gemeinkosten möglichst verursachungsgerecht auf
die verschiedenen *Kostenstellen* umgelegt werden. Die Aufteilung erfolgt
nach *monetären* (*wertmäßigen*) *Schlüsseln*, beispielsweise Materialkosten,
Lohnkosten, Umsatz etc. oder nach *nichtmonetären* (*mengenmäßigen*)
Schlüsseln, beispielsweise Kopfzahl, Quadratmeter etc. Die Aufteilung der
Gemeinkosten ist ein komplizierter Prozess, da die Gemeinkosten in der Regel für mehrere Kostenträger integral bzw. global anfallen, andererseits die Kostenträger die Gemeinkosten verursachenden Stellen in sehr unterschiedlichem Maß in Anspruch nehmen. Globale prozentuale Gemeinkostenzuschläge wie beispielsweise im Handwerk üblich, implizieren eine nicht vorhandene Proportionalität von Einzelkosten und Gemeinkosten, die zu grob
falscher Selbstkostenermittlung führen kann. Die *Kostenstellenrechnung*
erlaubt eine wesentlich treffendere Zuordnung der Gemeinkosten zu den
verschiedenen Kostenträgern. Weiter dient die Kostenstellenrechnung der
innerbetrieblichen Leistungsverrechnung (siehe unten).

Für die Belange des internen Rechnungswesens wird ein Unternehmen in
Kostenstellen aufgeteilt. *Kostenstellen* sind betriebliche bzw. organisatorische
Einheiten, Bereiche bzw. "*Orte*" (nicht zwingend räumlich gemeint), in denen
Kosten verursacht werden bzw. entstehen (engl.: *Cost Centers*, 3.2.1.4). Die
Aufteilung erfolgt nach den Kriterien *funktionsorientiert* oder *organisations-
orientiert*. Letzteres ist bei der Aufteilung eines Unternehmens in Profit
Center und Cost Center zwingend erforderlich, die ja beide von je *einem*
verantwortlichen Center-Leiter geführt werden (3.2.1.4). Der Cost-Center-

Leiter plant das Kostenbudget. Ferner steuert und überwacht er seine Einhaltung.

Die Kostenstellen werden in einem *Kostenstellenplan* aufgelistet, dessen Detaillierungsgrad sich nach der angestrebten Genauigkeit der Kostenrechnung und der gebotenen Wirtschaftlichkeit (Abrechnungsaufwand) richtet. Das Spektrum der Kostenstellen reicht von *Abteilungskostenstellen* bis hin zu *Projektkostenstellen* und *Maschinenkostenstellen*. Mehrere Kostenstellen bilden einen *Kostenbereich (engl.: Cost Center,* 3.2.1.4), beispielsweise ein F&E-Forschungszentrum. Wesentlich ist, dass jede Kostenstelle einen klar abgegrenzten *Verantwortungsbereich* besitzt und eine für ihn *verantwortliche Person* existiert, z. B. *Meister, Abteilungsleiter, Manager, Projektleiter.* Ferner sind Kostenstellen so zu definieren, dass sich die verschiedenen Kosten und Kostenbelege in nahe liegender Weise den Kostenstellen zuordnen lassen.

Man unterscheidet im Wesentlichen zwischen *Hauptkostenstellen* und *Nebenkostenstellen*:

–   *Hauptkostenstellen*, auch *Endkostenstellen* oder *Primäre Kostenstellen* genannt, sind Kostenstellen, deren Gemeinkosten in Form prozentualer *Zuschlagsätze auf die* Einzelkosten der *Kostenträger*, beispielsweise *Zwischenerzeugnisse* oder *Endprodukte,* verrechnet werden. Sie sind mit anderen Worten dadurch gekennzeichnet, dass Sie ihre Kosten nicht auf *nachfolgende* Kostenstellen abwälzen. Hauptkostenstellen können *Profit Center*s oder *Cost Centers* sein. Beide agieren wie selbständige Unternehmen, wobei erstere einen Gewinn erwirtschaften, letztere ihr Kostenbudget einhalten müssen (3.2.1.4).

–   *Hilfskostenstellen, Nebenkostenstellen,* auch *Vorkostenstellen* oder *Sekundäre Kostenstellen* genannt, erbringen *innerbetriebliche* Leistungen. Diese werden im Regelfall nicht direkt auf die Kostenträger verrechnet, sondern nachfolgenden, leistungsempfangenden Hauptkostenstellen nach Umfang ihrer Inanspruchnahme *belastet*, das heißt *in Rechnung gestellt.* Abweichend von der Regel werden manche Hilfskostenstellen wie Endkostenstellen behandelt, beispielsweise Verwaltung und Vertrieb. Hilfs- und Vorkostenstellen sind *Cost Centers*, das heißt, sie müssen nur auf die Einhaltung ihres Kostenbudgets achten (3.2.1.4).

Mitarbeiter von Haupt- und Hilfskostenstellen verursachen in ihren eigenen Kostenstellen durch ihre Löhne bzw. Gehälter *primäre Kosten*. Mitarbeiter von Hilfskostenstellen verursachen bei den Hauptkostenstellen *sekundäre Kosten* durch die von ihnen an die Hauptkostenstellen gelieferte innerbetriebliche Leistung. Man sagt, die Hilfskostenstellen belasten ihre primären Kosten den Hauptkostenstellen als sekundäre Kosten. Für die Hilfskostenstellen sind die Hauptkostenstellen als Kostenträger bzw. Kalkulationsobjekte anzusehen.

Die primären Gemeinkosten werden im so genannten *Betriebsabrechnungsbogen* (BAB) auf die diversen Kostenstellen verteilt. Der Betriebsabrechnungsbogen ist in Form einer Matrix angelegt, deren *Spalten* die einzelnen Kostenstellen KS und deren *Zeilen* die verschiedenen Gemeinkostenarten GK 1 bis GK 6 und deren jeweilige Aufteilung auf die Kostenstellen KS 1 bis KS 5, Bild 5.38.

Gemein- kostenarten \ Kosten- stelle	KS 1	KS 2	KS 3	KS 4	KS 5
GK 1	GK 1.1	GK 1.2	GK 1.3	GK 1.4	GK 1.5
GK 2	GK 2.1	GK 2.2	GK 2.3	GK 2.4	GK 2.5
GK 3	GK 3.1	GK 3.2	GK 3.3	GK 3.4	GK 3.5
GK 4	GK 4.1	GK 4.2	GK 4.3	GK 4.4	GK 4.5
GK 5	GK 5.1	GK 5.2	GK 5.3	GK 5.4	GK 5.5
GK 6	GK 6.1	GK 6.2	GK 6.3	GK 6.4	GK 6.5

Bild 5.38: Betriebsabrechnungsbogen (Grundschema).

Die Gemeinkosten einer jeden Zeile werden an Hand eines *Schlüssels* $X = (x_1, x_2, x_3, x_4, x_5)$, auf die einzelnen Kostenstellen aufgeteilt, beispielsweise die *Mietgemeinkosten* nach den in Anspruch genommenen Quadratmetern. Häufig werden im BAB auch die Einzelkosten nochmals aufgeführt, da sie als Bezugsgrößen für die Ermittlung der Zuschlagsätze dienen. Dies ist beispielsweise im BAB in Bild 5.39 der Fall, in dem ein einfaches Zahlenbeispiel durchgerechnet wird.

Kostenstellen \ Kostenarten	Kosten	Allgemeine Kostenstelle	Material Kostenstelle	Fertigungsbereich				Verwaltungskostenstelle	Vertriebskostenstelle
				Hilfskostenstelle 1	Hilfskostenstelle 2	Hauptkostenstelle A	Hauptkostenstelle B		
Materialeinzelkosten:	20.000		20.000						
Fertigungseinzelkosten:	10.000					4.000	6.000		
Gemeinkostenarten:									
Hilfs-, Betriebsstoffe	4.500	90	230	480	440	11.100	1.200	500	460
Energie	970	60	110	100	90	160	220	110	120
Gehälter	5.260	140	300	380	500	1.100	1.300	700	840
Abschreibungen	2.600	50	170	250	300	560	560	170	180
Summe 1	13.300	340	810	1.210	1.330	2.920	3.280	1.480	1.600
Umlage Allg. Kostenstelle		340 →	30	70	70	30	30	80	30
Summe 2			840	1.280	1.400	2.950	3.310	1.560	1.630
Innerbetriebl. Leistungsverrechnung:									
Hilfskostenstelle 1				1.280	→	420	860		
Hilfskostenstelle 2					1.400 →	600	800		
Summe 3						3.970	4.970	1.560	1.630
Zuschlagsätze %									

Bild 5.39: Betriebsabrechnungsbogen BAB (Einfaches Zahlenbeispiel zur Veranschaulichung der Vorgehensweise, Erläuterung siehe Text).

Bedeutung der ersten beiden Spalten:

– Kostenarten:	Gemeinkostenarten (evtl. auch Einzelkostenarten).
– Kosten gemäß Buchhaltung:	Bei den verschiedenen Kostenarten angefallene primäre Kosten.

Die weiteren Spalten sind Kostenstellen:

– Allgemeine Kostenstellen:	Kosten von Leistungen, die für Haupt- und Hilfskostenstellen des Unternehmens erbracht wurden. Für den Leistungserbringer sind sie primäre Kosten, für den Leistungsnehmer sind sie sekundäre Kosten. Typische Beispiele: Gebäude, Kantine, Werkschutz.
– Materialkostenstellen:	Kosten für *Beschaffung* und *Lagerung* von Material, Hilfs- und Betriebsstoffen.
– Fertigungskostenstellen:	Gemeinkosten der verschiedenen Haupt- und Hilfskostenstellen der Fertigung.
– Verwaltungskostenstellen:	Gemeinkosten der verschiedenen Verwaltungsfunktionen, das heißt Unternehmensleitung, Rechnungswesen, Personalabteilung.
– Vertriebskostenstellen:	Gemeinkosten des Absatzes, das heißt Versand, Wartung, Service.

Im ersten Schritt werden in die Spalten "*Kostenarten*" alle vorhandenen Gemeinkostenarten eingetragen. In die Spalte "*Kosten*" werden die jeweils angefallenen Kosten aus der Finanzbuchhaltung übernommen. Wie bereits angedeutet, werden häufig auch die *Einzelkosten* aufgeführt (1. Zeile), obwohl sie mit der Verteilung der Gemeinkosten auf die Kostenstellen eigentlich nichts zu tun haben. Sie werden aber anschließend für die Ermittlung der *prozentualen Zuschlagsätze* benötigt.

Im zweiten Schritt werden die diversen Gemeinkosten einer jeden Zeile auf die Hilfs- und Hauptkostenstellen nach einem geeigneten Schlüssel verteilt, beispielsweise:

– *Gehälter* entsprechend der Gehaltslisten,

- *Strom, Wasser, Gas* gemäß lokalen Zählern oder der Beschäftigtenzahl,
- *Heizung* gemäß beanspruchtem Volumen in m³,
- *Mieten* gemäß beanspruchtem Platz in m²,
- *Abschreibungen* gemäß Abschreibungsplan der in den Kostenstellen vorhandenen langfristigen Anlagegüter, usw.

Im dritten Schritt werden die Spaltensummen der einzelnen Kostenstellen ermittelt. Sie entsprechen den auf jede Kostenstelle entfallenden Anteilen der *Primären Gemeinkosten*, Zeile "Summe 1" in Bild 5.39.

Die nachfolgenden Zeilen sind der *innerbetrieblichen Leistungsverrechnung* gewidmet. Sie erfolgt durch Aufnahme der *Allgemeinkostenstelle* und der *Hilfskostenstelle 1 und 2* in die Spalte "Kostenarten" und die jeweils angefallenen Kosten in die Spalte "*Kosten*".

Anschließend werden die aus mehreren primären Gemeinkosten zusammengesetzten sekundären Gemeinkosten der *Allgemeinen* und *Hilfskostenstellen*, auf die *Hauptkostenstellen* verrechnet. Die Rechnung erfolgt in Stufen, so genanntes *Treppenverfahren*. Zunächst wird die Kostenstelle "*Allgemeines*" nach einem geeignet Schlüssel auf die Hilfs- und Hauptkostenstellen umgelegt, was zu einer Aktualisierung der Spaltensummen der Hilfs- und Kostenstellen führt, Zeile "Summe 2". Anschließend werden die um die Allgemeinen Kosten aktualisierten Hilfskostenstellen 1 und 2 nach einem geeigneten Schlüssel auf die Hauptkostenstellen umgelegt, was zur nochmaligen Aktualisierung der Spaltensummen der Hauptkostenstellen führt, Zeile "Summe 3". Als Schlüssel kommen *Verbrauchsschlüssel, Mengen-* oder *Wertschlüssel* in Frage.

Das Verfahren ist nur bei monodirektionalem Leistungsfluss möglich. Empfangen auch die Vorkostenstellen Leistungen oder tauschen Hauptkostenstellen untereinander in beiden Richtungen Leistungen aus, muss die Aufteilung durch Lösen eines linearen Gleichungssystems vorgenommen werden, was praktisch alle rechnergestützten Kostenrechnungsprogramme leisten.

Mit der Ermittlung der Spaltensummen der Zeile "Summe 3" ist die Kostenstellenrechnung abgeschlossen. Die Spaltensummen der Hauptkostenstellen 1 und 2 stellen jeweils die *Herstellungskosten* der dort gefertigten Erzeugnisse dar. Zusammen mit den Spaltensummen der Verwaltungs- und Vertriebskostenstellen erhält man die *Selbstkosten* der betrachteten Periode. Es folgt noch die Ermittlung von Zuschlagsätzen im Rahmen der *Kostenträgerrechnung* (5.10.2.3).

Im vorliegenden Zusammenhang sei erwähnt, dass die moderne Controlling-philosophie (6.1.3) auch klassische Kostenstellen (*Cost Centers*) als *Profit Centers* auffasst, die zwar nicht zwingend *Erlöse* erwirtschaften müssen, zumindest aber keine *Verluste* machen dürfen (Überschreitungen des Kosten-budgets). Diese Kostenstellen werden damit zu *Kalkulationsobjekten*, wie andere Kostenträger (Produkte) auch, womit die strenge klassische Unterscheidung zwischen *Kostenstellen* und *Kostenträgern* verhandlungsfähig wird.

5.10.2.3 Kostenträgerrechnung

In der *Kostenträgerrechnung* werden die angefallenen Gesamtkosten der Hauptkostenstellen (Zeile Summe 3) auf die Kostenträger verrechnet und damit die Herstellungskosten beispielsweise einer *Produkteinheit* (*Stückkosten*) ermittelt. Kostenträger werden oberbegrifflich *Kalkulationsobjekte* bezeichnet und können Serienfabrikate, Anlagenprojekte (7.1.8), Dienstleistungen oder nachgeordnete Kostenstellen sein. Mit anderen Worten, *Produkte, Dienstleistungen* etc. *tragen die Kosten*, die während ihrer Herstellung oder durch Zuarbeit entstehen aus den *Erlösen*, die mit ihnen erzielt werden.

Die Verrechnung kann auf drei Wegen erfolgen:

- *Kostenverursachungsprinzip,*
- *Durchschnittsprinzip,*
- *Kostentragfähigkeitsprinzip.*

Beim *Kostenverursachungsprinzip* werden die Kosten verursachungsgerecht auf die Kostenträger verrechnet. Das heißt, es dürfen nur die Kosten verrechnet werden, die mit der Erstellung der Kostenträger *ursächlich*, im Regelfall proportional zusammenhängen, mit anderen Worten nur *Variable Kosten*. Dieses ist jedoch nur bei der Teilkostenrechnung möglich (5.10.3). Fixkosten bzw. Gemeinkosten können grundsätzlich nicht verursachungsgerecht zugeordnet werden, da sie unabhängig von der Kostenträgerstückzahl sind.

Beim *Durchschnittsprinzip* wird der Nichtdurchführbarkeit des strengen Verursachungsprinzips in Rahmen einer Vollkostenrechnung durch Verwendung von Durchschnittswerten Rechnung getragen, die an Hand geeigneter Schlüssel ermittelt werden (5.10.2.2).

Beim *Kostentragfähigkeitsprinzip* werden die Kosten vorrangig auf diejenigen Kostenträger verteilt, deren Marktpreis eine hohe Gewinnspanne enthält.

Dies erfolgt zu Gunsten von Kostenträgern, deren Preis vom Markt bzw. Wettbewerb quasi vorgeschrieben wird (*Zielkostenrechnung* 5.10.7).

Der Begriff *Kostenträgerstückrechnung* steht synonym für den Begriff *Kalkulation*. Aufgabe der Kostenträgerstückrechnung ist die

- Ermittlung der *Herstellungskosten* nach handels- und steuer-rechtlichen Vorschriften für den Jahresabschluss,

- Ermittlung der *Selbstkosten* als Grundlage der Preisbildung,

- Ermittlung der Basisdaten für Managemententscheidungen vom Typ, "*Make or Buy*" usw.

Die während der Rechnungsperiode angefallenen Gesamtkosten K werden durch *Divisionskalkulation* oder *Zuschlagskalkulation* auf die Kostenträger verteilt.

Divisionskalkulation

Bei der *Divisionskalkulation* werden die totalen Herstellungskosten K einer Periode (Einzel- und Gemeinkosten) durch die Stückzahl x der in dieser Periode hergestellten Kostenträger geteilt,

$$k = \frac{K}{x} \text{ in } \frac{\text{€}}{\text{Stück}} \ .$$

Man erhält so die *Herstellungsstückkosten* eines bestimmten Erzeugnisses.

Bei *Anlageprojekten* beträgt die Stückzahl 1, die Gesamtkosten sind daher mit den Projektkosten identisch. Die Divisionskalkulation eignet sich für Unternehmen oder Unternehmenseinheiten, die nur ein Erzeugnis herstellen bzw. vertreiben, beispielsweise kWh bei Elektrizitätsversorgungsunternehmen, und für die *Prozesskostenrechnung,* bei der Prozesskosten auf die Anzahl repetitiver Ausführungen der gleichen Tätigkeit verteilt werden (5.10.6).

Die *Herstellungskosten* zuzüglich der *Vertriebs-* und *Verwaltungskosten* führen schließlich auf die *Selbstkosten* per Stück.

Zuschlagskalkulation

Bei der *Zuschlagskalkulation* werden *Einzelkosten und Gemeinkosten getrennt* verrechnet. Es wird ein prozentualer Zuschlagsatz gebildet und den

Einzelkosten zugeschlagen (*Gemeinkostenzuschlag*). Die einfachste Art der Zuschlagskalkulation ist in Handwerksbetrieben und Kleinunternehmen zu finden, so genannte *Summarische Zuschlagskalkulation*. Dort wird ein *globaler (summarischer) Zuschlagsatz* gebildet, der *alle Gemeinkosten* einer Periode auf Basis *einer* wertmäßigen Bezugsgröße, im Regelfall zu den *Einzelkosten* (Material und Löhne) der Periode, ins Verhältnis setzt,

$$\text{Zuschlagsatz} = \frac{\text{Gemeinkosten/Periode}}{\text{Einzelkosten/Periode}} 100\,\% \quad .$$

Beträgt der Zuschlagsatz beispielsweise 120 %, werden aus 10 €/Stück Einzelkosten (Material- und Lohneinzelkosten) 22 €/Stück *Selbstkosten*,

$$\text{Selbstkosten} = \underbrace{10\,€}_{\text{Einzelkosten}} + \underbrace{12\,€}_{\text{Gemeinkostenzuschlag}} = 22\,€ \quad .$$

Bei materialintensiven Betrieben werden als Bezugsgröße statt der *Einzelkosten* oft nur die *Materialkosten/Stück*, bei lohnintensiven Betrieben oft nur die *Lohnkosten/Stück* gewählt.

Die summarische Zuschlagskalkulation kommt zwar ohne Kostenstellenrechnung aus, verstößt aber meist grob gegen das angestrebte *Kostenverursachungsprinzip*. Je höher die Gemeinkosten, desto gravierender sind die Abweichungen vom Verursachungsprinzip und desto unzutreffender die kalkulierten Selbstkosten. Die einfache Zuschlagskalkulation führt häufig zu gravierenden Fehlentscheidungen. Beispielsweise würden nach der globalen Zuschlagskalkulation ermittelte Selbstkosten häufig die Einstellung der Produktion bestimmter Produkte nahe legen, obwohl diese noch einen *Deckungsbeitrag* leisten (5.10.3). Sie ist daher für Industrieunternehmen ungeeignet.

Bei der *Elektiven bzw. Differenzierenden Zuschlagskalkulation* werden die Gemeinkosten nach den Faktoren, die sie verursachen, differenziert bzw. aufgeteilt, z. B. *Materialgemeinkosten, Personalgemeinkosten, Vertriebs- und Verwaltungsgemeinkosten*. Die Aufteilung der Gemeinkosten erfolgt nach *wertmäßigen* Bezugsgrößen, beispielsweise anteilig zu den *Einzelkosten*, bei den Vertriebs- und Verwaltungskosten anteilig zu den *Herstellungskosten*.

Man erhält so *individuelle Zuschlagsätze*:

$$\text{Materialgemeinkostenzuschlag} = \frac{\text{Materialgemeinkosten}}{\text{Materialeinzelkosten}} 100\,\%$$

$$\text{Lohngemeinkostenzuschlag} = \frac{\text{Lohngemeinkosten}}{\text{Lohneinzelkosten}} \cdot 100\,\%$$

$$\text{Vertriebsgemeinkostenzuschlag} = \frac{\text{Vertriebsgemeinkosten}}{\text{Herstellungskosten}} \cdot 100\,\%$$

$$\text{Verwaltungsgemeinkostenzuschlag} = \frac{\text{Verwaltungsgemeinkosten}}{\text{Herstellungskosten}} \cdot 100\,\%$$

Die Selbstkosten ergeben sich dann gemäß Bild 5.40.

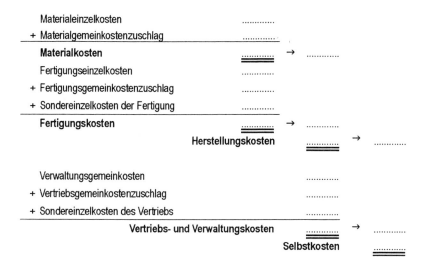

Bild 5.40: Schema zur Kalkulation der Selbstkosten.

Schließlich sei erwähnt, dass die Gemeinkosten der *Elektiven Zuschlagskalkulation* im einfachsten Fall unmittelbar der *Kostenartenrechnung* (5.10.2.1), bei höheren Ansprüchen den *End-* bzw. *Hauptkostenstellen* des *Betriebsabrechnungsbogens* der *Kostenstellenrechnung* (5.10.2.2) entnommen werden.

Mit zunehmendem Verhältnis Gemeinkosten zu Einzelkosten rückt auch die *Elektive* bzw. *Differenzierende Zuschlagskalkulation* deutlich vom Verursachungsprinzip ab. Die Verwendung *mengenmäßiger* Bezugsgrößen behebt diesen Mangel bis zu einem gewissen Grad, so genannte *Prozesskostenrechnung* (5.10.6).

Unter *Vorkalkulation* (*Angebotskalkulation*) versteht man die Ermittlung der Herstellungskosten und Selbstkosten von Teilen des Produktspektrums oder einer Anlage auf der Basis von *Plankosten*, das heißt aufgrund extrapolierter Istkosten bzw. extrapolierter Erfahrungswerte der Vergangenheit, bereinigt um inzwischen eingetretene bzw. während der Lieferzeit zu erwartende Änderungen.

Wie viel *Gewinn* auf die so ermittelten *Selbstkosten* aufgeschlagen wird, ist eine Frage dessen, was

– der Markt zulässt (*Kostentragfähigkeitsprinzip*),

– strategisch nahe gelegt wird (z. B. *Dumpingpreise, Sonderangebote*),

– unterschiedliche Kunden nahe legen (*Haushalte* und *Sondervertragskunden* der Elektrizitätsversorgungsunternehmen).

Der Verkaufspreis bzw. Angebotspreis ergibt sich wie folgt:

Bild 5.41: Ermittlung des Verkaufspreises.

Abschließend sei erwähnt, dass die Vollkostenrechnung trotz aller Kritik bei *geringen* Gemeinkosten die praktikabelste Lösung darstellt und deshalb am häufigsten anzutreffen ist. Bei hohen Gemeinkosten wird sie zunehmend ergänzt bzw. verdrängt durch die *Teilkostenrechnung*, die *Kalkulation mit Bezugsgrößen* und die *Prozesskostenrechnung*.

5.10.2.4 Kalkulation von Maschinenstundensätzen

Während bei den oben beschriebenen Verfahren der *Zuschlagskalkulation* Gemeinkosten bzw. Fixkosten nach einem *wertmäßigen* Schlüssel umgelegt wurden, beispielsweise *Einzelkosten* oder *Herstellungskosten,* erfolgt bei der Kalkulation von *Maschinenstundensätzen* eine Umlage der *maschinenzeitabhängigen Gemeinkosten* an Hand eines *mengenmäßigen* Schlüssels in Form der *Dauer der Inanspruchnahme* einer Maschine durch bestimmte

Werkstücke (*Bearbeitungsdauer*). Zur Kalkulation der Maschinenstunden-sätze werden die maschinenzeitabhängigen Gemeinkosten einer Maschine – *Kapitalzinsen*, *Abschreibungen*, *Raumkosten*, *Wartungskosten*, *Energie*, *Schmierstoffe* einer Periode – durch die Stundenzahl geteilt, während der die Maschine in dieser Periode betrieben wurde bzw. wird.

$$Maschinenstundensatz = \frac{Gemeinkosten/Periode}{Maschinenlaufzeit/Periode} = X \, € \, / \, h \quad .$$

Da im Zähler und Nenner jetzt Größen unterschiedlicher Dimension stehen, macht die Ermittlung eines prozentualen Zuschlagssatzes keinen Sinn mehr. Die Multiplikation des Stundensatzes mit der Bearbeitungsdauer liefert viel-mehr gleich die auf einen Kostenträger entfallenen maschinenzeitabhängigen Gemeinkosten. Nicht maschinenzeitabhängige Gemeinkosten werden sepa-rat mittels *Differenzierender bzw. Elektiver Zuschlagskalkulation* berück-sichtigt (5.10.2.3).

5.10.2.5 Kalkulation von Ingenieurstundensätzen

Auf ähnliche Weise wie für Maschinen *Maschinenstundensätze* ermittelt werden können, lässt sich auch für Ingenieurleistungen (engl.: *Engineering*) ein *Ingenieurstundensatz* bzw. -tagessatz berechnen. Auch hierbei werden die *ingenieurzeitabhängigen* Gemeinkosten an Hand des mengen- bzw. zeit-mäßigen Schlüssels "*Dauer der Inanspruchnahme*" umgelegt. Zur Ermittlung dieses Tagessatzes werden zunächst das *Gehalt, Gehaltsnebenkosten, Ar-beitsplatzkosten* etc. zu den Vollkosten für ein Jahr aufaddiert. Die Division dieses Betrages durch die Anzahl der Arbeitstage, beispielsweise 220 Tage (365 Kalendertage abzüglich Samstage, Sonn- und Feiertage sowie 30 Tagen Urlaub) ergibt den *Tagessatz*. Dieser geteilt durch 8 h den *Stundensatz*. Für einen in der Forschung tätigen Ingenieur kommen wegen der höheren Ar-beitsplatzkosten unschwer 150.000 €/Jahr zusammen, was einem Tagessatz von 682 € entspricht. Hierbei sind Krankheitstage, Streiks etc. noch nicht berücksichtigt.

5.10.2.6 Verrechnungspreise

In großen Unternehmen mit innerbetrieblicher Verrechnung von Dienst-leistungen oder gar Zulieferungen anderer Gesellschaften bei Konzernen müssen für die Leistungen *Verrechnungspreise (Transferpreise)*, beispielsweise *Ingenieurstunden-* oder *Ingenieurtagessätze* vereinbart bzw. akzeptiert werden. Die Höhe der Verrechnungspreise ist meist Gegenstand intensiver Diskussion, da der interne Lieferant möglichst *hohe* Preise durchsetzen, der interne Kunde möglichst *niedrige* Preise bezahlen will. Dies ist durchaus verständlich, geht doch bei beiden Partnern der Verrechnungspreis in die eigene Erfolgsrechnung ein.

Für die Ermittlung von Verrechnungspreisen gibt es grundsätzlich drei Möglichkeiten:

Marktorientierte Verrechnungspreise

Um zu fairen Verrechnungspreisen zu kommen, ist es einem internen Kunden erlaubt, sich auch am *freien Markt* Angebote einzuholen und gegebenenfalls einen Lieferantenauftrag *extern* zu vergeben. Allerdings hat der interne Anbieter meist die Chance als letzter nochmals nachbessern zu dürfen.

Kostenorientierte Verrechnungspreise

Die Ermittlung von Verrechnungspreisen auf Basis der eigenen Kostenrechnung wird gewöhnlich nicht widerspruchslos akzeptiert, da der Lieferer vorzugsweise nach der *Vollkostenrechnung* (5.10.2) ermittelte Preise durchsetzen will, während der Kunde eine Preisermittlung auf *Teilkostenbasis* (5.10.3) favorisiert.

Verhandelte Verrechnungspreise

Gewöhnlich erfolgt die Gestaltung der Verrechnungspreise aufgrund zäher Verhandlungen zwischen den Partnern. Da diese sich nicht immer einig werden, muss gelegentlich die vorgelagerte Managementebene entscheiden.

Schließlich sei erwähnt, dass Verrechnungspreise auch nach *firmenpolitischen* oder *steuerlichen* Gesichtspunkten festgelegt werden können, beispielsweise zur *Gewinnverlagerung*. Letztlich geht die Maximierung des gesamten Unternehmens etwaigem Bereichsegoismus vor (Wunschvorstellung).

5.10.3 Teilkostenrechnung

Die im Abschnitt 5.10.2 vorgestellte Vollkostenrechnung, die *alle* Kosten (Einzel- und Gemeinkosten) auf *alle* Kostenträger umlegt, führt oft zu falschen Kostenträger-Selbstkosten, da die Umlage nur *verursachungsnah*, nicht aber streng *verursachungsgerecht* erfolgt. Beispielsweise lassen sich allgemeine *Forschungs- und Entwicklungskosten, Werbekosten, Öffentlichkeitsarbeit* etc. wegen der zeitlichen Verzögerung einzelnen Produkten oft nicht verursachungsgerecht zuordnen. Die ferner unterstellte Proportionalität zwischen Einzelkosten und Gemeinkosten kann zu gravierenden Fehlentscheidungen führen, wenn in den Herstellungskosten Gemeinkosten verrechnet sind, die mit der Herstellung gar nichts zu tun haben. Ein typisches Beispiel sind Sonderaufträge, die *überproportionale Gemeinkosten* infolge individueller Angebotserstellung, Kundenberatung, Fertigungszeichnungen, interne Besprechungen etc. verursachen. Diese Gemeinkosten werden häufig nur teilweise auf den Sonderauftrag, der Rest auch auf Serienfabrikate umgelegt, was diese unbegründet verteuert und zu Wettbewerbsverzerrungen führt. Aus diesem Grund wurde die *Teilkostenrechnung* entwickelt, die die Kosten eines Produkts lediglich aus den *Einzelkosten* bzw. *Variablen Kosten* ermittelt. Angenommen, die Gemeinkosten seien bereits durch andere Produkte abgedeckt, dann wird auch dann schon Gewinn gemacht, wenn die erzielten Erlöse die mit einem Zusatzauftrag verknüpften zusätzlichen variablen Kosten (*variable Einzelkosten* und *variable Teile der Gemeinkosten*) übersteigen. Die Differenz zwischen *Erlös* und *variablen Kosten* bezeichnet man als *Deckungsbeitrag*. Er ist der *zentrale Begriff der Teilkostenrechnung*,

Deckungsbeitrag = Erlös - Variable Kosten   .

Selbstverständlich kann ein Unternehmen nur dann langfristig überleben, wenn die Summe der *Absatzpreise* bzw. *-erlöse* auch die gesamten Fixkosten deckt. Solange ein *Deckungsbeitrag* erwirtschaftet wird, deckt das zugehörige Produkt zumindest noch einen Teil der Fixkosten, auch wenn es nach der Vollkostenrechnung einen Verlust einfährt und seine Produktion eingestellt werden müsste. Erst wenn der Deckungsbeitrag gegen Null geht oder gar negativ wird, muss die Fertigung des Produkts eingestellt werden.

Die Ergebnisse der Teilkostenrechnung bilden die Grundlagen für die Beantwortung folgender betrieblicher Fragestellungen:

– Ermittlung der treffenden *Herstellungs-* bzw. *Selbstkosten* zur Bestimmung der *Preisuntergrenze* für Preisverhandlungen (*Grenzkosten*).

– Ermittlung des "*Break-even points*", als dem Punkt, in dem die Erlöse gleich den Gesamtkosten sind, mit anderen Worten, ein Produkt in die *Gewinn-* oder *Verlustzone* gerät.

– *Optimierung des Fertigungprogramms* bei mehreren Produkten.

– Entscheidung über die *Annahme von Zusatzaufträgen* zu geringeren Stückpreisen bei Unterbeschäftigung.

– Entscheidung über "*Make or Buy*".

Die drei wichtigsten Verfahren der Teilkostenrechnung sind die *Einstufige Deckungsbeitragsrechnung*, die *Mehrstufige Deckungsbeitragsrechnung* und die *Grenzplankostenrechnung*.

5.10.3.1 Deckungsbeitragsrechnung

Die *Deckungsbeitragsrechnung* ist grundsätzlich eine Teilkostenrechnung (5.10.3). Es gibt jedoch mehrere Varianten. Die so genannte *Einstufige Deckungsbeitragsrechnung* (engl.: *Direct costing*), bei der Verwendung von Plankosten auch *Grenzplankostenrechnung* genannt, berücksichtigt nur die *Variablen Kosten* (*Einzelkosten* und *Variable Gemeinkosten*). Die Fixkosten (*Betriebsbereitschaftskosten*) gehen separat als *Fixkostenblock* in die Betriebsergebnisrechnung ein. Die Abtrennung der unabhängig von der Stückzahl anfallenden Fixkosten ermöglicht eine saubere Trennung der *Kosten einzelner Produkte* von *den gesamten Kosten der betrachteten Periode*. Die ausschließliche Berücksichtigung der variablen Kosten ergibt *treffende Herstellungskosten*, die separate Berücksichtigung der *Fixen Kosten* in der Betriebsergebnisrechnung das *treffende Betriebsergebnis*, das mit dem der Vollkostenrechnung übereinstimmt. Der wesentliche Unterschied zwischen Deckungsbeitragsrechnung und Vollkostenrechnung besteht in einer unterschiedlichen Bewertung der Herstellungskosten der Produkte. Während ein nach Vollkostenrechnung kalkuliertes Produkt wegen offensichtlichen Verlusts bereits eingestellt werden müsste, entscheidet die Teilkostenrechnung noch für eine Weiterfertigung, solange ein *Deckungsbeitrag* erwirtschaftet wird. Ferner entscheidet die Teilkostenrechnung im Hinblick auf eine *kurzfristige* Optimierung des Ergebnisses einen Auftrag auch dann noch anzunehmen, wenn der erzielte Preis mindestens die *Variablen Kosten* deckt (Verkauf zu Grenzkosten). Bezüglich der *langfristigen* Prosperität des Unternehmens müssen natürlich die erzielten Preise die aus der Vollkostenrechnung sich ergebenden Gcsamtkosten decken.

Wie bereits erwähnt, wird auch die Deckungsbeitragsrechnung schrittweise in Form einer *Kostenarten-*, *Kostenstellen-* und *Kostenträgerrechnung* durchgeführt.

In der Kostenartenrechnung werden wie gewohnt die verschiedenen Kostenarten getrennt in *variable* und *fixe Kostenarten* und die jeweils zugehörigen *Kosten* aufgelistet. Hierbei wird berücksichtigt, dass viele fixe Kosten durchaus einen beschäftigungsabhängigen, das heißt variablen Anteil besitzen, der *auch* unter den variablen Kosten aufgeführt wird. Typische Beispiele dafür sind *Energiekosten, Wartungskosten, nutzungsabhängige Komponenten der Abschreibungen* etc.

Zur weiteren Verbesserung der Angemessenheit der Kosten wurde die *Mehrstufige Deckungsbeitragsrechnung* entwickelt (engl.: *Direct costing*) auch *Fixkostendeckungsrechnung* genannt, die zwischen der *Vollkostenrechnung* und der *Einstufigen Deckungsbeitragsrechnung* anzusiedeln ist. Sie unterscheidet sich von letzterer durch eine Aufteilung des *Fixkostenblocks* in *Produkt-Fixkosten, Produktgruppen-Fixkosten, Bereichs-Fixkosten* und *Unternehmens-Fixkosten.* Ihre differenzierte Berücksichtigung lässt erkennen, ob ein Produkt zusätzlich zur Deckung der eigenen Fixkosten auch noch einen Beitrag zur Deckung der Bereichs- und Unternehmens-Fixkosten leistet.

Abhängig vom Umfang der berücksichtigten Fixkosten unterscheidet man daher zwischen *Deckungsbeitrag I* (nur Variable Kosten), *Deckungsbeitrag II, Deckungsbeitrag III, Deckungsbeitrag IV* usw., Bild 5.42.

Erlöse	....
./. Variable Kosten	....
Deckungsbeitrag I	....
./. Produkt-Fixkosten	....
Deckungsbeitrag II	....
./. Produktgruppen-Fixkosten	....
Deckungsbeitrag III	....
./. Bereichs-Fixkosten	....
Deckungsbeitrag IV	....
./. Unternehmens-Fixkosten	....
Betriebsergebnis	=============

Bild 5.42: Definition der Deckungsbeiträge I bis IV.

Die Deckungsbeiträge II bis IV werden mit zunehmender Berücksichtigung der Fixkosten immer kleiner. Langfristig muss der Deckungsbeitrag IV im Mittel so groß sein, dass ein positives Betriebsergebnis erzielt wird.

5.10.3.2 Gewinnschwellenanalyse

Die *Gewinnschwellenanalyse* (engl.: *Break-even analysis*) ist eine Anwendung der Ergebnisse der Einstufigen Deckungsbeitragsrechnung und zeigt graphisch auf, bei welcher *Beschäftigung* bzw. *Auslastung* ein Unternehmen in die *Gewinnzone* bzw. in die *Verlustzone* gerät. Für ein einziges Produkt zeigt Bild 5.43 den Zusammenhang zwischen den *Erlösen*, *fixen* und *variablen Kosten* und den verkauften Stückzahlen.

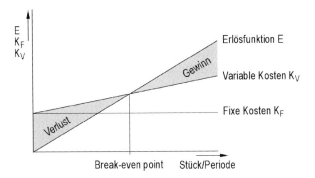

Bild 5.43: Break-even Analyse.

Beginnend im Nullpunkt steigen die *Erlöse* proportional zur Stückzahl an. Die *Variablen Kosten* steigen ebenfalls proportional zur Stückzahl an, beginnend jedoch auf dem Sockel der *Fixen Kosten*.

Mit zunehmender verkaufter Stückzahl schneidet die Erlösfunktion E im *Break-even point* die Kostenfunktion $K = K_F + K_V$. In diesem Punkt decken die Erlöse gerade die Gesamtkosten. Ab hier "*rechnet sich*" das Erzeugnis und fährt mit zunehmender Stückzahl *Gewinn* ein. Bei fallender Stückzahl macht das Unternehmen *Verluste* und muss die Fixkosten reduzieren.

Bei mehreren verschiedenen Produkten wird auf der Abszisse an Stelle der Stückzahl der Umsatz aufgetragen. Da jedoch ein bestimmter Umsatz aus einer beliebigen *Kombination von Produkten und Produkterlösen* bestehen kann, ist eine eindeutige Zuordnung des *Break-even points* zu einzelnen Produkten nicht mehr möglich.

5.10.3.3 Deckungsbeitragsrechnung mit relativen Einzelkosten

Bei den bisher betrachteten Verfahren erfolgte die Aufteilung der Kosten in *Einzelkosten* und *Gemeinkosten* vergleichsweise grob an Hand ihrer Zuordnung auf die Kostenträger, das heißt direkt oder indirekt über Kostenstellen (*Gemeinkosten*). Im Gegensatz dazu werden bei der Deckungsbeitragsrechnung mit *relativen Einzelkosten* die Kosten auf verschiedenen Ebenen der Unternehmenshierarchie gegenüber den übergeordneten Ebenen als *Einzelkosten*, gegenüber den untergeordneten Ebenen als *Gemeinkosten* feiner *differenziert* bzw. *relativiert*. Die Aufteilung in Einzel- und Gemeinkosten hängt mit anderen Worten von der *Natur des Kalkulationsobjekts* ab. Beispielsweise können die Wartungskosten einer Werkzeugmaschine bezüglich der *Maschine als Kostenstelle* Einzelkosten sein, während sie gegenüber einer Produktmenge als Gemeinkosten bzw. Fixkosten auftreten. Diese Klassifikation der Kosten erlaubt es, *alle Kosten als Einzelkosten* zu interpretieren. Damit entfällt auch die *Unterteilung in Kostenarten, Kostenstellen-* und *Kostenträgerrechnung*. Vielmehr erfolgt eine kombinierte *Kostenarten-/Kostenstellen-/Kostenträgerrechnung*. Die Deckungsbeitragsrechnung mit relativen Einzelkosten ist sehr komplex und deshalb nur in wenigen Unternehmen anzutreffen. Der Leser wird deshalb auf das weiterführende Schrifttum verwiesen.

5.10.4 Erlösrechnung

Während in der Vergangenheit die *Erlösrechnung* nur im Kontext der *Kurzfristigen Erfolgsrechnung* (5.10.5) in Erscheinung trat, gewinnt sie im Rahmen der modernen Kosten- und Erlösrechnung zunehmend eigenständige Bedeutung.

Unter Leistungen versteht man alle Arten der Güterentstehung und Dienstleistungen in einem Unternehmen, unabhängig davon, ob es sich um Erzeugnisse für den Verkauf oder um innerbetriebliche Leistungen handelt, die für interne „*Kunden*" bzw. deren *Kostenstellen* (5.10.2.2) erbracht werden.

In Geldeinheiten bewertete Leistungen bezeichnet man als *Erlöse*, die Untermenge der am Markt umgesetzten (verkauften) Leistungen als *Umsatzerlöse*. Ähnlich wie die Kostenrechnung kennt die moderne Erlösrechnung eine

- *Erlösartenrechnung*,
- *Erlösstellenrechnung*,
- *Erlösträgerrechnung*.

Erlösarten sind *Grundpreise, Aufpreise* etc. sowie, mit negativem Vorzeichen (erlösmindernd), *Skonti, Boni, Rabatte, Gutschriften* etc. *Erlösstellen* sind die

Orte der Erlösentstehung, beispielsweise "*Key Customer*", *Märkte* etc. *Erlösträger* sind im Regelfall identisch mit den *Kostenträgern*.

Schließlich gibt es eine *Erlösträgerstückrechnung*, die die Erlöse per Stück, getrennt nach Produktarten berechnet.

Die Erlösrechnung ist von Bedeutung für die Feststellung des operativen Erfolgs im Rahmen der *Kurzfristigen Erfolgsrechnung*, die im folgenden Abschnitt vorgestellt wird. Wegen weiterer Einzelheiten wird der Leser auf die Fachliteratur über Kosten- und Leistungsrechnung und modernes Controlling verwiesen, über die zahlreiche Spezialwerke erschienen sind.

5.10.5 Kurzfristige Erfolgsrechnung

Während die *Gewinn- und Verlustrechnung des Jahresabschlusses* einmal im Jahr den Jahresüberschuss des gesamten Unternehmens ausweist (5.5.1 und 5.5.2), gibt die *Kurzfristige Erfolgsrechnung* Antwort auf die Frage, "*Wie groß war das Betriebsergebnis im vergangenen Quartal, Monat etc. für einzelne Produkte?*". Sie ermöglicht somit eine Erfolgskontrolle für einzelne Produkte in Echtzeit und ist daher eines der wichtigsten Werkzeuge der Unternehmensführung.

Die *Kurzfristige Erfolgsrechnung* stellt für einen bestimmten Abrechnungszeitraum die nach einer *Deckungsbeitragsrechnung* (5.10.3.1) ermittelten Kosten einzelner *Produkte* bzw. *Sparten* den Erlösen dieser Einheiten gegenüber. Sie ist im Wesentlichen eine in kurzen Abständen erstellte *partielle Gewinn- und Verlustrechnung* für Teilbereiche bzw. *einzelne Produkte* eines Unternehmens, die nach der Ermittlung des *Betriebsergebnisses* abgebrochen wird. Dies bedeutet auch, dass in der Kurzfristigen Erfolgsrechnung nur *Kosten* und *Leistungen* bzw. *Erlöse* einander gegenübergestellt werden, während die Gewinn- und Verlustrechnung den Überschuss der *Erträge* über die *Aufwendungen* ermittelt. Im Kontext der Kosten- und Erlösrechnung wird die kurzfristige Erfolgsrechnung auch als *Kostenträger-Zeitrechnung* bezeichnet.

5.10.6 Prozesskostenrechnung

Die Motivation für eine *Prozesskostenrechnung* (engl.: *Activity Based Costing*, ABC) resultiert aus der gegenwärtigen ständigen Zunahme der *Gemeinkosten* gegenüber den *Einzelkosten*, ausgelöst durch

- den Übergang von Massenfertigung zur flexiblen, variantenreichen Fertigung mit entsprechend aufwendigerer *Arbeitsvorbereitung* (CIM, CAD-
  CAM, Logistik),

- die zunehmende Verrichtung bisheriger *manueller Arbeit* durch *Maschinen* (Automatisierung, Rationalisierung, anlagenintensive Produktion),
  ebenfalls mit aufwendigerer *Arbeitsvorbereitung*,

- die generelle Zunahme planerischer, analytischer, administrativer und
  koordinierender Tätigkeiten.

Mit zunehmendem Verhältnis *Gemeinkosten/Einzelkosten* wird bekanntlich
die verursachungsgerechte Aufteilung der Gemeinkosten auf einzelne Kostenträger durch die klassische Vollkostenrechnung immer willkürlicher
(5.10.2 und 5.10.3). Insbesondere von der Routine abweichende kunden-
spezifische Sonderaufträge, die einen überproportionalen Aufwand in der *verborgenen Fabrik* (3.2.2) erfordern, beispielsweise Angebotserstellung, Kon-
struktionsänderungen, innerbetriebliche Rückfragen, Diskussionen mit dem
Kunden, von der Norm abweichende Prüfungen etc., werden gewöhnlich mit
einem viel zu *niedrigen* Gemeinkostenzuschlag kalkuliert, auf Kosten zu
hoher Gemeinkostenzuschläge auf die Serienfabrikate. Dies führt häufig zu
Produkten, deren *Kosten* erheblich über dem tatsächlich abgerechneten *Verkaufspreis* liegen, was gefährliche Folgen haben kann. Beispielsweise können
mittels einer Vollkostenrechnung ermittelte überhöhte Kosten für Serienfabrikate zu einem Umsatzrückgang führen, der seinerseits zur Folge hat,
dass die unverändert gebliebenen Gemeinkosten künftig auf eine geringere
Stückzahl umgelegt werden, was wiederum zu weiteren Umsatzeinbußen
führt. Dieser *Circulus vitiosus* hat schon manches Unternehmen in Schwierigkeiten gebracht. Eine zutreffende Kostenermittlung ist daher für viele Managemententscheidungen bezüglich *Preisbildung, Produktpalette, Make or
Buy, Outsourcing* etc. von fundamentaler Bedeutung.

Die Prozesskostenrechnung versucht, die Kostenbeziehungen zwischen Gemeinkosten und Kostenträgern transparenter zu machen bzw. zu präzisieren
und damit eine *verursachungsgerechtere Zuordnung* bzw. *Schlüsselung* der
Gemeinkosten auf die einzelnen Erzeugnisse zu ermöglichen. Vom Grundsatz her ist auch sie eine Vollkostenrechnung.

Während die klassische Kosten- und Leistungsrechnung stets von der Annahme ausgeht, dass *Produkte* Kosten verursachen, beruht die Prozesskostenrechnung auf der Annahme, dass Produkte bestimmte *kostenverursa-*

chende Prozesse in Anspruch nehmen. Die Umlage der Gemeinkosten erfolgt dabei nicht mehr an Hand *wertmäßiger, monetärer* Zuschlagsgrundlagen, beispielsweise *Einzelmaterialkosten, Lohnkosten* etc. wie bei der klassischen Zuschlagskalkulation, sondern an Hand *mengen- und zeitmäßiger* Bezugsgrößen in Form der Häufigkeit oder Dauer der Inanspruchnahme bestimmter Prozesse.

Die Verwendung mengen- bzw. zeitmäßiger Bezugsgrößen ist aus der Kalkulation von *Maschinenstundensätzen* und *Ingenieurtagessätzen* bereits im Grundsatz bekannt (5.10.2.4 und 5.10.2.5). Auch dort ist der Schlüssel die *Zeit der Inanspruchnahme.* Multipliziert man beispielsweise den Engineering-Prozess-Stundensatz mit der Dauer seiner Inanspruchnahme erhält man die jeweiligen Kosten. Die Prozesskostenrechnung verallgemeinert dieses Prinzip auf die Gemeinkosten verursachenden Prozesse der *verborgenen Fabrik,* (3.2.2), wie *Einkauf, Forschung und Entwicklung, Wartung, Vertrieb* etc. Beispielsweise gibt es im Einkauf die Prozesse *Angebote einholen, Bestellungen ausschreiben, Rechnungen prüfen und begleichen* etc. Da gerade die Kosten der Aktivitäten der verborgenen Fabrik (indirekte Kosten) gewöhnlich nicht in geldwerten Zahlen vorliegen, führt man *nichtmonetäre, mengenmäßige* Metriken in Form so genannter *Kostentreiber* ein (engl.: *Cost drivers):*

– Zahl der Arbeitsgänge (im Einkauf beispielsweise Zahl der Angebotseinholungen, Zahl der Bestellungen),

– Anzahl der Teile aus denen ein Erzeugnis besteht bzw. Anzahl der dadurch angestoßenen Beschaffungsvorgänge,

– Zahl der Umrüstungen von Werkzeugmaschinen.

Für den gleichen Prozess lassen sich meist mehrere Kostentreiber angeben. Die Kunst besteht darin, den- oder diejenigen Kostentreiber zu identifizieren, die die Inanspruchnahme am treffendsten quantifizieren.

Die Prozesskostenrechnung erfolgt in zwei Stufen:

– *Ermittlung der Kosten* aller *Gemeinkosten* verursachenden Prozesse im Unternehmen. Dies beinhaltet die Zerlegung des ganzheitlichen Geschäftsprozesses in *Teilprozesse,* die Zerlegung der Teilprozesse in einzelne Prozessschritte bzw. *Aktivitäten,* die zusätzliche Einrichtung von *Prozesskostenstellen,* die Ermittlung der jeweiligen Prozessvollkosten (Fixkosten und variable Kosten) während einer Periode aus den Daten der Finanzbuchhaltung und die Ermittlung der Prozessvollkosten für eine einmalige Prozessausführung durch Divisionskalkulation.

- *Ermittlung* der Kosten je Kostenträger aus den Prozessvollkosten für eine einmalige Ausführung, multipliziert mit der Häufigkeit der Inanspruchnahme (Kostentreiber).

Zur Ermittlung der auf ein Produkt entfallenden Gemeinkosten werden die Kosten pro Inanspruchnahme eines jeden Gemeinkosten verursachenden Prozesses addiert und als Gemeinkosten dem jeweiligen Kostenträger bzw. Kalkulationsobjekt zugeschlagen. Ist das Kalkulationsobjekt eine *Produktmenge*, müssen durch anschließende Divisionskalkulation noch die auf eine *Einheit* entfallenden Gemeinkosten durch Divisionskalkulation ermittelt werden.

Während die klassische Kostenrechnung *Lohnkosten, Materialkosten* und *Gemeinkosten* als gegeben annimmt und lediglich versucht, letztere so treffend wie möglich den verschiedenen Produkten und Dienstleistungen zuzuordnen, zielen die *Prozesskostenrechnung* und das auf ihr aufbauende *Strategische Kostenmanagement* auch auf die *Verringerung der Kosten*. Neben der treffenderen Ermittlung der Kosten verschiedener Produkte ermöglicht die Prozesskostenrechnung nämlich auch ein besseres Verständnis der *Ursachen* der momentanen Kosten und zeigt Möglichkeiten zu ihrer Verringerung auf.

Die Prozesskostenrechnung soll die klassische Kostenrechnung nicht ersetzen, sondern ergänzen und Hinweise für Prozessverbesserungen geben (Kapitel 8). Allein die Namensgebung *Kostentreiber* lässt die besondere Aufgabe der *Prozesskostenrechnung* im Rahmen von *Prozessverbesserungen* erkennen. Die Prozesskostenrechnung fördert das Kostenbewusstsein der Mitarbeiter und besitzt ihr größtes Potential wohl in *Öffentlichen Unternehmen* (Kapitel 2).

Grundsätzlich gibt es die Prozesskostenrechnung bereits in Form der *Elektiven (Differenzierenden) Zuschlagskalkulation mit Bezugsgrößen*. Letztere sind nichts anderes als die Kostentreiber der Prozesskostenrechnung (wenngleich nicht alle bzw. andere *Kostentreiber* erfasst werden). Vor- und Nachteile der Prozesskostenrechnung werden derzeit noch kontrovers diskutiert, mit einem Trend zu größerer Verbreitung.

5.10.7 Zielkostenrechnung

Die *Zielkostenrechnung* (engl.: *Target costing)* ist kein weiteres Kostenrechnungssytem, sondern eine *strategische Entscheidungshilfe* bzw. auch ein TQM-*Werkzeug* zur Optimierung der Kostenstrukturen eines Unternehmens. Sie baut auf den bislang vorgestellten Kostenrechnungssystemen auf, vorrangig der Prozesskostenrechnung (5.10.6). Die Zielkostenrechnung gibt nicht Antwort auf die klassischen Fragen "Was *kostet* ein Produkt (Istkostenrechnung) bzw. *wird* ein Produkt *kosten (*Plankostenrechnung)?", sondern auf die Frage "Was *darf* ein Produkt kosten, damit es am Markt gegenüber dem Wettbewerb bestehen kann?". Zielkostenrechnung bedeutet einen Paradigmenwechsel von der "*Kosten-Plus*"-*Preisbildung* zur *wettbewerbs-* bzw. *marktorientierten* Preisbildung. Diese erlaubt keine Vollkostenrechnung mehr mit willkürlich umgelegten Gemeinkosten, sondern fordert die treffendere Teilkostenrechnung (5.10.1 und 5.10.3.1)

In der Vergangenheit wurden neue Produktideen in Innovationen umgesetzt und ihr Preis basierend auf den jeweiligen Herstellungskosten und einem von den Kunden akzeptierten möglichst hohen Gewinnzuschlag festgesetzt. Dies ging bzw. geht bei Produkten mit Monopolstellung auch gut, beispielsweise bei *patentrechtlich geschützten* Innovationen oder ausgeprägter *Technologieführerschaft*. Der heute noch mögliche technologische Vorsprung schmilzt jedoch aufgrund des internationalen Wettbewerbs und der Tatsache, dass vieles schon erfunden ist bzw. weiterer Fortschritt exzessiven Aufwand erfordert, zunehmend dahin (7.5, 7.6). Heute bestimmt der Markt einen *Zielpreis*, der abzüglich eines kalkulatorischen Gewinns auf maximal zulässige *Zielkosten* führt. Kaum ein Konstrukteur steht daher heute noch vor der Frage, wie er ein Bauteil bei gleichen Kosten weiter verbessern kann, sondern wie er ein Bauteil unter Wahrung aller für den Kunden wichtigen Eigenschaften und Verzicht auf alle vom Kunden nicht erwarteten Merkmale so billig herstellen kann, dass die zulässigen Zielkosten nicht überschritten werden. Es kommt also zunehmend darauf an, den *Produktionsprozess* bzw. die gesamte *Wertschöpfungskette* in Richtung der Einhaltung *partieller Zielkosten* zu verbessern, die durch Herunterbrechen der totalen Zielkosten auf die einzelnen Glieder (Stationen) der Wertschöpfungskette erhalten werden. Diese Vorgehensweise wird auch als Übergang vom "*Market push*" zum "*Market pull*" bezeichnet (Kapitel 2).

Market push: F & E → Investitionen → Preiskalkulation → Vertrieb

Market pull: Markt (Kunden) → Zielpreis → F & E → Investitionen → Vertrieb

Beide Philosophien enthalten im Wesentlichen die gleichen Komponenten, jedoch in unterschiedlicher Reihenfolge. Darüber hinaus enthält *Market pull* eine zusätzliche Komponente, den Markt (Kunden), der den gesamten Innovationsprozess auslöst.

Einem typischen Fall von Zielkostenrechnung begegnet der Ingenieur im Anlagengeschäft oder im Baugewerbe, wenn beispielsweise das niedrigste Angebot bekannt ist und unterboten werden soll.

Die Zielkostenrechnung hilft, Unternehmensressourcen gezielt für *marktrelevante* bzw. *kundenrelevante* Aktivitäten einzusetzen und damit trotz zunehmender Globalisierung des Wettbewerbs *Marktanteile zu halten, Gewinn zu machen,* mit anderen Worten *zu überleben.*

5.11   Finanzwesen

Das *Finanzwesen* (engl.: *Treasury*) befasst sich mit der *Beschaffung* und *Verwendung* von *Kapital* sowie mit der *Abwicklung des Zahlungsverkehrs.* Die Kapitalbeschaffung wird gewöhnlich als *Finanzierung,* die Kapitalverwendung bzw. -bindung als *Investition,* die Abwicklung des Zahlungsverkehrs als *Kapitalverwaltung* bezeichnet, Bild 5.44.

Bild 5.44: Aufgaben des Finanzwesens.

Während im Jahresabschluss die gemäß Abschnitt 5.2 definierten Begriffe *Erträge* und *Aufwendungen* einander gegenübergestellt und in der Kosten- und Leistungsrechnung die Begriffe *Erlöse* und *Kosten* verwandt wurden, kommen im Finanzwesen die Begriffe *Einzahlungen* und *Auszahlungen* zum Tragen. Oberstes gemeinsames Ziel ist die ständige *Wahrung der Liquidität.*

Finanzierung und Investitionen sind eng miteinander gekoppelt, ja sogar im Regelfall zueinander proportional. Hohe Investitionen erfordern eine hohe Finanzierung, geringer Investitionsbedarf eine geringe Finanzierung. Eine Abweichung von der Proportionalität entsteht beispielsweise dann, wenn ein Existenzgründer seinen PKW in seine GmbH einbringt, was eine Investition ohne Finanzierungsbedarf ist. Im Folgenden werden wir zunächst die *Finanzierung* behandeln.

5.11.1 Finanzierung

Von der Beschaffung des Rohmaterials bis zum Eingang des finanziellen Gegenwerts für die Produkte entstehen in einem Unternehmen beträchtliche Kosten durch die Bezahlung der Lieferantenrechnungen, die Bezahlung der Löhne und Gehälter, Mieten, Telekommunikationsrechnungen, Werbung, Vorhaltung von Betriebsmitteln (Werkzeugmaschinen, Rechner, Werkstätten) usw. Darüber hinaus braucht das Unternehmen ein Polster flüssiger Mittel in Form von Bar- und Buchgeld sowie Mittel für Investitionen, z. B. Anschaffung neuer Fertigungseinrichtungen. Der Geldwert der vorhandenen Betriebseinrichtungen, die Investitionsmittel für neue Betriebsmittel und die flüssigen Mittel zur Begleichung von Rechnungen stellen eine bestimmte Geldsumme dar, das *Kapital* bzw. den *Kapitalbedarf*, mit dem die Eigner, die Aktieninhaber und Fremdkapitalgeber in Vorleistung treten. Die Beschaffung bzw. zur Verfügungstellung des benötigten Kapitals bzw. der *finanziellen Mittel* bezeichnet man als *Finanzierung*, die Tätigkeit im Vorfeld als *Finanzplanung*. Grundsätzlich führen auch Privatpersonen eine Finanzplanung durch. Beispielsweise, wenn sie vor der Investition in ein neues Auto Soll und Haben ihres Bankkontos vergleichen und feststellen, wie viel Kredit sie unter Berücksichtigung der Wahrung ihrer Liquidität sowie künftiger Ein- und Auszahlungen aufnehmen müssen bzw. können. Während Privatpersonen ihre Finanzplanung jedoch meist "*im Hinterkopf*" haben, müssen Unternehmen wegen der Vielzahl der Geschäftsvorfälle eine detaillierte schriftliche Finanzplanung in Tabellenform durchführen.

5.11.1.1 Finanzplanung

Aufgabe der *Finanzplanung* (engl.: *Capital budgeting*) ist die Sicherstellung des *ständigen finanziellen Gleichgewichts* zwischen *Ein-* und *Auszahlungen* eines Unternehmens, mit anderen Worten, die Wahrung seiner *Liquidität*. Durch den zeitlichen Verzug zwischen Einzahlungen und Auszahlungen entsteht eine *Finanzlücke*, für die ein Unternehmen in Vorleistung treten muss. Diese Finanzlücke muss ständig durch angemessene Kapitalbeschaffung gedeckt werden, andernfalls geht das Unternehmen in Konkurs. Das Kapital muss antizipativ bereitgestellt werden, damit die Finanzlücke gar nicht erst entstehen kann. Die Bewältigung dieser Aufgabe erfolgt im ersten Schritt durch Aufstellung eines *Finanzplans*, der monatlich, wöchentlich oder gar täglich die *künftigen Einzahlungen* den künftigen *Auszahlungen* gegenüberstellt, Bild 5.45.

Einzahlungen/ Auszahlungen \ Planungszeitraum	Periode 1		Periode 2	Periode 3	Periode 4
	Plan	Ist			
Einzahlungen					
- Umsatzerlöse					
- Finanzanlagen					
- Verkauf von Anlagegütern					
- Einnahmen für Rechte, Mieten					
- Sonstige Einnahmen					
- Kreditaufnahmen					
- Einlagen/Kapitalerhöhung					
Summe Einnahmen					
Ausgaben					
- Investitionsausgaben					
- Material- und Wareneinkauf					
- Personalausgaben					
- Finanzierungsausgaben					
- Steuern					
- Ausgaben für Rechte, Mieten					
- Material, Kommunikation					
- Vertriebsausgaben					
- Sonstige Ausgaben					
- Entnahmen, Dividenden					
Summe Ausgaben					
Saldo Einnahmen/Ausgaben					
+ Bar- und Buchgeldbestand					
Über-/Unterdeckung					
Kreditrahmen					

Bild 5.45: Finanzplan mit Gegenüberstellung erwarteter Ein- und Auszahlungen und Feststellung der Über- bzw. Unterdeckung. Periode beispielsweise im Tages-, Wochen- oder Monatsrhythmus.

Der Saldo der Einnahmen über die Ausgaben einschließlich der Bar- und Buchgeldbestände ist ein Maß für die Abweichung vom finanziellen Gleichgewicht. Sie wird als *Überdeckung* bzw. *Unterdeckung* bezeichnet. Kurzfristige geringe Abweichungen vom Gleichgewicht werden vom Arbeitskapital (engl.: *Working capital*) aufgefangen. Als *Arbeitskapital* bezeichnet man die Differenz zwischen Umlaufvermögen und kurzfristigem Fremdkapital,

$$Arbeitskapital = Umlaufvermögen - kurzfristiges\ Fremdkapital\ \ .$$

Je höher das Arbeitskapital, desto geringer das *Liquiditätsrisiko*. Mit Rücksicht auf den Gewinn sollte man Arbeitskapital nur soviel wie nötig bereithalten, da es keine Verzinsung erfährt (5.8.2).

5.11.1.2 Maßnahmen zur Beseitigung einer Unterdeckung

Die Maßnahmen zur Beseitigung einer Unterdeckung ergeben sich aus dem Verständnis ihrer Ursachen, z. B. geringere Erlöse, zu hohe Investitionen, gestiegene Personal- und Rohmaterialkosten. Abhilfe schaffen daher (ohne Priorisierung, die ohnehin von Fall zu Fall verschieden ausfällt) folgende Maßnahmen:

- Steigerung des Umsatzes durch temporäre Sonderangebote
- Desinvestitionen, das heißt Verkauf aller nicht unbedingt erforderlichen Betriebsmittel
- Antizipativer Rechnungsversand, Sonderskonti
- Reduzierung der Ausgaben bis hin zum Ausgabenstopp
- Erhöhung des Kapitalumschlags
- Verschiebung geplanter Investitionen auf einen späteren Zeitpunkt
- Unterlassung von Privatentnahmen, Beschränkung auf Teilausschüttung bzw. gar totaler Verzicht auf Ausschüttung des Gewinns, so genannte *Gewinnthesaurierung*
- Steuerstundung
- Reduzierung der Ausgaben für Werbung und F&E-Projekte
- Eigenkapitalerhöhung bzw. Kreditaufnahme
- Wechselgeschäfte

Obige Maßnahmen lassen sich nach den Kriterien *Innen-* und *Außenfinanzierung* unterscheiden. Zuerst werden wir die Innenfinanzierung betrachten.

Innenfinanzierung

Die Innenfinanzierung kennt drei Quellen, den *Cash Flow* (5.8.6), *Desinvestitionen* (5.11.2) und die Erhöhung des *Kapitalumschlags*. Bei der Innenfinanzierung aus dem *Cash Flow* unterscheidet man zwischen *offener* und *stiller* Innenfinanzierung. Erstere erfolgt durch *nicht* oder nur *teilweise ausgeschütteten* Gewinn (*Gewinnvortrag*), letztere durch Bildung bzw. Auflösung stiller Reserven. Die Bildung stiller Reserven hat den höheren Finanzierungseffekt, da die Reserven erst bei ihrer Auflösung, spätestens jedoch bei der Unternehmensaufgabe versteuert werden müssen. Stille Reserven stehen in Form von Rückstellungen, insbesondere Pensionsrückstellungen zur Verfügung, die den Charakter eines zinslosen Kredits besitzen.

Bei *Desinvestitionen* wird in Investitionen gebundenes Kapital freigesetzt, beispielsweise durch Verkauf nicht mehr benötigter Werkzeugmaschinen oder durch Abstoßung von Grundstücken oder ganzer Unternehmensteile (bei Konzernen). Hierbei werden stille Reserven aufgelöst (5.4.3). Werden die Vermögensgegenstände noch gebraucht, können sie trotzdem verkauft und anschließend zurückgemietet werden (engl.: *Sell and lease back*). Wird das so gewonnene Kapital nicht für Reinvestitionen, sondern für Gewinnausschüttungen verwendet, bedeutet dies eine zunehmende *Aushöhlung der Unternehmenssubstanz*.

Bei der Erhöhung des *Kapitalumschlags*, das heißt des Verhältnisses von *Umsatz* zu *Gesamtkapital* (5.8.3), werden Rohmaterial und etwaige Zulieferungen für kürzere Perioden bestellt und bezahlt. Dadurch können die Lagervorräte kleiner gehalten und das zur Vorhaltung benötigte Kapital verringert werden. Bei der "*Just-in-time*" Produktion wird im Idealfall überhaupt kein Kapital gebunden bzw. benötigt.

Außenfinanzierung

Bei der Außenfinanzierung wird eine etwaige Finanzlücke durch von außen in das Unternehmen eingebrachtes Kapital gedeckt. Dieses kann sowohl in Form zusätzlicher Beteiligungen (Erhöhung der Einlagen der Gesellschafter, das heißt Eigenkapitalerhöhung) als auch in Form von *Darlehen (Krediten)* der Gesellschafter oder durch Fremdkapitalgeber bereitgestellt werden. In ersterem Fall sind die Gesellschafter am Gewinn beteiligt aber auch an einem etwaigen Verlust. Diese Finanzierungsform bedeutet in jedem Fall eine langfristige Kapitalbindung und birgt die Gefahr des Ausbleibens der Verzinsung.

Bei der Finanzierung durch Darlehen sind die Kapitalgeber weder am Gewinn noch an einem etwaigen Verlust beteiligt, sondern erhalten lediglich eine garantierte Verzinsung des gegebenen Kredits.

Man unterscheidet im Wesentlichen folgende Kreditarten:

- *Gesellschafterdarlehen*

  Die Gesellschafter überweisen ihr Darlehen formlos an das Unternehmen und erhalten formlos eine zuvor mit den Geschäftsführern und den anderen Gesellschaftern vereinbarte Verzinsung in Höhe von z. B. 10 %. Eine besondere Absicherung erfolgt in der Regel nicht. Die Rückzahlung erfolgt in gegenseitigem Einvernehmen.

- *Kontokorrentkredite*

  Die *Bank* räumt in einem Kreditvertrag ihrem Kunden eine bestimmte *Kreditlinie* ein, bis zu der er sein Konto problemlos überziehen darf. Bei Kreditlinien von wenigen tausend € verlässt sich die Bank auf die persönliche Bonität, das heißt auf dessen regelmäßiges Einkommen und die persönliche Vertrauenswürdigkeit des Kontoinhabers. Bei höheren Kreditlinien muss der Kunde zur Abdeckung des *Kreditrisikos*, das heißt Ausfall von Zinszahlungen oder gar ausbleibender Rückzahlung, dingliche Sicherheiten bieten. Das heißt, *Kredit bekommt nur, wer schon Vermögen besitzt.*

  Alternativ kann auch ein *Bürge*, der die beim Kreditnehmer vermisste *Bonität* bei sich selbst nachweisen muss, sich für den Kredit verbürgen. Am liebsten ist jeder Bank eine *Gesamtschuldnerische Bürgschaft*, bei der alle Beteiligten *gesamtschuldnerisch* voll haften. Die *Überziehungszinsen* sind von Bank zu Bank verschieden bzw. *Verhandlungssache.*

- *Personalkredite*

  Personalkredite werden *ohne Zweckbindung* an Personen bis zu einer der persönlichen Bonität angemessenen Höhe, die sich wiederum nach dem regelmäßigem Einkommen richtet, ohne dingliche Sicherung bei meist kurzer Laufzeit vergeben. Gewerbetreibende und Freiberufler erhalten so genannte *Anschaffungskredite* mit *zweckgebundener Verwendung*. Ihre Höhe und Kreditlaufzeit kann beträchtlich höher liegen.

– *Langfristige Darlehen*

Langfristige Darlehen werden zur Finanzierung langlebiger Wirtschaftsgüter aufgenommen, beispielsweise für den Erwerb von Immobilien, die
Erstellung von Gebäuden, den Bau einer Fabrik etc. Sie werden immer
durch *"wasserdichte"* Sicherheiten abgesichert, beispielsweise bei *Immobilien* in Form im Grundbuch eingetragener *Grundschulden* bzw. *Grund-
pfandrechte*. Der Kreditvertrag wird meist vor einem Notar geschlossen.
Die Zinsen und die Tilgungsraten sowie der Beleihungswert der angebotenen Sicherheiten sind von Bank zu Bank verschieden, mit anderen
Worten *Verhandlungssache*.

– *Industriekredite*

Industriekredite werden an Unternehmen vergeben. Die Kredite können
bei Großunternehmen und Konzernen bei entsprechender Bonität auch in
Millionenhöhe ohne jede Sicherung vergeben werden. Allein *der gute
Name* und das *Rating* (s. 5.11.1.4) eines Unternehmens nach Basel II entscheidet dann über die Kreditvergabe. Wegen Krediten bei Auslandsge-
schäften wird auf 5.11.1.5 und 5.11.5 verwiesen.

– *Lieferantenkredite*

Da bei Lieferungen die erbrachte Leistung und die finanzielle Gegenleistung, abgesehen von etwaigen Anzahlungen, zeitlich getrennt sind,
liegt auch hier ein Kreditverhältnis vor. Die Kredithöhe und Kreditdauer
hängt von der Bonität des Leistungsempfängers ab. *Lieferantenkredite*
entstehen mit anderen Worten selbsttätig durch den Bezug von Waren
oder Dienstleistungen, die erst später bezahlt werden müssen, beispielsweise *Zahlungsziel* 30 Tage. Sie sind, falls *Skonto* eingeräumt und nicht in
Anspruch genommen wird, die *teuersten Kredite* (5.4.3).

– *Avalkredite*

Eine Besonderheit stellen *Avalkredite* dar, bei denen ein Unternehmen
kein Bargeld, sondern eine *Bankbürgschaft* gegenüber Dritten erhält. Die
Bankbürgschaft wird zur Sicherung hoher Anzahlungen bzw. als Garantie
auf die mängelfrei zu erbringende Leistung an den Kunden bzw. dessen
Bank gegeben. Da die Bank mit ihrer Bürgschaft nur eine Eventualver-
bindlichkeit eingeht, ist der Zinssatz sehr niedrig. Alternativ kann der
Lieferant auf seine Hausbank *"einen Wechsel ziehen"* und diesen nach
Akzeptanz durch die Bank als Sicherheit für eine Anzahlung an seinen
Kunden weiterreichen (5.11.3.3).

- *Wechselkredit*

  Der *Wechselkredit* setzt die Ausstellung eines so genannten *Wechsels* voraus. Die Wirkungsweise des Wechselkredits wird im Abschnitt 5.11.3.3 in Zusammenhang mit der Erläuterung des Begriffs "*Wechsel*" vorgenommen. Der Wechselkredit ist die schnellste, unbürokratischste und kostengünstigste Art der Kapitalbeschaffung.

- *Factoring*

  Gewährt ein Unternehmen Lieferantenkredite, können diese Forderungen als Sicherheit bei der Erlangung eigener Bankkredite dienen. Alternativ können die Forderungen an ein *Factoring-Unternehmen* verkauft und damit kurzfristig in Liquidität umgewandelt werden. In letzterem Fall übernimmt dann das Factoring-Unternehmen das Inkasso. Factoring ist speziell für kleinere Unternehmen mit vielen säumigen Kunden interessant. Die Kosten für die Serviceleistungen sind nicht unbeträchtlich.

5.11.1.3 Maßnahmen zur Beseitigung einer Überdeckung

Eine etwaige Überdeckung bereitet weniger Kopfzerbrechen. Das überschüssige Kapital kann für dringlich erforderliche, bislang aufgeschobene Investitionen oder für die Rückzahlung von Krediten mit hohen Zinsen verwendet oder als Festgeld angelegt werden (s. a. 3.3.3.4).

Abschließend sei erwähnt, dass die Unternehmen der Bundesrepublik im Durchschnitt mit ca. 70 % bis 80 % Fremdkapital arbeiten bzw. finanziert sind und dafür pünktlich Zinsen zahlen müssen. Einen großen Teil dieses Fremdkapitals machen Zahlungsverbindlichkeiten gegenüber Lieferanten aus. Der Rest des Gesamtkapitals ist Eigenkapital, dessen Verzinsung auch mal kurzfristig ausgesetzt werden bzw. verzögert erfolgen kann.

5.11.1.4 Basel II

Banken unterliegen zum Schutz ihrer Sparer bzw. Einleger und zur Gewährleistung eines einwandfreien Funktionierens des Bankwesens der so genannten *Bankaufsicht*. In Deutschland wird diese von der "*Bundesanstalt für Finanzdienstleistungen*" (BaFin) wahrgenommen. Darüber hinaus gibt es den "*Internationalen Baseler Ausschuss für Bankenaufsicht*" der supranational aktiv ist (engl.: *Basel Committee on Banking Supervision*). Zusammen mit den anderen Bankaufsichtsorganen der wichtigsten Industrieländer (10 G Staaten) ist BaFin Teil der *Bank für Internationalen Zahlungsverkehr* (BIZ) (engl.: *Bank of International Settlement* (BIS)). Auf Veranlassung von BIZ bzw. BIS wurden *Basel I* und *Basel II* erarbeitet. Gemäß Basel I mussten die Banken in der Vergangenheit 8 % des ihren Kunden gewährten Kreditvolumens selbst als Eigenkapital unterlegen. Gemäß Basel *II* muss sich die Eigenkapitalunterlegung der Bank nach einem formalen *Rating* der *Bonität* ihrer Kunden richten. Bei exzellentem Rating eines Kunden darf die Bank künftig *weniger* Eigenkapital als 8 %, bei mäßigem Rating muss sie einen deutlich *höheren* Prozentsatz unterlegen. Das Rating erfolgt meist kostenlos durch die Bank oder durch eine externe *Rating-Agentur* gegen Bezahlung (Großindustrie).

Die eigentliche Risikobewertung basiert nach Basel II nicht mehr auf der subjektiven Einschätzung des Kreditsachbearbeiters, sondern wird mittels leidenschaftsloser Computerprogramme ermittelt. Sie berücksichtigen neben den klassischen aus dem *Jahresabschluss* (5.7) zu entnehmenden *Vergangenheitsinformationen* zusätzliche, *vorausschauende* Kriterien, wie *künftige Ertragschancen, Branchen-* und *Wettbewerbssituation, Unternehmensstrategie, Unternehmensorganisation, Qualifikation des Managements.* Unternehmen, die ohne *Businessplan* (6.1.2) und ohne erkennbare Planungsaktivitäten jeden Tag "*Business as usual*" betreiben, kommen dabei schlecht weg. Dennoch ist nicht wegzuleugnen, dass das Ausmaß der Erfüllung einzelner Kriterien letztlich doch wieder von einem Kreditsachbearbeiter bewertet und festgestellt wird.

Im Einzelnen erfolgt das Rating anhand folgender Kriterien (Auswahl):

- *Jahresabschluss* (Gesamtkapitalrendite, Eigenkapitalquote, Cash Flow, dynamischer Verschuldungsgrad)
- *Besicherung* (Immobilien etc.)
- *Private Vermögensverhältnisse* (Vermögensaufstellung, regelmäßige Belastungen)
- *Unternehmensentwicklung* (Auftragslage, Vorräte, zeitnahe betriebswirtschaftliche Auswertung)
- *Unternehmensplanung* (Businessplan, Strategieplan, Investitionsplanung, Liquiditätsplanung)
- *Unternehmensrisiken* (Technologiewandel, Wechselkursabhängigkeit, Gewährleistung, Versicherungen, Umweltschutzauflagen)
- *Bank/Kunden-Beziehung* (proaktives Informieren der Bank, Kreditlinien-Inanspruchnahme)

- *Management* (Kompetenz, Organisationsstruktur, Nachfolgeregelung)
- *Controlling* (Kostenrechnung, monetäres/nicht monetäres Controlling)
- *Markt* (Marktentwicklung, Wachstum, Wettbewerb, viele kleine oder wenige große Kunden, Konjunkturabhängigkeit)
- *Produkte* (Produktsortiment, Product life cycle, Forschung & Entwicklung)
- *Qualitätssicherung* (Total Quality Management, Six Sigma-Technologie)

Als Ergebnis des Ratings wird die Bonität eines potentiellen Kreditnehmers nach folgender Skala bewertet:

Externes Rating: Bonitätsprädikate			
AAA	**1**	Höchste Bonität, praktisch kein Ausfallrisiko.	
AA	**1-2**	Hohe Zahlungswahrscheinlichkeit, geringes Insolvenzrisiko.	
A	**2**	Angemessene Deckung von Zins und Tilgung, aber auch Elemente, die sich bei einer Veränderung der wirtschaftlichen Lage negativ auswirken können.	**Investment-bereich**
BBB	**3**	Angemessene Deckung von Zins und Tilgung, jedoch mangelnder Schutz gegen wirtschaftliche Veränderung.	
BB	**3-4**	Sehr mäßige Deckung von Zins und Tilgung, auch in gutem wirtschaftlichen Umfeld.	**Spekulativer Bereich (engl.: Junk Bonds)**
B		Geringe Sicherung von Zins und Tilgung.	
CCC CC C	**5**	Niedrigste Qualität, geringer Anlegerschutz, in akuter Gefahr des Zahlungsverzuges	
SD/D	**6**	In Zahlungsverzug.	

Bild 5.46: Bonitätsbewertungen gemäß Basel II (*Standard & Poors*).

Bei sehr gut bewerteten Unternehmen fallen für die Bank geringere Eigenkapitalkosten an. Sie kann dann günstigere Konditionen anbieten als bei Unternehmen, die im Mittelfeld liegen. In letzterem Fall muss die Bank selbst mehr Risiko übernehmen und die dadurch entstehenden zusätzlichen Eigenkapitalkosten in Form höherer Zinsen auf den Kunden abwälzen.

Im Regelfall werden neue Kredite nur bei einem Rating $\geq$ BBB vergeben. Die Banken unterliegen nämlich bei der Refinanzierung auch einem Rating, das wiederum vom Rating-Spektrum ihrer Kunden abhängt. Je höher das Rating der Bank, desto geringer die Zinsen bei der Refinanzierung.

Basel II hat zu einer restriktiveren Kreditvergabepraxis geführt und in zahlreichen mittelständischen Firmen durch Reduzierung von Kreditlinien oder gar Verweigerung der Prolongation bisheriger Kredite zur Entwicklung einer Insolvenz beigetragen. Basel II ist aber deswegen nicht zwingend zum Nachteil der Kredit beantragenden Unternehmen. Bei exzellentem Rating können Unternehmen sogar günstigere Konditionen erhalten. Ferner zwingt das Rating die Unternehmen, sich selbst über ihr Geschäft klar zu werden, insbesondere über ihre meist fatale Eigenkapitalschwäche. Im Hinblick auf ein gutes Rating werden ein längst überfälliger *Businessplan* erstellt (6.1.2), eine *Betriebswirtschaftliche Auswertung* in Echtzeit eingeführt (5.10.5) und *Risikomanagement* betrieben (7.13).

Voraussetzung für ein erfolgreiches Rating ist große Offenheit gegenüber den Rating-Partnern. Leider verhalten sich viele Banken mit dem Ergebnis ihres internen Ratings ihren Kunden gegenüber nicht ganz so offen. Der Kunde könnte ja im Falle einer sehr positiven Bewertung auf noch niedrigere Zinsen drängen. Partnerschaftlich agierende Banken und insbesondere die Rating-Agenturen diskutieren jedoch das Ergebnis offen mit ihren Kunden, wobei sich meist mehrere Lerneffekte einstellen. Schließlich schadet bei Gesprächen mit der Bank ein gewisses Selbstbewusstsein nicht, der Kreditnehmer kommt ja nicht als Bittsteller sondern als Geschäftspartner.

Neben den neuen Ratingmodalitäten beinhaltet Basel II auch Änderungen der Gestaltung der Bankenaufsicht sowie umfangreiche Informationsforderungen an die Kreditwirtschaft, auf die hier nicht weiter eingegangen werden kann und die auch für den überwiegenden Teil der Leser nicht relevant sind. Erwähnt werden sollte lediglich noch, dass bei der jüngsten spektakulären US Bankenkrise, die auch deutsche Großbanken erheblich in Mitleidenschaft gezogen hat, Basel II versagt hat und Forderungen nach einem Basel III mit noch strengeren Auflagen hat aufkommen lassen.

5.11.1.5 Finanzierung von Auslandsgeschäften

Die Bundesrepublik, wie auch alle anderen Industriestaaten, gewährt zur Erzielung von *Fremdwährungseinnahmen* (*Devisen*) und dem *Erhalt der Arbeitsplätze* exportorientierten deutschen Unternehmen, so genannte *Ausfallbürgschaften* für das Risiko des Nichteingangs vereinbarter Zahlungen aus dem Ausland. Die Bürgschaften werden über ein Konsortium der *Hermes-*

Kreditversicherungs-AG und der *C & L Deutsche Revision Aktiengesellschaft*, kurz *Hermes-Versicherung* bzw. *Hermes-Deckung* genannt, abgewickelt. An dieses Konsortium werden auch die Anträge gestellt. Gründe des Nichteingangs der Zahlungen können sowohl *Insolvenzen* ausländischer Kunden, *politische Veränderungen* vor Ort als auch ein *inländisches Ausfuhrembargo* sein. Ferner lassen sich mit Anzahlungen verrechnete lokale Leistungen des Kunden vor Ort, die heute häufig einen Anteil von mehreren 10 % betragen, versichern. Schließlich kann die Zahlung der Rechnung des inländischen Lieferanten aus *Kapital-Finanzierungen*, die die Bundesrepublik ausländischen Kunden gewährt, abgesichert werden. Die Zuzahlung des Kreditbetrags erfolgt dabei direkt an den inländischen Lieferanten. Viele Exportaufträge kommen nur dadurch zustande, dass die Lieferanten auch die Finanzierung des Auftrags beibringen bzw. vermitteln. In vielen Fällen erfolgen Auftragsannahmen bzw. Lieferungen auch nur gegen *Vorkasse, Dokumentenakkreditiv* (engl.: *Letter of credit*, 5.11.5) oder einen auf eine Bank gezogenen Wechsel (*Bankakzept*, 5.11.3.3).

5.11.2 Investitionen

Unter einer Investition versteht man die gewöhnlich irreversible Umwandlung von *volatilem Kapital* (*Geld*) in gebundenes Kapital, beispielsweise Gebäude oder Maschinen (*Langfristige Kapitalbindung*). Auch der Kauf eines Unternehmens stellt eine Investition dar (5.9). Schließlich kann man Geld auch in *Wissen*, beispielsweise *Innerbetriebliche Weiterbildung* oder *Forschung* und *Entwicklung* investieren. Da es sich bei Investitionen um die Schaffung von Erfolgspotentialen (Kapitel 1) handelt, werden sie von der Unternehmensleitung im Rahmen ihrer Planungs- und Steuerungsfunktion vorgenommen (in der Regel auf Stellung eines *Investitions*antrags durch die unterlagerte Managementebene, Kapitel 6).

Investitionen verursachen *Kosten* und erzielen *Erlöse*. Beispielsweise verursacht die Anschaffung einer Werkzeugmaschine *einmalige* Anschaffungskosten, denen nach Inbetriebnahme in *regelmäßigen Abständen Erlöse* folgen. Bei innerbetrieblichen Projekten fallen auch die Anschaffungskosten zeitlich gestaffelt an. Investitionen sind daher in der Anfangsphase meist von sequentiellen *Auszahlungen*, in der *Payback-Phase* von sequentiellen *Einzahlungen* begleitet. Erstere bezeichnet man als *Auszahlungsströme*, letztere als *Einzahlungsströme* oder auch als *Rückflüsse*. Diese Ströme bzw. Flüsse werden in so genannten *Investitionsrechnungen* miteinander verrechnet und die jeweiligen Salden über mehrere Perioden (Planungszeitraum oder Lebensdauer) als *Nettozahlungsflüsse* bzw. *Cash Flows* dargestellt (5.8.6 und 5.9.5).

Je nach Zweckmäßigkeit werden statt *Auszahlungen* und *Einzahlungen* auch *Kosten* und *Leistungen* sowie *Aufwendungen* und *Erträge* oder *Ausgaben* und *Einnahmen* miteinander verrechnet (5.2 und 5.9.5 sowie 7.1.8 und 7.5). Werden nur Kosten mit Kosten oder Erlöse mit Erlösen verglichen, spricht man von *Wirtschaftlichkeitsrechnungen*.

Desinvestitionen sind *einmalige Einnahmen* bzw. Einzahlungen aus dem Verkauf von Investitionsgütern, beispielsweise dem Verkauf von Werkzeugmaschinen bei Stilllegung einer Produktion oder dem Verkauf eines ganzen Unternehmensteils.

Abhängig vom Typ des Investitionsobjekts unterscheidet man drei Arten von Investitionen, Bild 5.47.

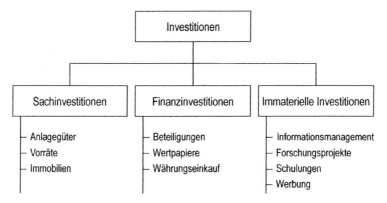

Bild 5.47: Investitionsarten.

Investitionen für Anlagegüter, beispielsweise für eine neue Werkzeugmaschine, die *mehr* Teile in *kürzerer* Zeit herstellt und damit viel billiger produziert (*Ersatz-* oder *Rationalisierungsinvestition*), lassen sich vergleichsweise einfach wirtschaftlich begründen. Hier fällt dem vorgelagerten, häufig nicht technisch beschlagenen Management und dem Controller die Zustimmung leicht. *Immobilieninvestitionen* und *Finanzinvestitionen* richtig zu beurteilen, traut sich das Top-Management ohnehin selbst am besten zu.

Ein Problem bilden die *Immateriellen Investitionen*. Ihnen ist gemeinsam, dass sich ihre Wirtschaftlichkeit schlecht *quantitativ* nachweisen lässt. In der Regel lässt sich ihr Nutzen nur *qualitativ* beschreiben, beispielsweise durch

    – *Tendenzielle Kostensenkung*,

- *Verkürzte Durchlaufzeiten,*
- *Kürzere Antwortzeiten,*
- *Stärkung der Wettbewerbsposition,*
- *Höhere Qualität,*
- *Umsatzsteigerung oder -erhalt,*
- *Technologieführerschaft,*
- *Prestige.*

Während jedoch *Werbung* als notwendige Marketingmaßnahme und *Schulung* als Qualitätssteigerungsmaßnahme durchaus anerkannt sind, haben es Investitionsvorschläge für *Forschungsprojekte* und *Informationsmanagement-Projekte* deutlich schwerer. Sie entziehen sich in der Regel einer genauen quantitativen Ermittlung des Zeitpunkts, an dem der "*Payback*" beginnt (7.6) und werden deswegen von vielen Managern, die sich wegen fehlender Sachkenntnis kein eigenes Urteil zutrauen, meist zurückhaltend behandelt, wenn nicht gar ignoriert.

Die mangelnde Berücksichtigung dieser beiden wichtigen Erfolgspotentiale ist jedoch neben dem Versäumnis rechtzeitig durchgeführter *Modernisierungen* und *Rationalisierungen* der wesentliche Grund vieler Firmenpleiten. Auf diese Problematik wird im Abschnitt 7.6 nochmals ausführlicher eingegangen.

5.11.2.1 Investitionsplanung

Zur Ermittlung des Finanzierungsbedarfs ist die Aufstellung eines *Investitionsplans* erforderlich. In diesen Investitionsplan werden alle *Investitionsvorhaben* aufgenommen, die auf Vorschlag betrieblicher Einheiten von der übergeordneten Managementebene genehmigt werden. Bei großen Investitionsvorhaben ist auch die Zustimmung des Top-Managements erforderlich, das alle Investitionen koordiniert und in ihrer Gesamtheit den Eignern gegenüber verantworten muss.

Vor der Einreichung eines *Investitionsantrags* und einer etwaigen positiven *Investitionsentscheidung* sind zahlreiche Fragen zu beantworten, beispielsweise:

- Ist die Investition rentabel, das heißt übersteigen die mit der Investition verbundenen Kosteneinsparungen bzw. möglichen Gewinnsteigerungen aus erhöhtem Umsatz die Zinskosten für das investierte, gebundene Kapital?

- Rechnet sich die Investition bis zu dem Zeitpunkt, in dem die beschaffte Einrichtung durch einen *Technologiewandel* bereits wieder veraltet sein könnte?

- Ist die beabsichtigte Investition flexibel genug, um auch bei sich wandelndem *Kundengeschmack* weiter genutzt werden zu können?

- Birgt die Investition Risiken bezüglich verborgener Folgekosten, Überforderung der Mitarbeiter wegen höherer Komplexität usw.? (Anfänge der CAD- und CIM-Einführung)

- Falls Alternativen vorliegen, welche Investition besitzt das höhere Erfolgspotential? Bezieht sich der Vergleich auf eine *alte* Maschine und eine *neu* zu beschaffende modernere Maschine, spricht man von *Ersatzinvestition*. Geht es um unterschiedliche Angebote für eine zusätzlich zu beschaffende Maschine, spricht man von *Erweiterungsinvestition*.

Die Beantwortung dieser Fragen verlangt zunächst nach einer so genannten *Investitionsrechnung*, die im Wesentlichen die *Ein-* und *Auszahlungsströme* einer Investition bzw. die unterschiedlichen Ein- und Auszahlungsströme verschiedener Alternativen miteinander vergleicht. Es bleibt dabei immer ein Unsicherheitsfaktor in Form der den Rechnungen zugrunde gelegten Voraussetzungen. Die Wahrscheinlichkeit des *Zutreffens dieser Voraussetzungen* und des *Eintreffens erwarteter Ereignisse* sowie *alternative Erfolgspotentiale* mit dem richtigen Augenmaß zu bewerten, ist dann noch die Aufgabe des die Investition genehmigenden Managements. Hier sind hohe fachliche Kompetenz, langjährige berufliche Erfahrung und *belastbare Visionen* angesagt.

Nachstehende Betrachtungen beschränken sich auf die *Investitionsrechnung* für *Sachinvestitionen*. Die hierfür erforderlichen Investitionsrechnungen sind Aufgabe eines Kaufmanns bzw. Controllers. Oft genug muss sich aber der Ingenieur auch selbst darum kümmern. Aus diesem Grund sollen hier wenigstens die Grundüberlegungen vorgestellt werden. Eine genaue finanzmathematische Behandlung mit Beispielrechnungen muss dem Fachschrifttum der Betriebswirtschaftslehre vorbehalten bleiben.

5.11.2.2 Investitionsrechnung

Die *Investitionsrechnung* befasst sich im Wesentlichen mit der Beantwortung der Frage, ob sich eine *Investition* lohnt und, falls Alternativen vorliegen, "*Welche Investition ist sinnvoller?*". Die wichtigsten Methoden sind in Bild 5.48 dargestellt.

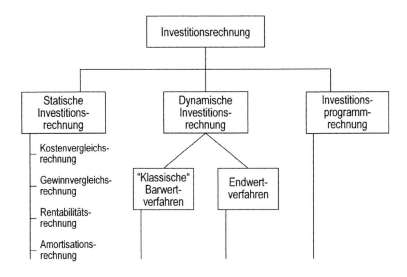

Bild 5.48: Verfahren der Investitionsrechnung.

Grundsätzlich unterscheidet man zwischen *statischen* und *dynamischen* Verfahren. Beide Verfahrensklassen befassen sich mit Investitionen für einzelne Objekte. Die *Investitionsprogramm-Rechnung* betrachtet darüber hinaus einzelne Objekte nicht isoliert, sondern berücksichtigt ihre Beziehungen zur Finanz- und Produktionsplanung. Die Fragestellung lässt sich dann in Form eines *linearen Gleichungssystems* formulieren, dessen Lösung auf einem Rechner das optimale Investitionsprogramm unter Berücksichtigung aller Randbedingungen liefert (*Simulationsrechnung*). Die Vorstellung dieser Methoden muss jedoch dem Spezialschrifttum vorbehalten bleiben. Schließlich werden am Schluss noch *heuristische Investitionsentscheidungen* gestreift.

A. Statische Verfahren

Statische Verfahren gehen von statischen, das heißt über eine Rechnungsperiode bzw. die Nutzungsdauer konstant angenommenen Durchschnittswerten aus. Ihr Vorzug liegt in ihrer einfachen Handhabung.

Kostenvergleichsrechnung

Die Kostenvergleichsrechnung geht davon aus, dass über die Durchführung einer bestimmten Investition bereits Einvernehmen herrscht. Es geht nur

noch um die Identifikation derjenigen Alternative, die die geringsten Gesamtkosten verursacht. Beispielsweise können für den Vergleich zweier oder
mehrerer NC-Maschinen deren *Gesamtkosten* (Anschaffungskosten und
Betriebskosten) miteinander verglichen werden. Die jeweiligen Gesamtkosten lassen sich nach dem in Bild 5.49 gezeigten Schema ermitteln.

Abschreibungen	....		
Zinsen	....		
Programmieraufwand	....		
Rüstkosten	....		
Fixe Kosten	....	→	....
Materialkosten	....		
Werkzeugkosten	....		
Wartungskosten	....		
Variable Kosten	....	→	....
Gesamtkosten			....

Bild 5.49: Schema zur Ermittlung der Gesamtkosten einer Werkzeugmaschine.

Dabei kommt nicht selten heraus, dass die in der Anschaffung billigste Maschine letztlich doch die höheren Gesamtkosten hat, weil sie beispielsweise
umständlicher zur programmieren ist oder eine geringere Verfügbarkeit aufweist usw. Häufig sind die Ergebnisse des Vergleichs abhängig von der Stückzahl, Bild 5.50.

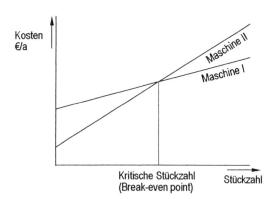

Bild 5.50: Kostenvergleichsgraph.

Es mag zwar sein, dass Maschine I kompliziert zu programmieren ist, was bei kleinen Stückzahlen zu hohen Kosten führt, bei großen Stückzahlen aber auf Grund anderer Vorteile geringere Kosten aufweist. Letztlich entscheiden die *Stückkosten*.

Gewinnvergleichsrechnung

Ein Nachteil der Kostenvergleichsrechnung besteht darin, dass sie nur die Entscheidung für eine von mehreren Alternativen unterstützt, aber keine Aussage macht, ob sich eine Investition überhaupt lohnt, das heißt, einen Gewinn bzw. Zusatzgewinn abwirft. Die Gewinnvergleichsrechnung leistet dank zusätzlicher Berücksichtigung der *Erlöse* beides. Es werden die voraussichtlichen *Jahresgewinne* der Alternativen verglichen. Der Vergleich kann sich wieder auf eine bereits vorhandene alte Maschine (*Ersatzinvestition*) oder auf Konkurrenzfabrikate einer zusätzlich zu beschaffenden weiteren Maschine beziehen (*Erweiterungsinvestition*). Der voraussichtliche Jahresgewinn G_X einer Maschine X berechnet sich aus der Differenz der *Jahreserlöse* E abzüglich der *Jahresgesamtkosten* K_{tot_x},

$$G_x = E_x - K_{tot_x} \quad .$$

Der prognostizierte Gewinn G_x liefert eine Entscheidungshilfe bezüglich der grundsätzlichen Zweckmäßigkeit der Investition und dient als Vergleichskriterium für die verschiedenen Alternativen. Auch hier können natürlich die Gewinne wieder von der Stückzahl abhängen. Trägt man die mit einer Investition erzielten Erlöse zusammen mit den Gesamtkosten (Fixe und Variable Kosten) in einem Diagramm auf, erhält man Bild 5.51.

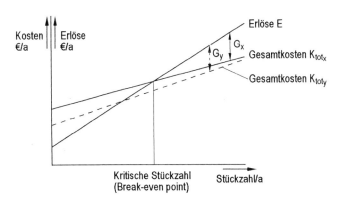

Bild 5.51: Gewinnvergleichsgraph. Die Alternativen sind durch die Indices x, y etc. gekennzeichnet.

Bei einer Gewinnvergleichsrechnung von Alternativen unterschiedlicher Investitionshöhe und Nutzungsdauer ist Vorsicht angebracht.

Rentabilitätsrechnung

Die Kosten- und die Gewinnvergleichsrechnung machen keine Aussage über die Verzinsung des eingezahlten Kapitals. Gerade diese ist aber häufig ein wichtiges Vergleichskriterium. Deshalb wird zusätzlich eine *Rentabilitätsrechnung* durchgeführt.

Gemäß Abschnitt 5.6.1 berechnet sich die Rentabilität einer Investition als Verhältnis des Jahresüberschusses zum investierten Kapital,

$$R = \frac{\text{Jahresgewinn}}{\text{Investiertes Kapital}} \ .$$

Bei einer Rationalisierungsinvestition werden statt des Gewinns die Einsparungen bzw. Minderkosten eingesetzt.

Je nach Restwert (und betrachtetem Zeitraum) sind für das "*Investierte Kapital*" unterschiedliche Werte einzusetzen,

Restwert = Anschaffungswert • Anschaffungsauszahlung,

Restwert = 0 → Hälfte der Anschaffungsauszahlung.

Liegt die Rentabilität auf dem gleichen Niveau wie die von den Eignern akzeptierten Rentabilitäten der anderen Aktivitäten des Unternehmens oder ist sie gar höher, ist die Investition rechnerisch sinnvoll (5.9.5).

Die nach obigen Gleichungen ermittelte Rentabilität macht eine Aussage über die *Gesamtverzinsung*. Besteht das investierte Kapital aus Eigenkapital und Fremdkapital, werden die Zinsen für letzteres als Fixkosten angesetzt. Schließlich müssen beim Vergleich mehrerer Alternativen mit unterschiedlichen Anschaffungskosten und Nutzungsdauern die Ergebnisse um diese Einflüsse bereinigt werden.

Amortisationsrechnung

Die *Amortisationsrechnung* beantwortet die Frage "Wie groß ist die Zeitspanne innerhalb der die Ausgaben für die Investition wieder in das Unternehmen zurückgeflossen sein werden?", so genannte *Amortisationszeit* (engl.: *Payback time*). Sie ist ein Maß für das Risiko einer Investition. Ferner unterstützt sie die *Finanzplanung* (5.11.1.1). Beim Vergleich des *Risikos* unterschiedlicher Investitionen wäre jene mit kürzerer Amortisationszeit vorzuziehen. Wegen der Nichtberücksichtigung der Erlöse nach Ablauf der Amortisationszeit sind jedoch Vergleichsrechnungen mit Vorsicht zu interpretieren.

Die Amortisationsrechnung kann basierend auf *Ein-* und *Auszahlungen* sowie auf *Kosten* und *Erlösen* durchgeführt werden. In ersterem Fall, so genannte *Kumulationsmethode*, werden beginnend zum geplanten Investitionszeitpunkt die jährlichen *Einzahlungen* E(t) in Form von Erlösen, Einsparungen und Kostenminderungen abzüglich der jährlichen *Auszahlungen* A(t) in Form der laufenden Betriebskosten aufsummiert, bis der Cash Flow $\sum E(t) - A(t)$ im "*Amortisationszeitpunkt*" die Anschaffungskosten A_o der Investition erreicht,

$$A_o \overset{!}{=} \sum_{t=1}^{n=T_A} E_t - A_t \quad .$$

Bei Investitionen für innerbetriebliche Projekte gibt es keine Anschaffungseinzahlung. Der Amortisationszeitpunkt T_A stellt sich ein, wenn die Summe der Erlöse E_t in Form von Einsparungen, Kostenminderungen oder Forschungsergebnissen die während der Projektdurchführung vorgenommenen Auszahlungen A_t erreicht, mit anderen Worten, der kumulierte Cash Flow den Wert Null annimmt (7.1.8),

$$\sum_{t=1}^{n=T_A} E_t - A_t \overset{!}{=} 0 \quad .$$

Bei der auf *Kosten* und *Erlösen* basierenden *Durchschnittsmethode* teilt man den investierten Kapitalbetrag durch die jährlich zu erwartenden *Einsparungen* bzw. *Gewinne* zuzüglich der Abschreibungen (Cash Flow) und erhält so die *Amortisationszeit* T_A (engl.: *Payback time*),

$$T_A = \frac{\text{Investiertes Kapital}}{\text{Gewinn/a} + \text{Abschreibungen/a}} \quad .$$

B. Dynamische Verfahren

Während die *statischen* Verfahren mit *Durchschnittswerten* eines Abrechnungszeitraums rechneten, werden bei den *dynamischen* Verfahren mit "*spitzem Bleistift*" die Zinsen der zu unterschiedlichen Zeiten und in unterschied-

licher Höhe anfallenden Ein- und Auszahlungen ab den jeweiligen Zeitpunkten exakt mit der *Zinseszins*-Rechnung berechnet, so genannte *finanzmathematische Verfahren.* Kalkulatorische Kosten, beispielsweise Abschreibungen, werden im Gegensatz zu den statischen Verfahren (mit Ausnahme der Amortisationsmethode) nicht berücksichtigt. Man unterscheidet
folgende Verfahren, Bild 5.52:

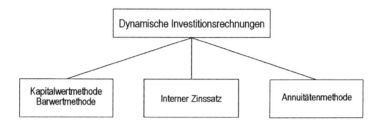

Bild 5.52: Dynamische Verfahren der Investitionsrechnung.

Allen Methoden gemeinsam ist das *Abzinsen*, gegebenenfalls auch *Aufzinsen*
zu verschiedenen Zeitpunkten anfallender Zahlungen auf einen einheitlichen
Bezugszeitpunkt. Dadurch werden die Zahlungsbeträge vergleichbar gemacht. Ein heutiger Geldbetrag in der Kasse ist nämlich mehr wert als der
gleiche Betrag in zehn Jahren. Nahe liegender Bezugspunkte sind der *Zeitpunkt der Anschaffung* (heutiger Wert) oder der *Liquidation* (künftiger
Wert).

Abzinsung:

Abzinsen ermittelt mit Hilfe der *Zinseszinsrechnung* den heutigen Wert einer
künftigen Zahlung, so genannter *Barwert* oder *Gegenwartswert* (5.11.3.3).
Der Barwert unterscheidet sich vom künftigen Wert um die Zinsen, die bis
zum Zahlungszeitpunkt anfallen würden. Sinngemäß ermittelt Abzinsen auch
das *Anfangskapital* eines vorgegebenen *Endkapitals.* Bezeichnen wir den
heutigen Wert mit K_o und den künftigen bzw. Endwert K_n, so lässt sich K_o
gemäß der Zinseszinsrechnung durch Multiplikation von K_n mit dem *Abszin-
sungsfaktor* q^{-n} errechnen,

$$K_o = K_n \cdot q^{-n} = K_n \frac{1}{\left(1 + \frac{p_\%}{100}\right)^n} = K_n \left(1 + \frac{p_\%}{100}\right)^{-n} \quad .$$

Hierin bedeuten $p_\%$ den *Kalkulationszinssatz* bzw. *Kalkulationszinsfuß* in
Prozent, n die Gesamtzahl der betrachteten Jahre (*Nutzungsdauer, Laufzeit*)

und t die individuelle Zahl der zu berücksichtigenden Jahre einer bestimmten Zahlungsperiode. Häufig wird Abzinsen auch als *Diskontieren* bezeichnet (5.11.3.3), der Abzinsungsfaktor q^{-n} als *Diskontierungsfaktor* und der errechnete Zinsbetrag als *Diskont*.

Aufzinsung:

Alternativ können die Zahlungsströme durch *Aufzinsen* auch auf den *Endpunkt* einer Investition (Nutzungsdauer) bezogen werden. Aufzinsen ermittelt mit Hilfe der Zinseszinsrechnung den durch Verzinsung *erhöhten* künftigen Wert eines heutigen Betrags. Der künftige Wert K_n wird durch Multiplikation des heutigen Wertes mit dem *Aufzinsungsfaktor* q^n erhalten. Im Umkehrschluss erhalten wir also

$$K_n = K_o\, q^{+n} = K_o \left(1 + \frac{p_\%}{100}\right)^{+n} \quad .$$

Als *Kalkulationszinssatz* bieten sich als Untergrenze Werte an, wie sie für langfristiges Fremdkapital üblich sind oder vom Investor als Mindestverzinsung gefordert werden. Bei genauen Investitionsrechnungen werden über die Zinseszinsrechnung hinaus auch steuerliche und inflationäre Aspekte berücksichtigt, was hier jedoch nicht vertieft werden kann. Im Folgenden werden die drei in Bild 5.52 genannten Methoden kurz vorgestellt.

Kapitalwertmethode:

Bei der *Kapitalwertmethode* bzw. *Barwertmethode* wird der *Kapitalwert* bzw. *Barwert* K_o (5.11.3.3) zum Zeitpunkt der Anschaffung durch Bildung der Differenz aller auf den Zeitpunkt der Anschaffung abgezinsten bzw. diskontierten Ein- und Auszahlungen ermittelt, so genannte *Discounted-Cash-Flow-Methode*

$$K_o = \sum_{t=1}^{n} (E_t - A_t)\left(1 + \frac{p_\%}{100}\right)^{-t} = \sum_{t=1}^{n} (E_t - A_t)q^{-t} = \sum_{t=1}^{n} \text{Cash Flow}\ \ q^{-t} \quad .$$

Eine Investition ist sinnvoll, wenn sich für den Kapitalwert eine Zahl $K_o \geq 0$ ergibt. Für $K_o = 0$ verzinst sich die Investition gerade mit dem geforderten Kalkulationszinssatz, für $K_o > 0$ liegt die Verzinsung sogar höher. Beim Vergleich mehrerer Alternativen ist sinngemäß der Alternative mit dem höchsten Kapitalwert der Vorzug zu geben, weil sie die höchste Verzinsung besitzt.

Bei separater Berücksichtigung einer Anschaffungsauszahlung A_0 zum Zeitpunkt $t = 0$ und des Barwerts des Liquiditätserlöses L_T zum Zeitpunkt $t = T$ (5.9.3) ergibt sich der Kapitalwert zu

$$K_0 = \sum_{t=1}^{T}(E_t - A_t)q^{-t} - A_0 + L_T q^{-T} \quad .$$

Interner Zinssatz

Diese Methode liefert den so genannten *Internen Zinssatz*, häufig auch als *Effektivzins* bezeichnet. Er ist der Zinssatz, bei dem der Kapitalwert K_0 den Wert Null annimmt. Seine Berechnung erfolgt aus der zuletzt genannten Gleichung, indem man $K_0 = 0$ setzt und die Gleichung

$$\sum_{t=1}^{T}(E_t - A_t)q^{-t} - A_0 + L_T q^{-T} := 0$$

nach q bzw. dem darin enthaltenen Zinssatz $p_\%$ auflöst.

Für $t > 2$ ist diese Gleichung nicht mehr analytisch, sondern nur noch näherungsweise lösbar. Die Algorithmen sind in den heutigen Tabellenkalkulationsprogrammen bereits implementiert.

Die Entscheidung, ob sich die Investition lohnt, ermöglicht der Vergleich des Internen Zinssatzes mit dem vom Investor geforderten Mindestverzinsung (Kalkulationszinssatz). Eine Investition macht Sinn, wenn ihr Interner Zinssatz höher ist als die geforderte Mindestverzinsung. Bei mehreren Alternativen ist der Investition mit dem höchsten Internen Zinssatz der Vorzug zu geben.

Annuitätenmethode:

Bei der Annuitätenmethode werden alle Zahlungen in gleich große, periodisch anfallende Mittelwerte umgerechnet. In Anlehnung an das Bankwesen werden diese konstanten Zahlungen als *Annuitäten* bezeichnet.

Die Annuität berechnet sich aus dem Kapitalwert K_0 zu

$$\text{Annuität} = K_0 \frac{q^n p_\% / 100}{q^n - 1} = K_0 \cdot WGF \quad .$$

WGF ist der so genannte *Wiedergewinnungsfaktor*, auch *Annuitätenfaktor* genannt. Er ist identisch mit dem Kehrwert des aus der Rentenberechnung bekannten *Rentenbarwertfaktors* RBF (in der Rentenberechnung geht es ebenfalls um konstante Zahlungen).

Eine Investition macht Sinn, wenn die Annuität a $\geq$ 0 ist. Bei Vorliegen mehrerer Alternative ist der Investition mit der höchsten Annuität der Vorrang zu geben.

Optimale Nutzungsdauer:

Bei der Vorstellung der einzelnen Verfahren der Investitionsrechnung wurde bislang immer von einer bekannten *Nutzungsdauer* ausgegangen. Häufig ist aber gerade sie Gegenstand der Fragestellung. Beispielsweise möchte man bei der Entscheidung für eine Ersatzinvestition wissen, wie lange diese voraussichtlich wirtschaftlich genutzt werden kann, so genannte *Optimale Nutzungsdauer*. Die Antwort erhält man mittels der *Kapitalwertmethode* durch Berechnung des Zeitpunkts, in dem der Kapitalwert ein Maximum annimmt (5.11.2.2 B).

Alternativ möchte man bei einem bereits vorhandenen Wirtschaftsgut wissen, wann sich ein Ersatz empfiehlt, so genannter *Optimaler Ersatzzeitpunkt*. Typisches Beispiel: Wann ist für ein betrieblich genutztes Kraftfahrzeug eine Ersatzbeschaffung wirtschaftlich sinnvoll? Nach der technischen Lebensdauer, nach dem Restwert, nach dem Prestigewert? Hier erhält man die Antwort mit Hilfe der Kostenvergleichsrechnung (5.11.2.2 A). Der optimale Ersatzzeitpunkt ist erreicht, wenn die Gesamtkosten des vorhandenen Fahrzeugs höher sind als die Gesamtkosten eines neuen Fahrzeugs. Häufig erübrigt sich die rechnerische Ermittlung des optimalen Ersatzzeitpunkts, weil beispielsweise ein Totalschaden aufgetreten ist, eine Ersatzbeschaffung aufgrund gesetzlicher Auflagen zwingend erforderlich wird (Umweltschutz, Sicherheit) oder Prestige-Überlegungen im Vordergrund stehen.

C. Heuristische Vorgehensweise

Investitionsrechnungen sind *Prognoserechnungen*, die auf Schätzwerten *voraussichtlicher Gewinne* und *voraussichtlicher Zinsen* beruhen. Aus diesem Grund ist übertriebene Akkuratesse nicht selten vergebliche Liebesmüh. Insbesondere bei vergleichsweise geringen Investitionsbeträgen werden Investitionsentscheidungen häufig ohne zahlenmäßige Investitionsrechnung "*aus dem Bauch heraus*" gefällt.

Auch manche größeren Investitionen werden *heuristisch* bzw. *strategisch* entschieden. Typischer Fall: *"Chef, die Maschine X fällt immer häufiger aus und hält auch nicht mehr die Toleranzspezifikation ein (höherer Ausschuss). Wir brauchen eine neue Maschine".* Ein liquides Unternehmen holt sich dann beim Branchenführer dieses Maschinentyps, dessen Maschinen in Fachkreisen als die besten gelten und der meist aus gutem Grund die höchsten Preise verlangen kann, ein Angebot und handelt mit ihm unter Hinweis auf billigere Vergleichsangebote den niedrigst möglichen Preis aus. Eine Investitionsrechnung hat sich dann erübrigt.

Ferner führt an manchen Investitionen kein Weg vorbei. Wenn die gesamte Branche aus technologischen Gründen, beispielsweise bei gießharzisolierten Betriebsmitteln der Elektroenergieversorgung von *kalthärtenden* Gießharzen auf *warmhärtende* Gießharze umstellt, dann werden die hierfür erforderlichen Investitionen ohne lange Diskussion einfach getätigt, weil man ohne diese Technologie ohnehin weg vom Markt wäre. Schließlich sind Investitionsrechnungen auch dann entbehrlich, wenn die Notwendigkeit von Investitionen durch gesetzliche Auflagen (Umweltschutz, Sicherheit) bestimmt werden.

Dieser *strategisch heuristischen* Vorgehensweise begegnet man vorrangig bei immateriellen Investitionen, die einer quantitativen Investitionsrechnung meist gar nicht zugänglich sind. Das gelegentlich vorgeschlagene Verfahren der *Nutzwertanalyse*, das Vor- und Nachteile verschiedener Alternativen mit Punkten bewertet und abhängig von der erreichten Gesamtpunktzahl eine Entscheidung nahe legt, täuscht oft eine Scheingenauigkeit vor.

Die Bewertung von *F&E-Projekten* oder *Informationsmanagement-Projekten* bezüglich Rentabilität und Risiko verlangt in erster Linie *fachliche Kompetenz*, weniger formales Beharren auf kurzen Payback-Zeiten. Hier muss man sich damit zufrieden geben, wenn die *Tendenz* stimmt und die *Wahrscheinlichkeit* einer Erhöhung des *Erfolgspotentials* des Unternehmens sehr hoch eingeschätzt wird. Die Zuverlässigkeit letzterer Einschätzung hängt wiederum von der fachlichen Kompetenz des jeweiligen Managers ab. Die Trefferquote ausschließlich *betriebswirtschaftlich* oder *juristisch* geschulter Manager, die nur die Erreichung monetärer Ziele planen, steuern und kontrollieren können, ist erfahrungsgemäß vergleichsweise gering. Die Legitimität strategisch heuristischer Investitionsentscheidungen ist daher nur bei fachlich kompetenten Managern gegeben, *die wissen von was sie reden und was sie tun*. Inkompetentes F&E-*Management* und/oder *Informationsma-*

nagement kann extrem hohe verborgene Kosten und Fehlinvestitionen verursachen bzw. auch lebenswichtige Erfolgspotentiale ignorieren. Erfolgreiches F&E-Management und Informationsmanagement verlangt daher *intensive Fachkenntnis* und *belastbare Visionen* bei gleichzeitig richtigem Augenmaß für die Kosten.

Abschließende Bemerkungen zur Investitionsrechnung:

Um die Vorteilhaftigkeit einer Investition treffend beurteilen zu können, müssen neben den vorgestellten Kosten-, Zins- und Zinseszinsrechnungen auch steuerliche Aspekte, Veränderungen des Kapitalmarkts und strategische Gesichtspunkte berücksichtigt werden. Ferner sollten in jedem Fall drei oder mehrere Verfahren zur Anwendung kommen, nach deren kritischen Würdigung dann eine endgültige Entscheidung herbeigeführt wird. Dabei sollten die dynamischen Verfahren nicht schrecken, da sie dank der heute verfügbaren Tabellenkalkulationsprogramme nahezu vergleichbar einfach zu handhaben sind, wie die statischen Verfahren. Im konkreten Fall wird die Lektüre von Spezialbüchern über Investitionsrechnung empfohlen, die die obigen Methoden durch zahllose leicht begreifbare Beispielrechnungen veranschaulichen.

5.11.3 Zahlungsverkehr

Der Zahlungsverkehr eines Unternehmens wird mit drei Mengen von *Zahlungsmitteln* abgewickelt, Bild 5.53.

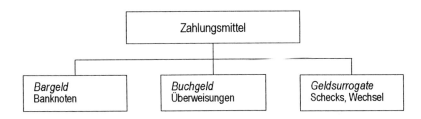

Bild 5.53: Zahlungsmittel des Zahlungsverkehrs.

Der *Bargeld-Zahlungsverkehr* ist nur für *Kleingewerbetreibende* und im *Handel mit Endverbrauchern* von Bedeutung und wird hier nicht weiter betrachtet. Industrieunternehmen wickeln ihren Zahlungsverkehr fast ausschließlich *bargeldlos* ab. Beim bargeldlosen Zahlungsverkehr kommen weder der *Zah-*

lungspflichtige noch der *Zahlungsempfänger* mit Bargeld in Berührung. Die aus dem privaten Bereich bereits bekannten Möglichkeiten des bargeldlosen Zahlungsverkehrs werden im Folgenden nur kurz erwähnt, lediglich den weniger geläufigen *Wechselgeschäften* und der Abwicklung des Zahlungsverkehrs bei *Exportgeschäften* wird mehr Raum gewidmet.

5.11.3.1 Überweisungen, Lastschriften, Kreditkarten

Der zu transferierende Geldbetrag gelangt durch Vermittlung eines Kreditinstituts (Bank, Sparkasse) direkt vom Konto des *Zahlungspflichtigen* (Schuldner) auf das Konto des *Zahlungsempfängers* (Gläubiger). Bei *Überweisungen* beauftragt ein Schuldner seine Bank, seinem Konto einen Betrag zu belasten, der anschließend durch eine andere Bank dem Konto des Gläubigers gutgeschrieben wird. Neben der *Einzelüberweisung* gibt es auch die so genannte *Sammelüberweisung*. Sie ermöglicht die Überweisung mehrerer Geldbeträge an verschiedene Empfänger mit einem einzigen Überweisungsauftrag. *Daueraufträge* sind regelmäßige Überweisungen an den gleichen Empfänger (z. B. Mieten). Sie ersparen die Terminüberwachung und das regelmäßige Ausfüllen eines Überweisungsformulars. Überweisungen sind in USA, zumindest im privaten Bereich, unbekannt. Rechnungen werden durch persönliche Schecks vom Bankkonto beglichen (5.11.3.2). Sie gelten praktisch immer als Verrechnungsschecks und werden mit gewöhnlicher Post zugestellt.

Bei *Lastschriften* beauftragt ein Gläubiger eine Bank, auf seinem eigenen Konto einen Betrag gutschreiben zu lassen, der anschließend dem Konto des Schuldners belastet wird. Zuvor muss der Schuldner dem Gläubiger eine *Einzugsermächtigung* gegeben haben.

Eine Sonderform des Lastschriftverfahrens sind *Kreditkarten*. Der Gläubiger erhält sein Geld von dem jeweiligen *Kreditkartenunternehmen*, abzüglich einer Handlinggebühr zwischen 3 % und 10 %. Das Kreditinstitut belastet seinerseits bei der Bank des Schuldners dessen Konto.

5.11.3.2 Schecks

Man unterscheidet nach Art der Einlösung zwischen *Barschecks* und *Verrechnungsschecks*. Erstere können vom aktuellen Scheckinhaber beim bezogenen Kreditinstitut gegen Bargeld eingetauscht werden. Letztere können bei der Hausbank des aktuellen Scheckinhabers nur eingereicht und dort dem Konto des Einreichenden gutgeschrieben werden. Banken stellen ferner "*Bestätigte Landeszentralbankschecks*" aus, die auf der Rückseite mit einem

Bestätigungsvermerk versehen sind, der dem Scheckempfänger die Einlösung innerhalb von acht Tagen nach Ausstellung garantiert. Der bestätigte LZB-Scheck ist so gut wie Bargeld und kann im Gegensatz zu den beiden vorgenannten Scheckarten nicht "*platzen*".

5.11.3.3 Wechsel

Während die bisher erwähnten Zahlungsmittel wohl jedem Leser schon vielfach begegnet sind, ist der Begriff des *Wechsels* weniger geläufig. Wechsel sind jedoch im Geschäftsleben ein häufig anzutreffendes *Zahlungs-, Kredit-* und *Sicherungsmittel*. Das *Wechselgesetz* (WG, Buchhandel) unterscheidet zwischen einem *Gezogenen Wechsel* und einem *Solawechsel*, auch *Eigener Wechsel* genannt. Ferner unterscheidet man zwischen *Handelswechseln*, denen ein Handelsgeschäft (Warengeschäft oder Dienstleistungsgeschäft) zugrunde liegt und *Finanzwechseln*, bei denen es nur um ein *Finanzgeschäft* (Geldbeschaffung) geht. Im Regelfall begegnet der Ingenieur gezogenen Handelswechseln.

Gezogener Wechsel

Ein *Gezogener Wechsel* ist eine urkundliche Zahlungsaufforderung des *Ausstellers* (*Gläubiger, Trassant*), in welcher der *Bezogene* (*Schuldner, Trassat, Akzeptant*) aufgefordert wird, bei *Fälligkeit* den im Wechsel genannten *Geldbetrag* an die im Wechsel genannte *berechtigte Person* (*Wechselnehmer*) zu zahlen. Das Wechselformular weist den Text auf "*Gegen diesen Wechsel zahlen Sie ...*".

Gemäß *Wechselgesetz* muss ein Wechsel folgende Daten enthalten:

– Das Wort "Wechsel",	– den geschuldeten Geldbetrag,
– Ausstellungstag und -ort,	– Fälligkeitstag und -ort,
– Name des Bezogenen (*Trassat*),	– Name des Wechselnehmers,
– die Unterschrift des Ausstellers (*Trassant*),	– bei Akzeptanz Unterschrift des Bezogenen (Schuldners).

Ein typisches Wechselformular zeigt Bild 5.54 Die Ausdrücke in Klammern dienen nur der besseren Verständlichkeit, auf einem echten Wechselformular sind sie entbehrlich.

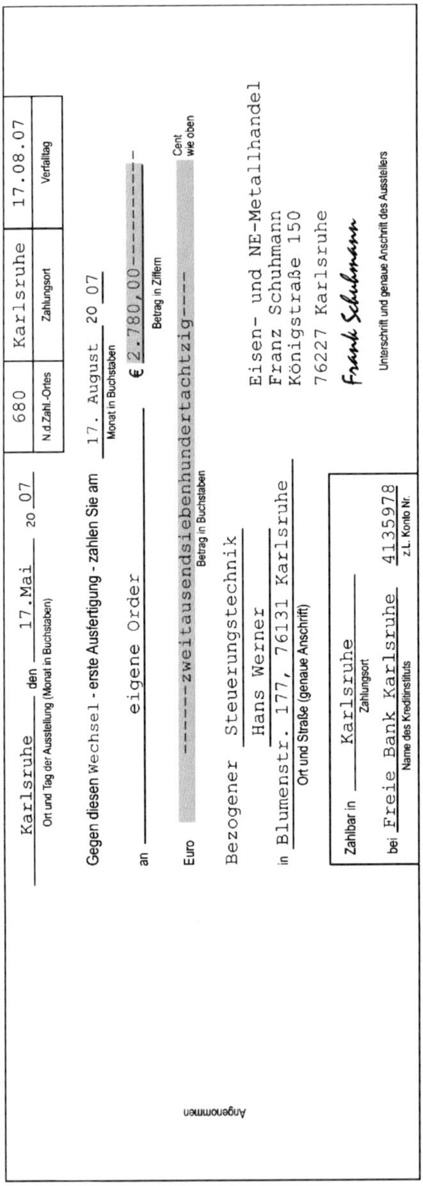

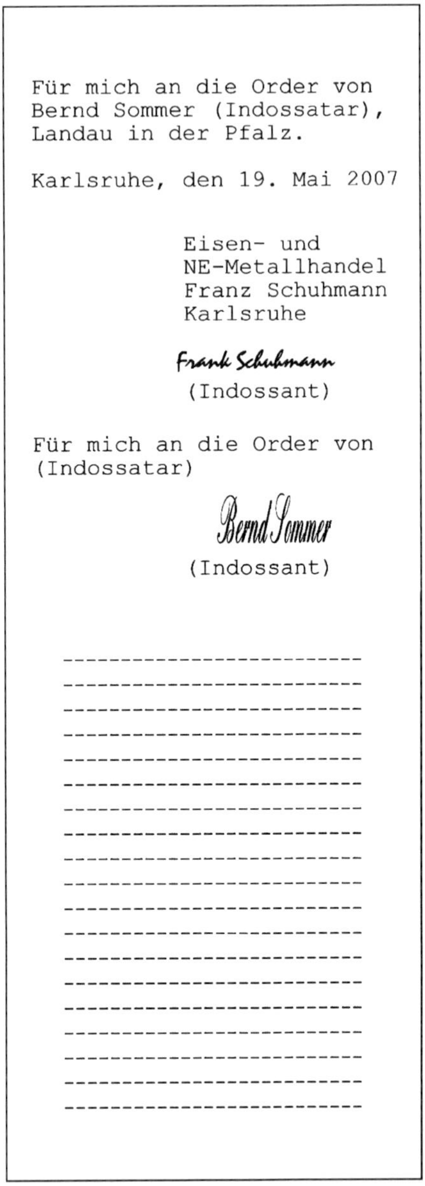

Karlsruhe ___den___ 17.Mai ___20 07___
Ort und Tag der Ausstellung (Monat in Buchstaben)

680	Karlsruhe	17.08.07
N.d.Zahl.-Ortes	Zahlungsort	Verfalltag

Gegen diesen Wechsel - erste Ausfertigung - zahlen Sie am ___17. August 20 07___
Monat in Buchstaben

an ___eigene Order___

Euro ___------zweitausendsiebenhundertachtzig-----___
Betrag in Buchstaben

€ 2.780,00------
Betrag in Ziffern

Cent
wie oben

Bezogener Steuerungstechnik
___Hans Werner___

in ___Blumenstr. 177, 76131 Karlsruhe___
Ort und Straße (genaue Anschrift)

Zahlbar in ___Karlsruhe___	4135978
Zahlungsort	z.t. Konto Nr.
bei ___Freie Bank Karlsruhe___	
Name des Kreditinstituts	

Eisen- und NE-Metallhandel
Franz Schuhmann
Königstraße 150
76227 Karlsruhe

Frank Schuhmann

Unterschrift und genaue Anschrift des Ausstellers

Angenommen

Für mich an die Order von
Bernd Sommer (Indossatar),
Landau in der Pfalz.

Karlsruhe, den 19. Mai 2007

Eisen- und
NE-Metallhandel
Franz Schuhmann
Karlsruhe

Frank Schuhmann
(Indossant)

Für mich an die Order von
(Indossatar)

Bernd Sommer

(Indossant)

Bild 5.54: a) Vorderseite eines Wechselformulars, b) Rückseite mit Indossamenten-kette.

Warum und wofür der Geldbetrag zu zahlen ist, ist bei der Ausstellung des Wechsels irrelevant. Der Wechselnehmer kann sowohl eine dritte Person als auch der Aussteller *(Eigene Order)* sein. Bis zur endgültigen Annahme bzw. Akzeptanz durch den Bezogenen wird der gezogene Wechsel als *Tratte* bezeichnet.

Beispielsweise verpflichtet sich ein illiquider Käufer durch seine Unterschrift auf einem vom Verkäufer auf ihn *gezogenen* Wechsel zur Bezahlung eines Rechnungsbetrags an den Verkäufer zu einem späteren Zeitpunkt. Der Verkäufer räumt mit anderen Worten dem Kunden einen Kredit ein *(Kreditfunktion des Wechsels)*. Zur Absicherung der Forderung zieht er einen *Wechsel* auf den Käufer und lässt ihm die *Tratte* zukommen. *Akzeptiert* der Bezogene den Wechsel durch seine Unterschrift, wird die *Tratte* zum *Akzept*. Dieser Ablauf ist in Bild 5.55 oben schematisch dargestellt.

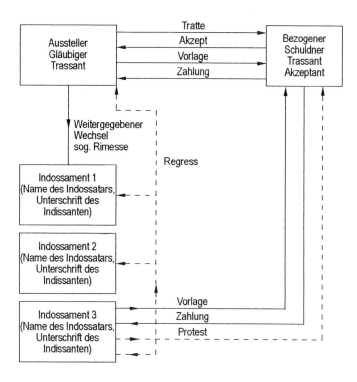

Bild 5.55: Lebenszyklus eines Wechsels.

Ferner kann ein Aussteller einen Wechsel auf seine Bank ziehen und diesen nach Akzeptanz durch die Bank als Zahlungsmittel weiterverwenden. Die Bank hat ihm damit einen Kredit verschafft, ohne selbst Geld auszuzahlen, so genannter *Akzeptkredit*. Ein Empfänger des Wechsels erhält so auf unbürokratische Weise eine Zahlungsgarantie durch eine Bank (wichtig im Exportgeschäft).

Verwendung von Wechseln

Bei der Verwendung des Wechsels gibt es mehrere Möglichkeiten:

- Der Aussteller bewahrt den Wechsel bis zum Fälligkeitstag auf und legt ihn dann zur Zahlung dem Schuldner vor. Diesem Vorgang entsprechen die vier horizontalen Linien zwischen den Kästchen *Aussteller* und *Bezogener* in Bild 5.55.

- Der Aussteller gibt den Wechsel seiner Bank weiter, wobei es mehrere Optionen gibt:

  - Die Bank übernimmt das *Inkasso* am Fälligkeitstag und schreibt den kassierten Geldbetrag abzüglich Gebühren dem Einreicher zu diesem Zeitpunkt auf seinem Konto gut oder gleicht damit ein Darlehen des Einreichers aus.

  - Die Bank beleiht den Wechsel und stellt dem Einreicher Bar- oder Buchgeld zur Verfügung, so genannter *Lombardkredit* (Kredit gegen Pfand). In diesem Fall ist der Wechsel Kreditmittel für beide Seiten.

  - Die Bank kauft den Wechsel und schreibt den auf dem Wechsel genannten Betrag abzüglich der Zinsen bis zum Verfallstag dem Konto des Einreichers gut, so genannter *Diskontkredit*.

- Der Aussteller gibt den Wechsel an einen seiner eigenen Gläubiger zum Ausgleich von Verbindlichkeiten weiter.

Von allen Optionen zur kurzfristigen Finanzierung

> - *Kontokorrentkredit*
>   (Überziehungskredit des Girokontos),
> - *Lieferantenkredit* (5.4.3 C),
> - *Diskontkredit*

verursacht letzterer wegen des kleinsten Risikos die geringsten Kosten (Zinsen).

Bei der *Weitergabe* eines Wechsels an eine Bank oder einen Gläubiger wird er auf seiner Rückseite mit einem *Indossament* versehen, bestehend aus Name und Ort des *Empfängers (Indossatar)*, dem Datum sowie der Unterschrift des aktuellen Besitzers des Wechsels *(Indossant)*, Bild 5.54b.

Mit dem Indossament werden:

- die Rechte des Wechsels auf einen Nachfolger (*Indossatar*) übertragen,

- der Indossatar als berechtigter Besitzer ausgewiesen,

- die Haftung des Weitergebenden (*Indossant*) dokumentiert.

Der Indossatar kann den Wechsel mit einem weiteren Indossament versehen an seinen eigenen Gläubiger weitergeben und wird damit ebenfalls zu einem Indossanten. Es entsteht dann eine *Indossamentenkette*. Sie muss lückenlos sein, das heißt jeder *Indossant* mit Ausnahme des Ausstellers, muss zuvor als *Indossatar* aufgetreten sein. Erster Indossant ist immer der Wechselnehmer. Ein Wechsel ist mit anderen Worten ein so genanntes *Orderpapier*, das heißt ein *Wertpapier*, dessen verbrieftes Recht nur der auf der Urkunde namentlich genannte Berechtigte oder der durch eine lückenlose Indossamententratte ausgewiesene rechtmäßige momentane Inhaber der Urkunde geltend machen kann. Durch die so genannte *Rektaklausel* "*nicht an Order*" kann die Weitergabe durch Indossament ausgeschlossen werden. Die Urkunde wird damit zu einem so genannten *Rektapapier* oder auch *Namenspapier*.

Wechselprotest und Wechselregress

Zahlt der Bezogene am Fälligkeitstag nicht den auf den Wechsel genannten Geldbetrag an den momentanen Wechselinhaber, muss dieser binnen zwei Tagen mittels einer vom *Notar, Gerichtsvollzieher* oder *Postboten* ausgestellten *Protesturkunde Protest erheben*. Die Protesturkunde belegt, dass der Wechsel rechtzeitig am vereinbarten Zahlungsort vorgelegt wurde. Innerhalb von vier Tagen muss der Wechselinhaber ferner den in der Rangfolge vor ihm stehenden *Indossanten* sowie den *Aussteller* von der Protesterhebung verständigen.

Der *Indossatar* kann von jedem Indossanten und dem Aussteller sofortige Zahlung gegen Übergabe des Wechsels und der Protesturkunde verlangen. Alle Vormänner sind bedingungslos regresspflichtig. Hierin und in der Kürze eines etwaigen Wechselprozesses liegt die Sicherheitsfunktion eines Wechsels. Während Mahnverfahren gewöhnlicher Forderungen nahezu beliebig lange dauern können, beträgt die Frist zwischen Klageerhebung und mündlicher Verhandlung eines Wechselprozesses nur 24 Stunden (falls der Wohnort des Bezogenen und der Ort des Prozessgerichts identisch sind), andernfalls maximal sieben Tage. Das Urteil ist sofort vollstreckbar (*Pfändung*).

Solawechsel

Ein *Solawechsel*, auch *Eigener Wechsel* genannt, ist ein Zahlungs*versprechen* seines Ausstellers (Schuldner), bei *Fälligkeit* den im Wechsel genannten *Geldbetrag* an die im Wechsel genannte *berechtigte Person* (Gläubiger) zu zahlen. Der Text auf dem Wechselformular lautet: "*Gegen diesen Wechsel zahle ich ...*". Aussteller und Bezogener (Schuldner) sind in diesem Fall ein und dieselbe Person. Das Akzeptieren erübrigt sich damit.

Diskontierung

Bei Einreichung eines Wechsels vor Fälligkeitsdatum bei einer Bank (*Diskontierung* des Wechsels) wird nicht der auf dem Wechsel genannte Betrag *(Wechselbetrag)* sondern nur der um den *Diskont* verringerte *Barwert* gutgeschrieben. Der Diskont entspricht dem Zinsbetrag, den die Bank dem Einreicher bzw. Verkäufer für die Erteilung des so genannten *Diskontkredits* zwischen dem Einreichungstag und dem Fälligkeitstag berechnet. Man spricht in diesem Zusammenhang auch vom *Abzinsen* (5.11.2.2). Offensichtlich hängt der Barwert eines Wechsels von der Zeitdauer zwischen Einreichung und Fälligkeit ab. Wird ein Wechsel am Verfallstag eingereicht, fällt kein Diskont an, Barwert und Wechselbetrag sind dann identisch.

Der Diskont berechnet sich nach der Zahl der Tage der vorzeitigen Inanspruchnahme und dem Jahreszinssatz der Bank für Diskontkredite, so genannter *Diskontsatz*. Ausgehend von einem Jahreszinssatz von X % - X/100 erhält man zunächst einen *Tageszinssatz* von $X/(100 \cdot 360)$. Multipliziert man den Tageszinssatz mit dem Wechselbetrag, ergibt sich der Diskont pro Tag. Schließlich erhält man den Gesamtdiskont durch Multiplikation mit der Zahl der Tage

$$\text{Diskont} \quad = \frac{\text{Jahreszinssatz in \%}}{100 \cdot 360} \cdot \text{Wechselbetrag} \quad \cdot \text{Tage} \quad .$$

Häufig reicht die Bank ihrerseits den Wechsel bei der Bundesbank ein, wobei dann Zinsen gemäß dem *Diskontsatz der Bundesbank* anfallen.

Die Bundesbank, legt ihren *Diskontsatz* je nach Konjunkturlage autonom fest. Die Geschäftsbanken legen sich mit ca. 3 bis 4 % darüber. Eine Änderung des Bundesbank-Diskontsatzes zieht also landesweit eine Änderung der Diskontsätze der Geschäftsbanken nach sich und erlaubt damit eine Steuerung der umlaufenden *Geldmenge (Geldpolitik)*.

Kann ein Schuldner einen Wechsel am Fälligkeitstag nicht bezahlen, besteht die Möglichkeit der *Prolongation*, das heißt der Verlängerung der Laufzeit. In diesem Fall wird der Wechselbetrag auf einen künftigen Zeitpunkt diskontiert. Man spricht dann vom *Aufzinsen*. Der prolongierte Wechsel kann auf den gleichen Betrag lauten, wobei der gemäß obiger Formel berechnete Diskont dann sofort bezahlt wird. Alternativ kann auch ein neuer Wechselbetrag festgelegt werden, der den Diskont einschließt und dessen Bezahlung damit erst am Fälligkeitstag vorsieht.

Erwähnt sei noch, dass bei Wechseln, je nach Art des Wechselgeschäfts, *Mehrwertsteuer* und Spesen anfallen.

5.11.4 Bankbürgschaft

Bankbürgschaften werden zur *Absicherung von Forderungen* häufig dann verlangt, wenn Geschäftspartner finanziell oder auch nichtmonetär in Vorleistung treten. Typische Beispiele:

- von einem Lieferanten beizubringende Bürgschaft zur Absicherung der Anzahlungen von Kunden,

- von einem Lieferanten beizubringende Bürgschaft zur Absicherung eines Zahlungsvorbehaltes bis zur Gewährleistungserfüllung bei sofortiger vollständiger Bezahlung einer Lieferantenrechnung,

- von Kunden beizubringende Bankbürgschaften zur Absicherung der Fabrikationsvorleistungen von Lieferanten,

- von der Hermes Deckung gestellte Bankbürgschaft zur Absicherung von Exportaufträgen (5.11.1.5),

- von einem maroden Unternehmen beizubringende Bankbürgschaft zur Absicherung des Gehalts eines 5-Jahresvertrags für einen zu gewinnenden Sanierungsmanager.

Bankbürgschaften gewährleisten eine praktisch wasserdichte und vollständige Begleichung von Forderungen, falls der beibringende Geschäftspartner die Bürgschaft überhaupt von seiner Bank erhält (siehe *Avalkredit* in 5.11.1.2).

5.11.5 Dokumentenakkreditive

Bei Lieferungen ins Ausland kann sich ein Unternehmer (*Exporteur*) nicht sicher sein, ob seine Rechnung jemals bezahlt wird. Andererseits ist der Kunde im Ausland (*Importeur*) besorgt, wenn er *Vorkasse* leisten soll und möglicherweise nie seine Lieferung erhält. Dem Bedürfnis nach Risikoverringerung beider Seiten wird neben der bei Großprojekten üblichen *Hermes-Deckung* (5.11.1.5), eine spezielle Art einer "Bankbürgschaft", das so genannte *Dokumentenakkreditiv* (engl.: *Letter of credit*), gerecht.

An Exportgeschäften sind meist *vier* Partner beteiligt, der Kunde und seine Bank im Ausland, der Lieferant und seine Bank im Inland. Nach Abschluss des Kaufvertrags mit der Zahlungsbedingung "*Akkreditivstellung*" beauftragt der Auslandskunde seine Hausbank mit der Eröffnung bzw. Stellung eines *Dokumentenakkreditivs*. Das Akkreditiv ist ein Schuldversprechen der Auslandsbank (*Akkreditivbank*), auf Rechnung ihres Auftraggebers (Käufer) an eine Bank im Land des Verkäufers gegen Vorlage der Versanddokumente, *Handelsvertrag*, *Frachtbrief*, *Versicherungspolicen* und *Konnossement* einen vereinbarten Betrag (mindestens Rechnungsbetrag zuzüglich Handlingkosten) zu zahlen. Das Konnossement ist ein Wertpapier im Gegenwert der Ware und berechtigt den Inhaber, die Ware in Tausch gegen das Konnossement in Empfang zu nehmen. Die Inlandsbank benachrichtigt ihrerseits den Exporteur von der Stellung des Akkreditivs. Der Lieferant bringt die Ware zum Versand und legt die Versanddokumente zusammen mit einer auf die Bank im Ausland gezogenen *Tratte* (5.11.3.3) der Bank im Inland vor (*Remboursbank*). Diese akzeptiert im Auftrag der Auslandsbank die Tratte und schreibt dem Lieferanten sofort den *diskontierten Rechnungsbetrag* gut. Es handelt sich also um einen Akzeptkredit, der im Kontext eines Dokumentenakkreditivs auch als *Rembourskredit* bezeichnet wird. Alternativ reicht die Inlandsbank die Tratte an die Bank des Käufers zum Akzept weiter. Ferner übermittelt sie die Versandpapiere der Auslandsbank und erhält von dort den verauslagten Rechnungsbetrag. Schließlich gibt die Auslandsbank die Versanddokumente gegen Zahlung des Rechnungsbetrags an den Importeur heraus. Erst jetzt kann der Importeur das Konnossement bei der Fluggesellschaft, Reederei, Spedition etc. gegen die Ware eintauschen. Erfolgt das Geschäft in einer dritten Währung, wird meist eine weitere Bank im Land der Zahlungswährung eingeschaltet.

Es gibt widerrufliche, unwiderrufliche, unbestätigte und bestätigte Akkreditive. Nur *bestätigte, unwiderrufliche* Akkreditive geben maximale Sicherheit.

6   Elementare Managementfunktionen

Manager *führen* Unternehmen bzw. Unternehmensbereiche und *leiten* Abteilungen sowie Gruppen. Viele Manager sind in diese Aufgabe im Lauf ihrer beruflichen Karriere hineingewachsen ohne jemals der theoretischen *Managementlehre* begegnet zu sein. Management wird daher, basierend auf *Berufserfahrung,* oft *intuitiv* ausgeübt. Der angehende Manager tut sich jedoch erheblich leichter, wenn er von vornherein einmal die Begriffswelt und die Systematik des *Managementprozesses* verinnerlicht hat, wozu dieses Kapitel beitragen soll.

Die globale *Führungs-* bzw. *Leitungsfunktion* von Managern lässt sich in drei elementare *Teilfunktionen* bzw. *Führungsaufgaben* zerlegen,

- *Planen,*

- *Steuern,*

- *Kontrolle.*

Die Ausübung dieser Funktionen, die in ihrer Gesamtheit der globalen Optimierungsfunktion *Unternehmensführung* entsprechen, bildet den *Managementprozess* (Kapitel 1).

Unter *Planen* verstehen wir im Sinn der Betriebswirtschaftslehre die geistige Vorwegnahme späteren Handelns, das heißt das Entwickeln von *Vorstellungen* bzw. *Visionen monetärer* und *nichtmonetärer Planziele* sowie das Entwerfen einer *Strategie* zu ihrer Verwirklichung. Gelegentlich wird die Definition von Zielen dem eigentlichen Planungsvorgang separat vorangestellt. Wann dies sinnvoll ist, hängt schlicht davon ab, ob man von einer vorgelagerten Ebene (Aufsichtsrat, Gesellschafter, vorgelagerte Managementebene etc.) bereits externe Ziele vorgegeben erhält. Zur Verdeutlichung des ersteren Falls (Planung inklusive Zieldefinition) sei ein Beispiel aus dem privaten Bereich genannt, die *Urlaubsplanung*. Abhängig von den verfügbaren Finanzen und der Information, wo man schon überall war oder nicht war usw., wird innerhalb der Urlaubs*planung* zunächst ein bestimmtes Reise*ziel* ausgewählt. Anschließend werden Berichtigungen, Route- und Reisevorbereitungen geplant. Erfolgreiches Planen endet mit einer *schriftlichen Dokumentation* (Erstellen eines *Plans, Pflichtenhefts, Budgets*). Die Ermittlung *monetärer* und *nichtmonetärer Plangrößen* (Sollwerte) erfolgt in Kooperation mit dem Internen Rechnungswesen im Rahmen des *Controllings* (6.3).

Unter *Steuern* verstehen wir die Weitergabe der *Planziele* (*Sollwerte, Führungsgrößen*), das Erteilen von *Anweisungen, Aufträgen* bzw. *Korrekturen* sowie die Zuweisung von Ressourcen an Untergebene bzw. Ausführende, bei *guten Managern* begleitet von einer *Anleitung zum Handeln*. Die Mitarbeiter bzw. Untergebenen des Managers entsprechen dem *Stellglied* der klassischen Regelungstechnik, das der Manager durch Vorgabe von Führungsgrößen bzw. Sollwerten *steuert* bzw. *ansteuert* (Kapitel 1 und 6.3).

Unter *Kontrolle* schließlich verstehen wir die Überwachung des Erreichens der geplanten Ziele durch ständige Beobachtung und Analyse etwaiger Abweichungen *momentaner Istwerte* von den zuvor *budgetierten Sollwerten*. Bei der Kontrolle durch das Top-Management und dem mittleren Management basiert die Kontrolle vorwiegend auf den in kurzen Zeitabständen vom *Controlling* bzw. *Internen Rechnungswesen* dem Management gelieferten Informationen. (Bezüglich des Begriffs *Controlling* wird auf Kapitel 1, Kapitel 5 sowie auf 6.3 verwiesen.) Allfällige Abweichungen von den Plangrößen führen zur Wahrnehmung der oben erklärten *Planungs-* und *Steuerungsfunktion* in Form der Aktualisierung der Strategie, des Erfolgssollwerts sowie der Anordnung *korrektiver Maßnahmen*.

Die elementaren Funktionen *Planen, Steuern, Kontrolle* werden mit unterschiedlichen Inhalten grundsätzlich von allen Managern ausgeübt, unabhängig auf welcher Ebene der Unternehmenshierarchie (3.2.4) sie tätig sind. Es gibt jedoch drei wesentliche *generische* Unterschiede in der *Führungsfunktion* des Top-Managements einerseits und der *Leitungsfunktion* des mittleren und unteren Managements andererseits:

– Ersteres entwickelt aus sich selbst heraus bestimmte originäre *Vorstellungen, Pläne* oder *Visionen*, wie das Unternehmen grundsätzlich geführt werden soll, beispielsweise rein *ertragsorientiert* oder auf *Wachstum* und *langfristige Prosperität* ausgerichtet, *unauffällig* oder *aggressiv* bzw. *innovativ*. Ferner plant es, wie *die aus dem erwirtschafteten Cash Flow für Investitionen abzweigbaren Mittel* auf die verschiedenen *Investitionsobjekte* bzw. *Strategischen Geschäftseinheiten* (3.2.1.2) aufgeteilt werden sollen. Diese Vorstellungen vermittelt es dem mittleren Management und erteilt ihm den Auftrag, die Visionen bzw. Pläne in die Tat umzusetzen. Das mittlere Management plant zwar auch, *muss seine Pläne jedoch mit dem Top-Management abstimmen und sich den Plan, falls nicht akzeptiert, korrigieren lassen.* Die Planung verläuft also *Top-down/Bottom-up/Top-down*, häufig aber auch *Bottom-up/Top-down*. Sinngemäß gilt dies auch für das Verhalten zwischen dem *mittleren* und *unteren* Management. Beide sind gegenüber dem jeweils übergeordneten Management weisungsgebunden. Sie erhalten von ihm, quasi nach Art einer *Führungsgrößenregelung*, aus *Planungstätigkeiten* bzw. *Planungsrechnungen* hergeleitete *Sollwerte*, beispielsweise *Umsatz-* oder *Gewinnzahlen* vorgeschrieben, nach denen sie den ihnen anvertrauten Bereich derart leiten, dass das Ergebnis dem vorgegebenen Sollwert entspricht (6.3).

In gewisser Weise wird auch das Top-Management von Kapitalgesellschaften kontrolliert, und zwar durch den *Aufsichtsrat*. Dieser muss jedoch häufig mangels technischen Sachverstands dem vertrauen, was das Top-Management präsentiert. Im Gegensatz zum mittleren und unteren Management können sich also das *Top-Management* oder ein *Unternehmer* ihre Ziele im Wesentlichen selbst vorgeben. (Dies gilt nicht für Tochterunternehmen von Konzernen. Dort sind die Mitglieder der Aufsichtsräte größerer Gesellschaften meist selbst Fachleute, 3.3.3).

– Der zweite *generische* Unterschied liegt im Zeithorizont. Der untere Managementlevel agiert überwiegend im *Tages-*, *Wochen-* oder *Monatsbereich*, das mittlere Management agiert meist im *viertel-, halb- oder ganzjährigen Zeitrahmen*, das Top-Management plant im *Jahres-* bzw. *mehrjährigen Rahmen*.

– Schließlich unterscheiden sich die drei Managementebenen erheblich im *Verantwortungsumfang*, und zwar bezüglich der Zahl der insgesamt direkt oder indirekt geführten Mitarbeiter, des verantworteten *Budgets* (6.1.3) sowie der Multidimensionalität des Aufgabenbereichs.

Abhängig vom Managementlevel sind mit unterschiedlicher Priorität (je nach Corporate Policy) vorrangig die folgenden Gebiete zu planen, steuern und kontrollieren:

– Liquidität	– Kundenorientierung	– Forschung & Entwicklung
– Ergebnis	– Marketing	– Produktionstechnik
– Personalwesen	– Informationssysteme	– Systemkompatibilität

Während die *Liquidität* und die *Ergebniserzielung* ausschließlich *monetären Charakter* besitzen, stellen die restlichen sieben Gebiete so genannte *Erfolgspotentiale* dar, die sich nicht allein auf Basis der *quantitativen* Information aus dem Internen Rechnungswesen steuern lassen, sondern ein *strategisches* bzw. *qualitatives Controlling* mit nichtmonetären *Metriken* erfordern (Kapitel 8). Das Management von Erfolgspotentialen kommt einer *Optimierungsfunktion* des Managements gleich, in deren Rahmen an Hand einer bestimmten Strategie begrenzte Ressourcen optimal auf diverse Aktivitäten verteilt werden (Kapitel 1 und 6.1.1).

Um Erfolgspotentiale optimal planen, steuern und kontrollieren zu können, müssen Manager *Charisma* besitzen und *Visionen* haben. Ferner ist ein möglichst *breitbandiges Fachwissen* erforderlich, um *Chancen* und *Risiken* neuer Technologien treffend bewerten zu können. Bei zwei sehr wichtigen Erfolgspotentialen, der *Forschung und Entwicklung* sowie den *Informationssystemen*, gibt es meist enorme *Defizite*. Die Mindestforderung an das Top-Management besteht dann in der Fähigkeit, wenigstens die *richtigen Leute* identifizieren zu können, an die sie die Strategiefindung und -implementierung delegieren.

In den folgenden Abschnitten wird beispielhaft gezeigt, wie die Funktionen *Planen*, *Steuern*, *Kontrolle* auf einigen der oben genannten Gebiete in der Praxis realisiert werden. Von besonderer praktischer Bedeutung ist hierbei das *Projektmanagement* (7.1), das jeweils als Untermenge in mehreren der obigen Gebiete enthalten ist. Wir beginnen mit der Planungsfunktion.

6.1   Planen

Planen ist eine Aktivität zur Erhöhung der Wahrscheinlichkeit, dass ein bestimmtes Ziel effizient oder gar überhaupt erreicht werden kann. Planen bedeutet, selbst die Initiative zu ergreifen und zu *agieren* an Stelle ständigen *Reagierens*, *Improvisierens* oder gar *Rechtfertigens*. Planen vermeidet Überraschungen, wenn auch nicht alle ("*Murphy's Law*", 9.6)! Die für Planung investierte Zeit wird gewöhnlich durch die Schaffung von *Freiräumen* reichlich kompensiert, die als Folge guter Planungstätigkeit in Form weitgehender *Delegation*, *Vermeidung von Doppelarbeit* und ständiger "*Reparaturen*" *schiefgelaufener Vorgänge* selbsttätig entstehen. Die Funktion *Planen* werden wir an drei Beispielen, *Strategische Planung*, *Geschäftsplan*, *Budgetierung*, erläutern.

6.1.1   Strategische Planung

Strategische Planung ist ein unverzichtbares Werkzeug zur Wahrung bzw. Steigerung der langfristigen Prosperität von Unternehmen. Der Begriff Strategische Planung wird oft sehr unterschiedlich interpretiert. Dies liegt daran, dass Strategische Planung ein *Pleonasmus* ist, denn das Generieren einer Strategie bedeutet praktisch das Entwickeln eines Plans. Der Unterschied zwischen *strategischer* und *gewöhnlicher* Planung besteht im Wesentlichen darin, dass man sich bei ersterer mittels *Brainstorming* und *Szenarien* (Sandkastenspielen) verschiedene Planvarianten ausdenkt, von denen man sich letztlich für die *optimale Variante* entscheidet und für ihre Umsetzung die finanziellen, personellen, räumlichen etc. Ressourcen bereitstellt. Die Fokussierung von Ressourcen auf priorisierte Projekte ist eine der wichtigsten Managementfunktionen (*Optimierungsfunktion*).

Bei gewöhnlicher Planung weiß man meist schon *was* zu tun ist und denkt sich nur noch die Ablauforganisation aus. Strategisches Planen stellt dagegen den Planer vor die Qual der Wahl. Er muss aus vielen möglichen Optionen diejenige Kombination identifizieren, die ein Unternehmen oder einen Geschäftsbereich vom *Status quo* optimal in den Zustand führt, den sich die geistigen Väter der Strategie *visionär* vorstellen. Eine Strategie dient mit anderen Worten der optimalen Realisierung einer *Vision*.

Grundsätzlich sollten *alle Manager* strategisch planen, jeder für seinen Verantwortungsbereich. Meist spricht man aber nur bei der Planungstätigkeit des Top-Managements bzw. eines Unternehmers von *Strategischer Planung*. Die vorstehenden Betrachtungen gelten jedoch aufgrund des *fraktalen Charakters* bzw. der *Selbstähnlichkeit* der verschiedenen Verantwortungsbereiche eines Unternehmens sinngemäß auch für alle anderen Managementebenen.

"*Strategisch*" wird häufig dahingehend interpretiert, dass lediglich die langfristige "*große Linie*" festgelegt wird. Die eigentliche Kunst besteht aber nicht in der Kreation hehrer Perspektiven, sondern im Kennen der Wege, wie man diese verfolgt und die aus ihnen abgeleiteten Ziele erreicht. Mit anderen Worten: *Der Weg ist das Ziel*! Hier kommt einmal mehr der Unterschied zwischen *Managern* und *Unternehmern* zum Ausdruck. Erstere formulieren Ziele oder Visionen und erwarten deren Verwirklichung oft *ausschließlich von ihren Mitarbeitern. Unternehmer* kreieren nicht nur Visionen, sondern haben auch bereits *konkrete Vorstellungen im Hinterkopf*, wie sie ihre Vision zu realisieren gedenken und kommunizieren diese Vorstellungen an ihre Mitarbeiter. Grundsätzlich agieren zwar Führungskräfte und Projektmanager wie Unternehmer. Sie bringen jedoch kein Eigenkapital ein und tragen damit auch kein vergleichbares Risiko. Dies führt zu einer spürbar geringeren Kopplung an den Erfolg des Unternehmens, was häufig in weniger belastbaren Visionen und weniger Know-how bezüglich der Realisierung der Visionen zum Ausdruck kommt.

Die Mutation eines Unternehmens vom *Status quo* in den *visionären* Zustand ist ein *Prozess*, das heißt eine logische Kombination serieller und paralleler Schritte bzw. Aktivitäten. Die Strategie benennt die *Schritte* und beschreibt die *Ablauforganisation* des Prozesses (3.2.2). Ihre Generierung umfasst die *Identifikation* aller denkbaren Aktivitäten, das Abwägen der Vor- und Nachteile der verschiedenen Aktivitäten, die *Auswahl* bestimmter Aktivitäten, die nach Meinung der Strategieplaner das Ziel optimal erreichen lassen sowie die Aufstellung eines *Operativen Plans* mit konkreten Projekten.

> *Eine Strategie ist ein optimaler Plan bestehend aus einer durch priorisierte Auswahl entstandenen Kombination von Zielen und Aktivitäten, einschließlich der Ablauforganisation, nach der die Ziele verfolgt werden sollen.*

Ein guter Vergleich ist eine Landkarte (engl.: *Road map*), in der, abhängig von den gewünschten Zielen, beispielsweise *kürzeste Fahrzeit, geringster Kraftstoffverbrauch, landschaftlich schöne Strecke* etc., eine bestimmte Route eingetragen ist. Im Schrifttum der Betriebswirtschaftslehre wird an Stelle des Begriffs *Auswahl* meist von der *Entscheidung* für bestimmte Ziele, Vorgehensweisen, Personen etc. gesprochen (*Entscheidungstheorie*).

Die Kunst des Strategieentwurfs besteht darin, die *Prozessaktivitäten* und die *Allokation finanzieller und personeller Ressourcen* so auszuwählen, dass die *Perspektiven* bzw. die aus ihnen abgeleiteten *Groß-* und *Teilziele*, wie auch immer sie festgelegt wurden, mit geringstmöglichem Aufwand schnell und sicher erreicht werden (Optimierungsfunktion des Managements).

Es ist zweckmäßig zwischen *langfristiger* strategischer Planung, *kurzfristiger* strategischer Planung und *operativer* Planung zu unterscheiden.

Langfristige strategische Planung

Langfristige strategische Planung wird von der Unternehmensleitung durchgeführt und schaut bis zu zehn Jahre voraus. Je weiter der Planungshorizont reicht, desto mehr gerät strategische Planung jedoch zur *Spekulation*. Fünf Jahre sind für konkrete Planziele eine sinnvolle Obergrenze. Hierbei sollte jedoch alle drei Jahre eine Aktualisierung für die nächsten fünf Jahre erfolgen. *Langfristige* strategische Planung zeichnet sich dadurch aus, dass die Anzahl der Planvarianten bzw. der grundsätzlich möglichen Großziele, aus denen ausgewählt werden kann, und die in ihrer Gesamtheit den visionären Endzustand repräsentieren, noch unbegrenzt ist. Die langfristige strategische Planung resultiert in einer *Großstrategie*, auch *Grundsatzplanung* genannt (engl.: *Grand strategy, Corporate strategy, Master strategy*). Die Großstrategie ist sehr allgemein gehalten, trägt insbesondere den *Erfolgspotentialen* (Kapitel 1) Rechnung und wird *auszugsweise*, zusammen mit der offiziellen Unternehmenspolicy, großzügig an Kunden und Mitarbeiter kommuniziert.

Die Generierung der Großstrategie beginnt mit der Entwicklung einer *Vision*. Zur Entwicklung der *Vision* werden der Istzustand des Unternehmens, das heißt die aktuelle *Unternehmensphilosophie* sowie die *bisherigen Strategien* hinterfragt und analysiert. Ausgehend vom *Istzustand* werden anschließend in einer umfassenden kreativen Diskussion unter Berücksichtigung beobachteter Trends, sowie der *Eigner-, Top-Management-* und *Kundenvorstellungen* alle denkbaren *Änderungen* und *Optionen* identifiziert und gegeneinander abgewogen. Schließlich wird über *Prioritäten* entschieden und es werden zum Abschluss *Großziele* (engl.: *Goals*) festgelegt. Als Ergebnis all dieser Aktivitäten herrscht in den Köpfen der strategischen Planer schließlich eine *Vision*. Die Vision beschreibt in der *Gegenwartsform* den virtuellen Zustand des *Unternehmens*, wie er in der Realität noch nicht existiert. Sie beinhaltet auch Vorstellungen über den *Unternehmenszweck* sowie über künftige betriebliche *Handlungs-* und *Entscheidungsgrundsätze* für den Umgang mit *Kunden, Lieferanten, Mitarbeitern, Wettbewerbern* und dem generellen *Umfeld* des Unternehmens, mit anderen Worten die angestrebte *Unternehmenspolicy, Unternehmensphilosophie, Corporate Culture, Corporate Identity* (7.3) etc., Bild 6.1.

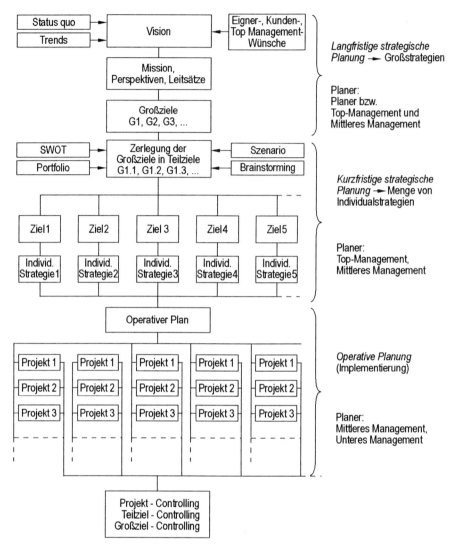

Bild 6.1: Struktur und Komponenten der *Strategischen Planung*.

Zur Realisierung ihrer Vision und deren Kommunikation an *alle* Mitarbeiter (9.5) definieren und dokumentieren die geistigen Väter der Vision eine *Mission*, spezifizieren *Großziele* und formulieren *Unternehmensgrundsätze*. Hierbei ist die Vorgehensweise der einzelnen Firmen sehr unterschiedlich. Mission, Unternehmenskultur und Großziele können eine Einheit bilden oder getrennt formuliert sein. Gelegentlich wird die Vision auch als "Vision" schriftlich formuliert (!), wobei dann oft eine hohe Redundanz mit der gleichzeitig formulierten Mission festzustellen ist. Der Umfang der Mission kann zwischen einer Zeile und einer Seite schwanken.

Die Unternehmensmission dokumentiert in kompakter, schriftlicher Form die *große Linie* der Vision und erläutert den Unternehmenszweck wie auch die Unternehmensphilosophie (Unternehmensleitbild). Ein in weiten Grenzen verhandlungsfähiges Beispiel könnte sein:

> "Die Frank Mustermann AG ist ein führendes, global agierendes Unternehmen auf dem Gebiet der *Hyper-Gimmick-Systeme*. Dank zielgerichteter F&E-Anstrengungen besitzt sie eine hohe Innovationskraft und offeriert ihren Kunden ständig die neuesten, attraktivsten *state-of-the-art* Produkte. Durch kompromisslose Anwendung von *Total-Quality-Prinzipien* und Nutzung von "*Factory of the Future*"-Merkmalen produziert sie mit minimalen Kosten und bietet ihre variantenreichen Produkte zu attraktiven Preisen an. Das von allen Mitarbeitern getragene Unternehmensziel ist die totale Befriedigung der Kundenwünsche, was selbsttätig langfristige *Prosperität des Unternehmens*, angemessene *Gewinne für die Eigner* sowie eine gerechte *Erfolgsbeteiligung* der *Mitarbeiter* ermöglicht."

Die Erfüllung der Unternehmensmission impliziert offensichtlich das gleichzeitige Betreiben mehrerer Aktivitäten bzw. Verfolgen mehrerer Großziele. Mit der Identifikation und Priorisierung einer Auswahl von Großzielen hat man eine *Großstrategie* für den langfristigen Unternehmenskurs entworfen.

Typische *Großstrategien* sind priorisierte Kombinationen aus nachstehenden Beispielen:

- Geringes Wachstum bei hohen Gewinnen
- Starkes Wachstum bei bescheidenen Gewinnen
- Wachstum durch Globalisierung
- Standortwahl
- Erhöhung der Produktivität durch Dezentralisierung
- Erfolg durch Konzentration auf das Kerngeschäft
- Erfolg durch Diversifikation
- Wachstum *ohne Risiko* durch Finanzierung aus dem *Cash Flow*
- Wachstum *mit Risiko* durch *Hebelwirkung* über Fremdfinanzierung

- Erfolg durch Zukauf/Verkauf
- Erfolg als Top-Quality Anbieter
- Erfolg als Low-Cost Anbieter
- Erfolg durch Nischengeschäfte
- Erfolg als *Innovator*, Erfolg als *Imitator* bzw. *Follower*
- Entscheidung für *Total Quality Management*
- Stärkere Nutzung des Potentials elektronischer Informationsverarbeitung
- Mitarbeitermotivation durch Erfolgsbeteiligung

Wesentlich ist, dass Großziele auf mehreren für das Unternehmen wichtigen Gebieten formuliert werden. Dies ist leider nicht immer der Fall. Beispielsweise haben nur wenige Unternehmen Großziele auf dem Gebiet der *Informationssysteme* bzw. des *Informationsmanagements* konkretisiert. Die Bedeutung der Datenkommunikation, Harmonisierung von Software, standardisierter Datenschnittstellen, konsistenter und integrer Daten etc. wird mangels Fachwissen im Top-Management selten ausreichend gewürdigt und entsprechend stiefmütterlich behandelt. In Abwesenheit konkreter Ziele auf diesem Gebiet entbehren die meisten Firmen dann auch einer entsprechenden Strategie, was zu hohen verborgenen Kosten führt (engl.: *Hidden cost*). Dies ist der wesentliche Grund für das Scheitern oder zumindest sehr zähe Vorankommen von CIM und das nur gering genutzte Potential zur Kostenreduzierung mittels einer durchgängigen Datenverarbeitung (7.8 und 3.2.2).

Kurzfristige strategische Planung

Sind die *Vision*, die *Unternehmensmission* und die *Großziele* definiert, folgt die *kurzfristige strategische Planung*. Sie baut auf der Großstrategie auf, schaut bis drei Jahre voraus und wird alljährlich aktualisiert. Kurzfristige strategische Planung wird *gemeinsam* vom *Top-Management* und der *nachfolgenden Managementebene* meist in Form *strategischer Planungsbesprechungen* betrieben, unterstützt durch *Brainstorming*, *SWOT-Analyse*, *Szenarien* etc. (Kapitel 9). In diesen Besprechungen wird geplant, mit welchen detaillierten Maßnahmen man vom *Status quo* die Großziele bzw. Merkmale des *visionären* Zustands optimal, das heißt mit geringstem Ressourceneinsatz (Kosten!) und in kürzester Zeit erreicht. Hierzu werden die Großziele in mehrere *Teilziele* (engl.: *Objectives*) zerlegt bzw. auf mehrere Teilziele heruntergebrochen, die sich beispielsweise aus den Ergebnissen einer SWOT-Analyse ergeben. Kurzfristige Strategische Planung resultiert in einer priorisierten Auswahl konkreter *Teilziele*, deren Verwirklichung in ihrer

Gesamtheit die Großziele erreichen lässt. Erfolgreiche Strategien basieren auf der geschickten *Nutzung* der *Stärken* und *Chancen* sowie aus der effizienten Bekämpfung der *Schwächen* und der Abwehr von *Bedrohungen*.

Da alle sinnfälligen Maßnahmen in der Regel zu einem höheren Jahresüberschuss beitragen, könnte man unschuldigerweise alle sich nicht widersprechenden bzw. sich ergänzenden Optionen gleichzeitig angehen wollen. Alle Maßnahmen verursachen aber zunächst einmal Kosten. Beispielsweise erhöht eine Vergrößerung des Marktanteils den *Marketing-* bzw. *Werbeaufwand*, neue Technologien und Produkte erfordern einen erhöhten *Forschungs-* und *Entwicklungsaufwand* usw. Da die Ressourcen zur Finanzierung der Maßnahmen begrenzt sind, wird man eine *Priorisierung nach ihrem Potential zur Steigerung des Jahresüberschusses* bzw. des *Marktwerts* des Unternehmens (5.9.5) vornehmen und die Verfolgung der höchstpriorisierten Optionen als Teilziele formulieren. Man geht mit anderen Worten nach dem *Pareto-Prinzip* vor (9.4).

Für das Großziel "*Technology Leader*" steht beispielsweise die Verfolgung folgender Teilziele zur Auswahl:

- Ausbau der zentralen Forschung,
- Stärkung der dezentralen Vorentwicklung,
- *Outsourcen* von Forschungsaufgaben an öffentliche oder private Forschungseinrichtungen, z. B. *Fraunhoferinstitute*, *Universitäten*,
- Kauf von Lizenzen,
- Zukauf kleiner HiTec-Firmen,
- Aufbau von Forschungskapazität im Ausland.

Sollen in der Tat alle Maßnahmen gleichzeitig ergriffen werden, sind diese durch *Fremdkapitalaufnahme* zu finanzieren. Dies ist dann sinnvoll, wenn die hieraus resultierende Zunahme des Jahresüberschusses oder Unternehmenswerts erkennbar höher sein wird als der Zins- und Tilgungsaufwand.

Wie auch immer die Überlegungen ausgehen, man hat sich mit der wohlbedachten Auswahl aus obigen Teilzielen zur Technologiestärkung und der Allokierung von Investitionsmitteln zu ihrer Finanzierung für eine bestimmte *Individualstrategie* zur Erreichung des Großziels "*Technology Leader*" entschieden. Die Menge *aller* Individualstrategien zur Erreichung *aller* ausgewählten Großziele, einschließlich der Festlegung einer Ablauforganisation (3.2.2), bildet die *Kurzfristige Strategie*.

Kurzfristige strategische Planung ist offensichtlich dadurch gekennzeichnet, dass wegen der *Vorgabe der Großziele* die Auswahl der Teilziele bereits eingeschränkt ist. Sie kommt daher der *gewöhnlichen Planung* schon näher.

Operative Planung

Visionen und Missionen allein garantieren noch keinen Erfolg. Visionen müssen auch realisiert, Missionen ausgeführt, geplante Ziele erreicht werden. Die *entscheidende* und *konkreteste* Komponente strategischer Planung ist daher der *Aktionsplan* bzw. *Maßnahmenplan* oder *Operativer Plan* (engl.: *Operational plan*), in dem genau festgelegt wird, *wer, was, wann, wie* und *wo* tut, wann welche *Ergebnisse* vorliegen und welche Finanzbeträge, beispielsweise *Umsätze* oder *Kosten* mit den verschiedenen Aktivitäten und Zielen verbunden sind. Er besteht aus der Spezifikation von *Aktivitäten* bzw. *Teilprojekten* sowie aus *Terminen* und *Ressourcen*, die das Erreichen der Teilziele gewährleisten und benennt *Projektverantwortliche*. Die *Aktivitäten* bzw. *Teilprojekte* sind die kleinsten Einheiten strategischer Planung. Sie werden nicht mehr weiter unterteilt. Der Operative Plan ist sehr detailliert und ein ausschließlich internes Dokument. Die *Ablauforganisation* ist implizit im Aktionsplan in Form der Start- und Endtermine der Projekte und damit der zeitlichen Abhängigkeit der Projekte untereinander enthalten. Zur besseren Erkennbarkeit der gegenseitigen Abhängigkeit einzelner Maßnahmen kann zusätzlich ein *Gantt*-Diagramm gezeichnet werden (7.1.5).

Der Aktionsplan begleitet das strategische Dokument und sollte in der Regel unter intensiver Mitwirkung derselben Personen geschrieben werden, die die Groß- und Teilziele ausgewählt bzw. spezifiziert haben. Die Ausarbeitung des Aktionsplans darf auf keinen Fall allein den Ausführenden überlassen werden. Wann immer dies geschieht, wird die Strategische Planung ohne "impact" bleiben und bei Mitarbeitern mit Kommentaren wie "*Heiße Luft*" und "*Worthülsen*" bedacht werden. Wenigstens muss ein nur von Mitarbeitern erstellter Aktionsplan vom vorgesetzten Management intensiv geprüft, kommentiert und genehmigt werden.

Für die Durchführung der Projekte müssen *Projektverantwortliche* bzw. *Projektleiter* (engl.: *Project owner, Project manager*) ausgewählt und die entsprechenden *finanziellen Ressourcen* zur Verfügung gestellt werden. Beides sind *Entscheidungen des Managements*.

Ein typisches Beispiel eines kompakten Aktionsplans zeigt Bild 6.2.

Aktionsplan 2007

Ziele/Projekte	Aufgaben-stellung	Projektleiter	Ergebnis	Budgetierte Kosten	Beginn/Ende
Großziel 1					
Teilziel 1.1					
- Projekt 1.1.1					
- Projekt 1.1.2					
- Projekt 1.1.3					
- Projekt 1.1.4					
-					
Teilziel 1.2					
- Projekt 1.2.1					
- Projekt 1.2.2					
- Projekt 1.2.3					
- Projekt 1.2.4					
-					
Teilziel 1.3					
- Projekt 1.3.1					
- Projekt 1.3.2					
- Projekt 1.3.3					
- Projekt 1.3.4					
-					
Großziel 2					
Teilziel 2.1					
- Projekt 2.1.1					
- Projekt 2.1.2					
- Projekt 2.1.3					
- Projekt 2.1.4					
-					
Teilziel 2.2					
- Projekt 2.2.1					
- Projekt 2.2.2					
- Projekt 2.2.3					
- Projekt 2.2.4					
-					
Großziel 3					
Teilziel 3.1					
- Projekt 3.1.1					
- Projekt 3.1.2					
- Projekt 3.1.3					
- Projekt 3.1.4					
-					

Bild 6.2: Beispiel eines kompakten Aktionsplans (Implementierungsmatrix).

Die einzelnen Projekte werden auf separaten Projektblättern ausführlich erläutert, Bild 6.3.

Projekt: .... Projekt Nr.: ....

Projektinhalt: ....
....
....

Projekt-
verantwortlicher: ....
Projekt Start: ....
Projekt Ende: ....

Budget:	Einnahmen:	Ausgaben:	Saldo:
Laufendes Jahr	€	€	€ ....
Laufendes Jahr (+1)	€	€	€ ....
Laufendes Jahr (+2)	€	€	€ ....

Erstellt von: .... Datum:......................
Revisionsdaten: ....

Meilenstein: Verantwortlicher:

....

....

Bild 6.3: Beispiel eines Projektblatts.

Die Zusammenstellung aller geplanten Aktivitäten bzw. Projekte und die Menge der einzelnen Projektblätter bilden in ihrer Gesamtheit den *Operativen Plan.*

Controlling:

Nach Abarbeitung des operativen Plans müssen die geistigen Väter der Strategie anhand eines Vergleichs der geplanten Groß- und Teilziele mit dem erreichten Ausmaß der Zielerfüllung entscheiden, ob die Implementierung unter Wahrung der geplanten Kosten erfolgreich war oder nicht. Ohne diese Rückkopplung macht strategische Planung wenig Sinn. (Wegen der Erläuterung des *Controllingbegriffs* wird auf 6.3 und Kapitel 1 verwiesen.) Grundsätzlich sollten Ziele immer höher gesteckt werden, als es dem *Status quo* entspricht. Untersuchungen der Ursachen von Unternehmenspleiten haben ergeben, dass diese stets mit ihrem "gut laufenden Geschäft" zufrieden waren und keine Notwendigkeit strategischer Planung mit höher gesteckten oder geänderten Zielen sahen.

Falls professionell durchgeführt, resultiert Strategische Planung in einem hierarchisch gegliederten schriftlichen *Strategiedokument*, bestehend aus der *Großstrategie* in Form der *Großziele,* der *kurzfristigen Strategie* in Form der *Teilziele* und einem *Aktionsplan* bzw. *Operativen Plan* mit *Projekten* bzw. *Aktivitäten,* anhand derer die *Implementierung* der strategischen Überlegungen erfolgt.

Damit ein Strategiedokument mehr nützt als schadet, existiert es in mindestens zwei Versionen, je eine für *Insider* und *Outsider.* Die Insider-Version ist nur für das Management gedacht und ist vertraulich. Sie existiert in sehr kleiner Stückzahl, nennt zu verbessernde *Schwachstellen* schonungslos beim Namen, behandelt freimütig *Wettbewerbsaspekte* usw. Die Outsider-Version, bestehend aus der *Mission, Unternehmensleitsätzen* und *Auszügen der Großstrategie,* wird meist in großer Auflage publiziert und ist so abgefasst, dass sie dem Wettbewerb keine wichtigen Informationen preisgibt und ihn auch nicht durch überzogene eigene Ansprüche verletzt. Welcher Unternehmer wird schon laut verkünden wollen, dass er nur als *Technology Follower* agieren will oder kurzfristigen Gewinn beständigem Wachstum vorzieht? Der *Aktionsplan* geht ohnehin nur an Insider. Häufig scheut sich das Top-Management, Strategien schriftlich zu formulieren, ein Dokument könnte ja in fremde Hände gelangen. Das ist in manchen Fällen sicher legitim, hat aber den Nachteil der geringeren Identifikation der Mitarbeiter mit dem Unternehmen.

Angesichts des derzeitigen ständigen Wandels wird gelegentlich behauptet, dass das Entwickeln einer Strategie überholt, stattdessen *professionelles Improvisieren* angesagt sei. Letzteres ist in der Tat häufig erforderlich, macht aber Planung weder entbehrlich noch obsolet. Man muss lediglich bereit sein, Pläne und Strategien flexibel zu handhaben und gegebenenfalls rasch an veränderte Randbedingungen anzupassen.

6.1.2   Geschäftsplan

Das Schreiben eines *Geschäftsplans* bzw. *Geschäftskonzepts* (engl.: *Business plan*) eines Unternehmens bzw. Bereichs ist eine spezielle Form der strategischen Planung (6.1.1) und daher Sache der Unternehmensführung. Die Erstellung des Geschäftsplans sollte so früh wie möglich erfolgen und später ständig aktualisiert werden. Wesentlich für den Erfolg des Geschäftsplans ist die Involvierung der mit seiner Realisierung betrauten Mitarbeiter.

Wenngleich viele Unternehmen niemals einen *Geschäftsplan* (engl.: *Business plan*) aufgestellt haben, beweist die Erfahrung, dass erfolgreiche Unternehmen meist einen Geschäftsplan hatten, Unternehmen die pleite gingen fast nie.

Das Schreiben eines Geschäftsplans ist aus vielen Gründen sinnvoll.

– Seine Erstellung unterstützt die Ordnung der eigenen Gedanken und reduziert die Wahrscheinlichkeit des Auftretens *unliebsamer Überraschungen*.

– Er beweist bei der Beschaffung von Kapital der *Bank* oder einem *Investor*, dass der oder die Antragsteller sich umfassend Gedanken gemacht haben und er informiert über das *Erfolgspotential* des Unternehmens.

– Er informiert die Mitarbeiter über die *Unternehmensmission* und *-philosophie* (engl.: *Corporate culture*) und erläutert ihnen, wofür sie, außer für Geld, sonst noch arbeiten. Er ist daher eine wesentliche Motivationshilfe.

Zusammenfassend hat ein Geschäftsplan die Aufgabe, den Verantwortungsbereich seines geistigen Vaters etwaigen *Vorgesetzten, Geldgebern, Partnern, Mitarbeitern, Kunden* zu "verkaufen". Der Bedeutung des Geschäftsplans entsprechend gibt es inzwischen sogar diverse *Anwendungssoftware*, die ein bestimmtes Raster vorgibt, das nur noch auszufüllen ist. Diese reduziert das "*Kopfzerbrechen*", macht es aber nicht entbehrlich.

Wie bereits bei der Strategischen Planung im Abschnitt 6.1.1 erläutert, emp-fiehlt es sich, auch den Geschäftsplan in mehreren Versionen zu erstellen, beispielsweise für das *Management*, für *Banken*, für *Kunden und Mitarbeiter*. Je nach Leserkreis können die verschiedenen Versionen eines Geschäftsplans zwischen 5 und 50 Seiten Umfang haben (Letzteres für Insider!). Die verschiedenen Versionen unterscheiden sich nicht nur im Umfang, sondern können auch je nach Empfängerkreis bestimmte Aspekte mehr oder weniger betonen. Insbesondere sollte die Zusammenfassung für den oder die jeweili-gen Leser maßgeschneidert sein.

Grundsätzlich besteht ein Geschäftsplan aus folgenden Komponenten

- *Deckblatt*, enthaltend die Bezeichnung "Geschäftsplan", den Namen des *Unternehmens* bzw. des *Verantwortungsbereichs*, den Namen des *Ge-schäftsführers* oder sonstigen *Verantwortlichen* für den Inhalt des Ge-schäftsplans, *Telefon-*, *Faxnummer*, *E-Mail-* und *www-Adresse* sowie eine kodierte *Versionsklassifizierung*. Das Deckblatt vermittelt dem Leser einen ersten Eindruck von dem was ihn erwartet. Seinem attraktiven De-sign ist daher große Bedeutung beizumessen (Verwendung eines *Logos*, *Layout* etc.),

- *Inhaltsverzeichnis* mit Seitenzahlen,

- *Zusammenfassung*, enthaltend die Essenz des Plans für eilige Leser, quasi eine Kurzfassung mit allen wichtigen Zielsetzungen, Aussagen über die Zukunft, gegebenenfalls einschließlich einer Kurzfassung der *Strategie* und eines Zeitplans, wann welche Ergebnisse geliefert werden (6.1.1). Die Zusammenfassung muss so geschrieben sein, dass sie den Leser für sich einnimmt und Lust zum Lesen des ausführlichen Geschäftsplans hervor-ruft. Wenn sie wirklich gut sein soll, wird ihr Schreiber sie mehrfach über-arbeiten. Hilfreich ist der Selbsttest: Würde ich selbst diesem Unterneh-men einen Kredit geben?

- *Unternehmensbeschreibung*, enthaltend die *Mission* (6.1.1) sowie die Vorstellung der leitenden Mitarbeiter mit ihrem "*Background*", gegebe-nenfalls Gründungsjahr und bisheriger Geschäftsverlauf, das Produkt- und/oder Dienstleistungsspektrum usw.

- *Markt bzw. Kunden*, enthaltend Aussagen über den gesamten Markt, ei-genen Marktanteil, Trends der vergangenen Jahre und einer Prognose für die Zukunft,

- *Finanzstatus und Finanzierungsstrategie*, enthaltend Eigenkapital, totaler Kapitalbedarf und seine Deckung, prognostizierte *Gewinn- und Ver-*

lustrechnung, Bilanz, Cash-Flow-Statement über zwei oder mehr Jahre
sowie Prognosen über den künftigen Verlauf bzw. die künftigen *Gewinn*-
und *Wachstumsaussichten*,

– *Risiken*, enthaltend die Wettbewerbssituation, Technologiewandel etc.
   Hier ist Realitätssinn bzw. Ehrlichkeit gefragt!

Obige grundsätzliche Struktur eines Geschäftsplans kann in weiten Grenzen
variiert werden, beispielsweise wenn das Unternehmensziel *nicht* in der Gewinnerzielung liegt, wie beispielsweise bei *Universitäten, Forschungseinrichtungen* oder wenn ein Existenzgründer noch gar nicht bilanzierungs-
pflichtig ist und nur eine prognostizierte *Einnahmen/Ausgaben-Überschuss-
rechnung* vorlegen kann.

6.1.3   Budgetierung

Hauptaufgabe der *Budgetierung* ist die Planung, Steuerung, Überwachung
und Sicherung des finanziellen Status eines Unternehmens bezüglich Umsatz,
Cash Flow, Gewinn und Liquidität. Hierzu bedient man sich so genannter
Budgets.

Ein *Budget* ist ein *Planungsdokument* in *Tabellenform* mit einer quantitati-
ven Vorausschau auf das kommende Geschäftsjahr. In der ersten Spalte eines
Budgets werden die geplanten (*budgetierten*) *Umsätze, Kosten, Investitionen,
Kopfzahlen, Stückzahlen etc.* einer Geschäftseinheit in Zahlenwerten
dargestellt. Weitere Spalten nehmen die zu späteren Zeitpunkten erreichten
Istwerte auf sowie deren etwaigen Abweichungen von den Sollwerten. Ein
treffend erstelltes Budget berücksichtigt im Vorgriff sämtliche wichtigen
Einflussgrößen, die für den kommenden Geschäftsverlauf entscheidend sind.
Störgrößen werden quasi antizipiert und durch rechtzeitige Vorsorge aufge-
fangen.

Die einvernehmliche Erstellung von Budgets im Rahmen des "*Management
by Objectives*" (6.2.1) ist eine wesentliche Voraussetzung für die Realisierung
der in der Strategischen Planung gesetzten Ziele. Budgets lassen sich für
praktisch jede betriebliche Aktivität erstellen, beispielsweise *Umsatzbudget,
Kostenbudget, Personalbudget, Lagerbudget, Investitionsbudget, TQM-Ziele*
(7.4) etc. Die größte Bedeutung haben Budgets mit monetären Plangrößen
wie *Umsatz, Kosten* und *Gewinn*. Üblicherweise erstreckt sich der
Planungshorizont eines Budgets über ein Geschäftsjahr. Ein *Umsatzbudget*
enthält zum Beispiel die *Sollwerte* der erwarteten monatlichen Umsätze des

kommenden Geschäftsjahres, ein *Kostenbudget* die *Sollwerte* der erwarteten monatlichen Kosten des kommenden Geschäftsjahres usw. Damit das Budget rechtzeitig, das heißt *vor Beginn* eines neuen Geschäftsjahres verfügbar ist, beginnen die Planungen spätestens Mitte des noch laufenden Geschäftsjahrs.

Manche Unternehmer bevorzugen ein „*Rollierendes Budget*", das heißt einen Plan, der zu jedem beliebigen Zeitpunkt Sollwerte für ein Jahr im Voraus dokumentiert. Dies erreicht man, indem mit Ablauf eines jeden Monats dem Budget die Planzahlen des gleichen Monats des Folgejahrs hinzugefügt werden.

Man unterscheidet zwischen

- *Operativem Budget* und
- *Finanzierungs-Budget.*

Das operative Budget enthält budgetierte *Umsatzzahlen, Material-* und *Lohnkosten*, Kosten für Marketing und Verwaltung etc. und entspricht in seiner Gesamtheit praktisch einer budgetierten *Gewinn- und Verlustrechnung* (engl.: *Proforma income statement*, 5.5). Es enthält mit anderen Worten auch den *budgetierten Jahresüberschuss* bzw. *Gewinn.*

Das Finanzierungs-Budget enthält die Zahlen der Finanzierung aller operativen Aktivitäten sowie allfällige Investitionen. Es besteht aus dem *Investitionsbudget*, einem budgetierten *Cash-Flow-Statement*, einer budgetierten *Bilanz* (engl.: *Proforma balance sheet*) und einem budgetierten *Finanzplan* zur Sicherung der *Liquidität* (engl.: *Cash budget*, 5.8.6).

Budgets einer Geschäftseinheit werden auf Basis vorgegebener Eckwerte vom Leiter einer Geschäftseinheit selbst aufgestellt, häufig unter Hinziehen seiner Mitarbeiter. Anschließend wird das Budget mit dem übergeordneten Management diskutiert und durch dieses genehmigt. Dies entspricht zunächst einem "*Bottom-up approach*" läuft aber letztlich doch auf einen "*Top-down approach*" hinaus, da das vorgelagerte Management das Budget genehmigen muss bzw. das "*letzte Wort hat*". Erfahrene Budgetersteller bauen *Kostenpolster* ein, damit das vorgelagerte Management etwas zu streichen hat oder damit etwas schief gehen kann, ohne gleich auffällig zu werden. Auch bei den *Umsätzen* werden durch Weglassen von Aufträgen gerne Polster angelegt, auf die man zurückgreifen kann, wenn an anderer Stelle Aufträge wegbrechen. Nichts ist beim vorgelagerten Management unverzeihlicher als ein nicht eingehaltenes Budget.

Die Budgets aller Geschäftseinheiten eines Unternehmens werden zum Gesamtbudget (engl: *Master budget*) des Unternehmens zusammengefasst. Die Menge aller Budgets und ihre gegenseitigen Abhängigkeiten bezeichnet man als *Budget-System*, der *Prozess* der Erstellung der Teilbudgets und ihre Integration zum Gesamtbudget als *Budgetierung*.

Bei der Integration der Teilbudgets zum Gesamtbudget stellt sich oft heraus, dass die budgetierten *Kosten* höher sind als die verfügbaren *Ressourcen* (Cash Flow, Fremdkapital). Die Teilbudgets müssen dann solange überarbeitet und aufeinander abgestimmt werden, bis sich ein Gleichgewicht zwischen Kosten und Ressourcen einstellt, Bild 6.4.

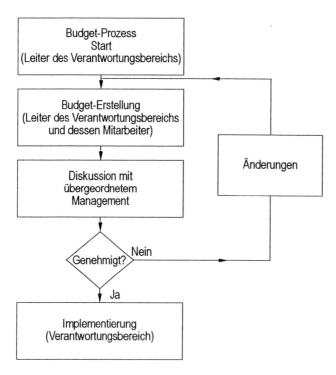

Bild 6.4: Budget-
Abstimmungsprozess.

Die letztlich von der Geschäftsleitung genehmigten und einvernehmlich mit den Managern aller Führungsebenen abgestimmten Budgets sind die Grundlage aller Aktivitäten des kommenden Geschäftsjahrs. Das jeweils vorgelagerte Management, das das Budget genehmigt hat, muss voll hinter dem Budget stehen. Die gemeinsam vereinbarten Ziele müssen realisierbar sein, damit

sich auch die Mitarbeiter mit dem Budget identifizieren können. Die Genehmigung von Budgets und damit die Allokierung meist finanzieller Ressourcen
auf bestimmte *Strategische Geschäftseinheiten* zählt zu den wichtigsten
Funktionen des Managements.

Der Budgetierungsprozess ist von fundamentaler Bedeutung für die folgenden
fünf Aspekte:

- Durch monatlichen, viertel- oder halbjährlichen Vergleich der Sollwerte
  der Budgets mit den erreichten Istwerten im Rahmen des *Controlling* (6.3)
  lassen sich etwaige Abweichungen (engl.: *Variances*) frühzeitig erkennen,
  so dass rechtzeitig geeignete Gegenmaßnahmen ergriffen werden können
  (Bild 6.5). Die Budgetkontrolle erfolgt permanent durch den Budgetverantwortlichen und in größeren Abständen durch die Geschäftsleitung (z. B. halbjährliche Kontrolle).

- Im Rahmen der Finanzplanung wird der Finanzierungsbedarf eines Unternehmens zur Deckung der Differenz (Über- oder Unterdeckung) zwischen
  den budgetierten Einnahmen und den budgetierten Ausgaben ermittelt
  (*Wahrung der Liquidität*). Bei der *Unterdeckung* ist entweder *Eigenkapital* nachzuschießen oder sind *Bankkredite* aufzunehmen. Bei
  Überdeckung ist überschüssiges Geld zinswirksam anzulegen. Wie im
  Kapitel 5.8.2 erläutert, sollte die Überdeckung so klein wie möglich gehalten werden. Andererseits ist noch kein Unternehmen an zu hoher Liquidität zugrunde gegangen.

- Im Rahmen des "*Management by Objectives*" gemeinsam vereinbarte Bud-
  getziele verpflichten und motivieren den Budgetverantwortlichen. Seine
  Identifikation mit den Unternehmenszielen ist eine wesentliche Voraus-
  setzung für das Erbringen der maximal möglichen Leistung. Betont der
  Vorgesetzte seine eigenen Vorstellungen zu sehr, geht dies auf Kosten der
  Identifikation der Mitarbeiter mit ihrer Arbeit.

- Der Vergleich der im Rahmen des "Management by Objectives" zwischen
  Vorgesetzten und Untergebenen gemeinsam vereinbarten Budgetziele mit
  den erreichten Istwerten ist das Kriterium, anhand dessen die Performance eines Budgetverantwortlichen gemessen und sein Gehalt festgelegt
  wird. *Budgets machen Leistung messbar.*

- Als Ergebnis des Budget-Integrationsprozesses lassen sich ein Jahr im voraus *budgetierte Jahreskosten von Kostenstellen* sowie budgetierte *Versionen der Bilanz, Gewinn- und Verlustrechnung* sowie des *Cash Flow* erstellen (engl.: *Master budget*).

Mit internen Entwicklungs- und Projektierungsaufgaben befasste Ingenieurmanager machen keine direkten Umsätze mit Kunden. Basierend auf den
Stundensätzen ihrer Abteilung stellen sie ein *Kostenbudget* auf, das von ihrem Vorgesetzten genehmigt werden muss. Dieses Kostenbudget muss einerseits alle Kosten ihres *Verantwortungsbereichs* bzw. ihrer *Projekte* decken,
andererseits mit den verfügbaren Ressourcen des Unternehmens verträglich
sein. Mit Ausnahme der Vertriebsingenieure agieren Ingenieure überwiegend
mit den Begriffen *Personal, Maschinen, Messgeräte* usw. Es ist die Aufgabe
eines *Controllers* (6.3) der jeweiligen Einheit, diese Begriffe in *Geldwerte*
umzusetzen und im Budget als solche darzustellen. Ausschließlich Kosten
verursachende innerbetriebliche Einheiten werden im Gegensatz zu den
"*Profit Centers*", die Gewinne erwirtschaften müssen, als "*Cost Centers*"
aufgefasst. Cost Centers müssen keine Gewinne erwirtschaften, es wird aber
erwartet, dass sie ihr Kostenbudget auf keinen Fall überschreiten. Nach moderner Controllingphilosophie werden zunehmend auch Cost Centers als
Profit Centers eingestuft, wobei der Profit indirekt durch qualitative, nichtmonetäre Metriken oder durch Kostenvergleich mit externen Dienstlei-
stungsunternehmen ermittelt wird.

Hat ein Ingenieurmanager die Zustimmung des vorgesetzten Managers für
das von ihm vorgelegte Kostenbudget erhalten, obliegt ihm die Aufgabe, die
vereinbarten Leistungen zu erbringen, ohne dass sein Budget überschritten
wird. Er wird sogar versuchen, *das Budget zu unterschreiten* und Geld ein-
zusparen, um damit die hohe Performance des von ihm geleiteten Bereichs
zu dokumentieren. Jeder Ingenieurmanager, gleichviel ob in der Funktion als
Projektleiter oder Abteilungsleiter, ist verantwortlich für seine Kostenstelle
und damit quasi Leiter eines kleinen "Unternehmens".

Cost-Center-Budgets haben die gleiche Aufgabe wie private Haushaltsbudgets
oder Budgets öffentlicher Unternehmen. Sie dienen lediglich der Zuweisung
begrenzter Ressourcen auf eine Menge von Bedürfnissen und Verbindlichkeiten. Übersteigen letztere die Ressourcen müssen Priorisierungen und
Streichungen vorgenommen werden. Dies ist bei Profit-Center-Budgets nicht
zwingend der Fall, sie müssen in der Regel nur einen Gewinn ausweisen.

Entwicklungs- und Projektierungsabteilungen unterscheiden sich von anderen Abteilungen, beispielsweise der Produktion, dadurch, dass ihre Kosten
nicht annähernd so genau und zuverlässig festgelegt werden können wie die
Kosten letzterer. Es liegt in der Natur einer F&E- oder Projektierungsabtei-
lung, dass sich konkrete, genau präzisierte Ergebnisse nur sehr schwierig zu
einem bestimmten Zeitpunkt verbindlich zusagen lassen. Ein typisches Bei-

spiel ist die Softwareentwicklung, bei der Budgets bezüglich Terminen und
Kosten in der Vergangenheit häufig deutlich überschritten wurden. Dies führt
zu häufigen Budgetänderungen bzw. -anpassungen.

Abschließend zeigt Bild 6.5 ein typisches Budgetblatt enthaltend eine *Kurzfassung* eines *operativen* und *Finanzbudgets*. Eine Über- oder Unterschrei-
tung der budgetierten Kosten wird in der Spalte *Abweichung* vermerkt.
Unterschreitungen der budgetierten Kosten sprechen in der Regel für eine
hohe Performance der involvierten Mitarbeiter. *Überschreitungen* des Budgets können gelegentlich damit interpretiert werden, dass die Arbeit schneller
voranschreitet und man das Projekt früher abschließen wird. Häufiger
signalisiert aber eine Überschreitung des Budgets *drohenden Ärger mit dem
Vorgesetzten* und muss sofort analysiert bzw. kompensiert werden. Sinngemäß gilt dies in umgekehrter Richtung auch für budgetierte Umsatzzahlen.
Bezüglich der Begriffe Finanzbudget und Finanzierung wird auf Abschnitt
5.11 verwiesen.

Budgetposten / Termine	Budget Dez. 07	Budget 30. Juni 08	Ist 30. Juni 08	Abweichung %
I Auftragseingänge				
II G u. V-Rechnung Umsatzerlöse Materialkosten Personalkosten Andere Kosten Abschreibungen Zinsen etc.				
Operatives Ergebnis Außerordentliche Beträge				
Ergebnis vor Steuern				
III Bilanz Anlagevermögen Umlaufvermögen Rechnungsabgrenzungsposten				
IV Investitionen				
V Cash Flow				
VI Mitarbeiter (Kopfzahl)				

Bild 6.5: Schema eines Budgetblatts für Daten des Operativen- und Finanzierungs-
Budgets.

Der Budgetansatz führt bei den *Cost Centern* der Industrie und insbesondere in den Haushalten öffentlicher Unternehmen gewöhnlich zu einem ständigen Wachstum des Budgets nach dem Motto "*Wie im Vorjahr, zuzüglich eines prozentualen Zuschlags für inflationsbedingte und andere Kostensteigerungen.*" Dieses Vorgehen fördert die Denkweise der *Besitzstandswahrung,* fördert das Anwachsen der Gemeinkosten und lässt kein *Kostenbewusstsein* entstehen.

Diesem Missstand versucht *Zero-Based-Budgeting* (ZBB) abzuhelfen, indem alljährlich alle verhandlungsfähigen Budgetposten praktisch von "Null" an neu begründet werden müssen und das Budget nicht "*einfach da*" ist. Zero-Based-Budgeting ist eine Komponente "*Strategischen Kostenmanagements*", das sich nicht nur eine zutreffende und transparente Aufschlüsselung der Gemeinkosten angelegen sein lässt, sondern insbesondere das Ziel der *Reduzierung* der Fixkosten und Gemeinkosten verfolgt.

Noch wirkungsvoller ist die Methode einer Budgetkürzung in Höhe von 5 % bis 10 %, verbunden mit der Aufforderung, geeignete Kürzungsvorschläge *ohne* Funktions- und Ergebniseinbußen vorzulegen. Bei öffentlichen Unternehmen wird eine fünfprozentige Etatkürzung sogleich mit einer fünfprozentigen, generell akzeptierten Leistungskürzung beantwortet.

6.2   Steuerung

Die *Steuerung* eines Unternehmens besteht in der *Delegation* von Teilaufgaben bzw. der *Erteilung von Anweisungen* ("*Steuerbefehlen*") zur Umsetzung von *Plänen* oder *Entscheidungen* an die Mitarbeiter sowie in der Erstellung bzw. Genehmigung der Budgets. Sie ist die zweite, wohl wichtigste Aufgabe eines Managers. Die Steuerungsfunktion wird auf allen Managementebenen ausgeübt. Logisch gesehen ist sie anfänglich die *Konsequenz vorausgegangener Planungstätigkeit*, beispielsweise in Form des *Budgetprozesses*, im Laufe des Geschäftsgangs aber auch die Schlussfolgerung aus der *Controlling-Funktion* (6.3).

Aus Sicht der Regelungstechnik handelt es sich bei der *Steuerungsfunktion* um eine *Steuerungskette,* an deren Anfang (Eingang) der Unternehmer bzw. das Top-Management Steuerbefehle erteilt, die bei *bekanntem Verhalten* des *Unternehmensprozesses* bestimmte *Sollziele* deterministisch erreichen lassen, Bild 6.6.

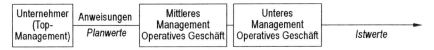

Bild 6.6: Beschreibung der Steuerungsfunktion durch eine *Steuerungskette*.

Leider ist das Verhalten des Unternehmensprozesses, insbesondere des von ihm belieferten *Marktes*, der im obigen Bild Bestandteil des operativen Geschäfts sein soll, nicht genau bekannt. Aufgrund zahlreicher *interner* und *externer Störeinflüsse* treten unbeabsichtigte Abweichungen von den ursprünglich geplanten bzw. erwarteten Ergebnissen auf, Bild 6.7.

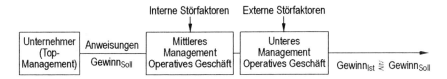

Bild 6.7: Steuerungskette mit Störeinflüssen, *Plangröße Gewinn*.

Um die durch Störeinflüsse hervorgerufenen Abweichungen in ihrer Höhe zu begrenzen, werden im Rahmen der *Controllingfunktion* (6.3) in kurzfristigen Abständen *Istwerte* und *Soll-* bzw. *Planwerte* miteinander verglichen und etwaige Abweichungen dem Management zur Kenntnis gebracht. Die Kenntnis der Abweichungen erlaubt der Unternehmensleitung das Treffen von *Entscheidungen*, die Störeinflüssen rechtzeitig und zielgerichtet *begegnen* und diese *Entscheidungen* auch im Rahmen der Steuerungsfunktion zu implementieren. Das Zusammenwirken aus *Steuerungsfunktion* und Verwenden der Ergebnisse der *Controllingfunktion* wird im betriebswirtschaftlichen wie auch im regelungstechnischen Sinn, je nach Managementebene, als *Führen* bzw. *Leiten* bezeichnet. Aus Sicht der Regelungstechnik handelt es sich um eine *kombinierte Führungsgrößenregelung* und *Störgrößenausregelung* (vgl. Leittechnik). Hierauf wird jedoch erst im Abschnitt 6.3 *Kontrolle* und *Controlling* ausführlich eingegangen.

Bei der reinen Steuerungsfunktion kann man zwischen *Führungstechniken* und *Führungsstilen* unterscheiden. Auch andere Ordnungskriterien sind üblich, beispielsweise eine Unterscheidung nach *personen-* und *sachbezogenen Führungsprinzipien*. Wir geben hier ersterer Unterteilung den Vorzug.

6.2.1   Führungstechniken

Abhängig von der Methode, mit der ein Manager seine Mitarbeiter motiviert, bestimmte Tätigkeiten auszuüben bzw. bestimmte Planziele zu erreichen, unterscheidet man zwischen mehreren "*Management by ...*"-Prinzipien, beispielsweise

- Management by *Objectives*,
- Management by *Results,*
- Management by *Empowerment,*
- Management by *Exception,*
- Management by *Role Model,*
- Management by *Conflicts,*
- Management by *Information,*
- Management by *Wandering around,*
- Management by *Chaos,*
- Management by *Inferiority*.

Aus diesem großen Spektrum haben in der Praxis nur einige wenige Techniken eine größere Bedeutung erlangt. Diese sollen im Folgenden vorgestellt werden. Nebenbei gesagt wenden gute Manager situationsbezogen meist mehrere Prinzipien an.

Management by Objectives

Management by Objectives, auch als "*Führen durch Zielvereinbarung*" bezeichnet, ist die am häufigsten in der Praxis angetroffene Variante. Die Führung der Mitarbeiter erfolgt auf der Basis von *Zielen* bzw. *Budgets,* die zwischen Vorgesetzten und Mitarbeitern mehr oder weniger einvernehmlich vereinbart werden, wobei in der Konsensherbeiführung meist der Vorgesetzte das letzte Wort hat. Die *Teilziele* mehrerer Mitarbeiter werden von ihrem Vorgesetzten zu dem *Gesamtziel* zusammengesetzt, dessen Erreichung wiederum die ihm vorgelagerten Vorgesetzten mit ihm vereinbart haben.

Der Erfolg von Management by Objectives beruht auf der Tatsache, dass

- das Geschäftsergebnis planbar wird (beispielsweise Umsatz und Gewinn),
- die Leistung der Mitarbeiter je nach Ausmaß des Erreichens der Ziele bzw. je nach Größe etwaiger Zielabweichungen objektiv beurteilt werden kann, im Gegensatz zu einer verbalen, gefühlsmäßigen Bewertung ihrer generellen Performance,

– die Ausschöpfung der Zieltoleranz in Richtung *weiter gesteckter Ziele* die Mitarbeiter zu höherer Leistung anspornt (ähnlich wie Trainer Leistungssportler zu immer höheren Leistungen stimulieren),

– der Vorgesetzte mitplanen, mitdenken und mitverantworten muss,

– unerwünschte und unkontrollierte Zieländerungen bzw. Zielwechsel, wie sie beispielsweise in der klassischen Zentralen Industrieforschung (7.6) und der öffentlichen Forschung an der Tagesordnung sind, stark eingeschränkt werden.

Management by Objectives setzt voraus, dass sich die Ziele in irgendeiner Form quantifizieren lassen, beispielsweise in Budgets (6.1.3). Zugegebenermaßen ist die Vereinbarung *monetärer Zielgrößen* am einfachsten und das Erreichen des Ziels ist dabei problemlos festzustellen. Nicht zuletzt deswegen bedienen sich die meisten Vorgesetzten monetärer Ziele. Es lassen sich aber auch für praktisch alle nichtmonetären Prozesse Ziele quantifizieren, wie im Kapitel 8 gezeigt werden wird.

Führen durch Zielvereinbarung resultiert in einer starken Entlastung des Managements, da letzteres nur bei der Formulierung der Ziele mitwirkt, den Prozess des Erreichens der Ziele jedoch eigenverantwortlich den Mitarbeitern überlässt. Es ist mit anderen Worten eine spezielle Ausprägung des *Management by Empowerment*.

Management by Results

Management by Results ist dem Management by Objectives sehr ähnlich, verzichtet aber auf die *einvernehmliche Vereinbarung* der Ziele. Stattdessen werden diese "*per ordre de mufti*" vom Top-Management kompromisslos vorgegeben, was nicht gerade motivationsfördernd wirkt und eine wesentliche Chance zur Leistungssteigerung der Mitarbeiter ignoriert, die Identifikation mit ihrer Arbeit. Management by Results wird daher nur von inkompetenten Managern praktiziert, die Diskussionen mit intelligenten, verantwortungsbewussten Mitarbeitern aus dem Wege gehen wollen.

Management by Empowerment

Unter Empowerment versteht man die großzügige Weitergabe von *Wissen*, *Autorität* und *Autonomie* an die Mitarbeiter, damit diese ihre Arbeit eigenverantwortlich und weitgehend selbständig durchführen können. Eigenverantwortlich arbeiten zu dürfen ohne ständig *kontrolliert* zu werden, erzeugt bei den meisten Menschen die gleiche Motivation wie Sport nach Feierabend, bei dem alle Müdigkeit wie weggefegt und man "*voll dabei*" ist. Wie im Sport ein gutes Ergebnis beflügelt, fördert auch Empowerment den persönlichen Leistungswillen und bewirkt einen gewissen Stolz auf die eigene Leistung (engl.: *Pride of workmanship*). Empowerment bedingt eine angemessene Ausstattung mit Ressourcen und die Möglichkeit der Weiterbildung durch interne und/oder externe Schulung. Auch gute Mitarbeiter können nur dann richtige Entscheidungen treffen, wenn sie entsprechend ausgebildet sind.

Management by Empowerment ermöglicht eine weitgehende *Delegation* zu erledigender Aufgaben an Mitarbeiter und schafft damit maximalen Freiraum für eigene planerische und kreative Tätigkeit. Darüber hinaus lernen Mitarbeiter durch Delegation selbst Initiative zu ergreifen und Verantwortung zu tragen. Erfolgreiche, tatsächlich entlastende Delegation setzt voraus, dass sich der Manager bereits im Vorfeld mit intelligenten, antriebsstarken Mitarbeitern umgeben hat, die seiner eigenen Qualifikation nicht viel nachstehen. Darüber hinaus muss er zusammen mit der delegierten Tätigkeit Anleitungen zum Handeln ausgeben, beispielsweise Stellenbeschreibungen erstellen (engl: *Job descriptions*) etc., damit jeder Mitarbeiter genau weiß, *was* und *wie* er eine bestimmte Aufgabe zu erledigen hat. Nur dann können die Mitarbeiter selbständig, ohne laufend nachfragen zu müssen, im Sinne des Vorgesetzten handeln, quasi so, als ob der Vorgesetzte selbst entschieden hätte. Zur Stellenbeschreibung gehört ferner, dass der Mitarbeiter *ungefragt* aus dem Ruder laufende Entwicklungen frühzeitig dem Vorgesetzten berichtet (*Bringschuld*). Schließlich setzt erfolgreiche Delegation die Weitergabe allen *entscheidungsrelevanten Wissens* an die Mitarbeiter voraus, damit sie möglichst zu den gleichen Schlüssen kommen, wie ihr Vorgesetzter. Häufig werden Management by Empowerment und Management by Objectives miteinander kombiniert.

Erfolgreiche Delegation verlangt neben gut ausgewählten, intelligenten Mitarbeitern eine starke, selbstbewusste, engagierte Managerpersönlichkeit mit hoher fachlicher Kompetenz, wenn bei den ebenfalls intelligenten Mitarbeitern nicht der Eindruck entstehen soll, der Vorgesetzte wolle Arbeit nur "*abdrücken*".

Management by Exception

Management by Exception, das heißt nur ausnahmsweises Eingreifen bei drohender Zielverfehlung, setzt einen extrem hohen, erfolgreichen Delegationsgrad voraus und stellt die *hohe Schule des Managements* dar. Der Manager hat bereits im Vorfeld alles so gut organisiert und seine Mitarbeiter mit allen erforderlichen Ressourcen und Weiterbildungsmöglichkeiten ausgestattet, dass der Betrieb eigentlich *"ohne ihn läuft"*. Erstaunlicherweise wird er aber doch gebraucht. Bei dauernder Abwesenheit würden die von ihm geschaffenen hohen Standards schnell wieder heruntergewirtschaftet werden, die weitgehende Selbststeuerung seiner Mitarbeiter würde divergieren und sein Bereich schnell wieder in das Mittelmaß zurückfallen.

Management by Exception ist keine Option für die sich ein Manager einfach entscheiden kann. Dieses Prinzip ist die Folge vorausgegangenen exzellenten *Management by Delegation* und hoher *persönlicher und fachlicher Integrität des Vorgesetzten* bzw. hohen Ansehens bei seinen Mitarbeitern. Es stellt sich beim Zusammentreffen aller notwendigen Voraussetzungen selbsttätig ein.

Management by Exception schafft die Freiräume, die kompetenten Managern eine ständige Verbesserung ihres Verantwortungsbereichs ermöglichen, was schließlich dazu führt, dass ihre Unternehmen als *"best practice"* Unternehmen in der jeweiligen Branche in aller Munde sind.

Management by Role Model

Management by Role Model betont die Vorbildfunktion des Vorgesetzten. Kein Vorgesetzter kann erwarten, dass alle Mitarbeiter morgens pünktlich zur Arbeit kommen, wenn er selbst als letzter durch das Werkstor geht. Dies war zwar vor Jahrzehnten nicht gerade unüblich, ist aber inzwischen umgekehrt. Der verantwortungsbewusste Vorgesetzte von heute kommt morgens als erster und geht abends als letzter.

Seine hohe fachliche Kompetenz ruft bei seinen Mitarbeitern einen natürlichen Respekt hervor, der es ihnen leicht macht, ihren Chef als *"Leader"* zu akzeptieren. Dies gilt insbesondere für Managementposten, bei denen es um nichtmonetäre Ziele geht, beispielsweise in der *Forschung und Entwicklung* oder im *Total Quality Management* (7.4). Leider sind diese Idealbesetzungen selten, weswegen in den genannten Bereichen häufig nur eine *Effizienz* und *Effektivität* wie in *öffentlichen Unternehmen* erreicht wird (Kapitel 2). Wie bei Mitarbeitern gilt auch bei Managern: Ein guter ist besser als zwei mittelmäßige.

Management by Walking Around

Nicht wenige Manager erteilen Aufträge an ihre Mitarbeiter und verlassen sich auf deren *Bringschuld*, das heißt, dass diese sich bei Problemen schon von selbst melden werden. Erfolgreiche Manager sehen jedoch bei sich auch eine *Holschuld*, das heißt, selbst regelmäßig ihre Mitarbeiter zu kontaktieren und sich nach dem Stand der Dinge zu erkundigen. Dies kann durch persönliche Besuche am Arbeitsplatz aber auch durch regelmäßige Anrufe und E-Mail-Anfragen geschehen. Management by Walking Around ermöglicht die spontane Weitergabe von Ratschlägen aus dem eigenen Erfahrungsschatz sowie eine frühes korrektives Eingreifen bei Problemfällen. Es muss klar sein, dass es um die Sache geht, nicht um die Kontrolle des Sachbearbeiters.

Management by Inferiority

Während die bislang vorgestellten Führungstechniken das Gesamtwohl des Unternehmens im Auge hatten, zielt *Management by Inferiority* (deutsch: Management durch Minderwertigkeit) ausschließlich auf den Erhalt der eigenen Position ab. Management by Inferiority wird von inkompetenten Managern mit geringem Selbstvertrauen ausgeübt, die sich zur Stabilisierung ihrer Position und zum Verbergen ihrer Schwächen wiederum mit schwachen Mitarbeitern umgeben (*Flaschenzugprinzip*) bzw. sich von erfolgreichen Mitarbeitern gar trennen. Nach dem Motto "*Operative Hektik ersetzt geistige Windstille*" verstehen es Inferiority-Manager exzellent, ihre Unfähigkeit durch Vorenthalten von Informationen sowie durch blinden Aktionismus und Überhäufen ihrer Mitarbeiter mit scheinbar wohlüberlegten, letztlich jedoch nur Kosten verursachenden Tätigkeiten zu verbergen. Falls nicht von einem vorgelagerten intelligenten Management erkannt, ist dies ein Desaster und führt zu beträchtlichen verborgenen Kosten (engl.: *Hidden costs*). Häufig wird Management by Inferiority griffiger als *Management by Champignons* bezeichnet: *Mitarbeiter im Dunkeln halten, mit viel Mist zudecken, sobald ein heller Kopf herausschaut, abschneiden.*

6.2.2   Führungsstile

Wie immer und überall im Leben "*macht der Ton die Musik*". Abhängig von der Art und Weise und wie einsam ein Manager seine Entscheidung trifft und wie er gegebenenfalls Aufträge an die ihm unterstellten Mitarbeiter erteilt, unterscheidet man folgende Führungsstile:

Autoritärer Führungsstil

Alle betrieblichen Handlungen und Aufträge werden vom Vorgesetzten definiert und angeordnet, ohne Mitsprache der Mitarbeiter. Begründungen werden nicht gegeben, Hinterfragen ist unerwünscht und karriereschädlich.

Patriarchalischer Führungsstil

Alle betrieblichen Handlungen und Aufgaben werden vom Vorgesetzten definiert und angeordnet ohne Mitsprache der Mitarbeiter. Auf zulässige Fragen "Warum?" werden, falls vom Patriarchen für richtig erachtet, wohlwollend Begründungen gegeben.

Kooperativer Führungsstil

Der Manager bezieht die ihm unterstellten Mitarbeiter in den Entscheidungsprozess mit ein und lässt Raum für eine ausgiebige Diskussion mit allen Beteiligten. Letztlich fällt er Entscheidungen bzw. formuliert Aufträge, die durch Ideen und die konstruktive Kritik seiner Mitarbeiter befruchtet sind. Die möglicherweise von einigen Mitarbeitern nicht voll akzeptierte letzte Entscheidung des Vorgesetzten wird trotzdem konstruktiv unterstützt, wenn der Vorgesetzte ein Charisma als erfolgreicher *Führer* (engl.: *Leader*) besitzt und man davon ausgehen kann, dass der *Leader* dank seiner Weitsicht und Erfahrung wohl schon die richtige Entscheidung getroffen haben wird. Beim kooperativen Führungsstil wird der Vorgesetzte gelegentliche schlechte Performance seiner Mitarbeiter nicht bestrafen, sondern diese beraten und gemeinsam mit ihnen "*Points of Improvement*" identifizieren. Die Führungskraft ist mehr *Vorbild* und "*Coach*", Manager und Mitarbeiter sind *Partner*. Der kooperative Führungsstil schafft gegenseitiges Vertrauen, setzt die meisten Energien frei und ist wohl die effizienteste Art der Menschenführung.

6.2.3 Tugenden erfolgreicher Manager

Erfolgreiche Manager praktizieren bestimmte Verhaltensweisen, von denen einige nachstehend aufgeführt sind. Die Liste erhebt weder Anspruch auf Vollständigkeit noch ist sie redundanzfrei, was in der Natur der Sache liegt.

- Der Kunde bestimmt ihr Handeln.
- Sie helfen ihren Kunden, Geld zu verdienen.
- Sie versetzen sich stets in die Lage ihrer Kunden.
- Sie behandeln Kunden und Mitarbeiter fair.
- Sie üben nur Tätigkeiten aus, die ausschließlich sie erledigen können.
- Sie umgeben sich mit intelligenten Mitarbeitern und *„empowern"* sie, damit ihnen die Arbeit Spaß macht und ihre Produktivität steigt.
- Sie delegieren Verantwortung, d.h. teilen ihre Macht (divide et impera).
- Sie setzen *Ziele*, sonst bleibt es beim *Beaufsichtigen*.
- Sie schaffen Metriken für die Messung der Zielerfüllung.
- Sie leben vor, was sie sagen.

- Sie beherrschen die Kunst der Vereinfachung. *Keep it simple!*
- Sie kümmern sich nicht um Kleinigkeiten, sondern um das Wesentliche, *Effektivität vor Effizienz!*
- Sie hüten sich vor zu vielen und zu langen Besprechungen, es muss auch noch Zeit für die eigentliche Arbeit bleiben.
- Sie pflegen ihr Augenmaß und trennen Wichtiges vom Unwichtigen.
- Sie lesen und beantworten ihre Korrespondenz und *E-Mail* in Echtzeit.

6.3   Kontrolle und Controlling

Das *Erreichen, Unter-* oder *Überschreiten* zwischen zwei Managementebenen vereinbarter monetärer Budgetziele liefert eine einfache Metrik, das erfolgreiche Operieren der untergeordneten Managementebene zu messen. Top-Manager sind ja häufig *Betriebswirte* oder *Juristen*, die nur bedingt in der Lage sind, die Qualität und Quantität *technischer Arbeit* zu bewerten. Für sie ist die Kontrolle *monetärer* Budgetziele, beispielsweise des erzielten *Gewinns* oder einer etwaigen *Umsatzveränderung*, die bequemste und wichtigste Metrik zur Beurteilung, ob ihre Mitarbeiter erfolgreich gearbeitet bzw. sie selbst das Unternehmen erfolgreich geführt haben.

Das Grundprinzip der Kontrolle über den Unternehmensprozess bzw. des *Controllings* wurde bereits in Kapitel 1 an Hand von Bild 1.2 veranschaulicht, das hier nochmals gebracht wird, Bild 6.8.

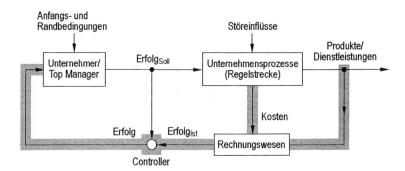

Bild 6.8: Regelungstechnisches Modell "Management eines Unternehmens" mit personifiziertem Controller, siehe Kapitel 1.

Der Leser, der spätestens nach der Lektüre des Abschnitts 3.2.4 weiß, dass es eine *Mittlere* und eine *Untere Führungsebene* im Unternehmen gibt, erkennt sofort, dass im *Unternehmensprozess* zwei weitere Controllingstrukturen verschachtelt sind. Diese wurden der Übersicht wegen in Bild 1.2 bzw. 6.8 zunächst weggelassen, sollen aber jetzt berücksichtigt werden, Bild 6.9. Im Gegensatz zum Top-Management erhalten mittleres und unteres Management ihre Sollwerte vorgegeben. Zusammen mit ihrem Vergleichsglied bilden sie Regler, die den ihnen unterstehenden Prozess – *Abteilungsprozess* und *Arbeitsprozess* – unbeschadet äußerer Störungen auf einen vorgegebenen Ausgangswert einregeln.

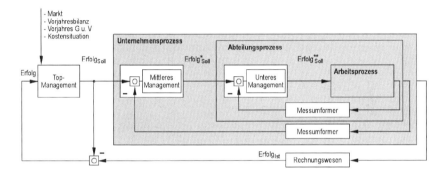

Bild 6.9: Regelungstechnisches Modell "Management eines Unternehmens" mit den verschachtelten Regelkreisen des Mittleren und Unteren Managements.

Bei der Zusammenfassung des *Soll-/Istwert-Vergleichs* mit dem *Regelglied* zum *Regler* ist zu beachten, dass der Controller zwar Teil des jeweiligen Regelsystems ist, jedoch nicht Teil des Managements. Der Controller kann dem Manager in Form einer *Stabsstelle* beigeordnet sein, eine *Linienfunktion* gleichberechtigt neben dem Vertriebsleiter, Produktionsleiter etc. innehaben oder, in großen Unternehmen, seine Funktion auch als *Geschäftsführer* ausüben. Das Vergleichsglied des "Unternehmensprozesses" ist dann im Block "Top-Management" integriert. Offensichtlich gibt es bezüglich der Struktur eines Controllingmodells je nach Unternehmensorganisation verschiedene Varianten. In kleinen Unternehmen kann auch der Leiter des Rechnungswesens Controlling-Aufgaben übernehmen, wenn er gemäß dem modernen Controlling-Paradigma zusätzlich zukunftsorientiert agiert (siehe nächster Abschnitt). Der Vorsitzende der Geschäftsführung ist immer der Manager einer Geschäftseinheit.

Während der Unternehmensprozess und Abteilungsprozess im Wesentlichen die *monetäre Zielgröße Erfolg* auf die Führungsgröße einregeln, befasst sich der Arbeitsprozess eher mit nichtmonetären Größen, z. B. *Stückzahlen.* Aufgrund ihres kleineren Verantwortungsbereichs sind die Manager der mittleren und unteren Managementebenen meist ihre eigenen Controller (Bild 6.1). Bei großen Anlageprojekten, die vom Projektleiter wie Unternehmen auf Zeit betrieben werden, haben auch Manager des Mittleren Managements einen expliziten *Projekt-Controller.*

Mehrschleifige Regelkreise ermöglichen bekanntlich ein besseres dynamisches Verhalten als einschleifige Kreise. Störgrößen, die in der inneren Regelschleife angreifen, werden schneller ausgeregelt, als wenn sie nur über die äußere Schleife mit entsprechend großen Zeitkonstanten bzw. Laufzeiten ausgeregelt würden. Beispielsweise erfolgt die Budgetkontrolle durch Manager einer inneren Regelschleife allmonatlich oder gar täglich, in der äußeren Regelschleife beispielsweise nur vierteljährlich durch die vorgelagerte Managementebene *(Quarterly report).*

Controlling – mit oder ohne explizitem Controller – tritt aufgrund der Selbstähnlichkeit von Unternehmenshierarchien offensichtlich auf allen Managementebenen auf. So wie das ganze Unternehmen einen Gewinn erwirtschaften muss, müssen auch einzelne *Unternehmens-* und *Geschäftsbereiche* (engl.: *Profit Centers), Abteilungen* und auch *Hilfskostenstellen* (engl.: *Cost Centers)* einen "*Gewinn*" erzielen. Bei *Cost Centers* gilt dies nur im *übertragenen Sinn*, beispielsweise indem sie ihre budgetierten Kosten unterschreiten. Man kennt daher das Controlling des *Unternehmens*, des *Bereichs*, der *Abteilung*, der *Gruppe* und schließlich das *Selbst-Controlling.* Dies erhellt, warum heute von Ingenieuren auch betriebswirtschaftliches Fachwissen verlangt wird.

Der Regelungs- und Automatisierungsfachmann erkennt in der hierarchischen Managementstruktur bzw. den Reglerebenen in Bild 6.9 die bekannte *Automatisierungspyramide* mit *Unternehmensleitebene, Betriebsleitebene* und *Prozessleitebene.* Je höher eine Managementebene angesiedelt ist, desto mehr kommt ihr eine *Optimierungsfunktion* zu, in deren Rahmen sie durch geschickte Aufteilung begrenzter Ressourcen den Erfolg ihres Verantwortungsbereichs zu maximieren sucht. Die Durchführung der Optimierung erfolgt anhand der aus der Planungsfunktion des Managers resultierenden jeweiligen Strategie.

Aufgrund der selbstähnlichen Natur von Managementhierarchien lassen sich obige Modelle weiter auf Aktiengesellschaften und internationale Konzerne mit drei und mehr unterlagerten Regelkreisen erweitern. Darüber hinaus lassen sich die Modelle bei mehreren Produktsparten oder Regionen auch in transversaler Richtung ergänzen. Es entsteht dann die gleiche Topologie, wie sie der Ingenieur bzw. Regelungstechniker von *Verteilten Prozessleitsystemen* kennt. Beispielsweise zeigt Bild 6.10 das regelungstechnische Modell eines internationalen Konzerns mit regionaler Profitverantwortung der einzelnen Länder und der jeweiligen nationalen Gesellschaften.

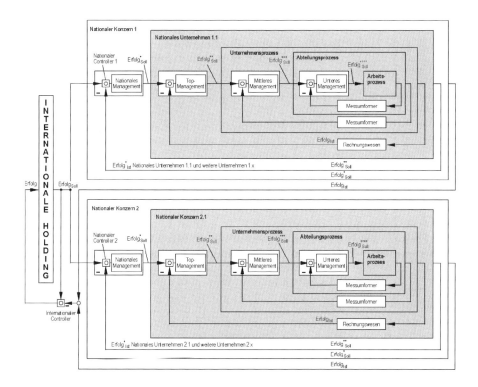

Bild 6.10: Regelungstechnisches Modell eines internationalen Konzerns mit zwei nationalen Konzernen.

Die Controller einzelner Gesellschaften eines nationalen Konzerns berichten dem so genannten *Zentral-Controller* oder *Chef-Controller* der *nationalen Holding.* Alle nationalen Konzerne eines internationalen Konzerns zusammen berichten wiederum dem *internationalen* Zentral-Controller bzw. Chef-Controller der *internationalen Holding.* Im Übrigen kommt in obiger Topologie auch zum Ausdruck, dass nicht das Top-Management allein für ein gutes Geschäftsergebnis zeichnet, sondern dass auch die vom verteilten Prozessleitsystem her bekannte *Verteilte Intelligenz* wesentliche Regelbeiträge leistet.

Um den Unterschied in der Funktion des Top-Managements gegenüber dem Mittleren und Unteren Management zum Ausdruck zu bringen, spricht man bei ersterem vom *Führen* des Unternehmens, beispielsweise durch einen Geschäfts*führer,* bei den beiden letzteren vom *Leiten,* beispielsweise in Form von Abteilungs- und Gruppen*leitern.* In Konzernen erhalten selbst die Top-Manager der nationalen Gesellschaften Sollwerte von der nationalen Holding vorgegeben und agieren dann auch als *Regler* das heißt, *leiten* ihre Unternehmen. Die nationalen Holdings erhalten wiederum Sollwerte von der internationalen Holding und agieren dann ebenfalls als Regler.

Die begriffliche Problematik *Controlling/Kontrolle* lässt sich wesentlich reduzieren, wenn man die Managementfunktion zerlegt in

- Planen,
- Steuern,
- *Bewerten.*

Der Manager *kontrolliert* dann nicht mehr, sondern *bewertet* die jeweiligen Abweichungen vom Sollwert, die ihm das Controlling bzw. der Controller liefert.

Wenngleich mit obigen Überlegungen die sprachliche Inkonsistenz um die Begriffe Controlling und Controller weitgehend beseitigt sein sollte, stellt sich noch die Frage, was den *Controller* vom *Leiter des Rechnungswesens* klassischer Prägung unterscheidet. Das *klassische Rechnungswesen* arbeitet *vergangenheitsorientiert.* Es führt die *gesetzlich vorgeschriebenen Bücher* über die abgelaufenen Geschäftsvorfälle und ermittelt am Ende des Geschäftsjahrs den *Erfolg$_{Ist}$* zum Zweck der Besteuerung (so genanntes *Äußeres Rechnungswesen*). Der exakte Vergleich mit dem Planwert *Erfolg$_{Soll}$* ist dabei erst zu einem Zeitpunkt möglich, an dem bereits dramatische Regelabweichungen Schaden angerichtet haben können. Somit ist nur noch die *Beseitigung* der Folgen von Störungen möglich. Die Managementlehre spricht hier auch von der Ermittlung von *Spätindikatoren.*

Modernes Rechnungswesen beinhaltet eine gesetzlich nicht vorgeschriebene, je nach Unternehmensgröße unterschiedlich stark ausgeprägte Komponente

Inneres Rechnungswesen, die in sehr kurzen Abständen den *Erfolg*$_{Ist}$ ermittelt und damit der Geschäftsleitung ein Agieren in Echtzeit erlaubt. Störungen können frühzeitig erkannt bzw. *vermieden* werden. Dieser Bereich ist die Domäne des Controllers. Darüber hinaus ermittelt der Controller im Auftrag des Managements in den meisten Fällen auch die *Planwerte*, mit denen die *Istwerte* verglichen werden. Das Top-Management kann nicht die künftigen Kosten (*Plankosten*) für bestimmte Produkte oder Dienstleistungen im Detail selbst errechnen. Erst die vom Controller durchgeführte *Plankostenrechnung* erlaubt die Ermittlung der Plankosten bzw. der Sollwerte für *Material* und *Stundensätze* für *Maschinen, Manpower* etc. und damit auch die Erstellung einer vorausschauenden Bilanz und Gewinn- und Verlustrechnung. Die Managementlehre spricht von der Ermittlung von *Frühindikatoren*, die zusammen mit anderen Frühindikatoren, beispielsweise aus dem *Total Quality Management* (7.4) oder der *Balanced Score Card* (9.5) ein *Frühwarnsystem* bilden. Der moderne Controller arbeitet vor allem *zukunftsorientiert*.

Dies erlaubt ihm auch im Rahmen des *Budgetierungsprozesses* für den jeweils folgenden Berichtszeitraum die Zusammenfassung der *Teilbudgets* einzelner Kostenstellen, Cost- und Profit Centers zum *Masterbudget*, das eine wesentliche Grundlage für die Planungsfunktion des Managers ist. Anhand dieser Planwerte plant der Manager seine Strategie, das heißt entscheidet, wie er seine Ressourcen zur Erreichung der Planwerte optimal einsetzt. Nach dem oben Gesagten delegiert die Geschäftsführung nicht nur einen Teil ihrer *Kontrollfunktion*, sondern auch ihrer *Planungsfunktion* an den Controller. Dies gilt auch schon für die Modelle in Bild 6.2 und 6.3, wo der Controller die Randbedingung *Kostensituation* ermittelt. Auch wenn der Controller einen *Erfolg*$_{Soll}$ planerisch ermittelt hat, kann der Manager einen deutlich höheren Sollwert *Erfolg*$_{Soll}$ in den nachgelagerten Prozess einspeisen, weswegen der Controller in Bild 6.2 den endgültigen Wert *Erfolg*$_{Soll}$ vom Ausgang des Management-Blocks erhält.

6.4 Stragegisches Controlling

Bislang haben wir die Managementfunktionen *Planung, Steuerung, Kontrolle* überwiegend im Hinblick auf die *monetäre Regelgröße Gewinn* bzw. Erfolg$_{Ist}$ betrachtet. Strategisches Controlling lässt sich darüber hinaus die "Messung" zahlreicher nichtmonetärer Regelgrößen angelegen sein und arbeitet überwiegend planerisch. Das heißt, es begnügt sich nicht mit der vergangenheitsorientierten Ermittlung von *Spätindikatoren* wie beispielsweise

Gewinn oder Vermögen am Ende eines abgelaufenen Geschäftsjahrs, sondern überwiegend mit der zukunftsorientierten Ermittlung monetärer und nichtmonetärer Sollwerte bzw. *Frühindikatoren* für das bzw. die kommenden Geschäftsjahre.

Ferner befasst sich strategisches Controlling nicht nur mit der *Kosten- und Leistungsrechnung* für Produkte und Dienstleistungen an *externe Kunden*, sondern auch mit den internen *Kunden/Lieferanten*-Beziehungen. Auch *Kostenstellen* oder *Teilprozesse* werden so zu *Kalkulationsobjekten*. Die klassische Kostenrechnung wird also in Richtung *Strategisches Kostenmanagement* erweitert, das eine umfassende Verringerung von *Fix- und Gemeinkosten* und eine Erhöhung ihrer Transparenz zum Ziel hat. Deutlich kommt das moderne *Controlling-Paradigma* im *Total Quality Management*, dessen Essenz ja im Controlling *nichtmonetärer* Vorgänge besteht, sowie in der *Balanced Score Card* zum Ausdruck (7.4, 9.5).

Nachstehend folgt für das ganzheitlich orientierte moderne Controlling eine Liste möglicher Controlleraufgaben, von denen je nach Unternehmensstruktur und Controllingumfang gewöhnlich nur eine *Untermenge* vom Controller wahrgenommen wird.

- Erstellung des Gesamtbudgets
- Leitung des Rechnungswesens
- Kurzfristige und jährliche Erfolgsrechnung
- Ermittlung monetärer und nichtmonetärer Plangrößen
- Zuarbeit für die strategische Planung
- Unterstützung von Projektmanagern
- Finanzplanung
- Zuarbeit zur Preispolitik
- Wirtschaftlichkeitsanalysen
- Leitung der Datenverarbeitung
- Steuern und Versicherungen
- Schwachstellenanalyse

Wesentliche Komponenten des monetären und strategischen Controllings sind daher *Kostenrechnungssysteme* auf *Ist-*, *Plan-* und *Normalkostenbasis*, *Leistungs-* bzw. *Erlösrechnung* sowie *Finanz-* und *Investitionspläne*, *Budgetierung*, *Portfoliotechniken*, *TQM-Techniken* etc. Abhängig von der Firmengröße und der historischen Entwicklung der Organisation betreut der Controller das Finanzwesen mit. In großen Unternehmen gibt es speziell für das Finanzwesen einen expliziten Firmenverantwortlichen, der das *"Trea-suring"* betreibt. Häufig findet sich ein *Finanzvorstand*, der zwei Abteilungen – *Controlling* und *Treasuring* – führt. Große Unternehmen besitzen leistungs-fähige *Kosten- und Leistungsrechnungssysteme*, mittelständische Betriebe und Kleinunternehmer häufig nur eine *bescheidene Zuschlagskalkulation*.

Die Schnittmenge obiger Darstellung mit der in der Betriebswirtschaftslehre üblichen Sichtweise ist recht groß. Dennoch darf es nicht verwundern, wenn in einem Buch über Controlling zu lesen ist: "Die elementaren Funktionen des Controlling sind *"Planen, Kontrollieren, Steuern"* oder in einem Buch der Betriebswirtschaftslehre als Kernfunktionen des Managements *"Entscheiden und Kommunizieren"* genannt werden. Diese Interpretationsvielfalt ist bezeichnend für die Begriffswelt der Betriebswirtschaftslehre und erklärt auch das gelegentlich gespannte Verhältnis zwischen dem Controller und an-deren Führungskräften.

Controlling besitzt in USA einen höheren Stellenwert als in Deutschland. Be-schränkt sich Controlling auf das rein retrospektive *"Erbsenzählen"* (klassi-sche Kostenrechnung), verdient es den Ruf, den es bei deutschen Ingenieuren häufig hat. Ist das Controlling dagegen auch intensiv *planerisch* tätig, ist sein Stellenwert von gleichem oder gar höherem Niveau wie das, was gelegentlich unter Management verstanden wird.

Wie der Leser sicher bemerkt hat, ist der Begriff Controlling in weiten Gren-zen dehnbar und genießt je nach Unternehmensgröße und -organisation einen unterschiedlichen Stellenwert bzw. eine unterschiedliche Interpreta-tion. Details müssen dem jeweiligen Einzelfall vorbehalten bleiben.

6.5   Shareholder-Value-Management

Das gewöhnlich wichtigste Kriterium der Erfolgsbeurteilung von Managern *Strategischer Geschäftseinheiten* durch den Vorstand oder den Aufsichtsrat ist die buchhalterisch ermittelte *Rentabilität* bzw. der *Return on Investment ROI*, die auf Basis von Kennzahlen des externen Rechnungswesens ermittelt werden (5.8.1). Falls Gefahr droht, dass der budgetierte ROI nicht eingehal-ten werden kann, neigen Manager schnell zum Verzicht auf Investitionen mit langfristigem *Payback* (7.1.8), zum *Outsourcen* (8.2), zu geringerer *Ferti-gungstiefe* etc. Ferner tendieren Manager bei hohem Gewinn zum Ausgleich von Ergebnisschwankungen gerne zur Bildung *stiller Reserven* (5.4.3 B und 5.6), was dann auf Kosten des ROI geht. Das Kriterium ROI beinhaltet daher einerseits einen *Unterinvestitionsanreiz*, andererseits erlaubt es die *Verschleierung hoher Gewinne*, um bei den Aktionären für das folgende Jahr keine zu großen Dividendenerwartungen zu wecken. Beides manifestiert sich in einem gewissen Interessenkonflikt zwischen Aktionären und Managern. Erstere sind an einer langfristigen Prosperität und Wert- bzw. Kurssteigerung interessiert, letztere am Ausweis des budgetierten ROI. Diese Effekte treten besonders in stark dezentralisierten, an der Börse unterbewerteten Unternehmen auf und verhindern häufig eine optimale wirtschaftliche Performance des Gesamtunternehmens.

Aus eigener Einsicht und unter dem Druck institutioneller Anleger haben die Unternehmen erkannt, dass insbesondere in großen Aktiengesellschaften und in Konzernen eine Steuerung und Kontrolle des Managements anhand des buchhalterisch ermittelten Jahresüberschusses bzw. ROI nicht ausreicht. Beispielsweise können Manager auch in einem schlechten Jahr auf Kosten von Investitionen und durch geeignete Bewertung halbfertiger Erzeugnisse und Anlagen einen gleich hohen Gewinn bzw. ROI ausweisen. Was nutzt jedoch der gleiche ROI, wenn er mit einer Verringerung des Unternehmenswerts oder einem höheren Unternehmensrisiko einhergeht, wenn an Forschung und Entwicklung sowie an Mitarbeiterfortbildung gespart, das Tafelsilber verkauft und damit die langfristige Prosperität gefährdet wird? Ein hoher ROI bedeutet daher keineswegs, dass ein Unternehmen nachhaltig gesund ist. Gewinnsteigerungen zu Lasten zukunftssichernder Maßnahmen können durchaus von fallendem Unternehmenswert begleitet sein. Ursächlich tragen sie häufig dazu bei.

Gemäß dem seit geraumer Zeit bekannten *Shareholder-Value-Ansatz*, im deutschen Sprachraum meist als *Unternehmenswert-Management* oder *Wertorientierte Unternehmensführung* bezeichnet, werden Unternehmen vorrangig mit Blick auf die *Steigerung* des bereits im Abschnitt 5.9 vorgestellten *Unternehmenswerts* bzw. *Shareholder Value* geführt.

Es stehen zwei Möglichkeiten zur Verfügung, das Management zu einer Steigerung des Shareholder Value anzuhalten:

– Zahlung eines signifikanten Teils der Managergehälter in Form von *Aktienoptionen*, besser noch *Aktien*, damit die Manager als *Miteigentümer* sich nicht nur für den kurzfristigen, sondern auch für den mittel- und langfristigen Erfolg stark machen.

– Einführung eines treffenderen Erfolgsbeurteilungs- und Vergütungssystems für Manager, das ihre *finanzielle und strategische Performance* berücksichtigt, mit anderen Worten besser aufzeigt, ob diese über ihren Periodenerfolg hinaus einen Mehrwert in ihrem Unternehmen geschaffen haben.

Der *Shareholder-Value-Ansatz* strebt die zweite Option an, bei der als *Führungsgröße für das Management* nicht mehr der *Gewinn*, sondern die zu erzielende *Wertsteigerung* herangezogen wird.

Für die Beschreibung der Wertsteigerung im Laufe eines Geschäftsjahrs gibt es im Wesentlichen zwei Möglichkeiten,

– *Shareholder Value Added* (SVA),

– *Economic Value Added* (EVA).

Beide Größen werden nicht nur zur Erfolgsbeurteilung von Unternehmen, sondern auch intern zur Erfolgsbeurteilung von Unternehmensteilen, Strategischen Geschäftseinheiten und Einzelinvestitionen eingesetzt. Sie bilden im Rahmen der Strategischen Planung die Grundlage für die Zuweisung von Investitionsmitteln und für Desinvestitionen.

Der *Shareholder Value Added* berechnet sich aus dem Unterschied des Shareholder Value zu *Beginn* und *Ende* eines Betrachtungszeitraums. Der *Economic Value Added*, im Deutschen auch als *Geschäftswertbeitrag* (GWB) bezeichnet, errechnet sich aus der Differenz des um nichtzahlungswirksame Geschäftsvorfälle bereinigten operativen Ergebnisses vor Fremdkapitalzinsen und *nach* Steuern (engl.: NOPAT, *Net Operating Profit after Taxes*) und den Zinsen auf das im Geschäftsvermögen gebundene Kapital, das heißt den Kapitalkosten,

$$EVA = NOPAT - Kapitalkosten$$

Ähnlich wie bei der Dupont-Formel (5.8.1) lässt sich der Geschäftswertbeitrag bzw. der EVA in mehrere Faktoren aufsplitten, um die Einflussmöglichkeiten für die Wertsteigerung aufzuzeigen,

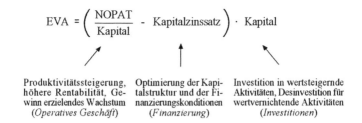

$$EVA = \left(\frac{NOPAT}{Kapital} - Kapitalzinssatz \right) \cdot Kapital$$

Produktivitätssteigerung, höhere Rentabilität, Gewinn erzielendes Wachstum (*Operatives Geschäft*)	Optimierung der Kapitalstruktur und der Finanzierungskonditionen (*Finanzierung*)	Investition in wertsteigernde Aktivitäten, Desinvestition für wertvernichtende Aktivitäten (*Investitionen*)

Der Kapitalkostenzinssatz wird aus dem Zinssatz für risikoarme Wertpapiere zuzüglich eines Risikozuschlags für das Unternehmens- bzw. Aktienrisiko geschätzt, bei großen Unternehmen typischerweise 8 % ... 12 %. Die Bezeichnungen in Klammern besagen, wer für welche Stellgrößen zuständig ist. Der GWB und die Shareholder-Value-Differenz einer Periode stimmen im Allgemeinen nicht exakt überein.

Obige Überlegungen zeigen nur das grundsätzliche Vorgehen bei der Ermittlung des Shareholder Value und der Wertsteigerung in Form des GWB bzw. EVA. Die Schwierigkeit bei der praktischen Anwendung besteht in der treffenden Prognose der künftigen Cash Flows des Planungszeitraums, der Ermittlung eines geeigneten Zinssatzes für die Diskontierung und der Bestimmung des Restwerts L_0. Diese Größen unterliegen bis zu einem gewissen Grad der subjektiven Einschätzung, der allgemeinen Unsicherheit und der künftigen Entwicklung und hängen von den Umständen ab. Dennoch hilft der Shareholder-Value-Ansatz externen Firmenanalysten die Angemessenheit von Börsenkursen besser zu beurteilen, was große Konsequenzen hat. Trotz anfänglicher Bedenken und Kritik ist Shareholder-Value-Management heute weitgehend akzeptiert.

Neben obigen Betrachtungen über die Erfolgsbeurteilung des Managements gehören zum Shareholder-Value-Management ferner folgende Maßnahmen zur Wertsteigerung:

– die Restrukturierung großer Unternehmen im Hinblick auf die optimale Größe und Schlüssigkeit strategischer Geschäftseinheiten bzw. Subunternehmen,

– die Trennung von unrentablen Geschäftseinheiten zur Vermeidung interner Ausgleichszahlungen zu Gunsten nicht kostendeckend bzw. wertvernichtend operierender Einheiten (*Quersubventionierung*),

– Fusionen und Akquisitionen zur Ausnutzung von Synergien, Vermeidung von Doppelarbeit in Forschung und Entwicklung, Einkauf, Werbung, interner Standardisierung, Verringerung der Kapitalkosten.

Diese Maßnahmen können jedoch, wenn nur wegen einer kurzfristigen Steigerung des ROI durchgeführt, auch den gegenteiligen Effekt bewirken. Beispielsweise, wenn im Rahmen des Personalabbaus langfristige persönliche Beziehungen zu Kunden zerschlagen werden, wertvolle Erfahrung verloren geht oder die Motivation und Produktivität der Mitarbeiter beeinträchtigt wird. Die Aufklärung der Mitarbeiter über den Sinn des Shareholder-Ansatzes und den auch für sie entstehenden Nutzen ist daher höchstes Gebot.

Der Begriff *Shareholder Value* wird meist fälschlich dahingehend interpretiert, dass er auf Kosten der Löhne und Gehälter der Mitarbeiter maximiert werden soll. Diese Meinung ist jedoch nicht generell zutreffend. Es ist vielmehr klar, dass ein hoher Shareholder Value nur mit hochmotivierten Mitarbeitern erreichbar ist. Um dieses Missverständnis gar nicht erst aufkommen zu lassen, spricht man inzwischen vom *Stakeholder Value*, der die Wahrung der Interessen *aller* Nutznießer eines Unternehmens explizit zum Ausdruck bringt. Versteht man *Shareholder Value* im Sinn seiner geistigen Väter, besteht zum *Stakeholder Value* kein Unterschied.

Der Shareholder-Value-Ansatz resultiert zwar in vielen Fällen tatsächlich in einer kurzfristigen Reduktion der Beschäftigtenzahl, jedoch zu Gunsten der langfristigen Arbeitsplatzsicherheit. Er ist ein Kompromiss zwischen beispielsweise 10 % Mitarbeiterreduzierung *heute* und dem möglichen Verlust *aller* Arbeitsplätze in naher Zukunft. Insofern ist er bezüglich der Arbeitnehmerinteressen dem ROI sogar überlegen, der eine schleichende Minderung des Unternehmenswerts in Kauf nimmt mit entsprechenden langfristigen Folgen für das Überleben des Unternehmens im Wettbewerb. Dies ist auch den meisten Betriebsräten klar. Hätte man den Shareholder-Value-Ansatz schon früher verfolgt, wäre der massive Personalabbau dieses Jahrzehnts dank höherer Wettbewerbsfähigkeit vermutlich milder ausgefallen.

In USA besitzt der überwiegende Teil der Bevölkerung zur Altersversorgung Aktien bzw. lässt einen Teil seines ersparten Geldes von institutionellen Anlegern in der Hoffnung auf Kurssteigerungen verwalten. Arbeitnehmer haben deshalb auch dafür Verständnis, wenn das eigene Unternehmen eine Mehrung des Shareholder Value anstrebt. Shareholder Value ist in USA kein Unwort. Im Übrigen wächst auch in Europa die Zahl der Kleinanleger rapide, so dass mittelfristig mit einem breiteren Verständnis für *Wertorientierte Unternehmensführung* gerechnet werden kann.

7 Spezielle Managementfunktionen

7.1 Projektmanagement

7.1.1 Was ist ein Projekt?

Unter einem Projekt versteht man eine *zeitlich* und *sachlich* begrenzte in sich abgeschlossene Aufgabe, deren erfolgreiche Erledigung das Projektziel realisiert. Wesentliche Merkmale eines Projekts sind daher:

- Existenz eines *Projektziels*,

- zeitliche Begrenzung durch einen *Projektbeginn* und ein *Projektende*,

- vorgegebener *Ressourcenrahmen* (*Budget*, 6.1.3).

Projekte können einen sehr unterschiedlichen Umfang besitzen, angefangen von Aufgaben, die neben der Alltagsarbeit durchgeführt und von denen meist mehrere gleichzeitig bearbeitet werden, bis hin zu sehr großen Projekten, die eine eigene Projektorganisation erfordern und aus mehreren Teilprojekten bestehen können. Beispiele ersterer sind kleinere Kundenaufträge oder betriebsinterne Aufgaben wie *Total Quality Maßnahmen*, Erstellung einer *Balanced Score Card, Forschungsprojekte*, die *Entwicklung neuer Produkte* oder der *Bau einer neuen Fertigungsstätte*. Beispiele letzterer sind die häufig sehr komplexen Projekte des *Anlagengeschäfts*, wie der Bau eines *Kraftwerks* oder einer *Raffinerie* (7.1.8).

Projekte werden von einem Projekt-Team durchgeführt, bestehend aus einem *Projekt-Manager* und mehreren *Mitarbeitern*, Bild 7.1.

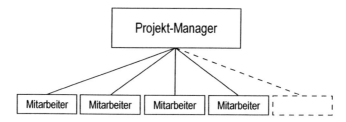

Bild 7.1: Projekt-Team.

Komplexe Projekte machen sogar Teilprojekt-Manager erforderlich, Bild 7.2.

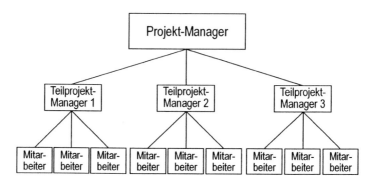

Bild 7.2: Projekt-Team komplexer Projekte.

Projekt- und Teilprojekt-Manager tragen die alleinige Verantwortung für ihr Team (*personifizierte Verantwortung*). Der Erfolg eines Projekts hängt in hohem Maße von der fachlichen und menschlichen Kompetenz des Projekt- bzw. Teilprojektleiters ab, der in der Lage sein muss, eine Gruppe aus mehreren, häufig unterschiedlich qualifizierten und motivierten Personen zu konzertiertem Arbeiten zu veranlassen (*Teamarbeit*, 7.1.10).

Bezüglich der Projektorganisation und der Entscheidungskompetenzen unterscheidet man zwischen *Projektkoordination*, *Projekt-Geschäftseinheiten* und *Projekt-Matrixorganisation*.

Die einfachste Art der Projektorganisation ist die *Projektkoordination*. Hierbei koordiniert ein Projektkoordinator als *Primus inter pares* oder auch als *Stabstelle*, das heißt ohne Weisungsbefugnis, die Tätigkeit mehrerer Mitarbeiter aus verschiedenen Linien des Unternehmens. Da alle Entscheidungen von Linienmanagern getroffen werden, trägt er nur geringe Verantwortung. Er besitzt aber das Ohr der Geschäftsleitung und kann daher trotzdem sehr mächtig sein (3.2.1.1) Bei Großprojekten reicht diese unverbindliche Zusammenarbeit nicht aus. Es werden dann eigenständige *Projekt-Geschäftseinheiten* erforderlich, in die Mitarbeiter aus verschiedenen Linien temporär integriert werden. In der Regel kehren diese Mitarbeiter nach Abschluss des Projekts wieder an ihren ursprünglichen Arbeitsplatz zurück. Diese Projekteinheiten agieren wie kleine *Unternehmen* mit einem voll weisungsbefugten Projektleiter als Unternehmer bzw. Geschäftsführer. Alternativ kann ein Projekt in Form einer *Matrixorganisation* abgewickelt werden, bei der ein Projektleiter mit Entscheidungsbefugnis die in unterschiedlichen Linien angesiedelten Teammitglieder fachlich führt, Bild 7.3.

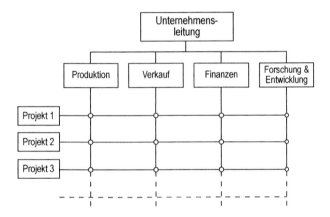

Bild 7.3: Matrix-Projektorganisation.

Die Matrixorganisation besitzt den Vorzug, schnell auf hochkarätige Projektmitarbeiter aus den Linien ohne Personalversetzungen zugreifen zu können. Gemäß der Natur der Matrixorganisation hat jedoch jedes Teammitglied gleichzeitig noch seinen Linienchef als disziplinarischen, das Gehalt bestimmenden Vorgesetzten (3.2.1.3), worin gelegentlich ein Problem liegt. Für das einwandfreie Funktionieren der Matrixorganisation ist eine genaue Festlegung der Kompetenzen zwischen beiden Vorgesetzten erforderlich.

Vor dem Beginn eines Projekts gibt es eine *Akquisitionsphase*, in der das künftige Projekt von *externen* oder *internen Kunden* (innerbetriebliche Projekte) akquiriert wird. Der potentielle Projektleiter ist meist schon in die Akquisitionsphase eingebunden, bei großen Projekten auch bereits potentielle Mitglieder des bei Auftragserteilung zu gründenden Projekt-Teams. In der Akquisitionsphase wird gemeinsam mit dem Kunden zunächst das *Projektziel* definiert und durch einen *Anforderungskatalog* präzisiert. Aufbauend auf dem Anforderungskatalog entsteht durch Verfeinerung das *Pflichtenheft* mit einem *vollständigen* Grobkonzept. Was nicht im Pflichtenheft steht, muss später vom Kunden teuer erkauft werden. Durch weitere Verfeinerung entsteht schließlich aus dem Pflichtenheft die detaillierte *Leistungsbeschreibung*. Alle Planungsstufen werden von einer zunehmend feineren und genaueren Kostenschätzung begleitet, die viel Erfahrungswissen verlangt.

Ein Projekt beginnt substantiell mit dem Erhalt des *Projektauftrags* (*Projektstart*) und endet mit der *Akzeptanz* der übergebenen Leistung durch den *Auftraggeber*, verbunden mit einer *Abschlussdokumentation* und *Endabrechnung*. Bei komplexen Projekten bleibt das Projekt-Team noch bis zur Überwindung etwaiger Anlaufschwierigkeiten und endgültiger Einweisung des Betriebspersonals bestehen. Anschließend wird das Projekt-Team aufgelöst und die weitere Betreuung der Anlage (*Wartung, Service*) von einer speziellen *Serviceabteilung*, die auch für andere verwandte Projekte zuständig ist, übernommen (Beispiel: *Kraftwerks-Serviceabteilung*).

7.1.2   Aufgaben eines Projekt-Managers

Die Aufgaben des Projekt-Managers liegen in der Planung und erfolgreichen Durchführung eines Projekts, mit anderen Worten, der Erreichung des Projektziels unter Wahrung anfänglich vorgegebener Randbedingungen.

Wie andere Managementaufgaben auch, besteht daher das Projektmanagement im Wesentlichen aus den Funktionen *Planen, Steuern, Kontrolle*, Bild 7.4 (auch Kapitel 1 und 6).

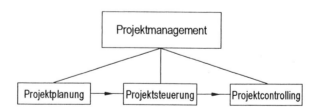

Bild 7.4: Aufgaben des Projektmanagements.

Im Rahmen der Planung wird die gesamtheitliche Aufgabe unter Berücksichtigung *sachlicher, zeitlicher* und *personeller* Gesichtspunkte zunächst in Teilaufgaben zerlegt. Diese Zerlegung und die laufende Koordination der sich anschließenden Aktivitäten erzeugt einen hohen Abstimmungsbedarf, für den zahllose *Besprechungen* zu initiieren und zu leiten sind (9.7.3).

Die Planung resultiert schließlich in schriftlich dokumentierten Plänen, beispielsweise *Projektstrukturplan, Ablaufplan, Terminplan, Kostenplan, Auslieferungsplan* (bei Teillieferungen) etc. Häufig muss ein Projekt auch erst akquiriert werden, beispielsweise im *Anlagenbau* (Kraftwerke, Kläranlagen, Leitsysteme, Kommunikationsnetze etc.) oder bei *Forschungsprojekten*, die von operativen Bereichen finanziert werden sollen.

Im Einzelnen obliegen dem Projektmanager folgende Teilaufgaben:

- Alleiniger Ansprechpartner für den Kunden (Funktion des Generalübernehmers),

- Initiierung von *Besprechungen* mit Kunden und/oder Projektmitarbeitern (*Gesprächsprotokolle!),*

- Genaue Definition des Projekts zusammen mit dem späteren Auftraggeber in Form der Erstellung eines *Pflichtenhefts*, einer detaillierten *Leistungsbeschreibung* sowie der Gestaltung des *Projektauftrags*,

- Strukturierung des Projekts in Phasen bzw. *Arbeitspakete* und sequentielle bzw. parallele Abläufe,

- Erstellung von Projektplänen, *Wer, Was, Wann, Wie, Wo* macht,

- Festlegung von "*Meilensteinen*", an denen bestimmte Teilergebnisse vorliegen müssen, die dem Auftragnehmer und dem Auftraggeber als Entscheidungshilfe über den Fortgang des Projekts dienen (z. B. Bild 7.8),

- Bewertung etwaiger *Risiken,*

- Kalkulation der Projektkosten (zusammen mit dem Controller, 6.3),

- Klärung der *Finanzierung* des Projekts in der Akquisitionsphase, insbesondere bei Exportgeschäften (5.11),

- Gewährleistung der Verfügbarkeit angemessener Ressourcen (Personal, Fertigungsmöglichkeit, Know-how),

- Zusammenstellung des Projektteams aus Mitgliedern der *Stammorganisation* bzw. *Linienorganisation,*

- Totale Information der Mitglieder des Projekt-Teams und totale Duplex-Kommunikation (von *oben* nach *unten* und von *unten* nach *oben*) in ordentlichen (regelmäßigen) und außerordentlichen Besprechungen,

- Wahrung der Termine, insbesondere des *Abschlusstermins,*
- Laufende Überwachung der *Kosten* und ihrer etwaigen Abweichungen vom budgetierten Wert (zusammen mit dem Controller, 6.3),
- Ständige Aktualisierung der Ablauf-, Termin- und Zeitpläne,
- Ständige Überprüfung der tatsächlichen Verfügbarkeit bislang mit "*großer Sicherheit vermuteter*" vorhandener Ressourcen,
- Erfolgreiche Implementierung von Ergebnissen bzw. akzeptierte Übergabe der Ergebnisse an den Auftraggeber (engl.: *Commissioning*),
- Endabrechnung und Nachweis, nach Möglichkeit Überschreitung des budgetierten Ergebnisses, zusammen mit dem Controller (6.3),
- Veranlassung der Erstellung einer übersichtlichen, vollständigen und inhaltlich aktuellen *Projektdokumentation.*

Offensichtlich überwiegen *organisatorische, koordinierende Aufgaben* die rein *fachbezogenen oder technischen Aufgaben.* Nichtsdestoweniger benötigt der Projektmanager auch solide technische Fachkenntnisse, um beispielsweise eine sinnvolle Strukturierung vornehmen oder etwaige Fehlentwicklungen frühzeitig selbst erkennen zu können. Bei kleineren Projekten ist er oft sein eigener *Controller.* Dies ist der Grund, warum heute von Ingenieuren auch betriebswirtschaftliches Wissen verlangt wird. Letztlich trägt der als Projektleiter agierende Ingenieur die alleinige Verantwortung für sein Projekt, sowohl in *technischer* als auch in *finanzieller* Hinsicht.

Beim "*Aus dem Ruder laufen*" oder gar *Fehlschlagen* eines Projekts kann sich ein Projektmanager nicht darauf berufen, von seinen Mitarbeitern nicht ausreichend informiert worden zu sein. Neben der *Informations-Bringschuld* seiner Mitarbeiter obliegt dem Projektmanager eine *Sorgfaltspflicht* bzw. *Holschuld,* sich regelmäßig und umfassend informieren zu lassen und ständig "*Murphy's Law*" im Hinterkopf zu haben, nach dem bekanntlich "*alles schiefläuft was nur schieflaufen kann*" (9.6). Schließlich sind hohe Sozialkompetenz, Menschenkenntnis, Konsensfähigkeit sowie Überzeugungskraft gefragt, um das Projektteam geeignet motivieren und reibungsarm führen zu können (7.1.10).

7.1.3   Risikoanalyse

Nahezu kein Projekt läuft ohne unangenehme Überraschungen ab. "*Murphy's Law*" (9.6) ist allgegenwärtig. Nur äußerst umsichtiges Antizipieren von Problemen (*große Erfahrung erforderlich*) und umsichtiges präventives Vorgehen

(*Arbeiten mit Gürtel und Hosenträgern*) vermag den Einfluss von "*Murphy's Law*" auf ein erträgliches Maß zu reduzieren. Die nachstehende Liste führt ohne Anspruch auf Vollständigkeit einige Problemfelder auf, die gewöhnlich in Termin- oder Kostenüberschreitungen resultieren.

- Unrealistische Einschätzung der für ein bestimmtes Arbeitspaket benötigten Zeit (am häufigsten eintretendes Risiko, insbesondere bei Softwareprojekten)
- Unrealistische Einschätzung der eigenen Technologiestärke
- Mangelndes Know-how bzw. unzureichende Erfahrung mit neuen Technologien
- Zeitverzögerungen durch verspätetes Eintreffen wichtiger Teile oder gar Verlust auf dem Versandweg
- Ausfall von *Erfahrungsträgern* oder *Knowledge-Workern* durch Krankheit oder Arbeitsplatzwechsel
- Nichtberücksichtigung von Urlaubs- und Feiertagen (Weihnachten, Silvester, Brückentage)
- Ressourcenverluste bei ausgeliehenem Personal und Fertigungskapazität wegen *anderer dringender Aufgaben*
- Zuviel versprochen, beispielsweise Wirkungsgrade von Maschinen, gesetzlich vorgeschriebene Emissionswerte etc.
- Versagen von Unterlieferanten, Streiks
- Bei Exportlieferungen Unterschätzung der vor Ort Probleme (Mentalität, Politik, Klima, Finanzkraft, Unruhen)
- Akzeptanzprobleme durch die Bevölkerung (Technologieängste, Naturschutz, Umweltschutz)
- Mangelnde Liquidität durch verspäteten Eingang von Anzahlungen oder durch hohe Vorleistungen

Grundsätzlich wird jede Vertragsseite bemüht sein, etwaige Risiken bereits bei der Vertragsgestaltung dem anderen Vertragspartner anzulasten, was je nach Verhandlungsgeschick des Auftraggebers und des Vertriebs bzw. des Projekt-Managers unterschiedlich gut gelingt (7.2).

Letztlich darf ein Projektauftrag nur dann angenommen werden, wenn alle Risiken angemessen in den Kosten bzw. im Preis berücksichtigt sind.

7.1.4   Projektauftrag bzw. -vertrag

Die *Akquisitions-* bzw. *Definitionsphase* endet mit der Erstellung eines vom Auftraggeber akzeptierten *Pflichtenhefts*, einer detaillierteren *Leistungsbeschreibung*, der Akzeptanz der mit der Durchführung eines Projekts verbundenen *Kosten* bzw. eines *Preises* und schließlich der Erteilung eines *schriftlichen Auftrags*. Der Auftrag wird durch eine *Auftragsbestätigung* (meist Doppel des Auftragsformulars) dem Auftraggeber bestätigt, gegebenenfalls unter Vorbehalt nicht akzeptierter *Auftragsbedingungen*. Widerspricht der Auftraggeber den Vorbehalten nicht binnen einer bestimmten Frist, gilt der Auftrag als erteilt und angenommen.

Mit dem Auftrag und der vom Lieferanten unterzeichneten Auftragsbestätigung ist ein *Werkvertrag* (7.2.2) zustande gekommen, in dem der *Auftragnehmer* sich zur Erbringung der im Vertrag genannten Leistung, der *Auftraggeber* zur Abnahme und Bezahlung der Leistung verpflichtet. Wesentliche Inhalte des bestätigten *Projektauftrags* (*Projektvertrags*) sind:

- Lieferumfang,

- Garantierte technische Werte bzw. Einhaltung von Normen,

- Preis und Zahlungsbedingungen (etwaige Anzahlungen, Zahlungstermine, Gesetzliche Mehrwertsteuer, Zölle, Skonti etc.),

- Prüf- bzw. Abnahmekosten und wer sie übernimmt,

- Liefertermine (etwaige Vertragsstrafen bei Terminüberschreitung),

- Dokumentation,

- Eigentums- und Gefahrenübergang,

- Transport- und Lagerkosten,

- Gewährleistung,

- Haftung,

- Gerichtsstand.

Viele dieser Aspekte sind zwar bereits Gegenstand der *Allgemeinen Einkaufs- oder Verkaufsbedingungen* beider Partner, müssen jedoch in jedem Einzelfall erneut verhandelt werden, da jede Seite zunächst ihre *Maximalforderungen* stellt. Man muss nur die *Einkaufs-* und *Verkaufsbedingungen* ein und desselben Unternehmens einmal nebeneinander legen und *gleichzeitig* lesen, was sehr lehrreich ist.

Häufig entstehen durch unterschiedliche Interpretation des Lieferumfangs, Nichteinhalten spezifizierter technischer Werte, Terminüberschreitungen etc. Ansprüche gegenüber dem anderen Vertragspartner (engl.: *Claims*). Es ist Aufgabe des Projekt-Managers, die Entstehung von *Eigen*- und *Fremdansprüchen* frühzeitig zu erkennen, erstere erfolgreich *durchzusetzen* und letztere geschickt *abzuwehren*.

Bereits bei der Erstellung des Pflichtenhefts und der detaillierten Leistungsbeschreibung bzw. der *Vertragsgestaltung* werden beide Seiten sich bemühen, *ihren eigenen Vorteil zu wahren* und etwaige *Unsicherheiten möglichst dem anderen Vertragspartner anzulasten* (7.10). Häufig stellen sich während der Durchführung eines Auftrags unerwartete Probleme oder im Pflichtenheft bzw. Lieferumfang, unabsichtlich oder absichtlich, nicht berücksichtigte, jedoch funktionell zwingend erforderliche Leistungen heraus. Diese müssen umgehend mit dem Auftraggeber diskutiert und gegebenenfalls in einem vom Auftraggeber unterschriebenen Änderungs- bzw. *Zusatzauftrag* unter Angabe der *Zusatzkosten* und etwaiger *Terminüberschreitungen* dokumentiert werden.

7.1.5 Ablauf-/Terminplan

Nach Erteilung des Projektauftrags ist das Ziel klar spezifiziert bzw. ist klar, *was* zu tun ist. Als nächstes erfolgt die *Feinstrukturierung* des Projekts, das heißt die *Zerlegung der Gesamtaufgabe in Teilaufgaben* bzw. *Arbeitspakete*, die von den Mitarbeitern des Projekt-Teams sequentiell, teilweise auch parallel (engl.: *Simultaneous engineering*) bearbeitet werden müssen (7.1.9, *Netzplantechnik*).

Größere Projekte sind meist grob in zeitlich aufeinander folgende Phasen eingeteilt, an deren Ende so genannte *Meilensteine* stehen. Mit Erreichen eines Meilensteins müssen bestimmte *Teilergebnisse* vorliegen, nicht die *Inangriffnahme neuer Arbeiten* versprochen werden (dies ist nur bei fragwürdigen Forschungsprojekten üblich). Das Erreichen eines Meilensteins erlaubt dem Auftraggeber eine eigene Einschätzung des erfolgreichen Projektfortschritts und ist für ihn Entscheidungsgrundlage beispielsweise "nach Baufortschritt" zu bezahlen. Insbesondere bei Forschungsprojekten sind Meilensteine sehr sinnvoll, da sie dem Auftraggeber erlauben, ein Projekt wegen beispielsweise unüberwindlicher technologischer Schwierigkeiten rechtzeitig zu beenden.

Zur übersichtlichen detaillierten Darstellung der zu bearbeitenden Teilaufgaben, ihrer gegenseitigen Abhängigkeiten und der Termine, an denen sie begonnen bzw. abgeschlossen werden müssen, erstellt der Projektleiter mit seinem Projekt-Team einen *Ablauf-/Terminplan* in Form eines *Balkendiagramms*, so genanntes *Gantt-Diagramm*, Bild 7.5.

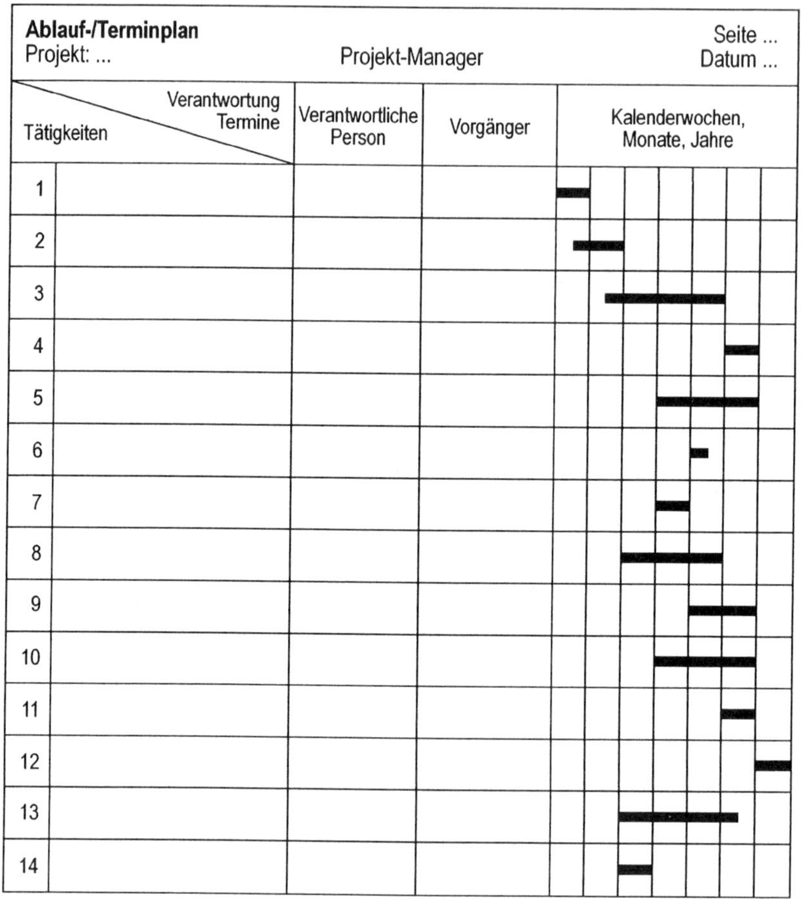

Ablauf-/Terminplan Projekt: ...		Projekt-Manager			Seite ... Datum ...	
Tätigkeiten	Verantwortung / Termine	Verantwortliche Person	Vorgänger		Kalenderwochen, Monate, Jahre	
1						
2						
3						
4						
5						
6						
7						
8						
9						
10						
11						
12						
13						
14						

Bild 7.5: Ablauf-/Terminplan (*Gantt*-Diagramm).

In den ersten beiden Spalten werden alle auszuführenden Tätigkeiten in chronologischer Reihenfolge und mit einer laufenden Nummer versehen, eingetragen. In diesen Spalten werden auch *Meilensteine* aufgelistet. Die zweite Spalte enthält den für die Tätigkeit *Verantwortlichen*, die dritte Spalte die laufende Nummer der vorangegangenen Aktivität. Letztere Information erlaubt die Darstellung der Abhängigkeiten der Tätigkeiten untereinander und sagt aus, welche Tätigkeiten zuvor abgeschlossen sein müssen (Angabe der laufenden Nummern der jeweiligen Tätigkeiten). Die verbleibenden Spalten werden je nach Komplexität des Projekts in Kalenderwochen oder Monate bzw. Jahre eingeteilt. Anfang und Ende eines Balkens kennzeichnen jeweils Beginn und Ende einer Tätigkeit (*Pufferzeiten* vorsehen! (7.1.9)). Bei komplexen Projekten mit vielen Teilaufgaben wird die in obigem Ablauf-/Terminplan geballt dargestellte Information auf mehrere Pläne mit höherem Detaillierungsgrad verteilt.

Eine der wichtigsten Aufgaben des Projekt-Managers ist die *Überwachung der Abschlusstermine jeder einzelnen Tätigkeit.* Die Nichteinhaltung eines Abschlusstermins hat den verspäteten Beginn von ihm abhängiger anschließender Tätigkeiten zur Folge. Bei mehrfach genutzten Ressourcen führt dies oft zu Konflikten und gibt praktisch *allen nachfolgenden Tätigkeitsveranwortlichen Gelegenheit, selbstverschuldete Verzögerungen einem von ihnen nicht zu verantwortenden verspäteten Beginn anzulasten.* Ein einziger verspäteter Abschlusstermin kann der "*Anfang vom Ende*" eines nicht termingerechten Projektabschlusses oder hoher Kostenüberschreitung zum Aufholen der Verspätung sein.

Bei großen Projekten, bestehend aus mehreren Teilprojekten, muss jeder Teilprojektleiter sinngemäß seinen eigenen Ablauf-/Terminplan erstellen und mit den anderen Teilprojektleitern und dem Projekt-Manager abstimmen.

Komplexe Projekte mit zahlreichen internen Abhängigkeiten werden meist mit Hilfe der so genannten *Netzplantechnik* überwacht, die im Abschnitt 7.1.9 vorgestellt wird. Im Gegensatz zu obigem Balkenplan enthält ein Netzplan zwar mehr Detailinformation, lässt aber nicht mit einem Blick den jeweiligen Projektzustand erkennen. Meist werden beide Darstellungsarten parallel verwendet, was heute dank geeigneter Rechnerunterstützung keine zusätzliche Arbeit mehr macht.

7.1.6 Kostenplan

Zur Ermittlung der Gesamtkosten eines Projekts und seines Finanzierungsbedarfs werden die Kosten der Teilaktivitäten anhand von Tagessätzen für Engineering-, Fertigungs- und Monteurleistungen (5.10.2.5), Einzelkosten von Ausrüstungsgegenständen, Reisekosten, Frachten etc. für beispielsweise jeden Monat in einem Kostenplan zusammengestellt, Bild 7.6.

Kostenplan Projekt: ...			Projekt-Manager			Seite ... Datum ...						
Tätigkeiten \ Kosten	- Personal - Material - Investitionen	Kosten per Einheit	Gesamt-kosten	Kalenderwochen, Monate, Jahre								
1												
2												
3												
4												
5												
6												
7												
8												
9												
10												
11												
12												

Bild 7.6: Kostenplan.

In den ersten beiden Spalten werden wieder alle Aktivitäten bzw. Arbeitspakete mit ihrer laufenden Nummer aufgelistet. Die folgenden drei Spalten enthalten die *Kostenart*, die *Kosten pro Einheit*, so genannte *Kostensätze* (Stundensatz, EUR/h, Fertigungslängen-Kostensatz, EUR/m, EUR/kg etc., Kapitel 5.10.2.4 und 5.10.2.5) und die daraus resultierenden *Gesamtkosten* jeder einzelnen Aktivität. Zu den Gesamtkosten zählen insbesondere auch die nicht unbeträchtlichen administrativen Kosten für das eigentliche Projektmanagement sowie fremde Dienstleistungen und kalkulatorische Kosten für Kapitalzinsen, Abschreibungen und Risiken, sofern diese nicht schon in den Stundensätzen enthalten sind. Die verbleibenden Spalten werden je nach Komplexität des Projekts in Kalenderwochen, Monate oder Jahre aufgeteilt und zeigen auf, *wann* welche Kosten anfallen. Mit dieser Information kann der Finanzierungsbedarf festgestellt bzw. der *Finanzplan* aufgestellt werden (5.11.1).

Bei großen Projekten, bestehend aus mehreren Teilprojekten, werden die einzelnen Teilprojektleiter sinngemäß ihren eigenen Kostenplan erstellen, überwachen und mit dem Projekt-Manager abstimmen, der die Teilkostenpläne in einen Gesamtkostenplan integriert.

Die zeitliche Entwicklung der *Gesamtkosten eines Projekts* wird in einem Gesamtkostengraph dargestellt, in dem die Teilkosten eines jeden Monats akkumuliert werden, ähnlich wie beispielsweise bei einer *Verteilungsfunktion* der Wahrscheinlichkeitstheorie, Bild 7.7.

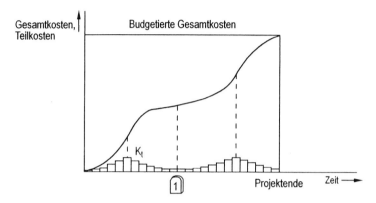

Bild 7.7: Gesamtkostenkurve der über der Zeit akkumulierten diskreten Teilkosten K_t (Treppenkurve).

Häufig zeigen die Gesamtkostenkurven der einzelnen Phasen, das heißt von Meilenstein zu Meilenstein, und auch der gesamten Projektdauer einen S-förmigen Verlauf.

7.1.7   Projekt-Controlling

Der *Ablauf-/Terminplan* und der *Kostenplan* bilden die Grundlage für das *Projekt-Controlling*. Ersterer erlaubt die ständige Überwachung der Einhaltung der *Termine*, letzterer die ständige Überwachung der Einhaltung der *Kosten*. Etwaige Abweichungen vom Plan müssen sofort analysiert und durch geeignete, möglichst früh eingeleitete Gegenmaßnahmen korrigiert werden.

Bei größeren Projekten, bestehend aus mehreren Teilprojekten, muss der Projekt-Manager regelmäßige Besprechungen mit allen Teilprojektleitern anberaumen, in denen allfällige Probleme in Echtzeit, das heißt eher *antizipativ* als *retrospektiv* gemeinsam diskutiert werden (9.7).

Terminkontrolle

Häufig stellt sich bei der Terminüberwachung heraus, dass die für bestimmte Tätigkeiten geplante Zeit bereits zu 2/3 oder mehr verstrichen ist, die mit der Tätigkeit angestrebten Ziele jedoch wegen Anlaufschwierigkeiten etc. erst zur Hälfte erreicht wurden. Hier muss durch überproportionalen Einsatz, beispielsweise Anordnung von Überstunden, der Verzug wieder aufgeholt werden.

Kostenkontrolle:

Die Kostenkontrolle erfolgt im Detail durch Überwachung der Einhaltung der Kosten der Teilaktivitäten, für das gesamte Projekt durch Vergleich der *tatsächlichen* Gesamtkostenkurve mit der *geplanten* Gesamtkostenkurve der über der Zeit kumulierten Teilkosten, Bild 7.8.

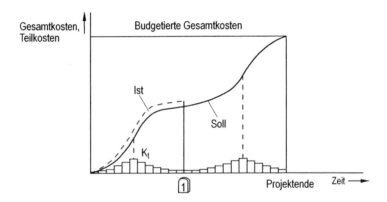

Bild 7.8: Soll/Istwert-Vergleich der geplanten Gesamtkostenkurve mit der momentanen Kostenentwicklung beim Meilenstein 1. Die Treppenkurve stellt die wöchentlich oder monatlich anfallenden Kosten K_t dar.

Für die weitere Kostenentwicklung nach Erreichen des in Bild 7.8 erreichten *Meilensteins* gibt es vier Möglichkeiten:

– Die ständige Kostenüberschreitung ist in einem schnelleren Baufortschritt bedingt und endet in einem vorzeitigen Projektabschluss, Bild 7.9a,

– die überproportionale Kostenentwicklung nähert sich gegen Projektende wieder der geplanten Kostenlinie und fällt letztlich mit ihr zusammen, Bild 7.9b,

– die Istkosten liegen während der gesamten Projektdauer über den geplanten Kosten und führen gegen Projektende zu einer Überschreitung der geplanten Gesamtkosten, Bild 7.9c. Falls die Kostenüberschreitung nicht aufgrund vom Auftraggeber genehmigter Änderungen oder höherer Gewalt (unvorhersehbare Wechselkursänderungen, Unruhen etc.), sondern auf schlechter Planung beruht, *"gibt es Ärger"*,

– die *tatsächlichen* Gesamtkosten liegen unter den *geplanten* Gesamtkosten, weil beispielsweise bestimmte Risikofälle nicht eingetreten sind, Bild 7.9d.

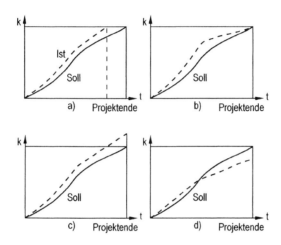

Bild 7.9: Mögliche Verläufe von Gesamtkostenfunktionen. a) Vorzeitiger Projektabschluss, b) Ende gut, alles gut, c) Kostenüberschreitung, d) Kostenunterschreitung.

7.1.8 Wirtschaftlichkeitsanalyse

Bei der Wirtschaftlichkeitsanalyse eines Projekts muss man zwischen *Projekten des Anlagengeschäfts* mit *externen* Kunden und *innerbetrieblichen Projekten*, beispielsweise *Total Quality Maßnahmen, Forschungsprojekten* etc., unterscheiden (7.6).

Projekte des Anlagengeschäfts

Bei dieser Projektart häufen sich während der Projektdurchführung im Unternehmen Kosten an, die im einfachsten Fall, das heißt Nichtberücksichtigung von *An- und Teilzahlungen nach Projektfortschritt* (Meilensteine), bzw. am Projektende vom *Auftraggeber* oder der *Exportfinanzierung durch Dritte* etc., *auf einmal* beglichen werden, Bild 7.10.

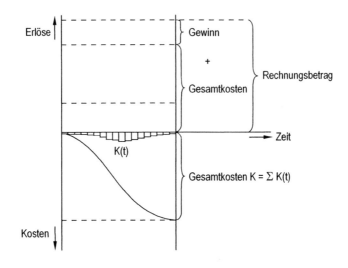

Bild 7.10: Gesamtkosten und Rechnungsbetrag eines Kundenauftrags im Anlagengeschäft. Die Treppenkurve stellt die wöchentlich bzw. monatlich anfallenden Teilkosten K_t dar.

Die während der Projektdauer ständig zunehmenden Vorleistungen des Auftragnehmers müssen gemäß einer *Zinseszinsrechnung* verzinst werden. Die *Zinskosten* sind entweder im Gesamtpreis oder durch *An-* und weitere *Teilzahlungen* zu berücksichtigen (5.11.2.2 B).

Bei größeren Projekten werden mit der Auftragserteilung eine Anzahlung sowie, je nach Projektfortschritt, beim Erreichen bestimmter Meilensteine, weitere Teilzahlungen fällig, so dass schon vor dem eigentlichen Projektende ein weitgehender Kostenausgleich erfolgt.

Die zu unterschiedlichen Zeiten anfallenden Einnahmen und Ausgaben sind dann zeitgenau unter Anwendung der Zinseszinsrechnung zu diskontieren und bei der Gewinnermittlung zu berücksichtigen (5.11.2). Bezüglich des am Projektende erzielten Überschusses bzw. Verlusts lassen sich im Wesentlichen drei diskrete Zustände unterscheiden:

– Wegen mangelnder Erfahrung, unzureichender Technologie, unzureichendem Know-how oder unvorhersehbarer Risikofälle überschreiten die Gesamtkosten den Rechnungsbetrag. Dies ist der "*Worst Case*" und, falls der Verlust nicht durch Gewinne aus anderen Projekten, Eigenkapital etc. gedeckt werden kann, *lebensbedrohlich für das Unternehmen*.

– Der Rechnungsbetrag deckt gerade die Gesamtkosten. Dann hat man nur *Geld gewechselt*, was für die Existenz eines Unternehmens auch kein ausreichender Grund ist.

– Der Rechnungsbetrag überwiegt die Gesamtkosten um den budgetierten Gewinn oder mehr. Dies muss der Normalfall sein, wenn die Existenz des Unternehmens gerechtfertigt sein soll.

Innerbetriebliche Projekte

Bei innerbetrieblichen Projekten unterscheidet man zwischen *materiellen* und *immateriellen* Investitionen (5.11.2.2). Beispiele für erstere sind der Bau einer rationelleren, voll automatisierten Fertigungsstraße, Beispiele für letztere sind *Forschungsprojekte, Schulungsprojekte, Werbekampagnen, Informationsmanagement-Projekte* etc. In beiden Fällen erfolgt der "*Payback*" (*Rückfluss der Projektkosten*) nicht unmittelbar zum Projektabschluss, sondern über längere Zeit verteilt, Bild 7.11.

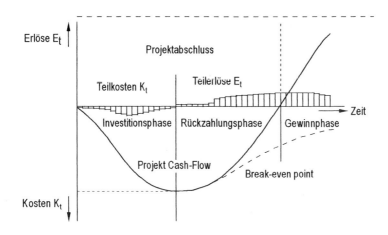

Bild 7.11: Grundsätzlicher Verlauf der kumulierten Projektkosten und Projekterlöse, so genannter *Projekt Cash-Flow*.

Wie im Anlagengeschäft kumulieren sich auch hier zunächst die Teilkosten zu den Gesamtkosten. Nach Projektabschluss erfolgt jedoch kein sofortiger Ausgleich, es beginnt vielmehr die *Rückzahlungsphase*, während der die Ergebnisse erfolgreicher Projekte zu über die Zeit verteilten Erlösen in Form von Einsparungen oder auch Gewinnen führen.

Verrechnet man die diskret anfallenden Teilkosten K_t und Teilerlöse E_t, die bei innerbetrieblichen Projekten als interne *Aus-* und *Einzahlungen* interpretiert werden können (das heißt $K_t \approx A_t$), erhält man den Projekt Cash-Flow (5.8.6),

$$\text{Projekt Cash-Flow} = \sum_{t=1}^{n}\left(E_t - K_t\right) \quad .$$

Bei einer genauen Betrachtung werden Aus- und Einzahlungen gemäß der dynamischen Investitionsrechnung *auf-* bzw. *abgezinst*, so genannter *diskontierter Cash Flow* (5.11.2.2). Beim Erreichen des Monats bzw. Jahres des *Break-even points* tragen die Erlöse die Gesamtkosten auf Null ab. Zu diesem Zeitpunkt sind die Gesamtkosten in das Unternehmen zurückgeflossen, jetzt erst fängt die Gewinnerzielung an.

Bei *materiellen* Projekten bzw. Investitionen sind die jährlichen Rückflüsse genau bekannt und der Break-even point lässt sich recht genau prognostizieren, was eine gute Erfolgskontrolle ermöglicht. Bei *immateriellen* Projekten bzw. Investitionen lässt sich der Break-even point trotz des grundsätzlich gleichen in Bild 7.10 gezeigten qualitativen Verlaufs, nur selten quantifizieren. Je ferner der Break-even point in der Zukunft liegt, desto weniger sinnvoll ist ein Projekt, da ein Teil der Rückflüsse auch noch für die alljährliche *hohe Verzinsung der Investitionen* verwendet werden muss bzw. durch Diskontierung verloren geht (5.11.2.2 B). Dies ist einer der wesentlichen Gründe, warum Unternehmen ihr Geld lieber für *Rationalisierungs-* bzw. *Prozessverbesserungsmaßnahmen* als für *Forschungsprojekte* ausgeben. Bei Rationalisierungsprojekten erfolgt der *Payback* meist schon nach einem Jahr und das Risiko ist praktisch Null. Bei Forschungsprojekten reicht der Break-even point leicht bis zum "*Sankt-Nimmerleins-Tag*", wofür kein Unternehmen gern Geld ausgibt (5.11.2.2 und 7.5).

7.1.9   Netzplantechnik

Die *Netzplantechnik* ist ein leistungsfähiges Werkzeug zur Planung, Steuerung und Kontrolle sehr komplexer Projekte. Sie visualisiert die Projektablaufstruktur und unterstützt bzw. ersetzt die bereits in den Abschnitten 7.1.5 und 7.1.6 vorgestellten Verfahren zur *Struktur-, Termin-, Kapazitäts-* und *Kosten-* und *Finanzplanung*. Netzplantechnik beginnt mit einer *Struktur-* und *Zeitanalyse*.

7.1.9.1   Struktur- und Zeitanalyse

Die *Strukturanalyse* listet alle für ein Projekt notwendigen *Aktivitäten* bzw. *Arbeitspakete* in der Reihenfolge ihrer Durchführung bzw. Durchführbarkeit in einer *Tabelle* auf und ordnet ihnen eine "*Laufende Nummer*" zu. Ferner werden zu jedem Arbeitspaket in einer Spalte *Folgetätigkeit* die sich unmittelbar anschließenden Arbeitspakete aufgelistet, Bild 7.12.

Strukturanalyse			Zeitanalyse						
Laufende Nr.	Arbeitspaket-bezeichnung	Nachfolger	Bearbeitungs-dauer	FAZ	FEZ	SAZ	SEZ	GP	FP
1									
2									
3									
4									
5									
6									
7									
8									
9									
10									
11									
12									
13									
14									

Bild 7.12: Beispiel einer Struktur- und Zeitanalyse.

In der sich anschließenden *Zeitanalyse* wird, basierend auf den Kapazitäten an Fertigungseinrichtungen und Manpower, für jedes Arbeitspaket die zugehörige *Bearbeitungsdauer* ermittelt bzw. geschätzt und in die zugehörige Spalte eingetragen.

Aus der technologisch bedingten Reihenfolge der Abläufe ergeben sich dann bestimmte Anfangs- und Endzeiten für jedes Arbeitspaket. Man unterscheidet:

- Frühester Anfangszeitpunkt, FAZ
- Frühester Endzeitpunkt, FEZ
- Spätester Anfangszeitpunkt, SAZ
- Spätester Endzeitpunkt, SEZ

Da sich FAZ und SAZ bzw. auch FAZ der *Folgetätigkeit* und FEZ der *Vorgängertätigkeit* häufig unterscheiden, entstehen *Pufferzeiten*. Man unterscheidet *Gesamtpufferzeiten* und *Freie Pufferzeiten*. Sie ergeben sich jeweils als Differenzen obiger Termindaten,

- Gesamtpuffer: $GP = SAZ - FAZ$,
- Freier Puffer: $FP = FAZ \, (Nachfolger) - FEZ \, (Vorgänger)$.

Als *Gesamtpuffer* ist die Zeitspanne definiert, um die ein Arbeitspaket in Richtung Projektende verschoben oder verlängert werden kann, ohne den termingerechten *Projektabschluss* zu gefährden. Als *Freier Puffer* ist die Zeitspanne definiert, um die ein Arbeitspaket in Richtung Projektende verschoben oder verlängert werden kann, ohne den Beginn der *Nachfolgetätigkeit* zu verzögern. Eine geschickte Nutzung der Pufferzeiten erlaubt eine Vergleichmäßigung des Arbeitsanfalls und damit eine Verbesserung der Kapazitätsauslastung.

Abschließend werden alle Arbeitspakete und die zu ihnen gehörenden Termindaten graphisch in je einem Kasten zusammengefasst, Bild 7.13.

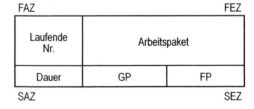

Bild 7.13: Graphische Darstellung eines Arbeitspakets mit den zugehörigen Termindaten.

Mit Hilfe der im Strukturplan in der Spalte *Folgetätigkeit* angegebenen Information lässt sich dann, beginnend mit Arbeitspaket 1, durch *serielles* und *paralleles* Verknüpfen einzelner Arbeitspakete der *Netzplan* aufstellen, Bild 7.14.

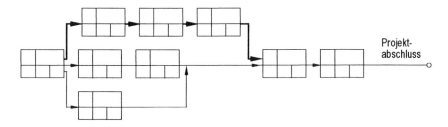

Bild 7.14: Schema eines Netzplans.

Der so genannte "*Kritische Weg*" (engl.: *Critical path*) ist der, bezüglich der Zeit, längste Weg durch einen Netzplan. Er ergibt sich aus der Summe aller Bearbeitungsdauern, die nicht unterschritten werden können. Der Kritische Weg enthält also keine Pufferzeiten. Er ist identisch mit der *Soll-Projektdauer*.

Jeder Ausgang eines Kastens kann als *Meilenstein* aufgefasst werden. Verschiebt sich ein Meilenstein in Richtung Projektende, lässt sich ein mit geeigneter Software erstellter Netzplan per Knopfdruck laufend aktualisieren und erlaubt damit auch bei komplexen Projekten ein übersichtliches, perfektes Controlling.

7.1.9.2 Kapazitätsplanung

In der Zeitanalyse wurden basierend auf den verfügbaren *Kapazitäten* bezüglich *Fertigungseinrichtungen* und *Manpower* für jedes Arbeitspaket Bearbeitungsdauern festgelegt. Da gleichzeitig auch früheste Anfangszeiten und späteste Endzeiten ermittelt wurden, sind auch die zu den jeweiligen Zeiten benötigten Ressourcen bekannt. Durch geschickte Nutzung der Pufferzeiten lassen sich die Arbeitspakete in gewissem Umfang zeitlich verschieben, das heißt der Arbeitsanfall vergleichmäßigen und damit eine Verbesserung der Kapazitätsauslastung planen. Der Kapazitätsauslastungsplan wird ebenfalls graphisch dargestellt. Durch Inspektion lässt sich leicht erkennen, wie die

Auslastung durch Verschieben von Arbeitspaketen vergleichmäßigt werden kann.

7.1.9.3 Kostenplanung

Zu jedem Arbeitspaket werden auf Grundlage von *Stunden-* bzw. *Tagessätzen* (5.10.2.5) sowie *Materialeinsatz* die Kosten ermittelt. Die Akkumulation der Kosten der einzelnen Arbeitspakete ergibt die zu einem bestimmten Zeitpunkt angefallenen Gesamtkosten, Bild 7.7. Anhand des *Kostenverlaufsplans* kann auch ein entsprechender *Finanzplan* aufgestellt werden (5.11.1.1). Wie der Kapazitätsauslastungsplan lässt sich auch der Kostenplan graphisch darstellen und erlaubt ein "*mit einem Blick*" zu erfassendes *Kosten-Controlling*.

Zusammenfassend leistet Netzplantechnik

- die Wahrung von Teilterminen und der gesamten vorgesehenen Projekt-dauer,
- die Wahrung der budgetierten Kosten (falls Risiken richtig eingeschätzt wurden),
- die Dokumentation tatsächlich benötigter Zeiten und Kosten für künftige Zeitplanungen,
- allgemein die Erziehung zu gründlicher Planung.

7.1.10 Teamarbeit

Kaum ein Konzept wird von Ingenieuren gröblicher missverstanden, als der Begriff der Teamarbeit. Nach gängiger Vorstellung wird ein kleines Projekt von beispielsweise *einem* Ingenieur, ein größeres Projekt von zehn Ingenieuren bearbeitet. Vom Studium her bereits darauf getrimmt, bessere Noten als die Kommilitonen zu schreiben, fragt sich der Berufsanfänger mit Recht, wie Teamarbeit funktionieren soll, wenn doch jeder bestrebt sein wird, sich im Hinblick auf die eigene Karriere beim Vorgesetzten vom Rest des Teams durch größeres Wissen und Engagement signifikant abzuheben. Freizügige Weitergabe von Wissen und Hilfe für Teamkollegen ist aus dieser Sicht eigentlich kontraproduktiv.

Beliebt ist das *Auflaufenlassen* eines Teamkollegen, in dessen Arbeit sich unbemerkt Fehler eingeschlichen haben. Obwohl von einem anderen Teammitglied erkannt, behält dieses sein Wissen zurück, um bei passender Gelegenheit eine geschickte Frage zu stellen, die die inzwischen massiven nachteiligen Folgen der Fehler offenbart. Anschließend lässt sich das Teammitglied noch auf Kosten des Kollegen als "*Retter in der Not*" feiern.

Die unterschiedliche Bewertung der Teamarbeit durch ihre Befürworter und die Zweifler ihrer Realisierbarkeit, die gar von der "*Teamlüge*" sprechen, hat einen einfachen Grund. Die Mitarbeit in einem Team ist für die meisten Mitarbeiter keine karitative Angelegenheit, sondern im Regelfall das Vehikel zur Erreichung der eigenen Ziele (Einkommen, Karriere, Prestige). Ferner reden Befürworter und Zweifler oft von unterschiedlichen Dingen und haben selten eine klare Vorstellung, welche Mechanismen ein Team erfolgreich machen oder scheitern lassen. *Team ist nicht Team!*

Abhängig vom Zweck oder der Natur der Aufgabenstellung kann Teamarbeit *unverzichtbar* oder *fakultativ* sein. Beispielsweise können Mannschaftssportarten wie *Fußball*, *Handball* oder *Eishockey eo ipso* nur von Teams und bei Vorhandensein von Teamgeist sinnvoll betrieben werden. Im Gegensatz dazu kämpft eine Boxstaffel, Golf- oder Tennismannschaft etc. zwar auch als Team, letztlich aber doch nur *jeder für sich selbst*. Der Teamgeist ist zum Erfolg des Einzelwettkampfs nicht zwingend erforderlich. Jeder schlägt sich in eigenem Interesse ohnehin so gut durch wie er kann.

Komplexe Industrieanlagenprojekte erfordern zwingend ein Ingenieur-Team, da der Arbeitsanfall weder bezüglich Umfang noch geforderter unterschiedlicher Qualifikation von einer Person bewältigt werden kann. Studien-, Diplom- oder Doktorarbeiten, bei denen die individuelle Qualifikation bzw. Leistungsfähigkeit eines Kandidaten festgestellt werden soll, lassen Teamarbeit weniger sinnvoll erscheinen, auch wenn ihre gemeinsame Durchführung zum "*Erlernen*" der Teamfähigkeit häufig gefordert wird.

Erfolgreiche Teamarbeit ist an folgende Voraussetzungen gebunden:

- Alle Mitglieder müssen sich mit dem Ziel identifizieren können und dieses gemeinsam erreichen wollen. Das Ziel muss deutlich erkennbar sein und sinnvoll erscheinen.

- Jedes Teammitglied muss seine individuelle Aufgabe genau kennen bzw. verstehen. Um die individuellen Aufgaben deutlich abzugrenzen, sind Stellenbeschreibungen (engl.: *Job description*) sehr hilfreich.

- Die Teammitglieder müssen sehen können, dass Teamarbeit sich lohnt, beispielsweise in Form leistungsabhängiger Erfolgsprämien, Team events,

Zeitersparnis, Gewinnung von Freunden (engl.: *Networking*) etc. Das Ziel kann nur erreicht werden, wenn alle sich gegenseitig behilflich sind.

- Wie beim Fußball sind die Mitglieder eines Projektteams bezüglich ihrer Aufgabe Spezialisten. Die individuelle Leistung sollte deutlich erkennbar sein, auch wenn die Mitglieder sich gegenseitig unterstützen. Beispielsweise zählt beim Fußball nicht nur der Torschütze, sondern auch wer durch eine gute Vorlage den Torschuss erst möglich gemacht hat.

- Hilfen und Hinweise anderer dürfen nicht als eigene Leistungen ausgegeben werden, sondern sind explizit und angemessen zu würdigen. Beispiele: "*Den entscheidenden Hinweis zur Lösung dieses Problems gab Herr Mustermann*" oder "*Dank der Hilfe von Herrn Mustermann bei der Programmierung der Visualisierungskomponente...*". Die Gewissheit, dass die Urheberschaft preisgegebenen Wissens nicht verloren geht, ist die fundamentale Voraussetzung gegenseitiger Hilfestellung. "*Abstauber*" sind grundsätzlich nicht *teamfähig*. Schlimm ist es, wenn Vorgesetzte letztere nicht zu erkennen vermögen. Gute Menschenkenntnis bzw. Lebenserfahrung ist daher eine wichtige Qualifikation eines erfolgreichen Teamführers.

- Die Teammitglieder müssen wissen, dass, wer alle Tore selbst schießen will oder Hilfen anderer nicht kenntlich macht, beim nächsten Mal nicht mehr mitspielt. Nicht teamfähige Mitglieder sind frühzeitig auszuwechseln.

- Erfolgreiche Teamarbeit verlangt regelmäßige gemeinsame Besprechungen über ungelöste oder befürchtete Probleme (*Präventive* bzw. *antizipative* Diskussion). Bei größeren Projekt*abschnitten*, den unverzichtbaren *Meilensteinen*, sind auch umfangreichere Standortbestimmungen und grundsätzliche Themen zu behandeln.

- Wenn es schon keine besonderen Erfolgsprämien (engl.: *Incentives*) gibt, was allerdings zu den stärksten Anreizen zählt, müssen die Mitglieder zumindest das Gefühl haben, dass sie ihr Wissen erweitern bzw. ihre Qualifikation und Erfahrung erhöhen, was ihrer Karriere bei anderer Gelegenheit dienlich sein wird. Es spricht sich im Laufe der Zeit durchaus herum, wer die Erwartungen immer erfüllt oder gar übertrifft.

Probleme bei der Teamarbeit gibt es meist aus folgenden Gründen:

- Mehrere Personen *gleicher* Qualifikation arbeiten zusammen und die *individuelle Leistung* ist schwer auszumachen. Es besteht dann ein *Ziel-*

konflikt bezüglich des persönlichen Karrierestrebens der einzelnen Teammitglieder (nicht jeder kann Chef werden). Die meisten Menschen halten in diesem Fall ihr Wissen zurück. Wenn dann noch etwaige Hilfen nicht großzügig erwähnt, sondern als eigene Leistungen ausgegeben werden, ist das gegenseitige Vertrauen nachhaltig gestört – die Kooperationsbereitschaft strebt gegen Null.

- Ein Teammitglied ragt durch besonderes Engagement aus der Masse heraus. Häufig veranlasst dies die anderen Teammitglieder, dem Überflieger ihren "*Support*" zu versagen und ihm meist sogar antizipativ Steine in den Weg zu legen. Falls nicht von einem starken Teamführer daran gehindert, birgt dieser gruppendynamische Effekt die Gefahr der Gleichmacherei bzw. des Trends zum Mittelmaß. Es bedarf schon einer gewissen "*Größe*", eine überproportionale Anerkennung besonders tüchtiger Kollegen zu tolerieren.

- Der Teamführer steht im Ruf, sich gern mit "*fremden Federn*" zu schmücken bzw. den erfolgreichen Abschluss eines Projekts ausschließlich als seine eigene Leistung darzustellen. Die Unterbewertung wesentlicher Beiträge einzelner Teammitglieder erfolgt häufig aus Eitelkeit oder der Angst, tüchtige Mitarbeiter könnten ihn überholen.

Teammitglieder *ohne gegenseitiges Vertrauen* ziehen in der Regel nur in folgenden Fällen am gleichen Ende des Stricks:

- Wenn es um nichts geht, was der persönlichen Karriere dienlich sein könnte (unverbindliche Strategiebesprechungen, Total-Quality-Zirkel, Brainstorming-Veranstaltungen etc.).

- Wenn das persönliche Ziel (Gehalt/Arbeitsplatz) ausschließlich im Zusammenspiel mit anderen verwirklicht werden kann, wobei jedoch die Synergien von Vertrauen geprägter Teamarbeit nicht ausgeschöpft werden.

- Wenn die persönliche Leistung deutlich erkennbar bleibt, beispielsweise beim Fußballteam oder Verkäuferteam.

- Wenn der Teamführer von Anfang an deutlich macht, dass *Teamfähigkeit* bei seiner Beurteilung der Leistung einzelner Teammitglieder einen hohen Stellenwert hat.

Von allen der Bildung von *Teamgeist* dienlichen Maßnahmen ist das *Fernhalten* oder *Eliminieren* von "*Abstaubern*" die mächtigste. Darüber hinaus sollte der Teamführer *Charisma* besitzen, frei von *Interessenkonflikten* sein und von den Teammitgliedern aus *Überzeugung* als die *geeignetste Person* respektiert werden.

Die Praxis zeigt, dass Ingenieure eigentlich ein grundsätzlich anderes Problem haben, das ihnen im Regelfall gar nicht bewusst ist. Hierzu müssen wir etwas weiter ausholen.

Ingenieure haben in ihrer Ausbildung ausgiebig das *Grübeln*, beziehungsweise das *Brüten* über einem Problem gelernt und sind sich für nichts zu schade bzw. trauen sich einfach alles zu.

– Bei einem gelegentlichen Statikproblem gräbt beispielsweise ein Elektroingenieur die Kenntnisse seiner dreisemestrigen Vorlesung über Technische Mechanik aus, macht sich durch das Rechnen einiger Beispiele wieder fit und löst dann mit Hilfe der "*Hütte*" bzw. des "*Dubbel*" sein Statikproblem nach einigen Tagen selbst, obwohl ein Statiker die gleiche Aufgabe in zwei bis drei Stunden als Routinearbeit erledigt hätte.

– Bei einer etwaigen *Erfindung* kaufen sich Ingenieure ein Buch über *Patente* und *Lizenzen*, besorgen sich ein paar Patentschriften und formulieren ihre Patentanmeldung selbst. Deswegen möchten manche Politiker und sonstige Fachleute den Studierenden am liebsten auch noch eine *einsemestrige Vorlesung über Patentrecht* zumuten, quasi als weitere studienzeitverkürzende Maßnahme. Dabei reichte es im Zeitalter des Teamgedankens doch völlig aus, der Patentabteilung ihres Unternehmens oder einem externen Patentanwalt ihre Erfindung in ein bis zwei Stunden ausführlich zu beschreiben.

Was Effektivität und Effizienz ihrer Arbeit anbelangt, verhalten sich Ingenieure wegen ihrer Neigung, alle Probleme selbst lösen zu wollen, geradezu *kontraproduktiv*.

Die Kunst, komplexe Industrieprojekte in der vorgegebenen Zeit erfolgreich abwickeln zu können, besteht nicht darin, dass man selbst der große Spezialist ist, sondern dass man telefonieren und die Leute identifizieren kann, die die an sie delegierten Arbeiten sehr effizient verrichten. Selbstverständlich ist ein Manager bzw. Teamführer umso erfolgreicher, je mehr fachliches Spezialwissen er auf vielen Gebieten über das eigentliche betriebswirtschaftliche und organisatorische Managementwissen hinaus besitzt. Priorität hat im Projektmanagement aber auf jeden Fall das *Organisationstalent* und die *Führungsqualifikation*.

Ingenieurarbeit sollte, wie bei Ärzten und Rechtsanwälten auch, Routine sein. Sobald man Grübeln muss, sollte man soviel *Teamfähigkeit* und *Organisationstalent* besitzen, dass man sofort *wirkliche* Spezialisten hinzuzieht. Beispielsweise muss ein Elektroingenieur nichtelektrotechnisches Wissen nur in dem Umfang besitzen, dass er die zu delegierende Aufgabe *identifizieren* und *spezifizieren* kann, so dass eine effiziente Kommunikation im *Team* mit den Fachkollegen aus den anderen Disziplinen möglich ist.

Nach diesem Vorspann lässt sich sehr leicht erkennen, was Teamarbeit ist und was nicht. Ein Team ist im Wesentlichen eine Menge von Personen meist *unterschiedlicher Qualifikation*, die jede für sich eine klar abgegrenzte Aufgabe wahrnehmen und in ihrer Gesamtheit ein komplexes Projekt bearbeiten, das Teile des Teams allein nicht bewältigen könnten. Das Freisetzen maximaler Synergieeffekte basiert auf großem Vertrauen in die Teamfähigkeit der anderen Teamkollegen. Im Team gibt es, abgesehen vom Teamführer keine Hierarchie, alle ziehen "*am gleichen Strang*".

Teamfähigkeit besitzt im Wesentlichen *zwei* Komponenten. Erstere besteht in der Fähigkeit, komplexe Fragestellungen als *System* zu begreifen und zu bearbeiten. Hierzu gehören die Anwendung von Methoden des *Systems Engineering* und die Fähigkeit, zur Lösung nicht alltäglicher Fragestellungen geeignete Fachleute hinzuziehen zu können.

Die zweite, *wichtigere* Komponente ist überwiegend ein ethisches Problem bzw. eine Charaktereigenschaft und ist nur schwerlich in einer Vorlesung zu vermitteln. Sie besteht in der Fähigkeit, von Kollegen beigesteuerte Ideen bzw. gewährte Hilfen freimütig erkennbar zu machen und unaufgefordert explizit zu würdigen, ferner Teamerfolge mit anderen teilen und herausragende Leistungen und Anerkennungen anderer Teammitglieder neidlos respektieren zu können, schließlich einen anderen Kollegen auf einen etwaigen Fehler aufmerksam zu machen, an Stelle ihn auf Kosten des gesamten Projekts und für alle wahrnehmbar "*auflaufen*" zu lassen. Die meisten Menschen besitzen Teamfähigkeit, *zu viele* lassen sie jedoch vermissen. Es erweist sich als sehr hilfreich, wenn der Teamführer bzw. Projektleiter zu Beginn der Teamarbeit diese Problematik explizit anspricht und deutlich macht, dass *Teamfähigkeit* bei seiner Beurteilung der Teamleistung Einzelner einen hohen Stellenwert besitzt.

Der Teamgedanke lässt sich auch auf die verschiedenen Tochterunternehmen nationaler und internationaler Konzerne übertragen, die ja auf eine Optimierung des gesamten Unternehmens ausgerichtet sein sollten. Hier herrscht bei den meisten Teamführern und Teammitgliedern viel Handlungsbedarf sollten die Synergieeffekte der Teamarbeit tatsächlich strategisch erwünscht sein.

Über Teamarbeit lässt sich natürlich noch sehr viel mehr sagen. Der Verfasser hofft jedoch, dass er einige wesentliche Facetten der Teamarbeit mit diesen wenigen Zeilen sehr anschaulich dargestellt hat.

7.2   Vertragsgestaltung

Ein *Vertrag* begründet ein *Rechtsverhältnis* bzw. *Schuldverhältnis* zwischen zwei oder mehr *Vertragspartnern*. Die Vertragspartner *schulden* einander bestimmte Leistungen. Der Vertrag kommt nach Einigung über die Vertragsbestandteile durch *einvernehmliche Willenserklärungen* der Vertragspartner zustande. Vielfach werden die Willenserklärungen *formfrei*, das heißt in einer beliebigen, von beiden Vertragspartnern akzeptierten Form, beispielsweise *mündlich* oder *schriftlich* abgegeben.

Ist durch Gesetz eine *schriftliche Form* vorgeschrieben, muss die Vertragsurkunde vom *Aussteller eigenhändig unterschrieben* werden, bei nur einer Ausfertigung von *beiden Vertragspartnern*. Bei mehreren Ausfertigungen genügt es, wenn jeder Partner die für den anderen Partner bestimmte Urkunde unterzeichnet (Mietverträge etc.). Bei manchen Verträgen ist eine öffentliche *Beglaubigung der Unterschrift* erforderlich (*Einträge ins Handelsregister, Grundbucheinträge*). Bei *Grundstückskäufen muss* der Vertragsinhalt von einem *Notar schriftlich protokolliert* werden. Mit seiner Unterschrift bestätigt der Notar sowohl die Echtheit der Unterschriften, als auch den einvernehmlich gestalteten Inhalt. Im vorliegenden Kontext unterscheidet man im Wesentlichen zwischen *Kaufverträgen, Werksverträgen, Dienstleistungsverträgen* und *Sonstigen Verträgen*, Bild 7.15.

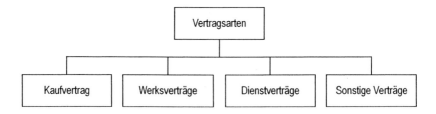

Bild 7.15: Vertragsarten.

Zu sonstigen Verträgen zählen z. B. *Mietverträge, Leasingverträge, Darlehensverträge, Unternehmensverträge (Beherrschungsverträge, Gewinnabführungsverträge)* bei "*Verbundenen Unternehmen*" etc., auf die hier jedoch nicht weiter eingegangen werden soll. Im Einzelnen ist das Vertragsrecht im *Bürgerlichen Gesetzbuch*, BGB (Buchhandel) geregelt und kann beliebig kompliziert sein. Die folgenden Bemerkungen haben daher nur einführenden Charakter. Bei großen Summen oder sonstiger großer Tragweite ist immer ein *Rechtsanwalt, Notar*, bzw. in großen Unternehmen, die *Rechtsabteilung* zu Rate zu ziehen.

7.2.1 Kaufvertrag

Ein *Kaufvertrag* verpflichtet einen Verkäufer zur Übergabe einer "*Sache*", z. B. eines *Produkts* oder einer *Immobilie* binnen einer bestimmten Frist zu einem einvernehmlich vereinbarten Preis. Der Käufer verpflichtet sich seinerseits zur Abnahme der Ware und Zahlung des vereinbarten Kaufpreises.

Gewöhnlich geht die Initiative vom Käufer (Kunden) aus, der einen bestimmten Bedarf hat. Involviert ein Kauf nur kleine Geldbeträge, beispielsweise beim Erwerb elektronischer Bauelemente für Versuchszwecke oder eines einfachen Messgeräts, genügt meist ein telefonischer Anruf bezüglich Preis und Lieferzeit mit sofortiger telefonischer Bestellung. Es liegt dann ein mündlich geschlossener Kaufvertrag vor. Bei größeren Summen und komplexen Produkten werden mehrere Lieferanten angefragt. Verglichen mit einem mündlichen Kaufvertrag oder einem Kaufvertrag für ein Auto, haben Kaufverträge zwischen Industriepartnern meist eine umfangreichere Entstehungsgeschichte und stehen in der Regel auch nicht auf einem Blatt. Eine ausführliche Anfrage sollte folgende Aspekte beinhalten:

- Vollständige Produktbeschreibung mit Angabe aller gewünschten Produkteigenschaften, gegebenenfalls unter Hinweis auf ein detailliertes Datenblatt (Katalogseite o. ä.),

- Stückzahl,

- Inbetriebnahme, Abnahmeprüfung, Schulung (falls zutreffend),

- Preise (gegebenenfalls stückzahlabhängige Rabattstaffel),

- Zahlungsbedingungen,

- Gewährleistung,

- Lieferzeit bzw. Liefertermin,

- Transportart und Kostenübernahme,

- firmeneigene Einkaufsbedingungen.

Der Verkäufer beantwortet die Anfrage mit einem *Angebot*, das bei einem "*best practice*" Unternehmen auf alle oben genannten Punkte eingeht (falls erforderlich). In etwaigen zusätzlichen mündlichen oder schriftlichen Verhandlungen suchen die beiden künftigen Vertragspartner, jeweils für sich optimale Verkaufs- bzw. Kaufbedingungen zu erzielen. Beispielsweise wird der Kunde unter Hinweis auf Vergleichsangebote versuchen, den Preis zu drücken. Ferner wird man als Kunde versuchen, die *eigenen Einkaufsbedingungen*, als Verkäufer die *eigenen Liefer-* bzw. *Verkaufsbedingungen* durchzusetzen. Sehr interessant und hilfreich ist dabei die Lektüre bzw. der Vergleich der *Ein-* und *Verkaufsbedingungen* des anderen Partners und gegebenenfalls der Hinweis darauf, dass man ja nicht mehr verlangt als der Partner in seinen jeweiligen Bedingungen auch (7.2.4).

Kann ein Verkäufer die vereinbarte Leistung nicht liefern, beispielsweise wegen eines nicht von ihm zu verantwortenden Feuerschadens, ist er von der Lieferverpflichtung freigestellt. Weist andererseits die Ware Mängel auf, gibt es folgende Optionen:

- Umtausch gegen einwandfreie Ware,

- Nachbesserung durch den Lieferanten, was der Kunde zwar nicht zwingend akzeptieren muss, aber gewöhnlich Bestandteil der Lieferbedingungen ist. Vielfach wird der Kunde die Nachbesserung akzeptieren, da er sonst mit einem anderen Lieferanten von vorn anfangen muss,

- Akzeptanz der mangelhaften Ware (falls wenigstens funktionsfähig) bei Reduzierung des Kaufpreises, so genannte *Minderung*,

- Rückgängigmachen des Kaufs mit Erstattung des Kaufpreises, so genannte *Wandlung*. Kommt selten vor, wird aber gelegentlich schamlos praktiziert, wenn der Kunde es sich ohnehin inzwischen anders überlegt hat.

7.2.2   Werkvertrag

Ein *Werkvertrag* verpflichtet einen Unternehmer aufgrund der *Bestellung* eines Kunden zur *Herstellung eines* "*Werks*", den Besteller zur Abnahme des Werks und Entrichtung des vereinbarten Preises. Typische Beispiele für ein Werk sind Entwicklung und Bau eines nicht serienmäßig am Markt angebotenen Messgeräts, Planung und Errichtung einer Kläranlage oder die Erstellung eines Gutachtens. Liefergegenstand bzw. Vertragsgegenstand ist das "*Werk*", das zum vereinbarten *Liefertermin* zum vereinbarten *Preis* an den Besteller übergeben wird. Wird alles Material vom Hersteller beigestellt, spricht man gewöhnlich von einem *Werkliefervertrag*.

Beim Werkvertrag gehen der Auftragsvergabe üblicherweise umfangreichere Verhandlungen bzw. Diskussionen zwischen Hersteller und Besteller voraus als beim Kaufvertrag üblich (siehe oben).

Sobald eine Einigung erreicht ist, erteilt der Kunde einen *Auftrag* bzw. schickt eine *Bestellung*. Die Bestellung kann vom Angebot abweichende Angaben enthalten, die vom Verkäufer wiederum in einer *Auftragsbestätigung* explizit bestätigt werden müssen. Widerspricht weder der Verkäufer einer vom Angebot abweichenden Bestellung noch der Kunde einer Auftragsbestätigung ohne explizite Bestätigung der gewünschten Änderungen oder zusätzlich geforderter Leistungen, ist größter Ärger vorprogrammiert.

Vielfach wird bei Werkverträgen eine so genannte *Pönale* ("Geldstrafe") verhandelt, falls der Lieferer nicht rechtzeitig liefert. Die Pönale wird häufig als fester Geldbetrag pro Tag, Woche oder Monat des Lieferverzugs vereinbart. Sie ist oft in ihrer maximalen Höhe auf einen bestimmten Prozentsatz des Auftragsvolumens begrenzt. Häufig wird die Pönale auch nicht bezahlt, wenn beispielsweise der Lieferer dem Kunden "droht", im Fall des Beharrens auf Zahlung der Pönale sich ab dann beliebig viel Zeit bis zur Auslieferung zu lassen, was letzterem auch wieder nicht recht ist.

7.2.3 Dienstvertrag

In einem *Dienstvertrag* vereinbaren ein *Auftraggeber* und ein *Dienstleister*, dass letzterer für ersteren gewisse Dienste erbringt, beispielsweise ein Universitätslehrer für eine bestimmte Dauer eine Beraterfunktion übernimmt (*Beratungsvertrag*). Mit Beendigung des Dienstvertrags wird *kein Werk* übergeben. Das Entgelt (Honorar) wird ausschließlich für die geleistete *Beratungstätigkeit* bezahlt. Beratungsverträge mit selbständig Tätigen (*Freiberuflern*) basieren in der Regel auf einem *Vertrauensvorschuss* bezüglich der Kompetenz des Beraters. Falls sich dieser Vorschuss als ungerechtfertigt erweist, kann ein Beratungsvertrag vorzeitig aufgehoben werden.

Die häufigste Ausprägung eines Dienstvertrags ist der *Arbeitsvertrag* mit *abhängigen Arbeitnehmern* oder *Angestellten*, die ihre Dienste *weisungsgebunden* erbringen.

Wesentliche Inhalte eines Arbeitsvertrags sind:

- Stellenbeschreibung (engl.: *Job description*),

- Arbeitszeitregelung,

- Vergütungsregelung,

- Urlaubsregelung,

- Geltung von Tarifverträgen, Betriebsvereinbarungen.

Hilfreich ist eine möglichst detaillierte Beschreibung der Aufgaben, damit der neue Stelleninhaber von Anfang an weiß, was zu tun ist.

Ein Muster einer Stellenbeschreibung zeigt Bild 7.16:

Frank Mustermann AG Musterland	Stellenbeschreibung
Stellenbezeichnung:	Leiter der Abteilung
Vorgesetzter:	....
Unterstellte Mitarbeiter:	....
Stellenfunktion:	....
Aufgaben:	.... Zusätzliche Aufgaben nach Vereinbarung.

Bild 7.16: Stellenbeschreibung.

Falls ein Arbeitnehmer den Arbeitsplatz wechseln will, kann er jederzeit unter Einhaltung der gesetzlichen Kündigungsfrist kündigen. Für die Beendigung eines Arbeitsverhältnisses durch den Arbeitgeber gibt es wegen der *sozialen Fürsorgepflicht* der Unternehmer im Wesentlichen nur zwei Möglichkeiten.

Aufhebungsvertrag: Arbeitgeber und Arbeitnehmer einigen sich einvernehmlich auf eine Beendigung des Arbeitsverhältnisses zu einem bestimmten Zeitpunkt, in der Regel unter Zahlung einer teils steuerfreien, teils steuerbegünstigten Abfindung.

Kündigung: Gemäß *Kündigungsschutzgesetz* KSchG ist eine Kündigung nur möglich bei:

- Vertragspflichtverstößen,

- sozialer Unverträglichkeit,

- betriebsbedingten Gründen, z. B. fehlenden Aufträgen,

wobei in den ersten beiden Fällen eine oder mehrere Abmahnungen erfolgt sein müssen. Das KSchG gilt derzeit nur für Betriebe mit mehr als fünf Arbeitnehmern.

Widerspricht der Arbeitnehmer der Kündigung mit der Begründung, sie sei *sozial ungerechtfertigt* und klagt, treffen sich Arbeitgeber und Arbeitnehmer vor dem Arbeitsgericht wieder. Die Beweislast liegt dann beim Arbeitgeber. Ferner muss *vor* der Kündigung der Betriebsrat angehört worden sein. Das Arbeitsgericht ist immer bestrebt, eine gütliche Einigung herbeizuführen, was in der Regel auf einen gerichtlichen oder außergerichtlichen Vergleich hinausläuft.

7.2.4 Allgemeine Geschäftsbedingungen

Zur Vereinfachung bzw. Abkürzung von Vertragsverhandlungen bei Kauf- und Werkverträgen verwenden viele Unternehmen so genannte *Allgemeine Geschäftsbedingungen,* die häufig auf der *Vertragsrückseite* oder einem separaten Blatt abgedruckt und gewöhnlich Bestandteil des Vertrages sind. Die Allgemeinen Geschäftsbedingungen werden von den jeweiligen *Fachverbänden,* beispielsweise dem "*Zentralverband der Deutschen Elektroindustrie – ZVEI e.V.*" und dem "*Verband Deutscher Maschinen- und Anlagenbau – VDMA e.V.*" für ihre Mitglieder herausgegeben,

- *Allgemeine Lieferbedingungen für Erzeugnisse und Leistungen der Elektroindustrie (ZVEI)*

- *Allgemeine Bedingungen für die Lieferung von Maschinen für Inlandsgeschäfte (VDMA)*

Obige Lieferbedingungen stehen im Regelfall im Einklang mit dem Gesetz über "*Allgemeine Geschäftsbedingungen*" (AGB-Gesetz, BGB). Dieses Gesetz wurde vom Gesetzgeber zum Schutz wirtschaftlich schwächerer bzw. unerfahrener Vertragspartner erlassen und schränkt die grundsätzliche Vertragsfreiheit bezüglich *Klauseln, Gewährleistung, Haftungsausschluss, Preis-änderungen* etc. ein. Bei Nichtkaufleuten, die häufig das *Kleingedruckte* nicht lesen, dürfen die Allgemeinen Geschäftsbedingungen nur dann Vertragsbestandteil werden, wenn der Lieferant explizit auf sie hinweist. Viele Unternehmen formulieren in Anlehnung an die Allgemeinen Geschäftsbedingungen eigene *Ein- und Verkaufsbedingungen,* die eine Ober- oder Untermenge der Allgemeinen Geschäftsbedingungen darstellen und gewöhnlich zu Gunsten des eigenen Unternehmens modifiziert sind. Ein Vergleich der *Einkaufs-* und *Verkaufsbedingungen* ein und desselben Unternehmens macht dies schnell offenbar. Wegen ihrer großen Bedeutung und häufiger Anwendung sind die beiden oben genannten Allgemeinen Geschäftsbedingungen im Anhang wiedergegeben (A2 und A3).

7.3   Marketing

Unter *Marketing* versteht man alle in einer *Überflussgesellschaft (mehr Unternehmenskapazität als Kunden)* erforderlichen Aktivitäten, die einem *Kunden* genügend *Gründe* liefern, warum er gerade beim *eigenen Unternehmen* kaufen bzw. immer wieder kaufen soll. Technologische Kompetenz allein reicht nicht aus, um wirtschaftlich erfolgreich zu sein. Ohne Marketing gibt es keine Kunden, keine Aufträge. Ein in den Augen eines Ingenieurs technisch noch so hochwertiges Produkt kann sich ohne Marketing schnell als Ladenhüter erweisen. Meist existiert eine große Diskrepanz zwischen der Begeisterung des Ingenieurs für sein neues Produkt und dem Interesse des Kunden. Von spektakulären Neuerungen abgesehen, muss Kundenaufmerksamkeit erst mühsam erarbeitet werden. Lieferanten sind den Kunden gewöhnlich gleichgültig. Interessant werden sie erst, wenn der Kunde einen konkreten Bedarf bzw. ein konkretes Problem hat, für das er eine Lösung sucht. Erst dann studiert er Anzeigen, Kataloge, Prospekte und sucht gegebenenfalls selbst aktiv Kontakt. Marketing besteht daher auch darin, Kunden erst einmal klar zu machen, dass sie ein Problem bzw. einen Bedarf haben.

Marketing schafft aber nicht nur Kunden, sondern bewahrt Unternehmen auch davor, "bessere" bzw. andere Produkte herzustellen, als die Kunden sie haben wollen. Aus Sicht eines Ingenieurs lässt sich Marketing auch als *Anpassungsproblem* verstehen, vergleichbar etwa mit der Aufgabe eines Getriebes beim Auto oder der Anpassung der Innenwiderstände von Spannungsquellen und Verbraucher in Stromkreisen etc. Marketing bewirkt die optimale Anpassung von Lieferanten und Kunden. Eine "*typische*" Fehlanpassung infolge *schlechten Marketings* und *mangelnder Kundenfokussierung* zeigt Bild 7.17.

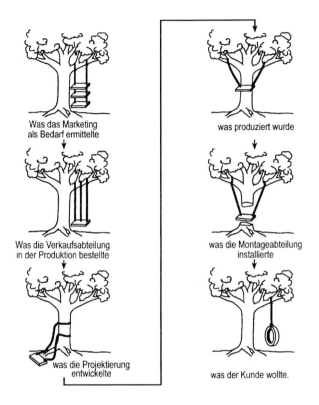

Bild 7.17: Fehlanpassung Kunde/Lieferant (Verfasser leider unbekannt).

Der am Ende seiner Berufsausbildung stehende Ingenieur wäre falsch informiert, wenn er glaubt, dass für Marketing ausschließlich seine kaufmännischen Kollegen zuständig seien. Mit jeder erklommenen Sprosse der Karriereleiter wird der Ingenieur feststellen, dass Marketing einen immer größeren Teil seiner Arbeit einnimmt. Betriebswirtschaftlich versteht man nämlich heute unter Marketing eine marktorientierte Unternehmenspolitik, *die den Kunden in den Mittelpunkt aller Tätigkeiten stellt* (engl.: *Customer focus*). Dies als Uneigennützigkeit oder Altruismus des Unternehmens zu deuten, wäre weit hergeholt. Man hat schlicht erkannt, dass – heute mehr denn je – Kunden die wichtigste Existenzgrundlage eines Unternehmens sind.

Modernes Marketing bedeutet:

- *Kundenbedürfnisse identifizieren,*
- *Kundennutzen produzieren,*
- *Kundenvorteile kommunizieren.*

Im weiteren Sinn strebt *modernes Marketing* zusätzlich eine Ausrichtung auf den *Gesellschaftsnutzen* und die Umweltverträglichkeit der Produkte bezüglich *Umweltverschmutzung* und *Recycling* an.

Die drei genannten großen Ziele *modernen Marketings* lassen sich in folgende Teilaufgaben zerlegen:

- Systematische Akquisition von Marktdaten
- Erstellung von Marktprognosen
- Identifikation von Kunden und ihren Bedürfnissen
- Erforschung des Käuferverhaltens
- Werbung (Anzeigen, Werbeartikel, Kataloge, Prospekte)
- Repräsentation auf Ausstellungen, Messen
- Wettbewerbsbeobachtung und -analyse
- Schaffung von Märkten durch Werbung für neue und alte Produkte und durch Bedarfsweckung
- Identifikation gesetzlicher Auflagen und gesellschaftlicher Akzeptanz
- Erfassung von Frühwarnsignalen des Marktes zur Antizipation von Marktveränderungen
- Optimale Preisfindung
- Identifikation günstiger Beschaffungsquellen
- Identifikation von Outsourcing-Kandidaten
- Design, Corporate identity
- Öffentlichkeitsarbeit (Pressemitteilungen, Produktbesprechungen)
- Kontaktpflege zu Kunden

Kunden bevorzugen Produkte oder Dienstleistungen bestimmter Lieferanten nicht allein aufgrund der technischen Funktionalität oder des Preises und der Lieferzeit, sondern auch aus folgenden Gesichtspunkten:

- Der Lieferant macht das Kundenproblem zu seinem eigenen Problem

- Redlichkeit und Verlässlichkeit des Lieferanten

- Allgemein freundliches, entgegenkommendes Verhalten Kunden gegenüber, auch oder gerade bei Reklamationen

- Schulung und Anwendungsberatung

- Benutzeroberfläche bzw. Ergonomie

- After-sales service

- Qualität der Dokumentation

- Zubehör

- Design

- Prestige

In einer *Knappheitswirtschaft*, in der der Bedarf immer größer als das Angebot ist oder bei öffentlichen Unternehmen mit ihrem Monopolcharakter, ist
Marketing kein Thema, *die Kunden kommen ja sowieso*. Das zum Überleben
privatwirtschaftlicher Unternehmen zwingend erforderliche Bemühen, Kunden zu gewinnen und *"bei der Stange zu halten"* ist in öffentlichen Unternehmen völlig unbekannt (Kapitel 2).

Marketing und *Technik* bzw. *Produktion* waren früher strikt getrennte Funktionen. Ein erfolgreicher Vertriebsingenieur ist jedoch gut beraten, sich über
sein technisches Know-how hinausgehende Kenntnisse der *Marktforschung*,
der *Werbung*, des *Markt- und Kundenverhaltens* sowie über *Verkaufstak-
tiken* und *Verkaufspsychologie* zuzulegen. Hierzu existiert einerseits ein um-
fangreiches Schrifttum, andererseits ist der Besuch eines *Marketing-Seminars*
dringend angeraten. Schließlich basiert der erfolgreiche Umgang mit Kunden
auf umfassender *Erfahrung* und einer geeigneten *Persönlichkeitsstruktur*, und
es ist auch kein Fehler, wenn spezielle Marketingaufgaben im Rahmen der
vielzitierten *Teamfähigkeit* einem Marketingexperten als Teilprojekt übertragen werden.

Die Definition des Marketingkonzepts ist offensichtlich nicht so scharf wie
Ingenieure dies aus ihrer Begriffswelt gewohnt sind und lässt viel Spielraum.
So ist auch die Schnittmenge zwischen *Marketing* und *Total Quality Mana-
gement*, das im folgenden Abschnitt vorgestellt wird, sehr groß. Total Quality
Management kann man als praktiziertes bzw. implementiertes Marketing be-

zeichnen, und zwar nicht nur im *Außenverhältnis* zu den *externen Kunden*, sondern auch im *Innenverhältnis* der zahllosen *internen Lieferanten* und *Kunden*. Die Bandbreite dessen, was die verschiedenen Autoren der Betriebswirtschaftlehre unter Marketing verstehen, erhellt, dass Marketing sich mehr das *Außenverhältnis*, TQM mehr das *Innenverhältnis* angelegen sein lässt.

7.4   Total Quality Management

Unter *Total Quality Management* (TQM) versteht man die Planung, Implementierung und Kontrolle verschiedener Maßnahmen zur Verbesserung bzw. Wahrung der Wettbewerbsfähigkeit eines Unternehmens im zunehmend härter werdenden globalen Wettbewerb. Dieser ist in vielen Branchen gekennzeichnet durch eine *Überkapazität* an Firmen bzw. Produktionseinrichtungen und einen Mangel an zahlungskräftigen *Kunden*. Die vergleichsweise wenigen Kunden können mehr denn je aus einer Vielzahl von Anbietern auswählen, die sich teilweise beträchtlich in Lieferzeiten und Preisen für ihre Produkte unterscheiden. Kunden kaufen bei denjenigen Firmen, die ihnen in kürzester Zeit für ihr Geld den maximalen Gegenwert an *Funktionalität*, *Zuverlässigkeit*, *Kundendienst* (engl.: *After-sales service*) und, nicht zuletzt, *attraktivem Design* bieten.

Diese Umstände zwingen derzeit viele Unternehmen, vermehrt Produkte besserer Qualität zu vom Markt, das heißt vom Wettbewerb und den Kunden, diktierten Preisen zu liefern (5.10.7). Um diesem Trend gerecht zu werden, bieten sich für Firmen mehrere Optionen an, die letztlich alle eine *Kostensenkung* und damit die Chance zu überleben zum Ziel haben:

-   *Günstigerer Einkauf* von Zuliefer- und Normteilen (häufig aus dem Ausland),

-   "*Downsizing*", treffender "*Rightsizing*", das heißt Vermeidung redundanter oder nicht unmittelbar zur Wertschöpfung beitragender, entbehrlicher Funktionen, resultierend in einer Verringerung bzw. Anpassung der Zahl der Mitarbeiter an die vorhandene Arbeit,

-   *Verlagerung der Produktion* in Länder mit unternehmerfreundlicherer Steuergesetzgebung, geringeren *Lohn-* und *Gehaltskosten* sowie Nebenkosten (verbunden mit größerer *Kundennähe*),

- *Steigerung der Produktivität* bei *konstanten Löhnen* und *Gehältern* durch weniger *Urlaub*, weniger *Feiertage*, *Kuren* etc. (mehr Produktionsstätten blieben im Land, neue Unternehmen würden vermehrt aus dem Ausland zuziehen),

- *Verrichten der gleichen Arbeit für weniger Geld* (mehr Produktionsstätten blieben im Land, weniger Unternehmer müssten Konkurs anmelden, mehr Arbeitsplätze blieben erhalten, mehr neue Unternehmen würden zuziehen),

- *Kreation von Innovationen* durch intensive Forschung und Entwicklung,

- *Verbesserung* bzw. *Optimierung der Teilprozesse* des ganzheitlichen Unternehmensprozesses.

Die ersten *drei* Maßnahmen führen für die Unternehmen zweifelsfrei zum Ziel und werden derzeit ausgiebig praktiziert. Sie erhöhen aber auch dramatisch die Arbeitslosigkeit, woran gesellschaftspolitisch niemand gelegen sein kann. Die *vierte* und *fünfte* Maßnahme will niemand wahrhaben, sie kommt aber unausweichlich auf uns zu, wie die Entwicklungen in USA und England gezeigt haben.

Den Abstand zu den neuen aufstrebenden Industrienationen durch eine intensive, naturwissenschaftliche *Grundlagenforschung* und ständige *Innovationen* auf ewig aufrechterhalten zu können, ist mehr ein frommer Wunsch denn eine Option. Selbst die zielgerichtete Industrieforschung hat da aus den in den Abschnitten 5.10.7 und 7.6 genannten Gründen ihre Probleme.

Die derzeit einzige, sich weniger zum Nachteil eines Landes auswirkende Option der Kostenreduzierung liegt in der Steigerung der *Qualität* bzw. *Optimierung aller Teilprozesse eines Unternehmens*, vorrangig durch verbesserte Ablauforganisation (engl.: *Workflow management*) und Reduzierung des administrativen "Overhead" der "*Unsichtbaren Fabrik*" (Kapitel 3 und 8). Hierbei ist es nicht damit getan, dass das Management wie gewohnt lediglich strategische und politische Entscheidungen trifft oder gar nur prozentuale Zuwachsraten von Umsatz und Gewinn vorgibt. Vielmehr sind hohe fachliche und organisatorische Kompetenz sowie "Leadership" gefragt (Kapitel 2). Schließlich ist Total Quality Management als integratives Führungskonzept für Manager gedacht.

Das Ziel aller Aktivitäten ist *Kundenzufriedenheit* (engl.: *Costumer satisfaction*). Der Kunde ist zufrieden, wenn seine *Erwartungen übertroffen* werden (engl.: *Exceed customers' expectation*). Dies als Uneigennützigkeit oder Altruismus der Unternehmen zu deuten, wäre, wie bereits im Abschnitt *Marketing* gesagt (7.3), eine Fehlinterpretation. Man hat schlicht erkannt, dass – heute mehr denn je – Kunden die wichtigste Existenzgrundlage eines Unternehmens und seiner Arbeitsplätze sind. Total Quality Management beginnt daher mit der Schärfung des Bewusstseins der Mitarbeiter für die Existenz alter Binsenweisheiten vom Typ "*Der Kunde ist König*", besser noch, "*Der Kunde zahlt die Löhne und Gehälter*". Ohne zufriedene Kunden keine Aufträge, keine Löhne und Gehälter, keine Dividenden, keine Arbeitsplätze. Alle sitzen in einem Boot. Dieses Zusammengehörigkeitsgefühl zu entwickeln, quasi am gleichen Strang zu ziehen zum Wohl der *Kunden, Mitarbeiter, Lieferanten* und *Inhaber des Unternehmens*, ist Aufgabe des Top-Managements. Der Veränderungsprozess weg von der klassischen Firmenkultur *Chef/Befehlsempfänger* zum *vertrauensvollen, synergistischen Miteinander* ist schwierig und stellt eine große Herausforderung für das Top-Management dar (*Vorbildfunktion*). Die Aufgabe ist jedoch lösbar, wie viele erfolgreiche TQM Implementierungen zeigen.

Dank der fundamentalen Bedeutung der Kunden für die Existenz privatwirtschaftlicher Unternehmen werden bereits vom *Marketing* (7.3) alle Aktivitäten auf die Kunden ausgerichtet. TQM setzt das Prinzip der *Kundenorientierung* innerhalb des *eigenen Unternehmens* fort. *Alle* an einem Glied der Wertschöpfungskette tätigen Mitarbeiter müssen sich als *Lieferanten* verstehen und ihre Kollegen am nächsten Glied als *Kunden* betrachten, deren Gunst ihnen nur bei hoher Performance zuteil wird. Sind alle internen Kunden mit der Qualität ihrer internen Lieferanten zufrieden, stellt sich selbsttätig die Zufriedenheit der externen Kunden ein.

Im Folgenden sollen die einzelnen Komponenten von TQM näher erläutert werden.

7.4.1   Bedeutung der TQM-Komponente *Total*

Es geht um das *ganze* Unternehmen, das heißt um *alle* Geschäftsprozesse, *alle* Mitarbeiter, vom Fließbandarbeiter bis zur Führungskraft, *alle* Kunden, *alle* Lieferanten und Eigner (engl.: *Shareholder*). Insbesondere gilt das Prinzip der *Kundenzufriedenheit* auch für *alle* innerbetrieblichen Kunden/Lieferantenprozesse. TQM betrifft *alle* Glieder der Wertschöpfungskette und damit *alle* Abteilungen und Bereiche eines Unternehmens.

Das interne Lieferanten/Kunden-Verhältnis an jeder Schnittstelle der Wertschöpfungskette hat *Marktgesetzen* zu gehorchen. Ist der interne Kunde mit der Leistung des *internen* Lieferanten bezüglich Qualität, Lieferzeit und Preis nicht zufrieden, kann er zu *externen* Lieferanten gehen (engl.: *Outsourcing).* Gewöhnlich darf dabei der interne Lieferant als letzter nochmals seinen Angebotspreis nachbessern.

Die intern praktizierte Marktwirtschaft kann bis zur Schließung kompletter Dienstleistungsbereiche im Unternehmen führen. Andererseits führt dieses Vorgehen automatisch zu zahlreichen internen "*best practice*" Einheiten, so dass Outsourcing vermieden werden kann. Nur "*best practice*" Unternehmen bzw. Einheiten werden sich künftig ausreichend vom Wettbewerb abheben und damit Kunden und Aufträge für sich gewinnen können.

"*Best practice*" Unternehmen weisen einen hohen Modernisierungsgrad, optimal gestaltete Prozesse und hoch motivierte Mitarbeiter auf, die ihre Arbeit nicht so *schlecht wie gerade noch von der klassischen Qualitätssicherung toleriert*, sondern so *gut wie möglich* verrichten. Die Mitarbeiter kommen nicht nur ins Geschäft, um ihrem "Job" nachzugehen, sondern ihre Arbeit zum Nutzen "ihres" Unternehmens und "ihrer" Kunden auch ständig besser zu verrichten.

7.4.2   Bedeutung der TQM-Komponente *Quality*

Während sich der klassische *Qualitätsbegriff* ausschließlich auf die Qualität von Produkten bzw. die Qualität der Fertigung bezog, ist der moderne Qualitätsbegriff eher eine *Metrik* für das effektive und effiziente *Gestalten* und *Betreiben* des *ganzen* Unternehmens zum *Nutzen der Kunden* (externer wie interner). Sie ist damit auch ein *Maß für die Kundenzufriedenheit*. Sind die Kunden zufrieden, stimmt der *Cash Flow*, das heißt, die essentielle Voraussetzung für die Zufriedenheit auch aller anderen am Unternehmen Beteiligten, den *Eignern, Mitarbeitern, Lieferanten* und dem *Gemeinwesen*.

Deming, ein Pionier des modernen Qualitätsgedankens, definiert Qualität als *permanente Anstrengung zur Verbesserung des Unternehmensprozesses mit dem Ziel der*

- *Vergleichmäßigung der Endprodukte (kein Ausschuss),*

- *Verringerung der Anzahl der Korrekturen interner Fehler in der Produktion, Auftragsabwicklung und im Engineering (Projektierung, Design),*

– *Verringerung des Aufwands an Arbeitskraft, Maschinenzeit und Rohmaterial,*

– *Erhöhung der betrieblichen Leistung bei geringerem Aufwand.*

Bei all dem ist impliziert, dass nur solche Maßnahmen relevant sind, die dem *Kunden* aus *seiner* Sicht nützen.

Der Entwurf DIN ISO 8402 definiert als Qualität:

> *"Auf der Mitwirkung aller ihrer Mitglieder beruhende Führungs-methode einer Organisation, die Qualität in den Mittelpunkt stellt und durch Zufriedenheit der Kunden auf langfristigen Ge-schäftserfolg sowie auf Nutzen für die Mitglieder der Organisa-tion und für die Gesellschaft zielt."*

Die Formulierung ist insofern unausgewogen, dass sie nicht den Mut hat, ex-plizit auch den *Nutzen der Eigner* bzw. *Kapitalgeber* beim Namen zu nennen (engl.: *Shareholder value*), deren Erwartung nach dem in Kapitel 2 Gesagten ja durchaus legitim ist. Es gibt zahlreiche weitere autorenspezifische Defini-tionen des Begriffs Qualität. Wie auch immer sie aussehen, Qualität ist als Maß für die zu erwartende Kundenzufriedenheit zu sehen (interner wie ex-terner Kunden).

In welcher Form sich Qualität letztlich manifestiert, wird vom jeweiligen Kunden definiert. Im Regelfall richtet sich ein Lieferant nach den Qualitäts-merkmalen, die sein Kunde favorisiert. Selbstverständlich ist bei überzogenen Vorstellungen einvernehmlich zwischen Lieferant und Kunde ein ange-messener Kompromiss auszuhandeln.

7.4.3   Bedeutung der TQM-Komponente *Management*

Wie bereits eingangs dieses Kapitels ausführlich erläutert, versteht man unter Management im Wesentlichen die Kombination der drei Funktionen *Planen*, *Steuern* und *Kontrolle*. Die Übertragung dieser aus dem *monetären Bereich* bekannten Vorgehensweise auch auf *nichtmonetäre Vorgänge* ist wesentli-ches Charakteristikum von TQM.

Vielfach herrscht die Meinung, dass sich *nichtmonetäre* Transaktionen bzw. Prozesse grundsätzlich nicht quantitativ beurteilen lassen. Typische Beispiele sind die Forschung, administrative Tätigkeiten, Kundendienst usw. Bei genauerem Hinsehen und entsprechender Anleitung stellt man jedoch fest, dass sich für *alles* eine *Metrik* finden lässt (Kapitel 8).

Zur quantitativen Bewertung nichtmonetärer Prozesse stehen unter anderem folgende Methoden zur Verfügung:

- Self-Assessment

- Assessment durch Kunden (engl.: *Auditing, Customer survey*)

- Self-Benchmarking

- Benchmarking durch Kunden

- Benchmarking mit Hilfe einer Unternehmensberatung

- Messung der Verkürzung der Durchlaufzeiten in Tagen oder %

- Erfassung der Zahl von Reklamationen etc.

Diese Methoden werden in Kapitel 8, *Prozessverbesserungen*, beispielhaft erläutert. Hat man Metriken definiert, erfolgt zunächst nach einer der obigen Methoden eine *Nullmessung*, das heißt eine Erfassung des Istzustands. Ausgehend vom Istzustand werden *Plan-* bzw. *Sollwerte* in Form inkrementaler Qualitätssteigerungen festgelegt. Die *Steuerungsfunktion* besteht im Anordnen von Maßnahmen, die das Erreichen der vorgegebenen Planziele mit hoher Wahrscheinlichkeit erhoffen lassen. Der Vergleich der *Nullmessung* mit den nach einem bestimmten Betrachtungszeitraum gemessenen Ergebnissen ermöglicht ein Controlling des Erreichens nichtmonetärer Ziele. Durch wiederholte Anwendung obiger Methoden und Vergleich der jeweils erhaltenen Ergebnisse lässt sich unschwer ein TQM-Controlling durchführen, womit der Managementzyklus geschlossen wird bzw. mehrfach durchlaufen werden kann.

7.4.4 Unterschied zwischen TQM und klassischer Qualitätssicherung

TQM unterscheidet sich bezüglich seiner drei individuellen Komponenten von der klassischen *Qualitätssicherung* unter anderem in folgenden Aspekten, Bild 7.18.

Klassische Qualitätssicherung	Total Quality Management
Menschen machen Fehler.	Prozesse provozieren Fehler.
Einzelne Miitarbeiter sind für Fehler verantwortlich.	Alle Mitarbeiter sind für Fehler verantwortlich.
Jeder tut seinen Job.	Jeder hilft jedem bei der Ausführung seines Jobs.
Vorgesetzte haben das Wissen, Arbeiter befolgen ihre Anweisungen.	Arbeiter haben das Wissen, Vorgesetzte agieren als Coach.
Qualitätsinspektionen sondern fehlerhafte Teile aus bzw. weisen sie zurück.	Qualitätsinspektionen identifizieren Fehlerquellen bereits im Vorfeld und verbessern den Prozess. Jeder Mitarbeiter ist sein eigener Qualitätsinspektor.
Qualitätssicherung bzw. Fehlertoleranzen gibt es nur für Produkte.	Fehlertoleranzen bzw. Metriken gibt es auch für Prozesse (alle!). TQM ist ein Führungskonzept für das *gesamte* Unternehmen.
Null Fehler ist nicht machbar.	Null Fehler ist das Ziel.
Totale Qualitätssicherung ist nicht bezahlbar.	Qualität erhöht den Gewinn, wenn die Prozesse nur intelligenter gestaltet werden.
Eingangsprüfung von Lieferungen ist unabdingbar.	Erziehe Lieferanten zu TQM, damit die Eingangsinspektion entfallen kann.
Einkauf von vielen Lieferanten.	Partnerschaften mit wenigen Lieferanten.
Kunden müssen nehmen, was das Unternehmen nach dem "*Stand der Technik*" an Qualität liefert.	Der Kunde ist die Existenzgrundlage bzw. der wahre Finanzier des Unternehmens. Alles ist auf totale Kundenzufriedenheit ausgerichtet.

Bild 7.18:   Typische Unterschiede zwischen klassischer Qualitätssicherung und TQM.

Allzu oft werden überflüssige, althergebrachte Prozessabläufe ("*Alte Zöpfe*") überhaupt nicht hinterfragt, nach dem Motto: "Das haben wir schon immer so gemacht" oder "Wo kämen wir hin, wenn wir jedem ...". Insbesondere öffentliche Unternehmen und Ministerien unterstehende Organisationen handeln überwiegend nach einer Flut von Dienstvorschriften und Erlassen, die zuvor von einer tief gestaffelten Hierarchie schrittweise im Verlauf von Monaten oder Jahren genehmigt bzw. erlassen wurden.

Im Rahmen der klassischen Qualitätssicherung wird gewöhnlich nur der Ausschuss festgestellt und als unvermeidbar hingenommen. Auf Kommunikationsproblemen oder mehrdeutigen Aussagen beruhende Fehler werden

nach Erkennung routinemäßig korrigiert. Das konsequente Aussondern fehlerhafter Teile und Reparieren von Kommunikationsfehlern führt zwar zu einem fehlerfreien Output, verursacht jedoch unnötig hohe Kosten. Auch eine
wegen unzureichender oder falscher Adressenangabe retournierte Lieferung
lässt sich mit korrigierter Adresse sicher ein zweites Mal zustellen, aber welche zusätzlichen, unnötigen Kosten werden hierdurch verursacht? TQM gestaltet Prozesse von vornherein so gut, dass Fehler nach Möglichkeit gar
nicht erst auftreten können (engl.: *Fail-safe process design*). TQM schärft das
Bewusstsein für all diese Themen und stimuliert systematisch *Prozessverbesserungen*.

7.4.5 Implementierung von TQM

Über Total Quality Management wird viel geschrieben und geredet, wenig
findet man bezüglich einer *Anleitung zum Handeln*. Die Implementierung
von TQM bedarf einer Strategie, in deren erstem Schritt alle Mitarbeiter von
einem TQM-Beauftragten über die Inhalte und Notwendigkeit von TQM zur
Wahrung der Prosperität des Unternehmens aufgeklärt werden (soweit sie
dies nicht schon sind). Gemäß der üblichen Vorgehensweise strategischer
Planung wird zunächst der *Istzustand* vordringlich zu verbessernder Prozesse
durch *Assessment, Benchmarking, Prozessanalyse* analysiert (Kapitel 8). Die
Erfassung des Istzustands erfolgt im Team durch die Ermittlung der am jeweiligen Prozess Beteiligten und einem TQM-Beauftragten (Stabsfunktion),
der die zügige Durchführung überwacht. Aus der Prozessanalyse ergeben sich
Metriken, nach denen Istwerte erfasst, Verbesserungsmaßnahmen (Projekte)
identifiziert und Planwerte festgelegt werden können. Nach Abschluss der
TQM-Projekte kann im Rahmen des TQM-Controlling der Erfolg gemessen
werden. Dem Thema Prozessverbesserungen ist wegen seiner Bedeutung ein
eigenes Kapitel gewidmet, das als ausführliche Fortsetzung dieses Abschnitts
über TQM gedacht ist und ausführlich auf die Implementierung eingeht (Kapitel 8).

7.4.6 Qualitätsmanagement nach DIN ISO 900X

Die von DIN ISO herausgegebenen Qualitätsstandards befassen sich mit der
Qualitätssicherung "QS" bzw. dem *Qualitätsmanagement* "QM" von *Produkten* und *Dienstleistungen*. Sie sind sehr allgemein gehalten und zur Anwendung für eine Großbäckerei genauso geeignet wie für industrielle Produktionseinrichtungen und technische Prüflabors. Im vorliegenden Kontext

wird vorwiegend auf industrielle Prozessabläufe sowie auf die Prüfung von
Produkten bezüglich ihrer Konformität mit einschlägigen Vorschriften bzw.
Standards abgehoben. Der Grundgedanke von ISO 900X besteht in der
Standardisierung der Qualität unternehmenseigener *Qualitätssicherungssysteme*, die bestimmten in ISO 900X festgelegten Mindestanforderungen genügen müssen. ISO 900X stellt mit anderen Worten eine Art *Metaqualitäts-
sicherung* dar.

Falls die Anforderungen gemäß ISO 900X erfüllt werden, kann ein Qualitätssicherungssystem auf Antrag von einer *externen Zertifizierungseinrichtung
auditiert* und *zertifiziert* werden. Bezüglich der Durchführung der Auditie-
rung gilt ISO 10011. Ein zertifiziertes Qualitätssicherungssystem des Lieferanten erspart Kunden die Einholung eigener Informationen über dessen
Zuverlässigkeit.

Zertifizierung ist nicht mit *Akkreditierung* zu verwechseln. Letztere ermäch-
tigt eine Person oder Organisation, andere Organisationen aber auch Produkte zu zertifizieren (Prüflabors). Qualitätssicherung nach ISO 900X stellt
eine Untermenge des alles umfassenden Total Quality Management "TQM"
dar, das sich neben der klassischen, rein *produktbezogenen* Qualitätssicherung *alle* Geschäftsprozesse und weitergehend auch deren *Optimierung* angelegen sein lässt (Kapitel 8).

Die Normenreihe DIN ISO 900X besteht aus folgenden Teilnormen:

- ISO 9000   Leitfaden zur Auswahl und Anwendung der
               Normenreihe, Begriffsdefinitionen,

- ISO 9001   Qualitätssicherungssysteme für Design-Len-
               kung, Produktion, Montage, Kundendienst,

- ISO 9002   Qualitätssicherungssysteme für Produktion
               und Montage,

- ISO 9003   Qualitätssicherungssysteme für *End-* und *Ab-
               nahmeprüfungen,*

- ISO 9004   Grundmenge von *Elementen der Qualitätssi-
               cherung* und Leitfaden zur *Implementierung*
               von *Qualitätssicherungssystemen* (zusammen
               mit ISO 9000).

Während ISO 9000 und ISO 9004 einen Leitfaden zur Anwendung und Implementierung der Normenreihe darstellen, sind die Normen ISO 9001, 2

und 3 als Paradigmen zur Darlegung der Qualitätssicherung gegenüber *externen Geschäftspartnern* gedacht. ISO 9003 lässt sich als Untermenge von 9002 und diese wiederum als Untermenge von 9001 interpretieren.

Die *Unternehmensleitung* eines Lieferanten muss ihre Qualitätspolitik gemäß den Erwartungen der Kunden formulieren und schriftlich dokumentieren. Sie muss ferner sicherstellen, dass die Qualitätspolitik auf *allen* Ebenen des Unternehmens gelebt wird. Ferner muss sie das Qualitätssicherungssystem in regelmäßigen Abständen evaluieren, um seine ständige Eignung zu gewährleisten (Pflege).

Grundlage eines Qualitätssicherungssystems nach ISO 900X ist ein "*Qualitätsmanagement-Handbuch*" (*QM-Handbuch*), in dem in Übereinstimmung mit der ISO-Normenreihe definierte *Verfahrensanweisungen* dokumentiert sind. Verfahrensanweisungen sind für *alle* kundenrelevanten Aktivitäten zu erstellen, beispielsweise zur

- Vertragsprüfung,
- Design-Lenkung (Lenkung und Verifizierung des Produktdesigns, Dokumentation von Design-Änderungen),
- Lenkung von Dokumenten und Daten,
- Beschaffung (Evaluierung von Unterlieferanten, Eingangsprüfung etc.),
- Prozesslenkung (Produktions-, Montage-, Wartungsprozesse etc.),
- Rückverfolgbarkeit eigener und von Unterlieferanten gelieferter sowie von Kunden beigestellter Produkte,
- Prüfungen (Eingangsprüfungen, Endprüfungen, Prüfaufzeichnungen, Prüfmittelüberwachung),
- Behandlung fehlerhafter Produkte, Garantie- und Umtauschfälle,
- Handhabung, Lagerung, Versand etc.,
- Internen Qualitätsauditierung,
- Unterweisung und Weiterbildung,
- Anwendung statistischer Methoden.

Bei größeren Einrichtungen enthält das QM-Handbuch wegen des größeren Umfangs häufig auch nur Hinweise auf separat dokumentierte Verfahrensanweisungen. Verfahrensanweisungen sind die detaillierteste Stufe eines Qualitätssicherungssystems (Kochrezepte). Die Verfahrensanweisungen sind ferner eine gute Ausgangsbasis für Maßnahmen im Rahmen von "TQM".

Die Einführung eines Qualitätssicherungssystems gemäß ISO 900X bedeutet anfänglich einen hohen Aufwand. Dieser wird jedoch durch höhere Effizienz anschließend reichlich kompensiert. Schließlich haben viele Unternehmen gar keine andere Wahl, falls sie mit ihren Kunden im Geschäft bleiben wollen. Wegen weiterer Informationen zu ISO 900X wird auf die Originalnormen verwiesen.

7.5   Six Sigma

Six Sigma verfolgt grundsätzlich die gleichen Ziele wie die Managementfunktion *Total Quality Management* (7.4) oder die „*Optimierung von Unternehmensprozessen*" (Kapitel 8). Mit anderen Worten, *Kundenzufriedenheit* externer wie auch innerbetrieblicher Kunden durch perfekte Dienstleistungen sowie fehlerfreie und preiswerte Produkte ohne Kinderkrankheiten. Dies bei gleichzeitiger Verringerung der Herstellungskosten, Durchlaufzeiten, Zahl der Reklamationen etc. Kurz gesagt, zufriedene Kunden die gerne wiederkommen und letztlich den Markterfolg und Gewinn steigern. Ein *win-win-game für Kunden und Unternehmen.*

Six Sigma baut auf TQM und der Optimierung von Unternehmensprozessen auf, führt jedoch darüber hinaus zur Messung und Steuerung des Erreichens der gemeinsamen Ziele folgende Neuerungen ein:

-   Verbindliche Metrik in Form der aus der Statistiktheorie bekannten *Standardabweichung* σ.

-   Quantitative Bezifferung der Qualität verschiedener Prozesse durch ein prozessspezifisches Vielfaches ihrer Standardabweichung.

-   Begleitung der Mitarbeiter durch TQM-Experten mit fundierten Kenntnissen in der statistischen Analyse, so genannte *Black Belts*.

-   Umfassende Schulung der Projektverantwortlichen und Mitarbeiter.

-   Kopplung der erreichten σ-Werte an die Tantiemen der verantwortlichen Manager.

Bezüglich der prozessspezifischen Maßnahmen zur Qualitätssteigerung kommen die klassischen Maßnahmen aus TQM und der Optimierung von Unternehmensprozessen zur Anwendung.

7.5.1 Statistische Grundlagen

Teile der Massenproduktion sind mit *Fertigungstoleranzen* behaftet. Liegt beispielsweise die Länge L einer Schraube innerhalb eines vorgegebenen Toleranzbereichs $L \pm x$ gilt sie bezüglich dieser Abmessung als *fehlerfrei* produziert, liegt sie außerhalb des Toleranzbereichs gilt sie als *fehlerhaft* bzw. wird als *Ausschuss* bezeichnet. Die mittels Stichproben ermittelte Häufigkeit des Auftretens der unterschiedlichen Längenabweichungen x stellt man zunächst in einem Histogramm dar. Längs der Ordinate sind die Häufigkeiten der Abweichungen vom Nominalwert aufgetragen, längs der Abszisse die Abweichungen vom Nominalwert selbst, Bild 7.19a.

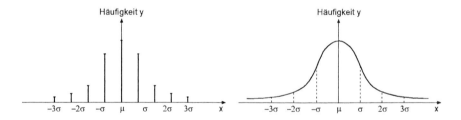

Bild 7.19: a) Häufigkeitsverteilung der Längenabweichungen x eines Schraubentyps in Form eines *Histogramms*. b) Stetige Häufigkeitsverteilungsfunktion bei großer Stichprobenzahl. L, μ : Nominallänge, σ : Standardabweichung.

Bei großer Stichprobenzahl lässt sich das diskrete Histogramm durch eine stetige analytische Funktion in Form einer Glockenkurve beschreiben, Bild 7.19b.

Sind die Abweichungen vom Nominalwert L statistisch unabhängig, spricht man von einer *Normalverteilung*. Die Häufigkeiten sind dann symmetrisch um den arithmetischen Mittelwert μ verteilt, mit anderen Worten um den Design- bzw. Nominalwert L. Je kleiner die Abweichungen, desto steiler ist die Glockenkurve.

Mathematisch wird die Glockenkurve einer Normalverteilung beschrieben durch die Funktion

$$y = ae^{-bx^2},$$

wobei der Koeffizient a ein Maßstabsfaktor für die Größe y und b ein Maß für die Flach- bzw. Steilheit der Kurve ist. Der zu den *Wendepunkten* der linken und rechten Halbkurve gehörige Abszissenwert wird als *Standardabweichung* σ, die zu einer bestimmten Abweichung x gehörende Ordinate y als *Wahrscheinlichkeitsdichte* W bezeichnet.

Mit dem Nominalwert μ und der Standardabweichung σ berechnet sich die Wahrscheinlichkeitsdichte W zu

$$y = f(x) = W(x, \mu, \sigma) = \frac{1}{\sigma\sqrt{2\pi}} e^{-\frac{1}{2}\left(\frac{x-\mu}{\sigma}\right)^2}$$

mit

$$a = \frac{1}{\sigma\sqrt{2\pi}} \quad \text{und} \quad b = -\frac{1}{2}.$$

Um eine von μ unabhängige verallgemeinerte Aussage machen zu können, setzt man

$$\frac{x-\mu}{\sigma} = z,$$

und erhält so die *standardisierte Normalverteilung*

$$y = f(z) = \frac{1}{\sigma\sqrt{2\pi}} e^{-\frac{1}{2}z^2},$$

in der der Nominalwert μ auf Null gesetzt wird und z eine dimensionslose Zahl ist. Die graphische Darstellung dieser Funktion zeigt Bild 7.20.

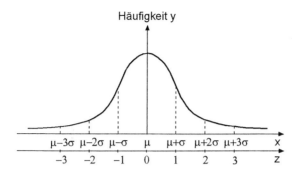

Bild 7.20: Standardisierte Normalverteilung mit Mittelwert Null.

Die Anzahl fehlerfreier Schrauben, die so genannte *Ausbeute* $A_\%$ (engl.: *Yield*) erhält man für beliebige durch $\pm n\,\sigma$ definierte Toleranzfenster aus der zugehörigen Fläche unter der Glockenkurve, Bild 7.21.

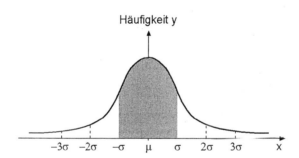

Bild 7.21: Graphische Darstellung der Ausbeute an fehlerfreien Schrauben in Form der Fläche unter der Häufigkeitsfunktion.

Rechnerisch ermittelt man die Fläche aus dem bestimmten Integral zu

$$A_\% = \int\limits_{-n\sigma}^{+n\sigma} \frac{1}{\sigma\sqrt{2\pi}} e^{-\frac{1}{2}z^2} \; .$$

Für ganzzahlige positive und negative Vielfache von σ erhält man beispielsweise folgende Prozentwerte.

Toleranzfenster	Anzahl fehlerfreier Schrauben $A_\%$
$0 \pm 1\sigma$	68,27 %
$0 \pm 2\sigma$	95,46 %
$0 \pm 3\sigma$	99,73 %

Bild 7.22: Tabellarischer Zusammenhang zwischen ganzzahligen typischen Toleranzfenstern und der Anzahl fehlerfreier Schrauben.

In der Vergangenheit wurde letztere Zahl vielfach mit 100 % gleichgesetzt.

Bei komplexen, aus vielen Teilen bestehenden Produkten spricht man zunächst von der *Anfangsausbeute* (engl.: *First pass yield*). Hierunter versteht man die Anzahl Produkte, die ohne Nachbesserung sofort eine etwaige Endabnahme bestehen. Fehlerbehaftete Produkte erfahren, falls bezüglich der Kosten sinnvoll, eine Nachbesserung und zählen dann ebenfalls als Ausbeute.

Zur Ausbeute $A_\%$ komplementär ist der prozentuale Anteil *defekter* Schrauben $D_\%$. Beispielsweise erhält man bei einer Prozessqualität $\mu \pm 3\sigma$

$$D_\% = 100\ \% - 99{,}73\ \% = 0{,}27\ \%$$

defekte Schrauben.

In absoluten Zahlen entspricht dies bei einer Million Schrauben immerhin 2.700 Stück. Six Sigma Prozesse mit $\mu \pm 6\sigma$ Qualität erreichen eine Ausbeute von 99,99966 %.

Dies entspricht einem Ausschuss von

$$D_\% = 100\ \% - 99{,}99966\ \% = 0{,}00034\ \%$$

Bei einer Million Schrauben also lediglich 3,4 defekte Schrauben, eine wahrhaft vernachlässigbare Zahl, die dem strategischen Ziel *Nullfehlerqualität* sehr nahe kommt.

7.5.2 Anwendung der statistischen Analyse

Der wesentliche Nutzen einer statistischen Analyse besteht darin, dass man aus einer vergleichsweise geringen Anzahl von Stichproben Aussagen über die Gesamtheit aller Prozessobjekte machen kann.

So ergibt bei einem einer Normalverteilung gehorchendem Prozess das arithmetische Mittel einer ausreichenden Anzahl von *Stichproben* den Design- bzw. Nominalwert,

$$\sum_{\upsilon=1}^{n} \frac{L_{\upsilon}}{n} = L_1 + L_2 + L_3 + L_4 = L_{Soll} = \mu \ .$$

Je größer die Stichprobenzahl, desto größer die Übereinstimmung.

Schleichend auftretende Abweichungen lassen auf Fehler wie Werkzeugverschleiß etc. schließen. Letzteren berücksichtigt man bei robustem Design beispielsweise durch antizipative Einplanung einer zulässigen Verschiebung des Mittelwerts µ von beispielsweise 1,5 σ. Plötzlich auftretende stärkere Abweichungen haben dramatischere Ursachen.

Weiter lässt sich aus einer begrenzten Zahl von *Stichproben* die Standardabweichung σ einer Normalverteilung als Wurzel des Mittelwerts der quadrierten Abweichungen der Stichproben abschätzen,

$$\sigma = \sqrt{\frac{\sum (\pm \Delta L)^2}{n}} \ .$$

Die beiden obigen Formeln sind für die Praxis der klassischen Qualitätssicherung essentiell, sollen jedoch hier nicht weiter kommentiert werden. Im Rahmen von Six Sigma kommen die nachstehenden Überlegungen zur Anwendung.

Weil σ und dessen Vielfache sowie hohe Ausbeutezahlen nicht so handlich sind, wie die vergleichsweise kleine Zahl defekter Teile wird zunächst mit letzteren gearbeitet, und zwar in absoluten Zahlen.

Um ferner die Angabe einer bestimmten Fehlerzahl von der Losgröße unabhängig zu machen bzw. zu relativieren, rechnet man diese Zahl auf eine einheitliche Losgröße von einer Million um. Qualitätskriterium ist dann die Zahl der Fehler bzw. Defekte pro Million betrachteter Prozessobjekte. Diese Sichtweise hat ihre Wurzeln in dem bekannten Maß ppm (engl.: parts per million) zur Kennzeichnung eines nur in Spuren vorhandenen Anteils in einem Stoffgemisch.

Schließlich haben wir bislang nur die Streuung der *Länge* eines bestimmten Schraubentyps betrachtet. Eine Schraube kann aber nicht nur zu lang oder zu kurz sein. Auch ihr Gewinde kann zu leicht- oder zu schwergängig sein, ihr Schraubenkopf mehr oder weniger stark von der DIN-Norm abweichen. Ein Prozessobjekt kann mit anderen Worten mehrere *Fehlermöglichkeiten* (engl.: *Opportunities*) aufweisen. Deshalb rechnet man nicht mit ppm, sondern mit der Zahl der Fehler bezogen auf die Zahl totaler Fehlermöglichkeiten (engl.: *Defects per Number of Opportunities*),

$$DPO = \frac{\text{Zahl defekter Schrauben D}}{\text{Losgröße U} \times \text{Fehlermöglichkeiten X pro Prozessobjekt}} \;.$$

Bezieht man die DPO noch zusätzlich einheitlich auf eine Losgröße von einer Million erhält man die Zahl

$$DPMO = DPO \times 10^6 \;,$$

(engl.: *Defects per Million Opportunities*).

Den eigentlichen σ-Wert des Prozesses erhielte man dann bei einer Normalverteilung gemäß der Schlussfolgerungskette:

$$D_\% = \frac{\text{Zahl defekter Objekte}}{\text{DPMO}} 100\%$$

$$\Rightarrow \qquad A_\% = 100\% - D_\%$$

$$\Rightarrow \qquad \sigma = f(A_\%) \;,$$

wobei sich die Standardabweichung σ aus der oben angegebenen Gleichung $y = f(x) = W(x, \mu, \sigma)$ für die Normalverteilungsfunktion ergibt.

In der Praxis lässt man jedoch beispielsweise wegen Werkzeugverschleiß eine monotone seitliche Verschiebung der Glockenkurve um 1,5 σ zu. In letzterem Fall lässt sich dann σ durch Lösen einer um 1,5 σ versetzten Normalverteilungsgleichung berechnen,

$$y = f(z) = \frac{1}{\sigma\sqrt{2\pi}} e^{-\frac{1}{2}(z-1,5)^2}.$$

Zur Vermeidung der Integration obiger Gleichung arbeitet man in der Praxis mit Tabellen, die aus obiger Gleichung abgeleitet werden. Der gewünschte Zusammenhang zwischen σ und $A_{\%}$ lässt sich dann ohne mathematische Kenntnisse der Integralrechnung auf einfache Weise ablesen, Bild 7.23.

Sigma	DPMO	Sigma	DPMO	Sigma	DPMO
0,0	933192,8	2,1	274253,1	4,2	3467,0
0,1	919243,3	2,2	241963,7	4,3	2555,1
0,2	903199,5	2,3	211855,4	4,4	1865,8
0,3	884930,3	2,4	184060,1	4,5	1349,9
0,4	864333,9	2,5	158655,3	4,6	967,6
0,5	841344,7	2,6	135666,1	4,7	687,1
0,6	815939,9	2,7	115069,7	4,8	483,4
0,7	788144,6	2,8	96800,5	4,9	336,9
0,8	758036,3	2,9	80756,7	5,0	232,6
0,9	725746,9	3,0	66807,2	5,1	159,1
1,0	691462,5	3,1	54799,3	5,2	107,8
1,1	655421,7	3,2	44565,5	5,3	72,3
1,2	617911,4	3,3	35930,3	5,4	48,1
1,3	579259,7	3,4	28716,6	5,5	31,7
1,4	539827,8	3,5	22750,1	5,6	20,7
1,5	500000,0	3,6	17864,4	5,7	13,3
1,6	460172,2	3,7	13903,4	5,8	8,5
1,7	420740,3	3,8	10724,1	5,9	5,4
1,8	382088,6	3,9	8197,5	6,0	3,4
1,9	344578,3	4,0	6309,7		
2,0	308537,5	4,1	4661,2		

Bild 7.23: Tabellarischer Zusammenhang zwischen σ und $A_{\%}$ unter Berücksichtigung einer horizontalen Verschiebung um 1,5 σ.

Genau genommen müsste man die σ-Werte der Tabelle mit $\tilde{\sigma}$ oder ähnlich bezeichnen, um sie von der statistischen Standardabweichung einer nicht verschobenen Normalverteilung zu unterscheiden. Hierauf wird jedoch in der Praxis verzichtet.

7.5.3   Six Sigma Philosophie und ihre Implementierung

Wenngleich in der Massenfertigung von Teilen und assemblierten Produkten die statistische Fehleranalyse seit eh und je große Bedeutung besitzt, wird *Six Sigma* mehr in verallgemeinertem Sinn verstanden. Es geht nicht mehr nur um mechanische Toleranzen bei der Fertigung von Einzelteilen. Die vorgestellten statistischen Methoden lassen sich auch auf Produktionsprozesse übertragen, die komplexe Produkte aus Einzelteilen zusammenfügen bzw. assemblieren. Wichtig ist hierbei die zweckmäßige Identifizierung relevanter Fehler. Liegen alle Komponenten innerhalb ihrer geplanten Toleranzen, wird auch der Ausschuss beim *Endprodukt* möglichst gering sein.

Ferner strebt Six Sigma auch für *Dienstleistungen* und alle kaufmännischen *Geschäftsprozesse* Nullfehlerqualität an, beispielsweise minimale Zahl von Tippfehlern pro einer Million Anschläge, Minimierung der Zahl nicht sofort persönlich beantworteter Anrufe bei Call Centern, vernachlässigbare Zahl nicht- oder fehlfunktionierender zurückgegebener Produkte, Minimierung von Gewährleistungsfällen etc. Jedes Jahr wird mit vom vorgelagerten Management eine geringere DPMO und damit ein höheres σ als strategisches Ziel vorgegeben.

Der Unterschied zu den klassischen Verfahren TQM und *Optimierung von Unternehmensprozessen* besteht im Wesentlichen darin, dass *alle Arten von Fehlern* und Prozessen statistisch erfasst, ausgewertet und in einem einheitlichen Qualitätsmaßstab σ bewertet werden. *Als Six Sigma Unternehmen bezeichnet man daher Unternehmen, die die Qualität ihrer Prozesse quantitativ in vielfachen von Sigma beziffern können, diese Ziffer auch noch deutlich oberhalb von $\sigma = 4{,}5$ liegt und durch permanentes Monitoring eine steigende Tendenz in Richtung 6σ erkennen lässt.*

Die Implementierung von Six Sigma in einem Unternehmen folgt grob anhand nachstehend genannter Prozessschritte:

1. Entscheidung des Top-Managements für die Einführung von Six Sigma, verbunden mit der Budgetierung ausreichender Mittel für Pilotprojekte.

2. Ernennung und Qualifizierung kompetenter Black Belts (gegebenenfalls unterstützt durch kompetente externe Berater).

3. Erstellung eines Six Sigma Handbuchs sowie von Erfassungs- und Auswertungsbögen (gegebenenfalls unterstützt durch kompetente externe Berater).

4. Definition und Erfassung der DPMO priorisierter Fehler.

5. Erste statistische Auswertung und Bestimmung der prozesspezifischen σ-Istwerte gemäß Tabelle Bild 7.23 zur Beschreibung des Status quo.

6. Definition höherer σ-Sollwerte und geeigneter Maßnahmen zu ihrer Realisierung (Prozessverbesserungen).

7. Erneute Messung von σ nach Einführung der Prozessverbesserungen.

8. Ermittlung des Kosten-/Nutzenverhältnisses durch Vergleich mit Kosten schlechter Qualität (Nachbesserungen, Rückrufaktionen, Gewährleistung etc.).

9. Weitere Steigerung des σ-Werts durch erneutes Durchlaufen der Schleife 6, 7, 8, 9 (geschlossener Regelkreis).

Das Ziel $\sigma = \pm 6$ ist lediglich ein strategisches Ziel, das nur selten erreicht wird. Es muss aber ein deutlicher Trend der Steigerung der σ-Werte in Richtung 6 σ erkennbar sein.

Six Sigma impliziert, dass TQM und Prozessverbesserungen nicht nur verbal als Lippenbekenntnis (engl.: *Lip service*) praktiziert sondern vom Top Management bis hin zu jedem einzelnen Mitarbeiter aus Überzeugung gelebt werden. Six Sigma erreicht dies durch eine permanente Schulung aller Mitarbeiter, vor allem aber eine kompetente *Begleitung durch TQM-Experten mit umfassenden Kenntnissen der statistischen Analyse*. Diese Experten werden im Six Sigma Jargon in Anlehnung an die farbigen Gürtel der Judokas *Black Belts* genannt, wobei in größeren Unternehmen eine Black Belt Hierarchie existieren kann. Die eingangs erwähnten statistischen Grundlagen müssen nur von den Black Belts beherrscht werden. Für das Gros der Mitarbeiter spielen sie nur eine untergeordnete Rolle. Six Sigma wird ernst genommen, wenn ein beträchtlicher Teil der Tantieme der Führungskräfte vom erfolgreichen Einsatz von Six Sigma abhängt.

Six Sigma ist, falls vom Top-Management *aus Überzeugung missionarisch* praktiziert und mit ausreichenden Investitionsmitteln ausgestattet, ein Management-Tool, das in seiner ubiquitären Anwendung ein Unternehmen in ein *Six Sigma*-Unternehmen umgestaltet. Six Sigma Unternehmen, wie *Motorola*, *General Electric* oder *Honeywell* sowie viele andere größere US-Firmen, haben eindrucksvoll das Funktionieren von Six Sigma zum eigenen wie auch dem Nutzen der Kunden bewiesen.

7.6   Forschungsmanagement

7.6.1   Identifikation von Forschungsprojekten

Zur Wahrung oder gar Vergrößerung ihres Marktanteils bzw. Erhalt des Gewinns und der Arbeitsplätze müssen langfristig prosperierende Unternehmen ein hohes *Betriebsergebnis* erwirtschaften und davon einen angemessenen Teil wieder in Forschung und Entwicklung für "Produkte von morgen" reinvestieren. "Best practice" Unternehmen wie beispielsweise *General Electric* haben dabei bereits seit langem erkannt, dass es nicht genügt, eine Gruppe talentierter Wissenschaftler mit ausreichend viel Spielgeld zu versehen, um dann einen kontinuierlichen Strom an Forschungsergebnissen abernten und in zukunftsträchtige Produkte umsetzen zu können. Industrieforschung kann man nicht allein den Wissenschaftlern in einem Forschungszentrum überlassen. Ohne enge Kopplung mit den operativen Bereichen des Unternehmens, das heißt ohne *gemeinsame* Definition dessen, was zum Nutzen der *Kunden* geforscht werden soll und ohne ständige Interaktion während eines Projekts, verursacht Industrieforschung nur *Kosten* statt *Erlöse*. In der Industrieforschung gilt häufig: "*Die besten Ideen kommen von den Kunden*".

Die Forderung nach *Anwendungsnähe* resultiert gewöhnlich in Vorwürfen bezüglich Kurzsichtigkeit und düsteren Prognosen der Forscher. Diesen Bedenken zum Trotz hat sich inzwischen weltweit herumgesprochen, dass sich eine anwendungsnahe, *kundenorientierte* Forschung auszahlt und nicht zum Kollaps eines Unternehmens führt, ja diesen gerade verhindern hilft. Angewandte, marktnahe Forschung bedeutet nicht *kurzfristige* statt *langfristiger* Forschung, sondern die Bearbeitung langfristiger Themen *mit* Kundenrelevanz an Stelle langfristiger Themen *ohne* Kundenrelevanz. Anwendungsnah ist nicht *zeitlich*, sondern im Sinn von "verwendbar für Produkte" gemeint, auch wenn dies erst in fünf oder zehn Jahren sein sollte. Was "verwendbar für Produkte" ist, können *Vertrieb* und *Marketing* in der Regel besser beurteilen als die Forscher.

Forschung und Entwicklung in der Industrie oder im mittelständischen Unternehmen muss sich wie die Aktivitäten operativer Einheiten rechnen. Das heißt, von der Forschung verursachte Kosten müssen, wie andere Investitionen für beispielsweise rationellere Fertigungsmaschinen, in Form von *Erträgen* in das Unternehmen zurückfließen. Dies ist bei den nahe am operativen Geschäft angesiedelten "Vorentwicklungsabteilungen" auch der Fall.

Bei zentralen Forschungslabors hat die Vergangenheit gezeigt, dass eine Investitionsrechnung allein mit neuen, aus Forschungsergebnissen resultierenden Produkten häufig nicht aufgeht. Beispielsweise zeigt Bild 7.19 einige typische *Cash-Flow* Verläufe für zwei verschiedene Investitionsarten – *Modernisierungsprojekte* und *Forschungsprojekte* (drei Versionen).

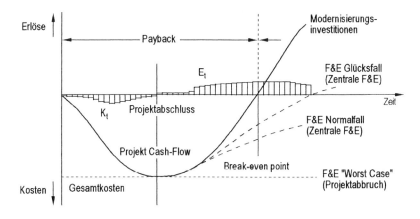

Bild 7.24: Akkumulierte Cash-Flow Verläufe für verschiedene Investitionen eines Unternehmens (Bild 7.11).

Bei beiden Projektarten entstehen während der *Investitionsphase* zunächst einmal Kosten, die sich während der Projektdauer meist S-förmig zu den Gesamtkosten akkumulieren (7.1.8). Nach Projektabschluss beginnt die *Rückzahlungsphase*. Im Falle eines erfolgreichen Projekts wiegen die Erlöse im *Payback*-Zeitpunkt die Kosten inklusive der Zinsen gerade auf. Über den Payback-Zeitpunkt hinaus wirft die Investition dann Gewinn ab.

Die Kurve, die Erlöse E_t und Kosten K_t über die Zeit akkumuliert, ist unter der Voraussetzung $K_t \approx A_t$ definiert als *Projekt Cash-Flow*,

$$Projekt\ Cash\text{-}Flow = \sum_{t=1}^{n} (E_t - K_t) \quad .$$

Realistische Aussagen erhält man nur unter Berücksichtigung der Kapitalkosten (Zinsen), so genannter *Diskontierter Cash-Flow* (5.11.2.2 B).

Bei *Rationalisierungs-* bzw. *Modernisierungsprojekten*

- lässt sich der Payback-Zeitpunkt meist vorher errechnen (5.11.2.2),
- wird der Payback-Zeitpunkt in kurzer Zeit (Bild 7.24) mit großer Sicherheit erreicht,
- ist selbst der Gewinn vergleichsweise gut abschätzbar.

Bei *Forschungsprojekten*

- lässt sich der Payback-Zeitpunkt nur erahnen, wobei der Erwartungswert wegen "*unvorhersehbarer*" Schwierigkeiten bzw. Überraschungen oft nie eingehalten wird (typischer Fall: *Kontrollierte Kernfusion*),
- wird der Payback-Zeitpunkt, wenn überhaupt, erst nach langer Zeit erreicht (F&E-*Glücksfall*), unter Berücksichtigung der *Zinsen* jedoch oft überhaupt nicht,
- kommt nicht selten der "*Worst Case*" vor, das heißt ein *Projektabbruch*. Das Forschungsprojekt hat dann nur *Kosten* verursacht (Bild 7.24).

Offensichtlich verlangt eine treffende Bewertung von Forschungsprojekten auch betriebswirtschaftliches Verständnis, beispielsweise, dass *Zeit* in Form von Mann-Tagessätzen *Kosten* verursacht, dass die Forschungsergebnisse zu Produkten und Verfahren führen müssen, die vom Preis her mit bereits vorhandenen Produkten bzw. Verfahren im Wettbewerb bestehen können, dass Forscher nur das Geld ausgeben können, das die Industrie bzw. die operativen Bereiche eines Unternehmens mit ihren Ergebnissen erwirtschaften. Gerade bei der Ermittlung der Kosten etwaiger künftiger Produkte neigen Wissenschaftler bzw. Forscher mangels ausreichender Kenntnis der *Leistungs-* und *Kostenrechnung* (5.10) zu extremer Unterbewertung. Derartige Rechnungen müssen zusammen mit einem *professionellen Controller* eines ope-

rativen Bereichs unter Berücksichtigung der anteiligen *Gemeinkosten* durchgeführt werden, wenn keine "*Milchmädchenrechnungen*" entstehen sollen.

Wenn Grundlagenforschung, beispielsweise an Universitäten, dennoch Sinn macht, dann wegen des *Technologietransfers*. Dieser Begriff wird häufig grob missverstanden. Technologietransfer bedeutet *nicht*, dass an Forschungsinstituten zahlreiche *innovationsfähige Ideen für Produkte* von der Industrie abholbar seien. Der Vorwurf, die Industrie sei zu ungeschickt oder nicht willens, an Forschungseinrichtungen erarbeitete Erkenntnisse und Ideen umzusetzen, ist haltlos. Sicher ist, dass die Industrie nicht ohne Not "Gelegenheiten" auslässt, mit Ergebnissen der Grundlagenforschung Geld zu verdienen. Mit den meisten Forschungsergebnissen der naturwissenschaftlichen Grundlagenforschung lässt sich schlicht kein Geld verdienen.

Technologietransfer bedeutet vorwiegend *Wissenstransfer* und erst in zweiter Linie *Ideentransfer*! Beispielsweise vermitteln Universitätsinstitute im Rahmen ihrer Forschungstätigkeit an ihre Studienabgänger aktuelles *technologisches Wissen, das bei den bereits länger im Beruf stehenden Ingenieuren noch nicht Allgemeingut ist*. Ferner transferieren die promovierten Assistenten, der so genannte *Wissenschaftliche Nachwuchs*, modernes Wissen in die Anwendung. Typische Beispiele sind *Technisch-Wissenschaftliches Rechnen* oder *Wissensbasierte Systeme*. Schließlich steht *Technologie* nicht für Ideen, sondern ist ein Synonym für *Know-how*. In USA spricht man zum Beispiel auch von *Banking Technology* und meint damit, das zum Betreiben einer Bank erforderliche *Wissen*.

Eine weitere wichtige Form des Technologietransfers manifestiert sich in *Fachbüchern*, in denen beispielsweise Universitätslehrer das während ihrer Forschungstätigkeit akkumulierte *Wissen* sinnfällig *strukturieren, schriftlich dokumentieren* und damit in der Praxis tätigen Ingenieuren einen schnellen Zugang zu neuem Wissen ermöglichen. Dabei gilt, je leichter ein Buch lesbar ist, desto schwieriger war es zu schreiben.

Die *klassische* zentrale Industrieforschung ließ sich, wenn überhaupt, erst durch die Berücksichtigung vielfältiger Nebeneffekte, etwa eines Beitrags zum Bekanntheitsgrad des Unternehmens aufgrund von Veröffentlichungen oder gar eines *Nobelpreises (Prestige)*, besserer Kenntnis der *Forschungsaktivitäten des Wettbewerbs, Kaderschmiede* etc. rechtfertigen. Die *heutige* zentrale Industrieforschung macht nur deshalb Sinn, weil sie in enger Kooperation mit den operativen Bereichen erfolgt und dann tatsächlich geschäftsfördernde Ergebnisse liefert. Diese enge Kooperation erreicht man durch Auflagen an die Forscher, sich überwiegend von den operativen Bereichen zu finanzieren. Mit dieser Finanzierungsstrategie verbunden ist eine viel gründlichere, tiefergehende Bewertung der einzelnen Projekte, die zu einer im obigen Sinn *anwendungsnahen Ausrichtung* des *Projektportfolios* führt.

Die Forschung von heute ist sehr viel teurer als vor 50 Jahren. Damals bestand die Ausrüstung eines wissenschaftlichen Arbeitsplatzes aus einem *Mikroskop*, einigen *Strom-* und *Spannungsmessern* und anderen *Laboreinrichtungen* von geringem Wert. Es gab noch vieles, was sich mit wenig Aufwand *erforschen* oder *entdecken* ließ, und dass sich die Forschung rechnete, war gar keine Frage. Heute ist vieles bekannt und verstanden. Jeder weitere Zuwachs an Erkenntnis ist mit exzessiven Kosten verbunden, so dass sich der "Break-even point" immer weiter entfernt und zu fragen ist, ob er überhaupt jemals erreicht wird. In Industrieunternehmen macht diese Art Forschung keinen Sinn. Aber auch eine Volkswirtschaft muss sich diese Forschung, die kaum spürbar die *Wirtschaftskraft eines Landes* unterstützt, sondern überwiegend dem wertfreien *Erkenntnisgewinn* dient, erst einmal leisten können. Überwiegend werden Lösungen kreiert, die in der Wirtschaft wegen exzessiver Kosten nicht umgesetzt werden können.

Forscher *entdecken*, Ingenieure *erfinden*. *Entdeckungen* sind bekanntlich nicht schutzfähig! Auch wenn eine Nation eine der seltenen *Jahrhundert-Entdeckungen* nicht selbst gemacht hat (z. B. Transistor, Laser etc.), geht ihre Wirtschaft daher nicht unter, wie die Vergangenheit gezeigt hat.

Die Industrie gibt nur wenig mehr Geld für F&E aus als die öffentliche Forschung. Dennoch werden ca. 98 % aller Schutzrechte von der Industrie angemeldet und nur etwa 2 % von der öffentlichen Forschung.

Der Wettbewerbsdruck und das dramatisch kleiner gewordene Verhältnis *Forschungsergebnisse/Forschungsinvestionen* zwingt die Industrie heute zunehmend, andere Wege zur Ermittlung von Wettbewerbsvorteilen einzuschlagen. Beispielsweise verstärkte Betonung der *Entwicklung* an Stelle der *Forschung*, verstärkte *Rationalisierung* und *Automatisierung, Total Quality Management*-Maßnahmen, *Verlagerung der Fertigung in Billiglohnländer* etc. In diesem Umfeld ist die staatliche Grundlagenforschung bzw. die Forschungspolitik gut beraten, ihr Forschungsportfolio im Hinblick auf die *Anwendbarkeit der Ergebnisse* in der Industrie auszurichten, wenn sie ihre Existenz schon mit dem Slogan "*Forschung von heute schafft die Arbeitsplätze von morgen*" begründet. Nur diejenigen Nationen werden langfristig wirtschaftlich prosperieren und *Grundlagenforschung* betreiben können, die diese mit den *Bedürfnissen ihrer Wirtschaft* synergistisch zu verknüpfen vermögen.

Nach moderner Auffassung von "Best practice" Unternehmen besteht Forschungsmanagement in einer anwendungsorientierten Ausrichtung des Forschungsportfolios auf die Bedürfnisse der operativen Bereiche eines Unternehmens. Forscher sind so zu führen, dass sie die Geschäftseinheiten ihres Unternehmens als Kunden bzw. Nutznießer ihrer Ergebnisse verstehen und dass sie erkennen, dass der Geldwert ihrer Ergebnisse die Forschungsinvestitionen rechtfertigen muss. Zur zielgerichteteren Gestaltung des Forschungsportfolios sind intensive Kontakte mit den operativen Bereichen zu pflegen. Forschungsthemen sind mit den Vertretern der operativen Bereiche gemeinsam zu definieren. Vor Inangriffnahme von Forschungsprojekten ist unter Mitwirkung des Controllers der kooperierenden Geschäftseinheit eine seriöse Kostenrechnung für die zu erwartenden Produkte oder Verfahren durchzuführen. Forscher müssen lernen, ihre Arbeit aus eigener Überzeugung voll auf den Kundennutzen zu fokussieren, um mit ihren Ergebnissen alljährlich einen erkennbaren Beitrag zur Prosperität ihres Unternehmens beizutragen.

7.6.2 Forschungs-Controlling

Die schwierigste Aufgabe des Forschungsmanagements besteht in einem adäquaten *Controlling*, wie es in Form des *monetären Controllings* in den operativen Bereichen gang und gäbe ist.

Gutes Forschungsmanagement ist nicht an der Zahl der Veröffentlichungen oder Patente erkennbar, sondern am guten Ruf der Forschung bei den Nutznießern ihrer Ergebnisse. Forschungsmanagement bedeutet nicht, ständig um mehr Geld für die Forschung zu kämpfen, sondern die vorhandenen begrenzten Ressourcen auf die richtigen Projekte zu verteilen (*Effektivität*, Kapitel 2).

7.7 Patentmanagement

Ingenieuren, die in Forschung und Entwicklung, Konstruktion und Fertigung (seltener in anderen Abteilungen) tätig sind, offenbart sich gelegentlich ein Geistesblitz mit einer Idee für etwas Neuartiges, *bisher nicht Dagewesenes*, das möglicherweise einen Wettbewerbsvorteil bewirkt oder gar einen neuen

Markt öffnet. Wenn das bisher nicht Dagewesene bestimmte Voraussetzungen erfüllt, spricht man von einer *Erfindung*. Wenn diese Erfindung gewisse weitere Voraussetzungen erfüllt, lässt sie sich als *geistiges Eigentum* des Erfinders durch ein Patent schützen. *Ideen* selbst lassen sich jedoch nicht schützen, lediglich daraus resultierende neue *Produkte, Verfahren* etc. Ebenso wenig lassen sich *Entdeckungen, wissenschaftliche Theorien, mathematische Methoden* und *Computerprogramme* (soweit sie keine technische Lehre enthalten) schützen.

Die erfolgreiche Beantragung eines Patents setzt nicht nur technisches Know-how, sondern auch *patentrechtliche Sachkenntnis, Beharrlichkeit* und *finanziellen Rückhalt* voraus. An Stelle des Versuchs, ein Patent selbst anzumelden, sollte sich ein Erfinder entweder eines *Patentanwalts*, einer seriösen *Patentverwertungsorganisation* oder eines interessierten *Unternehmens* bedienen. Bei Großfirmen gibt es ohnehin immer eine *Patentabteilung*, die alle formalen Aufgaben übernimmt. Der Ingenieur muss lediglich in der Lage sein, seinem Patentanwalt die wesentlichen Inhalte der Erfindung effizient zu übermitteln. Bevor beide sich zu einer Patentanmeldung entschließen, müssen notwendige Voraussetzungen für eine erfolgreiche Anmeldung geprüft werden. Allein wegen einer etwaigen Erfindung jedem Ingenieur während seiner Ausbildung den Besuch einer einsemestrigen Vorlesung über Patentrecht zuzumuten, wäre im Zeitalter des *Teamgedankens* absurd. Im Übrigen gibt es im Internet für Selbstanmelder einen sehr guten Leitfaden mit Mustern (http://www.deutsches-patentamt.de/).

7.7.1 Patentfähigkeit

Damit eine Erfindung patentiert werden kann, muss sie folgende Voraussetzungen erfüllen:

– Die Erfindung muss eine Lehre zum technischen Handeln darstellen, derart, dass ein *einschlägig vorgebildeter Fachmann* ihr folgen kann ohne selbst *erfinderisch* tätig sein zu müssen. Die Offenbarung muss lediglich die *entscheidende Richtung* erkennen lassen, es müssen nicht alle Einzelheiten beschrieben sein. Dem Fachmann sind sogar noch Versuche zumutbar, wenn er die günstigste Umsetzung der Idee finden will.

– Die Erfindung muss *gewerblich nutzbar* bzw. *verwertbar* sein. Gewerblich nutzbar heißt, dass der Erfindungsgegenstand in einem Gewerbe hergestellt und/oder genutzt werden kann. Sie darf nicht gegen physikalische

Grundgesetze verstoßen, wie beispielsweise das sprichwörtliche *Perpetuum Mobile.*

– Der Patentgegenstand muss *neu* sein, darf also nicht schon früher in öffentlichen Druckschriften, beispielsweise Prospekten, Katalogen, Fachveröffentlichungen, Patentliteratur etc., beschrieben oder gar von Dritten *vorbenutzt* worden sein, mit anderen Worten nicht zum *Stand der Technik* gehören. Eigene Veröffentlichungen sind neuheitsschädlich, wenn sie vor dem Anmeldetag erschienen sind. Wenngleich nach Eingang der Anmeldung im Patentamt ein Prüfer aufgrund eines *Recherche-* oder *Prüfungsantrags* eine umfassende *Patentrecherche* durchführt, schadet eine eigene Recherche in einem *Patentinformationszentrum* nicht, da sie möglicherweise bereits die Anmeldegebühren erspart. Meist resultiert die eigene Recherche in großem Erstaunen, was bereits alles patentiert ist.

– Die Tätigkeit, die zum Patentgegenstand geführt hat, muss *erfinderisch* sein. Das heißt, sie darf sich für einen *Fachmann* nicht in *nahe liegender Weise* aus dem *Stand der Technik* ergeben. Man sagt auch, sie muss *Erfindungshöhe* besitzen. Die Erfindungshöhe ist eine *binäre* Größe. Sie ist entweder vorhanden oder nicht. Hierüber lässt sich trefflich diskutieren. Ein *Experte* mag die Erfindungshöhe verneinen, ein *Vorstandsmitglied* sie durchaus bejahen. Es gilt die Bewertung aus Sicht des so genannten *Durchschnittsfachmanns.* Der Erfinder wird als Durchschnittsfachmann jeden *gewöhnlichen* Ingenieur sehen, ein Patentverletzer eher einen *Entwicklungschef,* für den die Erfindung nur eine "*nahe liegende Maßnahme*" ist.

Die Reihenfolge dieser Kriterien mag dem patentrechtlich nicht Geschulten eigentümlich erscheinen, entspricht aber der Vorgehensweise eines Prüfers im Patentamt.

7.7.2   Patentanmeldung

Sind alle oben genannten Voraussetzungen erfüllt, kann man die Patentanmeldung in Angriff nehmen. Eine *Patentanmeldung* besteht im Wesentlichen aus einem *Erteilungsantrag* mit *Unteranträgen* bezüglich Recherchen, Prüfung etc. ("Sonstige Anträge") und so genannten *Anmeldungsunterlagen* bestehend aus

> – einer *Beschreibung,*

- einer *Zeichnung mit "Figuren"*,

- den *Patentansprüchen*,

- einer *Zusammenfassung*.

Unter *Patentschutz* wird das durch die *Patentansprüche definierte Objekt* gestellt, das durch die Beschreibung und die Zeichnung näher erläutert wird. Bei der Beschreibung ist auf Klarheit, Verständlichkeit und hinreichende Ausführlichkeit zu achten.

Typischerweise beginnt eine Beschreibung mit der Vorstellung der *Gattung* (Oberbegriff), unter der das aus der Erfindung resultierende Produkt, Verfahren eingeordnet werden kann:

"Gegenstand der Erfindung ist ein Transformator mit drei Wicklungen.............".

Anschließend folgt eine Beschreibung des *Stands der Technik*, in der insbesondere die *Nachteile* bereits bestehender Produkte der Gattung herausgearbeitet werden, beispielsweise:

"Bekannte Transformatoren für Messzwecke besitzen bei transienten Vorgängen eine unzureichende Genauigkeit und elektromagnetische Verträglichkeit ....".

Diesem Abschnitt folgt die eigentliche Beschreibung der Erfindung:

"Erfindungsgemäß werden die vorbeschriebenen Unzulänglichkeiten vermieden, indem bezüglich unzureichender Messgenauigkeit ...."

Die Beschreibung wird ergänzt durch ein oder mehrere Ausführungsbeispiele, die anhand der Zeichnung erläutert werden.

Schließlich folgen *Haupt-* und *Unteransprüche*. Der Anspruch 1 (*Hauptanspruch*, engl.: *Independent claim)* besteht aus der *Gattung* und der *Kennzeichnung*, zum Beispiel:

"Transformator für Messzwecke mit Eisenkern und Wicklungen (Gattung), gekennzeichnet durch .... ".

Der Hauptanspruch enthält die eigentliche Erfindung. Die nachfolgenden Unteransprüche 2 bis n (engl.: *Dependent claims*) sind nur Ausgestaltungen und nehmen immer Bezug auf den Hauptanspruch. Während der Hauptanspruch *so allgemein wie möglich* zu halten ist, *schränken* die Unteransprüche durch Aufführen *zusätzlicher Merkmale* zunehmend ein. Dadurch können auch bei Ablehnung des umfangreichen Hauptanspruchs zunächst Teile des erfindungsgemäßen Gedankenguts in Form der Unteransprüche noch geschützt werden.

Besteht ein Erfinder darauf, einen Entwurf für die Patentanmeldung selbst zu formulieren, ist es empfehlenswert, sich einige Patentschriften der gleichen Gattung zu besorgen und die eigene Ausformulierung nach diesen Mustern vorzunehmen. Selbst eine nach Meinung eines Erfinders gut formulierte Anmeldung gibt einem Prüfer noch mehrere Möglichkeiten zu Änderungswünschen bezüglich Klarstellung oder vollständigerer Darstellung des Stands der Technik. Nachträgliche Erweiterungen der Erfindung, die über das ursprünglich Offenbarte hinausgehen, sind jedoch *nicht zulässig*.

7.7.3 Patenterteilungsverfahren

Die Anmeldung ist beim *Deutschen Patentamt* in *München* einzureichen (Merkblatt anfordern). Dort wird der Eingang der Anmeldung mit *Tagesstempel* dokumentiert. Ferner wird der Anmeldung ein *Aktenzeichen* zugewiesen, das die zukünftige *Patentnummer* enthält. Nach Prüfung der Anmeldung bezüglich der Erfüllung der in 7.7.1 genannten Voraussetzungen verfasst der Prüfer einen ausführlichen *Bescheid*, mit oft mehreren *neuheitsschädlichen Entgegenhaltungen*. Lässt sich der Erfinder hierdurch nicht abschrecken, formuliert er eine *Erwiderung* mit geänderten Ansprüchen, die vom Prüfer erneut geprüft werden. Hält der Prüfer die geänderten Ansprüche für patentfähig, erlässt er einen *Erteilungsbeschluss*, andernfalls einen *Zurückweisungsbeschluss*, gegen den nochmals *Beschwerde* vor dem *Bundespatentgericht* eingelegt werden kann. Im Falle der Erteilung wird die *Patentschrift* unter Angabe des *Veröffentlichungstags* gedruckt.

Innerhalb von drei Monaten nach dem Veröffentlichungstag können etwaige Vorbenutzer oder Wettbewerber *Einspruch* erheben. Im Falle eines Einspruchs wird ein eigenes Verfahren in Gang gesetzt, an dessen Ende das Patent unverändert oder beschränkt aufrecht erhalten oder auch widerrufen werden kann.

Die einzelnen Verfahrensstufen sind in Bild 7.25 nochmals graphisch dargestellt.

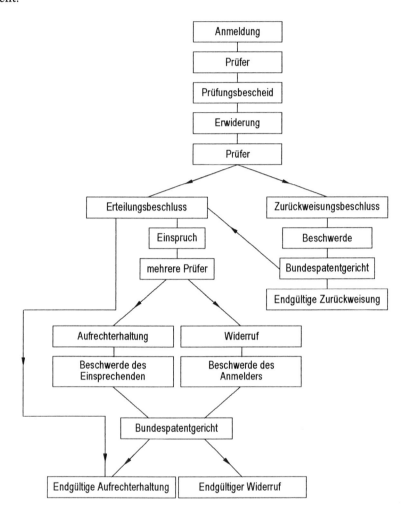

Bild 7.25: Patenterteilungsverfahren, Erläuterung siehe Text (Bild 8.4, 8.5 und 8.6).

Gegen die *endgültige Aufrechterhaltung, beschränkte Aufrechterhaltung* oder
den *Widerruf* ist noch eine *Revision* vor dem *Bundesgerichtshof* möglich.

In *Patentverletzungsfällen* sind zunächst mehrere *Oberlandesgerichte* zuständig, in letzter Instanz wiederum der *Bundesgerichtshof*.

7.7.4   Patentverwertung

Eine Erfindung ist zunächst das geistige Eigentum des Erfinders. Bezüglich der *wirtschaftlichen Verwertung* einer Erfindung gibt es jedoch einen großen Unterschied zwischen einem *freien Erfinder* und einem *Arbeitnehmererfinder*. Während ersterer seine Erfindung selbst verwerten kann, ist die Verwertung einer *Arbeitnehmererfindung,* die in Erfüllung der dienstlichen Aufgabe gemacht wurde, durch das *Arbeitnehmererfindergesetz* (Buchhandel) geregelt.

Bei einer Arbeitnehmererfindung ist zu berücksichtigen, dass der Erfinder die Anregung zu seiner Erfindung meist erst durch die Aufgabenstellung, im Regelfall aus seiner betrieblichen Arbeit, die er gegen Entgelt für das Unternehmen leistet, erhalten hat. Da die "Kunst" bekanntlich darin besteht, die *richtigen Fragen* zu stellen, hat der Arbeitgeber ganz offensichtlich auch Anteil an der Erfindung. In der *Patentanmeldung* einer Erfindung wird daher der *Erfinder* zwar als solcher benannt, als *Anmelder* tritt jedoch das Unternehmen auf (es sei denn, es ist an einer Anmeldung nicht interessiert). Meist erhält der Arbeitnehmererfinder eine pauschale jährliche Abfindung. Bei Patenten, die zu *wesentlichen Umsätzen* führen, ist auch eine *prozentuale Beteiligung* vorgesehen.

7.7.5   Patent-Controlling

So wichtig es ist, grundlegende *Erfindungen mit offensichtlich hohem wirtschaftlichem Potential* umgehend anzumelden, so sorgfältig sollte ein Manager allfällige Anträge seiner Mitarbeiter auf Erteilung eines Patents bezüglich der *wirtschaftlichen Ertragskraft* des Patents prüfen. Die von Unternehmen an Mitarbeiter bereits zu Beginn des Antragsverfahrens gezahlten *Prämien* und späteren jährlichen Vergütungen lassen praktisch wertlose Patente, die an Stelle von *Erlösen* nur *Kosten* verursachen, häufig wie Pilze aus dem Boden sprießen. Nicht die *absolute Zahl der Patente* ist wichtig, sondern der Unterschied zwischen *Erlös* und *Kosten* eines Patents. Patente lassen sich in einem *Patentportfolio* (9.1.4) darstellen, das in regelmäßigen Abständen zu überprüfen ist, Bild 7.26.

Bild 7.26: Patentportfolio.

Patente mit hohem Potential, "*Stars*", sind auch in anderen wichtigen Ländern oder gar weltweit anzumelden bzw. aufrechtzuerhalten, "*Poor dogs*" sind zu *entsorgen*.

Zur weiteren Erläuterung und Auswertung von Bild 7.26 wird auf Kapitel 9.1.4 verwiesen.

Patente werden bezüglich ihrer wirtschaftlichen Bedeutung von Nichtfachleuten häufig *überbewertet*. Viele Patente sind das Geld, das bis zu ihrer Erteilung investiert und zur Aufrechterhaltung jährlich weiter bezahlt werden muss, nicht wert. Dies gilt insbesondere für Patente, die nicht nur in Deutschland, sondern auch in Europa oder gar weltweit durchgesetzt und aufrechterhalten werden sollen. Deshalb wird für zahlreiche Erfindungen erst gar nicht ein Patent beantragt, sondern die Erfindung stillschweigend in den eigenen Produkten und Verfahren umgesetzt. Vielfach macht nämlich die Patentschrift die Konkurrenz erst auf den *Erfindungsgedanken* aufmerksam und löst Aktivitäten zur *Umgehung des Patents* aus. Verständlicherweise halten Patentanwälte und -abteilungen die Beantragung von Patenten für überaus bedeutsam, schließlich verdienen sie damit ihren Lebensunterhalt.

7.8   Informationsmanagment

Umfassender Einsatz der Informationstechnik im Rahmen von CAD/CAM und *Logistik* (3.2.3) ist ein strategisches *Erfolgspotential* (Kapitel 6) und fällt damit auch in den Aufgabenbereich des Managements. Die folgenden Zeilen vermitteln natürlich keineswegs das zur Wahrnehmung der Funktion *Informationsmanagement* erforderliche Wissen. Sie dienen lediglich der Schärfung des Bewusstseins für die oft sehr stiefmütterliche Behandlung dieses Erfolgspotentials und die daraus resultierenden Kosten.

Der heutige Stand der Informationssysteme ist dadurch gekennzeichnet, dass die meisten Funktionsbereiche eines Unternehmens – beispielsweise Beschaffung, Produktion, Absatz, Rechnungswesen, Forschung und Entwicklung, Personalverwaltung, Büroadministration – sehr leistungsfähige Informationssysteme einsetzen, beispielsweise *Tabellenkalkulationsprogramme, Textverarbeitungsprogramme, Produktionsplanungs- und -steuerungssysteme, CAD-Systeme, Technisch-Wissenschaftliches Rechnen* im Rahmen von F&E etc. Diese Informationssysteme arbeiten aber innerhalb der einzelnen Abteilungen häufig weitgehend isoliert und können schon gar nicht über verschiedene Abteilungen hinweg miteinander kommunizieren. Meist hat jede Abteilung ihre eigenen Rechnerexperten, die persönliche Präferenzen für bestimmte Rechner und Anwendungsprogramme haben. Viele Abteilungen arbeiten daher mit unterschiedlicher Hard- und Software und zahlen auch jedes Mal ihr eigenes Lehrgeld, was zu hohen, *redundant verborgenen* Kosten führt. Besonders ausgeprägt ist diese Problematik in großen Konzernen, die historisch aus vielen zuvor selbständigen Unternehmen entstanden sind, die alle ihre eigene Hard- und Software besaßen und vielfach auch heute noch besitzen. So benutzte anfänglich ein großer amerikanischer Automobilkonzern über zehn verschiedene CAD-Systeme, die Daten mit anderen CAD-Systemen erstellter Zeichnungen überhaupt nicht oder nicht fehlerfrei interpretieren konnten. Die mit CAD-Systemen erstellten Zeichnungsdaten (Maß etc.) lassen sich auch nur selten direkt über Datenkommunikation in eine NC-Maschine übertragen. Meist müssen sie mit dem Auge der Zeichnung entnommen und von Hand erneut in die NC-Maschine eingegeben werden. Es herrscht ein ungeheurer Wildwuchs. Unmengen von Daten werden redundant, dazu noch mit unterschiedlichem Aktualitätsgrad in zahllosen Speichermedien gehalten.

Dies alles, weil in den meisten Unternehmen mangels Kompetenz der Entscheidungsträger keine Strategie über eine koordinierte Nutzung der Informationstechnik vorhanden ist. Das Informationsmanagement der meisten Firmen zeichnet sich dadurch aus, dass es nicht existiert. In aller Regel fehlt es an einem kompetenten Informationsmanager.

Während Forschungsprojekte naturgemäß einen ungewissen Ausgang besitzen und zugegebenermaßen ein inhärentes Risiko beinhalten, führen Maßnahmen zur Verbesserung des Informationsmanagements eines Unternehmens monoton zur *Verringerung von Durchlaufzeiten, Verkürzung von Ant-*

wortzeiten, Erhöhung der Effizienz von Kostenrechnungen durch direkte Datenkommunikation an Stelle von Papierkommunikation mit wiederholten Eingaben nahezu gleicher Daten etc. Informationsmanagement ist im Detail von kompetenten Mitarbeitern durchzuführen und darf nicht selbsternannten "Fachleuten" überlassen werden, die ihre Legitimation allein daraus herleiten, dass sie einen PC besser bedienen können als andere Kollegen. Die häufig gepflegte Praxis, im Alltagsgeschäft entbehrlich gewordene Führungskräfte mit dem Informationsmanagement zu beauftragen, ist die schlechteste Lösung.

Investitionen für Informationsmanagement-Projekte verlangen dem Top-Management zugegebenermaßen intuitiv begründete Entscheidungen ab, die aber mit vergleichsweise wenig Wissen auf dem Gebiet der Informationstechnik durchaus leicht fallen könnten. Da es im Vorstandsbereich meist an informationstechnischer Kenntnis mangelt, hat die durchgängige Datenverarbeitung und -nutzung, beispielsweise die CIM-Philosophie, bislang so wenig Fortschritte erzielt. Was im Einzelnen zu tun wäre, geht über den Rahmen dieses Buches hinaus, kann aber in zahllosen Büchern über *Wirtschaftsinformatik, Informationswirtschaft, Workflow-Management,* CAD/CAM-*Integration* etc. nachgelesen werden. Am besten ist es natürlich, gleich einen Fachmann walten zu lassen und geeignete Ressourcen zur Verfügung zu stellen. *Informationsmanagement ist Chefsache!*

7.9   Personalmanagement

Wichtigste *Ressource* eines Unternehmens sind die in ihm *tätigen Menschen.* Erst ihr konzertiertes Zusammenwirken, vom *Unternehmer* bzw. den *Managern* bis hin zu den *Mitarbeitern an der Basis,* erweckt die aus dem Kapital beschafften Vermögensgegenstände zum Leben. Erfolg oder Misserfolg des Unternehmens hängen entscheidend vom Grad der *Kompetenz* und des *Engagements* dieser Menschen ab. Hieraus leiten sich elementare Regeln optimalen Personalmanagements (engl.: *Human Resources* oder *Workforce Management* s. 7.15) her, das selbstverständlich auch wieder aus den Grundfunktionen *Planen, Steuern* und *Controlling* besteht.

Personalmanagement bedeutet

- Planung des Personalbedarfs,
- Steuerung des Personalbestands,
- Controlling,

unter Berücksichtigung gesetzlicher Randbedingungen (*Kündigungsschutz-recht, Arbeitsschutzgesetz, Betriebsverfassungsgesetz, Tarifvertragsrecht* etc., Beck-Texte im dtv in Kapitel 11).

Die genannten Funktionen nimmt in Industrieunternehmen im Wesentlichen die *Personalabteilung* wahr. Ähnlich wie dem Ingenieur bei kaufmännischen Fragestellungen der *Controller* zur Seite steht, erfährt er in Personalangelegenheiten Unterstützung durch die *Personalabteilung*, so dass er sich nicht im Detail um Rechtsfragen etc. kümmern muss. Er muss aber wissen, dass es ein *Betriebsverfassungsgesetz*, ein *Arbeitsschutzgesetz* sowie einen *Betriebsrat* gibt, und dass er bei *Einstellungen* und *Freistellungen* nicht nur nach betrieblichen Erfordernissen seines Verantwortungsbereichs handeln kann. Sein wesentlicher Beitrag bei der Neueinstellung eines Bewerbers ist das mit dem Bewerber geführte Fachgespräch, in dem er dessen fachliche und persönliche Eignung für die vorgesehene Aufgabe beurteilen muss. Den Rest erledigt die Personalabteilung. Ist der Mitarbeiter eingestellt, zählt es zu den vornehmsten Aufgaben des Vorgesetzten, den Mitarbeiter derart zu führen, dass sich seine Qualifikationen optimal entfalten können und der Mitarbeiter hochmotiviert ist (6.2.1).

7.9.1 Personalauswahl

Qualifizierte und *kompetente* Mitarbeiter sind der entscheidende Produktionsfaktor aller Unternehmen, die sich einem Wettbewerb stellen müssen. Während Monopolunternehmen und öffentliche Unternehmen bezüglich der Qualifikation und Motivation mit einer *Normalverteilung* ihres Personals zurechtkommen, ja sogar mit einer defizitären *Schiefverteilung* überleben können, hängt der Erfolg privatwirtschaftlicher Unternehmen wesentlich vom Vorhandensein *überdurchschnittlich* qualifizierter und motivierter Mitarbeiter ab.

Beispielsweise darf sich bei öffentlichen Unternehmen ein Entwickler eines Unikats einer elektronischen Flachbaugruppe (Leiterplatte) "*so lange Zeit lassen, bis er fertig ist*". Wenn schließlich das Werk vollendet ist und störungsfrei funktioniert, sind sich alle Beteiligten darüber einig, dass gute Arbeit geleistet worden ist. Das Bewusstsein, dass Bearbeitungszeit sich in *Kosten* für den *Staat* bzw. den Rest der *Bevölkerung* niederschlägt, ist in öffentlichen Unternehmen nur selten anzutreffen.

Bei privatwirtschaftlichen Unternehmen geht es meist nicht so gnädig zu. In der Regel existiert dank des Vorhandenseins einer *Kosten- und Erlösrech-*

nung von Anfang an eine *Entwicklungskostenobergrenze* (*Zielkosten*, 5.10.7) für die Leiterplatte, bei deren Überschreiten sie nicht mehr *verkäuflich* ist. Mittels dieser Kostenobergrenze und mit dem Stundensatz des Ingenieurs lässt sich unschwer die Zeit ausrechnen, die er für die Entwicklung brauchen darf. Er steht also von Anfang an unter Zeitdruck und muss zu einem *festen Termin* ein voll *funktionsfähiges Produkt* abliefern. Überschreitet er die Zeit, ist er ein "*schlechter*" Entwickler.

Die Erfahrung zeigt, dass diesen Anforderungen im heutigen scharfen Wettbewerb nur überdurchschnittlich qualifizierte und motivierte Mitarbeiter mit *maßgeschneidertem Background* gerecht werden können. *Das Geheimnis der Führung erfolgreicher Unternehmen besteht daher auch schlicht darin, an jedem Arbeitsplatz höher qualifizierte und motivierte Mitarbeiter zu haben als weniger erfolgreiche Wettbewerber.*

7.9.2   Mitarbeiterführung

Die Mitarbeiterführung beginnt mit der Einweisung eines Mitarbeiters in seine Aufgabe an Hand einer schriftlichen *Stellen-* bzw. *Funktionsbeschreibung* sowie der *Vereinbarung von Planzielen (Ergebnissen)*, die zu einem bestimmten Zeitpunkt vorliegen müssen. Sie setzt sich fort in regelmäßigem Informationsaustausch und der Erteilung von Anweisungen, die den Mitarbeiter *fordern* aber nicht *überfordern* (7.1).

Welche Vielfalt der Personalführung möglich ist, wird in den Abschnitten 6.2.1 und 6.2.2 erläutert. Wie so oft "führen viele Wege nach Rom"!

Mitarbeiter sind nicht als *Untergebene* zu behandeln sondern als *Partner*. Mitarbeiter und Chef sitzen heute in einem Boot und spielen ein "*win-win game*". Angesichts des hohen Wettbewerbsdrucks können sie nur gemeinsam erfolgreich sein. Dabei ist weitgehendes "*Empowerment*" angesagt (6.2.1).

Schließlich obliegt dem Vorgesetzten die Aufgabe des Controlling, indem er in Personalgesprächen mit den Mitarbeitern Abweichungen von zuvor vereinbarten Planzielen diskutiert, sich die Vorstellungen der Mitarbeiter anhört, seine eigenen Vorstellungen mitteilt und gemeinsam mit ihnen bestimmte Ziele für die kommende Periode vereinbart (Umsatz, Gewinn, Einstellungen, Freistellungen etc.). Optimale Controlling-Ergebnisse stellen sich nur dann ein, wenn ein Vorstand, Abteilungs- oder Gruppenleiter der Identifikation für die vorgesehene Aufgabe optimal geeigneter Mitarbeiter höchste Bedeutung beimisst. Es gilt, den *richtigen* Mitarbeiter am *richtigen* Ort einzusetzen.

7.9.3   Einstellung von Mitarbeitern

Üblicherweise läuft eine Neueinstellung nach dem im Bild 7.27 gezeigten Schema ab.

Bild 7.27: Bewerbungs- bzw. Einstellungsschema.

Bei Berufsanfängern erfolgt zunächst eine formale Auswertung der schriftlichen Bewerbungen nach *Zeugnisnoten*, gegebenenfalls *Studiendauer, Fremd-
sprachenkenntnissen, nichtfachlichen Aktivitäten, Passbild*. Da heutzutage
die Zeugnisnoten, insbesondere die Gesamtnote, nur noch selten das gesamte
Notenspektrum von "sehr gut" bis "ausreichend" ausschöpfen und vielfach
90 % eines Universitätsjahrgangs die Gesamtnote "gut" oder besser haben, ist
besonders auf Einzelnoten und auf die *Gesamtnote im Dezimalformat* zu
achten. Beim Wechsel des Arbeitgebers werden der bisherige berufliche
Werdegang und die von vorherigen Arbeitgebern erhaltenen *Arbeitszeugnisse*
ausgewertet. Die formale Auswertung resultiert in einer kleinen Zahl in die
engere Wahl kommender Bewerber, die anschließend zu einem Vorstellungsgespräch mit dem künftigen Vorgesetzten eingeladen werden.

Das Vorstellungsgespräch beginnt mit der *Vorstellung der Teilnehmer* und
Small Talk vom Typ: "Wie war die Anreise?", "Sind Sie gut untergebracht?"
Bereits hier offenbart sich, ob ein Bewerber eher zu pessimistischer oder op-
timistischer Einschätzung neigt. Der Bewerber schildert zunächst seinen Le-
benslauf und seinen bisherigen Ausbildungs- bzw. beruflichen Werdegang.
Der Vertreter der Fachabteilung stellt das Unternehmen vor und erläutert die
Funktion und den *Verantwortungsbereich* der zu besetzenden Stelle, am
besten mit schriftlicher Arbeitsplatz- bzw. Aufgabenbeschreibung (engl.: *Job
description*). Gegebenenfalls zeigt er auch Wege auf, wie die fernere Berufskarriere des Bewerbers im Unternehmen aussehen könnte.

Grundsätzlich nicht erlaubt sind direkte Fragen nach der *Konfession, Ge-
werkschafts-* und *Parteizugehörigkeit, Schwangerschaft, Vermögensverhält-
nissen* etc. Abweichend von diesem Grundsatz sind bei der Besetzung *nicht
tariflich vergüteter Positionen alle Fragen* zulässig.

Zeugnisse machen keine Aussage über *Organisationstalent, Teamfähigkeit,
Kommunikationsfähigkeit, Persönlichkeitsstruktur, Ausstrahlung, Kreativität, Zuverlässigkeit, Manieren* etc. Informationen hierüber lassen sich nur im
persönlichen Gespräch gewinnen. Wegen der hohen Bedeutung der *Sozialkompetenz* und allgemeiner *Persönlichkeitsmerkmale* ist daher das *ausführliche Personalgespräch*, verbunden etwa mit einem gemeinsamen Essen, von
überragender Bedeutung für Erfolg oder Misserfolg einer Einstellung. Die
hierfür aufgewandte Zeit sollte dem Vorgesetzten nicht zu schade sein.

Einstellungstermin und Gehaltsvorstellungen werden gegen Ende des Fach-
gesprächs mit dem Vorgesetzten der Fachabteilung diskutiert, da dieser auch

das Gehalt des künftigen Mitarbeiters in seinem Budget vertreten muss. Bei Kandidaten der engeren Wahl für einen *größeren Verantwortungsbereich* findet auch ein Gespräch mit dem *vorgelagerten Vorgesetzten* statt. Details werden in einem dem Fachgespräch folgenden Gespräch mit der Personalabteilung geklärt.

In einem Abschlussgespräch wird dem Bewerber der ersten Wahl im Regelfall die Zusendung eines Vertrags in Aussicht gestellt. Schickt der Bewerber den Vertrag unterschrieben zurück, ist das Arbeitsverhältnis bis auf eine üblicherweise vereinbarte *Probezeit* endgültig besiegelt.

Abschließend sei nochmals betont, dass die heute erwartete hohe Produktivität der Mitarbeiter nur bei optimaler *Abstimmung von Kompetenz und Aufgabe* realisierbar ist. Ein typisches Beispiel fast überall zu findender *Fehlanpassung* stellt die Informationstechnik dar, die in vielen Unternehmen entweder dem Controller unterstellt oder einem älteren Mitarbeiter übertragen wird, der durch den Wegfall von ihm bislang übernommener Arbeiten freie Kapazität hat. Mangels ausreichender Kenntnisse im *Informationsmanagement*, wird dann dieses Gebiet auch entsprechend inkompetent geleitet, was einer der wesentlichen Gründe für die zähe Verwirklichung des *CIM-Gedankens* bzw. der "*Factory of the Future*" ist.

Häufig gesündigt wird auch im Bereich "*Technisch-Wissenschaftliches Rechnen*". Beispielsweise kann der gewöhnliche Diplomingenieur oder ein *Berufsanfänger*, der dieses Gebiet nicht bereits im *Studium* bzw. in seiner *Diplomarbeit* vertieft hat, kaum effizient Probleme lösen. Es fehlt an umfassendem *Fachwissen* und an *Berufserfahrung* auf dem neuen Gebiet. Eine "Umschulung" ist wegen des hohen Schwierigkeitsgrads zeitlich und finanziell im Regelfall *nicht* durchführbar.

Die Einstellung eines für eine bestimmte Aufgabe *maßgeschneiderten Fachmanns* ist bei komplexen Aufgaben der *innerbetrieblichen Umbesetzung* von Mitarbeitern immer vorzuziehen und bei hohen Anforderungen an die Produktivität unumgänglich.

7.10 Change Management

Der ständige Wandel *unternehmerischer Randbedingungen,* getrieben im Wesentlichen durch die Globalisierung der Märkte, verlangt von den Unternehmen ständig einen proportionalen *inneren Wandel*. Unternehmen und Mitarbeiter, die mit ständigem inneren Wandel nicht umgehen können, haben heute nur geringe Überlebenschancen. Das besondere am heutigen Wandel ist seine *Dynamik*. Bevor ein Wandel vollständig vollzogen ist, steht häufig bereits der nächste an. Dies stößt bei nicht aufgeklärten Mitarbeitern zumindest auf Unverständnis und bedarf deshalb behutsamen Vorgehens. Das erfolgreiche Herbeiführen des Wandels wird im Englischen *Change Management* genannt.

Unter *Change Management* versteht man die Kunst, *qualitätssteigernde Veränderungen* in Unternehmen einzuführen, ohne die Motivation der Mitarbeiter zu beeinträchtigen, oder besser noch, gar ihre konstruktive Mitwirkung zu erreichen. Gewöhnlich setzen Mitarbeiter allfälligen Veränderungen ein gewisses Trägheitsmoment entgegen. Häufig nicht zu Unrecht, gibt es doch zahlreiche Beispiele aus der Vergangenheit, die eindrucksvoll zeigen, dass Veränderungen auch den Verlust des Arbeitsplatzes oder höhere Arbeitsbelastung mit sich bringen können. Bekannt sind die Folgen der Einführung mechanischer Webstühle oder der heutigen Verschlankung von Unternehmen. Andererseits gibt es auch sehr erfolgreiche Veränderungen, die von den Betroffenen anfänglich zwar mit Widerwillen akzeptiert, später jedoch inhaltlich voll unterstützt werden.

In der Tat resultieren viele Veränderungen in höheren oder anderen Kompetenzanforderungen an die Mitarbeiter. Typische Beispiele sind die Einführung von *Textverarbeitungssystemen, Tabellenkalkulations-Programmen, E-Mail* oder *NC-Maschinen*. Hier ist ein angemessener Schulungsaufwand zu betreiben (engl.: *Empowerment*), damit sich die Mitarbeiter nicht überfordert fühlen. Nach Beendigung der Einarbeitung sind die Mitarbeiter meist sehr stolz, mit den neuen, anspruchsvollen Techniken umgehen zu können. Ein weiteres bekanntes Beispiel ist die Umstellung der Finanzierung von Forschungszentren großer Unternehmen von beispielsweise 100 % Finanzierung durch das Top-Management auf 40 %, mit der Auflage, die restlichen 60 % von den Nutznießern der Forschungsergebnisse (die operativen Bereiche) selbst zu akquirieren. Diese Veränderung wurde von den Forschern anfänglich als Katastrophe nicht nur für sich selbst, sondern auch für die Zukunft des Unternehmens gesehen. Dank zielgerichteterer Forschung ist jedoch der Nutzen für das Unternehmen und insbesondere das Ansehen der Forscher in den Unternehmen durch diese Änderung erheblich gestiegen. Bei gutem Forschungsmanagement können sich heute Industrieforscher als vollwertige Arbeitskollegen der Unternehmen fühlen, die den von ihnen erwarteten angemessenen Beitrag zum Ergebnis leisten.

Change Management verläuft im Wesentlichen nach dem in Bild 7.28 gezeigten Schema ab.

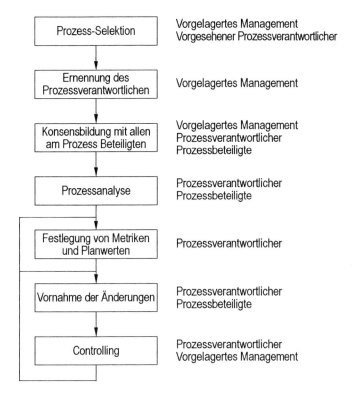

Bild 7.28: Change Management Schema.

Change Management beginnt mit einer Entscheidung des Managements, einen *bestimmten* Prozess zu verbessern, meist unter Mitwirkung des designierten Prozessverantwortlichen. Hierbei geht man selbstverständlich nach dem
Pareto-Prinzip vor (9.4). Als nächstes wird der Prozessverantwortliche (engl.:
Process owner) offiziell ernannt und mit der Veränderung bzw. Verbesserung
des Prozesses beauftragt. Die formelle Beauftragung unterstützt die Autorität
des Prozessverantwortlichen gegenüber allen am Prozess Beteiligten.

Anschließend ist eine umfassende Aufklärung und Konsensbildung über die
Notwendigkeit des Wandels angesagt. Dies ist der schwierigste Teil. Die Kon-

sensbildung läuft bezüglich der Einstellung der Betroffenen häufig in nachstehender Reihenfolge ab:

- Ignorieren der Notwendigkeit des Wandels ("So ein Blödsinn!", "Das erledigt sich von selbst."),

- "Mauern" bzw. "Bremsen", bis Widerstand zwecklos wird,

- vorsichtiges, konstruktives Beschnuppern der Änderungen, begleitet von zunehmender Einsicht,

- Akzeptanz,

- wohlwollende Zustimmung, in manchen Fällen Dank oder gar Begeisterung.

Die Betroffenen müssen selbst zur Einsicht kommen, dass die Veränderungen notwendig sind. Sie müssen das Ziel klar sehen und sich mit ihm identifizieren. Hierbei sind schriftlich dokumentierte Strategiepapiere hilfreich, die die *Mission* des Unternehmens, die *Unternehmenspolicy* oder auch *TQM-Maßnahmen* etc. jedem Mitarbeiter zugänglich bzw. verständlich machen (7.4).

Nach einem nicht selten mit Schmerzen erreichten Konsens, in dem das *Loslassen liebgewordener Gewohnheiten* erreicht worden ist, beginnt die eigentliche Arbeit in Form einer Prozessanalyse, der Festlegung von Metriken und Planwerten sowie der Durchführung von Verbesserungsmaßnahmen, die aus der Prozessanalyse abgeleitet werden (Kapitel 8). Schließlich erfolgt das inzwischen hinlänglich bekannte Controlling, auf das im Kapitel 8 ebenfalls ausführlich eingegangen wird.

Die Motivation der Mitarbeiter wird durch ein ständiges *Feedback* unterstützt, das ihnen die Erfolge ihrer Anstrengungen zeigt. Wie beim Sporttreiben spornen auch hier sichtbare Ergebnisse den natürlichen Ehrgeiz an. Dabei sollten weniger die Leistungssteigerungen des Einzelnen gemessen werden sondern die Leistungssteigerungen von Prozessen im Vordergrund stehen. Das *Feedback* sollte nicht nur aus Information bestehen, sondern höheren Einsatz auch substantiell durch Prämien etc. belohnen (engl.: *Incentives*).

Bei der Durchführung der Änderungen hat das Management mit gutem Beispiel voranzugehen. Hierbei gibt es häufig beträchtliche Defizite. Es ist schon sehr unsensibel, wenn ein Unternehmer seinen Mitarbeitern ein Ausbleiben des Urlaubs- und/oder Weihnachtsgelds erklärt und vier Wochen später für den Chef das neueste Topmodell als Geschäftswagen vor der Tür steht. Besonders instinktlos verhalten sich gelegentlich Politiker, die eine Erhöhung ihrer Bezüge beschließen und gleichzeitig vom *"Gürtel enger schnallen"* reden. *Der Schlüssel zu erfolgreichen Veränderungen ist das gute Vorbild* (6.2.1 *Management by Role Model*).

7.11   Sanierungsmanagement

Rückläufiger Auftragseingang, Annahme von Aufträgen zu Grenzkosten, unterlassene Investitionen, schlechtes Controlling, geringe Eigenkapitalquote etc. führen bei hohen Fixkosten viele Unternehmen in eine *Unternehmenskrise* in Form *drohender Insolvenz*. Insolvenz bedeutet *Zahlungsunfähigkeit*, eine Situation, in der Unternehmen oder auch Privatpersonen an sie ergangene Rechnungen oder vertraglich festgelegte Zinsen für Kredite mangels liquider Mittel nicht mehr zu den vereinbarten Terminen bezahlen können. Die Gläubiger versuchen dann, ihre Forderungen per *Zwangseintreibung* durchzusetzen. Ohne drastische *Sanierungsmaßnahmen* resultiert dies ultimativ in der Begleichung der Forderungen durch *Zwangsvollstreckung* aus dem Unternehmens- bzw. Privatvermögen. Zwangsvollstreckung bedeutet im Regelfall die Umwandlung aller nichtmonetären *Vermögenswerte* in Bargeld, so genannte *Liquidation*, aus dem die Gläubiger zumindest teilweise befriedigt werden. Die Liquidation ist gleichbedeutend mit der Zerschlagung des Unternehmens, dem wirtschaftlichen Ruin der Eigner und dem Verlust aller Arbeitsplätze. *Sanierungsmanagement* zielt auf das *Anhalten* bzw. die *Umkehr* dieses ruinösen Trends ab (engl.: *Turn around*). Es beinhaltet die Initiierung und Durchführung einer Vielzahl von Maßnahmen, die bei drohender Insolvenz den Fortbestand eines Unternehmens gewährleisten sollen.

Sanierungsmanagement ist spätestens dann angesagt, wenn auch nur andeutungsweise erkennbar wird, dass bei Weiterführen der Geschäfte in der bisherigen Art in überschaubarer Zukunft die Zahlungsfähigkeit gefährdet wird. Sanierungsbedürftige Unternehmen haben in der Regel zuvor die externen Veränderungen nicht rechtzeitig erkannt. Unternehmenskrisen sind daher meistens *hausgemacht* und mehrere Jahre zurückreichenden Versäumnissen des Managements anzulasten. Stagnation oder gar abnehmendes Wachstum von Umsatz und Gewinn sind immer *Frühwarnsignale*, die *sofortiges* Handeln erfordern. Je früher *Sanierungsmaßnahmen* eingeleitet und je schneller sie durchgeführt werden, wobei es manchmal nur um *Wochen* oder wenige *Monate* gehen darf, desto wahrscheinlicher greifen sie. Nicht rechtzeitig eingeleitete oder nur halbherzig durchgeführte Sanierungsmaßnahmen führen insbesondere bei nicht prolongierten Krediten zur gerichtlichen Insolvenz.

Die Sanierung sollte nach Möglichkeit von einem unbelasteten, erfahrenen Sanierer geleitet werden, der eher das Vertrauen der Belegschaft genießt als das vorhandene Management, das ja meist seine mangelnde Qualifikation durch Ignoranz von Frühwarnsignalen und Untätigkeit gezeigt hat. Ferner sind bei nur drohender Insolvenz alle Maßnahmen streng vertraulich zu behandeln, damit nicht Kunden oder Wettbewerber hellhörig werden und der mögliche Insolvenzzeitpunkt noch schneller heraneilt.

Die Sanierung erfolgt anhand eines *Sanierungsplans*. Er ist das Ergebnis einer unter hohem Zeitdruck durchgeführten umfassenden *Unternehmensanalyse*, beispielsweise nach dem SWOT-Prinzip (9.1.1). Der Sanierungsplan dient als Grundlage der Kommunikation mit den Eignern, Gläubigern, Banken sowie der Belegschaft und sieht in der Regel unternehmerisches Handeln auf folgenden Gebieten vor:

- Liquidität

- Ergebnis

- Kapitalstruktur

- Unternehmensstrategie

7.11.1 Liquidität

Oberstes Ziel einer Sanierung ist die Verbesserung der Liquidität bzw. Herstellung gesicherter Zahlungsfähigkeit. Da mangelnde Liquidität ja meist dadurch entsteht, dass Banken ihre Kreditlinie nicht mehr erhöhen oder bestehende Kredite nicht mehr prolongieren wollen, bleibt dem Unternehmen nur die Selbsthilfe. Dabei gibt es grundsätzlich die Möglichkeit des Einbringens zusätzlichen Eigenkapitals in Form einer Eigenkapitalerhöhung oder in Form von Privatdarlehen der Eigner bzw. Gesellschafter. Da diese Optionen meist bereits in der Vergangenheit voll ausgeschöpft wurden, bleibt nur die Steigerung der *Einnahmen* und Reduzierung der *Ausgaben* (Kapitel 2). Die kurzfristige Steigerung der Einnahmen besitzt nur begrenztes Potential, es bleibt im Wesentlichen die *Reduzierung der Kosten*. Diese nahe liegende Schlussfolgerung ist staatlichen Regierungen meist fremd. Sie glauben die Höhe der

Ausgaben als Gott gegeben hinnehmen und mangelnde Liquidität durch *höhere Staatsverschuldung* oder *höhere Steuern* ausgleichen zu müssen.

Liquiditätssanierung beginnt mit der Aufstellung eines *Liquiditätsplans* mit allen erwarteten Einnahmen und Ausgaben der kommenden Monate, einschließlich der zugehörigen Termine. Bei den Ausgaben ist vom *frühesten Zeitpunkt*, bei den Einnahmen vom *spätesten Zeitpunkt* auszugehen. Während ferner Ausgaben meist sicher anfallen, gehen erwartete Einnahmen nicht sicher ein, sondern hängen häufig vom Wohlverhalten anderer ab.

Der Liquiditätsplan zeigt zeitabhängig die Handlungsspielräume auf, bis wann Einnahmen um wie viel erhöht und Ausgaben um wie viel reduziert werden müssen. Im Abschnitt 5.11.1.2 wurden bereits Maßnahmen zur Erhöhung der *Liquidität* bzw. Beseitigung einer *Unterdeckung* vorgestellt. Genau genommen sollten viele dieser Maßnahmen in gut geführten Unternehmen zum Alltagsgeschäft gehören. Sanierungsbedürftige Unternehmen sind aber vielfach suboptimal geführt, so dass bereits die Umsetzung obiger Maßnahmenliste eine Hilfe sein kann.

Zusätzliche in 5.11.1.2 nicht aufgeführte Maßnahmen sind:

- *Strenges Forderungsmanagement* (Eintreiben von Außenständen)

- *Abtreten von Forderungen* an ein *Factoring*-Unternehmen, wobei 70 % bis 80 % des Geldbetrags sofort ausbezahlt werden.

- *Sale and lease back (*Verkauf von Anlagegütern, Immobilien etc. und anschließendes Wiederanmieten bzw. *Leasen* (5.11.1.2)).

- Aufbrauchen von Vorräten statt neuer Bestellungen

- Reduzierung der Durchlaufzeiten (geringere Personalkosten, früherer Zahlungseingang)

Typisch für Maßnahmen zur kurzfristigen Abwendung einer Zahlungsunfähigkeit ist ihre begrenzte zeitliche Wirkungsdauer. Vorräte sind schnell aufgebraucht, Forderungen werden nur einmal beglichen, das "Tafelsilber" ist bald verkauft. Es bedarf also grundsätzlicher, strukturierter Maßnahmen, um auch nachhaltig eine ausreichende Liquidität zu gewährleisten. Diese zusätzlichen Maßnahmen werden in den folgenden Abschnitten näher betrachtet.

7.11.2 Ergebnissanierung

Nachhaltige Liquidität steht in engem Zusammenhang mit der *Rentabilität* eines Unternehmens. Die oberste Maxime heißt *Kosten senken*. Geeignete Ansatzpunkte sind die Kostengruppen *Material, Personal* und *Sachkosten*. Es werden nur Kosten akzeptiert, die existentiell notwendig sind. Einsparungen sind im zweistelligen Bereich anzustreben. Kennziffernvergleichszahlen vom Typ Verhältnis Rohertrag/Personalkosten etc. liefern Ansatzpunkte für Einsparungen.

Materialkosten:

Bei den Materialkosten gibt es die beiden Hebel *Einkauf* und *Veränderung durch Wertanalyse*. Der Einkauf muss Preise neu verhandeln bzw. kostengünstigere Lieferanten suchen, beispielsweise im Ausland. Im Rahmen einer Wertanalyse ist zu prüfen, welche Materialien durch kostengünstigere ersetzt werden können.

Personalkosten:

Bei den Personalkosten ist eine schnellstmögliche sozialverträgliche Anpassung proportional zum Umsatzrückgang (s. a. Kapitel 2) vorzunehmen. Ferner geht es um *Prozesse* und *Strukturen*. Alle Prozesse müssen auf den Prüfstand bezüglich ihres Kundennutzens. An die Verwaltungskosten im kaufmännischen und Personalbereich, Vertriebsinnendienst, Datenverarbeitung, Raumpflege etc. sind besonders strenge Maßstäbe anzulegen. Beim Vertrieb sind interne Vergleichszahlen, Umsatz pro Verkäufer etc., hilfreich. Im Bereich Entwicklung und Konstruktion sind nur dem direkten Kundennutzen dienende Aktivitäten zu erhalten. *Outsourcing* interner Dienstleistungen macht die fixen Personalkosten zu variablen Kosten bzw. Sachkosten deutlich geringerer Höhe. Gewöhnlich betragen die totalen Einsparungen bei den Personalkosten 10 % bis 20 %. Alternativen sind *Kurzarbeit* oder *Gehalts-* bzw. *Lohnreduzierung*.

Sachkosten:

Jede Kostenart ist auf ihre Notwendigkeit und Höhe der Ausgaben zu überprüfen. Gibt es noch Schönheitsreparaturen, werden Führungskräfte beschäftigt, obwohl an manchen Stellen im Unternehmen Überkapazität besteht? "Alte Zöpfe" sind rigoros abzuschneiden.

Da alle Einsparungen letztlich auf Personalabbau, Verluste an Privilegien und sonstige generelle Annehmlichkeiten hinauslaufen, ist eine intensive Einbindung der Mitarbeiter erforderlich. Die Einsparungen müssen ausführlich kommuniziert und erläutert werden, um die Motivation zumindest der nicht betroffenen Mitarbeiter zu wahren.

7.11.3 Kapitalstruktursanierung

Der geeignete Einstieg ist die Bilanzentwicklung der letzten drei bis fünf Jahre. Die beiden maßgeblichen Größen sind das verbliebene *Eigenkapital* (5.4.1) und die *Verschuldung*, mit anderen Worten das *Fremdkapital*.

Das Eigenkapital sollte das Anlagevermögen decken, die *Eigenkapitalquote* (5.8.4), das heißt das Verhältnis von Eigenkapital zu Fremdkapital, sollte bei 20 % oder mehr der Bilanzsumme liegen. Eine Eigenkapitalquote von nur noch 10 % ist als bedrohliche Situation einzustufen. Folgende Maßnahmen sind möglich:

Sanierung der Aktivseite der Bilanz:

- Nicht existentiell benötigte Anlagen sind zu verkaufen.

- *Sale and lease back* (Verkauf und Wiederanmietung von Produktionsmitteln, Gebäuden etc.).

- Veräußerung von Beteiligungen.

- Abgabe von Geschäftseinheiten.

Sanierung der Passivseite der Bilanz:

- *Nachschießen von Eigenkapital* in Form von Darlehen aus dem Privatvermögen des Unternehmers bzw. der Gesellschafter (meist nicht mehr verfügbar).

- *Bankkredite* sind seit Basel II und der aktuellen Bankenkrise rarer geworden (5.11.1.4). Bei einer Unternehmenskrise ist daher nicht mit einer Erweiterung der Kreditlinien, sondern mit deren *Reduzierung* und erhöhten *Zinsen* zu rechnen.

- *Lieferantenkredite* durch Nichtinanspruchnahme von Skonti sind die teuerste Art der Kreditbeschaffung (5.4.3). Ergebnis und langfristige Liquidität verschlechtern sich. Die Kreditgeber werden bei Änderungen des Zahlungsverhaltens sehr hellhörig.

- Sanierung des Eigenkapitals bei Kapitalgesellschaften durch Herabsetzung des gezeichneten Eigenkapitals, so genannter *Kapitalschnitt*. Hierdurch lässt sich auf der Passivseite der Bilanz ein etwaiger *Jahresverlust* ausgleichen (5.4.2). Da dies aber den Vermögenszustand nur auf dem Papier ändert (so genannte *nominelle Kapitalherabsetzung*), sind zur Steigerung der Liquidität nach wie vor Eigenkapital oder eigenkapitalähnliche Mittel, das heißt *haftbares Kapital* nachzuschießen (so genannte *effektive Kapitalerhöhung*).

Dies alles sieht zugegebenermaßen nicht gut aus. Das größte Potential hätte die an erster Stelle erwähnte Erhöhung des Eigenkapitals.

7.11.4 Strategiesanierung

Wie eingangs bereits erwähnt, sind Unternehmenskrisen meist hausgemacht und haben eine lange Vorgeschichte. Zur Schaffung langfristiger Liquidität ist eine gründliche Überprüfung bzw. Änderung der bisherigen Strategie angesagt, wenn es eine solche überhaupt gab. Nachhaltige Liquidität wird nicht durch spontane bzw. sporadische Rettungsaktionen erreicht, sondern durch vorausschauendes Handeln und *permanente Restrukturierung* und Anpassung an die schnell veränderliche Marktsituation. Bei kompetent geführten Unternehmen gehören permanente Prozessverbesserungen und Restrukturierung zum Alltagsgeschäft (Kapitel 8). Akzeptabel ist auch noch die schnelle Reaktion auf Frühwarnsignale. Nicht akzeptabel ist das *Verschlafen* von Frühwarnsignalen und anschließendes panisches Reagieren auf täglich neu auftauchende Hiobsbotschaften. Letzteres findet man nur bei sehr inkompetent geführten Unternehmen oder bei Staatsregierungen, die Frühwarnsignale gern unter den Teppich kehren, oder schlimmer noch, diese mangels Kompetenz oder wegen Indoktrination gar nicht wahrnehmen können.

Die Strategiediskussion muss die im Vorangegangenen erwähnten Maßnahmen gegeneinander abwägen und priorisieren (6.1). Der Strategieplan muss Antworten bzw. Entscheidungen zu folgenden Fragen enthalten:

- Ist es strategisch zweckmäßig, bestimmte Beteiligungen oder Geschäftsbereiche abzustoßen oder zu behalten?

- Mit welchen Produkten und Dienstleistungen sind zusätzliche Deckungsbeiträge zu erwirtschaften, wie hoch, wann sind welche Investitionen erforderlich? Können sie finanziert werden? Falls die Liquidität es erlaubt, ist eine Vorwärtsstrategie sehr motivierend.

- Welche Produkte besitzen geringen oder gar negativen Deckungsbeitrag und sind zu eliminieren? Welche Produkte sind zur Erhaltung von *Cash Cows* dennoch zu behalten?

- Welches Produktportfolio ist anzustreben, welche minimale Entwicklungskapazität ist erforderlich, um das Portfolio zukunftssicher zu gestalten?

- Welche Fertigungstiefe ist optimal (Make or buy)? Diese Restrukturierungsmaßnahme orientiert sich an den Kriterien Rentabilität, Liquidität.

- Wie viel sind *Marke* und *Image* wert? Gerade in schlechten Zeiten ist zu werben, sind Messen zu besuchen.

Leider wird *Restrukturierung* von den Mitarbeitern meist nur als Maßnahme der Gewinnsteigerung für die Eigner gesehen und nur lustlos betrieben. Umfassende Information und Einbeziehung der Mitarbeiter ist daher unumgänglich. Eine Restrukturierung zur Vermeidung drohender Insolvenz bzw. eines ultimativen *Sanierungsfalls* und des möglichen Verlusts des Arbeitsplatzes lässt auch beim letzten Belegschaftsmitglied die Alarmglocken läuten und setzt bisher nicht gekannte Motivationsschübe frei.

7.11.5 Sanierung bei gerichtlicher Insolvenz

Falls alle außergerichtlichen Sanierungsmaßnahmen und alle Einigungsversuche mit den Gläubigern und der Belegschaft im Vorfeld fehlgeschlagen sind, bleibt bei unmittelbar bevorstehender Insolvenz nur die Stellung eines *Insolvenzantrags* beim *Amtsgericht*. Dieser Antrag ist vom Unternehmen spätestens drei Wochen nach Feststellung der Insolvenz oder auch einer *Überschuldung* zu stellen. Das Amtsgericht bestellt einen Insolvenzverwalter, der fortan die Geschäfte des Unternehmens übernimmt. Der Insolvenzverwalter ruft eine *Gläubigerversammlung* ein, auf der in hoffnungslosen Fällen die klassische Liquidation des Unternehmens oder, bei Erfolgsaussicht, die Erstellung eines *Insolvenzplans* mit nachfolgender Sanierung beschlossen wird. Der Insolvenzplan besteht im Wesentlichen aus einer Darstellung des Ist-Zustands und der Sanierungschancen sowie einer Vorstellung zur Sanierung geeigneter Maßnahmen und der daraus resultierenden Konsequenzen für die Gläubiger.

Durch frühzeitige Stellung des Insolvenzantrags lassen sich gegebenenfalls vorzeitige Kündigungen von Krediten und sofortige Zwangsvollstreckungsmaßnahmen vermeiden. Unternehmen genießen mit anderen Worten einen zeitlich befristeten *Insolvenzrechtsschutz*. Dem Unternehmen bleiben für die Fortführung des Betriebs und für Sanierungsmaßnahmen erforderliche wichtige Produktionsmittel und Infrastrukturen erhalten.

Nach Durchführung der in den vorangegangenen Abschnitten zur Abwendung einer drohenden Zahlungsunfähigkeit bereits erwähnten Aktivitäten lässt sich in *sanierungswürdigen* Fällen der Erhalt des Unternehmens und der Arbeitsplätze selbst bei gerichtlicher Insolvenz noch retten.

7.12   Key Account Management

Key Account ist eine aus dem englischen Sprachgebrauch übernommene Bezeichnung für die *Groß-* bzw. *Schlüsselkunden* eines Unternehmens. Hauptansprechpartner des Kunden ist der Key Account Manager. Er trägt die Verantwortung für die volle Kundenzufriedenheit und das Zustandekommen von Aufträgen.

Wie im Abschnitt 9.4 erwähnt, wird in vielen Unternehmen 80 % des Umsatzes mit nur wenigen Großkunden und 20 % des Umsatzes mit einer Vielzahl von Kleinkunden gemacht. Die Akquisition oder der Verlust eines Großkunden ist daher von wesentlich größerer Bedeutung für ein Unternehmen als der eines Kleinkunden. Entsprechend genießen Key Accounts im Rahmen des *Kundenbeziehungsmanagements* (engl.: *Customer relationship management*) überproportional viel Aufmerksamkeit.

Key Account Management verfolgt die Stärkung des eigenen Unternehmens durch Streben nach größter Zufriedenheit der Großkunden. Geht es dem Key Account dank der intensiven partnerschaftlichen Zusammenarbeit mit dem eigenen Unternehmen gut, geht es auch letzterem gut. Der Großkunde akzeptiert die Prosperität seines Lieferanten, wenn er von dessen *Innovationskraft* profitieren kann. Key Account Management ist immer dann von Bedeutung, wenn es mehr Anbieter als Kunden gibt und man die wenigen Kunden davon überzeugen muss, dass die Zusammenarbeit mit dem eigenen Unternehmen am geeignetsten ist, dass Geschäft des Kunden zu unterstützen.

Heute gibt es in großen Unternehmen spezielle organisatorische Einheiten, die sich der gezielten Betreuung der Schlüsselkunden widmen. Man hat erkannt, dass die Beziehung zu bedeutenden Kunden nicht allein darin besteht, auf Bestellungen zu reagieren und pünktlich und preisgünstig zu liefern, sondern dass man proaktiv auf die Kunden zugehen und Vorschläge unterbreiten muss, die das partnerschaftliche Verhältnis weiter stärken.

Key Account Manager müssen sich "in die Schuhe ihrer Kunden stellen" und aus Sicht der Kunden deren Erwartungen nachempfinden, sie anschließend möglichst übertreffen (engl.: *Exceed your customers' expectations*). Ferner muss der Key Account Manager das Geschäft seiner Großkunden bestens verstehen, um einleuchtende Vorschläge machen zu können, wie der Kunde mit den Produkten des eigenen Hauses noch mehr Geld verdienen kann.

Während früher neue Produkte häufig das Ergebnis von Forschung & Entwicklung waren, entstehen heute Produktverbesserungen und neue Produkte vielfach durch Rückkopplung der Bedürfnisse der Key Accounts. Die Erkundung der Bedürfnisse des Kunden zählt zu den vornehmsten Aufgaben des Key Account Managers. Erfolgreiche Key Account Manager besitzen neben einer guten Markt- und Branchenkenntnis sowie fachlicher Kompetenz vor allem hohe soziale Kompetenz. Sie strahlen ein hohes Maß an Vertrauenswürdigkeit und Verlässlichkeit aus. Sie versprechen nur, was sie auch halten können und schaffen damit ein besonderes Vertrauensverhältnis. Sie vermitteln dem Kunden den Eindruck, dass es sich hier um einen Partner handelt, mit dem man offen reden kann und mit dem man unbedingt zusammenarbeiten sollte. In der partnerschaftlichen Zusammenarbeit mit dem Key Account Manager muss der Kunde zur Erkenntnis kommen, dass das Ganze mehr wert ist als die Summe aller Teile, mit anderen Worten, dass durch enge Kooperation mit dem Key Account Manager und seinem Unternehmen Synergien für das eigene Unternehmen freigesetzt werden.

Key Account Management beginnt mit der Identifikation bestehender und noch zu akquirierender Key Accounts. Kriterien sind *Umsatz* und *Deckungsbeitrag* sowie deren weitere Entwicklung, *Positionierung* des *Kunden im Wettbewerb*, weitgehende *Deckung der Unternehmensinteressen* etc. Ausgehend von den vorhandenen Zahlen über beispielsweise Umsatz- und Deckungsbeitrag lässt sich die unterschiedliche Bedeutung der Key Accounts in einem Diagramm übersichtlich visualisieren, Bild 7.29.

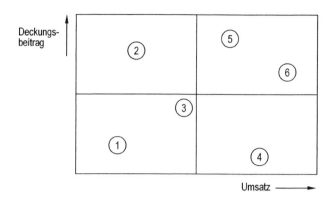

Bild 7.29: Bedeutung von Key Accounts, abhängig von Umsatz und Deckungsbeitrag.

Für die ergänzende Bewertung der einzelnen Key Accounts werden noch zusätzliche Kriterien herangezogen, beispielsweise ihr Wachstumspotential, Anfälligkeit für Wettbewerber, Kosten für die Kundenbindung etc.

Nach Identifikation, Bewertung und Priorisierung der Key Accounts (*Top Key Accounts*) sind Vorschläge auszuarbeiten, die im Rahmen einer Präsentation dem Kunden unterbreitet werden. Die Organisations- und Entscheidungsstrukturen sowie die mit Ihnen verknüpften Personen des Kunden sind bereits im Vorfeld vollständig eruiert worden. Generell sollte so viel Information wie möglich über den Kunden und seine Wertschöpfungsprozesse bekannt sein. Die Kontakte müssen auf allen Managementebenen zwischen gleichrangigen Partnern gepflegt werden. Am wichtigsten ist hierbei die mittlere Managementebene, weil dort die Entscheidungsgrundlagen für das obere Management vorbereitet werden. Nicht selten ist der Kontakt auf der obersten Managementebene wichtiger, wenn gelegentlich aus "*übergeordneten Gesichtspunkten*" Entscheidungen getroffen werden, die die vom mittleren Management gelieferten Entscheidungsgrundlagen ignorieren.

Das große Aufgabenspektrum des Key Account Managers zeigt, dass in der Ausbildung vermitteltes Fachwissen keineswegs hinreichend ist. Key Account Manager sind Unternehmer im Unternehmen und berichten direkt an die Geschäftsleitung. Sie erstellen Umsatzplanungen bzw. Budgets (6.1.3) und sind für deren Einhaltung verantwortlich. Darüber hinaus herrscht Einvernehmen, dass die soziale Kompetenz und die Persönlichkeit von gleichem, wenn nicht höherem Gewicht sind. Key Account Manager sind gute Zuhörer (engl.: *Listener*) und besitzen exzellentes Verhandlungsgeschick. Key Account Manager sind rund um die Uhr für ihre Kunden erreichbar, sie sind immer da, wenn sie gebraucht werden. Sie treffen sich mit ihren Kunden nicht nur, wenn es um einen konkreten Auftrag geht, sondern regelmäßig und völlig wertfrei auch nur zum allgemeinen Gedankenaustausch und zur Stärkung gegenseitigen Vertrauens. Sie sind mit den Key Accounts so gut wie befreundet, gehören praktisch zur Familie. Nicht selten entsteht dadurch beim Kunden ein Interessenkonflikt (engl.: *Conflict of interests*).

7.13 Risikomanagement

Seit Inkrafttreten des *Gesetzes zur Kontrolle und Transparenz im Unternehmensbereich,* so genanntes "KonTraG", sind Vorstände und Geschäftsführer von Aktiengesellschaften gesetzlich gefordert, im Rahmen ihrer Sorgfaltspflicht auch *Risikomanagement* zu betreiben. Der Begriff *Risiko* ist sehr vielschichtig, steht aber in der Regel für mögliche negative Auswirkungen bei Handlungen mit unsicherem Ausgang. Letztere sind im Kontext das Wahrnehmen von Chancen. Jede Chance bzw. günstige Aussicht ist immer mit einem Risiko gepaart. Beispielsweise kann man die Chance ergreifen, sein Vermögen durch Kauf von Aktien zu mehren mit dem Risiko, dieses auch zu mindern. Ob man im Einzelfall eine Chance ergreift oder nicht, hängt vom Ergebnis der Abwägung des Risikos bezüglich Eintrittswahrscheinlichkeit und möglicher Schadenshöhe gegenüber der verlockenden positiven Aussicht ab.

Das Wahrnehmen von Chancen unter Inkaufnahme von Risiken ist die ureigenste Aufgabe unternehmerischen Handelns. Ziel des Risikomanagements ist daher auch nicht die totale Vermeidung von Risiken. Kategorisches Nichteingehen von Risiken entspräche konsequentem Verpassen von Chancen, was ja nicht Sinn eines Unternehmens sein kann. Auch als wohlbestallter Gehaltsempfänger kann man überschüssiges Kapital in Fonds mit niedriger Rendite und geringem Risiko, aber auch in Fonds mit hoher Rendite gepaart mit nicht geringer Wahrscheinlichkeit hoher Verluste investieren. Wer nicht wagt, der nicht gewinnt.

Systematisches Risikomanagement ermöglicht den kontrollierten Umgang mit Risiken. Es zielt vor allem darauf ab, Risiken rechtzeitig zu identifizieren, strukturieren, in Geldeinheiten zu bewerten und damit *steuerbar* bzw. *kalkulierbar* zu machen. Risikomanagement *steigert den Nutzen* und *verringert den Schaden*, die *beide* mit dem Eingehen oder Nichteingehen einer großen

Menge von Risiken verknüpft sind. Mit anderen Worten, Risikomanagement verschiebt bei mehreren gleichzeitig zu treffenden Entscheidungen ungewissen Ausgangs das Gesamtergebnis zu Gunsten des Risikomanagers.

Professionelles Risikomanagement institutionalisiert den Prozess der Risikoabschätzung und unterstützt die Entscheidungsfindung durch mathematische Analysen und Optimierungsstrategien mit hierfür geeigneten Tools. Am Anfang steht die *Identifikation* von Risiken und deren Ursachen. Typische Beispiele sind Währungsrisiken, Lieferausfälle, Technologiewandel, Pönalen infolge Terminüberschreitungen, Strompreisrisiken, Stromausfallrisiken, Kreditausfallrisiken etc. Je nach Branche und Unternehmen wird ein unternehmensspezifischer Risikokatalog aufgestellt. Anschließend erfolgt die Risikobewertung durch spezifische *Eintrittswahrscheinlichkeits-* und *Auswirkungsklassen.* Die grundsätzlich möglichen Wahrscheinlichkeiten können beispielsweise in drei Klassen "*Geringe Wahrscheinlichkeit*", "*Mittlere Wahrscheinlichkeit*" und "*Hohe Wahrscheinlichkeit*" strukturiert werden, eine feinere Klassifizierung ist möglich. *Auswirkungen* werden in der Regel in Geldbeträgen bewertet. Bei monetären Risiken ist dies sehr einfach, bei strategischen Risiken nur sehr eingeschränkt möglich. Gerade die strategischen Risiken sind aber für die nachhaltige Prosperität und den Fortbestand des Unternehmens sehr wichtig. Sie werden häufig nur *aus dem Bauch heraus* als *vernachlässigbar, akzeptabel* bzw. ihr *Eingehen wert* oder *bedrohlich* eingestuft.

Zur Beurteilung des globalen *Unternehmensrisikos* werden die diversen Einzelrisiken in einem so genannten Risikoportfolio dargestellt (engl.: *Risk-Map)*, Bild 7.30.

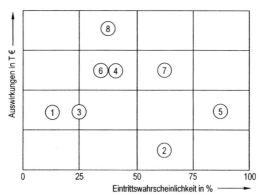

Bild 7.30: Risk-Map mit acht maßgeblichen Risiken.

Eine Risk-Map visualisiert den funktionalen Zusammenhang zwischen Eintrittswahrscheinlichkeit und finanzieller Auswirkung und erlaubt dem Management, insbesondere bei Kennzeichnung von Risikotrends durch entsprechende Pfeile, die schnelle Erkennung von Frühwarnsignalen und eine Priorisierung bestimmter Aktivitäten. In Kenntnis der Risk-Map lassen sich Risiken durch Vorbeugen und Absichern steuern. Es lassen sich rechtzeitig Handlungsspielräume schaffen und bereits im Vorfeld Notfallmaßnahmen für den Ernstfall planen. Unangenehme Überraschungen werden leichter beherrschbar.

Im finanztechnischen Bereich, beispielsweise beim täglichen An- und Verkauf zahlreicher Aktien unterschiedlichster Unternehmen, wird das Unternehmensrisiko schnell unübersichtlich. Abhilfe schafft Risikomanagement. Zunächst werden beim Treffen von Entscheidungen für oder gegen den Kauf oder Verkauf von Aktien die positiven und negativen Erfolgsaussichten einzelner Transaktionen quantitativ bewertet. Mit Hilfe der Wahrscheinlichkeitsrechnung und unter Berücksichtigung der möglichen wechselseitigen Abhängigkeit der Risiken untereinander lässt sich dann durch Vergleich des erwarteten Nutzens risikoreicherer oder risikoärmerer Chancen der insgesamt erzielte Nettoerfolg aller Entscheidungen optimieren. Die Aktienkurse werden als Zufallsvariable aufgefasst, ihre funktionale Abhängigkeit durch ihre *Korrelation* beschrieben. Beispielsweise besitzen Aktien der IT-Branche eine hohe Korrelation von bis zu 1, das heißt steigen und fallen in ähnlicher Weise. Ihre Korrelation mit Aktien der Gentechnologie ist dagegen sehr gering, im Grenzfall 0. Durch Berücksichtigung dieser Korrelation in so genannten *Value-at-risk-Verfahren* lässt sich die Erfolgsquote richtiger Entscheidungen signifikant steigern.

Die dem Risikomanagement unterliegende Theorie der Wahrscheinlichkeitsrechnung geht zurück auf Bernoulli, ist seither ständig weiterentwickelt worden und hat in neuerer Zeit ihre wirtschaftlich bedeutendste Anwendung vorwiegend im finanztechnischen Bereich gefunden. Sie ist im Einzelnen vergleichsweise kompliziert und Gegenstand eigener Bücher über Risikomanagement.

7.14 Asset Management

Der Begriff *Asset* stammt aus dem angloamerikanischen Sprachraum und steht für die *Vermögenswerte* eines Unternehmens, einer Investorengruppe oder auch nur einer einzelnen vermögenden Person. *Asset Management*, im

Deutschen klassisch als *Vermögensverwaltung* bezeichnet, befasst sich mit der optimalen Nutzung dieser Vermögenswerte mit dem globalen Ziel einer *Vermögensmehrung*.

Im Kontext beschränken wir uns auf die optimale Nutzung der Vermögenswerte eines *Unternehmens*. Im Deutschen werden diese Vermögenswerte bilanztechnisch in *Anlagegüter* und *Umlaufvermögen* unterteilt. Anlagegüter dienen der langfristigen betrieblichen Nutzung (> 1 Jahr) und beinhalten Bürogebäude, Fabrikhallen, Werkzeugmaschinen etc. Das Umlaufvermögen dient der kurzfristigen Nutzung und beinhaltet alle Vermögenswerte in Bargeld bzw. kurzfristig in Bargeld umwandelbare Werte.

Während die optimale Nutzung der nichttechnischen Anlagegüter überwiegend den *finanztechnischen* Abteilungen eines Unternehmens obliegt, zählt das Asset Management der *technischen Anlagegüter* zum Aufgabenbereich der *Ingenieure*. Wenn im Folgenden von *assets* die Rede ist, sind beispielsweise bei Stromkonzernen die *technischen Betriebsmittel* im Kraftwerks- und Netzbereich gemeint, also Turbinen, Dampferzeuger, Kraftwerkleittechnik, Netzleittechnik, Transformatoren und Schalter sowie Wandler, IT-Systeme, Schutztechnik, Freileitungs- und Kabelnetze etc. In diesem Kontext wird Asset Management vorrangig im Sinn von *Instandhaltungsmanagement* verstanden. Da Instandhaltung ein großer Kostenblock ist, werden gerade hier immense Kostenreduktionspotentiale gesehen.

Die Ausnutzung der Betriebsmittel erfolgt heute bis an ihre physikalischen Grenzen, die prospektive Lebensdauer wird möglichst bis zum letzten Moment ausgekostet, Wartungsintervalle werden gestreckt. Um die erhöhten Risiken überschaubarer zu halten, bedarf es einer *Instandhaltungsstrategie*, die diejenigen Betriebsmittel bevorzugt, die bei einem Ausfall den größten Schaden anrichten würden. Asset Management ist eine Managementfunktion, die die erhöhte Ausnutzung bei gleich bleibender oder gar erhöhter Verfügbarkeit kontrolliert anstrebt. Dabei geht es nicht mehr nur um immaterielle Kriterien, wie hohe Versorgungszuverlässigkeit, Modernisierungszustand etc. Vielmehr müssen alle Objekte und Maßnahmen in *Geldeinheiten* bewertet werden, um ihren Beitrag zum Unternehmensergebnis transparent machen zu können.

Technische Anlagegüter bzw. Betriebsmittel *altern*, je nach Betriebsmittel und Betriebsweise auch noch mit unterschiedlicher Geschwindigkeit. Mit zunehmendem Alter nimmt die Ausfallwahrscheinlichkeit zu. Sie müssen daher nach einer gewissen Zeit *instand gesetzt* oder *ersetzt* werden.

Man unterscheidet im Wesentlichen vier Instandhaltungsstrategien:

- *Ereignisorientierte Instandhaltung*
- *Zeitorientierte Instandhaltung*
- *Zustandsorientierte Instandhaltung*
- *Zuverlässigkeitsorientierte Instandhaltung*

Ereignisorientierte Instandhaltung (engl.: *CM, Corrective Maintenance* oder *IBM, Incident-Based Maintenance*) wird erst nach bekannt werden des Ausfalls eines Betriebsmittels durchgeführt. Das betroffene Teil bzw. Betriebsmittel wird entweder instand gesetzt oder ersetzt. Dies ist die elementarste Strategie, sie kommt nur bei geringen Ansprüchen an *Power Quality* in Frage und wenn die Stromausfallkosten sehr gering sind.

Zeitorientierte Instandhaltung (engl.: *TBM, Time-Based Maintenance*) tauscht in regelmäßigen Abständen typische Verschleißteile präventiv aus, auch wenn sie noch funktionsfähig sind, nutzt also die maximale Lebensdauer nicht aus. Sie kommt bei hohen Ansprüchen an die Verfügbarkeit zum Einsatz und ist sehr *kostenintensiv*.

Zustandsorientierte Instandhaltung (engl.: *CBM, Condition-Based Maintenance*) führt regelmäßige *Inspektionen* oder *Zustands-Fernüberwachung* (engl.: *Condition monitoring*) durch und tauscht Teile oder ganze Betriebsmittel bei hohem Verschleiß- oder Alterungszustand aus. Sie verursacht zunächst geringere Kosten, kann aber bei unerwartetem vorzeitigem Ausfall zu hohen Folgekosten führen.

Zuverlässigkeitsorientierte Instandhaltung (engl.: *RCM, Reliability-Centered Maintenance*) tauscht Teile und/oder Betriebsmittel nach zwei Kriterien aus

- *Verschleiß- bzw. Alterungszustand,*
- *Bedeutung für die Zuverlässigkeit.*

Zunächst stellt man durch Inspektionen oder auch kontinuierliche Zustandsüberwachung den Verschleißzustand und, soweit möglich, die voraussichtliche *Restlebensdauer* fest. Anschließend wird die Entscheidung über einen Austausch noch von der Höhe des Risikos für die Zuverlässigkeit des Systems abhängig gemacht. Bei geringer Bedeutung toleriert bzw. riskiert man einen höheren Alterungszustand, bei großer Bedeutung nicht. Die Beurteilung der Erfüllung des ersten Kriteriums liegt in der Verantwortung des *Asset Managers*, letzteres in der Verantwortung des *Netzplaners*. Zuverlässigkeitsorientierte Instandhaltung stellt einen guten Kompromiss zwischen Versorgungszuverlässigkeit und Instandhaltungskosten dar. Sie ist die kostengünstigste Strategie und entspricht im liberalisierten Strommarkt dem Stand der Technik.

Generell verlangt zuverlässigkeitsorientiertes Asset Management zunächst eine Priorisierung der Betriebsmittel nach ihrer relativen Bedeutung bezüglich Kosten und Einfluss auf die Verfügbarkeit und Zuverlässigkeit. Hieraus ergeben sich Hinweise zur Auswahl der bedeutendsten Betriebsmittel und für die Priorisierung diagnostischer Inspektionstechniken und zustandsorientierter Wartungskriterien. Weitere Kriterien sind die Häufigkeit des Vorkommens bestimmter Betriebsmittel, Risiko ihres Ausfalls etc. Beispielsweise sind die Folgen des Ausfalls eines *Netztransformators* von größerer Auswirkung als der Ausfall eines *Verteiltransformators*, andererseits sind die Risiken beim Netztransformator und die Häufigkeit ihres Vorkommens geringer.

Von größter Wichtigkeit ist die Dokumentation bzw. Verfügbarkeit und leichte Zugänglichkeit sowohl historischer Daten als auch von Echtzeit-Daten für jedes Betriebsmittel in einer *Störungsstatistik*. Die Störungsstatistik gibt Auskunft sowohl über Fehlerschwerpunkte als auch Fehlerhäufigkeiten und Fehlerursachen einzelner Komponenten. Hierbei spielt das Alter der Betriebsmittel eine geringere Rolle als ihr tatsächlicher Zustand. Dieser lässt sich durch moderne Diagnoseverfahren und/oder permanente Zustandsüberwachung (engl.: *Condition monitoring*) erfassen. Permanente Zustandsüberwachung erlaubt die Ermittlung spezieller Alterungstrends komplexer, kostenintensiver Betriebsmittel. Typische Kandidaten für eine permanente Zustandsidentifikation sind *Transformatoren* (Auslastungsprofil, Temperaturen, Geräusche, Teilentladungen, Feuchtigkeitsgehalt, Gasanalyse), *Stufenschalter* (Zahl der Schaltspiele, zugehörige Spannungen und Ströme), *Leistungsschalter* (Zahl der Schaltspiele, zugehörige Ströme).

Die gesammelten Informationen erlauben eine Schätzung des Alterungsverhaltens, wobei verschiedene typische Alterungsverläufe derart kombiniert werden, dass sie die Störungsstatistik abbilden. Die Kenntnis des Alterungsverhaltens wiederum erlaubt die Festlegung von *Lebensdauern* und *Restlebensdauern*.

Neben dem Vorbeugen und Beseitigen von Schäden durch Verschleiß bzw. Alterung kommt dem Asset Management noch die Aufgabe zu, Betriebsmittel auch bei geringer Ausfallwahrscheinlichkeit zu ersetzen, wenn neuere technische Entwicklungen die gleiche Funktion bei geringeren Kosten oder höherer Zuverlässigkeit ermöglichen (*Modernisierung*). Ferner gehört hierher auch die optimale Netzaus- und -umbauplanung.

Schließlich zählt zu den Assets der dispositive Faktor eines Unternehmens. Er taucht zwar nicht in der Bilanz auf, ist aber entscheidend für den Geschäftserfolg. Typische Beispiele sind gut eingespielte, kostengünstige *Geschäftsprozesse*, die Fähigkeit neue *Einsparpotentiale* zu erkennen und zu nutzen sowie permanente *Modernisierungs-* und *Rationalisierungsmaßnahmen* durchzuführen. So werden künftig mehrere Kraftwerke oder Netze von einer Warte aus gefahren werden, Bedienungs- und Wartungspersonal auch von zuhause den Systemzustand erfragen können etc.

Wie im Beispiel eines Stromnetzes gezeigt, leistet Asset Management zusammenfassend die Minimierung der Summe aus

- *Kosten* durch alterungsbedingte Wartung und Instandsetzung,

- *Kosten* bei einem Versorgungsausfall (engl.: *non-compliance cost*),

- *Kapitalkosten* für Erhaltungs- und Modernisierungsinvestitionen,

- *Verborgenen Kosten* (engl.: *Hidden costs*) infolge ineffizienter Geschäftsprozesse.

Asset Management ist damit eine entscheidende Managementfunktion zur Erreichung der strategischen Ziele eines Unternehmens.

7.15 Workforce Management

Workforce Management befasst sich im weitesten Sinn mit der rechnergestützten *Personalbedarfsplanung*, *Personalrekrutierung*, *Personaleinsatzplanung*, *Urlaubsplanung*, Arbeitszeiterfassung, *Gehalts-* und Lohnabrechnungen etc. und ist in diesem Sinn überwiegend Angelegenheit der Personalabteilung eines Unternehmens.

Im Kontext reduziert sich diese umfangreiche Funktionalität jedoch erheblich. Ingenieure bedienen sich des Workforce Managements im Wesentlichen auf zwei Gebieten

- *Projektmanagement*,
- *Personaleinsatzsteuerung*.

Im ersteren Fall geht es um die Rekrutierung und den Einsatz von Mitarbeitern für ein Projektteam und allen weiteren damit verbundenen, bereits oben erwähnten Maßnahmen, so genanntes *Project Workforce Management*. Hierauf soll über das bereits im Abschnitt 7.1.1 Gesagte nicht weiter eingegangen werden.

Im zweiten Fall geht es um die optimale Einsatzsteuerung mobiler, das heißt überwiegend im Außendienst tätiger Mitarbeiter, beispielsweise von Netzmonteuren für Strom-, Gas- und Wasserversorgungsnetze. Zu ihren Aufgaben gehören Wartungs- und Instandhaltungsarbeiten, vor allem aber die Behebung von Versorgungsausfällen bei *Netzstörungen*. Während sich Wartungsarbeiten und kleinere Instandsetzungen unter Berücksichtigung von Urlaub und Krankheit in Ruhe planen lassen, müssen Netzstörungen schnellstmöglich behoben werden.

Die Behebung eines Versorgungsausfalls wird entweder durch eine Störungsmeldung eines betroffenen Verbrauchers beim zentralen *Störungsdienst* oder durch Wahrnehmen einer Störungsmeldung in der zentralen Netzleitstelle ausgelöst.

Nach Kenntnisnahme einer Störung in der Zentrale ist der Einsatz im Außendienst oder zuhause im Bereitschaftsdienst verfügbarer Monteure so zu planen und zu steuern, dass eine Störung in kürzester Zeit wirtschaftlich effizient behoben wird:

Hierzu sind folgende Aufgaben zu erledigen:

- die in nächster Nähe des Störungsorts bzw. –gebiets befindlichen Monteure zu informieren,
- die Fehlerstelle genau zu lokalisieren,
- die Fehlerstelle aus dem Netz herauszutrennen,
- den Fehler zu beheben,

- die ursprüngliche Netztopologie wieder herzustellen,
- die Fehlerursache zu dokumentieren.

Workforce Management leistet die rechnergestützte Auftrags- und Einsatz-steuerung der Netzmonteure, ihrer Einsatzfahrzeuge und die zeitnahe Bereit-stellung etwaiger Ersatzteile. Voraussetzung ist die Ausrüstung der Monteure mit *mobilen Rechnern*, über die Ihnen ihre Aufträge, Einsatzorte und erfor-derliche technische Informationen mitgeteilt werden können. Die mobilen Rechner ermöglichen den Monteuren auch nach Beendigung ihres Auftrags die zur Abrechnung erforderliche Information zurückzumelden.

Bereits bei zeitunkritischen Aufgaben, beispielsweise geplanten Änderungen eines Hausanschlusses, geplanten Wartungsarbeiten etc., reduziert das rech-nergestützte Workforce Management die Kosten durch Fahrtroutenoptimie-rung, zeitnahe Versorgung mit Material und Ausrüstung, befreit die Monteure von der Dokumentation in Papierform und erhöht die Kundenzufriedenheit durch zeitnahes, zuverlässiges Reagieren.

7.16 Ethikorientiertes Management

Ethisches Handeln ist glücklicherweise für viele Menschen so selbstverständ-lich, dass man eigentlich gar nicht groß darüber reden müsste. Andererseits liegt die Hemmschwelle für zu viele Individuen heute besorgniserregend niedrig. Umfragen zeigen jedoch, dass die weitaus überwiegende Zahl der Manager ethisches Handeln als essentielle Voraussetzung langfristig guter Geschäfte einstuft, auch wenn für sie Ethik lediglich eine von vielen Randbe-dingungen ist. Nur sehr wenige Manager alten Schlags und manche "Yup pies" (Young Urban Professionals) handeln nach dem Grundsatz "*Was gut ist für das Geschäft, ist auch gut für die Ethik*".

Die Erwartung absolut ethischen Handelns ist im Privat- wie Geschäftsleben unrealistisch. Schließlich gibt es seit mehreren tausend Jahren die "10 Gebo-te", die auch bis zum heutigen Tag nicht von jedermann strikt eingehalten werden.

Der lässlichen Verstöße gibt es viele. Beispielsweise gilt für einen Großteil der Bevölkerung das leichtfertige *Verkürzen von Steuern* als Kavaliersdelikt und wird deshalb vom Finanzamt durch Einräumen der Möglichkeit der *Selbstanzeige* vergleichsweise nachsichtig behandelt (dies gilt nicht für schwere Steuerhinterziehung, 4.7). Auch dürfen Bestechungsgelder an Kunden in Ländern, in denen ohne Bestechung niemals ein Auftrag zustande kommt und diese quasi als legale "*Vermittlungsprovision*" verstanden wird, in Form so genannter "*Nützlicher Ausgaben*" legitim als Betriebsausgaben von den Steuern abgesetzt werden usw. In diesem Umfeld gelangen manche Menschen schließlich zu der Lebensphilosophie, dass der "*Zweck grundsätzlich die Mittel heiligt*". Dass diese Philosophie manchem Unternehmen, insbesondere einzelnen Beschäftigten aber auch unbeteiligten Dritten und der eigenen Karriere, großen Schaden zufügen kann, zeigt sich immer wieder.

Ethisches Handeln fällt deshalb oft schwer, weil der Agierende häufig vor einem *Dilemma* steht. Beispielsweise mag ein leitender Vertriebsingenieur Bestechung grundsätzlich ablehnen, andererseits muss er befürchten, dass in seinem Unternehmen *tausend Mitarbeiter entlassen* werden müssen, falls es ihm nicht gelingt, den *Zuschlag für einen Großauftrag* zu erhalten. Wem fühlt er sich mehr verantwortlich, den Arbeitern seines Unternehmens oder seinen hehren ethischen Grundsätzen? Beim Explosionsunglück der Raumfähre Challenger, in dem sieben Astronauten ums Leben kamen, hatten zuvor Ingenieure des Raketenherstellers auf die Problematik der verringerten Elastizität von O-Ringdichtungen bei tiefen Temperaturen hingewiesen, die später auch als Auslöser des Unglücks identifiziert werden konnten. Ihr Chef beendete die Diskussion mit dem verhängnisvollen Satz "*Take off your engineering hat and put on your management hat.*" Welcher Mitarbeiter gibt da nicht auf, zumal er ja nur *befürchtet*, dass ein Unglück passieren *könnte*? Wie steht er anschließend da, wenn der Raumflug doch erfolgreich verläuft? Mit welchen negativen Auswirkungen auf seine Karriere muss er rechnen?

Ein Dilemma verlangt meist die Entscheidung für eine von mehreren Optionen, beispielsweise für die Loyalität zum eigenen Unternehmen, die Förderung der eigenen Karriere oder die Verantwortung gegenüber Dritten, die durch das Votieren für eine der ersten beiden Optionen benachteiligt oder gar massiv geschädigt würden. Im Fall eines Dilemmas gibt es daher nicht nur *eine Wahrheit*, sondern meist mehrere mögliche Antworten, die unter Würdigung aller Gesichtspunkte gegeneinander abgewogen werden müssen. *Nicht verhandlungsfähig ist unethisches Verhalten, wenn Menschenleben auf dem Spiel stehen.* Bereits DIN 31000 bzw. VDE 1000 "Allgemeine Leitsätze für das sicherheitsgerechte Gestalten technischer Erzeugnisse" verlangen, dass

"Bei der sicherheitsgerechten Gestaltung derjenigen Lösung der Vorzug zu geben ist, durch die sich das Schutzziel technisch sinnvoll und wirtschaftlich am besten erreichen lässt.

Dabei haben im Zweifel die sicherheitstechnischen Erfordernisse den Vorrang vor wirtschaftlichen Überlegungen."

In verhandlungsfähigen Fällen kann das bekannte, in vielen Religionen verankerte *Reziprozitätsprinzip*, "*andere stets so zu behandeln, wie man selbst behandelt werden möchte*", bei der Entscheidungsfindung helfen. Verallgemeinert findet sich das Reziprozitätsprinzip in *Kants "Kategorischem Imperativ"*, der sinngemäß verlangt, "*nur dann einem bestimmten moralischen Grundsatz zu folgen, wenn es gleichzeitig mehrheitlich wünschenswert wäre, dass er zur allgemeinen Regel wird*".

Abweichend von diesen Grundprinzipien ist es bei *geschäftlichen Transaktionen* mit mehr oder weniger *gleichqualifizierten* Partnern durchaus üblich und legitim, durch geschicktes Verhandeln den eigenen Vorteil zu maximieren. Beispielsweise gehört es zu den vornehmsten Aufgaben eines *Einkäufers*, beim Verhandeln mit Lieferanten möglichst *niedrige Einkaufspreise* zu erzielen, zu den vornehmsten Aufgaben eines *Vertriebsmannes*, möglichst *hohe Verkaufspreise* durchzusetzen. In diesem Zusammenhang ist ein Vergleich der *Einkaufs-* mit den *Verkaufsbedingungen* ein und desselben Unternehmens sehr interessant und lehrreich.

Die einem *Ethikpuristen* sicher egoistisch erscheinende *Maximierung des eigenen Vorteils* wird bei geschäftlichen Transaktionen vom anderen Verhandlungspartner durchaus *respektiert* und auch von ihm selbst *praktiziert*. Häufig wird ein Vorteil bei einem Geschäft durch Nachteile bei einem Folgegeschäft ausgeglichen. Fragwürdig wird die Maximierung des eigenen Vorteils lediglich dann, *wenn der andere Verhandlungspartner nicht satisfaktionsfähig ist* und mangels ausreichender Erfahrung bei einem Geschäft exzessiv *benachteiligt* wird. Früher oder später wird er sich dessen bewusst werden und sich "*über den Tisch gezogen*" fühlen. Sein Selbstwertgefühl ist stark getroffen, er ist verärgert und geht, um eine Erfahrung reicher geworden, künftig zur Konkurrenz. Dort kann er natürlich auch wieder reinfallen, ist aber inzwischen etwas schlauer und vorgewarnt.

Auch einen tüchtigen Mitarbeiter von der Konkurrenz abzuwerben ist im Geschäftsleben sicher noch nicht unethisch. Unethisch wird die Angelegenheit erst dann, wenn der neue Mitarbeiter einen *Aktenkoffer voller Disketten mit streng vertraulichen Firmeninformationen* seines früheren Arbeitgebers mitbringt oder gar nur deswegen mit einem fürstlichen Gehalt geködert wird. Welcher gestandene Manager möchte solche Mitarbeiter um sich haben, von denen er annehmen muss, dass sie ihn irgendwann selbst auf die gleiche

Weise betrügen? Klar ist der Fall auch bei Betrug, wenn beispielsweise ein Vorgesetzter von einem Mitarbeiter verlangt, am Markt vorhandene lizensierte Software eines Wettbewerbers mit einer firmeneigenen Benutzeroberfläche zu versehen, um dieses Plagiat dann am Markt als eigenes Produkt anzubieten.

Wenn Mitarbeitern unethisches Verhalten von ihren Vorgesetzten vorgelebt oder ihnen von ihren Vorgesetzten unethisches Handeln nahe gelegt wird, ist dies nicht nur ein *Armutszeugnis für den Vorgesetzten und die Unternehmenskultur* sondern kann auch die "hidden costs" beträchtlich erhöhen.

Unethisches Verhalten von Vorgesetzten macht sie erpressbar. Es erlaubt Mitarbeitern, ihre Arbeit nicht so gut wie *möglich* sondern so *schlecht* wie vom Vorgesetzten gerade noch hinnehmbar zu verrichten. Es legt ihnen ferner nahe, Unternehmensinteressen die letzte Priorität zu geben und sich im Unternehmen ähnlich zu bedienen, wie es möglicherweise ein Vorstand vorlebt, der sich sein Privathaus auf Firmenkosten veredeln lässt oder ungerechtfertigt hohe Provisionen zum Nachteil des eigenen Unternehmens einstreicht.

Innerbetriebliches unethisches Verhalten, insbesondere gegenüber Arbeitskollegen, bleibt nicht verborgen und ist langfristig sicher karriereschädlich. Wenn Arbeitskollegen in einem Team zur Erreichung eines gemeinsamen Ziels zusammenarbeiten, ist es zur Wahrung gegenseitiger *Zuarbeit*, das heißt, "am gleichen Strang zu ziehen", zwingend erforderlich, dass von Kollegen beigesteuerte Ideen oder gewährte Hilfen *erkennbar gemacht* oder *explizit gewürdigt werden*. Es ist sehr unerfreulich, wenn am Vortag von Kollegen erfahrene aktuelle Informationen oder Ideen am nächsten Tag schon vor großem Publikum als eigenes Wissen weiterverbreitet werden. Dabei ist es doch so einfach, damit zu beginnen, dass man gestern von "Herrn Mustermann erfahren habe ...." oder dass "Herr Mustermann gestern vorgeschlagen hat ....". Sich mit *"fremden Federn"* schmücken ist in höchstem Maße unethisch (7.1.10).

Im wissenschaftlichen Bereich ist es streng unethisch, von Fachkollegen geleistete Vorarbeiten oder Parallelarbeiten, beispielsweise in Form veröffentlichter Ideen oder aufwendig erlangter theoretischer und experimenteller Ergebnisse, einfach mitzubenutzen, ohne die wahre Urheberschaft zu zitieren. Nicht selten kommt es auch vor, Publikationen anderer Kollegen im Schrifttum zu ignorieren. Der Bekanntheitsgrad des Kollegen könnte ja weiter steigen, oder er könnte im Citation Index einen Vorsprung erlangen.

Indiskutabel sind Plagiate ganzer Zeitschriftenaufsätze, die nur geringfügig verändert wurden. Nicht viel besser sind *Eigenplagiate*, wenn beispielsweise Wissenschaftler eigene bereits erschienene Zeitschriftensätze oder Konferenzbeiträge nur geringfügig abgeändert wiederholt publizieren, um die Gesamtzahl ihrer Veröffentlichungen zu erhöhen oder Kongressreisen finanziert zu bekommen. Diese Verhaltensweisen mögen zwar kurzfristig von Erfolg gekrönt sein, stempeln den Autor aber langfristig als unredlichen Forscher ab. Höchste ethische Ansprüche bezüglich Vertraulichkeit und Fairness gelten für die Begutachtung von Förderanträgen für Forschungsgelder, von Zeitschriftenaufsätzen, Buchmanuskripten und Konferenzbeiträgen. Hier liegt die Problematik meist in einem etwaigen Interessenkonflikt, wenn die Gutachter, ihre Mitarbeiter, ihnen nahe stehende Kollegen oder Kooperationspartner auf dem gleichen oder einem ähnlichen Gebiet arbeiten oder auch unternehmenspolitische Erwägungen eine Rolle spielen.

Um die Wahrscheinlichkeit unethischen Verhaltens zu verringern und um das Bewusstsein für ethisches Handeln zu schärfen haben in USA viele Unternehmen einen *Ethics Code* und einen *Ethics Officer* (z. B. Texas Instruments), jede Universität einen *Code of Honors*. An vielen Universitäten gehören Vorlesungen über berufliche Ethik zum Pflichtprogramm. Letztere führen beispielsweise dazu, dass schriftliche Prüfungen ohne Aufsicht verlaufen können. Ein Student, der abzuschreiben versucht oder sich unlauterer Hilfe bedient, verliert bei seinen Kollegen jeden persönlichen Kredit und brandmarkt sich oft für sein ganzes Leben.

Die Amerikanische Gesellschaft für Ingenieure der Elektrotechnik und Elektronik, IEEE (*Institute of Electrical and Electronics Engineers*), hat für ihre Mitglieder einen Ethik-Kodex aufgestellt, der im Folgenden beispielhaft zitiert wird.

IEEE Engineering Ethics Code

"Im Bewusstsein der Bedeutung unserer Technologie bezüglich ihres Einflusses auf die Lebensqualität der ganzen Welt und im Hinblick auf die Übernahme einer persönlichen Verpflichtung gegenüber unserem Berufsstand, seinen Mitgliedern und den Gruppen, denen wir dienen, bekennen wir Mitglieder des IEEE uns zu höchstem ethischen und professionellen Verhalten, indem wir:

1. *Verantwortung übernehmen, in Ingenieuraufgaben Entscheidungen herbeizuführen, die mit der Sicherheit, Gesundheit und dem Wohlergehen*

der Öffentlichkeit verträglich sind und prompt Fakten offen legen, die die Öffentlichkeit oder die Umwelt gefährden könnten;

2. *echte oder vermutete Interessenkonflikte wann immer möglich vermeiden und, falls solche existieren sollten, sie den betroffenen Parteien offen legen;*

3. *ehrlich und realistisch sind bei der Aufstellung von Ansprüchen oder Abschätzungen basierend auf verfügbaren Daten;*

4. *Korruption in all ihren Erscheinungsformen zurückweisen;*

5. *das Verständnis der Technik und ihre angemessene Anwendung unter Berücksichtigung ihrer etwaigen Folgen verbessern;*

6. *unsere technische Kompetenz pflegen und verbessern sowie fachliche Aufgaben nur dann für andere durchführen, wenn wir entweder durch Ausbildung oder Berufserfahrung ausreichend qualifiziert sind, bzw. maßgebliche Beschränkungen voll offen legen;*

7. *ehrliche Kritik fachlicher Arbeit suchen, annehmen oder anbieten, Fehler zugeben und berichtigen sowie Beiträge anderer angemessen würdigen;*

8. *alle Personen fair behandeln, unabhängig von Rasse, Religion, Geschlecht, Behinderung, Alter oder Nationalität;*

9. *vermeiden, andere, ihr Eigentum, ihre Reputation oder Beschäftigung durch falsche oder bösartige Handlungen zu verletzen;*

10. *Kollegen und Mitarbeitern in ihrer beruflichen Karriere beistehen und sie in der Befolgung dieses Codex unterstützen."*

Die Existenz eines Engineering Ethics Code kann keineswegs garantieren, dass es beispielsweise keine Bestechung, keinen Betrug oder ähnliches mehr gibt. Ein solcher Code stärkt aber Managern und Mitarbeitern den Rücken, wenn sie sich ethisch verhalten und dies nicht die Zustimmung eines *problematischen Vorgesetzten* findet.

Da die strikte Befolgung ethischer Prinzipien den Einzelnen oft in einen Gewissenskonflikt bringt und weil überzogene ethische Forderungen sich eher nachteilig auf das durchschnittliche ethische Verhalten einer Gesellschaft auswirken, hat die mit Ethikfragen befasste Philosophie das Paradigma der *"Angewandten Ethik"* geschaffen.

Angewandte Ethik erlaubt unter bestimmten Voraussetzungen das Abweichen von strikten Prinzipien. Der Einzelne ist bei einem Gewissenskonflikt aufgefordert, von seinem freien Willen Gebrauch zu machen und seinem Gewissen zu folgen, vorausgesetzt, dass die große Mehrheit der rational denkenden Bevölkerung retrospektiv sein Verhalten billigen würde und sein Handeln als human bezeichnet werden kann. Mehr Rechtfertigung besitzen auch "Moralische Grundsätze" nicht, deren Mandat sich auch nur auf die Akzeptanz durch die überwiegende Mehrheit der rational denkenden Mitglieder einer Gesellschaft berufen kann. Der Betroffene handelt dann zumindest moralisch.

Angewandte Ethik unterstützt wirkungsvoll die Praktikabilität ethischen Verhaltens bei der Entscheidungsfindung. Gelegentlich kann aber auch sie keine klare Anweisung zum Handeln geben oder kann gar zu falschen Entscheidungen führen. Beispielsweise kann in einem Land ohne freie Meinungsäußerung, Pressefreiheit und Freizügigkeit, sowie einer Regierung die nicht alle Fakten offen legt, die Gesellschaft indoktriniert sein und deswegen zu falschen Schlüssen beispielsweise bezüglich skrupellosen Umgangs mit der Umwelt oder der Entwicklung neuartiger Massenvernichtungswaffen kommen. Im Zweifelsfall besitzt die Humanität höchste Priorität.

Darüber hinaus kann sich jeder Einzelne einem einfachen "acid-test" unterziehen, der auch in manchen US-Unternehmen zum Einsatz kommt:

- *Verletze ich gesetzliche Bestimmungen oder verstoße ich gegen Unternehmensleitlinien?*

- *Handelt es sich um ein faires "win-win-game"?*

- *Würde ich mein Handeln gerne am nächsten Tag in der Zeitung lesen?*

- *Würde ich auf gleiche Weise handeln, wenn meine Frau, Kinder, Freunde, Nachbarn davon wüssten?*

Deuten eine oder mehrere Antworten unethisches Verhalten an, muss man schon gute Gründe haben, von ethischen Prinzipien abzuweichen.

In Deutschland werden *Ethik-Kodizes* immer noch als delikate Angelegenheit diskutiert. Verglichen mit dem Stand der Ethikdiskussion in USA liegt vor deutschen Ingenieuren noch ein weiter Weg. Die von den Ingenieuren gelegentlich beklagte mangelnde *Reputation ihres Berufsstands* und *ubiqui-*

täre Technikfeindlichkeit ist nicht zuletzt darauf zurückzuführen, dass Ingenieure aufgrund der rationalen Natur ihrer Tätigkeit grundsätzlich von sich überzeugt sind, ethisch zu handeln und damit auch des guten Glaubens sind, dass *Ethik erst gar nicht thematisiert werden müsse*. Dabei ist die Technik *ethikindifferent*. Fast jede Technik kann sowohl zum Nutzen wie auch zum Schaden des Menschen angewandt werden.

Viele Ingenieure kennen den *Zweifel* nicht, sie sind häufig gar so sehr von der Qualität ihrer Arbeit überzeugt, dass sie Katastrophen schlicht für unmöglich halten: "*Es kann nichts passieren*". Typische spektakuläre Beispiele sind der Untergang der "unsinkbaren" Titanic, die *absolut sichere Kernenergie* usw. Dabei lehrt doch *Murphy's Law*, dass nichts unmöglich ist (9.6).

Für Ingenieure ist "*zwei* mal *zwei* immer *vier*", alles läuft geordnet und deterministisch ab. Sie sind meist völlig überrascht, wenn bei *vermeintlich handwerklich einwandfreier Ausführung* und *Abnahme durch einen technischen Überwachungsverein* doch etwas nicht deterministisch abläuft, beispielsweise ein Unglück auf der Achterbahn eines Jahrmarkts.

In anderen Disziplinen ist man gewohnt, dass "*alles anders kommt als man denkt*". Typische Beispiele sind die *Politik, Rechtsstreitigkeiten* oder die *Medizin*. Rechtsanwälte und Richter finden es völlig an der Tagesordnung, dass drei Richter bzw. mehrere Instanzen zu unterschiedlichen Urteilen kommen. Auch für Ärzte ist "*zwei* mal *zwei* nicht immer *vier*". Selbst ein Deutschaufsatz wird von unterschiedlichen Lehrern mal mit "gut", mal mit "ausreichend" bewertet.

In diesem Umfeld ist es nicht verwunderlich, dass gelegentliche, kompromisslose Aussagen von Ingenieuren, beispielsweise das Ignorieren eines Restrisikos, im günstigsten Falle als *Naivität, Sorglosigkeit* oder *Arroganz*, meist jedoch schlimmer, als *Vorsatz, Mangel an gutem Willen* zu ethischem Handeln, *Inkompetenz* oder gar als skrupellose Befriedigung des *Triebs von Technikfetischisten* ausgelegt wird. Die häufig anzutreffende Kompromisslosigkeit der Ingenieure, verbunden mit immer wieder bekannt werdenden sinnlosen Vertuschungsversuchen selbst kleinster Fehler durch das Management, ist der Grund, warum heute so viele Nichtfachleute, *wohl wissend um ihr unzureichendes Fachwissen*, auch bei Technikfragen mitreden wollen. Sie trauen Ingenieuren schlicht keine angemessene eigene Kritikfähigkeit und keine Zweifel zu.

Die hieraus gewachsene Situation der weit verbreiteten Technikfeindlichkeit könnte wesentlich entspannter sein, wenn die Ingenieure freimütig ein Restrisiko eingestehen und sich auf die Diskussion beschränken würden, dass ein Restrisiko von $1 : 10^8$ es eben sehr unwahrscheinlich erscheinen lässt, dass in absehbarer Zeit eine Katastrophe ins Haus steht. Schließlich hält auch ein Normalbürger es für sehr unwahrscheinlich, dass gerade er am kommenden Wochenende einen Sechser im Lotto erzielen wird.

Zugegebenermaßen bestehende Restrisiken müssen "*geoutet*" und abgewogen werden gegenüber den Nachteilen und Risiken, die durch *Nichtinkaufnahme des Restrisikos* entstehen würden. Soll sich die Technikakzeptanz verbessern, müssen die Ingenieure die Flucht nach vorne ergreifen und Ingenieurethik als *grundsätzliche Rahmenbedingung ihrer Tätigkeit explizit propagieren bzw. auf ihre Fahne schreiben.*

Ein Ethik-Kodex für Ingenieure kann auch von Anfang an klarstellen, für was sich Ingenieure verantwortlich fühlen und für was nicht. Ingenieure sind gerne bereit, Verantwortung für die Qualität ihrer eigenen Arbeit zu übernehmen. Sie müssen sich aber nicht für alles die Verantwortung in die Schuhe schieben lassen, beispielsweise für politisch bedingte Entscheidungen, missbräuchliche Verwendung der Ergebnisse ihrer Arbeit durch Dritte usw.

Epilog:

Eigentlich müssen sich nur wenige Ingenieure, Physiker, Chemiker, Verwaltungsangestellte etc. an die eigene Brust klopfen, da diese in der Regel Lohn- und Gehaltsempfänger sind und, abgesehen von den im Einkauf und im Vertrieb tätigen Personen, kaum Gelegenheit haben, sich in ihrem Beruf massiv zu bereichern. Zieht man eine Analogie aus dem Tierreich heran, gehören Ingenieure und Naturwissenschaftler eher zu den *Pflanzenfressern*, manche Individuen der nachstehend erwähnten Berufe eher zu den *Raubtieren*.

Die größte Häufigkeit und Anfälligkeit für unethisches Handeln tritt nämlich bei all jenen Berufen und Personen auf, die unmittelbar mit *Geld* umgehen bzw. *auf eigene Rechnung handeln* oder eine *Monopolstellung* besitzen, beispielsweise

- Handelsgesellschaften
- Gewerbliche Unternehmen
- Professionelle Spendensammler
- Freie Berufe

- Mineralölfirmen
- Energieversorgungsunternehmen
- Kapitalanlagenberatung
- Bankwesen
- Wirtschaftsprüfungsgesellschaften.

Typische Beispiele unethischen Handelns in diesen Branchen sind:

- Beim Umgang mit Bargeld und Barspenden der sprichwörtliche *„Griff in die Portokasse"* oder die *„Sammelbüchse"*.

- Beim Umgang mit Buchgeld die lange Zeit oft unentdeckt bleibende Umlenkung von Geldbeträgen auf eigene Konten.

- Bei professionellen karitativen Spendensammlern die exzessive zweckfremde Verwendung von Spenden und Generierung unangemessener Spesen.

- Bei Managern die Gewährung exzessiver Gehälter und Abfindungen durch die *„Deutschland AG"*, selbst bei Entlassung wegen Unfähigkeit und gleichzeitiger Freistellung tausender Arbeitskräfte. Diese Diskrepanz treibt viele Wähler geradezu in die Arme der Linken und nährt die Neidgesellschaft und das Ungerechtigkeitsempfinden. Die aktuell geforderten hohen Lohn- und Gehaltserhöhungen in vielen Branchen sind hausgemacht. Was in USA gut geht, weil dort fast jeder Mitarbeiter Aktien besitzt, kann in Deutschland mit seinen hohen Sozialansprüchen und dem nicht geringen sozialistisch denkenden Anteil der Bevölkerung zu einer anderen Republik führen!

- Massive Steuerhinterziehung nicht weniger Mitglieder der Führungselite der Bundesrepublik, deren Einkommensteuer nicht wie bei den meisten Lohn- und Gehaltsempfängern in voller Höhe zwingend vom Arbeitgeber abgeführt wird.

- Kreditvergabe an Darlehensnehmer geringer Bonität und Investitionen von Fremdgeldern in große, zum langfristigen Scheitern verurteilte Projekte/Objekte gegen verdeckte Provisionszahlungen an den Befürwortenden oder Entscheider (engl.: *Kick back*), oder auch zum Abkassieren hoher Tantiemen und Boni als Belohnung für hohe Umsatzgenerierung. Bei der jüngsten Bankenkrise handelt es sich weniger um ein „Versagen" der Banken, sondern um vorsätzlichen Betrug einzelner leitender Bankmitarbeiter zwecks Generierung hoher Boni. Dies nicht selten im institutionellen Zusammenwirken mit Rating-Agenturen.

- Unzutreffende Testate massiv geschönter Jahresabschlüsse durch Wirtschaftsprüfer und Rating-Agenturen, die von ihren Kunden auch im nächsten Jahr wieder für hohe Entgelte in Anspruch genommen werden wollen.

- Häufig durchgeführte *aktive* oder *passive* Bestechung bei Auftragsvergaben. Die Dunkelziffer ist erschreckend hoch.

- Insidergeschäfte von Top-Managern und Aufsichtsräten, die entweder selbst oder über Strohmänner bzw. Familienmitglieder Aktiengewinne erzielen, wobei der Gesetzgeber dies auch noch bis zu einem bestimmten Pauschbetrag zulässt!

- Vergabe sinnloser Beraterverträge durch Ministerien und andere öffentliche Auftraggeber an Personen, die ein *Kick Back* an den Auftraggeber leisten. Hier werden Milliarden Steuergelder umverteilt.

- Für Banken vorteilhafte, den Kunden jedoch schädigende *Anlageberatung* beim Kauf von Aktien oder sonstigen Kapitalanlagen. Insbesondere im Hedge-Fond Bereich, wo Fondanteilen meist kein entsprechender substantieller Gegenwert gegenübersteht.

- Vergabe von Bankdarlehen zu schlechten Konditionen an private Erwerber von Wohneigentum, die gewöhnlich nur einmal in ihrem Leben eine Hypothek aufnehmen und nicht wissen, dass Zinsen verhandlungsfähig sind.

- Vergabe fauler Kredite in Höhe mehrerer 100 Mio. € an Parteifreunde zur Finanzierung großer, jedoch geringwertiger Immobilienobjekte. Eine typische Manifestation ist die Ausplünderung des Landes Berlin (*Berliner Bankenskandal*).

- Gang an die Börse mit überzogenen, vorsätzlich falsch ermittelten Umsatz- und Gewinnprognosen unter institutioneller Mitwirkung der begleitenden Banken (Platzen der *New Economy Blase*).

- Vertrieb von Anteilen *geschlossener Immobilien-, Photovoltaik-, Bio-gas- und Windparkfonds*, die trotz Steuerersparnissen häufig zum späteren finanziellen Scheitern verurteilt sind, was den Initiatoren und finanzierenden Banken von vornherein klar ist. Die Banken wirken institutionell mit, da man keinen Fond initiieren kann, ohne zuvor mit den Banken entsprechende Abreden über dessen Finanzierungsstruktur getroffen zu haben. Es handelt sich in der Mehrzahl der Fälle um *Kapitalanlagebetrug*. Die Kapitalanleger verlieren nicht nur langfristig ihre Einlage, sondern haften bei Fonds mit OHG- oder GbR-Status über ihre Einlage hinaus den finanzierenden Banken mit ihrem gesamten Vermögen. Geschlossene Fonds in Form von OHGs oder GbRs sollten gesetzlich unzulässig sein.

- Abzocken von Telefongebühren beim Anruf von Call-Centern, die die Anrufer mit irrelevanten Informationen hinhalten und Einheiten schinden. Hinzu kommt der Verlust der beim Warten vergeudeten eigenen Arbeitszeit.

- Mineralölfirmen, die Absprachen über überhöhte Preise für Kraftstoffe treffen. Unterstützt von Bundesregierungen, die stillschweigend wegsehen, weil sie von der proportional mitwachsenden Mineralölsteuer profitieren, obwohl sie sonst viel vom Kartellrecht reden.

- Politiker, die sich nach ihrer Wahl diametral zu ihren zuvor gemachten Aussagen verhalten, so genannter *Wahlbetrug*. Ihm verdankt die Bundesrepublik die häufig scheinheilig bemängelte Wahlverdrossenheit. Viele Politiker verraten ihre eigenen Ziele und gehen gegen jede eigene Überzeugung neue Koalitionen ein, um an der Macht zu bleiben oder an sie zu kommen. Ihnen geht es nicht um Politik sondern um Geld.

- Falsch verstandener Lobbyismus, auf gut Deutsch die Einflussnahme einzelner Interessengruppen auf demokratische, politische Entscheidungen sowie auf die öffentliche Meinung auf *Kosten der Allgemeinheit*! Lobbyismus kann, ethisch wahrgenommen, eine wichtige Funktion haben, indem Sachinformationen an Politiker kommuniziert werden und diese dann sachgerechtere Entscheidungen treffen können. Die schwächste Lobby haben die notorischen Leidtragenden, die Mehrheit der nicht einer Interessengruppe angehörenden Bürger. Aus Sicht der Gewaltenteilung stellt Lobbyismus heute eine fünfte Gewalt dar.

Angesichts dieser langen, bei weitem jedoch nicht vollständigen Liste, stellt sich die Frage, wer sich überhaupt noch ethisch verhält und ob man nicht besser beraten ist, sich selbst auch unethisch zu verhalten. Diese Empfehlung kann hier dennoch nicht gegeben werden, da jedes unethische Verhalten die *soziale Falle* schwindender Lebensqualität immer häufiger zuschnappen lässt. Trotzdem verhält sich bei genauerem Hinsehen eine nicht geringe Zahl auch gewöhnlicher Bürger unethisch und findet das dank der vielen schlechten Vorbilder auch in Ordnung. Die gleichen Personen können sich aber lautstark empören, wenn sie selbst einmal über den Tisch gezogen werden.

Die Ethikanstrengungen der jüngsten Vergangenheit haben gezeigt, dass die Motivierung von Entscheidungsträgern wie auch von einzelnen Mitbürgern zu besserem ethischen Verhalten vielfach ein frommer Wunsch ist und seit *Kain und Abel* wohl auch bleiben wird. Wer aber schon dazu neigt, unethisches Verhalten mit Cleverness zu verwechseln, sollte als Minimalanforderung wenigstens so weit ethisch handeln, um späteren Schaden an der eigenen Person zu vermeiden. Allein hiermit wäre schon viel gewonnen.

Eine effektivere Möglichkeit der Bekämpfung unethischen Verhaltens besteht jedoch wohl darin, jeden Bürger bereits während seiner schulischen Ausbildung mit so viel betriebswirtschaftlichem Verständnis auszustatten, dass er gegenüber den Raubtieren besser gewappnet ist und sich besser verteidigen kann. Auch wäre eine Wiederbelebung des Idealbilds vom *„ehrbaren Kaufmann"* hilfreich. BWL-Wissen sollte als wesentlicher Bestandteil der Allgemeinbildung im Sinne des Humboldtschen Bildungsideals gesehen werden, auch wenn dies auf Kosten anderer klassischer Bestandteile dieses Bildungsideals erfolgt. Schließlich würden auch Richtern intimere BWL-Kenntnisse nicht schaden. Die exzessiv praktizierte Freischussregelung in Form vieler *Urteile auf Bewährung* fordert unethisches Verhalten geradezu heraus. Viele Menschen verhalten sich nur aus Angst vor Strafe ethisch. Praktizierte Strafen würden den Raubtieren das Leben schwerer machen.

7.17 Corporate Governance

Die spektakulären *Unternehmenspleiten* der Vergangenheit und die teilweise unverständlich hohen *Vergütungen* und *Abfindungen* für Vorstände sowie das Ausmaß an *Insidergeschäften* haben in Verbindung mit den niedrigen Aktienkursen das Vertrauen der Anleger schwer geschädigt. Um das Anlegervertrauen wiederzugewinnen, wurde in den USA der Begriff der *Corporate Governance* eingeführt. Hierunter versteht man *"Leitlinien für eine Unternehmensführung und -kontrolle, die auf eine verantwortliche nachhaltige Wertschöpfung ausgerichtet ist"*. Verantwortungsvoll geführte Unternehmen unterwerfen sich diesen Leitlinien in freiwilliger Selbstverpflichtung. Die Qualität gelebter Corporate Governance ist heute für viele Anleger mit entscheidend dafür, in welche Unternehmen sie ihr Geld investieren wollen.

Um die Attraktivität des Standorts Deutschland für ausländische Investoren zu erhalten bzw. wiederzugewinnen, wurde Corporate Governance auch hierzulande aufgegriffen. Vom Gesetzgeber wurde 1998 das Gesetz zur *Kontrolle und Transparenz im Unternehmensbereich* (KonTraG) geschaffen, gefolgt vom 2002 verabschiedeten *Transparenz- und Publizitätsgesetz* (TransPuG). Gemäß letzterem müssen Vorstand und Aufsichtsrat börsennotierter Aktiengesellschaften jährlich im Jahresabschlussbericht erklären, dass den Empfehlungen der Regierungskommission *"Deutscher Corporate Governance-Kodex"* entsprochen wurde. Etwaige Abweichungen sind zu erläutern. Der "Deutsche Corporate Governance-Kodex" stellt viele seit langem bestehende gesetzliche Einzelvorschriften zusammenfassend dar und besteht ferner aus einer Schnittmenge international anerkannter Standards verantwortungsvoller Unternehmensführung.

Im Einzelnen geht es um die Organisation und die Führungsstrukturen börsennotierter Aktiengesellschaften, konkrete Aufgaben von Vorstand und Aufsichtsrat sowie deren Zusammenarbeit und Zusammensetzung, die Höhe der Vergütungen für Vorstand und Aufsichtsrat, die Zusammensetzung der Vergütung und deren Offenlegung, gründlichere Prüfung des Jahresabschlusses und Anpassung an internationale Standards, wie IFRS oder US GAAP (9.1.3).

Corporate Governance-Kodizes sind, wie andere Ethik Kodizes auch, nur so gut, wie die Personen, für die sie geschrieben wurden und wie sie in der Praxis gelebt werden. Ausschlaggebend ist letztlich das Ausmaß an krimineller Energie, die manchen Menschen innewohnt. Ihre Ursachen liegen tiefer, im Erziehungswesen, der laschen Anwendung des Strafrechts für Wirtschaftskriminalität, der schlechten Vorbildfunktion nicht weniger "Meinungsmacher" einer Gesellschaft, der großzügigen Toleranz breiter Schichten der Bevölkerung gegenüber unethischem Handeln in der Grenzzone zwischen Bagatelldelikten und echter Kriminalität.

8   Optimierung von Unternehmensprozessen

Jedes Unternehmen stellt eine Menge *seriell* und *parallel gekoppelter* bzw. *vernetzter* Teilprozesse dar, die in ihrer Gesamtheit den *Unternehmensprozess* bilden. In jedem Unternehmensprozess werden immaterielle oder materielle Eingangsgüter in zahlreichen einzelnen Prozessschritten behandelt bzw. bearbeitet (engl.: *processed*), bis nach dem letzten Prozessschritt bestimmte *Produkte* oder *Dienstleistungen* geschaffen worden sind.

Die Teilprozesse lassen sich im Wesentlichen in zwei Klassen einteilen: *Fertigungsprozesse* und *Administrative Prozesse,* auch *Geschäftsprozesse* genannt (engl.: *Business processes*). Letztere unterstützen die Fertigungsprozesse. Typische Beispiele sind die *Auftragsabwicklung,* die *Finanz-* und *Lohnbuchhaltung, Kostenrechnung, Instandhaltungsmaßnahmen, Bestellvorgänge, Budgetierung, Strategische Planung, Kreditbearbeitung, Kostenrechnung* etc. Die Planung, Steuerung und Kontrolle vorwiegend administrativer Prozesse wird als *Workflow-Management* bezeichnet und erfolgt zunehmend rechnergestützt mittels so genannter *Workflow-Managementsysteme.*

In der Vergangenheit stand überwiegend die Optimierung von *Fertigungsprozessen* (engl.: *Blue collar work*) im Vordergrund. Heute wird zunehmend gewürdigt, dass neben der eigentlichen Fabrik eine zweite, *verborgene Fabrik* in Form der zahllosen *administrativen Prozesse* eines Unternehmens existiert (engl.: *Hidden factory, White collar work*). Während reine Fertigungsprozesse vielfach weitgehend optimiert sind, besitzen die *Aufbau-* und *Ablauforganisation* (Kapitel 3) der verborgenen Fabrik, und damit die *administrativen Prozesse,* noch erhebliches Rationalisierungspotential. Dies gilt in verstärktem Maß für öffentliche Unternehmen, Ministerien und Behörden, die ja fast ausschließlich administrative Funktionen ausüben und in denen noch überwiegend *Effizienz* vor *Effektivität* gepflegt wird (Kapitel 2). Letzteres erklärt, warum die dramatische Produktivitätssteigerung, wie sie in den letzten Jahren in der Privatwirtschaft stattgefunden hat, bei öffentlichen Unternehmen noch aussteht.

Schließlich besitzen auch die Prozesse an den Schnittstellen zu den externen *Lieferanten* und *Kunden* beträchtliches Erfolgspotential. Bei genauerem Hinsehen und entsprechender Detaillierung findet man im administrativen Bereich hunderte von Teilprozessen. Dass diese Teilprozesse heute exzessive Gemeinkosten verursachen, liegt daran, dass sie historisch durch ständiges Hinzufügen evolutionär gewachsen sind und nie umfassend hinterfragt wurden. Wegen ihres hohen Rationalisierungspotentials betont dieses Kapitel überwiegend die Verbesserung administrativer Teilprozesse.

Abhängig von der strategischen Intention haben Prozessverbesserungen unterschiedliche Ziele, beispielsweise Kostenreduzierung, Verringerung der Durchlaufzeit oder Steigerung der Produktqualität. Daher können auch die Kriterien bezüglich der Feinheit der Prozessunterteilung (*Granularität*) und der Schwerpunktsetzung unterschiedlich sein.

Komplexe Prozesse weisen häufig eine tiefe Prozesshierarchie auf. Beispielsweise besteht der Prozess *Automobilproduktion* aus Teilprozessen wie der *Motorfertigung, Getriebefertigung, Karosseriefertigung* etc. Diese Teilprozesse bestehen ihrerseits wiederum aus mehreren Teilprozessen, die sich ebenfalls weiter in Aktivitäten und schließlich Unteraktivitäten bzw. einfache Tätigkeiten, wie das "*Ausfüllen eines Materialausgabescheins*", untergliedern lassen. Hierbei stellt sich beispielsweise sofort die Frage, ob letztere Tätigkeit überhaupt notwendig ist bzw. sich rechnet.

Häufig besteht die anfängliche Aufgabe von Prozessverbesserungen darin, die am jeweiligen Prozess beteiligten Mitarbeiter erst einmal von der Notwendigkeit von Verbesserungen zu überzeugen. Pure Behauptungen, man könne, solle oder müsse etwas besser machen, stoßen zunächst auf Unverständnis. Im Rahmen der Überzeugungsarbeit ist die *Visualisierung* von Trends sehr hilfreich. Die Trendkurven (engl.: *Run curve*) können negativer Natur sein, beispielsweise ein Ansteigen von Reklamationen oder Lieferzeiten anzeigen, aber auch eine positive Aussage machen, beispielsweise fallende Bearbeitungszeiten oder Kosten darstellen. In ersterem Fall muss ein Problem gelöst werden, im letzteren Fall indiziert ein fallender Trend Potential für weitere Verbesserungen, Bild 8.1.

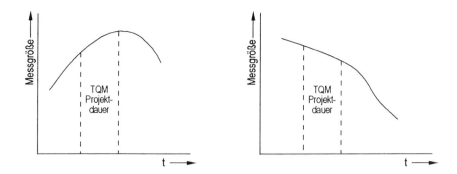

Bild 8.1: a) Zahl der Reklamationen vor und nach TQM. b) Schwach und stark abfallender Trend vor und nach TQM.

Abhängig von der Komplexität eines Gesamtprozesses werden Prozessverbesserungen von nur *einer Person* oder im *Team* ausgeführt. Der Teamansatz besitzt den großen Vorzug, dass jeder Prozessschritt tatsächlich sachkundig und vollständig abgebildet wird und sich alle Beteiligten mit der Verbesserung identifizieren.

Umfassende Prozessverbesserungen sind die essentielle Voraussetzung zum Überleben im heutigen Wettbewerb. Verbesserte Prozesse führen in aller Regel zu geringeren Kosten und kürzeren Durchlaufzeiten. Diese lassen eine schnellere Befriedigung der Kundenwünsche zu und erfordern eine geringere Kapitalbindung. Darüber hinaus steigern kürzere Durchlaufzeiten die Anpassungsfähigkeit eines Unternehmens an die zunehmend größere Geschwindigkeit der Änderungen des Marktes und neuer Technologien (Echtzeitverhalten). Generell erhöhen Prozessverbesserungen die Attraktivität eines Unternehmens und sichern damit den *Auftragseingang*, mit anderen Worten die grundlegende Voraussetzung für den Erhalt von Arbeitsplätzen (5.9.5).

Im Folgenden werden beispielhaft einige Methoden vorgestellt, die zwangsläufig zu erkennbaren Prozessverbesserungen führen und quasi die Implementierung von TQM bewirken (7.4.5). Die Methoden leisten die *Identifikation* verbesserungswürdiger oder überflüssiger Schwachstellen und legen *Metriken* zur Quantifizierung der Prozessverbesserungen nahe. Wegen der *Reihenfolge* des Vorgehens bei der Implementierung der Verbesserungen wird auf Abschnitt 7.10 *Change-Management* verwiesen.

8.1   Prozessanalyseverfahren

Die Grundlage jeder geplanten *Prozessverbesserung* ist eine detaillierte *Prozessanalyse*, die Schwachstellen aufdeckt und damit Angriffspunkte der Prozessverbesserung identifizieren hilft.

Eine erfolgreiche Prozessanalyse beantwortet beispielsweise folgende Fragen:

- Wo lässt sich Durchlaufzeit einsparen?
- Welche Prozessschritte sind aus Sicht des Kunden überflüssig?
- Wo liegen oberer und unterer Grenzwert der Prozessdurchlaufzeit?
- Wo lassen sich Aktivitäten parallelisieren oder zusammenfassen?
- Was kostet eine einmalige Prozessausführung?
- Was kostet der Prozess in einem Abrechnungszeitraum?
- Was verursacht bzw. bestimmt die einzelnen Prozessschritte?
- Wo liegen Engpässe?

Das praktikabelste und damit wichtigste Werkzeug der Prozessanalyse ist das *Process-Mapping*, mit dem sich komplexe Prozesse in Form von *Flussdiagrammen*, hier *"Process-Flow"*- oder *"Workflow"-Diagramme* genannt, graphisch darstellen lassen. Process-Mapping lässt *Totzeiten*, während der am Prozessgut gar nichts passiert, wie auch *unnötige Weiterschaltbedingungen*, *nicht wertsteigernde Tätigkeiten* (engl.: *Non value added work*) etc. deutlich zu Tage treten.

8.1.1   Einfache Flussdiagramme

Die einfachste Art des Process-Mapping erfolgt mit einer von *Programmablaufplänen* bzw. *Flussdiagrammen* bekannten, erweiterten Symbolik, Bild 8.2.

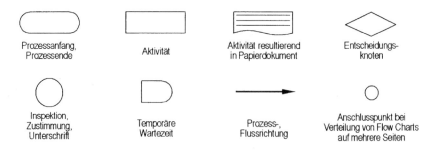

Bild 8.2: Flussdiagrammsymbole zur Prozessvisualisierung (Auswahl).

Gewöhnliche Flussdiagramme reihen nur *Aktivitäten* aneinander. *Objekte,* beispielsweise *Papierdokumente,* werden nicht dargestellt. Soll dies dennoch geschehen, mutiert ein *Prozessablaufdiagramm* zu einem aus der Rechnerprogrammierung bekannten *Datenflussdiagramm,* das sowohl *Prozessschritte* als auch *Prozessobjekte* darstellen kann. Im vorliegenden Kontext werden diese Diagramme als *Workflow-Diagramme* bezeichnet.

Damit lassen sich viele Prozesse, beispielsweise ein *Bestellvorgang,* auf einfache Weise modellieren bzw. visualisieren, Bild 8.3.

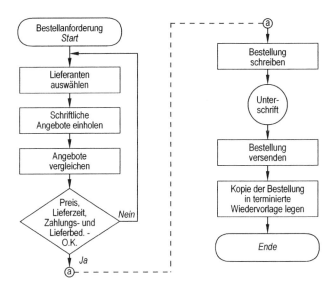

Bild 8.3: Flussdiagramm eines einfachen Bestellvorgangs, ausgelöst durch eine *Bestellanforderung* (gewöhnlich wird die strichlierte Linie nicht gezeichnet).

Der Bestellvorgang lässt sich wesentlich vereinfachen, wenn man Partnerschaften mit nur wenigen Lieferanten pflegt und Preise, Lieferzeiten, Zahlungs- und Lieferbedingungen bereits von Anfang an durch Rahmenverträge etc. bekannt sind. Eine Bestellanforderung könnte dann unmittelbar telefonisch oder gar durch EDI (engl.: *Electronic data interchange)* erledigt werden, einschließlich automatischer Dokumentation in der *Wiedervorlage.*

Als komplexeres Beispiel sei das Flussdiagramm des in Bild 7.20 als *Blockdiagramm* visualisierten "*Patenterteilungsprozesses*" vorgestellt, Bild 8.4.

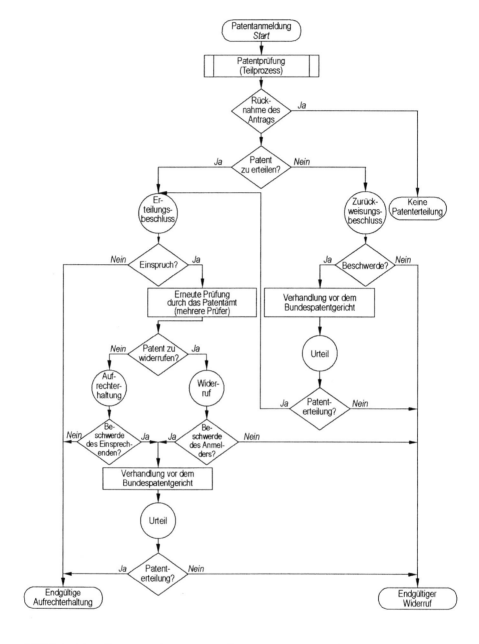

Bild 8.4: Flussdiagramm des Patenterteilungsprozesses aus Abschnitt 7.6.3. Aus Vereinfachungsgründen werden *Wartezeitsymbole* etc. gemäß Bild 8.2 nicht verwendet. (Erläuterung der Doppelstriche im Kästchen *Patentprüfung* im folgenden Text).

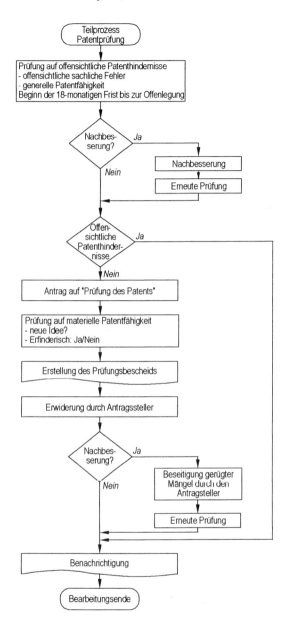

Bild 8.5: Flussdiagramm des Teilprozesses *"Patent-prüfung"*.

Die höhere Granularität ist zwar weniger übersichtlich, zeigt aber schon eher überflüssige Prozessschritte, mögliche Parallelisierbarkeit und möglicherweise überflüssige Entscheidungen auf. Zur Vermeidung eines dem *Spaghetti-Code* beim Programmieren vergleichbaren *Spaghettiprozesses* empfiehlt es sich, nach dem Paradigma des *strukturierten Programmierens* Teilprozesse in einem einzigen Kästchen mit eindeutig definierten Schnittstellen am Ein- und Ausgang darzustellen und diese Teilprozesse getrennt zu behandeln. Dies ist in Bild 8.4 und Bild 8.5 bereits geschehen. Die Aktivität *Patentprüfung* (7.6) in Bild 8.4 ist in Bild 8.5 separat als Teilprozess gezeichnet. Die separate ausführliche Darstellung einer Aktivität als Teilprozess kennzeichnet man durch zwei zusätzliche Striche, hier im Kästchen Patentprüfung. Die Darstellungen gemäß Bild 8.4 und 8.5 enthalten noch keine Information über die von den einzelnen Prozessschritten benötigten Zeiten. Sie sind deshalb zur Verkürzung von Durchlaufzeiten noch nicht optimal geeignet.

8.1.2   Flussdiagramme mit Funktions- und Zeitdimension

Flussdiagramme mit *Funktions-* und *Zeitdimension* benutzen die gleiche Symbolik wie gewöhnliche Flussdiagramme ergänzt jedoch um *Zeitangaben*. Ferner wird der jeweilige Prozess im dritten Quadranten eines Koordinatensystems dargestellt, dessen Ordinate als Zeitachse in Tage, Wochen oder Monate geteilt ist und dessen Abszisse Funktionsstellen bzw. Abteilungen auflistet, Bild 8.6. Bevor man dieses Diagramm zeichnen kann, müssen zunächst vom "*Process owner*", hier beispielsweise einem Unternehmensberater, Informationen über die Dauer der einzelnen Prozessschritte von den auf der Abszisse aufgeführten *Funktionsträgern – Anmelder, Patentamt, Bundespatentgericht –* eingeholt werden, wobei sowohl die *kürzeste* als auch die *längste* Bearbeitungsdauer erfragt wird. Diese Zeit-Inkremente werden jeweils an der Unterkante der verschiedenen Prozessschritte vermerkt und gleichzeitig auf der am rechten Diagrammrand befindlichen Zeitachse eingetragen. Die kürzeste Bearbeitungsdauer erscheint auf deren linker Seite, die längste Bearbeitungsdauer auf ihrer rechten Seite. Durch Aufaddieren der rechten Werte erhält man die *maximal* mögliche Prozessdauer, durch Aufaddieren der linken Werte die *minimale* Prozessdauer. Dabei werden bei Verzweigungen selbstverständlich nur die Zeiten *eines* Pfades berücksichtigt. Die Bearbeitungsdauer etwaiger Schleifen wird in der Schleife selbst vermerkt. Der große Vorteil dieser Darstellung liegt in der Offenlegung der am meisten Zeit beanspruchenden Prozessschritte, so dass man sich dieser, gemäß dem Pareto-Prinzip vorrangig annehmen kann. Bei zu hoher Komplexität können hier wieder nach dem Paradigma der strukturierten Programmierung Teilprozesse separat behandelt werden. Bei hoher Komplexität wird eine Formalisierung des Vorgehens erforderlich, auf die im Abschnitt 8.1.3 eingegangen wird.

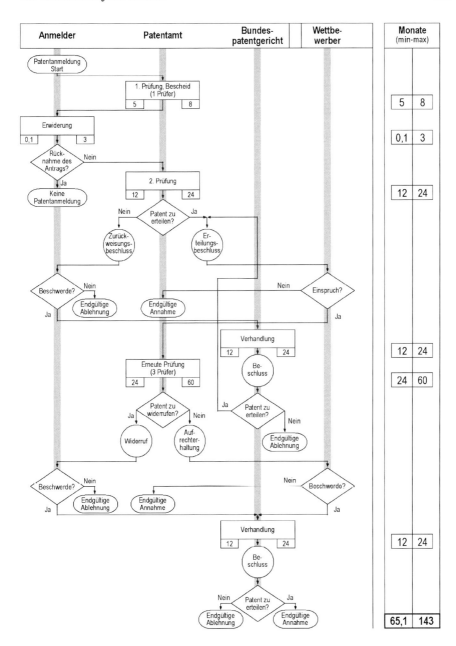

Bild 8.6: Flussdiagramm "Patenterteilung mit *Funktions-* und *Zeitinformation*" (Zeitangaben sind fiktive Schätzwerte).

8.1.3   IDEF Process-Mapping

IDEF (engl.: *Integrated computer-aided DEFinition*) ist ein Verfahren zur Unterstützung von CIM (engl.: *Computer Integrated Manufacturing*). Die erste Stufe von IDEF, IDEF 0, befasst sich mit einem formalen Process-Mapping und ist im übertragenen Sinn eine Manifestation des Paradigmas der "*Strukturierten Programmierung*" (engl.: SADT *Structured Analysis and Design Technique*). Die Methode eignet sich insbesondere für eine tief gestaffelte Prozesshierarchie.

Bei der IDEF-Methode wird ein Prozess durch eine *hierarchisch* geordnete Serie von Diagrammen modelliert, Bild 8.7.

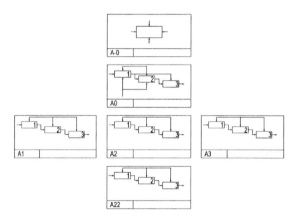

Bild 8.7: IDEF 0 Process-Mapping.

Ein mit IDEF 0 erstelltes Prozessmodell beginnt mit einem Startdiagramm, in dem der Prozess durch eine einziges Kästchen A(t) mit sämtlichen Schnittstellen (beschriftete Pfeile) zu seiner Umgebung dargestellt wird.

Das Startdiagramm (engl.: *Top-level diagram*) trägt den Index A-0 (Sprich: A minus Null), bezeichnet die *Prozessfunktion* (*Aufgabe, Mission*) und legt durch die Benennungen der Schnittstellen zur Umwelt die *Prozessgrenzen* fest.

Im ersten Verfeinerungsschritt (Diagramm A0) wird das Kästchen 0 in beispielsweise drei weitere Kästchen 1, 2, 3 aufgelöst. Jedes Kästchen stellt eine *Prozessaktivität* (*-funktion*) dar, seine beschrifteten Pfeile definieren wieder die Schnittstellen zur Umwelt.

Sinngemäß wird jedes dieser Kästchen, beispielsweise 3, in einem weiteren Diagramm in weitere Kästchen 1, 2, 3 aufgelöst usw. Weitere verfeinerte Kästchen werden jeweils als *Elternmodul*, die aus ihm entstandenen Module als *Kinder* bezeichnet.

Die Bezeichnung eines Kästchens, zusammen mit seinen beschrifteten Schnittstellen, liefert den Begleittext für eine weitere Verfeinerung. Jedes Diagrammblatt sollte nicht weniger als drei und nicht mehr als sechs Kästchen enthalten. Die Verfeinerung endet, wenn ein Kästchen nur noch eine elementare nicht mehr weiter zu verfeinernde Funktion besitzt.

Neben den hier vorgestellten Verfahren zum Process-Mapping gibt es zahlreiche weitere bzw. mächtigere Methoden zum Modellieren von Prozessen bzw. ganzer Unternehmen, z. B. *Netzpläne* oder *Petrinetze*. Wegen detaillierter Informationen wird auf die Fachliteratur verwiesen.

8.1.4 Wertanalyse

Bereits in Abschnitt 3.1 wurde der Unternehmensprozess als *Wertschöpfungskette* dargestellt, deren Glieder den einzelnen wertschöpfenden Prozessen entsprechen. In einem Blockdiagramm lässt sich die Wertschöpfungskette zunächst grob in fünf Teilprozesse unterteilen, Bild 8.8.

Bild 8.8: Wertschöpfungskette.

Jeder dieser Teilprozesse besteht selbst wieder aus zahllosen Teilaktivitäten, die sich gruppieren lassen in

    – direkt wertschöpfende Aktivitäten,

    – indirekt wertschöpfende Aktivitäten,

    – nicht wertschöpfende Aktivitäten.

Direkt wertschöpfende Aktivitäten sind alle unmittelbar mit dem Endprodukt und seinen Vorstufen zusammenhängenden Tätigkeiten (engl.: *Customer-*

based value-added activities). Indirekt wertschöpfende Aktivitäten sind alle zur Erstellung des Produkts notwendigen unterstützenden Aktivitäten wie Personalwesen, Forschung, Rechnungswesen, Kontaktpflege mit Universitäten etc. (engl.: *Business-based value-added activities).* Nicht wertschöpfende Aktivitäten sind alle weder den Kunden noch dem Unternehmensprozess nützenden Aktivitäten wie übertriebene Bürokratie, ausschusserzeugende Aktivitäten, exzessive Bevorratungs- und Reservevorhaltung, unnötige Kontrollen, vermeidbare Zwischenlagerungen.

Unbeschadet der im folgenden Abschnitt beispielhaft aufgeführten detaillierten Prozessverbesserungsmaßnahmen ist die erste Kategorie zu fördern und optimieren, die zweite auf das unvermeidlich notwendige Minimum zu reduzieren. Nicht wertschöpfende Aktivitäten sind zu eliminieren. Ob eine Aktivität als wertschöpfend oder nicht wertschöpfend eingestuft wird, ist oft Ansichts- bzw. Verhandlungssache und hängt von der Einschätzung des Managements ab.

8.2   Prozessverbesserungen

Nach Abschluss der Prozessanalyse und dem dabei gewonnenen Verständnis über den Prozess gibt man sich nicht mit der gegenwärtigen Prozessdauer und den damit zusammenhängenden Kosten sowie dem gegenwärtigen "First pass yield" (deutsch: *Prozentsatz der auf Anhieb fehlerfrei produzierten Produkte)* zufrieden. Vielmehr setzt man sich im Rahmen des "*Management by Objectives*" (6.2.1) und des Controllings zum Ziel, durch Modifikation des aus der Prozessanalyse erhaltenen Prozessabbilds bzw. der Teilprozesse beispielsweise die Durchlaufzeit zu halbieren oder den "First pass yield" um X % in Richtung 100 % zu steigern (7.5).

Auf dem Papier bzw. Bildschirm wird dann eine Vision des Gesamtprozesses entworfen, die obige Ziele verwirklicht. Während man in der Vergangenheit einzelne Aktivitäten isoliert optimiert hat, schenkt man heute insbesondere den Schnittstellen zwischen einzelnen Funktionsstellen Beachtung. Diese Schnittstellen sind die *horizontalen Workflow-Linien* zwischen "*Funktionen*" bzw. *Abteilungen* (Bild 8.5). Der überwiegende Teil der Durchlaufzeit eines Prozesses fällt nämlich beim Kreuzen der Grenzen zwischen *Funktionsstellen* durch lange Wartezeit bis zur Weiterbearbeitung an (bis zu 95 %!). Man betrachtet also den Unternehmensprozess ganzheitlich als System (engl.: *Systems engineering*).

Prozessverbesserungen werden im Wesentlichen durch folgende Maßnahmen erreicht:

- Elimination unnötiger Prozessschritte (Ausmerzen "Alter Zöpfe"),

- Vermeidung redundanter Aktivitäten,

- Vermeidung von Inspektionen durch präventive Fehlerreduzierung,

- Outsourcen bestimmter Prozessschritte an andere, die es besser können,

- Umwandlung des räumlichen *Prozess-Layouts* vom klassischen *Funktions-Layout* (Dreherei etc.) zum *Prozessorientierten Layout,* bei dem alle für ein Produkt benötigten Maschinen in unmittelbarer Nachbarschaft platziert werden,

- Wechsel vom *Push-Prinzip* zum *Pull-* bzw. *Holprinzip.* Dabei werden nicht beliebig viele Teile vorproduziert und auf Lager gelegt, sondern es wird nur auf antizipativen Abruf produziert *(Kanban-Prinzip, Just-in-time-Prinzip),*

- Zusammenfassung mehrerer Prozessaktivitäten in einen Schritt,

- Zulassen paralleler Abläufe an Stelle ausschließlich sequentieller Prozessschritte (Elimination unnötiger Weiterschaltbedingungen),

- Ausmerzen von Fehlerquellen, die ein mehrmaliges Durchlaufen von Schleifen erfordern,

- Beseitigung von Engpässen,

- Reduzierung der Gesamtzahl der Teile eines Erzeugnisses, in der Regel durch weniger Elemente mit erhöhter Funktionalität.

Letzteres Vorgehen verringert von selbst die Anzahl von Ausschussteilen, die Wahrscheinlichkeit von Montagefehlern und führt zu höherer Robustheit im Gebrauch.

Sprunghafte, radikale Verbesserungen des ganzheitlichen *Unternehmensprozesses* sind durch "*Reengineering*" möglich. Reengineering gibt sich nicht mit kleinen, evolutionären Verbesserungen gemäß *Kaizen* zufrieden (8.4), sondern stellt die Notwendigkeit und Zweckmäßigkeit ganzer *Teilprozesse* des Unternehmensprozesses in Frage. *Reengineering* strebt eine komplette Neugestaltung von Teilprozessen oder gar die Elimination ganzer Teilprozesse eines Unternehmens an. Ferner wird die *Aufbau-* und *Ablauforganisation*

(3.2.1 und 3.2.2) des gesamten Unternehmens grundsätzlich in Frage gestellt bzw. total umgestaltet. Typische Beispiele sind die *Dezentralisierung großer Konzerne,* das *Aufbrechen historisch gewachsener Hierarchie- bzw. Machtstrukturen, Fusionen* (engl.: *Mergers*), die weltweit praktizierte *Umstrukturierung der zentralen Forschung,* grundlegende *Neugestaltung der Informations- und Kommunikationssysteme* usw.

Neben dem Reengineering von Teilprozessen wird im Rahmen des Workflow-Managements die möglichst vollständige Integration aller Teilprozesse zu stoßstellenfreien *Prozessketten* angestrebt, die mit massiver Rechnerunter-stützung und zentralen Datenbanksystemen, so genannten *Workflow-Manage-mentsystemen,* eine durchgängige Informationsverarbeitung in Prozess-ketten ermöglichen, z. B. CAD/CAM, CIM etc.

8.3   E-Business

Eine der mächtigsten Optionen des Business Reengineering ist *E-Business.* Wer nicht rechtzeitig in E-Business einsteigt, ist wenig später "*Out of Business*".

E-Business bzw. Electronic Business ist der Oberbegriff für diverse Arten der kommerziellen Nutzung des Internet bzw. des aufgesetzten *World Wide Web.* Beispielsweise

– *E-Commerce,* Verkauf von Produkten und Dienstleistungen über das Internet

– *E-Purchasing,* Einkauf von Material und Dienstleistungen sowie Aus-schreibungen über das Internet

– *E-Supply,* lückenlose *Versorgungsketten* zwischen Herstellern bzw. Liefe-ranten und Kunden

– *E-Banking,* Abwicklung von Bankgeschäften und Einsicht in Konten vom eigenen Schreibtisch aus

– *E-Trading,* Kauf und Verkauf von Wertpapieren sowie Zugang zu Börsen-kursen in Echtzeit

Dabei ist E-Business nicht einmal neu. Schon vor der Existenz des Internet pflegten Banken untereinander und fortschrittliche Unternehmen mit ihren Lieferanten und Kunden elektronischen Datenaustausch (engl.: EDI – *Electronic Data Interchange*). Der Unterschied zum modernen E-Business besteht darin, dass EDI meist nur als Zweipunktverbindung realisiert und sehr kostspielig war, während heute jeder über das Internet, quasi zum Nulltarif, mit allen anderen Internetpartnern EDI betreiben kann. Darüber hinaus reicht das EDI-Spektrum im Internet von der Übertragung einfacher Textmitteilungen, über Zeichnungen, Bilder, Filme und Sound bis zur Übermittlung technischer Daten, beispielsweise der Fernablesung von Stromzählern in Haushalten, der Übertragung von Ferndiagnosedaten oder der Fernbedienung technischer Einrichtungen.

Das Internet ermöglicht weitgehende Interoperabilität der diversen Informationssysteme und erlaubt die durchgängige Nutzung von Prozessdaten der gesamten Wertschöpfungskette ohne Medienbrüche, was den Prozessen den Charakter einer laminaren Strömung mit geringstmöglichen Energieverlusten verleiht.

E-Business kann mehr oder weniger stark ausgeprägt sein und reicht vom Betreiben einer einfachen *Homepage* über das vollständige Abwickeln von Geschäften und der Übertragung technischer Informationen bis zum künftigen *Persuasive Computing*, das heißt, der Einbeziehung aller einen Mikroprozessor enthaltenden Objekte in das Internet mit dem Ziel "*Do it for me*" an Stelle von "*Do it yourself*".

E-Business findet im Wesentlichen innerhalb dreier Zonen statt:

– Zwischen den Teilnehmern eines internen Rechnernetzes eines Unternehmens, geschützt gegen externen Missbrauch durch so genannte *Firewallrechner*, so genanntes *Intranet*.

– Zwischen den Intranets zweier kooperierender Unternehmen, wobei vertrauliche Daten zuverlässig und geschützt (verschlüsselt) über ein *Extranet* ausgetauscht werden (engl.: *Business to Business*, B2B).

– Zwischen allen Unternehmen und allen anderen Nutzern des Internet bzw. World Wide Web (engl.: *Business to Consumer*, B2C).

B2C, mit anderen Worten E-Commerce, ist die größte und populärste Zone. Bezüglich der erforderlichen Hardware gibt es zwischen *Intranet, Extranet*

und *Internet* keine wesentlichen Unterschiede. Es haben lediglich unterschiedliche Teilnehmergruppen Zugriff auf das jeweilige Netzwerk.

Die Vorzüge der Umstellung auf E-Business liegen in

– einer dramatischen Kostenreduktion im Bereich des Marketings, des Vertriebs und der Beschaffung,

– der höheren Effektivität und Effizienz des Marketings und des Vertriebs,

– der höheren Sichtbarkeit des Unternehmens am Markt,

– der größeren Kundennähe bzw. fast ständigen globalen Erreichbarkeit für
  die Kunden,

– synergistisch bedingten höheren Gewinnmargen bzw. Einsparungen für
  alle Partner,

– der Chance der weitgehenden, breiten Realisierung der Just-in-time Philosophie.

Beispielsweise können kleinere Unternehmen mit Hilfe von *Intermediären*
ihren Bedarf im Internet leicht bündeln und mit der geballten Nachfrage
Preise wie Großkunden erhalten. Dies wird dramatische Folgen nicht nur für
den Einzelhandel sondern auch für den Großhandel haben. Ferner müssen
Lieferanten künftig bei Ausschreibungen in Echtzeit über die Untergrenze
ihrer Preise innerhalb von Stunden entscheiden. Es geht wie bei einer Auk-
tion zu, nur dass hier derjenige den Zuschlag erhält, der den *niedrigsten* Preis
anbietet (engl. *Reverse auctioneering*).

Zum Einstieg muss man nicht gleich ins kalte Wasser springen. Beispielsweise gibt es Dienstleister, die aus bereitgestellten Produktspezifikationen
und einer Liste qualifizierter Anbieter mit Hilfe proprietärer Software-Tools
Reverse auctioneering im Auftrag ausführen. Bei positiven Erfahrungen lässt
sich dann über eine Implementierung im eigenen Unternehmen nachdenken.

Das Leben wird mit E-Business nicht einfacher werden, da der Wettbewerb
sich ebenfalls seiner Vorzüge bedienen wird. Nach wie vor gilt daher "*Schnell
frisst Langsam*". Die Umstellung auf E-Business kostet viel Zeit und qualifizierte Manpower. Zögerlicher Einsatz von beidem wäre am falschen Platz gespart. Verspäteter Zugang zum E-Business kann die Existenz von Unternehmen bedrohen.

Neben dem Wettbewerbsfaktor *Qualität* genießen E-Business und seine Implementierung im Rahmen von *Reengineering* und *Strategischer Planung* derzeit höchste Priorität. Das aktuelle weiterführende Schrifttum über E-Business ist Legion.

8.4 Controlling von Prozessverbesserungen

Prozessverbesserungen lassen sich nur dann bewerten, wenn wie im Controlling des monetären Bereichs eine geschlossene *Feedback-Schleife* eingeführt wird. Vielfach herrscht die Meinung, dass sich *nichtmonetäre* Transaktionen bzw. Prozesse grundsätzlich nicht quantitativ beurteilen lassen, beispielsweise die *Forschung, administrative Tätigkeiten, Kundendienst*, usw. Bei genauerem Hinsehen und entsprechender Anleitung stellt man jedoch fest, dass sich für *alles* eine *Metrik* finden lässt.

Controlling von Prozessverbesserungen erfolgt in Anlehnung an das Paradigma des klassischen monetären Controlling, Bild 8.9.

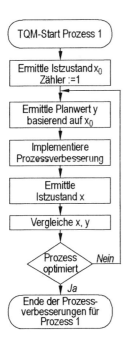

Bild 8.9: TQM-Controlling-Paradigma.

Gemäß dem japanischen Vorbild *Kaizen* (stetige kleine Verbesserungen) wird diese Schleife mehrfach durchlaufen bis der Prozess so weit optimiert ist, dass das *Pareto-Prinzip* eine weitere Optimierung im Vergleich zu anderen noch zu optimierenden Prozessen nicht mehr sinnvoll erscheinen lässt.

Beispiele für *quantitative Werte von Ist-Zuständen* sind:

- Zykluszeit eines Prozesses in Minuten/Stunden/Tagen/Monaten,

- Prozent Ausschuss,

- Zahl der Reklamationen/Tag oder Monat,

- Zahl retournierter Lieferungen (falsche Adresse)/Tag oder Monat,

- Kosten von Gewährleistungsansprüchen, beispielsweise unentgeltlicher Garantiereparaturen,

- Prozent Auslastung,

- Prozent Ausfallzeit von Maschinen oder Rechnern (engl.: *Down time)*,

- Bewertungszahlen von Self Assessment, Kundenbefragungen, Benchmarking etc.

Basierend auf diesen Zahlenwerten lassen sich *Planvorgaben* machen, beispielsweise

- Reduzierung der Zykluszeit eines Prozesses auf 50 % (im zweiten Durchgang Reduzierung um weitere 20 % etc.),

- Reduzierung des Ausschussprozentsatzes auf 10 % des aktuellen Prozentsatzes usw.,

- Reduzierung der Reklamationen/Tag oder Monat auf 50 %,

- Reduzierung der Zahl retournierter Lieferungen/Tag oder Monat auf 10 %.

8.4.1 Methoden der Istwerterfassung

Wie oben gezeigt wurde, lässt sich für alles eine Metrik finden, lässt sich alles messen. Der Phantasie sind keine Grenzen gesetzt. Hat man erst eine geeignete Metrik gefunden bzw. definiert, lassen sich Istzustände x_v quantitativ erfassen. Anschließend werden Planwerte y_v festgelegt und der nach Implementierung von Verbesserungen erreichte neue Istzustand "gemessen". Der Vergleich x_v, y_v macht eine Aussage über die *Performance-Steigerung* bzw. die Qualität des für die Prozessverbesserungen verantwortlichen Managements. Dieses Vorgehen ist auch eine hervorragende Methode zur Bewertung der *Performance Öffentlicher Unternehmen* bzw. von *"Not-for-profit"*-Unternehmen.

Nachstehend werden einige Methoden der Istwerterfassung vorgestellt. Bei einfachen Metriken, beispielsweise der Reduzierung einer bestimmten Durchlaufzeit von einem bestimmten Anfangs-Zahlenwert auf dessen *Hälfte*, ist die Vorgehensweise identisch mit dem monetären Controlling. Bei komplexeren Metriken schlecht quantifizierbarer Prozesse oder Größen erfolgt ein *indirektes Controlling*, bei dem Istwerte vor und nach Prozessverbesserungen durch *Befragungen* ermittelt werden.

8.4.1.1 Selbstbewertung

Selbstbewertung ist die einfachste Methode zur Erfassung des eigenen Istzustands (engl.: *Self assessment*). Bekanntlich ist *Selbsterkenntnis der erste Schritt zur Besserung*. Die Manager der ersten und zweiten Führungsebene können sich selbst ein Bild über die Qualität ihrer Unternehmensführung machen, indem sie während einer gemeinsamen Veranstaltung auf einem *intelligent* gestalteten Erfassungsbogen Fragen folgenden Typs (Auswahl) beantworten bzw. mit Zahlen von 1 bis 7 bewerten (1 $\hat{=}$ exzellent, 7 $\hat{=}$ sehr schlecht):

Finanzen und Rechnungswesen

	1	2	3	4	5	6	7
– Umsatz	☐	☐	☐	☐	☐	☐	☐
– Pro-Kopf-Umsatz	☐	☐	☐	☐	☐	☐	☐
– Operatives Ergebnis	☐	☐	☐	☐	☐	☐	☐
– Ergebnis vor Steuern	☐	☐	☐	☐	☐	☐	☐
– Ergebnis nach Steuern	☐	☐	☐	☐	☐	☐	☐
– Eigenkapitalanteil	☐	☐	☐	☐	☐	☐	☐
– Eigenkapitalrendite	☐	☐	☐	☐	☐	☐	☐
– Gesamtkapitalrendite	☐	☐	☐	☐	☐	☐	☐
– Pro-Kopf-Kapitalrendite	☐	☐	☐	☐	☐	☐	☐

Top-Management-Qualifikation

- Manager besitzen Leadership   ☐ ☐ ☐ ☐ ☐ ☐ ☐
- Manager engagieren sich in TQM   ☐ ☐ ☐ ☐ ☐ ☐ ☐
- Manager leben TQM vor   ☐ ☐ ☐ ☐ ☐ ☐ ☐
- Manager machen verlässliche Aussagen   ☐ ☐ ☐ ☐ ☐ ☐ ☐
- Manager motivieren   ☐ ☐ ☐ ☐ ☐ ☐ ☐
- Manager befähigen ihre Mitarbeiter   ☐ ☐ ☐ ☐ ☐ ☐ ☐
- Manager erkennen Leistung an   ☐ ☐ ☐ ☐ ☐ ☐ ☐
- Manager können die Arbeit ihrer
  Mitarbeiter fachlich beurteilen   ☐ ☐ ☐ ☐ ☐ ☐ ☐
- Manager handeln ethisch   ☐ ☐ ☐ ☐ ☐ ☐ ☐
- Manager haben eine Strategie und kom-
  munizieren diese an ihre Mitarbeiter   ☐ ☐ ☐ ☐ ☐ ☐ ☐
- Manager verlangen von ihren Mitarbei-
  tern ebenfalls eine strategische Planung   ☐ ☐ ☐ ☐ ☐ ☐ ☐
- Manager informieren ihre Mitarbeiter   ☐ ☐ ☐ ☐ ☐ ☐ ☐
- Manager handeln umweltbewusst   ☐ ☐ ☐ ☐ ☐ ☐ ☐
- Manager initiieren ihr eigenes Audit
  durch ihre Mitarbeiter   ☐ ☐ ☐ ☐ ☐ ☐ ☐

Personalwesen

- Mitarbeiter erhalten eine angemes-
  sene Entlohnung   ☐ ☐ ☐ ☐ ☐ ☐ ☐
- Mitarbeiter sind am Gewinn beteiligt
  (Erfolgsbeteiligungssysteme)   ☐ ☐ ☐ ☐ ☐ ☐ ☐
- Mitarbeiter können an internen und
  externen Weiterbildungsmaßnahmen
  auf Firmenkosten teilnehmen   ☐ ☐ ☐ ☐ ☐ ☐ ☐
- Arbeitsplatzsicherheit ist ein Anliegen
  des Top-Managements   ☐ ☐ ☐ ☐ ☐ ☐ ☐
- Mitarbeiter sind hochmotiviert und
  tragen TQM-Maßnahmen mit   ☐ ☐ ☐ ☐ ☐ ☐ ☐
- Allgemeine Zufriedenheit der Mitarbeiter   ☐ ☐ ☐ ☐ ☐ ☐ ☐

Kundenzufriedenheit

- Kunden sind zufrieden mit dem Preis □ □ □ □ □ □ □
- Kunden sind zufrieden mit der Funk- □ □ □ □ □ □ □
  tionalität
- Kunden sind zufrieden mit der Qualität □ □ □ □ □ □ □
- Kunden sind zufrieden mit den Liefer- □ □ □ □ □ □ □
  zeiten
- Kunden sind zufrieden mit Kundendienst □ □ □ □ □ □ □
  und Reparaturzeiten
- Kunden sind zufrieden mit den Antwort- □ □ □ □ □ □ □
  zeiten bei allfälligen Fragen an das Unter-
  nehmen (Angebotserstellung, Beantwor-
  tung telefonischer Anfragen)
- Die Erwartungen der Kunden werden □ □ □ □ □ □ □
  übertroffen
- Es gibt regelmäßige Kundenbefragungen □ □ □ □ □ □ □
- Die Kunden kaufen immer wieder □ □ □ □ □ □ □

Selbstbewertung lässt einigen Spielraum für eine wohlwollende Einschätzung bestimmter Zustände. *Belastbarer* und *objektiver* sind *Bewertungen durch Kunden* (externe wie interne!), so genannte *Kundenaudits*.

8.4.1.2 Kundenaudits

In der Vergangenheit wurden neue Produkte oder Dienstleistungen vielfach antizipativ entwickelt und erst anschließend wurde ein Bedarf geweckt (engl.: *Market push*). Dies war nicht nur sehr aufwendig, sondern ging auch häufig "*schief*" (Bild 7.17). Seit geraumer Zeit hat sich die Erkenntnis durchgesetzt, dass es wesentlich effektiver und effizienter ist, die Kunden *vorher* zu fragen, was sie *vermissen* oder sich *wünschen* und dann alle Anstrengungen gezielt auf die Erfüllung dieser *Kundenwünsche* und die Schaffung von *Kundennutzen* zu konzentrieren. Das Motto "*Die besten Ideen kommen von den Kunden*" ist ein sicheres Erfolgsrezept.

Dem Leser sind die Kundenbefragungsvordrucke von *Hotelketten, Autovermietungen* etc. sicher hinlänglich bekannt. Nach genau dem gleichen Schema lassen sich Kundenaudit-Vordrucke auch für interne Kunden entwerfen. Der Leser mag einwerfen, dass er solche Vordrucke schon häufig ignoriert und im Papierkorb hat landen lassen. Richtig, im Unterschied zur *freiwilligen* Beantwortung der Fragebögen im Konsumbereich *müssen* jedoch die internen Kunden die Fragen beantworten, was bei vorhandenem TQM-Verständnis in aller Regel auch keine Schwierigkeiten macht.

Meist werden Kundenbefragungen eingeleitet mit Sätzen wie

> *"Wir sind stets bemüht, alle Wünsche unserer geschätzten Kunden zu erfüllen oder ihre Erwartungen gar zu übertreffen. Diesem Anspruch können wir umso besser gerecht werden, je genauer wir Ihre Wünsche kennen. Bitte nehmen Sie sich in Ihrem eigenen Interesse zwei Minuten Zeit, Ihren Gesamteindruck zu kennzeichnen und die nachstehenden Fragen zu beantworten."*

oder

> *"Bitte bewerten Sie unsere nachstehend aufgeführten Leistungen durch Ankreuzen der Ihrem Urteil entsprechenden Bewertung. Ihre Bewertung hilft uns, Ihnen künftig für Ihr Geld noch mehr Leistung zu bieten."*

Nach dem einleitenden Absatz folgen beispielsweise

- *Testfragen*, die nur mit *Ja/Nein* beantwortet werden,

- *Leistungen* bzw. *Leistungskriterien*, die mit *Noten* von beispielsweise 1...7 bewertet werden (vgl. Self-Assessment),

- *Fragen*, die "ausführlich" verbal zu beantworten sind,

- *Aussagen*, deren Zutreffen in mehreren Stufen zwischen *volle Zustimmung* und *völlig anderer Meinung* bewertet wird.

Die Leistungen bzw. Fragen unterscheiden sich natürlich je nach Art des Kunden/Lieferanten-Verhältnisses – intern/extern – und dem Gegenstand der Lieferung (Produkte oder Dienstleistungen). Sie sind für jedes Kunden-/Lieferanten-Verhältnis *sinnfällig* und *eindeutig* zu formulieren. In jedem Fall empfiehlt sich ausreichend Platz für sonstige oder spontane Kommentare vorzusehen.
Beispielsweise zeigt Bild 8.10 einen Kundenbefragungsvordruck mit Ja/Nein-Antworten, Bild 8.11 einen Vordruck mit verbaler Bewertung.

> **Mustermann AG**
> **Abt. XYZ**
>
> ## Kunden-Audit
>
> Sehr geehrter Kunde,
>
> wir sind stets bemüht, alle Wünsche unserer geschätzten Kunden zu erfüllen oder ihre Erwartungen gar zu übertreffen. Diesem Anspruch können wir umso besser gerecht werden, je genauer wir Ihre Wünsche kennen. Bitte nehmen Sie sich in Ihrem eigenen Interesse zwei Minuten Zeit, Ihren Gesamteindruck zu kennzeichnen und die nachstehenden Fragen zu beantworten.
>
> | | Ja | Nein |
> | --- | --- | --- |
> | Wurden Sie freundlich behandelt? | ☐ | ☐ |
> | Wurden Sie gut untergebracht? | ☐ | ☐ |
> | Waren Ihre Gesprächspartner kooperativ? | ☐ | ☐ |
> | Sind Sie mit der Technik unserer Produkte zufrieden? | ☐ | ☐ |
> | Sind Sie mit der Bedienerführung zufrieden? | ☐ | ☐ |
> | Sind Sie mit unserem Service zufrieden? | ☐ | ☐ |
> | Blieben Fragen offen? | ☐ | ☐ |
> | Werden Sie uns wieder beauftragen? | ☐ | ☐ |
>
> Was vermissen Sie: ....   Kundenadresse: ....
> ....
> ....   Telefon: ....
> ....   E-Mail: ....
>
> Bitte senden an: ....
> ....
> ....

Bild 8.10: Kundenbefragungsvordruck mit Fragen, die nur eine Beantwortung *Ja/Nein* erfordern.

Die Ja/Nein-Bewertung benötigt nur wenig Zeit zum Ausfüllen und genießt eine hohe Akzeptanz.

Befragungsvordrucke mit verbalen Antworten sollten nur auf die wichtigsten Aspekte eingehen (am besten nur eine Seite), um bei den Befragten nicht gleich zu Beginn Unmut zu erregen, Bild 8.11.

Mustermann AG
Abt. XYZ

Kunden-Audit

Sehr geehrter Kunde,

wir sind stets bemüht, alle Wünsche unserer geschätzten Kunden zu erfüllen oder ihre Erwartungen gar zu übertreffen. Diesem Anspruch können wir umso besser gerecht werden, je genauer wir Ihre Wünsche kennen. Bitte nehmen Sie sich in Ihrem eigenen Interesse zwei Minuten Zeit, Ihren Gesamteindruck zu kennzeichnen und die nachstehenden Fragen zu beantworten.

Gesamteindruck:
Exzellent,   sehr gut,   gut,   befriedigend,   ausreichend,   schlecht

Was machen wir gut? ....
Was sollen wir ändern? ....
Was können wir besser machen? ....

Sonstige Bemerkungen: ....   Kundenadresse: ....
....
....   Telefon: ....
                                                          E-Mail: ....

Bitte senden an: ....
....
....

Bild 8.11: Kundenbefragungsvordruck mit verbalen Antworten.

Ein typisches Beispiel *interner* Kunden-/Lieferantenbeziehung sind Dienstleistungen einer zentralen Entwicklungs- oder Konstruktionsabteilung für die operativen Geschäftseinheiten. Damit Entwicklungsarbeiten nicht nach außen vergeben werden, ist größte Kundenzufriedenheit anzustreben. Diese lässt sich messen, indem mit jedem abgeschlossenen Projekt der interne Lieferant (Projektleiter) einen Fragebogen verteilt, Bild 8.12, in dem er seine internen Kunden um eine Bewertung bittet. Der Fragebogen wird anschließend wieder dem jeweiligen Lieferanten zurückgegeben *und/oder* – bei parallelen Aktivitäten – einem vorgelagerten TQM-Beauftragten für ein zusätzliches *Benchmarking* (8.4.1.3) zur Kenntnis gebracht.

Mustermann AG
Abt. XYZ

Kunden-Audit

Sehr geehrter Kunde,

bitte nehmen Sie sich in Ihrem eigenen Interesse zwei Minuten Zeit, uns Ihren Gesamteindruck mitzuteilen und die nachstehenden Fragen zu beantworten.

Projektbezeichnung, Auftrag etc.: ....

Bewertung / Merkmale	unge- nügend	aus- reichend	gut	sehr gut
Kompetenz				
Kreativität				
Kunden- fokussierung				
Berichtswesen, Dokumentation				
Kosten-/Leistungs- verhältnis				
Termintreue				

Projekterfolg insgesamt: ....

Benchmarking mit anderen Abteilungen:	überdurch- schnittlich ☐	durch- schnittlich ☐	unterdurch- schnittlich ☐

Sonstige Bemerkungen: ....   Kundenadresse: ....
....   Telefon: ....

Bitte senden an: ....

Bild 8.12: Kundenbefragungsvordruck einer Entwicklungsabteilung für ihre internen Kunden.

Aus dem Informationsrücklauf kann der *Process owner* sofort selbst erkennen, wo er Defizite hat und woran er im eigenen Interesse arbeiten muss. Bezüglich der Auswertung der Fragebögen wird auf 8.4 verwiesen.

Man stelle sich vor, alle Bürger füllten vor Verlassen einer Behörde Kundenbefragungsbögen aus, die vom Landesrechnungshof ausgewertet werden! Diese Vision ist durchaus ernst gemeint, lernen doch auch Universitätsprofessoren aus dem Rücklauf der Fragebögen, die sie heute vielfach in eigenem Interesse an ihre Hörer verteilen.

8.4.1.3 Benchmarking

Benchmarking ist ein Werkzeug zur Ermittlung und Bewertung der eigenen Leistungsfähigkeit durch Vergleich mit anderen Unternehmen einer ähnlichen Branche oder auch mit anderen Geschäftseinheiten bzw. Kollegen des eigenen Unternehmens. Allfällige Defizite zu den Branchenbesten (engl.: *Best practice companies*) zeigen den Teilnehmern des *Benchmarking* Schwachstellen auf und ermöglichen einen Lernprozess, an dessen Ende Kriterien für eine priorisierte Zuweisung von Ressourcen zur optimalen Verbesserung der *Performance* stehen.

Beim *internen Benchmarking* werden beispielsweise die Sparten eines Unternehmens oder die selbständig agierenden Tochterunternehmen eines Konzerns bezüglich ROI, Pro-Kopf-Umsatz und -Gewinn etc. miteinander verglichen. Grundsätzlich können die gleichen Vergleichskriterien Anwendung finden wie beim Self-Assessment (8.4.1.1).

Beim *externen Benchmarking* vergleicht man sich mit den ummittelbaren Wettbewerbern. Dabei geht es nicht nur um Fragen wie beim Self-Assessment, sondern auch um das Vergleichen zuvor gekaufter *Wettbewerbsprodukte* (engl.: *Competitive benchmarking*). Diese werden vollständig zerlegt und nach den Kriterien verwendete Materialien, Zahl der Einzelteile, Größe, Gewicht, Performance etc. miteinander verglichen.

Beim *World-Class-Benchmarking* vergleicht man sich mit dem Branchenführer, der für seine "best practice"-Methoden allseits anerkannt ist. Dem externen und World-Class-Benchmarking geht meist ein internes Benchmarking voraus.

Externes Benchmarking kann auch mit Hilfe eines unabhängigen Unternehmensberaters erfolgen, der verschiedene Firmen untersucht, deren Kunden befragt und anschließend die Ergebnisse in einem Vergleich aufbereitet.

Neben dem Vergleich mit unmittelbaren Wettbewerbern kommen auch durchaus Firmen anderer Branchen in Frage, mit denen man *produktunabhängige Zahlen und Prozesse* vergleicht, beispielsweise Kosten eines *Bestellvorgangs*, *Kostenrechnungsverfahren*, *Informationsmanagement*, *Größe der Personalabteilung* bezogen auf die gesamte Mitarbeiterzahl, *Umfang des Controlling* etc. So können sich zwei Firmen unterschiedlicher Branchen darauf verständigen, je einen Stabsmitarbeiter abzustellen, die als Team beide Unternehmen durchleuchten. Verglichen mit der Selbstbewertung, die neben einem ersten Eindruck erst beim zweiten Durchlauf qualitative Aussagen über etwaige Verbesserungen zulässt, erlaubt Benchmarking sofort eine quantitative Aussage über etwaige Defizite. Wegen weiterer Details muss der Leser auch hier wieder auf das fachspezifische Schrifttum verwiesen werden. Gegebenenfalls kann er sich auch an einen Unternehmensberater wenden.

8.4.2   Ermittlung von Planwerten und Soll-/Istwertvergleich

Die Ausübung der Controlling-Funktion setzt die Existenz von Planwerten voraus, die bis zur Erfassung des nächsten Istzustands erzielt werden müssen (6.3). Diese Planwerte werden auf der Basis von Zahlen einer zuvor durchgeführten Istwerterfassung zu Beginn der Einführung von TQM auch als *Nullmessung* bezeichnet unter Berücksichtigung realisierbar eingeschätzter Prozessverbesserungen festgelegt. Beispielsweise kann verlangt werden, dass bei der nächsten Istwerterfassung sich alle in der jeweiligen Metrik vorliegenden Zahlen der Nullmessung um X % verbessern müssen usw.

Als Datenbasis dient eine Zusammenfassung der Beurteilungen aller in einer Periode zurückgekommenen Fragebögen, getrennt nach den verschiedenen Beurteilungskriterien. Als Metrik können *Noten* oder verbale Einschätzungen von "*sehr gut*" bis "*ungenügend*" dienen, Bild 8.13.

Eine Inspektion der Datenbasis legt die Forderung nahe, dass bei der nächsten Istwerterfassung für jedes Beurteilungskriterium mindestens 50 % "sehr gut" erreicht werden sollten. *In praxi* wäre dies aber nach wie vor sehr mäßig. Strategisches Ziel sollte sein, dass alle Kunden jedes Beurteilungskriterium mit "sehr gut" bewerten. "Ungenügend" oder "ausreichend" sollte gar nicht vorkommen.

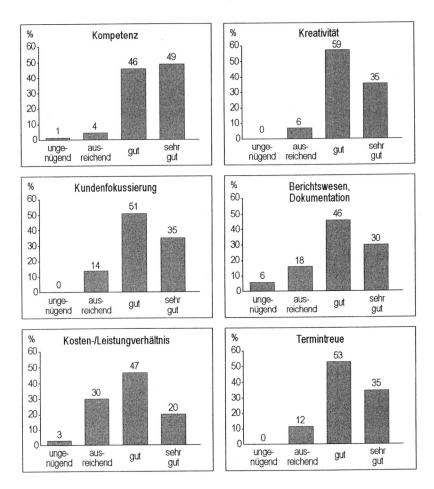

Bild 8.13: Soll-/Istwertvergleich bei Kundenbefragungen (fiktive Zahlenwerte).

Nach Implementierung der geplanten Prozessverbesserungen und Ablauf der darauf folgenden Periode sowie anschließender Istwerterfassung wird die ursprüngliche Version von Bild 8.13 mit der aktualisierten Version verglichen und festgestellt, ob die geplanten Werte erreicht worden sind. Etwaige Abweichungen machen eine quantitative Aussage über die Performance des Lieferanten bzw. des *Process owners*. Ausgehend von dem verbesserten Istzustand werden unter Berücksichtigung weiterer realistischer Prozessverbesserungen wieder neue Planwerte festgesetzt und der nach Ablauf der Implementierungsperiode sich stellende Istzustand erneut gemessen usw. Ein mächtiges

Werkzeug für das Controlling von Prozessverbesserungen ist die so genannte *Balanced Score Card*, die in 9.5 vorgestellt wird.

8.4.3 Vergleich der Effizienz der Kosten- und Erlösrechnung mit Maßnahmen zu Prozessverbesserungen

Die *Kosten- und Erlösrechnung* (5.10) zielt auf eine möglichst *genaue Ermittlung der Kosten* und *Erlöse* von Produkten und ihren Komponenten ab. Ihre Ergebnisse werden unter den jeweils herrschenden Umständen als nahezu unveränderbar hingenommen. Würde man den Aufwand für eine detaillierte Kosten- und Erlösrechnung alternativ in TQM-Maßnahmen bzw. Prozessverbesserungen investieren, erhielte man zumindest von der Tendenz her deutlich niedrigere Kosten. Die *Prozesskostenrechnung* bzw. *Activity-Based-Costing* ist ein Schritt in diese Richtung (5.10.6). Sie gibt neben der Kostenermittlung auch Hinweise für Prozessverbesserungen, ist aber nicht so leistungsfähig wie die konsequente Durchführung von TQM und der damit verbundenen Produktivitätssteigerung.

8.5 Quality Function Deployment

Quality Function Deployment (QFD) ist ein Managementwerkzeug zur systematischen, wohlstrukturierten Ausrichtung eines Unternehmens auf externe wie interne *Kunden*. Quality Function Deployment fördert unter anderem

- die systematische Erfassung, Darstellung und Dokumentation von Daten im Rahmen kundengetriebener Designprozesse,

- die Reduzierung von *Änderungskosten* durch Vermeidung der Nichtberücksichtigung bestimmter Kundenanforderungen,

- die Reduzierung von Durchlaufzeiten und Entwicklungskosten,

- das Nachvollziehen bestimmter Überlegungen während des Designprozesses an Hand in Schriftform existierender Unterlagen unterschiedlicher Granularität,

- die zielorientierte Befriedigung aller Kundenerwartungen bzw. *Total Customer Satisfaction*.

Grundlage von QFD ist eine Beziehungsmatrix, in der die *Kundenanforde-rungen* systematisch den *Lieferantenleistungen* zugeordnet werden, Bild 8.14.

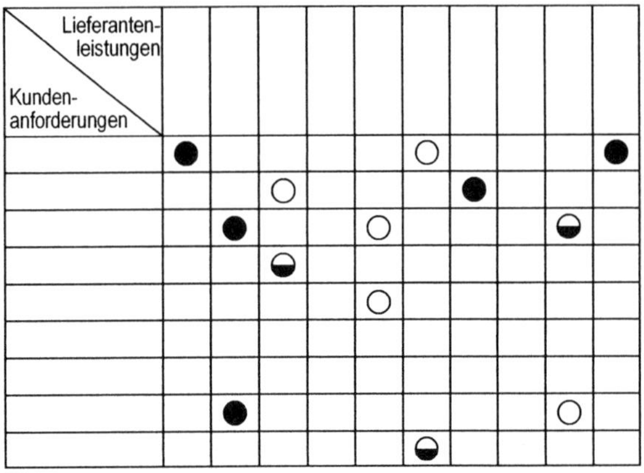

Lieferanten-leistungen / Kunden-anforderungen										
●				○				●
		○			●			
	●			○			◑	
		◑						
				○				
	●						○	
				◑				

Bild 8.14: Beziehungsmatrix.

Kundenanforderungen (*Was* wird verlangt?) bezeichnen die Zeilen der Ma-trix, *Herstellerleistungen* (*Wie* erfüllt der Lieferant die Kundenanforderun-gen?) die Spalten (meist technische Deskriptoren). Sowohl bei den Zeilen wie bei den Spalten geht man vom Groben zum Feinen vor. Mit anderen Worten, diese Beziehungsmatrix wird, mit grober *Granularität* beginnend, immer weiter verfeinert.

Von Null verschiedene Elemente im Kreuzungspunkt einer Zeile und einer Spalte kennzeichnen die Existenz einer gegenseitigen Beziehung der jeweili-gen Zeilen- und Spaltendeskriptoren, wobei durch unterschiedliche Symbole gleichzeitig deren Gewicht zum Ausdruck gebracht werden kann. Zum Bei-spiel:

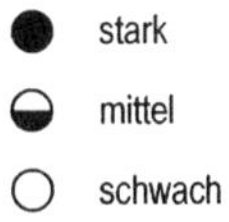

    ● stark

    ◑ mittel

    ○ schwach

Eine leere *Zeile* besagt, dass eine bestimmte Kundenanforderung überhaupt nicht erfüllt wird, was offensichtlich das Hinzufügen einer weiteren Spalte erforderlich macht. Eine leere *Spalte* weist auf eine überflüssige Hersteller-leistung hin und kann in der Regel gestrichen werden.

Allein die Beziehungsmatrix leistet bei der Strukturierung von Daten und der Visualisierung ihrer wechselseitigen Beziehungen bereits wertvolle Hilfe. Quality Function Deployment kann aber noch mehr. Beispielsweise lässt sich die in Bild 8.14 gezeigte Matrix um eine *Korrelationsmatrix* ergänzen, die Kopplungen zwischen Herstellerleistungen visualisiert, Bild 8.15.

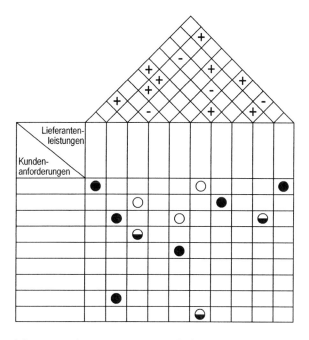

Bild 8.15: Beziehungsmatrix ergänzt um Korrelationsmatrix.

Pluszeichen kennzeichnen eine positive Korrelation, das heißt einen synergistischen Zusammenhang, *Minuszeichen* eine negative Korrelation, das heißt einen widersprüchlichen Zusammenhang (Konflikt). Die Korrelationsmatrix lässt frühzeitig widersprüchliche Anforderungen erkennen und kann die Anzahl späterer Änderungen beträchtlich reduzieren.

Die nächste Stufe der Verwertung der Beziehungsmatrix liegt im *Assessment* des *Wettbewerbs* und der *Technik*. Hierzu werden mehrere Versionen des Diagramms gemäß Bild 8.14 erstellt, und zwar für ein bereits vorhandenes Produkt, für ein zu entwickelndes Nachfolgeprodukt und gegebenenfalls für Wettbewerbsprodukte A und B. Ferner werden die Beziehungsgewichte durch

Zahlen repräsentiert, die eine Quantifizierung von Kompromissen erlauben. Schließlich können Kundenanforderungen und technische Deskriptoren priorisiert werden usw. (Spaltenbezeichnungen).

Abhängig von der Komplexität des Projekts und der Ausdehnung auf *interne* Lieferanten und Kunden gemäß dem TQM-Prinzip können mehrere Matrizen erstellt werden. Dabei werden einzelne Lieferantenleistungen auf interne Kundenanforderungen heruntergebrochen bzw. als solche interpretiert und hierfür wiederum detaillierte interne Lieferantenleistungen festgelegt. Diese Vorgehensweise wird so lange wiederholt, bis die Lieferantenleistungen auf einzelne Aktivitäten zurückgeführt sind, die sich sinnvollerweise nicht noch weiter vereinfachen lassen (z. B. Schrauben eindrehen).

Von einer höheren Warte aus betrachtet (*Meta-Sicht*), entspricht die erste Matrix mit den externen Kundenanforderungen der *Produktplanung*, die zweite Matrix zwischen internen Kunden und Lieferanten der *Teileplanung*, die dritte Matrix der *Prozessplanung* und die vierte Matrix der *Fertigungsplanung*. Wegen weiterer Details wird auf das Schrifttum verwiesen.

9 Management-Techniken

9.1 Analysemethoden

Neben den bereits in Kapitel 8 vorgestellten speziellen *Methoden zur Prozessanalyse* gibt es noch zahlreiche weitere Analysemethoden, die beispielsweise die Erfassung des Ist-Zustands eines Unternehmens erlauben. Ihre Ergebnisse bilden die Ausgangsbasis für die Überprüfung der Mission (6.1), die Formulierung von Zielen und die Entwicklung geeigneter Strategien, um diese zu erreichen.

9.1.1 SWOT-Analyse

Die SWOT-Analyse bildet die Grundlage für das systematische Formulieren von Zielen im Rahmen der *Strategischen Planung* (6.1.1). Sie ist eine Methode zur *Unternehmens-* und *Umfeldanalyse* und dient der Erfassung der

- *Stärken* (engl.: *Strengths*) und *Schwächen* (engl.: *Weaknesses*) eines Unternehmens, so genanntes *Unternehmensprofil* sowie der
- *Chancen* (engl.: *Opportunities*) und *Bedrohungen* (engl.: *Threats*) des Umfelds des Unternehmens, so genanntes *Umfeldprofil*.

Stärken und Schwächen sind "*hausgemacht*", Chancen und Bedrohungen sind *äußere Einflüsse*. Sie sind nicht vom Unternehmen steuerbar, können aber *genutzt* oder *abgewehrt* werden.

Bei der *SWOT-Analyse* wird ein *Unternehmensprofil* erstellt. Hierfür werden die Erfolgspotentiale bzw. Erfolgsfaktoren des Unternehmens in einer Liste erfasst und als *Stärke*, *Schwäche* oder *Durchschnitt* bewertet, Bild 9.1.

Unternehmens-Profil der Erfolgspotentiale	Stärke	Durchschnitt	Schwäche
Oberes Management		•	
Mittleres Management	•		
Unteres Management	•		
Mitarbeiterprofil		•	
Customer Focus	•		
Total Quality Management			•
Fertigungstechnik	•		
Durchlaufzeiten			•
Marketing		•	
Controlling			•
Finanzen			•
Logistik		•	
Forschung & Entwicklung	•		
Informationsmanagement			•
Mitarbeiterschulung		•	

Bild 9.1: Erfolgspotentiale des Unternehmens.

Die Erfolgspotentiale der linken Spalte können beliebig ergänzt bzw. nochmals beliebig in Untermengen aufgeschlüsselt werden. Entsprechend können auch die drei Bewertungsspalten auf fünf Spalten mit den "Noten" 1 bis 5 erweitert werden. Durch Verknüpfen der einzelnen Bewertungen lässt sich ein Unternehmensprofil der Stärken und Schwächen erstellen. Die Vollständigkeit der Liste und das verlässliche Erkennen der *vorrangigen* Erfolgspotentiale, insbesondere unter Berücksichtigung künftiger Trends, ist ein Maß für die Qualifikation des Managements.

Gewöhnlich werden alle Manager der gleichen Führungsebene aufgefordert, Erfolgspotentiale (aber auch andere interne Messgrößen) gemäß Bild 9.1 zu bewerten und gegebenenfalls weitere, aus ihrer Sicht wichtige Erfolgspotentiale hinzuzufügen. Anschließend werden alle Bewertungsbögen eingesammelt und die Erfolgspotentiale in sinnvolle Mengen strukturiert, z. B. *Finanzen, Marketing* etc. Anhand der zusammengefassten Bewertungen erfolgt eine Priorisierung, in deren Reihenfolge *Stärken genutzt* bzw. *Schwächen eliminiert* werden sollen. Die höchstpriorisierten Stärken und Schwächen führen zur Formulierung von Zielen bzw. Teilzielen (6.1).

Bei der *Umfeldanalyse* wird ein *Umfeldprofil* erstellt, das heißt es werden Umfeldeinflüsse auf das Unternehmen in einer Liste erfasst und bewertet, Bild 9.2.

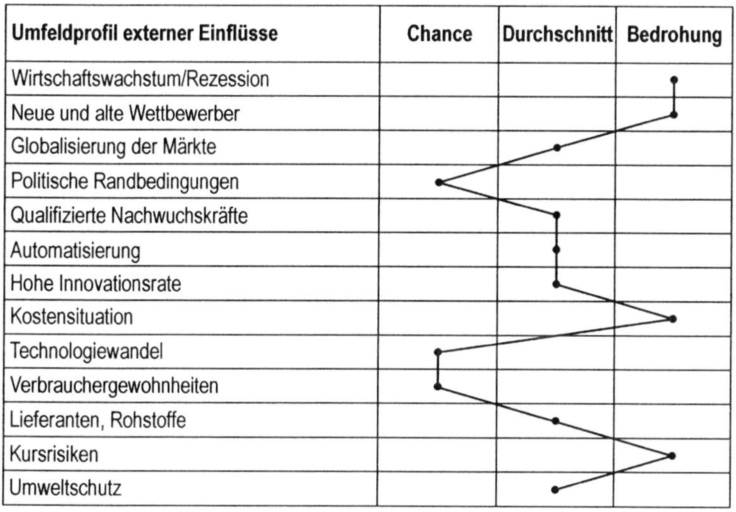

Umfeldprofil externer Einflüsse	Chance	Durchschnitt	Bedrohung
Wirtschaftswachstum/Rezession			●
Neue und alte Wettbewerber			●
Globalisierung der Märkte		●	
Politische Randbedingungen	●		
Qualifizierte Nachwuchskräfte		●	
Automatisierung		●	
Hohe Innovationsrate		●	
Kostensituation			●
Technologiewandel	●		
Verbrauchergewohnheiten	●		
Lieferanten, Rohstoffe		●	
Kursrisiken			●
Umweltschutz		●	

Bild 9.2: Umfeldanalyse eines Unternehmens.

Die Umfeldeinflüsse der linken Spalte können ebenfalls beliebig ergänzt bzw. nochmals beliebig fein unterteilt werden. Auch hier sind die Vollständigkeit der Liste und das verlässliche Erkennen der entscheidenden Einflüsse, insbesondere unter Berücksichtigung künftiger Trends, ein Maß für die Qualifikation des Managements.

Im Anschluss an die Analyse erfolgt wieder eine Priorisierung, in deren Reihenfolge *Chancen genutzt* und *Bedrohungen pariert* werden sollen. Die höchstpriorisierten Chancen und Bedrohungen führen wieder zur Formulierung von Zielen bzw. Teilzielen.

Die mit Hilfe einer SWOT-Analyse definierten *Ziele* und *Teilziele* bilden die Grundlage für die Auswahl von Strategien und die anschließende Formulierung von *Projekten*. Die SWOT Analyse erlaubt somit ein systematisches Vorgehen bei der optimalen Allokierung (Zuweisung) der kostbaren Ressourcen auf die wichtigsten und dringlichsten Aktivitäten. Grundsätzlich ist die Bewertung von Stärken und Schwächen bzw. Chancen und Bedrohungen nicht nur nach dem *aktuellen Stand,* sondern auch im Hinblick auf die *Zu-kunft* vorzunehmen. Letzteres führt zu so genannten *Frühwarnsignalen,* die Schwächen und Bedrohungen antizipieren lassen.

Bei der erweiterten SWOT-Methode kann, beispielsweise durch *Benchmar-king,* (Kapitel 8), auch eine Analyse des Wettbewerbs erfolgen. Durch Ein-zeichnen des Unternehmensprofils des beispielsweise stärksten Wettbewer-bers wird eine SWOT-Analyse bereits bildhaft besonders aussagekräftig. Die SWOT-Analyse liefert wertvolle Hinweise, insbesondere für die Priorisierung von Zielen und ist (falls innerhalb eines Toleranzbereiches quantifiziert) auch die Ausgangsbasis für Portfoliodarstellungen.

9.1.2   Polardiagramme

Statt Stärken und Schwächen in Tabellenform zu erfassen, kann man sie auch als Sektoren in einem Kreisdiagramm darstellen. Ausgehend vom Zen-trum (1 = "Nicht ausreichend"), erhalten die Erfolgsfaktoren in radialer Rich-tung zunehmend bessere Noten (5 = "Sehr gut"). Die Noten jedes Sektors werden durch eine Linie verbunden und formen dann Sektoren, Bild 9.3.

Bild 9.3: Polardiagramm für Erfolgspotentiale.

Die generelle Strategie lautet "*Fläche gewinnen*". Wie bei einer Zielscheibe wird die Erfolgswahrscheinlichkeit mit zunehmender Fläche erhöht. Sinngemäß können auch *Schwächen* in einem Kreisdiagramm dargestellt werden, dessen Benotung dann von außen nach innen verläuft. Die generelle Strategie lautet dann "*Fläche minimieren*"! Je kleiner die Fläche, desto geringer die Wahrscheinlichkeit, dass Schwachstellen vom Wettbewerb getroffen werden können. Polardiagramme eignen sich auch sehr gut zur graphischen Darstellung von Persönlichkeitsprofilen. Auch dort lautet die Strategie: "Fläche gewinnen".

9.1.3   Gap-Analyse

Wenngleich der Begriff *Gap*, das heißt *Lücke*, auch zur Charakterisierung der Unterschiede zwischen Ist- und Soll-Unternehmensprofilen der SWOT-Analyse verwandt wird, versteht man unter dem Begriff *Gap-Analyse* im ursprünglichen Sinn die Prognose notwendiger Maßnahmen, um der durch den endlichen *Produktlebenszyklus* bedingten ständigen Bedrohung der Prosperität eines Unternehmens zu begegnen. Beispielsweise zeigt Bild 9.4 einen Ausschnitt aus einem typischen Produktzyklus (Umsatz aufgetragen über die Zeit) zusammen mit der langfristig notwendigen *Umsatzentwicklung*. Die Differenz zwischen beiden Kurven stellt den zum jeweiligen Zeitpunkt zu erwartenden *Gap*, das heißt die *strategische Lücke* bzw. *Umsatzlücke* dar, die das Ausmaß charakterisiert, in dem beispielsweise alte Produkte durch neue ersetzt werden müssen.

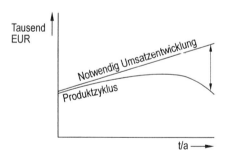

Bild 9.4: Gap-Analyse.

Die *Umsatzentwicklung* stellt die budgetierten Erwartungen des Top-Managements dar. Der *Produktzyklus* ist gewöhnlich eine integrale Größe, die die Umsatzentwicklung des ganzen Produktspektrums aus *auslaufenden*, *aktuellen* und *neueren* Produkten impliziert.

Zur Auffüllung der Lücke bieten sich drei Optionen an:

- – Neue Produkte (F&E)
- – Neue Märkte (Marketing)
- – Neue Geschäftsfelder (Diversifikation)

Die Entscheidung über die anteiligen Beiträge der drei Optionen und die hierfür erforderlichen Investitionen obliegt dem Top-Management.

Selbstverständlich kann an Stelle des Produktlebenszyklus auch der *Techno-logiestand* oder die hauseigene *Datenverarbeitung* dargestellt werden und liefert dann Hinweise für Investitionen in Erfolgspotentiale wie F&E und EDV. Sinngemäß kann auch an Stelle des Umsatzes der jährliche Gewinn aufgetragen werden.

Die Grafik in Bild 9.4 ist nur *ein* Szenario von vielen denkbaren prognostizierten Verläufen. Die beiden Funktionen *Umsatzentwicklung* und *Produktzyklus* sind üblicherweise mit starken *Unsicherheiten* behaftet. Bei Diskussionen einer Gap-Analyse zwischen zwei Managementebenen ist der einvernehmlichen Feststellung der Größe des Gap und der Aufteilung der Verantwortlichkeiten zu seiner Beseitigung große Aufmerksamkeit zu schenken.

9.1.4   Portfolio-Analyse

Die Portfolio-Analyse ist ein weiteres Verfahren zur Systematisierung des Vorgehens bei der Zielformulierung und insbesondere der Festlegung von *Investitions-Strategien* im Rahmen der strategischen Planung (6.1.1). Während die SWOT-Analyse jedoch Unternehmens- und Umfeldanalyse getrennt vornimmt, ist die Portfolio-Analyse eine *ganzheitliche* Methode.

Die Portfolio-Analyse kommt aus dem Wertpapiergeschäft und ist ein Werkzeug, das in die probabilistische Suche nach der optimalen Balance zwischen *Risiko und Erfolg* sowie *Stabilität und Wachstum* verschiedener Wertpapiersysteme eine gewisse Übersicht bzw. Transparenz bringt. Sie erlaubt, die Weichen frühzeitig richtig zu stellen und die kostbaren Ressourcen effizient einzusetzen. An Stelle verschiedener *Wertpapiere* treten bei der Portfolio-Analyse von Unternehmen verschiedene *Geschäftsbereiche* bzw. *Strategische Geschäftseinheiten,* verschiedene *Produkte, Patente, Forschungsprojekte* etc., deren Bedeutung für das Unternehmen mit der Portfolioanalyse visualisiert werden kann.

Ein Portfolio ist eine 2-dimensionale Matrix, bei der in *vertikaler* Richtung eine vom Unternehmen nicht beeinflussbare Bewertungsgröße, also eine *unternehmensexterne Größe* (*Umfeld-Dimension*), in *horizontaler* Richtung eine vom Unternehmen beeinflussbare, *unternehmensinterne Größe* aufgetragen wird (*Unternehmens-Dimension*), Bild 9.5.

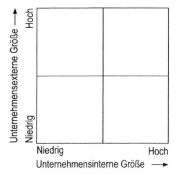

Bild 9.5: Grundsätzliches Portfolio-Format mit vier Feldern (*Boston-Consulting* Portfolio).

Gelegentlich findet man die Abszisse eines Portfolios auch von *rechts* nach *links* verlaufend.

Beispiele für Achsenpaare sind

- *Marktwachstum / Marktanteil*
- *Technologie Attraktivität / F&E Ressourcenstärke.*

Bild 9.6 zeigt ein Portfolio für das klassische Achsenpaar *Marktwachstum / Marktanteil*.

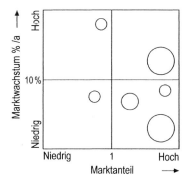

Bild 9.6: Portfolio "Marktwachstum/ Marktanteil".

Die verschiedenen Geschäftsbereiche werden bezüglich der Größe und dem Wachstum des Marktes für ihre Produkte bewertet und entsprechend *hoch* oder niedrig platziert. Die "hausgemachte" *Stärke* eines Geschäftsbereichs wird durch den erreichten Marktanteil ausgedrückt und entsprechend *links* oder *rechts* platziert.

Um das Portfolio treffend quantifizieren zu können und von der absoluten Größe des Marktanteils unabhängig zu machen, wird der Marktanteil als *bezogene* bzw. *relative Größe* aufgetragen, beispielsweise bezogen auf den Marktanteil des Marktführers. Der Mittellinie entspricht dann der Wert "1". Ähnlich wird auch das Marktwachstum in Prozent/Jahr angegeben. Beispielsweise wird die Mittellinie auf 10 % gelegt. Der Anteil der verschiedenen Produkte bzw. Bereiche am Gesamtumsatz lässt sich durch verschieden große Kreise kennzeichnen.

Mit der auf ausführlichen quantitativen Erhebungen beruhenden Visualisierung der Produkte etc. in der Matrix ist die Portfolio-Analyse des Ist-Zustands abgeschlossen, und es gilt, Entscheidungen zu treffen. Ausgehend vom *Ist-Zustand des Portfolios* werden Investitions-Strategien ausgewählt bzw. festgelegt, die auf ein *Soll-Portfolio* hinzielen, das die Zukunftssicherung des Unternehmens gewährleistet.

Abhängig von der Lage im Portfolio gibt es unterschiedliche *Strategieempfehlungen* bzw. *Normstrategien*, Bild 9.7.

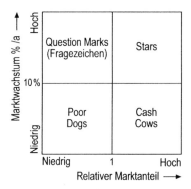

Bild 9.7: *Normstrategien.*

Es gilt der Grundsatz

– attraktive und starke Positionen fördern, das heißt *investieren*,

– unattraktive und schwache Positionen zurückfahren, das heißt *desinvestieren*.

Stars

Produkte mit hohem Marktanteil und gleichzeitig wachsendem Marktvolumen (*Wachstumsphase*). Ihr Cash Flow erlaubt die Eigenfinanzierung des Ausbaus. *Strategie*: Kräftig Investieren, gleichviel ob in eigenes Produkt oder als *Follower* bzw. *Imitator* in ein vom Wettbewerb innoviertes Produkt (Netto Cash-Flow ≈ 0). Wichtig ist Schnelligkeit, damit das anfänglich noch hohe Preisniveau ausgeschöpft werden kann. *Stars* mutieren langfristig zu *Cash Cows*.

Cash Cows

Der Markt*anteil* ist hoch, das Markt*wachstum* klein (*Reifephase*). Hoher Cash Flow bei geringen Investitionen. Cash Cows erzeugen die Gewinne, die zur Finanzierung der Fragezeichen benötigt werden (Netto Cash-Flow positiv). *Strategie*: Gewinne abschöpfen, minimale Erhaltungs-Investitionen. Cash Cows können durch neue Technologien und *Marktsättigung* schnell zu *Poor Dogs* mutieren. Die Akquisition von Cash Cows ist daher trotz momentan guter Ergebnisse mit Vorsicht zu betreiben.

Poor Dogs

Niedriger Marktanteil bei gleichzeitig stagnierendem oder nur schwach vorhandenem Markt (*Auslaufphase*). Negativer Cash Flow. Sie stellen einen Ballast dar. *Strategie*: Desinvestition, Abbauen, Stilllegen (Netto Cash-Flow ≈ 0). Gelegentlich entpuppen sich Poor dogs auch als "*Sleeping beauties*", wenn sie dank günstiger äußerer Umstände überraschend in eines der anderen Felder vorstoßen, so genannte "*Cinderellas*".

Question Marks

Hier handelt es sich um offensichtlich neue Produkte geringen Marktanteils, deren Zukunft noch ungewiss ist. Ihr Zielmarkt besitzt aber zumindest das Potential zum Wachsen (*Innovationsphase*). Der Cash Flow reicht nicht für Investitionen aus. *Strategie*: Zusatzfinanzierung (engl.: *Leverage*, 5.8.4) zum Ausbau des Marktanteils (Netto Cash-Flow negativ).

Im Regelfall durchläuft der Lebensdauer-Zyklus von Produkten oder strategischen Geschäfteinheiten die Matrix im Uhrzeigersinn, Bild 9.8.

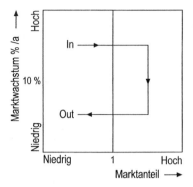

Bild 9.8: Lebensdauerzyklus in der Portfolio-Matrix.

Dieser im Uhrzeigersinn gerichtete Umlauf ist lediglich eine andere graphische Darstellung des künftig zu erwartenden *"Produktlebensdauerzyklus"* und lässt die Zukunft bestimmter Produkte bzw. Geschäftsbereiche antizipieren.

Das grundsätzliche Vier-Felder-Format des Portfolios gemäß Bild 9.8 kann auch auf neun Felder erweitert werden, Bild 9.9.

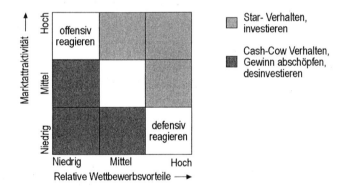

Bild 9.9: Grundsätzliches Portfolio-Format mit neun Feldern, so genannte *Multifaktorenmatrix (McKinsey Portfolio)*.

Portfolio-Untersuchungen können aufgrund des selbstähnlichen Charakters von Unternehmen auf mehreren Unternehmensebenen durchgeführt werden. *Strategische Geschäftseinheiten* stellen ihre diversen *Produkte* in einem Portfolio dar, die Unternehmensführung ihre diversen *strategischen Geschäfts-einheiten*, internationale Konzerne ihre *nationalen Konzerne*, Branchen die ihnen angehörenden Unternehmen (oder auch Wettbewerber) etc.

So hilfreich eine Portfolio-Analyse sein kann, so muss man sich doch darüber im Klaren sein, dass es sich hier nicht um einen Algorithmus handelt, der zwangsläufig wie ein Rechenprogramm die richtigen Ergebnisse bzw. Entscheidungen garantiert. Die Portfolio-Analyse ist lediglich ein heuristisches Werkzeug, das die Wahrscheinlichkeit, mit der man richtige strategische Entscheidungen zu treffen sucht, erhöht. Letztlich steht und fällt die Treffsicherheit der Portfolio-Analyse mit der richtigen Bewertung der externen Einflüsse und insbesondere von Einflüssen, die über die in beiden Dimensionen berücksichtigten Einflüsse hinausgehen.

9.2 Prognosen und Szenarien

Prognosen und *Szenarien* sind ebenfalls Methoden die im Rahmen der Strategischen Planung eingesetzt werden. Sie dienen der Ermittlung einer optimalen Strategie. Insbesondere erlaubt die *Szenariotechnik* die Angabe von *Schranken* (*Worst Case*, *Best Case*) innerhalb der sich bestimmte Entwicklungen ungünstigstenfalls bewegen können.

Prognosen beruhen auf einer *erkennbaren Ordnung der Vergangenheit* die man bis zum Vorliegen neuerer Erkenntnisse auch in der *Zukunft* unterstellt. Zur Anfertigung von Prognosen benötigt man in der Vergangenheit erfasste *Trendkurven* oder *Trendfunktionen*, das heißt Verläufe statistischer Zeitreihen, die um zufällige, gegebenenfalls auch periodische Schwankungen bereinigt sind. *Extrapolationen* dieser Trendfunktionen geben dann den wahrscheinlichen Verlauf einer Entwicklung an, dem die tatsächliche Entwicklung innerhalb einer gewissen Bandbreite folgen wird. Sind die Abweichungen monoton, bedarf die Trendextrapolation einer Korrektur. Ein typisches Beispiel unbedarfter Trendextrapolation wäre das exponentielle Wachstum des Verbrauchs elektrischer Energie, für das durchaus treffendere Modelle zur Verfügung stehen. Erfolgt eine Trendextrapolation unmittelbar aus einer bereinigten Zeitreihe, spricht man von einer unmittelbaren, *direkten Prognose* (engl.: *Deterministic forecast*). Werden die verschiedenen Ursachen bzw. Einflussfaktoren des beobachteten Trends isoliert betrachtet, spricht man von mittelbaren oder *indirekten Prognosen* (engl.: *Correlation techniques*). Mittelbare Prognosen können, müssen aber nicht genauer sein.

Je geringer die erkennbare Ordnung der Vergangenheit und je langfristiger die Vorhersage (Prognose-Horizont), desto fragwürdiger ihre Zuverlässigkeit und desto größer die Vielfalt denkbarer Zukunftsverläufe bis hin zur reinen *Spekulation*. Dies erklärt die häufig krasse Verschiedenheit prognostizierter Zustände. Prognosen können andererseits sehr genau sein, beispielsweise bei der Erstellung von Tageslastkurven für die Kraftwerkseinsatzplanung von Elektrizitätsversorgungsunternehmen, die dank hoher Ordnung in der Vergangenheit den Verbrauch elektrischer Energie über 24 Stunden des folgenden Tages mit einer Unsicherheit von etwa 5 % vorherzusagen gestatten.

Szenarien stellen hypothetische Zustände oder Verläufe dar, die sich bei Annahme bestimmter frei wählbarer Voraussetzungen einstellen würden (*Sandkastenspiele*). Szenarien geben Antwort auf die Frage "*Was wäre, wenn...*?", und sind insbesondere dann von Nutzen, wenn die Zukunft sehr ungewiss ist. Von besonderem Interesse sind die günstigstenfalls bzw. ungünstigstenfalls zu erwartenden Extremtrends. Diese ergeben sich, indem einerseits alle denkbaren *Störeinflüsse* (Murphy's Law), andererseits alle realistischen *positiven Annahmen* in die Vorhersage mit eingearbeitet werden. Man erhält dann eine graphische Darstellung mit zwei keilförmig angeordneten Einhüllenden, zwischen denen die diversen Szenarien verlaufen, Bild 9.10.

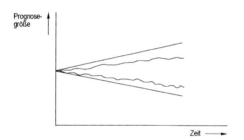

Bild 9.10: Schema eines Szenarios mit Extremtrend-Grenzkurven.

9.3   Brainstorming und Brainwriting

Brainstorming ist eine Kreativitätstechnik zur schnellen Gewinnung neuer bzw. origineller *Ideen* durch gemeinsames Nachdenken. Es dient häufig als Werkzeug für die Entwicklung von Szenarien im Rahmen einer umfassenden SWOT-Analyse. Andere Anwendungen sind die Suche nach einer technischen Problemlösung oder nach Prozessverbesserungen (Kapitel 8).

Grundsätzliche Spielregeln sind:

- Keine Kritik, exotische Lösungen sind willkommen.
- Quantität vor Qualität.
- Das Aufgreifen der Ideen anderer und Weiterspinnen ist explizit erwünscht.
- Es gibt kein Urheberrecht, es gibt keine Hierarchieunterschiede.

Ein *Moderator* (nicht der *Vorgesetzte*) bittet beispielsweise die Teilnehmer eines Brainstorming-Meetings (ca. 5 – 15 Teilnehmer), auf einem Blatt Papier die ihrer Meinung nach wichtigsten *Stärken* und *Schwächen* des Unternehmens sowie seine wichtigsten *Chancen* und *Bedrohungen* niederzuschreiben. Die schriftliche Form des Brainstormings, so genanntes *Brainwriting*, hat den großen Vorzug, dass jeder sich trauen kann, auch die "dümmste" Idee zu nennen. Selbst wenn im *verbalen Brainstorming* jede Kritik verboten ist, traut sich doch mancher Teilnehmer oder Querdenker häufig nicht, seine Ideen mitzuteilen. Ferner schließt Brainwriting nachteilige Einflüsse durch gruppendynamische Effekte aus.

Anschließend werden die Blätter eingesammelt und ihre Inhalte auf eine Tafel oder *Flipchart* geschrieben. In einem *zweiten Durchgang* ist eine schriftliche Priorisierung vorzunehmen. Die Priorisierung der Ideen und ihrer Bedeutung für das Unternehmen kann durch die Häufigkeit, mit der bestimmte Ideen genannt wurden, erfolgen. Andere Kriterien sind Realisierbarkeit, Wirtschaftlichkeit, Dringlichkeit etc. Die Zeit je Durchgang sollte 15 Minuten nicht überschreiten, da sonst die *Spontaneität* leidet. Neben den eigentlichen Ergebnissen bewirkt Brainstorming eine generelle Steigerung der Kreativität und eine Verstärkung des "*Wir-Gefühls*".

9.4 Pareto-Prinzip

Gewöhnlich kommen auf einen Manager jeden Tag mehr Aufgaben zu, als er in der vorgegebenen Zeit zu lösen in der Lage ist. Er muss daher eine Priorisierung der Aufgaben nach Dringlichkeit und Wichtigkeit vornehmen. Eine wesentliche Eigenschaft erfolgreicher Manager besteht in der Fähigkeit, das *Wichtige* vom *Unwichtigen (Trivialen)* trennen zu können. Der italienische Wirtschaftswissenschaftler *Pareto* hat bereits im vergangenen Jahrhundert festgestellt, dass grob 80 % des Reichtums in der Hand von 20 % der Bevölkerung sind. Hieraus folgerte *Juran* ein generelles Prinzip, nach dem 100 %

einer bestimmten Menge von Objekten in ca. 20 % wichtige Objekte (engl.: *Vital few*) und 80 % weniger wichtige Objekte (engl.: *Useful many*) unterteilt werden kann. Beispiele für Objekte sind Produkte, Kunden, Fehler etc.

Das Pareto-Prinzip lässt sich (plus/minus) auf vielen Gebieten beobachten:

- 80 % des Umsatzes eines Unternehmens werden häufig mit nur 20 % des gesamten Produktspektrums erzielt (*Key Products*).
- 80 % des Umsatzes werden mit nur 20 % der Kunden erzielt *(Key Customers)*.
- 80 % der Produktionsfehler lassen sich auf nur 20 % aller denkbaren Fehlerursachen zurückführen.
- 80 % des Posteingangs ist unwichtig und lässt sich in 20 % der insgesamt benötigten Zeit erledigen, meist durch Delegieren oder Wegwerfen in den Papierkorb. Für die wichtigen 20 % sind 80 % der Zeit zu verwenden.
- 80 % der öffentlichen Diskussion um Kernenergie werden meist nur von 20 % der Bevölkerung getragen.
- 80 % des Geräuschpegels in Vorlesungen oder Schulklassen werden meist nur von 20 % der Studenten bzw. Schüler verursacht.
- 80 % der Erkrankungen des Menschen werden meist nur von 20 % aller möglichen Krankheitsursachen hervorgerufen.

Die inhaltliche Schnittmenge dieser Beispiele legt nahe, verfügbare Ressourcen auf die 20 % wichtigen Objekte zu *konzentrieren*, die 80 % aller Ergebnisse liefern.

In Worten ausgedrückt steht das Pareto-Prinzip für das *Effektivitätsparadigma*

Effektivität kommt vor Effizienz,

ein wichtiges Erfolgsrezept, das schon in Kapitel 2 ausführlich erwähnt wurde. Der effektive, erfolgreiche Manager achtet daher in erster Linie darauf, dass er die *richtigen* Dinge tut und erst in zweiter Linie darauf diese auch *richtig*, das heißt effizient zu tun.

Das Pareto-Prinzip wird häufig in einem *Pareto-Diagramm* visualisiert, Bild 9.11. Hierbei trägt man die Häufigkeit beispielsweise bestimmter Produktmängel bzw. Funktionsstörungen über deren Ursachen auf. Man erstellt mit anderen Worten eine aus der Statistik bekannte *Häufigkeitsverteilung*, wobei jedoch gleich eine *Ordnung* nach abnehmender Häufigkeit vorgenommen wird, Bild 9.11.

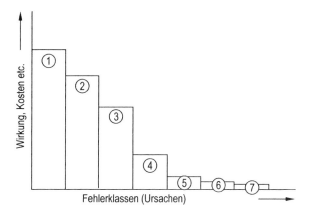

Bild 9.11: Pareto-Diagramm.

Anstelle der Häufigkeit können auch Kosten von Reparaturen oder der Abwicklung von Garantiefällen etc. aufgetragen werden. Das Diagramm legt nahe, Anstrengungen vorrangig auf die Fehlerklassen 1 und 2 zu verwenden. Sinngemäß legt das Pareto-Prinzip erfolgreichen Managern nahe, die "*useful many*" an Mitarbeiter zu delegieren, um sich Freiräume für die "*vital few*" zu schaffen.

9.5   Balanced Score Card

Die *Balanced Score Card* (BSC) ist ein leistungsfähiges, integriertes Werkzeug für die Durchführung und Implementierung *Strategischer Planung* (6.1.1). Es kann sowohl von Anfang an in der klassischen Strategischen Planung eingesetzt als auch nur zur Vervollkommnung und Implementierung von Ergebnissen bereits früher stattgefundener Planung verwendet werden. In der Strategischen Planung alter Prägung treten nichtmonetäre strategische Aspekte wegen ihrer vermeintlichen *Nichtmessbarkeit* häufig nur qualitativ in Erscheinung und entziehen sich damit einem Controlling. Ferner mangelt es der klassischen Strategischen Planung meist an einer konkreten Anleitung zum Handeln sowie einer ausreichenden Identifikation der Mitarbeiter mit den in einem voluminösen Strategiedokument aufgeführten Zielen und Teilzielen. In Kenntnis der Erfahrung, dass jede Strategische Planung nur so gut ist wie die Motivation der Mitarbeiter, die sie leben bzw. umsetzen sollen, legt die Balanced Score Card großen Wert auf die Kommunikation der Unternehmensziele und der zu ihrer Erreichung erforderlichen Aktivitäten an die Mitarbeiter.

Wesentliche Merkmale einer Balanced Score Card sind:

- Explizite Definition einer Vision und Mission.
- Berücksichtigung monetärer *und* nichtmonetärer strategischer Ziele.
- Übersichtliche Zusammenfassung der Vielzahl möglicher Ziele in vier oder, je nach Unternehmensprofil, auch mehr Gruppen:

  - Kundenbezogene Aspekte
  - Geschäftsprozesse
  - Monetäre Aspekte
  - Innovative Aspekte
  - ----------------------

- Ausgewogene Würdigung von *Spätindikatoren* (Gewinn, Umsatz, Rentabilität) und *Frühindikatoren*, so genannte *Leistungstreiber* (Fehlerraten, Mitarbeitermotivation, Durchdringung mit Informationstechnologie etc.), die heute angegangen werden müssen, damit für die Zukunft gesetzte Ziele mittel- und langfristig auch erreicht werden.
- *Quantitative* Kennzahlen bzw. Soll- und Istwerte auch für nichtmonetäre strategische Ziele durch Anwendung aus dem Total Quality Management bekannter Metriken.
- Existenz eines operativen Budgets für alle Aktivitäten bzw. Projekte, die zur Erreichung der Teilziele erforderlich sind.
- Benennung von Champions bzw. Verantwortlichen für die einzelnen Projekte.
- Existenz aus dem Projektmanagement bekannter Start- und Endtermine.
- Leicht erfassbare, graphische Visualisierung der Strategischen Planung zur effizienten Kommunikation der Ziele und Aktivitäten an die Mitarbeiter.

Die Balanced Score Card kann sowohl in Form eines erweiterten Polardiagramms (9.1.2) als auch in einer für sie typischen Graphik dargestellt werden, die sich leicht mit *Excel* verfeinern lässt, Bild 9.12.

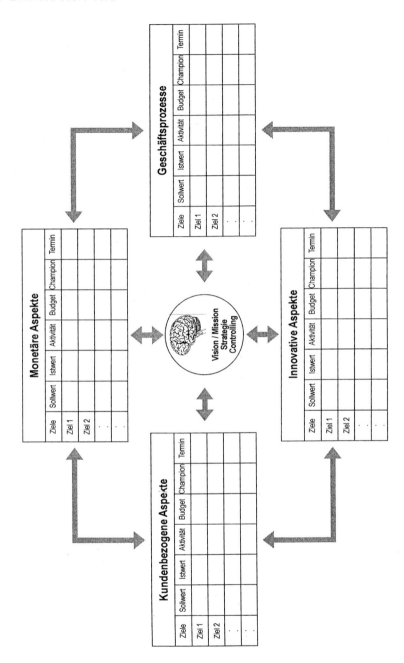

Bild 9.12: Balanced Score Card

Die vier Gruppen in Bild 9.12 besitzen in der Praxis unterschiedlich viele
Zeilen, je nach Anzahl und Granularität der heruntergebrochenen Teilziele.
Oft ist auch verhandlungsfähig, welcher Gruppe ein Ziel zuzuordnen ist, beispielsweise Lieferpünktlichkeit zu *Kunden* oder *Geschäftsprozessen*. Der Leser erkennt unschwer in den Excel-Tabellen den bereits in 6.1 vorgestellten
Operativen Plan (*Aktivitätsmatrix*), der seit eh und je zu einer korrekt durchgeführten Strategischen Planung gehört und der hier lediglich auf vier Tabellen verteilt ist.

Die Vorgehensweise bei der Erstellung einer Balanced Score Card verläuft,
mit Ausnahme der Einbeziehung von TQM-Metriken (7.4, 8.3), wie bei der
klassischen Strategischen Planung. Nichtmonetäre Ziele werden wie beim
Total Quality Management definiert und entweder selbst oder per Umfrage
quantifiziert. Beispielsweise für die Gruppe "Kundenbezogene Ziele": Kundenzufriedenheit, Kundenbindung, Zahl erfolgloser Angebote, Lieferpünktlichkeit, Zahl der Reklamationen etc. Wenn auch für alle nichtmonetären
Ziele Kennzahlen, Prozentsätze etc. vorliegen, erfolgt die graphische Visualisierung, beispielsweise in der im Bild 9.12 gezeigten Form. Schließlich
muss es auch einen Champion für das Controlling geben, in der Regel ein
Mitglied der vorgelagerten Managementebene.

Viele Merkmale der Balanced Score Card sind offensichtlich auch Bestandteil korrekt durchgeführter klassischer Strategischer Planung (6.1.1) bzw.
erfolgreich praktizierten Total Quality Managements und Projektmanagements (7.1, 7.4, 7.8). Die folgenden Aspekte der Balanced Score Card sind
aber wirklich neu:

- Synergistische *Kombination* von Methoden der Strategischen
  Planung, des Total Quality Managements und des Projektmanagements in einem integrierten Werkzeug

- Übersichtliche Zusammenfassung strategischer Ziele in typische
  Gruppen

- Klare, quasi mit einem Blick zu erfassende graphische Visualisierung der Umsetzung der Vision und Mission in die kurzfristigen Aktivitäten eines Unternehmens

- Hohe Eignung für erfolgreiches Controlling durch Zurverfü-
  gungstellung aller relevanten Informationen

- Leicht erfass- und einsetzbares Führungsinstrument für das Management

- Hohes Potential für Mitarbeitermotivation durch umfassende, unternehmensweite Information

Wie bereits in Kapitel 6 eingangs erläutert wurde, macht Strategische Planung auf allen Managementebenen und für alle strategischen Geschäftseinheiten Sinn. Dies gilt in gleicher Weise für die Balanced Score Card. Auch sind je nach vorgesehenem Leserkreis unterschiedliche Versionen mit unterschiedlicher Detaillierung in vertikaler und horizontaler Richtung möglich. Aktionäre interessieren sich beispielsweise sicher für generelle Maßnahmen zur Steigerung der Performance, nicht aber wer welche Einzelaktivitäten ausführt.

Das Werkzeug Balanced Score Card besitzt hohes Potential das vorrangige Managementsystem im Informationszeitalter zu werden. Es sei aber nochmals betont, dass auch sie nur dann Erfolg hat, wenn sie nicht nur vom Management erstellt und kommuniziert, sondern von allen unmittelbar Betroffenen mitgestaltet und gelebt wird und stets den Kundennutzen im Visier hat.

9.6   Murphy's Law

Die Kenntnis und Beachtung von *Murphy's Law* ist eine wesentliche Voraussetzung für die erfolgreiche Abwicklung von Projekten, das Organisieren gelungener Veranstaltungen etc. Murphy's Law geht immer vom *Worst Case* aus und lautet:

"Alles was schief gehen kann, geht auch schief."

In der Praxis geht glücklicherweise meist etwas weniger schief, so dass man bei der Beachtung von Murphy's Law immer auf der sicheren Seite liegt.

Häufig anzutreffende Manifestationen von Murphy's Law sind:

- *Alles dauert länger als man glaubt!* (Erstellen funktionsfähiger Software, Lieferfristen, Schreiben von Berichten etc.).
- *Wenig ist so leicht wie es aussieht!* (Vorführung von Anwendungsprogrammen, Entwicklung komplexer Schaltungen, Entwicklung und Bau von Prototypen, Umbauten an Gebäuden).
- Eilige Lieferungen oder Briefpost treffen meist später ein als erwartet.
- *Nichts ist so einfach, dass man nichts falsch machen könnte.*

– *Die vermeintliche Berücksichtigung aller möglichen Störeinflüsse impliziert meist nicht erwartete zusätzliche Störeinflüsse* (Temperatureffekte, Vibrationseffekte, EMV-Probleme, Verschmutzung, Höhere Gewalt etc.).

– *Nichts ist absolut sicher, es bleibt stets ein Restrisiko.*

– *Die besten Argumente und Fragen fallen einem ein, wenn die Diskussion bereits vorüber ist.*

Um im Berufsalltag erfolgreich zu sein, arbeitet man daher am besten mit *"Gürtel und Hosenträgern"*. Beispielsweise wird vieles, was man an Mitarbeiter delegiert oder bei Lieferanten bestellt, häufig erst nach einer *Rückfrage* bzw. *Anmahnung* zum Zeitpunkt des Liefertermins in Angriff genommen. Der Auftragnehmer übernimmt zwar mit der Erteilung eines Auftrags eine *Bringschuld*, die er jedoch häufig erst dann einzulösen gedenkt, wenn er andere, bereits früher erhaltene Aufträge erledigt hat. Dabei gerät bei mäßig organisierten Partnern eine Angelegenheit leicht in Vergessenheit oder wird wegen Arbeitsüberlastung nach Auftraggebern eingereiht, die *"mehr Druck machen"*. Um sicher zu gehen und Terminverschleppungen zu vermeiden, sieht daher ein erfolgreicher Ingenieur bei sich auch eine *Holschuld*. Frühzeitige Rückfragen, ob auch alles programmgemäß verläuft und freundliche Erinnerungen an den herannahenden Liefertermin sind eine wesentliche Voraussetzung für erfolgreiche Delegation bzw. Zuarbeit.

Murphy's Law trifft meistens *Berufsanfänger*, die mangels ausreichender Berufserfahrung und unbekümmerten Vertrauens in die Verlässlichkeit anderer durch eine harte Schule gehen müssen. Im privaten Bereich erweisen sich Gürtel *und* Hosenträger meist als hinderlich und sind eine der wesentlichen Ursachen für das von der Zunft gelegentlich beklagte *Image des Ingenieurs*.

9.7   Besprechungen

Wann immer zwei oder mehr Personen in der gleichen Sache involviert sind, entsteht *Abstimmungs-* bzw. *Koordinationsbedarf*, der in Besprechungen zu klären ist. Daneben gibt es rein *informative* Besprechungen, in denen beispielsweise die Geschäftleitung über innerbetriebliche Veränderungen, Ergebnisse von Projekten, TQM-Maßnahmen (7.4) etc. informiert. Schließlich können Besprechungen auch nur der Ideenfindung durch *Brainstorming* dienen (9.3). Typische Besprechungsinhalte sind *Auftragsverhandlungen mit*

Kunden, Strukturierung komplexer Anlagenprojekte und Definition von Teil-aufgaben im Rahmen des Projektmanagements, Suche nach *Lösungen für anstehende Probleme, Mitarbeitergespräche* etc. Vielfach handelt es sich auch um die Auflösung von *Interessenkonflikten*, deren erfolgreiche Beseitigung wesentlich vom Geschick des Besprechungsleiters abhängt.

Die Teilnahme an *Besprechungen* bzw. *Sitzungen* (engl.: *Meetings*), wahlweise nur als reguläres Mitglied oder auch als *Initiator* und *Gesprächsleiter*, macht einen wesentlichen Teil des Ingenieuralltags aus. Man sollte sich jedoch vor zu *vielen* und zu *langen* Besprechungen hüten, es muss auch noch Zeit für die eigentliche Arbeit bleiben. Wann immer möglich, sollte etwaiger Abstimmungs- und Koordinationsbedarf zunächst telefonisch oder per E-Mail befriedigt werden. Nicht unmittelbar Betroffene empfinden Besprechungen als reine Zeitverschwendung.

Man unterscheidet im Wesentlichen zwei Formen von Besprechungen:

- *Formale Besprechungen,*

- *Informelle Besprechungen.*

Beide haben ihre Berechtigung, je nach dem angestrebten Zweck.

9.7.1 Formale Besprechungen

Formale Besprechungen zeichnen sich durch folgende Merkmale aus:

- Es gibt einen fest etablierten Gesprächsleiter, in der Regel der Vorgesetzte bzw. der "*Chef*".

- Es gibt einen Protokollführer, der im Auftrag des Gesprächsleiters meist auch die Einladungen vornimmt.

- Bei mehrstündig angelegten Besprechungen bzw. Sitzungen existiert eine Tagesordnung in schriftlicher Form, die zumeist vorab mit der Einladung versandt wird.

- Die Tagesordnungspunkte werden unter Beteiligung möglichst aller Gesprächsteilnehmer, die *etwas zu sagen haben*, ausführlich diskutiert.

- Zu jedem Tagesordnungspunkt werden Entscheidungen getroffen bezüglich der Akzeptanz von Vorschlägen oder Berichten sowie der Zuweisung bestimmter Aufgaben an einzelne Gesprächsteilnehmer.

– Es wird ein Protokoll erstellt und versandt (engl.: *Minutes*).

– Bei Projektbesprechungen zwischen Partnern mit gegenläufigen Interessenlagen ist das Protokoll zuvor mit beiden Seiten abzustimmen und anschließend gegenseitig abzuzeichnen.

Einladung und Tagesordnung können entweder kombiniert oder bei großem
Umfang als separate Dokumente angelegt sein. Beispielsweise zeigt Bild 9.13
ein Muster für eine *Einladung*.

Bild 9.13: Beispiel einer Einladung.

Wesentliche Inhalte der Einladung sind:

– *Name der Besprechung*, z. B. Geschäftslagebesprechung, Budgetbespre-
   chung, Postbesprechung, Besprechung "Globalisierung", Sitzung des XYZ-
   Ausschusses etc.,

- *Datum, Beginn, Ende,* gegebenenfalls "open end" (Ein fester Termin ist zu empfehlen!),

- *Besprechungsort,* beispielsweise *Gebäude, Raum,*

- *Verteiler* der einzuladenden Teilnehmer entweder generisch (z. B. alle *Geschäftsführer*) oder alle *Eingeladenen individuell,*

- der *Einladende* geht meist implizit aus dem Briefkopf oder der Besprechungsbezeichnung oder explizit aus der Unterschrift hervor.

Die Einladung ist möglichst *frühzeitig* zu versenden, damit alle potentiellen Teilnehmer ihre anderen Termine entsprechend planen können.

9.7.1.1   Tagesordnung

Ein Beispiel einer Tagesordnung zeigt Bild 9.14.

```
FRED MUSTERMANN  -
Elektrogeräte  -
Musterstraße XX
XXXXX Musterstadt


XYZ-Besprechung am ............... Beginn ...........Uhr.

                        TAGESORDNUNG

Top 1    Bestätigung, ggf. Ergänzung der Tagesordnung
         ..............................................................
Top 2    Genehmigung des Protokolls der vorange-
         gangenen Sitzung.
         ..............................................................
Top 3    Erledigte Aufgaben der Sitzung vom XYZ:
         ..............................................................
Top 4    Unerledigte Aufgaben der Sitzung vom XYZ:
         ..............................................................
Top 5    ..............................................................
Top 6    ..............................................................
Top 7    ..............................................................
Top 8    Verschiedenes

Ende     ............Uhr
```

Bild 9.14: Beispiel einer Tagesordnung.

TOP 2 der Tagesordnung gibt Gelegenheit, im Protokoll der zurückliegenden Sitzung falsch wiedergegebene entscheidende Details zu korrigieren. Die Tagesordnungspunkte TOP 3 und TOP 4 sind eine wichtige Hilfe beim *Controlling* vereinbarter Aufgaben (6.3). Vielfach werden zusammen mit der Tagesordnung auch entscheidungsrelevante Unterlagen zur Vorbereitung auf die anstehende Besprechung/Sitzung verschickt.

9.7.1.2 Protokoll

Damit die in einer formellen Besprechung getroffenen Entscheidungen dokumentiert sind und vereinbarte Aktivitäten nicht "*im Sand verlaufen*", gehört zu jeder formalen Besprechung ein Protokoll (engl.: *Minutes*), Bild 9.15.

FRED MUSTERMANN   -
Elektrogeräte -
Musterstraße XX

XXXXX Musterstadt

Niederschrift über die Besprechung vom ....

Ort .... Datum .... Zeit ....

Protokollführer: ....

Top 1   *Feststellung der Anwesenheit*:
    - Anwesend: ....
    - Entschuldigt: ....

Top 2   *Zu erledigende Aufgaben*:
    - Beschaffung von Unterlagen über............, Herr...........
    - Erledigung der Angelegenheit..................., Herr...........
    - Vortrag über......................................, Herr...........
    - Organisation des...................................., Herr ....
    - Vertretung von Herrn..................bei..........., Herr...........
    - Task Force "Lösung des gordischen Knotens"
     (Bildung einer speziellen Arbeitsgruppe, die eine
     in der Besprechung wegen ihrer Komplexität oder
     mangels ausreichender Informationen nicht zu
     entscheidende Angelegenheit genauer unter-
     sucht und für die nächste formale Besprech-
     ung *Entscheidungshilfen* vorbereitet.)

Top 3
Anlagen zu Top 2 und Top 3
                Unterschrift ....

Bild 9.15: Muster eines Besprechungsprotokolls.

Die wichtigsten Inhalte sind die Entscheidungen, *wer*, *was*, *wann*, *wo*, *wie*, gegebenenfalls mit *wem* macht, sowie die zugehörigen Termine, zu denen die

Ergebnisse der Aktivitäten spätestens vorliegen müssen. Es empfiehlt sich, Aufgaben oder die designierten ausführenden Personen am Anfang eines Protokolls in einer Gruppe zusammenzufassen (engl.: *New business*). Protokolle sind so früh wie möglich zu erstellen und zu verteilen. Dies ermöglicht den Gesprächsteilnehmern, anhand ihrer noch wachen Erinnerung auf etwaige Unrichtigkeiten frühzeitig hinweisen zu können. Das Protokoll ist vom Protokollführer zu unterzeichnen bzw., bei unterschiedlichen Interessenlagen, von Vertretern aller betroffenen Parteien. Meist enthält das Protokoll auch Angaben über den Termin der nächsten Besprechung.

9.7.2 Informelle Besprechungen

Typische Beispiele für informelle Besprechungen ohne schriftliche Tagesordnung sind in kurzen Abständen stattfindende *Routinebesprechungen*, z. B. *Postbesprechung*, in denen entweder jedes Mal nach dem gleichen Schema vorgegangen wird oder die nur der regelmäßigen *Information der Gesprächsteilnehmer* dienen. Die wenigen aus der allgemeinen Diskussion resultierenden Aufgaben behält jeder Teilnehmer im "*Hinterkopf*", und jeder Teilnehmer weiß, wer welche Aufgaben übernommen hat.

Informelle Besprechungen finden häufig auch in unregelmäßigen Abständen bzw. spontan statt, z. B. bei jedem Auftauchen eines Problems, das ein Mitarbeiter nicht alleine lösen kann oder das mehrere Mitarbeiter bzw. Instanzen involviert. In einer informellen Besprechung wird meist *ohne Protokoll* entschieden, wie weiter verfahren wird. Zur Absicherung empfiehlt sich für etwaige *Ausführende* die Anfertigung einer *Besprechungsnotiz*, auf der notiert wird, *wer*, *was*, *wann*, *wo* und *wie* entschieden hat. Empfehlenswert ist auch das Festhalten der genauen Aufgaben bzw. für was man sich bereit erklärt hat und für was nicht.

9.7.3 Gesprächsleitung

Die Gesprächsleitung obliegt in der Regel dem Initiator der Besprechung. Man unterscheidet zwischen der rein organisatorisch orientierten Gesprächsleitung und dem Umgang mit den Teilnehmern. Erfolgreiche Besprechungen setzen eine möglichst große Vereinigungsmenge beider Aktivitäten voraus. Die Zusammensetzung letzterer hängt von der Art der Besprechung ab (Routinebesprechung, Task-Force-Meeting, Workshop etc.).

9.7.3.1 Organisatorische Aspekte

- Existenz eines Gesprächsleiters (meist der Initiator),
- Pünktlicher Beginn,
- Begrüßung der Teilnehmer,
- Falls sich die Teilnehmer nicht alle kennen, vorstellen,
- Protokollführer vorschlagen, falls nicht bereits ernannt,
- Grund bzw. Anlass der Besprechung erläutern,
- *Ziele* der Besprechung einvernehmlich festlegen (gemeinsames Problembewusstsein),
- Möglichen Gesprächsverlauf vorschlagen, gegebenenfalls schriftliche Tagesordnung durchgehen,
- Einverständnis zur Tagesordnung einholen, gegebenenfalls Änderungsvorschläge bzw. Einbindung zusätzlicher Punkte berücksichtigen,
- Jeden Tagesordnungspunkt zum Ausgleich etwaiger Informationsdefizite mit wenigen Sätzen einführen, Diskussion eröffnen,
- Reihenfolge der Wortmeldungen beachten,
- Entscheidungen herbeiführen und protokollieren,
- Kein Beginn einer Besprechung ohne Festlegung einer Uhrzeit für ihren Abschluss. "*Open end*" muss die Ausnahme bleiben,
- Kein Abschluss einer Besprechung ohne genaue Festlegung, *wer, was, wann, wo, wie* macht.

9.7.3.2 Teilnehmerorientierte Aspekte

Gesprächsleiter:

- Moderieren statt hierarchisch führen,
- Überwiegend Fragen statt Lösungsvorschläge selbst vorgeben,
- Begrenzung der Dauer einer Meinungsäußerung auf maximal zwei bis drei Minuten,
- Notorische Langsprecher vor Erteilung des Worts bitten, sich kurz zu fassen,
- Bei drohender Überschreitung der Dreiminutengrenze taktvoll ein Ende anmahnen. Falls keine sachdienliche Aussage mehr zu erwarten ist, auch Wort abschneiden,
- Begrenzung von Meinungsäußerungen auf die gerade besprochene Thematik,

- Bei Interessenkonflikten bzw. hartnäckigen Disputen zwischen zwei Partnern oder Gruppen muss der Gesprächsführer die Wogen glätten und Kompromisse anbieten,
- Keine Zweiergespräche zwischen Sitznachbarn zulassen. Alle sollen zuhören, wenn einer spricht!,
- Gesichtsverlust einzelner Teilnehmer verhindern (Ausnahmen sind denkbar),
- Würdigung der Diskussionsbeiträge,
- Beenden endloser Diskussionen durch Zusammenfassen der wesentlichen Ergebnisse durch einen Vorschlag für eine Entscheidung. Ultimativ selbst entscheiden,
- Konflikte nicht ignorieren, sondern offen ausdiskutieren,
- Konträre Meinungen beruhen oft auf Missverständnissen bzw. mangelnder Information.

Reguläre Gesprächsteilnehmer:

- Zuhören können ist ebenso wichtig wie der Mut, selbst zu reden,
- Bei Anträgen oder Vorschlägen zur eigenen Interessensphäre in Vorgesprächen die Meinung anderer Teilnehmer ausloten,
- Kurzfassen,
- Auf Widerspruch und Ablehnung gefasst sein,
- Keine Alleingänge, andere mit ins Boot nehmen (engl.: *Win-win game*),
- Nicht mit dem Kopf gegen die Wand rennen.

9.7.3.3 Gesprächsroutinen

Für die Moderation von Besprechungen, insbesondere Entgegnung auf Widerspruch und zur Auflösung von Teilnehmerkonflikten, haben sich bestimmte Gesprächsroutinen bewährt, die meist als Fragen formuliert werden, beispielsweise:

- Wie ist *Ihre* Meinung?
- Wie wollen wir vorgehen?
- Könnte es sein, dass...?
- Trifft es zu, dass ...?

- Wie stellen *Sie* sich die Lösung vor?
- Können Sie sich folgenden Kompromiss vorstellen?

– Wenn ich Sie richtig ver-
stehe, ...?

– Ich frage mich, ob ...?

– Sie haben sicher recht ...

– Ich habe den Eindruck, dass ...

– Im Wesentlichen geht es doch
um ...

– Ich kann Sie verstehen ...

– Ich schlage vor, ...

– Könnten Sie damit leben, dass ...?

– Sind wir uns einig, dass ...?

– Können Sie das unter sich
ausmachen?

– Wo liegt Ihr Problem?

– Lassen Sie uns nach vorne
schauen ...

– Lassen Sie mich die Situation
etwas entspannen, indem ...

9.8 Präsentationen

Ein nicht geringer Teil der Arbeit von Ingenieuren, insbesondere solcher in Führungspositionen, besteht im Präsentieren von Vorträgen oder Reden vor einem größeren Zuhörerkreis. Typische Beispiele sind die Vorstellung eines Budgets oder eines innerbetrieblichen Projektvorschlags beim vorgelagerten Management, die Einführung neuer Produkte bei Kunden, Vorträge auf Fachtagungen, Mitarbeiterschulung etc. *Die Kunst, einem Auditorium schwierige oder gar kontroverse Sachverhalte anschaulich und überzeugend darzustellen und seine Zustimmung zu gewinnen, ist eine wesentliche Komponente erfolgreichen Managements* (Kapitel 2).

Der Erfolg von Präsentationen hängt einerseits von der *Überzeugungskraft*, *Redegewandtheit* und *Selbstsicherheit* des Vortragenden ab, andererseits von der geschickten Nutzung von *Medien* und *Präsentationshilfen* (*Laser Pointer* etc.). Erstere Faktoren sind häufig eine natürliche Begabung, lassen sich aber auch durch Übung beträchtlich steigern, letztere sind vom Vortragenden steuerbar. Während ein *Leser* nur ein *Dokument* bewerten kann, bewertet ein *Zuhörer* einen Vortrag in Verbindung mit der *Ausdruckskraft* und *Ausstrahlung* des Vortragenden.

Grundsätzlich unterscheidet man drei Vortragstypen, den *auswendig gelernten Vortrag*, den *vom Manuskript gelesenen Vortrag* und den *freien Vortrag*. Ersterer wird vom Anfänger angestrebt, geht aber meist schief, da bei Verlust des "roten Fadens" plötzlich die wahre Eloquenz zu Tage tritt.

Der vom Manuskript gelesene Vortrag empfiehlt sich bei kurzer Vorbereitungszeit und ist zwingend erforderlich, wenn Mitarbeiter (*Ghostwriter*) den Text geschrieben haben (Politikerreden etc.). Er kommt durchaus gut an, wenn der Vortragende die Sätze vom Manuskript bildhaft, das heißt schnell aufnehmen kann und mit den Augen länger beim Publikum verweilt als auf seinem Manuskript. Ein gänzlich *abgelesener* Vortrag mit nur seltenem kurzem Aufsehen ist allerdings eine Katastrophe. Die beste Lösung ist die freie Rede, die zwar auch zuvor zu Papier gebracht werden kann, aber nicht bis zum Auswendiglernen memoriert wird und Spielraum für spontane Änderungen lässt.

Optimal für den Vortragenden wie auch für die Zuhörer sind von *Overheadfolien* (engl.: *Transparency, Viewgraph*) auf einem Tageslichtprojektor oder *PowerPoint*-Folien und einem *Beamer* begleitete freie Vorträge. Erstens geben geeignet entworfene Overhead- und *PowerPoint*-Folien immer die Stichworte für die freie Rede, zweitens nehmen die Zuhörer mehr aus dem Vortrag mit, wenn sie mit *zwei Sinnesorganen* Information aufnehmen. Während sich Zuhörer bei rein verbalen Vorträgen nur an etwa 20 % oder weniger erinnern können, bleiben bei Vorträgen, die durch visuelle Komponenten unterstützt werden, beispielsweise aussagekräftigen Overheadfolien, Dias, Flipcharts etc., 40 % bis 60 % der wesentlichen Aussagen in Erinnerung. Beim Entwurf von Overheadfolien und *PowerPoint-Präsentationen* gibt es einige wichtige Grundsätze zu beachten.

9.8.1 Aufbau eines Overheadfolien Vortrags

Die Eröffnungsfolie enthält das Thema des Vortrags, nennt den Autor und gegebenenfalls weitere Mitautoren, Bild 9.16.

Bild 9.16: Eröffnungsfolie.

– Die zweite Folie stellt die Gliederung des Vortrags vor, wobei die einzelnen Punkte jeder für sich eine *substantielle Aussage* beinhalten sollten, Bild 9.17a,b.

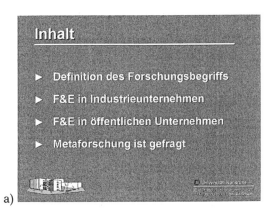

a)

Bild 9.17a: Vortragsgliederung mit substantiellen Aussagen.

b)

Bild 9.17b: Vortragsgliederung mit nichts sagenden Überschriften

– Der eigentliche Inhalt des Vortrags wird auf mehrere Folien verteilt, derart, dass auf einer Folie möglichst maximal zwei oder drei Aussagen enthalten sind. Folien müssen mit einem Blick begriffen werden können. Eine Ausnahme bilden Unterrichtsfolien mit mathematischen Herleitungen für Studierende wissenschaftlicher Hochschulen, falls die Information gleichzeitig in Form eines Skripts oder Lehrbuchs zusätzlich zur Verfügung steht, Bild 9.18.

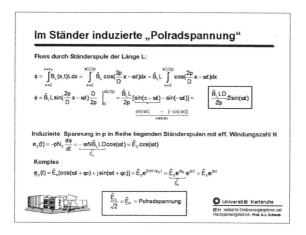

Bild 9.18: Unterrichtsfolie.

Die kleinste Schrift sollte jedoch nicht unter 12 Punkten liegen (Ausnahme Indices, Hochzahlen, sich wiederholender Logotext). Eng beschriebene Folien müssen ausreichend lange aufgelegt sein, damit der Zuhörer sie auch verinnerlichen kann. Andernfalls machen sie keinen Sinn.

– Die Schlussfolie enthält entweder eine Zusammenfassung der wesentlichen Aussagen eines Vortrags, gibt einen Ausblick auf die Zukunft oder nennt zu unternehmende Aktionen oder endet mit einer plakativen Aussage, Bild 9.19.

Bild 9.19: Schlussfolie mit prägnantem Schlusswort.

– Bedanken Sie sich für die Aufmerksamkeit der Zuhörer und bieten Sie an, etwa offen gebliebene Fragen zu beantworten. Falls nach längerer Pause niemand fragt, war ihr Vortrag entweder *zu gut* oder *zu schlecht*. In ersterem Fall können Sie selbst eine Frage stellen und beantworten. Alternativ können Sie auch eine Frage an das Auditorium richten. Häufig lässt sich durch diese erste Frage die Diskussion in Gang bringen. Fassen Sie sich bei Ihren Antworten kurz.

9.8.2   Graphische Gestaltung von Folien

– Alle Folien, mit Ausnahme der Eröffnungsfolie, sollten eine Kopfzeile besitzen, Bild 9.20a,b,

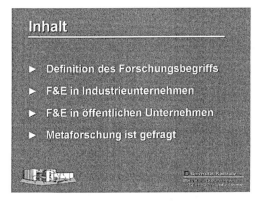

a)

Bild 9.20a: Folien mit Kopfzeile.

b)

Bild 9.20b: Folien ohne Kopfzeile.

Gut lesbare Schriftart verwenden, z. B. Helvetica fett. Schriftgröße für Kopfzeile 40 Punkte, sonstiger Text in Abstufungen einer angemessenen Zahl von Punkten, Bild 9.21.

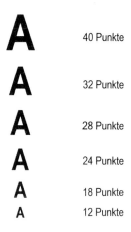

A	40 Punkte
A	32 Punkte
A	28 Punkte
A	24 Punkte
A	18 Punkte
A	12 Punkte

Bild 9.21: Schriftgrößen.

– Statt langer Textpassagen prägnante, kompakte Aussagen verwenden, Bild 9.22a,b.

a)

Bild 9.22a: Folie mit prägnantem Text.

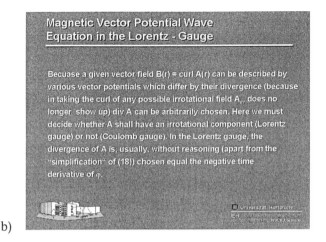

b)

Bild 9.22b: Folie mit langen Textpassagen.

Folien mit langen Textpassagen machen wenig Sinn. Entweder liest der Vortragende den Text selbst laut vor (schlecht) oder die Zuhörer lesen ihn und hören ihm während dieser Zeit nicht zu.

– Text ausgewogen auf dem verfügbaren Platz positionieren (Layout).

– Folien mit farbigem Hintergrund bedürfen keines Rahmens. Insbesondere Schwarz/Weiß-Folien sollten nach Möglichkeit keinen Rahmen aufweisen (erinnert an Todesanzeigen).

– Wenn ein Rahmen gewünscht wird, dann nicht fett schwarz, sondern dunkelgrau gerastert.

– Alle Folien sollten die Corporate Identity erkennen lassen (z. B. Logo) sowie auch den Namen des Vortragenden, damit man ihn in der Diskussion mit Namen ansprechen kann.

– Die Farben der Folien müssen passend zusammengestellt werden. Nicht zu viele Farben verwenden (Papagei-Effekt). Auch gut entworfene Schwarz/Weiß-Folien können attraktiv sein.

– Bauen Sie gelegentlich ein "*Clip Art*" Objekt in ihre Folien ein, Bild 9.23.

Bild 9.23: Folie mit "Clip Art" Objekt.

- Foliengröße auf 90 % von DIN A4 verkleinern, damit sie trotz etwaiger kleiner Ausleuchtfläche des Tageslicht-Projektors vollständig projiziert werden können.

- Bei der Wiedergabe fremder Daten Quellenangabe nicht vergessen!

9.8.3 Vortragstechnik

- Folien parallel zu den Kanten der ausgeleuchteten Fläche ausrichten.
- Gelegentlich die Schärfe überprüfen bzw. nachstellen.
- Die Augen nicht zu lange auf den Folien verweilen lassen, sondern ins Publikum schauen (nur Stichworte aufnehmen).
- Nicht auf den Boden oder an die Decke schauen, sondern auf die Zuhörer (Blickkontakt).
- Folientexte nicht wörtlich ablesen, sondern mit eigenen, spontanen Worten vortragen bzw. auch ergänzen (lesen können die Zuhörer selbst).
- Nicht mit dem Finger auf gerade besprochene Teile der Folie deuten, sondern Bleistift etc. als Zeiger benutzen.
- Nicht mit der Hand bzw. dem ausgestreckten Arm an der Projektionswand auf wichtige Teile der Folie hinweisen, sondern Zeigestab oder Laser Pointer benutzen (ruhig halten!).

– Nicht mit dem Kopf im Strahlengang des Projektors stehen und Teile der Projektionsfläche abschatten.

9.8.4   Allgemeine Hinweise

– Wann immer möglich im Stehen vortragen anstatt im Sitzen.

– Tageslichtpojektor sollte so hoch stehen, dass der Vortragende, ohne sich zu bücken, den Text lesen kann.

– Links und rechts des Tageslichtprojektors geeignete Ablageflächen vorsehen für noch ungezeigte und bereits gezeigte Folien (notfalls Stühle hinstellen).

– Raum so weit abdunkeln, dass die Folien kontrastreich erscheinen. Tageslicht ist Gift (Vorhänge vorhanden?). Künstliches Licht bereitet meist kein Problem.

– Sicherstellen, dass eine Ersatzlampe für den Tageslichtprojektor bzw. dass ein zweiter PC und Beamer vorhanden sind!

– Folien in glasklare Klarsichthüllen geben, die bei *Durchlicht* praktisch nicht stören. Bei tragbaren Tageslichtprojektoren mit *Auflicht* müssen Folien aus den Hüllen genommen werden, da sonst ein starker Kontrastverlust eintritt!

– Klarsichthüllen *nummerieren*, damit beim zu Boden fallen der Folien ein schnelles Neusortieren möglich ist.

– Falls vorhanden bzw. erforderlich mit Mikrofon/Lautsprecheranlage vertraut machen (Sprechprobe, Lautstärkeeinstellung).

– Kopien der Vortragsfolien möglichst erst hinterher verteilen.

– Für Anfänger empfiehlt es sich, den Vortragsraum eine halbe Stunde vor Beginn des Vortrags zu inspizieren um sich vom Vorliegen obiger Voraussetzungen zu überzeugen. Gegebenenfalls hat man dann noch ausreichend Zeit Abhilfe zu schaffen.

Bei Beachtung der genannten Hinweise stellt sich schnell eine große Sicherheit ein, vorausgesetzt, *der Vortragende hat die Folien selbst entworfen!*

10   Existenzgründungen

Seit eh und je, besonders aber wenn Arbeitsplätze selbst bei Großfirmen nicht mehr ohne Risiko sind, stellen sich kreative, mit Optimismus und Selbstvertrauen ausgestattete Ingenieure häufig die Frage, ob sie ihr berufliches Schicksal selbst in die Hand nehmen, mit anderen Worten, sich selbständig machen und ihr eigener Chef werden sollen.

Gehäuft treten diese Überlegungen auf

- gegen Ende des Studiums, wenn ein knapper Stellenmarkt diese Alternative besonders reizvoll erscheinen lässt,

- wenn Studierende oder Doktoranden während ihrer Arbeit eine Idee erarbeitet haben, von der sie glauben, dass sie sich wirtschaftlich verwerten lässt,

- nach einigen Jahren Berufserfahrung, wenn ein Jungingenieur erkennt, dass der Gradient seiner Karriere sehr flach ist und er glaubt, als Unternehmer schneller vorankommen zu können,

- nach einer beträchtlichen Zahl von Berufsjahren, wenn Umstrukturierungsmaßnahmen manch älterem Ingenieur keine andere Wahl lassen.

Existenzgründungen können faszinierend sein und bei geschäftlichem Erfolg ein erfülltes Leben in Wohlstand bescheren. Sie können aber auch, falls man aufs falsche Pferd gesetzt hat oder nicht der geborene Unternehmer ist, zu großer Enttäuschung und erheblichen wirtschaftlichen Schwierigkeiten führen. Um letzteres zu vermeiden, müssen Existenzgründungen reiflich überlegt und einige Mindestvoraussetzungen erfüllt sein.

Entgegen einer weit verbreiteten Fehleinschätzung besteht die Grundvoraussetzung für eine Existenzgründung im Regelfall nicht in einer *neuen technischen Idee*, sondern im Besitz von *technologischem Wissen*, das zum Zeitpunkt der Unternehmensgründung noch nicht Allgemeingut ist. Noch wichtiger als eine Idee oder Wissen ist das *Kennen zahlungskräftiger Kunden*, die dem Existenzgründer nach Eröffnung seines Geschäfts nachhaltig profitable Aufträge erteilen (Kapitel 2). Nach Abzug aller Aufwendungen von den Umsatzerlösen muss der verbleibende Betrag dem Existenzgründer erlauben, seinen Lebensunterhalt angemessen zu bestreiten, ferner das von ihm investierte Geld angemessen verzinst zu bekommen und darüber hinaus für künftiges Wachstum erforderliche Investitionen zu tätigen. Letztere sollten nach Möglichkeit aus dem *Cash Flow* erfolgen (5.8.6 und 5.9.5).

Selbst beim Vorliegen eines großen Auftrages fällt es jeder Bank schwer, einem jungen Ingenieur Kredite ohne Sicherheiten in Form von Immobilien oder Bürgschaften zu geben. Nach klassischen Bankgepflogenheiten "*bekommt Kredit nur, wer nachweisen kann, dass er ihn nicht nötig hat*". Es ist für Banken zugegebenermaßen auch schwierig abzuschätzen, ob der Jungunternehmer seinen Auftrag überhaupt erfolgreich abwickeln kann. Es könnte ja durchaus sein, dass der Auftraggeber seine Bestellung über ein zu entwickelndes und zu bauendes technisches Spezialgerät wegen Nichteinhaltens technischer Spezifikationen oder massiver Liefertermüberschreitung *storniert*. Rechtsanwälte, Apotheker und Ärzte haben es da leichter. Bei allem Verständnis ist es aber unerträglich, wenn Bankiers ständig öffentlich mehr Risikobereitschaft von Existenzgründern fordern, während sie selbst keine müde Mark ohne wasserdichte Sicherheiten an diese verleihen.

Die wichtigste Voraussetzung für eine erfolgreiche Existenzgründung – Kunden zu kennen bzw. ein ausreichendes Auftragsvolumen quasi in der Tasche zu haben, bringt der folgende Slogan auf den Punkt: "Es ist wichtiger *Marktbesitzer* als *Fabrikbesitzer* zu sein". Leider wird dies in neun von zehn Büchern über Existenzgründungen nicht ausreichend gewürdigt. Vielmehr reichen die Ratschläge vom *Nichtrauchen* und *Nichttrinken* wegen der großen Arbeitsbelastung über die Empfehlung einer *Umsatzvorausschauberechnung*, in der Fragen vom Typ "*Umsatz pro Beschäftigten in der Fertigung?*" "*Umsatz pro Mitarbeiter im Vertrieb?*" "*Umsatz pro m² Betriebsfläche?*" etc. beantwortet werden müssen, bis zu *Finanzbedarfsrechnungen* und *Kostenrechnungen*, die einem Großunternehmen gut zu Gesicht stünden, das einen neuen Produktionsstandort plant oder einen Teilbereich *ausgründen* will. Der Gipfel: "Wer vor mindestens drei Jahren (!) bei seiner Bank einen Gründungssparvertrag abgeschlossen hat, dem steht ein Ansparzuschuss aus Bundesmitteln zu. Er beträgt 20 % der Sparleistungen einschließlich der Zinsen." Wer all dies liest und glaubt beachten zu müssen, kann das Wesentliche vom Unwesentlichen nicht trennen und fängt besser erst gar nicht an.

Sein eigener Chef zu werden ist im Wesentlichen auf drei Arten möglich:

- *Gründung einer eigenen Firma, allein oder mit einem Partner,*

- *Kauf eines Unternehmens,*

- *Einsteigen in ein laufendes Unternehmen und spätere Übernahme.*

10.1   Gründung eines eigenen Unternehmens

Die meisten Existenzgründer starten bei Vorliegen ihres ersten Auftrags "*from scratch*" (deutsch: *Quasi aus dem Nichts*), mit anderen Worten, im *Wohnzimmer* oder im *Keller*, und dies meist in völliger Unkenntnis obiger Ratschläge und meist auch ohne je die Begriffe *Berufsgenossenschaft* bzw. *Sicherheitsvorschriften am Arbeitsplatz* gehört zu haben.

Die alles entscheidenden Kundenkontakte wurden meist schon vor der eigentlichen Existenzgründung initiiert. Beispielsweise hat ein Student bereits während seines Studiums für ein Großunternehmen als teilzeitbeschäftigter "Werksstudent" Software entwickelt. Nach Erhalt seines Diploms gründet er im eigenen Heim einen *Ein-Mann-Betrieb* und arbeitet fortan als *verlängerte Werkbank* für das Großunternehmen weiter. Ausschlaggebend ist hier einmal mehr keine neue *Idee*, sondern *aktuelles technologisches Wissen* und die Existenz eines zahlungskräftigen Großkunden, der nachhaltig Aufträge erteilt. Falls sich die Zusammenarbeit bewährt, mietet der Ingenieur ein oder zwei Büroräume außer Haus, stellt einen Studenten als Teilzeitbeschäftigten ein usw., das System ist *selbstähnlich*.

Ein *vorbildlicher* Student hat die *Gewerbeordnung* gelesen, die Gründung seines Unternehmens gleich zu Beginn dem Finanzamt mitgeteilt und sein Gewerbe *angemeldet* (Kapitel 3). Falls nicht, erhält er spätestens nach Ablauf des ersten Geschäftsjahres bzw. nach Abgabe seiner *Einkommensteuererklärung*, in der er *Einkünfte aus selbständiger Arbeit* anzeigt (Kapitel 4) vom Finanzamt regelmäßig Post, deren Beantwortung ihn viel Zeit für "*non value added work*", das heißt *unproduktive Tätigkeit*, kostet. Nach dem Prinzip "*learning by doing*" und unter Aufopferung sämtlicher Freizeit bewältigt er aber auch diese Aufgabe und findet sogar noch Zeit zusätzliche Kunden zu gewinnen, selbstverständlich unter Hinweis auf das namhafte Großunternehmen als Referenz. So entwickelt sich eine erfolgreiche Existenzgründung aus bescheidensten Anfängen in inkrementalen Schritten, wobei Kenntnisse über *Steuern, Buchführung, Berufsgenossenschaft, Arbeitsschutzgesetz, Gerätesicherheitsgesetz, Bundesimmissionsschutzgesetz,* einschlägige *Normen* für sein Produkt etc. frühestens aus aktuellem Anlass erworben werden.

Die meisten Existenzgründungen scheitern nicht wegen mangelnder Berücksichtigung der üblicherweise zu findenden zahllosen Ratschläge oder mangelnder Kenntnis in Steuerrecht oder ordnungsmäßiger Buchführung, sondern in aller Regel aus den folgenden beiden Gründen:

- *Die erwarteten Kunden bleiben aus,* mit anderen Worten, es kommen *nicht ausreichend viele profitable Aufträge zur Bearbeitung herein.* Es mangelt am *Cash Flow* (5.8.6). Bei einer wirklich guten neuen technischen Idee gibt es zumindest am Anfang noch keine Konkurrenz und es sollte möglich sein, einen guten Preis mit hoher Gewinnmarge zu erzielen, anderenfalls ist die Idee eben doch nicht so neu bzw. gut.

- Zu hohe fixe Kosten, insbesondere für die Verzinsung von Fremdkapital für unangemessene Anfangsinvestitionen, beispielsweise zu teure Geschäftswagen und Büroausstattung, Umbau oder gar Neubau, oder zu hohe Mieten für repräsentative Räume etc. In aller Regel führen die hohen fixen Kosten wegen gleichzeitigen Ausbleibens entsprechender Einnahmen zu Liquiditätsverlust und damit zur Pleite (5.5.2). Neben dem Vorhandensein von Kunden bzw. Aufträgen ist daher die zweitwichtigste Forderung das *Niedrighalten der Kosten* durch *bescheidenste Anfangsinvestitionen, sparsamstes Wirtschaften* und die Konzentration auf das Wesentliche, die *Produktion.* Die wenigen Rechnungen, die zu Beginn anfallen, sollte man selbst schreiben, die Einnahmen/Ausgaben-Überschussrechnung selbst führen (eigentlich reichen schon die Kontoauszüge der Bank!).

Interessanterweise kommen viele erfolgreiche Existenzgründer gerade am Anfang ohne das verführerische Fremdkapital aus. Die viel geschmähte Zurückhaltung von Banken bei der Vergabe von Krediten an Existenzgründer ist zu Beginn einer Existenzgründung nur zu begrüßen, denn wenn ein gescheiterter Unternehmensgründer bei einer Pleite 25.000 € Schulden oder mehr abtragen muss, ist sein Leben für die nächsten Jahre erst mal ruiniert. Wenn er im zweiten oder dritten Geschäftsjahr seine Risiken besser abschätzen kann, ist gegen Fremdkapital in angemessener Höhe nichts mehr einzuwenden. Unternehmensgründer benötigen auch keine *Kredite,* sondern *Kapital* in Form so genannten *Wagniskapitals.* Wagniskapital wird von Investoren in Existenzgründungen bzw. junge Unternehmen gesteckt, in der Hoffnung, an einem etwaigen Gewinn partizipieren zu können. Der Jungunternehmer geht dabei grundsätzlich kein finanzielles Risiko ein, da dieses ja von den Investoren getragen wird. Der häufig vernommene Appell zu mehr Risikofreudigkeit sollte sich daher eher an *Investoren* denn an *Existenzgründer* richten.

Leider wollen viele Investoren gleich einen Kaufmann in das Unternehmen einbringen und Herrschaftsrechte besitzen. Das Gehalt des Kaufmanns treibt die Kosten sofort gravierend in die Höhe, und das ist das letzte, was ein Existenzgründer brauchen kann. Ferner ist er schnell nicht mehr Herr im eigenen Haus. Extrem hilfreich ist dagegen eine erschwingliche betriebswirtschaftliche Beratung durch erfahrene Mentoren, in USA *Business Angels* genannt, die dem Existenzgründer regelmäßig über die Schulter schauen. In Deutschland gibt es nur wenig zu empfehlendes Wagniskapital, im Wesentlichen wegen mangelnder steuerlicher Begünstigung.

Die Vorstellung, dass ein Existenzgründer im Wesentlichen nur mit einer brillanten Idee für ein neues Produkt und Wagniskapital aus dem Stand erfolgreich eine Existenz gründet, ist ohnehin ein frommer Wunsch von Politikern und Bankiers und bleibt die seltene Ausnahme, die sich nicht beliebig skalieren lässt. Sie kann daher auch wahrlich nicht als Hoffnungsträger zum Erhalt des "Wirtschaftsstandorts Deutschland" bezeichnet werden. Meistens läuft es nämlich ganz anders.

Praktisch alle erfolgreichen "*spin-off*"-Firmen der Vergangenheit, sei es in USA oder in Deutschland, sind nicht "*from scratch*" entstanden, sondern wurden meist schon vorbereitet und gegründet, während der angehende Jungunternehmer noch bei einer öffentlichen *Forschungseinrichtung* oder auch einem *Unternehmen* der Privatwirtschaft tätig war, mit oder ohne Wissen bzw. stillschweigender Duldung durch den unmittelbaren Vorgesetzten. Während der Zeit der Doppelfunktion wurden schon die ersten Kundenkontakte geknüpft und kleinere Aufträge in der Freizeit erledigt. Sobald der erste große Auftrag eintraf, der sich nicht mehr in der Freizeit erledigen ließ, erfolgte der Absprung in die Selbständigkeit.

Falls diese bei Hi-Tec-Firmen häufigste Art der Existenzgründung von einer *Universität* oder *Großforschungseinrichtung* aus erfolgt, ist dies ein volkswirtschaftlich zu begrüßender, wenn auch nicht gesetzlich legitimierter positiver Nebeneffekt dieser Einrichtungen. Ereignet sich der Vorgang bei einem *Unternehmen der freien Wirtschaft*, z. B. einem Software-Haus, einem Büro beratender Ingenieure oder einem Architekturbüro, gibt es meist großen Är-

ger, da ja der Existenzgründer seinem ehemaligen Arbeitgeber Kunden weg-
nimmt, die, wie schon mehrfach betont, das kostbarste Gut eines Unternehmens der freien Wirtschaft sind. Es entsteht in letzterem Fall auch kein volks-
wirtschaftlicher Nutzen, da die Kunden nur *umverteilt* werden, es handelt
sich um ein Nullsummenspiel. Trotzdem ist dies ein nahezu alltäglicher
Vorgang.

Gelegentlich wird eine Existenzgründung sogar vom Mutterunternehmen
gefördert, wenn beispielsweise die Unternehmensleitung bestimmte betriebliche Funktionen nach moderner Manier *"outsourcen"* (deutsch.: an einen
externen Lieferanten abgeben) will, oder ein Geschäftszweig mit geringem
Umsatzvolumen und geringer Affinität zum Kerngeschäft vom Unternehmen
ausgegliedert werden soll, so genannte *Ausgründung*.

Zur Bestätigung einiger der oben gemachten Aussagen mögen einige Zitate
aus der Autobiographie von *Bill Gates* dienen, der mit 19 Jahren die Firma
Microsoft gründete. Sie belegen, dass das viel zitierte Vorbild nicht nur gut
programmieren konnte, sondern im Wesentlichen auch ein Gespür für
"Money Making" besaß und *Visionen* hatte:

– "Schon als Teenager stellte ich mir vor, wie sich *preisgünstige* Computer
   auswirken könnten."

– "Eine Zeitlang dachte ich, ich sollte vielleicht *Wirtschaftswissenschaften*
   als Hauptfach studieren. Ich änderte dann meine Meinung, doch in gewissem Sinn waren alle meine Erfahrungen mit der Computerbranche nichts
   anderes als *Lektionen in Ökonomie*."

– "Als Paul Allen und ich 1975 die naive Entscheidung trafen, eine Firma zu
   gründen, handelten wir wie alle Figuren in den Filmen mit *Judy Garland*
   und *Mickey Rooney*, die mit dem Entschluss beginnen: *Komm lass uns in
   der Scheune ein Ding aufziehen*."

– "Unser erstes Projekt war, BASIC für den Altair Computer mit 8080 Mikroprozessor zu schaffen. Unser Prototyp funktionierte gut, und wir mal-
   ten uns schon aus, *dass wir viele von unseren Maschinen landesweit verkaufen würden*."

– *"Paul Allen und ich haben von Anfang an alles selbst finanziert.* Jeder
   hatte ein bisschen Geld auf der hohen Kante: Paul hatte bei Honeywell
   ein gutes Gehalt bezogen, das Geld, das ich hatte, stammte dagegen zum

Teil aus nächtlichen Pokerspielen im Studentenwohnheim. Zum Glück erforderte die Finanzierung unserer Firma keine großen Mittel."

Kommentar zum letzten Zitat: Allzu viel Eigenkapital kann es nicht gewesen sein. Falls eine Existenzgründung große Mittel durch Fremdfinanzierung erfordert, sollte man eher kleine Brötchen backen oder versuchen, einen finanzstarken Partner mit ins Boot zu holen, der das Risiko übernimmt.

Die Kombination aus

- *fachlicher Kompetenz* (es muss nicht die hohe Theorie sein),

- *Freude* und *Stolz*, für etwas *Selbstgeschaffenes* Käufer und Anerkennung zu finden,

- *Verlangen nach Unabhängigkeit* (das heißt sein eigener Chef zu sein),

- *Visionen*, wie unerfüllte Kundenwünsche befriedigt oder mit innovativen Produkten neue Märkte erschlossen werden können,

- *Träumen*, später als erfolgreicher, angesehener Geschäftsmann zu gelten, der es zu etwas gebracht hat und sich jeden Wunsch erfüllen kann, schließlich

- *kompromissloser Hingabe* bei der Realisierung der Träume und Visionen,

macht den erfolgreichen Unternehmertyp aus. Er ist nicht häufig zu finden.

Entgegen einer weiteren *weit verbreiteten Fehlmeinung* gehen erfolgreiche Unternehmer selten große *Risiken* ein. Sie treffen meist nur Entscheidungen, von denen sie mit hoher Wahrscheinlichkeit annehmen können, dass sie richtig sind.

Arbeitswissenschaftlichen Studien zufolge liegen die Wurzeln erfolgreicher Unternehmerschaft in *Veranlagung, Entbehrungen in der Kindheit, Vorbildern in der Verwandtschaft* und *Bekanntschaft der Eltern* sowie *Vorbildern im Freundeskreis* und *in den ersten Berufsjahren*. Wenngleich Unternehmer in der Tat häufig geboren oder durch ihr frühes Umfeld geschaffen werden, erfahren manche Ingenieure diese höheren Weihen auch während ihrer Karriere in Großunternehmen, in denen sie später als Geschäftsführer einer GmbH bzw. eines "Pofit Centers" eine unternehmerähnliche Funktion ausüben. Der wesentliche Unterschied zwischen dem echten *Unternehmer (En-*

trepreneur) und *Geschäftsführer* (*Intrepreneur*) besteht aber immer noch darin, dass erstere ihr *eigenes* Geld ausgeben bzw. verwalten, letztere das Geld *ihres Unternehmens*, was häufig deutlich erkennbar ist.

Erfolgreicher Existenzgründer und späterer Unternehmer zu sein ist eine faszinierende Lebenserfüllung, in der wie bei keiner anderen Berufskarriere Fleiß und Einsatz in vielerlei Hinsicht reich belohnt werden. Sie wird aber nur dem Talentierten und Tüchtigen zuteil.

Nachstehend ein kleiner Unternehmer-Eignungs-Check für das *Self-Assessment* (*Selbstbeurteilung*) des Lesers. Die Reihenfolge legt nicht zwingend eine Priorität fest. (Antworten Sie mit Ja oder Nein!)

☐ Ich habe mir schon immer gewünscht selbständig, das heißt mein eigener Chef zu sein (hohe Motivation).

☐ Ich kenne bereits meine Kunden sowie das im ersten und zweiten Jahr gesicherte Auftragsvolumen in € (vorsichtig schätzen!).

☐ Ich habe soviel Geld angespart bzw. kann von meinem eigenen Vermögen (vorgezogenes Erbe o. ä.) so viel Geld flüssig machen, dass die zur Erledigung meines ersten Auftrags von mir zu erbringenden Vorleistungen, selbst bei Stornierung des Auftrags, mich nicht illiquide machen und sogar noch so viel bleibt, dass ich einen zweiten Auftrag mit gutem Gewissen annehmen kann. Wenn schon jeder seit Jahren eingespielte Betrieb *Rücklagen* bildet (5.5.2), wie viel wichtiger sind diese für einen Existenzgründer, der fast täglich vor neuen Überraschungen steht!

☐ Ich benötige kein Fremdkapital bzw. *ungünstigstenfalls* 20 %. Falls ich doch mehr Fremdkapital brauche, suche ich einen finanzstarken Partner.

☐ Meine Einnahmen werden meine Ausgaben (einschließlich meines eigenen rechnerischen Gehalts) deutlich überwiegen. Als rechnerisches Gehalt stelle ich mir *nicht* den gleichen Bruttobetrag vor, wie ihn gleichaltrige Kollegen in der Industrie verdienen, sondern eine erheblich höhere Summe, die die üblichen *Arbeitgeberanteile* zur *Kranken-* und *Sozialversicherung* berücksichtigt, gegebenenfalls auch noch meinen überproportionalen Einsatz und eine angemessene Verzinsung meines eingesetzten Eigenkapitals.

☐ Ich kann, falls notwendig, sehr sparsam leben und werde diese Fähigkeit vor allem im ersten Jahr auch in meinem geplanten Unternehmen praktizieren.

☐ Ich verliere nicht die Übersicht, wenn mehr als drei Hiobsbotschaften auf einmal eintreffen.

☐ Ich schiebe wichtige Dinge nicht auf, sondern bleibe so lange am Ball bis alle Aufgaben erledigt und vom Tisch sind.

☐ Mangelnde Freizeit ist für mich kein Problem. 12-Stunden Tage und zwei oder drei 7-Tage Wochen im Monat bringen mich nicht aus dem Konzept.

☐ Ich besitze hohe Sozialkompetenz und kann gut mit Kunden und Mitarbeitern umgehen.

Wenn Sie nicht alle der vorstehenden Fragen vorbehaltlos mit ja beantworten können, sollten Sie sich eine Neugründung ausgiebig überlegen und sich gegebenenfalls mit den beiden folgenden Alternativen vertraut machen.

10.2 Kauf eines Unternehmens

Ähnlich wie bei Arztpraxen, Apotheken und Kanzleien können Ingenieure auch ein Ingenieurbüro oder einen kleineren produzierenden Betrieb übernehmen bzw. kaufen. Die Vorzüge liegen auf der Hand: Umsatzerlöse (Kunden) und Kosten sind bekannt, das gesamte *nichttechnische Wissen*, das zu erwerben den Ingenieur anfänglich viel Zeit kostet, ist in der *bestehenden Infrastruktur* bereits vorhanden.

In der Regel ist der Startkapitalbedarf erheblich größer. Da das Risiko jedoch eher kalkulierbar ist, sind Banken großzügiger bei der Kapitalvergabe. Alles entscheidend sind belastbare Aussagen über die Umsatzerlöse der letzten drei oder fünf Jahre, die dabei erzielten Jahresüberschüsse und eine treffende Einschätzung der Aussichten für die kommenden Jahre. Ferner in welchem Umfang Aufträge nur aufgrund persönlicher Beziehungen des Verkäufers zustande kamen. In der Regel sind Darstellungen des Verkäufers eher glaubhaft, wenn er sich aus Altersgründen zurückziehen will. Warum sonst sollte ein Unternehmer ein florierendes Unternehmen verkaufen?

Der zu zahlende Preis richtet sich nach dem *Bilanzvermögen* (Summe aller festen und beweglichen Vermögensposten, 5.4), bzw. bei Nichtvorhandensein von Jahresbilanzen nach dem *Inventar*, abzüglich aller laufenden und zu erwartenden Verbindlichkeiten sowie nach dem "*Goodwill*" (5.9). Bilanzvermögen und *Goodwill* zusammen ergeben den Ertragswert des Unternehmens, das heißt einen äquivalenten Geldbetrag, den man beispielsweise bei einer Bank anlegen müsste, um in Form von Zinsen die gleiche Rendite (Jahresüberschuss unter Berücksichtigung der Privatentnahmen) zu erhalten.

Der gesamte Kaufbetrag wird teilweise in bar (Bilanzvermögen), teilweise in jährlichen Raten (*Goodwill*) aufgebracht. Möglich sind auch Übernahme auf *Rentenbasis* oder *Pacht*. Beides ist bei *geeigneter Vertragsgestaltung* allemal sicherer als die Zahlung einer einmaligen, möglicherweise überzogenen Ablöseforderung, die sich später nicht rechnet.

10.3   Einsteigen und Übernehmen

Der angenehmste und sicherste Weg freiberuflich bzw. selbständig unternehmerisch tätig zu werden, besteht darin, anfänglich nur als Mitarbeiter in ein bereits vorhandenes, gut laufendes Einzelunternehmen einzusteigen, dessen Inhaber sich in wenigen Jahren zur Ruhe setzen wird und dessen Familienangehörigen als Nachfolger nicht in Frage kommen. Hier ist ebenfalls die mühsame "Kärrner"-Arbeit bereits gemacht, der Ingenieur kann sich im Wesentlichen auf die fachliche Arbeit konzentrieren und die finanziellen und anderen Aspekte fast mühelos durch "über die Schulter schauen" nebenbei erlernen. Bei der endgültigen Übernahme ist er soweit informiert, dass er genau überblicken kann, auf was er sich einlässt. Er geht daher im Regelfall ein noch geringeres Risiko ein, das ihm seine Bank leichter finanzieren wird.

Zum Zeitpunkt des Einstiegs stellt sich bereits die Frage, ob man nur für seine Arbeitsleistung entlohnt (Gehalt) oder am Gewinn beteiligt werden will. Letzteres ist in Form einer vom Jahresergebnis abhängigen *Tantieme* oder durch Erwerb eines *Anteils am Unternehmen* möglich. Der Erwerb von beispielsweise 10 % des Unternehmens ist aber leider nicht zum Preis von 10 % des Stammkapitals, sondern nur von 10 % des *Unternehmenswerts* (der den

Goodwill einschließt) möglich (5.9). Falls sich *Betriebsvermögen* (5.4.1) und *Unternehmenswert* zu sehr unterscheiden, ist eine genaue Prüfung der Rentabilität und des Risikos im Vergleich mit anderen Alternative der Geldanlage angeraten. Häufig ist eine Beteiligung aus unternehmenspolitischen Gründen unvermeidlich.

10.4   Finanzierungs-Checkliste

Gleichviel ob man ein Unternehmen neu gründet oder übernimmt, treten zahllose verschiedene Kosten auf, über deren Art und Höhe man sich von Anfang an im Klaren sein sollte. Die nachstehende Liste erhebt einerseits keinen Anspruch auf Vollständigkeit, andererseits müssen auch nicht zwingend alle Posten anfallen. Sie dient lediglich einer groben Gewissenserforschung, um zutreffend abschätzen zu können, ob das vorhandene Startkapital und die laufenden Einnahmen ausreichen.

1. Umbau, Baukosten, Notariatsgebühren   €   ....
2. Beratungshonorare (Unternehmens- und/oder   €   ....
    Steuerberater)
3. Löhne und Gehälter (einschließlich Unternehmerlohn) € ....
    zuzüglich Lohnnebenkosten
4. Material- und Warenvorräte   €   ....
5. Mieten, Maklergebühren   €   ....
6. Zinsen (inkl. etwaiger Tilgungsbeiträge) für   €   ....
    Fremdkapital, Bearbeitungsgebühren
7. Kfz-Kosten (Versicherung, Steuer, Benzin,   €   ....
    Leasingraten)
8. Telefon- und Faxgebühren   €   ....
9. Strom, Wasser, Heizung, Abfallentsorgung   €   ....
10. Bürokosten (Computer, Drucker, Möbel, Briefbögen,   €   ....
    Rechnungsbögen etc.)
11. Maschinen und kleinere Werkzeuge   €   ....

12. Werbung, Versicherungsbeiträge (vermutlich   € ....
     nicht im ersten Jahr)

13. Versand, Porto   € ....

14. Flüssige Mittel für die Begleichung allfälliger   € ....
     Rechnungen

Für Unvorhergesehenes sollten 20 % der Gesamtkosten, besser mehr, vorhanden sein. Das Startkapital muss *mindestens* für *Anfangsinvestitionen* und die gesamten *laufenden Kosten bis zum Eingang der ersten Zahlungen der Kunden* ausreichen.

Falls die benötigte Summe nicht ganz aus Eigenkapital aufgebracht werden kann, geht man zur Industrie- und Handelskammer und lässt sich über *private-* und *staatliche Fördermaßnahmen* informieren (10.5). Der Weg zu diesen Stellen lohnt sich auch dann, wenn in Wahrheit gar kein Fremdkapital gebraucht wird. Aus den Gesprächen bzw. den aufgeworfenen Fragen lässt sich viel lernen bzw. wird man auf manches aufmerksam, woran bislang noch nicht gedacht wurde.

Wer alles perfekt machen will, stellt nicht nur die Finanzierungs-Checkliste auf, sondern erstellt auch einen *Geschäftsplan* (engl.: *Business plan*), 6.1.2. Ein Geschäftsplan ist nicht nur bei Verhandlungen mit einer Bank wegen eines Kredits hilfreich, sondern hilft auch bei der Mitarbeitermotivation. Es gibt zugegebenermaßen viele erfolgreiche Firmen, die nie einen Geschäftsplan aufgestellt haben. Andererseits ist bekannt, dass die überwiegende Zahl in Konkurs gegangener Firmen keinen Geschäftsplan hatte.

10.5   Finanzierungsquellen

An vorderster Stelle steht das *Eigenkapital*, entweder in Form von Bargeld oder Gegenständen künftigen Betriebsvermögens, beispielsweise Computer, Drucker, Faxgerät, Kraftfahrzeug etc. Das Eigenkapital sollte gerade am Anfang knapp 100 % des insgesamt benötigten Kapitals betragen. Dies lässt sich bei der Existenzgründung in Form eines Einmannbetriebs meist durch Beschränkung des Kapitalbedarfs auf das Notwendigste erreichen. Später kann der Eigenkapitalanteil auf 30 % zurückgehen.

Je geringer der Eigenkapitalanteil desto höher das Liquiditätsrisiko bei schlechter Auftragslage. Die Differenz zum insgesamt benötigten Kapital kann gedeckt werden durch:

- Familiendarlehen
- Hausbankkredite
- Eigenkapitalhilfeprogramme
- Existenzgründungsprogramme
- Technologie-Förderprogramme
- Einlagen Stiller Teilhaber
- Venture-Capital-Fonds

Fremdkapital zur Neugründung eines *Einmannunternehmens* ist gewöhnlich schwierig zu erhalten. Nach den klassischen Bankgepflogenheiten "*bekommt Kredit nur, wer nachweisen kann, dass er ihn nicht nötig hat*". Deshalb ist oben auch von knapp 100 % Eigenkapital die Rede. Hat man nach zwei oder drei Jahren erst einmal gezeigt, dass das Geschäftskonzept tragfähig ist, erschliessen sich zunehmend mehr Kapitalquellen.

Auf die einzelnen Förderprogramme hier genauer einzugehen, macht wegen der derzeit sich ständig ändernden Angebote wenig Sinn. Aktuelle ausführliche Informationen und allfällige Beratungen können gewöhnlich von folgenden Anlaufstellen eingeholt werden:

- Kreditabteilungen gewöhnlicher Banken und Sparkassen,
- Industrie- und Handelskammer,
- Handwerkskammer,
- Landesgewerbeamt,
- Landeskreditbank,
- Städtisches Amt für Wirtschaftsförderung,
- Deutsche Ausgleichsbank,
- Mittelständische Beteiligungsgesellschaften,
- Bundesverband Deutscher Kapitalbeteiligungsgesellschaften,
- Technologietransfer-Einrichtungen,
- CyberForum im Internet.

Diese Liste erhebt keinen Anspruch auf Vollständigkeit.

Die Inanspruchnahme obiger Kapitalquellen ist nicht ungefährlich, da in der Regel vom Berater bzw. dem Kreditgeber erwartet wird, die neue Geschäftsidee ausführlich darzulegen. Nicht selten wird hier die Vertraulichkeit nicht gewahrt, werden Informationen an andere Unternehmen weitergegeben. Ein Existenzgründer muss sich genau überlegen, wie detailliert er seine Geschäftsidee offenbart.

10.6   Preisgestaltung

Häufig stehen Existenzgründer vor der Frage, welchen Preis sie für ihre Leistung verlangen sollen. Unbeschadet der im Kapitel 5.10 in der *Kosten- und Erlösrechnung* erläuterten aufwendigen Verfahren zur *"Ermittlung der Selbstkosten"*, soll hier in kompakter Form eine Antwort gegeben werden.

Zunächst ist zu ergründen, ob nur die menschliche Arbeitsleistung gefragt ist, wie beispielsweise bei der Erstellung von *Software*, oder ob ein *Gerät* gebaut werden soll, bei dem neben *Personalkosten* auch noch *Materialkosten* für Rohmaterial, Kleinteile und externe Zuarbeit anfallen.

In beiden Fällen muss der Existenzgründer als erstes entscheiden, was ihm seine Arbeitsleistung wert ist. Einen nahe liegenden Vergleichswert liefert das Bruttogehalt in der Industrie tätiger gleichaltriger Berufskollegen. Zu diesem Gehalt ist ein Betrag zu addieren, der die üblichen Arbeitgeberanteile zur Kranken- und Sozialversicherung berücksichtigt. Diese Summe, geteilt durch ca. 220 Tage (365 Kalendertage abzüglich Samstage, Sonn- und Feiertage sowie 30 Tage Urlaub), ergibt den unteren Grenzwert Y der Kosten eines Arbeitstags (*Tagessatz*). Diesen Betrag durch 8 h geteilt, ergibt seinen *Stundensatz*. Schätzt er den Aufwand für ein zu erstellendes Programm einschließlich Kundenbesuchen, Erstellen einer Dokumentation, Inbetriebnahme und Geräteleistungen usw. auf x Arbeitstage, so muss er mindestens x · Y EUR in Rechnung stellen. Auf diesen Selbstkostenpreis kann er einen Gewinnzuschlag machen, dessen Höhe allein durch die *Konkurrenzsituation*, den *Markt* und den *Wunsch, dass der Kunde wiederkommt*, begrenzt wird. Lediglich bei öffentlichen Auftraggebern muss ein Nachweis der Selbstkosten geführt werden, auf den dann ein bestimmter kalkulatorischer Gewinn aufgeschlagen werden darf. Diese Forderung lässt sich aber bei Kleinunternehmen auch ignorieren, wenn keine vergleichbar kompetenten Wettbewerber mitbieten.

Der Preis von x · Y EUR ist die allerunterste Kalkulationsgrenze, so genannte Grenzkosten (5.10.1). Obige Kalkulation setzt nämlich voraus, dass die gesamte Infrastruktur, wie Arbeitsraum (Wohnzimmer), Telefon (Privattelefon), Rechner mit Drucker einschließlich Datenträgern und Druckerpapier, als Privateigentum (Eigenkapital) ohnehin schon in ausreichendem Maß vorhanden ist und damit keine *Gemeinkosten* anfallen. Ferner ist nicht berücksichtigt, dass der Existenzgründer auch mal Tage durch Krankheit verliert.

Mit zunehmender Professionalität des jungen Unternehmens muss bei der Kalkulation zunehmend mehr berücksichtigt werden. Dies bedeutet, dass der Unternehmer zu seinem Gehalt die monatlichen kalkulatorischen und echten Kosten für *Miete, Rechner, Geschäftsausstattung* etc. hinzuaddiert und diese höhere Summe durch die Zahl der Arbeitstage teilt. Ferner kommen bei Entwicklung und Bau beispielsweise eines *speziellen Messgeräts* zu seinen *Personalkosten* noch *Material-* und *Transportkosten*, die ihm seine Lieferanten berechnen. Schließlich fällt beim Überschreiten eines bestimmten Umsatzes bzw. Gewinns zusätzlich Gewerbesteuer an (4.4).

Der Gewinn*zuschlag* reicht von Null bis zu dem, was der Kunde als Endpreis noch akzeptiert. Null Gewinnzuschlag ist anfänglich nicht einmal ungewöhnlich, da ja bei Einzelunternehmern das rechnerische Gehalt bereits Gewinn darstellt (5.4.1 und 5.4.2).

Nicht selten hat der Kunde schon ein günstigeres Angebot von einem Wettbewerber vorliegen. In diesem Fall ist zuerst zu prüfen, ob die angebotene Leistung des Wettbewerbers die gleiche ist. Wenn ja, muss der Existenzgründer sich überlegen, ob er seine Arbeit für ein geringeres monatliches Gehalt zu leisten gewillt ist, um überhaupt Arbeit zu haben oder einen neuen Kunden zu gewinnen. Schließlich hängt der durchsetzbare Preis sehr stark vom persönlichen Verhandlungsgeschick, der Überzeugungskraft und dem guten Ruf des Jungunternehmers bezüglich Kompetenz und Termintreue ab. Wegen Details wird auf 5.10 verwiesen.

10.7   Berufsgenossenschaft und Krankenkasse

Jedes Gewerbe und die dort beschäftigten Mitarbeiter, meist auch der Unternehmer selbst, müssen bei der jeweiligen *Berufsgenossenschaft* angemeldet werden. Sie ist eine *gesetzliche Unfallversicherung*. Falls die Arbeitnehmer nicht angemeldet sind, zahlt sie bei Unfall trotzdem und zieht vom Unternehmer nachträglich Prämien ein, die in der Vergangenheit fällig gewesen wären.

Ferner müssen alle Arbeitnehmer bei der *Allgemeinen Ortskrankenkasse* AOK bzw. einer *Ersatzkrankenkasse* (z. B. *Technikerkrankenkasse*) angemeldet werden. Die Krankenkasse meldet die Arbeitnehmer automatisch bei der Sozialversicherung, das heißt bei der *Renten-* und *Arbeitslosenversicherung*, an.

10.8   Epilog

Die Gründung eines eigenen Unternehmens oder auch Kauf bzw. Übernahme eines bestehenden Unternehmens müssen reiflich überlegt sein. Bei einem etwaigen Scheitern ist man hinterher ärmer als zuvor. In den Anfängen der Gründungsphase empfiehlt es sich daher dringend, die Diskussion mit wohlgesonnenen, erfahrenen Freunden oder Bekannten zu führen, insbesondere auch mit Existenzgründern, die bereits ein oder mehrere Jahre zuvor den gleichen Schritt getan haben. Der Besuch von Existenzgründerseminaren ist dringend anzuraten. Bei Vorhandensein überdurchschnittlicher Arbeitsamkeit, Motivation und etwas Fortüne kann eine Existenzgründung das Beglückendste im Leben des späteren Unternehmers sein.

11   Schrifttum

Die nachfolgenden Bücher stellen eine repräsentative Auswahl des nahezu unbegrenzten Schrifttums dar. Bei konkreten Fragen wird wegen der häufig sehr unterschiedlichen Darstellungs- und Sichtweise die Lektüre mehrerer Bücher empfohlen:

Management und Betriebswirtschaftslehre

BITZ, M. et al.: Vahlens Kompendium der Betriebswirtschaftslehre, Bd. 1 und 2, 4. Auflage, Verlag Vahlen, München, 1998

CHAPMAN, C.B. et al.: Management for Engineers, John Wiley & Sons, New York 1987

DRUCKER, P.F.: Management: Tasks, Responsibilities, Practices, Harper-Verlag, New York, 1993

DRUCKER, P.F.: The Practice of Management, 1. Auflage, Harper-Verlag, New York, 1993

DRUCKER, P.F.: The New Realities, 1. Auflage, Harper-Verlag, 1994

HEINEN, E.: Industriebetriebslehre, 9. Auflage, Gabler-Verlag Wiesbaden, 1991

HERING, E. und DRAEGER, W.: Führung und Management, VDI-Verlag, Düsseldorf, 1995

HOPFENBECK, W.: Allgemeine Betriebswirtschafts- und Managementlehre, MI-Verlag Moderne Industrie, 1989

KORNDORFER, W.: Allgemeine Betriebswirtschaftslehre, 4. Auflage, Gabler-Verlag, Wiesbaden, 1980

MÜLLER, K.: Management, 2. Auflage, Springer-Verlag, Berlin, Heidelberg, New York, 1995

OLFERT, K. u. H. J. RAHN: Einführung in die Betriebswirtschaftslehre, 3. Auflage, Kiehl Verlag, Ludwigshafen, 1995

RAPPAPORT, A.: Shareholder Value, 2. Auflage, Schäfer-Poeschel-Verlag, Stuttgart, 1999

RUSSEL, F.A. et al.: Third Generation R & D, Anderson Little, Inc. 5. Auflage, Harvard Business School Press, 1991

TWISS, B.C.: Business for Engineers, IEEE Management of Technologies Series, Peter Peregrinus-Verlag, London, U.K., 1991

WALTON, M.: The Deming Management Method, 3. Auflage, The Berkeley publishing Group, New York, 1988,

WÖHE, G. und DÖRING, U.: Einführung in die Allgemeine Betriebswirtschaftslehre, 18. Auflage, Verlag Franz Vahlen, München, 1993

WÜRTH, R.: Erfolgsgeheimnis Führungskultur, Bilanz eines Unternehmens, Campus-Verlag, 1995

Organisation

BULLINGER, H.-J. und WARNECKE, H.J.: Neue Organisationsformen im Unternehmen, Springer-Verlag Berlin, Heidelberg, New York, 1996

FRESE, E.: Grundlagen der Organisation, 3. Auflage, Gabler Verlag, Wiesbaden, 1987

ROTH, G.H.: Handels- und Gesellschaftsrecht, 5. Auflage, Verlag Vahlen, München, 1998

SCHMIDT, G.: Methode und Techniken der Organisation, 11. Auflage, Verlag Dr. Götz Schmidt, Gießen, 1997

Finanzwesen

BORNHOFEN, M. u. BUSCH, E.: Buchführung 1/DATEV Kontenrahmen, 9. Auflage, Gabler-Verlag, Wiesbaden, 1997

BÜHNER, R.: Der Shareholder-Value-Report, 1. Aufl., Verlag Moderne Industrie, Landsberg/Lech, 1994

DÄUMLER, K.D.: Grundlagen der Investitions- und Wirtschaftlichkeitsrechnung, 9. Auflage, Verlag Neue Wirtschaftsbriefe, Herne, Berlin, 1998

DEITERMANN, M. und SCHMOLKE, S.: Industriebuchführung, Winklers-Verlag, Gebr. Grimm, Darmstadt, 1996

FRIEDLOB, G. T. und PLEVAR, F. J.: Understanding Return on Investment, John Whiley and Sons, New York, 1996

HESSE, K. und FRALING, R.: Wie beurteilt man eine Bilanz, 15. Auflage, Gabler-Verlag, Wiesbaden, 1979

HOITSCH, H.-J.: Kosten- und Erlösrechnung, Springer-Verlag, Berlin, Heidelberg, New York, 1995

KLOOK, J. et al.: Kosten- und Leistungsrechnung, 7. Auflage, Werner Verlag, Düsseldorf, 1993

KRAUSE, H. und RAUSSER, K.-D.: Steuerlehre für Ausbildung und Praxis, 22. Auflage, Winklers Verlag, Gebr. Grimm, Darmstadt, 1995

OLFERT, K.: Bilanzen, 7. Auflage, Kiehl-Verlag, Ludwigshafen, 1995

RAHN, HESSE, K.: Buchführung und Bilanz, 5. Auflage, Verlag-Gabler, Wiesbaden, KIEHL Ludwigshafen, 1975

STEINER, G.A.: Stratcgic Planning, The Free Press, New York, 1979

Prozessverbesserungen und TQM

ALDEDEJI, A.T. und AJENY, B.J.: Quality and Process Improvement, Chapman and Hall, London, 1993

HAMA, M. und CHAMPY, J.: Reengineering the Corporation, 2. Auflage, Harper-Verlag New York, 1994

HUNT, V.D.: Process Mapping, John Whiley-Verlag, 1996

SPEDOLINI, M. J.: The Benchmarking Book, American Management Company, New York, 1992

TÖPFER, A., und MEHDORN, H.: Total Quality Management, 4. Auflage, Luchterhand-Verlag 1995

ZINK, K.: TQM als integratives Management-Konzept, Hansa-Verlag, München-Wien, 1995

Management-Techniken

AUDEHM, D. et al.: Marketing Praxisnah, VDI-Verlag, Düsseldorf, 1993

BAYLISS, J.: Marketing for Engineers, IEEE Management of Technologies Series, Peter Peregrinus-Verlag, London, U.K. 1993

BROCKHOFF, K.: Forschung und Entwicklung, 2. Auflage, Oldenburg-Verlag, München, Wien, 1989

BURBRIDGE: Prospectives on Project Management, IEEE Management of Technologies Series, Peter Peregrinus-Verlag, Stelvenage, Herts, U.K. 1991

BURGHARDT, M.: Einführung in Projektmanagement, 4. Auflage 1997, Publicis MCD-Verlag Erlangen und München, 1997

LEVITT, TH.: The Marketing Imagination, 2. Auflage, The Free Press, New York, 1983

SHIM, J.A.E.K. und SIEGEL, J.G.: Budgeting Basics; Prentice Hall, Engelwood Cliffs, 1994

STEELE, L.W.: Managing Technology, 1. Auflage, Mac Graw Hill, New York, 1988

Teamarbeit , Ethik

DEYER, W.G.: Team Building, 3. Auflage, Edison Wessley, New York, 1995

HENDERSON, V.E.: What´s ethical in business, Mac Graw Hill, New York, 1992

LENK, H. und MARING, M.: Technikethik und Wirtschaftsethik, Leske + Budrich-Verlag, Obladen, 1998

PETRY, H.: Erfolgreich managen, Im Spannungsfeld zwischenmenschlicher Beziehungen, Shaker-Verlag Aachen, 1998

REHM, S.: Gruppenarbeit im Team, Verlag Harry Deutsch, TU Frankfurt, 1995

Existenzgründungen

EMKE, H.: Wie werde ich Unternehmer? 7. Auflage, RoRoRo-Verlag Hamburg, 1993

HOEPFNER, F.G.: Chancen für Unternehmer, Erich Schmidt Verlag, Berlin 1991

WESTERHOFF, R.: Geschäftsgründung, Beck-Verlag, München, 1997

WESTPHAL, S.: Die erfolgreiche Existenzgründung, 2. Auflage, Campus Verlag, Frankfurt, 1998

Zur weiteren Vertiefung empfiehlt sich neben den zahllosen Spezialwerken zur Management- und Betriebswirtschaftslehre die Beschaffung folgender Beck-Texte im dtv, die für wenig Geld im Buchhandel zu haben sind:

- Handelsgesetzbuch HGB
- Bürgerliches Gesetzbuch BGB
- Umsatzsteuergesetz UStG
- Vermögensteuergesetz VStG
- Wechselgesetz WG
- Scheckgesetz ScheckG
- Wertpapierhandelsgesetz WpHG
- Einkommensteuergesetz EStG
- Bundesimmissionsschutzgesetz BImSchG
- Arbeitsschutzgesetz ArbSchG
- Produkthaftungsgesetz ProdHaftG

- Bewertungsrechtgesetz BewG
- Gewerbeordnung GewO
- Gewerbesteuergesetz GewStG
- Lohnsteuergesetz LStG
- Körperschaftsteuergesetz KStG
- Aktiengesetz AktG
- GmbH-Gesetz GmbHG
- Patentgesetz PatG
- Betriebsverfassungsgesetz Betr.VG
- Allgemeine Geschäftsbedingungen BGB

A Anhang

A1 Kontenrahmen

Die Strukturierung der Konten des Rechnungswesens erfolgt in Anlehnung an so genannte *Kontenrahmen*. Sie leisten durch einheitliche Ordnung der Konten und deren einheitlicher Bezeichnung einen wesentlichen Beitrag zur Vereinfachung und Standardisierung des Rechnungswesens. Man unterscheidet im Wesentlichen den *Industriekontenrahmen*, den *Gemeinschaftskontenrahmen* und die *DATEV-Kontenrahmen*, die heute am häufigsten anzutreffen sind.

A1.1 Industriekontenrahmen

Der klassische *Industriekontenrahmen* IKR des *Bundesverbandes der Deutschen Industrie* BDI ist/war eine mit dem Bilanzrichtliniengesetz (BiRiLig) kompatible Empfehlung für die Industrie. Andere buchführungspflichtige Wirtschaftsbereiche, wie Großhandel, Banken und Versicherungen, Handwerk etc., haben ihre eigenen Kontenrahmen. Der Industriekontenrahmen entspricht bezüglich seiner Struktur der aktienrechtlichen Gliederung von *Bilanz* und *Gewinn- und Verlustrechnung* (5.3). Aus Gründen der Standardisierung unterscheidet der Industriekontenrahmen nicht zwischen *Einzelunternehmen*, *Personen-* und *Kapitalgesellschaften*. Jedoch können sich Einzelunternehmen, Personengesellschaften sowie kleine und mittelgroße Kapitalgesellschaften selbstverständlich auf eine Untermenge der Konten beschränken, sofern sie die für sie geltenden handelsrechtlichen Vorschriften einhalten. Diese firmenspezifische Untermenge nennt man *Kontenplan* des Unternehmens. Die nachfolgenden Tabellen zeigen den *Industriekontenrahmen* IKR *in Anlehnung* an die vom BDI herausgegebene Fassung vom März 1990. Mit Hilfe der Dezimalklassifikation lässt sich jede der zehn *Kontenstellen* in zehn *Kontengruppen*, diese wiederum in zehn *Kontenarten* etc. unterteilen. Wegen weiterer Tiefgliederung und Information wird auf die Originalversion bzw. die Druckschrift des BDI verwiesen.

AKTIVA		
Anlagevermögen		
Kontenklasse 0	**Kontenklasse 0** (Fortsetzung)	**Kontenklasse 1**

Kontenklasse 0	Kontenklasse 0 (Fortsetzung)	Kontenklasse 1
0 Immaterielle Vermögensgegenstände und Sachanlagen	074 Anlagen für Arbeitssicherheit und Umweltschutz	1 Finanzanlagen
00 Ausstehende Einlagen	075 Transportanlagen und ähnliche Betriebsvorrichtungen	10 Frei
001 Noch nicht eingeforderte Einlagen	076 Verpackungsanlagen und -maschinen	11 Anteile an verbundenen Unternehmen
002 Eingeforderte Einlagen	077 Sonstige Anlagen und Maschinen	12 Ausleihungen an verbundene Unternehmen
01 Aufwendungen für die Ingangsetzung und Erweiterung der Geschäftsbetriebe	078 Reservemaschinen und -anlageteile	13 Beteiligungen
Immaterielle Vermögensgegenstände	079 Geringwertige Anlagen und Maschinen	14 Ausleihungen an Unternehmen, mit denen ein Beteiligungsverhältnis besteht
02 Konzessionen, gewerbliche Schutzrechte und ähnliche Rechte und Werte sowie Lizenzen an solchen Rechten und Werten	08 Andere Anlagen, Betriebs- und Geschäftsausstattung	15 Wertpapiere des Anlagevermögens
021 Konzessionen	080 Andere Anlagen	150 Stammaktien
022 Gewerbliche Schutzrechte	081 Werkstätteneinrichtung	151 Vorzugsaktien
023 Ähnliche Rechte und Werte	082 Werkzeuge, Werksgeräte und Modelle, Prüf- und Messmittel	152 Genussscheine
024 Lizenzen an Rechten und Werten	083 Lager- und Transporteinrichtungen	153 Investmentzertifikate
	084 Fuhrpark	154 Gewinnobligationen
03 Geschäfts- oder Firmenwert	085 Sonstige Betriebsausstattung	155 Wandelschuldverschreibungen
031 Geschäfts- oder Firmenwert	086 Büromaschinen, Organisationsmittel und Kommunikationsanlagen	156 Festverzinsliche Wertpapiere
032 Verschmelzungsmehrwert	087 Büromöbel und sonstige Geschäftsausstattung	157 Frei
04 Geleistete Anzahlungen auf immaterielle Vermögensgegenstände	088 Reserveteile für Betriebs- und Geschäftsausstattung	158 Optionsscheine
	089 Geringwertige Vermögensgegenstände der Betriebs- und Geschäftsausstattung	159 Sonstige Wertpapiere
Sachanlagen		16 Sonstige Ausleihungen
05 Grundstücke, grundstücksgleiche Rechte und Bauten einschließlich der Bauten auf fremden Grundstücken	09 Geleistete Anzahlungen und Anlagen im Bau	160 Genossenschaftsanteile
050 Unbebaute Grundstücke	090 Geleistete Anzahlungen auf Sachanlagen	161 Gesicherte sonstige Ausleihungen
051 Bebaute Grundstücke	095 Anlagen im Bau	162 Frei
052 Grundstücksgleiche Rechte		163 Ungesicherte sonstige Ausleihungen
053 Betriebsgebäude		164 Frei
054 Verwaltungsgebäude		165 Ausleihungen an Mitarbeiter, an Organmitglieder und an Gesellschafter
055 Andere Bauten		166-168 Frei
056 Grundstückseinrichtungen		169 Übrige sonstige Finanzanlagen
057 Gebäudeeinrichtungen		
058 Frei		
059 Wohngebäude		
06 Frei		
07 Technische Anlagen und Maschinen		
070 Anlagen und Maschinen der Energieversorgung		
071 Anlagen der Materiallagerung und -bereitstellung		
072 Anlagen und Maschinen der mechanischen Materialbe-/verarbeitung, und -umwandlung		
073 Anlagen für Wärme-, Kälte- und chemische Prozesse		

AKTIVA

Umlaufvermögen

Kontenklasse 2	Kontenklasse 2 (Fortsetzung)	Kontenklasse 2 (Fortsetzung)

Kontenklasse 2

2 Umlaufvermögen und aktive
Rechnungsabgrenzung

Vorräte
20 Roh-, Hilfs- und Betriebsstoffe
   200 Rohstoffe/Fertigungs-
      material
   201 Vorprodukte/Fremd-
      bauteile
   202 Hilfsstoffe
   203 Betriebsstoffe
   204 - 209 Frei

21 Unfertige Erzeugnisse, unfertige
Leistungen
   210 - 217 Unfertige Erzeugnisse
   218 Frei
   219 Unfertige Leistungen

22 Fertige Erzeugnisse und Waren
   220 - 227 Fertige Erzeugnisse
   228 Waren (Handelswaren)
   229 Frei

23 Geleistete Anzahlungen auf
Vorräte

Forderungen und sonstige Vermögensgegenstände
24 Forderungen aus Lieferungen und
Leistungen
   240- 244 Forderungen aus
      Lieferungen und Leistun-
      gen
   245 Wechselforderungen aus
      Lieferungen und
      Leistungen (Besitzwechsel)
   246 - 248 Frei
   249 Wertberichtigungen zu
      Forderungen aus
      Lieferungen und
      Leistungen

25 Forderungen gegen verbundene
Unternehmen und gegen Un-
ternehmen, mit denen ein Beteiligungsverhältnis besteht

Forderungen gegen verbundene Unternehmen
   250 - 251 Forderungen aus
      Lieferungen und
      Leistungen gegen
      verbundene Unter-
      nehmen
   252 Wechselforderungen
      (verbundene Unter-
      nehmen)
   253 Sonstige Forderungen
      gegen verbundene
      Unternehmen
   254 Wertberichtigungen zu
      Forderungen gegen
      verbundene Unter-
      nehmen

Kontenklasse 2 (Fortsetzung)

Forderungen gegen Unternehmen, mit
denen ein Beteiligungsverhältnis
besteht
   255 -256 Forderungen aus Lie-
      ferungen und Leistungen
      gegen Unternehmen, mit
      denen ein Beteiligungs-
      verhältnis besteht
   257 Wechselforderungen
      (Beteiligungsverhältnis)
   258 Sonstige Forderungen
      gegen Unternehmen, mit
      denen ein Beteiligungs-
      verhältnis besteht
   259 Wertberichtigungen zu
      Forderungen bei
      Beteiligungsverhältnissen

26 Sonstige Vermögensgegenstände
   260 Anrechenbare Vorsteuer
   261 Aufzuteilende Vorsteuer
   262 Sonstige Ust-Forderungen
   263 Sonst. Forderungen an
      Finanzbehörden
   264 Forderungen an Sozial-
      versicherungsträger
   263 Sonstige Forderungen an
      Finanzbehörden
   264 Forderungen an
      Sozialversicherungsträger
   265 Forderungen an Mitar-
      beiter, Organmitglieder und
      an Gesellschafter
   266 Andere sonstige
      Forderungen
   267 Andere sonstige
      Vermögensgegenstände
   268 Eingefordertes, noch nicht
      eingezahltes Kapital und
      eingeforderte Nachschüsse
   269 Wertberichtigungen zu
      sonstigen Forderungen und
      Vermögensgegenständen

27 Wertpapiere
   270 Anteile an verbundenen
      Unternehmen
   271 Eigene Anteile

Sonstige Wertpapiere
   272 Aktien
   273 Variabel verzinsliche
      Wertpapiere
   274 Festverzinsliche
      Wertpapiere
   275 Finanzwechsel
   276-277 Frei
   278 Optionsscheine
   279 Sonstige Wertpapiere

Kontenklasse 2 (Fortsetzung)

28 Flüssige Mittel
   280 - 284 Guthaben bei
      Kreditinstituten
   285 Postgiroguthaben
   286 Schecks
   287 Bundesbank
   288 Kasse
   289 Nebenkassen

29 Aktive Rechnungsabgrenzung
   290 Disagio
   291 Zölle und Verbrauchs-
      steuern
   292 Umsatzsteuer auf erhaltene
      Anzahlungen
   293 Andere aktive Jahresab-
      grenzungsposten
   294 Frei
   295 Aktive Steuerabgrenzung
   296-298 Frei

Passiva		
Kontenklasse 3	Kontenklasse 3 (Fortsetzung)	Kontenklasse 4

Kontenklasse 3

3 Eigenkapital und Rückstellungen

Eigenkapital
30 Kapitalkonto/Gezeichnetes Kapital
Bei Einzelfirmen und Personengesellschaften:
 300 Kapitalkonto Gesellschafter A
  3001 Eigenkapital
  3002 Privatkonto
 301 Kapitalkonto Gesellschafter B
  3011 Eigenkapital
  3012 Privatkonto
alternativ:
 300 Festkapitalkonto
  3001 Gesellschafter A
  3002 Gesellschafter B
 301 Veränderl. Kapitalkonto
  3011 Gesellschafter A
  3012 Gesellschafter B
 302 Privatkonto
  3021 Gesellschafter A
  3022 Gesellschafter B
Bei Kapitalgesellschaften:
 300 Gezeichnetes Kapital
 305 Noch nicht eingeforderte Einlagen

31 Kapitalrücklage
 311 Aufgeld aus der Ausgabe von Anteilen
 312 Aufgeld aus der Ausgabe von Wandelschuldverschreibungen
 313 Zahlung aus der Gewährung eines Vorzugs für Anteile
 314 Andere Zuzahlungen von Gesellschaftern in das Eigenkapital
 315-317 Frei
 318 Eingeforderte Nachschüsse gemäß § 42 Abs. 2 GmbH

32 Gewinnrücklagen
 321 Gesetzliche Rücklagen
 322 Rücklage für eigene Anteile
 323 Satzungsgemäße Rücklagen
 324 Andere Gewinnrücklagen
 325 Eigenkapitalanteil bestimmter Passivposten

33 Ergebnisverwendung
 331 Jahresergebnis des Vorjahres
 332 Ergebnisvortrag aus früheren Perioden
 333 Entnahmen aus der Kapitalrücklage
 334 Veränderungen der Gewinnrücklagen vor Bilanzergebnis
 335 Bilanzergebnis (Gewinn/Verlust)

Kontenklasse 3 (Fortsetzung)

 336 Ergebnisausschüttung
 337 Zusätzlicher Aufwand oder Ertrag aufgrund Ergebnisverwendungsbeschluss
 338 Einstellungen in Gewinnrücklagen nach Bilanzergebnis
 339 Ergebnisvortrag auf neue Rechnung

34 Jahresüberschuss/Jahresfehlbetrag

35 Sonderposten mit Rücklageanteil
 350 So genannte steuerfreie Rücklagen
 355 Wertberichtigungen aufgrund steuerlicher Sonderabschreibungen

36 Wertberichtigungen

37 Rückstellungen für Pensionen und ähnliche Verpflichtungen
 371 Verpflichtungen für eingetretene Pensionsfälle
 372 Verpflichtungen für unverfallbare Anwartschaften
 373 Verpflichtungen für verfallbare Anwartschaften
 374 Verpflichtungen für ausgeschiedene Mitarbeiter
 375 Pensionsähnliche Verpflichtungen

38 Steuerrückstellungen
 380 Gewerbeertragssteuer
 381 Körperschaftssteuer
 382 Kapitalertragssteuer
 383 Ausländische Quellensteuer
 384 Andere Steuern vom Einkommen und Ertrag
 385 Latente Steuern
 386 Gewerbekapitalsteuer
 387 Vermögenssteuer
 388 Frei
 389 Sonst. Steuerrückstellungen

39 Sonstige Rückstellungen
 390 Für Personalaufwendungen und die Vergütung an Aufsichtsgremien
 391 Für Gewährleistung
 392 Rechts- u. Beratungskosten
 393 Für andere ungewisse Verbindlichkeiten
 394-396 Frei
 397 Für drohende Verluste aus schwebenden Geschäften
 398 Für unterlassene Instandhaltung
 399 Für andere Aufwendungen gem. § 249 Abs. 2 HGB

Kontenklasse 4

4 Verbindlichkeiten und passive Rechnungsabgrenzung

40 Frei

41 Anleihen

42 Verbindlichkeiten gegenüber Kreditinstituten
 420-424 Kredit, Bank A-Z
 425-428 Investitionskredit, Bank A-Z
 429 Sonstige Verbindlichkeiten gegenüber Kreditinstituten

43 Erhaltene Anzahlungen auf Bestellungen

44 Verbindlichkeiten aus Lieferungen und Leistungen

45 Wechselverbindlichkeiten

46 Verbindlichkeiten gegenüber verbundenen Unternehmen

47 Verbindlichkeiten gegenüber Unternehmen, mit denen ein Beteiligungsverhältnis besteht

48 Sonstige Verbindlichkeiten
 480 Umsatzsteuer
 481 Umsatzsteuer nicht fällig
 482 USt-Vorauszahlung
 483 Sonstige Steuerverbindlichkeiten
 484 -gegenüber Sozialversicherungsträgern
 485 -gegenüber Mitarbeitern, Organmitgliedern und Gesellschaftern
 486 Andere sonstige Verbindlichkeiten
 487-488 Frei
 489 Übrige sonstige Verbindlichkeiten

49 Passive Rechnungsabgrenzung
 490 Passive Rechnungsabgrenzung

Erträge		Aufwendungen
Kontenklasse 5	Kontenklasse 5 (Fortsetzung)	Kontenklasse 6

5   Erträge

50   Umsatzerlöse
500-504 Frei
505   Steuerfreie Umsätze § 4
       Ziff. 1-6 UStG.
506   Steuerfreie Umsätze § 4
       Ziff. 8 ff. UStG.
508   Erlöse 1/2 USt.-Satz
509   Frei
51
510-513 Umsatzerlöse für
       eigene Erzeugnisse und
       andere Leistungen
514   Andere Umsatzerlöse,
       1/1 USt.-Satz
515   Umsatzerlöse für Waren,
       1/1 USt.-Satz

Erlösberichtigungen (soweit nicht
den Umsatzerlösarten direkt
zurechenbar)
516   Skonti
517   Boni
518   Andere Erlösberichti-
       gungen
519   Frei

52   Erhöhung oder Verminderung
     des Bestandes an unfertigen
     und fertigen Erzeugnissen
521   Bestandsveränderungen an
       unfertigen Erzeugnissen
       und nicht abgerechneten
       Leistungen
522   Bestandsveränderungen
       an fertigen Erzeugnissen
523-524 Frei

53   Andere aktivierte Eigen-
     leistungen
530   Selbsterstellte Anlagen
539   Sonstige andere aktivierte
       Eigenleistungen

54   Sonstige betriebliche Erträge
540   Nebenerlöse
5401 - aus Vermietung
       und Verpachtung
541   Sonstige Erlöse
       (z. B. Lizenzen)
542   Eigenverbrauch
543   Andere sonstige
       betriebliche Erträge
544   Erträge aus Werterhöhun-
       gen von Gegenständen des
       Anlagevermögens
545   Erträge aus Werterhöhun-
       gen von Gegenständen des
       Umlaufvermögens außer
       Vorräten und Wert-
       papieren
546   Erträge aus dem Abgang
       von Vermögensgegen-
       ständen
547   Erträge aus der Auflösung
       von Sonderposten mit
       Rücklageanteil

548   Erträge aus der Herab-
       setzung von Rück-
       stellungen
549   Periodenfremde Erträge

55   Erträge aus Beteiligungen

56   Erträge aus anderen Wertpa-
     pieren und Ausleihungen des Fi-
     nanzanlagevermögens

57   Sonstige Zinsen und ähnliche Er-
     träge
570   Sonstige Zinsen und
       ähnliche Erträge von
       verbundenen Unternehmen
571   Bankzinsen
572   Frei
573   Diskonterträge
574   Frei
575   Bürgschaftsprovisionen
576   Zinsen für Forderungen
577   Aufzinsungserträge
578   Erträge aus Wertpapieren
       des Umlaufvermögens (von
       nicht verbundenen
       Unternehmen)
579   Übrige sonstige Zinsen und
       ähnliche Erträge

58   Außerordentliche Erträge

59   Erträge aus Verlustübernahme

6   Betriebliche Aufwendungen

Materialaufwand
60   Aufwendungen für Roh-, Hilfs-,
     und Betriebsstoffe und für bezo-
     gene Waren
600   Rohstoffe/Fertigungs-
       material
601   Vorprodukte/Fremd-
       bauteile
602   Hilfsstoffe
603   Betriebsstoffe/
       Verbrauchswerkzeuge
604   Verpackungsmaterial
605   Energie
606   Reparaturmaterial und
       Fremdinstandhaltung
       (sofern nicht 616, weil die
       Fremdinstandhaltung
       überwiegt)
607   Sonstiges Material
608   Aufwendungen für Waren
609   Sonderabschreibungen auf
       Roh-, Hilfs-, und Betriebs-
       stoffe und auf bezogene
       Waren

61   Aufwendungen für bezogene
     Leistungen
610   Fremdleistungen für
       Erzeugnisse und andere
       Umsatzleistungen
611   Fremdleistungen für die
       Auftragsgewinnung
612   Entwicklungs-, Versuchs-
       und Konstruktionsarbeiten
       durch Dritte
613   Weitere Fremdleistungen
614   Frachten und Fremdlager
       (inkl. Vers. und anderer
       Nebenkosten)
615   Vertriebsprovisionen
616   Fremdinstandhaltung und
       Reparaturmaterial
       (sofern nicht 606)
617   Sonstige Aufwendungen
       für bezogene Leistungen

Aufwandsberichtigungen (soweit nicht
den Aufwandsarten direkt zurechenbar)
618   Skonti
619   Boni und andere
       Aufwandsberichtigungen

Personalaufwand
62   Löhne
620   Löhne für geleistete
       Arbeitszeit einschl.
       tariflicher, vertraglicher
       oder arbeitsbedingter
       Zulagen
621   Löhne für andere Zeiten
       (Urlaub, Feiertag,
       Krankheit)

Aufwendungen

Kontenklasse 6 (Fortsetzung)	Kontenklasse 6 (Fortsetzung)	Kontenklasse 6 (Fortsetzung)

Spalte 1:

622 Sonstige tarifliche/ vertragliche Aufwendungen für Lohnempfänger
623 Freiwillige Zuwendungen
624 Frei
625 Sachbezüge
626 Vergütungen an gewerbliche Auszubildende
627-628 Frei
629 Sonstige Aufwendungen mit Lohncharakter

63 Gehälter
630 Gehälter einschl. tariflicher, vertraglicher oder arbeitsbedingter Zulagen
631 Frei
632 Sonstige tarifliche/vertragliche Aufwendungen
633 Freiwillige Zuwendungen
634 Frei
635 Sachbezüge
636 Vergütungen an techn./ kaufm. Auszubildende
637-638 Frei
639 Sonstige Aufwendungen mit Gehaltscharakter

64 Soziale Abgaben und Aufwendungen für Altersversorgung und für Unterstützung

Soziale Abgaben
640 Arbeitgeberanteil zur Sozialversicherung (Lohnbereich)
641 Arbeitgeberanteil zur Sozialversicherung (Gehaltsbereich)
642 Beiträge zur Berufsgenossenschaft
643 Sonstige soziale Abgaben

Aufwendungen für Altersversorgung
644 Gezahlte Betriebsrenten (einschl. Vorruhestandsgeld)
645 Veränderungen der Pensionsrückstellungen
646 Aufwendungen für Direktversicherungen
647 Zuweisungen an Pensions- und Unterstützungskassen
648 Sonstige Aufwendungen für Altersversorgung

Aufwendungen für Unterstützung
649 Beihilfen und Unterstützungsleistungen

65 Abschreibungen
650 Abschreibungen auf aktivierte Aufwendungen für Ingangsetzung/Erweiterung des Geschäftsbetriebes

Spalte 2:

Abschreibungen auf Anlagevermögen
651 Abschreibungen auf immaterielle Vermögensgegenstände des Anlagevermögens
652 Abschreibungen auf Grundstücke und Gebäude
653 Abschreibungen auf technische Anlagen und Maschinen
654 Abschreibungen auf andere Anlagen, Betriebs- und Geschäftsausstattung
655 Außerplanmäßige Abschreibungen auf Sachanlagen gemäß § 253 Abs. 2 S.3 HGB
656 Steuerrechtliche Sonderabschreibungen auf Sachanlagen gemäß § 254 HGB

Abschreibungen auf Umlaufvermögen
657 Unübliche Abschreibungen auf Vorräte
658 Unübliche Abschreibungen auf Forderungen und sonstige Vermögensgegenstände
659 Frei

Sonstige betriebliche Aufwendungen
66 Sonstige Personalaufwendungen
660 Aufwendungen für Personaleinstellung
661 Aufwendungen für übernommene Fahrtkosten
662 Aufwendungen für Werkarzt und Arbeitssicherheit
663 Personenbezogene Versicherungen
664 Aufwendungen für Fort- und Weiterbildung
665 Aufwendungen für Dienstjubiläen
666 Aufwendungen für Belegschaftsveranstaltungen
667 Frei (z. B. Werksküche)
668 Ausgleichsabgabe nach dem Schwerbehindertengesetz
669 Übrige sonstige Personalaufwendungen

67 Aufwendungen für die Inanspruchnahme von Rechten und Diensten
670 Mieten, Pachten, Erbbauzinsen
671 Leasing
672 Lizenzen und Konzessionen
673 Gebühren

Spalte 3:

674 Leiharbeitskräfte
675 Bankspesen
676 Provisionen
677 Prüfung, Beratung und Rechtsschutz
678 Aufwendungen für Aufsichtsrat bzw. Beirat
679 Frei

68 Aufwendungen für Kommunikation (Dokumentation, Information, Reisen, Werbung)
680 Büromaterial und Drucksachen
681 Zeitungen und Fachliteratur
682 Post
683 Sonstige Kommunikationsmittel
684 Frei
685 Reisekosten
686 Gästebewirtung und Repräsentation (Spenden)
687 Werbung
688 Frei
689 Sonstige Aufwendungen für Kommunikation

69 Aufwendungen für Beiträge und Sonstiges sowie Wertkorrekturen und periodenfremde Aufwendungen
690 Versicherungsbeiträge, diverse
691 KFZ-Versicherungsbeiträge
692 Beiträge zu Wirtschaftsverbänden und Berufsvertretungen
693 Andere sonstige betriebliche Aufwendungen
694 Frei
695 Verluste aus Wertminderungen von Gegenständen des Umlaufvermögens
696 Verluste aus dem Abgang von Vermögensgegenständen
697 Einstellungen in den Sonderposten mit Rücklageanteil
698 Zuführungen zu Rückstellungen soweit nicht unter anderen Aufwendungen erfassbar
699 Periodenfremde Aufwendungen

Aufwendungen	Ergebnisrechnung	
Kontenklasse 7	Kontenklasse 8	Kontenklasse 9

7 Betriebliche Aufwendungen	8 Ergebnisrechnungen	9 Kosten- und Leistungs-rechnung

7   Betriebliche Aufwendungen

70   Betriebliche Steuern
    700 Gewerbekapitalsteuer
    701 Vermögenssteuer
    702 Grundsteuer
    703 Kraftfahrzeugsteuer
    704 Frei
    705 Wechselsteuer
    706 Gesellschaftssteuer
    707 Ausfuhrzölle
    708 Verbrauchsteuern
    709 Sonstige betriebl. Steuern

71-73 Frei

74   Abschreibungen auf Finanzanlagen, Wertpapiere des Umlaufvermögens und Verluste aus entsprechenden Abgängen
    740 Abschreibungen auf Finanzanlagen
    741 Frei
    742 Abschreibungen auf Wertpapiere des Umlaufvermögens
    743-744 Frei
    745 Verluste aus dem Abgang von Finanzanlagen
    746 – von Wertpapieren des Umlaufvermögens
    747-748 Frei
    749 Aufwendungen aus Verlustübernahme

75   Zinsen / ähnl. Aufwendungen
    750 Zinsen und ähnliche Aufwendungen an verbundene Unternehmen
    751 Bankzinsen
    752 Kredit-/Überziehungsprovisionen
    753 Diskontaufwand
    754 Abschreibung auf Disagio
    755 Bürgschaftsprovisionen
    756 Zinsen für Verbindlichkeiten
    757 Abzinsungsbeträge
    758 Frei
    759 Sonstige Zinsen u. ä.

76   Außerordentl. Aufwendungen

77   Steuern v. Einkommen/Ertrag
    770 Gewerbeertragssteuer
    771 Körperschaftssteuer
    772 Kapitalertragssteuer
    773 Ausl. Quellensteuer
    774 Frei
    775 Latente Steuern
    776-778 Frei
    779 Sonstige Steuern vom Einkommen und Ertrag

78   Sonstige Steuern

79   Aufwendungen aus Gewinnabführungsvertrag

---

8   Ergebnisrechnungen

80   Eröffnung/Abschluss
    800 Eröffnungsbilanzkonto
    801 Schlussbilanzkonto
    802 GuV-Konto Gesamtkostenverfahren
    803 GuV-Konto Umsatzkostenverfahren

Konten für die Kostenbereiche für die GuV im Umsatzkostenverfahren
81   Herstellungskosten
    810 Fertigungsmaterial
    811 Fertigungsfremdleistungen
    812 Fertigungslöhne und -gehälter
    813 Sondereinzelkosten der Fertigung
    814 Primärgemeinkosten des Materialbereichs
    815 Primärgemeinkosten des Fertigungsbereichs
    816 Sekundärgemeinkosten des Materialbereichs
    817 Sekundärgemeinkosten des Fertigungsbereichs
    818 Minderung der Erzeugnisbestände

82   Vertriebskosten

83   Allgemeine Verwaltungskosten

84   Sonstige betriebliche Aufwendungen

Konten für die Kostenbereiche für die GuV im Umsatzkostenverfahren
85   Korrekturkonten zu den Erträgen der Kontenklasse 5

86   Korrekturkonten zu den Aufwendungen der Kontenklasse 6

87   Korrekturkonten zu den Aufwendungen der Kontenklasse 7

88   Gewinn- und Verlustrechnung für die kurzfristige Erfolgsrechnung
    880 Gesamtkostenverfahren
    881 Umsatzkostenverfahren

89   Innerjährige Rechnungsabgrenzung
    890 Aktive Rechnungsabgrenzung
    891 Passive Rechnungsabgrenzung

---

9   Kosten- und Leistungsrechnung

90   Unternehmensbezogene Abgrenzungen

91   Kostenrechnerische Korrekturen

92   Kostenarten und Leistungsarten

93   Kostenstellen

94   Kostenträger

95   Fertige Erzeugnisse

96   Interne Lieferungen und Leistungen sowie deren Kosten

97   Umsatzkosten

98   Umsatzleistungen

99   Ergebnisausweise

A1.2 Gemeinschaftskontenrahmen

Der *Gemeinschaftskontenrahmen* GKR ist der bereits 1951 vom BDI herausgegebene Vorgänger des Industriekontenrahmens und ist noch heute anzutreffen. Er ist nach dem *Prozessgliederungsprinzip*, das heißt nach der Reihenfolge des Betriebsablaufs strukturiert (5.3). Das *Anlagevermögen* und
langfristige Kapital, "Klasse 0", bildet zusammen mit dem *Umlaufvermögen*
und den *kurzfristigen Forderungen* und *Verbindlichkeiten*, "Klasse 1", die
Grundlage. "Klasse 2" enthält die *neutralen* Erträge und Aufwendungen, die
nicht in das *"Betriebsergebnis"* eingehen (5.5). "Klasse 3" enthält die Ein-
kaufskonten für externe Zulieferungen. Die "wichtigsten" Konten sind "Klasse
4, *Betriebliche Aufwendungen*" (Kosten) und "Klasse 8, *Betriebliche Erträge*"
(Erlöse). Die "Klasse 5" enthält die Kostenstellenkonten, "Klasse 6" das Her-
stellungskostenkonto, "Klasse 7" die *Bestandskonten* für "fertige und unfertige" Erzeugnisse. Schließlich sind in Klasse 9 die für den Jahresabschluss erforderlichen Konten zusammengefasst. Dies sind das *Betriebsergebnis, Neutrale Ergebnis, Gesamtergebnis* sowie das *Eröffnungs- und Schlussbi-
lanzkonto*. Die nachfolgende Tabelle zeigt den Gemeinschaftskontenrahmen
(Auch lässt sich hier jede der zehn Kontenklassen unter Verwendung der
Dezimalklassifikation weiter unterteilen.)

A1.3 DATEV-Kontenrahmen

Die Datev-Kontenrahmen des DATEV-Rechnungswesens sind, wie der Industriekontenrahmen und der Gemeinschaftskontenrahmen, nach dem de-
kadischen System gegliedert. *Kontenklassen, Kontengruppen* und *Einzelkonten* sind jedoch auf die Belange typischer Branchen zugeschnitten und
sind sehr detailliert. So können mehrere Umsatzgruppen getrennt berücksichtigt werden, ferner sind alle umsatzsteuerlichen Sachverhalte abgedeckt.
Es existieren verschiedene Versionen für verschiedene Wirtschaftszweige. Es
gibt Kontenrahmen nach dem *Prozessgliederungsprinzip*, die die Kontenklassen nach den innerbetrieblichen Abläufen ordnen (z. B. SKR03) und nach
dem *Abschlussgliederungsprinzip*, die die Kontenklassen nach der gesetzlich
vorgegebenen Gliederung des Jahresabschlusses vornehmen (z. B. SKR04).
Beide Versionen sind heute etwa gleich häufig anzutreffen, wenngleich ursprünglich eine Migration von SKR03 nach SKR04 vorgesehen war. Da beide
Kontenrahmen sich über je 25 DIN A4 Seiten erstrecken, wird hier lediglich
eine Kurzfassung wiedergegeben, die sich jedoch im Wesentlichen lediglich
durch eine geringere Tiefe der Untergliederung unterscheidet.

Gemeinschaftskontenrahmen

Kontenklasse 0	Kontenklasse 1	Kontenklasse 2
0 Anlagevermögen und langfristiges Kapital	1 Finanz-, und Umlaufvermögen und kurzfristige Verbindlichkeiten	2 Neutrale Aufwendungen und Erträge

Kontenklasse 0

00 Grundstücke und Gebäude
  000 Unbebaute Grundstücke
  001 Bebaute Grundstücke
  003 Gebäude
  008 im Bau befindliche Gebäude

01/02 Maschinen und maschinelle Anlagen
  010 der Hauptbetriebe
  020 der Neben- und Hilfsbetriebe
  024 Transportanlagen
  028 In Bau befindliche Maschinen und Anlagen
  029 Anzahlungen auf Anlagen

03 Fahrzeuge, Werkzeuge, Betriebs- und Geschäftsausstattung
  030 Fahrzeuge
  034 Werkzeuge
  037 Betriebs- und Geschäftsausstattung
  038 Geringwertige Wirtschaftsgüter

04 Sachanlagen - Sammelkonten

05 Sonstiges Anlagevermögen
  054 Beteiligungen
  055 Wertpapiere des Anlagevermögens
  056 Andere langfristige Forderungen

06 Langfristiges Fremdkapital (z. B. Anleihen, Hypotheken- und Darlehensschulden und andere langfristige Schulden)

07 Eigenkapital
  070 Gezeichnetes Kapital
  072 Gesetzliche Rücklagen
  073 Andere Gewinnrücklagen
  075 Bilanzgewinn/-verlust
  079 Gewinn- und Verlustvortrag

05 Wertberichtigungen, Rückstellungen und dgl.
  080/083 Wertberichtigung auf Anlagevermögen
  084 Wertberichtigung auf Außenstände
  085 Rückstellungen

09 Rechnungsabrechnung
  098 Aktive Rechnungsabgrenzungsposten der Jahresbilanz
  099 Passive Rechnungsabgrenzungsposten der Jahresbilanz

Kontenklasse 1

10 Kasse
  100 Hauptkasse
  105/9 Nebenkasse

11 Geldanstalten
  110 Postgiro
  112 Landeszentralbank
  113 Banken

12 Schecks, Besitzwechsel
  120 Schecks
  125 Besitzwechsel
  129 Protestwechsel

13 Wertpapiere des Umlaufvermögens

14 Forderungen aufgrund von Warenlieferungen und Leistungen
  140 Kundenforderungen
  149 Zweifelhafte Forderungen

15 Andere Forderungen
  150 Sonstige Forderungen
  151 Eigene Anzahlungen
  155 Vorsteuer

16 Verbindlichkeiten aufgrund von Warenlieferungen und Leistungen

17 Andere Verbindlichkeiten
  170 Sonstige Verbindlichkeiten
  171 Anzahlungen von Kunden
  174 Noch abzuführende Abgaben
  175 Umsatzsteuer
  176 Dividenden
  177 Tantiemen
  178 Abzuführende Sparleistungen

18 Schuldwechsel, Bankschulden
  180 Schuldwechsel
  182 Bankschulden

19 Durchgangs-, Übergangs- und Privatkonten
  190 Durchgangskonten für Rechnungen
  192 Durchgangskonten für Zahlungsverkehr
  195 Übergangskonten
  197 Privatkonten
  198 Geheimkonten

Kontenklasse 2

20 Betriebsfremde Aufwendungen und Erträge
  200 Betriebsfremde Aufwendungen
  205 Betriebsfremde Erträge

21 Aufwendungen und Erträge für Grundstücke und Gebäude
  210 Haus- und Grundstücksaufwendungen
  215 Haus- und Grunstückserträge

22 frei

23 Bilanzmäßige Abschreibungen

24 Zinsaufwendungen und -erträge
  240 Zins- und Diskontaufwendungen
  241 Skonto-Aufwendungen[1]
  245 Zins- und Diskonterträge
  248 Skonto-Erträge[1]
  249 Aufwendungen für Kursveränderungen

25 Betriebliche außerordentliche Aufwendungen und Erträge
  250 Betriebliche a. o. Aufwendungen
  255 Betriebliche a. o. Erträge
  256 Erlöse aus Anlageabgängen

26 Betriebliche periodenfremde Aufwendungen und Erträge (mehrere oder andere Zeitabschnitte betreffend), z. B.
  260 Großreparaturen-im Bau befindliche Sachanlagen
  269 Periodenfremde Erträge

27 Verrechnete Anteile betrieblicher periodenfremder Aufwendungen

28 Verrechnete kalkulatorische Kosten

29 Das Gesamtergebnis betreffende Aufwendungen und Erträge
  290 Körperschaftssteuer

[1] gemäß § 255 Abs. 1 Satz 3 HGB sind vom Lieferer gewährte Nachlässe als Minderung des Anschaffungspreises der bezogenen Stoffe zu behandeln. Entsprechend werden Kundenskonti als Erlösschmälerungen erfasst.

Gemeinschaftskontenrahmen

Kontenklasse 3	Kontenklasse 4	Kontenklasse 5/6
3 Stoffe - Bestände	4 Kostenarten	Frei für Kostenstellen - Kontierungen der Betriebsabrechnung.

30   Rohstoffe
    300   Nettobeträge
    301   Bezugskosten
	40 Fertigungsmaterial
	    (Einzelstoffkosten)
		Bei Anwendung des Gesamtkostenverfahrens entfallen im Allgemeinen die Klassen 5 und 6, da die Betriebsabrechnung statistisch durchgeführt wird.

31   Hilfsstoffe
    310   Nettobeträge
    311   Bezugskosten
	40 Gemeinkostenmaterial
	    (Hilfsstoffkosten)
	
	42 Brennstoffe, Energie und dgl.
	    420 Brenn- und Treibstoffe
		Bei Anwendung des Umsatzkostenverfahrens werden in der Klasse 6 "Herstellungskosten" eingerichtet. Wird die

31   Betriebsstoffe
    330   Nettobeträge
    301   Bezugskosten
	425 Strom, Gas, Wasser
	
	43 Löhne und Gehälter
	    431 Fertigungslöhne
		Betriebsabrechnung buchhalterisch verankert, so ist die Klasse 5 hierbei den "Verrechnungskonten" für die Kostenstellenbereiche vorbehalten.

38 Bezogene Bestand- und Fertigteile, Auswärtige Bearbeitung	432 Hilfslöhne 439 Gehälter	

38 Handelswaren und auswärts bezogene Fertigerzeugnisse	44 Sozialkosten
	    440 Gesetzliche Sozialkosten
	    447 Freiwillige Sozialkosten	

	45 Instandhaltung, verschiedene Leistungen und dgl.
	    450 Instandhaltung
	        (Maschinen usw.)
	    456 Entwicklungs-, Versuchs- und Konstruktionskosten	

	46 Steuern, Gebühren, Beiträge, Versicherungsprämien und dgl.
	    460 Steuern
	    464 Abgaben und Gebühren, Rechts- und Beratungskosten
	    468 Beiträge
	    469 Versicherungsprämien	

	47 Mieten, Verkehrs-, Büro-, Werbekosten (Verschiedene Kosten) usw.
	    470 Miete (Raumkosten)
	    472 Verkehrskosten (Transport, Versand, Reise, Post)
	    476 Bürokosten
	    477 Werbe- und Vertreterkosten
	    479 Finanzkosten (Kosten des Geldverkehrs)	

	48 Abschreibungen (Kalk. Kosten)
	    480 Abschreibungen auf Anlagen
	    481 Abschreibungen auf Forderungen	

	49 Sondereinzelkosten
	    494 Sondereinzelkosten der Fertigung
	    495 Sondereinzelkosten des Vertriebs, z. B. Vertreterprovision, Transportversicherung, Ausgangsfrachten usw.	

Gemeinschaftskontenrahmen

Kontenklasse 7	Kontenklasse 8	Kontenklasse 9
7 Bestände an unfertigen und fertigen Erzeugnissen	8 Erträge	9 Abschluss
78 Bestände an unfertigen Erzeugnissen (Unfertige Erzeugnisse)	83 Erlöse für Erzeugnisse und andere Leistungen (Verkaufskonto)	98 Ergebniskonten 980 Betriebsergebnis 985 Verrechnungsergebnis
78 Bestände an fertigen Erzeugnissen (Fertige Erzeugnisse)	84 Eigenverbrauch	986 Ergebnisverwendung 987 Neutrales Ergebnis
	85 Erlöse für Handelswaren	988 Das Gesamtergebnis betr. Aufwendungen und
	86 Erlöse aus Nebengeschäften	Erträge (z. B. Körperschaftssteuer)
	87 Eigenleistungen	989 Gewinn- u. Verlustkonto (Gesamtergebnis)
	88 Erlösberichtigungen 883 Erlösschmälerungen	
	89 Bestandsveränderungen an unfertigen und fertigen Erzeugnissen	99 Bilanzkonten 998 Eröffnungsbilanzkonto 999 Schlussbilanzkonto

A.2   ZVEI-Lieferbedingungen

A2.1   Allgemeine Lieferbedingungen für Erzeugnisse und Leistungen der Elektroindustrie

("Grüne Lieferbedingungen" – GL)

zur Verwendung im Geschäftsverkehr gegenüber Unternehmern

Unverbindliche Konditionenempfehlung des ZVEI - Zentralverband Elektrotechnik- und Elektronikindustrie e. V.

- Stand Juni 2005 -

I.   Allgemeine Bestimmungen

1. Für die Rechtsbeziehungen zwischen Lieferer und Besteller im Zusammenhang mit den Lieferungen und/oder Leistungen des Lieferers (im Folgenden: Lieferungen) gelten ausschließlich diese GL. Allgemeine Geschäftsbedingungen des Bestellers gelten nur insoweit, als der Lieferer ihnen ausdrücklich schriftlich zugestimmt hat. Für den Umfang der Lieferungen sind die beiderseitigen übereinstimmenden schriftlichen Erklärungen maßgebend.

2. An Kostenvoranschlägen, Zeichnungen und anderen Unterlagen (im Folgenden: Unterlagen) behält sich der Lieferer seine eigentums- und urheberrechtlichen Verwertungsrechte uneingeschränkt vor. Die Unterlagen dürfen nur nach vorheriger Zustimmung des Lieferers Dritten zugänglich gemacht werden und sind, wenn der Auftrag dem Lieferer nicht erteilt wird, diesem auf Verlangen unverzüglich zurückzugeben. Die Sätze 1 und 2 gelten entsprechend für Unterlagen des Bestellers; diese dürfen jedoch solchen Dritten zugänglich gemacht werden, denen der Lieferer zulässigerweise Lieferungen übertragen hat.

3. An Standardsoftware und Firmware hat der Besteller das nicht ausschließliche Recht zur Nutzung mit den vereinbarten Leistungsmerkmalen in unveränderter Form auf den vereinbarten Geräten. Der Besteller darf ohne ausdrückliche Vereinbarung eine Sicherungskopie der Standardsoftware herstellen.

4. Teillieferungen sind zulässig, soweit sie dem Besteller zumutbar sind.

5. Der Begriff „Schadensersatzansprüche" in diesen GL umfasst auch Ansprüche auf Ersatz vergeblicher Aufwendungen.

II.   Preise und Zahlungsbedingungen und Aufrechnung

1. Die Preise verstehen sich ab Werk ausschließlich Verpackung zuzüglich der jeweils geltenden gesetzlichen Umsatzsteuer.

2. Hat der Lieferer die Aufstellung oder Montage übernommen und ist nicht etwas anderes vereinbart, so trägt der Besteller neben der vereinbarten Ver-

gütung alle erforderlichen Nebenkosten wie Reise- und Transportkosten, sowie Auslösungen.

3. Zahlungen sind frei Zahlstelle des Lieferers zu leisten.

4. Der Besteller kann nur mit solchen Forderungen aufrechnen, die unbestritten oder rechtskräftig festgestellt sind.

III. Eigentumsvorbehalt

1. Die Gegenstände der Lieferungen (Vorbehaltsware) bleiben Eigentum des Lieferers bis zur Erfüllung sämtlicher ihm gegen den Besteller aus der Geschäftsverbindung zustehenden Ansprüche. Soweit der Wert aller Sicherungsrechte, die dem Lieferer zustehen, die Höhe aller gesicherten Ansprüche um mehr als 10 % übersteigt, wird der Lieferer auf Wunsch des Bestellers einen entsprechenden Teil der Sicherungsrechte freigeben; dem Lieferer steht die Wahl bei der Freigabe zwischen verschiedenen Sicherungsrechten zu.

2. Während des Bestehens des Eigentumsvorbehalts ist dem Besteller eine Verpfändung oder Sicherungsübereignung untersagt und die Weiterveräußerung nur Wiederverkäufern im gewöhnlichen Geschäftsgang und nur unter der Bedingung gestattet, dass der Wiederverkäufer von seinem Kunden Bezahlung erhält oder den Vorbehalt macht, dass das Eigentum auf den Kunden erst übergeht, wenn dieser seine Zahlungsverpflichtungen erfüllt hat.

3. Bei Pfändungen, Beschlagnahmen oder sonstigen Verfügungen oder Eingriffen Dritter hat der Besteller den Lieferer unverzüglich zu benachrichtigen.

4. Bei Pflichtverletzungen des Bestellers, insbesondere bei Zahlungsverzug, ist der Lieferer nach erfolglosem Ablauf einer dem Besteller gesetzten angemessenen Frist zur Leistung neben der Rücknahme auch zum Rücktritt berechtigt; die gesetzlichen Bestimmungen über die Entbehrlichkeit einer Fristsetzung bleiben unberührt. Der Besteller ist zur Herausgabe verpflichtet. In der Rücknahme bzw. der Geltendmachung des Eigentumsvorbehaltes oder der Pfändung der Vorbehalteware durch den Lieferer liegt kein Rücktritt vom Vertrag, es sei denn, der Lieferer hatte dies ausdrücklich erklärt.

IV. Fristen für Lieferungen; Verzug

1. Die Einhaltung von Fristen für Lieferungen setzt den rechtzeitigen Eingang sämtlicher vom Besteller zu liefernden Unterlagen, erforderlichen Genehmigungen und Freigaben, insbesondere von Plänen, sowie die Einhaltung der vereinbarten Zahlungsbedingungen und sonstigen Verpflichtungen durch den Besteller voraus. Werden diese Voraussetzungen nicht rechtzeitig erfüllt, so verlängern sich die Fristen angemessen; dies gilt nicht, wenn der Lieferer die Verzögerung zu vertreten hat.

2. Ist die Nichteinhaltung der Fristen auf höhere Gewalt, z. B. Mobilmachung, Krieg, Aufruhr oder auf ähnliche Ereignisse, z. B. Streik, Aussperrung, zurückzuführen, verlängern sich die Fristen angemessen. Gleiches gilt für den Fall der rechtzeitigen oder ordnungsgemäßen Belieferung des Lieferers.

3. Kommt der Lieferer in Verzug, kann der Besteller - sofern er glaubhaft macht, dass ihm hieraus ein Schaden entstanden ist - eine Entschädigung für jede vollendete Woche des Verzuges von je 0,5 %, insgesamt jedoch höchstens 5 % des Preises für den Teil der Lieferungen verlangen, der wegen des Verzuges nicht in zweckdienlichen Betrieb genommen werden konnte.

4. Sowohl Schadensersatzansprüche des Bestellers wegen Verzögerung der Lieferung als auch Schadensersatzansprüche statt der Leistung, die über die in Nr. 3 genannten Grenzen hinausgehen, sind in allen Fällen verzögerter Lieferung, auch nach Ablauf einer dem Lieferer etwa gesetzten Frist zur Lieferung, ausgeschlossen. Dies gilt nicht, soweit in Fällen des Vorsatzes, der groben Fahrlässigkeit oder wegen der Verletzung des Lebens, des Körpers oder der Gesundheit zwingend gehaftet wird. Vom Vertrag kann der Besteller im Rahmen der gesetzlichen Bestimmungen nur zurücktreten, soweit die Verzögerung der Lieferung vom Lieferer zu vertreten ist. Eine Änderung der Beweislast zum Nachteil des Bestellers ist mit den vorstehenden Regelungen nicht verbunden.

5. Der Besteller ist verpflichtet, auf Verlangen des Lieferers innerhalb einer angemessen Frist zu erklären, ob er wegen der Verzögerung der Lieferung vom Vertrag zurücktritt oder auf der Lieferung besteht.

6. Werden Versand oder Zustellung auf Wunsch des Bestellers um mehr als einen Monat nach Anzeige der Versandbereitschaft verzögert, kann dem Besteller für jeden angefangenen Monat Lagergeld in Höhe von 0,5 % des Preises der Gegenstände der Lieferungen, höchstens jedoch insgesamt 5 %, berechnet werden. Der Nachweis höherer oder niedrigerer Lagerkosten bleibt den Vertragsparteien unbenommen.

V. Gefahrenübergang

1. Die Gefahr geht auch bei frachtfreier Lieferung wie folgt auf den Besteller über:

a) bei Lieferungen ohne Aufstellung oder Montage, wenn sie zum Versand gebracht oder abgeholt worden sind. Auf Wunsch und Kosten des Bestellers werden Lieferungen vom Lieferer gegen die üblichen Transportrisiken versichert.

b) bei Lieferungen mit Aufstellung oder Montage am Tage der Übernahme in eigenen Betrieb oder, soweit vereinbart, nach einwandfreiem Probebetrieb.

2. Wenn der Versand, die Zustellung, der Beginn, die Durchführung der Aufstellung oder Montage, die Übernahme in eigenen Betrieb oder der Probebetrieb aus vom Besteller zu vertretenden Gründen verzögert wird oder der Besteller aus sonstigen Gründen in Annahmeverzug kommt, so geht die Gefahr auf den Besteller über.

VI. Aufstellung und Montage

Für die Aufstellung und Montage gelten, soweit nichts anderes schriftlich vereinbart ist, folgende Bestimmungen:

1. Der Besteller hat auf seine Kosten zu übernehmen und rechtzeitig zu stellen:

a) alle Erd-, Bau- und sonstigen branchenfremden Nebenarbeiten einschließlich der dazu benötigten Fach- und Hilfskräfte, Baustoffe und Werkzeuge,

b) die zur Montage und Inbetriebsetzung erforderlichen Bedarfsgegenstände und -stoffe wie Gerüste, Hebezeuge und andere Vorrichtungen, Brennstoffe und Schmiermittel,

c) Energie und Wasser an der Verwendungsstelle einschließlich der Anschlüsse, Heizung und Beleuchtung,

d) bei der Montagestelle für die Aufbewahrung der Maschinenteile, Apparaturen, Materialien, Werkzeuge usw. genügend große, geeignete, trockene und verschließbare Räume und für das Montagepersonal angemessene Arbeits- und Aufenthaltsräume einschließlich den Umständen angemessener sanitärer Anlagen; im Übrigen hat der Besteller zum Schutz des Besitzes des Lieferers und des Montagepersonals auf der Baustelle die Maßnahmen zu treffen, die er zum Schutz des eigenen Besitzes ergreifen würde,

e) Schutzkleidung und Schutzvorrichtungen, die infolge besonderer Umstände der Montagestelle erforderlich sind.

2. Vor Beginn der Montagearbeiten hat der Besteller die nötigen Angaben über die Lage verdeckt geführter Strom-, Gas-, Wasserleitungen oder ähnlicher Anlagen sowie die erforderlichen statischen Angaben unaufgefordert zur Verfügung zu stellen.

3. Vor Beginn der Aufstellung oder Montage müssen sich die für die Aufnahme der Arbeiten erforderlichen Beistellungen und Gegenstände an der Aufstellungs- oder Montagestelle befinden und alle Vorarbeiten vor Beginn des Aufbaues soweit fortgeschritten sein, dass die Aufstellung oder Montage vereinbarungsgemäß begonnen und ohne Unterbrechung durchgeführt werden kann. Anfuhrwege und der Aufstellungs- oder Montageplatz müssen geebnet und geräumt sein.

4. Verzögern sich die Aufstellung, Montage oder Inbetriebnahme durch nicht vom Lieferer zu vertretende Umstände, so hat der Besteller in angemessenem Umfang die Kosten für Wartezeit und zusätzlich erforderliche Reisen des Lieferers oder des Montagepersonals zu tragen.

5. Der Besteller hat dem Lieferer wöchentlich die Dauer der Arbeitszeit des Montagepersonals sowie die Beendigung der Aufstellung, Montage oder Inbetriebnahme unverzüglich zu bescheinigen.

6. Verlangt der Lieferer nach Fertigstellung die Abnahme der Lieferung, so hat sie der Besteller innerhalb von zwei Wochen vorzunehmen. Geschieht dies nicht, so gilt die Abnahme als erfolgt. Die Abnahme gilt gleichfalls als erfolgt, wenn die Lieferung – gegebenenfalls nach Abschluss einer vereinbarten Testphase – in Gebrauch genommen worden ist.

VII. Entgegennahme

Der Besteller darf die Entgegennahme von Lieferungen wegen urheblicher Mängel nicht verweigern.

VIII. Sachmängel

Für Sachmängel haftet der Lieferer wie folgt:

1. Alle diejenigen Teile oder Leistungen sind nach Wahl des Lieferers unentgeltlich nachzubessern, neu zu liefern oder neu zu erbringen, die einen Sachmangel aufweisen, sofern dessen Ursache bereits im Zeitpunkt des Gefahrübergangs vorlag.

2. Ansprüche auf Nacherfüllung verjähren in 12 Monaten ab gesetzlichem Verjährungsbeginn; entsprechendes gilt für Rücktritt und Minderung. Diese Frist gilt nicht, soweit das Gesetz gemäß §§ 438 Abs. 1 Nr. 2 (Bauwerke und Sachen für Bauwerke), 479 Abs. 1 (Rückgriffsanspruch) und 634a Abs. 1 Nr. 2 (Baumängel) BGB längere Fristen vorschreibt sowie in Fällen der Verletzung des Lebens, des Körpers oder der Gesundheit, bei einer vorsätzlichen oder grob fahrlässigen Pflichtverletzung des Lieferers und bei arglistigem Verschweigen eines Mangels. Die gesetzlichen Regelungen über Ablaufhemmung, Hemmung und Neubeginn der Fristen bleiben unberührt.

3. Mängelrügen des Bestellers haben unverzüglich schriftlich zu erfolgen.

4. Bei Mängelrügen dürfen Zahlungen des Bestellers in einem Umfang zurückgehalten werden, die in einem angemessenen Verhältnis zu den aufgetretenen Sachmängeln stehen. Der Besteller kann Zahlungen nur zurückbehalten, wenn eine Mängelrüge geltend gemacht wird, über deren Berechtigung kein Zweifel bestehen kann. Ein Zurückbehaltungsrecht des Bestellers besteht nicht, wenn seine Mängelansprüche verjährt sind. Erfolgte die Mängelrüge zu Unrecht, ist der Lieferer berechtigt, die ihm entstandenen Aufwendungen vom Besteller ersetzt zu verlangen.

5. Dem Lieferer ist Gelegenheit zur Nacherfüllung innerhalb angemessener Frist zu gewähren.

6. Schlägt die Nacherfüllung fehl, kann der Besteller – unbeschadet etwaiger Schadensersatzansprüche gemäß Nr. 10 – vom Vertrag zurücktreten oder die Vergütung mindern.

7. Mängelansprüche bestehen nicht bei nur unerheblicher Abweichung von der vereinbarten Beschaffenheit, bei nur unerheblicher Beeinträchtigung der Brauchbarkeit, bei natürlicher Abnutzung oder Schäden, die nach dem Gefahrübergang infolge fehlerhafter oder nachlässiger Behandlung, übermäßiger Beanspruchung, ungeeigneter Betriebsmittel, mangelhafter Bauarbeiten, ungeeigneten Baugrundes oder die aufgrund besonderer äußerer Einflüsse entstehen, die nach dem Vertrag nicht vorausgesetzt sind, sowie bei nicht reproduzierbaren Softwarefehlern. Werden vom Besteller oder von Dritten unsachgemäß Änderungen oder Instandsetzungsarbeiten vorgenommen, so bestehen für diese und die daraus entstehenden Folgen ebenfalls keine Mängelansprüche.

8. Ansprüche des Bestellers wegen der zum Zweck der Nacherfüllung erforderlichen Aufwendungen, insbesondere Transport-, Wege-, Arbeits- und Materialkosten, sind ausgeschlossen, soweit die Aufwendungen sich erhöhen, weil der Gegenstand der Lieferung nachträglich an einen anderen Ort als die Niederlassung des Bestellers verbracht worden ist, es sei denn, die

Verbringung entspricht seinem bestimmungsgemäßen Gebrauch.

9. Rückgriffsansprüche des Bestellers gegen den Lieferer gemäß § 478 BGB (Rückgriff des Unternehmers) bestehen nur insoweit, als der Besteller mit seinem Abnehmer keine über die gesetzlichen Mängelansprüche hinausgehenden Vereinbarungen getroffen hat. Für den Umfang des Rückgriffsanspruchs des Bestellers gegen den Lieferer gemäß § 478 Abs. 2 BGB gilt ferner Nr. 8 entsprechend.

10. Schadensersatzansprüche des Bestellers wegen eines Sachmangels sind ausgeschlossen. Dies gilt nicht bei arglistigem Verschweigen des Mangels, bei Nichteinhaltung einer Beschaffenheitsgarantie, bei Verletzung des Lebens, des Körpers, der Gesundheit oder der Freiheit und bei einer vorsätzlichen oder grob fahrlässigen Pflichtverletzung des Lieferers. Eine Änderung der Beweislast zum Nachteil des Bestellers ist mit den vorstehenden Regelungen nicht verbunden. Weitergehende oder andere als die in diesem Art. VIII geregelten Ansprüche des Bestellers wegen eines Sachmangels sind ausgeschlossen.

IX. Gewerbliche Schutzrechte und Urheberrechte; Rechtsmängel

1. Sofern nicht anders vereinbart, ist der Lieferer verpflichtet, die Lieferung lediglich im Land des Lieferorts frei von gewerblichen Schutzrechten und Urheberrechten Dritter (im Folgenden: Schutzrechte) zu erbringen. Sofern ein Dritter wegen der Verletzung von Schutzrechten durch vom Lieferer erbrachte, vertragsgemäß genutzte Lieferungen gegen den Besteller berechtigte Ansprüche erhebt, haftet der Lieferer gegenüber dem Besteller innerhalb der in Art. VIII Nr. 2 bestimmten Frist wie folgt:

a) Der Lieferer wird nach seiner Wahl und auf seine Kosten für die betreffenden Lieferungen entweder ein Nutzungsrecht erwirken, sie so ändern, dass das Schutzrecht nicht verletzt wird, oder austauschen. Ist dies dem Lieferer nicht zu angemessenen Bedingungen möglich, stehen dem Besteller die gesetzlichen Rücktritts- oder Minderungsrechte zu.

b) Die Pflicht des Lieferers zur Leistung von Schadensersatz richtet sich nach Art. XI.

c) Die vorstehend genannten Verpflichtungen des Lieferers bestehen nur, soweit der Besteller den Lieferer über die vom Dritten geltend gemachten Ansprüche unverzüglich schriftlich verständigt, eine Verletzung nicht anerkennt und dem Lieferer alle Abwehrmaßnahmen und Vergleichsverhandlungen vorbehalten bleiben. Stellt der Besteller die Nutzung der Lieferung aus Schadensminderungs- oder sonstigen wichtigen Gründen ein, ist er verpflichtet, den Dritten darauf hinzuweisen, dass mit der Nutzungseinstellung keine Anerkenntnis einer Schutzrechtsverletzung verbunden ist.

2. Ansprüche des Bestellers sind ausgeschlossen, soweit er die Schutzrechtsverletzung zu vertreten hat.

3. Ansprüche des Bestellers sind ferner ausgeschlossen, soweit die Schutzrechtsverletzung durch spezielle Vorgaben des Bestellers, durch eine vom Lieferer nicht vorsehbare Anwendung oder dadurch verursacht wird, dass die Lieferung vom Besteller verändert oder zusammen mit nicht vom

Lieferer gelieferten Produkten eingesetzt wird.

4. Im Falle von Schutzrechtsverletzun-
    gen gelten für die in Nr. 1 a) geregel-
    ten Ansprüche des Bestellers im Übri-
    gen die Bestimmungen des Art. VIII
    Nr. 4, 5 und 9 entsprechend.

5. Bei Vorliegen sonstiger Rechtsmängel
    gelten die Bestimmungen des Art. VIII
    entsprechend.

6. Weitergehende oder andere als die in
    diesem Art. IX geregelten Ansprüche
    des Bestellers gegen den Lieferer und
    dessen Erfüllungsgehilfen wegen eines
    Rechtsmangels sind ausgeschlossen.

X. Unmöglichkeit; Vertragsanpassung

1. Soweit die Lieferung unmöglich ist, ist
    der Besteller berechtigt, Schadenser-
    satz zu verlangen, es sei denn, dass
    der Lieferer die Unmöglichkeit nicht
    zu vertreten hat. Jedoch beschränkt
    sich der Schadensersatzanspruch des
    Bestellers auf 10 % des Wertes desje-
    nigen Teils der Lieferung, der wegen
    der Unmöglichkeit nicht in zweck-
    dienlichen Betrieb genommen werden
    kann. Diese Beschränkung gilt nicht,
    soweit in Fällen des Vorsatzes, der
    groben Fahrlässigkeit oder wegen der
    Verletzung des Lebens, des Körpers
    oder der Gesundheit zwingend gehaf-
    tet wird; eine Änderung der Beweis-
    last zum Nachteil des Bestellers ist
    hiermit nicht verbunden. Das Recht
    des Bestellers zum Rücktritt vom Ver-
    trag bleibt unberührt.

2. Sofern unvorhersehbare Ereignisse im
    Sinne von Art. IV Nr. 2 die wirtschaft-
    liche Bedeutung oder den Inhalt der

Lieferung erheblich verändern oder
auf den Betrieb des Lieferers erheblich
einwirken, wird der Vertrag unter Beachtung von Treu und Glauben angemessen angepasst. Soweit dies wirtschaftlich nicht vertretbar ist, steht
dem Lieferer das Recht zu, vom Vertrag zurückzutreten. Will er von diesem Rücktrittsrecht Gebrauch machen, so hat er dies nach Erkenntnis
der Tragweite des Ereignisses unverzüglich dem Besteller mitzuteilen und
zwar auch dann, wenn zunächst mit
dem Besteller eine Verlängerung der
Lieferzeit vereinbart war.

XI. Sonstige Schadensersatzansprü-che; Verjährung

1. Schadensersatzansprüche des Bestel-
    lers, gleich aus welchem Rechtsgrund,
    insbesondere wegen Verletzung von
    Pflichten aus dem Schuldverhältnis
    und aus unerlaubter Handlung, sind
    ausgeschlossen.

2. Dies gilt nicht, soweit zwingend ge-
    haftet wird, z. B. nach dem Produkt-
    haftungsgesetz, in Fällen des Vorsat-
    zes, der groben Fahrlässigkeit, wegen
    der Verletzung des Lebens, des Kör-
    pers oder der Gesundheit oder wegen
    der Verletzung wesentlicher Vertrags-
    pflichten. Der Schadensersatzanspruch
    für die Verletzung wesentlicher Ver-
    tragspflichten ist jedoch auf den ver-
    tragstypischen, vorhersehbaren Scha-
    den begrenzt, soweit nicht Vorsatz o-
    der grobe Fahrlässigkeit vorliegt oder
    wegen der Verletzung des Lebens, des
    Körpers oder der Gesundheit gehaftet
    wird. Eine Änderung der Beweislast
    zum Nachteil des Bestellers ist mit den
    vorstehenden Regelungen nicht ver-
    bunden.

3. Soweit dem Besteller Schadensersatzansprüche zustehen, verjähren diese mit Ablauf der nach Art. VIII Nr. 2 geltenden Verjährungsfrist. Gleiches gilt für Ansprüche des Bestellers im Zusammenhang mit Maßnahmen zur Schadensabwehr (z. B. Rückrufaktionen). Bei Schadensersatzansprüchen nach dem Produkthaftungsgesetz gelten die gesetzlichen Verjährungsvorschriften.

XII. Gerichtsstand und anwendbares Recht

1. Alleiniger Gerichtsstand ist, wenn der Besteller Kaufmann ist, bei allen aus dem Vertragsverhältnis unmittelbar oder mittelbar sich ergebenden Streitigkeiten der Sitz des Lieferers. Der Lieferer ist jedoch auch berechtigt, am Sitz des Bestellers zu klagen.

2. Für die Rechtsbeziehungen im Zusammenhang mit diesem Vertrag gilt deutsches materielles Recht unter Ausschluss des Übereinkommens der Vereinten Nationen über Verträge über den internationalen Warenkauf (CISG).

XIII. Verbindlichkeiten des Vertrags

Der Vertrag bleibt auch bei rechtlicher Unwirksamkeit einzelner Bestimmungen in seinen übrigen Teilen verbindlich. Das gilt nicht, wenn das Festhalten an dem Vertrag eine unzumutbare Härte für eine Partei darstellen würde.

A2.2 ZVEI-Qualitätssicherungsvereinbarung

zur Verwendung im unternehmerischen Geschäftsverkehr

Unverbindliche Konditionenempfehlung des Zentralverbandes Elektrotechnik- und Elektronikindustrie (ZVEI) e. V.

- Stand: April 2003 -

zwischen

_____

(Besteller)

_____

(Werk, Bereich oder sonstige Organisationseinheit des Bestellers, für die diese Vereinbarung ausschließlich gelten soll)

und

_____

(Lieferer)

_____

(Werk, Bereich oder sonstige Organisationseinheit des Lieferers, für die diese Vereinbarung ausschließlich gelten soll)

I. Geltungsbereich

1. Diese Vereinbarung gilt ausschließlich für die in der Anlage 1 zu dieser Vereinbarung aufgeführten Produkte, die der Lieferer aufgrund der Bestellungen liefert, die er während der Dauer dieser Vereinbarung vom Besteller erhält und annimmt.

2. Die Produkte müssen der vereinbarten Beschaffenheit (z. B. Beschreibung, Spezifikationen, Datenblättern, Zeichnungen, Muster) entsprechen. Mit der Beschreibung der Produkte und mit der Vorlage von Mustern übernimmt der Lieferer keine Garantie, insbesondere keine Beschaffenheitsgarantie, sofern nichts anderes vereinbart ist. Der Lieferer wird jeweils unverzüglich prüfen, ob eine vom Besteller vorgelegte Beschreibung offensichtlich fehlerhaft, unklar, unvollständig oder offensichtlich abweichend vom Muster ist. Erkennt der Lieferer, dass dies der Fall ist, wird er den Besteller unverzüglich schriftlich verständigen.

II. Qualitätssicherung

1. Der Lieferer unterhält ein Qualitätsmanagementsystem, das die in der Anlage 2 zu dieser Vereinbarung aufgeführten Anforderungen erfüllt, und wird die Produkte entsprechend den Regeln dieses Qualitätsmanagementsystems herstellen und prüfen. Darüber hinausgehende Anforderungen sind in der Anlage 2 zu dieser Vereinbarung festgelegt. Der Lieferer wird sich unverzüglich vergewissern, dass diese Anforderungen mit seinem Qualitätsmanagementsystem vereinbar sind.

2. Bezieht der Lieferer für die Herstellung oder Qualitätssicherung der Produkte Produktions- oder Prüfmittel, Software, Dienstleistungen, Material oder sonstige Vorlieferungen von Vorlieferern, so wird er diese vertraglich in sein Qualitätsmanagementsystem einbeziehen oder selbst die Qualität der Vorlieferungen sichern.

3. Der Lieferer wird über die Durchführung vorgenannter Qualitätssicherungsmaßnahmen, insbesondere über Messwerte und Prüfergebnisse Aufzeichnungen führen und diese Aufzeichnungen sowie etwaige Muster der Produkte übersichtlich geordnet verwahren. Er wird dem Besteller im nötigen Umfang Einsicht gewähren und Kopien der Aufzeichnungen sowie etwaige Muster aushändigen. Art, Umfang und Aufbewahrungsfristen dieser Aufzeichnungen und Muster sind in der Anlage 2 zu dieser Vereinbarung beschrieben.

III. Nachweis- und Informations- pflichten des Lieferers

1. Der Lieferer wird es dem Besteller in angemessenen Zeitabständen ermöglichen, sich von der Durchführung der in Abschnitt II. genannten Qualitätssicherungsmaßnahmen zu überzeugen. Der Lieferer wird dem Besteller zu diesem Zweck in angemessenem Umfang und nach vorheriger Vereinbarung eines Termins Zutritt zu seinen Betriebsstätten gewähren und während eines solchen Zutritts einen fachlich qualifizierten Mitarbeiter zur Unterstützung zur Verfügung stellen. Einblicke in geheimhaltungsbedürftige Fertigungsverfahren und sonstige Betriebsgeheimnisse können verweigert werden.

2. Vor Änderungen von Fertigungsver-
    fahren, Materialien oder Zulieferteilen
    für die Produkte, Verlagerungen von
    Fertigungsstandorten, ferner vor Än-
    derungen von Verfahren oder Ein-
    richtungen zur Prüfung der Produkte
    oder von sonstigen Qualitätssiche-
    rungsmaßnahmen wird der Lieferer
    den Besteller so rechtzeitig benach-
    richtigen, dass dieser prüfen kann, ob
    sich die Änderungen nachteilig aus-
    wirken können. Die Benachrichti-
    gungspflicht entfällt, wenn der Lie-
    ferer nach sorgfältiger Prüfung solche
    Auswirkungen für ausgeschlossen hal-
    ten kann.

3. Stellt der Lieferer eine Zunahme der
    Abweichungen der Ist-Beschaffenheit
    von der Soll-Beschaffenheit der Pro-
    dukte fest (Qualitätseinbrüche), wird
    er den Besteller hierüber und über ge-
    plante Abhilfemaßnahmen unverzüg-
    lich benachrichtigen.

4. Der Lieferer wird durch Kennzeich-
    nung der Produkte oder, falls sie un-
    möglich oder unzweckmäßig ist,
    durch andere geeignete Maßnahmen
    dafür sorgen, daß er bei Auftreten
    eines Mangels an Produkten un-
    verzüglich feststellen kann, welche
    weiteren Produkte betroffen sein
    könnten. Einzelheiten sind in der An-
    lage 3 zu dieser Vereinbarung festzu-
    legen. Der Lieferer wird über sein
    Kennzeichnungssystem oder seine
    sonstigen Maßnahmen den Besteller
    so unterrichten, dass dieser im nötigen
    Umfang eigene Feststellungen treffen
    kann.

IV. Eingangsprüfungen durch den Besteller*

1. Der Besteller wird unverzüglich nach
    Eingang von Produkten prüfen, ob sie

der bestellten Menge und dem bestellten Typ entsprechen, ob äußerlich
erkennbare Transportschäden oder
äußerlich erkennbare Mängel vorliegen. Soweit die Partner weitere Prüfungen durch den Besteller für tunlich
halten, ergeben sich diese aus der Anlage 4 zu dieser Vereinbarung.

2. Entdeckt der Besteller bei den vorge-
    nannten Prüfungen einen Schaden
    oder einen Mangel, wird er diesen
    dem Lieferer unverzüglich anzeigen.
    Entdeckt der Besteller später einen
    Schaden oder Mangel, wird er dies
    ebenfalls unverzüglich anzeigen.

3. Dem Besteller obliegen gegenüber
    dem Lieferer keine weitergehenden
    als die vorstehend genannten Prüfun-
    gen und Anzeigen.

V. Vertraulichkeit

1. Jeder Partner wird alle Unterlagen
    und Kenntnisse, die er im Zusammen-
    hang mit dieser Vereinbarung erhält,
    nur für die Zwecke dieser Vereinba-
    rung verwenden und mit der gleichen
    Sorgfalt wie entsprechende eigene
    Unterlagen und Kenntnisse gegenüber
    Dritten geheimhalten, wenn der an-
    dere Partner sie als vertraulich be-
    zeichnet oder an ihrer Geheimhaltung
    ein offenkundiges Interesse hat. Diese
    Verpflichtung beginnt ab erstmaligem
    Erhalt der Unterlagen oder Kenntnisse
    und endet 36 Monate nach Ende der
    Vereinbarung.

2. Die Verpflichtung gilt nicht für
    Unterlagen und Kenntnisse, die allge-
    mein bekannt sind oder die bei Erhalt
    dem Partner bereits bekannt waren,
    ohne dass er zur Geheimhaltung ver-
    pflichtet war, oder die danach von
    einem zur Weitergabe berechtigten

Dritten übermittelt werden oder die von dem empfangenden Partner ohne Verwertung geheimzuhaltender Unterlagen oder Kenntnisse des anderen Partners entwickelt werden.

VI. Qualitätssicherungsbeauftragter

Jeder Partner benennt dem anderen in schriftlicher Form einen Qualitätssicherungsbeauftragten, der die Durchführung dieser Vereinbarung zu koordinieren und damit zusammenhängende Entscheidungen zu treffen oder herbeizuführen hat. Ein Wechsel des Beauftragten ist unverzüglich schriftlich anzuzeigen.

VII. Haftung

Die Haftung bestimmt sich nach den der Lieferung zugrunde liegenden Vereinbaungen.

VIII. Dauer der Vereinbarung

Diese Vereinbarung kann von jedem Partner mit einer Frist von drei Monaten jeweils zum Ende eines Kalendermonats gekündigt werden.

IX. Anwendbares Recht

Für die Rechtsbeziehung im Zusammenhang mit dieser Vereinbarung gilt deutsches materielles Recht.

_____

(Besteller)

_____

Ort, Datum   Unterschrift

_____

(Lieferer)

_____

Ort, Datum   Unterschrift

---

* Wenn nach Art der Produkte denkbar ist, dass ein Fehler zu Haftpflichtfällen führt, dann ist anzuraten, die Qualitätssicherungsvereinbarung einschließlich der ausgefüllten Anlagen zwecks Deckungsbestätigung dem Betriebshaftpflichtversicherer vorzulegen.

A3   VDMA-Lieferbedingungen

A3.1   VDMA-Bedingungen für die Lieferung von Maschinen für Inlandsgeschäfte

empfohlen vom Verband Deutscher Maschinen- und Anlagenbau e. V.

Zur Verwendung gegenüber:

1. einer Person, die bei Abschluss des Vertrages in Ausübung ihrer gewerblichen oder selbständigen beruflichen Tätigkeit handelt (Unternehmer);

2. juristischen Personen des öffentlichen Rechts oder öffentlich-rechtlichen Sondervermögen.

I. Allgemeines

1. Allen Lieferungen und Leistungen liegen diese Bedingungen sowie etwaige gesonderte vertragliche Vereinbarungen zugrunde. Abweichende Einkaufsbedingungen des Bestellers werden auch durch Auftragsannahme nicht Vertragsinhalt.

   Ein Vertrag kommt - mangels besonderer Vereinbarung - mit der schriftlichen Auftragsbestätigung des Lieferers zustande.

2. Der Lieferer behält sich an Mustern, Kostenvoranschlägen, Zeichnungen u. ä. Informationen körperlicher und unkörperlicher Art - auch in elektronischer Form - Eigentums- und Urheberrechte vor; sie dürfen Dritten nicht zugänglich gemacht werden.

   Der Lieferer verpflichtet sich, vom Besteller als vertraulich bezeichnete Informationen und Unterlagen nur mit dessen Zustimmung Dritten zugänglich zu machen.

II. Preis und Zahlung

1. Die Preise gelten mangels besonderer Vereinbarung ab Werk einschließlich Verladung im Werk, jedoch ausschließlich Verpackung und Entladung. Zu den Preisen kommt die Umsatzsteuer in der jeweiligen gesetzlichen Höhe hinzu.

2. Mangels besonderer Vereinbarung ist die Zahlung ohne jeden Abzug á Konto des Lieferers zu leisten, und zwar:
   1/3 Anzahlung nach Eingang der Auftragsbestätigung
   1/3 sobald dem Besteller mitgeteilt ist, dass die Hauptteile versandbereit sind,
   der Restbetrag innerhalb eines Monats nach Gefahrübergang.

Stand März 2002, legalisiert beim Bundeskartellamt unter Az. B2-117/01

3. Das Recht, Zahlungen zurückzuhalten oder mit Gegenansprüchen aufzurechnen, steht dem Besteller nur insoweit zu, als seine Gegenansprüche unbestritten oder rechtskräftig festgestellt sind.

III. Lieferzeit, Lieferverzögerung

1. Die Lieferzeit ergibt sich aus den Vereinbarungen der Vertragsparteien. Ihre Einhaltung durch den Lieferer setzt voraus, dass alle kaufmännischen und technischen Fragen zwischen den Vertragsparteien geklärt sind und der Besteller alle ihm obliegenden Verpflichtungen, wie z. B. Beibringung der erforderlichen behördlichen Bescheinigungen oder Genehmigungen oder die Leistung einer Anzahlung erfüllt hat. Ist dies nicht der Fall, so verlängert sich die Lieferzeit angemessen. Dies gilt nicht, soweit der Lieferer die Verzögerung zu vertreten hat.

2. Die Einhaltung der Lieferfrist steht unter dem Vorbehalt richtiger und rechtzeitiger Selbstbelieferung. Sich abzeichnende Verzögerungen teilt der Lieferer sobald als möglich mit.

3. Die Lieferfrist ist eingehalten, wenn der Liefergegenstand bis zu ihrem Ablauf das Werk des Lieferers verlassen hat oder die Versandbereitschaft mitgeteilt ist. Soweit eine Abnahme zu erfolgen hat, ist - außer bei berechtigter Abnahmeverweigerung - der Abnahmetermin maßgebend, hilfsweise die Meldung der Abnahmebereitschaft.

4. Werden der Versand bzw. die Abnahme des Liefergegenstandes aus Gründen verzögert, die der Besteller zu vertreten hat, so werden ihm, beginnend einen Monat nach Meldung der Versand- bzw. der Abnahmebereitschaft, die durch die Verzögerung entstandenen Kosten berechnet.

5. Ist die Nichteinhaltung der Lieferzeit auf höhere Gewalt, auf Arbeitskämpfe oder sonstige Ereignisse, die außerhalb des Einflussbereiches des Lieferers liegen, zurückzuführen, so verlängert sich die Lieferzeit angemessen. Der Lieferer wird dem Besteller den Beginn und das Ende derartiger Umstände baldmöglichst mitteilen.

6. Der Besteller kann ohne Fristsetzung vom Vertrag zurücktreten, wenn dem Lieferer die gesamte Leistung vor Gefahrübergang endgültig unmöglich wird. Der Besteller kann darüber hinaus vom Vertrag zurücktreten, wenn bei einer Bestellung die Ausführung eines Teils der Lieferung unmöglich wird und er ein berechtigtes Interesse an der Ablehnung der Teillieferung hat. Ist dies nicht der Fall, so hat der Besteller den auf die Teillieferung entfallenden Vertragspreis zu zahlen. Dasselbe gilt bei Unvermögen des Lieferers. Im Übrigen gilt Abschnitt VII.2.

Tritt die Unmöglichkeit oder das Unvermögen während des Annahmeverzuges ein oder ist der Besteller für diese Umstände allein oder weit überwiegend verantwortlich, bleibt er zur Gegenleistung verpflichtet.

7. Kommt der Lieferer in Verzug und erwächst dem Besteller hieraus ein Schaden, so ist er berechtigt, eine pauschale Verzugsentschädigung zu verlangen. Sie beträgt für jede volle Woche der Verspätung 0,5 %, im Ganzen aber höchstens 5 % vom Wert desjenigen Teils der Gesamtlieferung, der infolge der Verspätung nicht rechtzeitig oder nicht vertragsgemäß genutzt werden kann.

Setzt der Besteller dem Lieferer - unter Berücksichtigung der gesetzlichen Ausnahmefälle - nach Fälligkeit eine angemessene Frist zur Leistung und wird die Frist nicht eingehalten, ist der Besteller im Rahmen der gesetzlichen Vorschriften zum Rücktritt berechtigt.

Weitere Ansprüche aus Lieferverzug bestimmen sich ausschließlich nach Abschnitt VII.2 dieser Bedingungen.

IV. Gefahrübergang, Abnahme

1. Die Gefahr geht auf den Besteller über, wenn der Liefergegenstand das Werk verlassen hat, und zwar auch dann, wenn Teillieferungen erfolgen oder der Lieferer noch andere Leistungen, z. B. die Versandkosten oder Anlieferung und Aufstellung übernommen hat. Soweit eine Abnahme zu erfolgen hat, ist diese für den Gefahrenübergang maßgebend. Sie muss unverzüglich zum Abnahmetermin, hilfsweise nach der Meldung des Lieferers über die Abnahmebereitschaft durchgeführt werden. Der Besteller darf die Abnahme bei Vorliegen eines nicht wesentlichen Mangels nicht verweigern.

2. Verzögert sich oder unterbleibt der Versand bzw. die Abnahme infolge von Umständen, die dem Lieferer nicht zuzurechnen sind, geht die Gefahr vom Tage der Meldung der Versand- bzw. Abnahmebereitschaft auf den Besteller über. Der Lieferer verpflichtet sich, auf Kosten des Bestellers die Versicherungen abzuschließen, die dieser verlangt.

3. Teillieferungen sind zulässig soweit für den Besteller zumutbar.

V. Eigentumsvorbehalt

1. Der Lieferer behält sich das Eigentum an dem Liefergegenstand bis zum Eingang aller Zahlungen aus dem Liefervertrag vor.

2. Der Lieferer ist berechtigt, den Liefergegenstand auf Kosten des Bestellers gegen Diebstahl, Bruch-, Feuer-, Wasser- und sonstige Schäden zu versichern, sofern nicht der Besteller selbst die Versicherung nachweislich abgeschlossen hat.

3. Der Besteller darf den Liefergegenstand weder veräußern, verpfänden noch zur Sicherung übereignen. Bei Pfändungen sowie Beschlagnahme oder sonstigen Verfügungen durch Dritte hat er den Lieferer unverzüglich davon zu benachrichtigen.

4. Bei vertragswidrigem Verhalten des Bestellers, insbesondere bei Zahlungsverzug, ist der Lieferer zur Rücknahme des Liefergegenstandes nach Mahnung berechtigt und der Besteller zur Herausgabe verpflichtet.

5. Aufgrund des Eigentumsvorbehalts kann der Lieferer den Liefergegenstand nur herausverlangen, wenn er vom Vertrag zurückgetreten ist.

6. Der Antrag auf Eröffnung des Insolvenzverfahrens berechtigt den Lieferer vom Vertrag zurückzutreten und die sofortige Rückgabe des Liefergegenstandes zu verlangen.

VI. Mängelansprüche

Für Sach- und Rechtsmängel der Lieferung leistet der Lieferer unter Ausschluss weiterer Ansprüche - vorbehaltlich Abschnitt VII - Gewähr wie folgt:

Sachmängel

1. Alle diejenigen Teile sind unentgeltlich nach Wahl des Lieferers nachzubessern oder mangelfrei zu ersetzen, die sich infolge eines vor dem Gefahrübergang liegenden Umstandes als mangelhaft herausstellen. Die Feststellung solcher Mängel ist dem Lieferer unverzüglich schriftlich zu melden. Ersetzte Teile werden Eigentum des Lieferers.

2. Zur Vornahme aller dem Lieferer notwendig erscheinender Nachbesserungen und Ersatzlieferungen hat der Besteller nach Verständigung mit dem Lieferer die erforderliche Zeit und Gelegenheit zu geben; anderenfalls ist der Lieferer von der Haftung für die daraus entstehenden Folgen befreit. Nur in dringenden Fällen der Gefährdung der Betriebssicherheit bzw. zur Abwehr unverhältnismäßig großer Schäden, wobei der Lieferer sofort zu verständigen ist, hat der Besteller das Recht den Mangel selbst oder durch Dritte beseitigen zu lassen und vom Lieferer Ersatz der erforderlichen Aufwendungen zu verlangen.

3. Von den durch die Nachbesserung bzw. Ersatzlieferung entstehenden unmittelbaren Kosten trägt der Lieferer - soweit sich die Beanstandung als berechtigt herausstellt - die Kosten des Ersatzstückes einschließlich des Versands. Er trägt außerdem die Kosten des Aus- und Ein-

baus sowie die Kosten der etwa erforderlichen Gestellung der notwendigen Monteure und Hilfskräfte einschließlich Fahrtkosten, soweit hierdurch keine unverhältnismäßige Belastung des Lieferers eintritt.

4. Der Besteller hat im Rahmen der gesetzlichen Vorschriften ein Recht zum Rücktritt vom Vertrag, wenn der Lieferer - unter Berücksichtigung der gesetzlichen Ausnahmefälle - eine ihm gesetzte angemessene Frist für die Nachbesserung oder Ersatzlieferung wegen eines Sachmangels fruchtlos verstreichen lässt. Liegt nur ein unerheblicher Mangel vor, steht dem Besteller lediglich ein Recht zur Minderung des Vertragspreises zu. Das Recht auf Minderung des Vertragspreises bleibt ansonsten ausgeschlossen.

   Weitere Ansprüche bestimmen sich nach Abschnitt VII.2 dieser Bedingungen.

5. Keine Gewähr wird insbesondere in folgenden Fällen übernommen:
   Ungeeignete oder unsachgemäße Verwendung, fehlerhafte Montage bzw. Inbetriebsetzung durch den Besteller oder Dritte, natürliche Abnutzung, fehlerhafte oder nachlässige Behandlung, nicht ordnungsgemäße Wartung, ungeeignete Betriebsmittel, mangelhafte Bauarbeiten, ungeeigneter Baugrund, chemische, elektrochemische oder elektrische Einflüsse - sofern sie nicht vom Lieferer zu verantworten sind.

6. Bessert der Besteller oder ein Dritter unsachgemäß nach, besteht keine Haftung des Lieferers für die daraus entstehenden Folgen. Gleiches gilt für ohne vorherige Zustimmung des Lieferers vorgenommene Änderungen des Liefergegenstandes.

Rechtsmängel

7. Führt die Benutzung des Liefergegenstandes zur Verletzung von gewerblichen Schutzrechten oder Urheberrechten im Inland, wird der Lieferer auf seine Kosten dem Besteller grundsätzlich das Recht zum weiteren Gebrauch verschaffen oder den Liefergegenstand in für den Besteller zumutbarer Weise derart modifizieren, dass die Schutzrechtsverletzung nicht mehr besteht.

   Ist dies zu wirtschaftlich angemessenen Bedingungen oder in angemessener Frist nicht möglich, ist der Besteller zum Rücktritt vom Vertrag berechtigt. Unter den genannten Voraussetzungen steht auch dem Lieferer ein Recht zum Rücktritt vom Vertrag zu.

   Darüber hinaus wird der Lieferer den Besteller von unbestrittenen oder rechtskräftig festgestellten Ansprüchen der betreffenden Schutzrechtsinhaber freistellen.

8. Die in Abschnitt VI.7 genannten Verpflichtungen des Lieferers sind vorbehaltlich Abschnitt VII.2 für den Fall der Schutz- oder Urheberrechtsverletzung abschließend.

Sie bestehen nur, wenn

- der Besteller den Lieferer unverzüglich von geltend gemachten Schutz- oder Urheberrechtsverletzungen unterrichtet,
- der Besteller den Lieferer in angemessenem Umfang bei der Abwehr der geltend gemachten Ansprüche unterstützt bzw. dem Lieferer die Durchführung der Modifizierungsmaßnahmen gemäß Abschnitt VI.7 ermöglicht,
- dem Lieferer alle Abwehrmaßnahmen einschließlich außergerichtlicher Regelungen vorbehalten bleiben,
- der Rechtsmangel nicht auf einer Anweisung des Bestellers beruht und
- die Rechtsverletzung nicht dadurch verursacht wurde, dass der Besteller den Liefergegenstand eigenmächtig geändert oder in einer nicht vertragsgemäßen Weise verwendet hat.

VII. Haftung

1. Wenn der Liefergegenstand durch Verschulden des Lieferers infolge unterlassener oder fehlerhafter Ausführung von vor oder nach Vertragsschluss erfolgten Vorschlägen und Beratungen oder durch die Verletzung anderer vertraglicher Nebenverpflichtungen - insbesondere Anleitung für Bedienung und Wartung des Liefergegenstandes - vom Besteller nicht vertragsgemäß verwendet werden kann, so gelten unter Ausschluss weiterer Ansprüche des Bestellers die Regelungen der Abschnitte VI und VII.2 entsprechend.

2. Für Schäden, die nicht am Liefergegenstand selbst entstanden sind, haftet der Lieferer - aus welchen Rechtsgründen auch immer - nur

   a. bei Vorsatz,
   b. bei grober Fahrlässigkeit des Inhabers/der Organe oder leitender Angestellter,
   c. bei schuldhafter Verletzung von Leben, Körper, Gesundheit,
   d. bei Mängeln, die er arglistig verschwiegen oder deren Abwesenheit er garantiert hat,
   e. bei Mängeln des Liefergegenstandes, soweit nach Produkthaftungsgesetz für Personen- oder Sachschäden an privat genutzten Gegenständen gehaftet wird.

Bei schuldhafter Verletzung wesentlicher Vertragspflichten haftet der Lieferer auch bei grober Fahrlässigkeit nicht leitender Angestellter und bei leichter Fahrlässigkeit, in letzterem Fall begrenzt auf den vertragstypischen, vernünftigerweise vorhersehbaren Schaden.

Weitere Ansprüche sind ausgeschlossen.

VIII. Verjährung

Alle Ansprüche des Bestellers - aus welchen Rechtsgründen auch immer - verjähren in 12 Monaten. Für Schadensersatzansprüche nach Abschnitt VII.2. a - e gelten die gesetzlichen Fristen. Sie gelten auch für Mängel eines Bauwerks oder für Liefergegenstände, die entsprechend ihrer üblichen Verwendungsweise für ein Bauwerk verwendet wurden und dessen Mangelhaftigkeit verursacht haben.

IX. Softwarenutzung

Soweit im Lieferumfang Software enthalten ist, wird dem Besteller ein nicht ausschließliches Recht eingeräumt, die gelieferte Software einschließlich ihrer Dokumentation zu nutzen. Sie wird zur Verwendung auf dem dafür bestimmten Liefergegenstand überlassen. Eine Nutzung der Software auf mehr als einem System ist untersagt.

Der Besteller darf die Software nur im gesetzlich zulässigen Umfang (§§ 69 a ff. UrhG) vervielfältigen, überarbeiten, übersetzen oder von dem Objectcode in den Quellcode umwandeln. Der Besteller verpflichtet sich, Herstellerangaben - insbesondere Copyright-Vermerke - nicht zu entfernen oder ohne vorherige ausdrückliche Zustimmung des Lieferers zu verändern.

Alle sonstigen Rechte an der Software und den Dokumentationen einschließlich der Kopien bleiben beim Lieferer bzw. beim Softwarelieferanten. Die Vergabe von Unterlizenzen ist nicht zulässig.

X. Anwendbares Recht, Gerichtsstand

1. Für alle Rechtsbeziehungen zwischen dem Lieferer und dem Besteller gilt ausschließlich das für die Rechtsbeziehungen inländischer Parteien untereinander maßgebliche Recht der Bundesrepublik Deutschland.

2. Gerichtsstand ist das für den Sitz des Lieferers zuständige Gericht. Der Lieferer ist jedoch berechtigt, am Hauptsitz des Bestellers Klage zu erheben.

A3.2 Merkblatt zu den VDMA-Lieferbedingungen, März 2002

Die VDMA-Lieferbedingungen wurden durch das Schuldrechtsreformgesetz 2002 komplett
überarbeitet. Sie ersetzen die Bedingungen Stand Februar 1998.

Zur Beachtung:

Anwendungsbereich Die VDMA-Lieferbedingungen gelten ausschließlich für Verträge innerhalb der Bundesrepublik Deutschland. Daher liegen sie nicht in über-
setzter Fassung vor.

Sie sind ausdrücklich bezogen auf die Verwendung gegenüber:

1) einer Person, die bei Abschluss des Vertrages in Ausübung ihrer gewerblichen oder selbständigen beruflichen Tätigkeit handelt (Unternehmer),

2) juristischen Personen des öffentlichen Rechts oder öffentlich-rechtlichen Sondervermögen.

Die Empfehlung der VDMA-Lieferbedingungen ist unverbindlich. Es
steht also den Firmen frei, die Bedingungen zu verwenden.

Haftung Die Möglichkeit, in Allgemeinen Geschäftsbedingungen weitgehende
Haftungsbegrenzungen oder Haftungsausschlüsse zu vereinbaren, wird
durch Gesetz und Rechtsprechung stark reduziert. Bei der Verletzung
„wesentlicher Vertragspflichten" z. B. ist die Haftung auf Schadenersatz
in AGB nicht mehr wirksam ausschließbar. Hiervon betroffen können
insbesondere Verzugsschäden und die so genannten „Folgeschäden" bei
mangelhafter Leistung sein. Dies stellt in der Praxis ein großes Problem
dar. Es empfiehlt sich daher - wenn möglich -, zur Sicherheit Haftungsbegrenzungen (Verzug/„Folgeschäden") außerhalb von Allgemeinen
Geschäftsbedingungen jeweils individuell zu vereinbaren. Das gilt insbesondere bei erkennbar risikobehafteten Geschäften.

Eigentumsvorbehalt Zu beachten ist, dass die VDMA-Lieferbedingungen (seit jeher) nur
einen einfachen Eigentumsvorbehalt (V.1) enthalten. Dieser ist für solche Unternehmen ausreichend, die direkt an Endabnehmer liefern. Anderenfalls muss an Verlängerungs- und Erweiterungsformen des Eigentumsvorbehalts gedacht werden.

Aktenzeichen des Bundeskartellamts B2-117/01
Stand des Merkblattes: 3/02

Vertiefende Ausführungen über die VDMA-Lieferbedingungen enthält die Broschüre "Die
VDMA-Geschäftsbedingungen (Erläuterungen und Hinweise für die Praxis)". Sie ist - wie die
Lieferbedingungen selbst - bei der Maschinenbau Verlag GmbH, Lyoner Straße 18, 60528
Frankfurt/M. erhältlich.

Sachverzeichnis

A

 **Springer**   springer.de

Elektromagnetische Verträglichkeit

A. Schwab, W. Kürner

Elektromagnetische Verträglichkeit (EMV) ist ein moderner Oberbegriff für die Beherrschung parasitärer elektromagnetischer Phänomene. Die 5., aktualisierte und ergänzte Neuauflage wurde erneut didaktisch verbessert. Die Autoren erweiterten sie um die zahlreichen inzwischen erschienenen Europanormen und nationalen Normen. Besonders wertvoll für Hersteller: die aktualisierte Darstellung zur Erlangung der ab sofort erforderlichen CE-Kennzeichnung.

Aus den Rezensionen zur 5. Auflage ▶ *... Die vorliegende fünfte, aktualisierte und ergänzte Neuauflage wurde didaktisch verbessert und der Normenteil um die inzwischen erschienenen europäischen und nationalen Normen erweitert. Die Publikation bietet eine Einführung in das neue EMV-Gesetz sowie eine aktualisierte Darstellung, wie die ab sofort erforderliche CE-Kennzeichnung erlangt werden kann. ... Die Publikation soll Studenten das Einarbeiten in die EMV-Thematik erleichtern. Hersteller und Entwickler befähigt das Buch nach Angaben des Verlags zu eigenen Analysen und Bewertungen ihrer Systeme sowie deren Umgebungsintegration.* ▶ in: SPS Magazin, 2008, Vol. 21, Issue 1+2, S. 160

5., aktualisierte u. erg. Aufl. 2007. XII, 530 S. 294 Abb. Geb.
ISBN 978-3-540-42004-0
▶ € (D) 49,95 | € (A) 51,35 | *sFr 81,50

Elektroenergiesysteme

Erzeugung, Transport, Übertragung und Verteilung elektrischer Energie

A. Schwab

Verständlich führt der Autor in die Komplexität moderner Elektroenergiesysteme ein. Sein Überblick ermöglicht den schnellen Einstieg in die vielfach vorhandene Fachliteratur. Das gesamte Spektrum der Erzeugung, Übertragung und Verteilung elektrischer Energie und der hierzu erforderlichen Einrichtungen: Umwandlung der Primärenergieressourcen der Erde in kohlebefeuerten Kraftwerken und Kernkraftwerken bis hin zur Nutzung erneuerbarer Energien.

Aus den Rezensionen ▶ *... Das Buch gibt einen Überblick, wie die Stromversorgung 'funktioniert' ... Die Komplexität der Elektroenergiesysteme wird eindrucksvoll dargestellt, aber auch ihre Handhabung übergreifend und sehr verständlich beschrieben. ... Zusammenfassend ist zu sagen, dass das vorgelegte Buch einen umfassenden Überblick mit einer sehr guten Balance zwischen Breite und Tiefe über alle Bereiche der öffentlichen Stomversorgung gibt. Es kann lebhaft allen an dieser Thematik Interessierten empfohlen werden: Ein ausgezeichnetes Standardwerk!* ▶ in: VGB PowerTech, 2008, Issue 1-2, S. 115

2006. XXVII, 966 S. 1086 Abb., 543 in Farbe. Geb.
ISBN 978-3-540-29664-5
▶ € (D) 99,95 | € (A) 102,75 | *sFr 163,00

013835x